服务三农·农产品深加工技术丛书

花卉高效栽培技术

张天柱　主编

中国轻工业出版社

图书在版编目（CIP）数据

花卉高效栽培技术/张天柱主编．—北京：中国轻工业出版社，2016.9
（服务三农·农产品深加工技术丛书）
ISBN 978-7-5184-1076-7

Ⅰ.①花… Ⅱ.①张… Ⅲ.①花卉—观赏园艺 Ⅳ.①S68

中国版本图书馆 CIP 数据核字（2016）第 202084 号

责任编辑：张　磊
策划编辑：伊双双　　责任终审：劳国强　　封面设计：锋尚设计
版式设计：宋振全　　责任校对：燕　杰　　责任监印：张　可

出版发行：中国轻工业出版社（北京东长安街 6 号，邮编：100740）
印　　刷：北京君升印刷有限公司
经　　销：各地新华书店
版　　次：2016 年 9 月第 1 版第 1 次印刷
开　　本：720×1000　1/16　印张：33
字　　数：660 千字　插页：16
书　　号：ISBN 978-7-5184-1076-7　定价：68.00 元
邮购电话：010-65241695　传真：65128352
发行电话：010-85119835　85119793　传真：85113293
网　　址：http://www.chlip.com.cn
Email：club@chlip.com.cn

150849K1X101ZBW

《花卉高效栽培技术》编写人员

主　　编：张天柱

副 主 编：郝天民

编写人员：陈小文　刘鲁江　郭　芳
鲍仁蕾　王　静　张立田
郭瑞琦　刘　佳　王　玉
朱丽君　甄　卞　赵艳丽
宋　懿　徐微微　左　媛

顾　　问：吴卫华

前　言

PREFACE

改革开放以来，随着我国对外交往日益增多，国民经济的持续增长，人民生活水平的不断提高，我国花卉业迅猛崛起，成为种植业中发展速度最快的新兴产业。我国是世界上最大的花卉生产基地，截至2012年年底，全国花卉生产面积已超过1200万亩，居世界第一。与此同时，与一些花卉生产大国相比，我国花卉产业化、规模化生产程度不高，生产方式还很落后，栽培面积虽然位居世界第一，但是鲜花总量仅占国际市场比例的3%左右。

2013年年初，国家林业局印发了《全国花卉产业发展规划（2011—2020年)》。根据此项规划，到2015年，我国花卉种植面积稳定在130万hm^2左右；到2020年，种植面积保持基本稳定，花卉产业基本实现信息化管理。

为适应我国花卉高效栽培的需求，编者组织了部分花卉专家、花卉科技工作者，参阅了大量的相关文献，借鉴了各地花卉生产的经验，并结合自己的调查研究和生产实践，编写了《花卉高效栽培技术》一书，旨在为各级领导对本地区花卉生产的决策提供依据，为花卉生产企业、花农、花卉科技工作者提供服务。

由于编者水平有限，编写时间仓促，书中不妥之处在所难免，敬请各位专家和广大读者批评指正。

编者

2016. 8

目　录

CONTENTS

第一章　绪论

第一节　花卉的设施栽培

随着经济的发展和人们物质文化生活水平的提高，人们对花卉的需求越来越多，要求也越来越高，不仅对花卉的品质要求有所提高，而且要求做到反季节生产，四季有花、周年供应，以便满足花卉市场对商品花的要求。

因此，进行花卉栽培和生产必须具备一定的环境与设施条件。为了满足花卉生产的需要，在正规的花场里，除应具有与生产量相适应的花圃土地外，还应配备温室、荫棚、塑料大棚或小棚、温床、地窖、风障、上下水道、贮水池、水缸、喷壶、花盆、胶管和农具等环境与设施。在创办花场或花圃时，需全面考虑，统一安排，做到布局合理，使用方便。

一、花卉设施栽培概况

近三十年来，设施园艺发展迅速，已成为花卉等作物高产优质的重要保障。设施栽培，是用一定设施和工程技术手段改变自然环境，在环境可控的条件下，按照植物生长发育要求的最佳环境（光照、温度、湿度、营养等），以最少的资源和资金投入，进行现代化的农业生产，使单位面积的产量、品质和效益大幅度提高。设施栽培的效率和效益比传统的露地栽培要提高几倍甚至几十倍。首先，应用栽培设施，可在不适于某类花卉生态要求的地区栽培该类花卉。例如，在北京地区，冬季严寒干燥，春季寒冷多风，利用温室等栽培设施，可以终年栽培原产热带、亚热带的热带兰、一品红、变叶木等。其次，可以在不适于花卉生长的季节进行花卉栽培。例如，在酷热的夏季，一些要求气候凉爽的花卉，如仙客来、郁金香等被迫进入休眠，若在有降温设备的温室中，仍可继续生长开花。利用设施栽培与露地栽培相结合，可以周年进行花卉生产，保证鲜花的周年供应。

二、花卉设施栽培的历史与现状

（一）我国花卉设施栽培发展历史

我国园艺业开始于距今7000多年前的河姆渡新石器时期。考古证明，我国园艺花卉业的发展，比欧美诸国早600~800年，比印度、埃及、巴比伦王国以及古罗马帝国都要早。公元6世纪~公元9世纪唐朝时，我国的园艺技术达到很高的水平，许多技术世界领先，而且有造诣很深的理论著作，如《本草拾遗》《平泉草木记》等。

20世纪80年代开始，我国开始有较大规模的现代化花卉设施栽培，此后花卉设施栽培得到快速发展，正在向工厂化寻找契机。

（二）我国设施栽培的现状

30年来，我国花卉业规模化水平明显提高。截至2006年，全国设施栽培总面积达近5万hm^2，种植面积3hm^2或年营业额500万元以上的中大型花卉企业达8450多家。农业部种植业管理司公布的数据表明，2013年全国花卉温室面积3.61万hm^2，占保护地面积的27%，2012年、2011年，温室面积分别为2.81万hm^2和2.34万hm^2，实际面积增加的同时，占当年保护地面积的比例也在逐年增加，但我国与世界先进国家相比还有很大差距，也存在着许多困难。

我国目前的花卉生产力水平仍十分低下，平均每公顷产值为11万元，单位面积产值仅仅是荷兰的10.36%。花卉种植中普遍存在品种单一化，档次、品质低，各地生产基地低水平重复建设，设施化程度低，经济效益差等问题，市场上往往出现生产旺季产品滞销，冬、春节日消费旺季缺货的现象。

作为一项新兴产业，我们找到了发展的方向。目前我国花卉业区域布局正在逐步优化，规模化水平逐渐提高，科研教育发展迅速，新品种、新技术的推广应用取得了一定的经济效益和社会效益，随着花卉产品市场体系初步建立，我国花卉业的产业地位不断提升，我国已成为世界最大的花卉生产基地、重要的花卉消费国和花卉进出口贸易国。如今，世界花卉的稳步增长及产业转移，为我国花卉业进一步发展创造了良好的外部环境，花卉设施栽培规模化和专业化发展稳步进行。

（三）国外花卉设施栽培的概况

国外花卉设施栽培的发展以古罗马帝国为最早，到16~17世纪欧洲各地相继有所发展。从世界各国的花卉情况来看，荷兰、日本、美国、以色列等国家花卉业比较发达。这些国家政府重视设施栽培，尤其重视无土栽培，在资金和政策上给予大力支持，荷兰花卉产业十分注重区域的合理布局，根据区域特色进行生产布局，目前荷兰花卉在生产面积约8441hm^2，其中温室栽培面积 5836hm^2，占总面积的近 70%。荷兰是土地资源非常紧缺的国家，也是世界拥有最多、最先进玻璃温室的国家，并能全面有效地调控设施内光、温、水、气、肥等环境因素，实现了高度自动化的现代化园艺栽培技术。

三、花卉设施栽培的特点及其意义

（一）设施栽培的意义

设施栽培贯穿于花卉生长的各个阶段，可通过多种人工措施有效调节花卉生长环境，满足不同花卉品种在不同生长阶段对外界环境、生长条件的要求，生产高品质的花卉产品。

1. 加快花卉种苗的繁殖速度，提早定植

在塑料大棚或温室内进行三色堇、矮牵牛等草花的播种育苗，可以提高种子发芽率和成苗率，使花期提前。在设施栽培的条件下，菊花、香石竹可以周年扦插，其繁殖速度是露地扦插的 10～15 倍，扦插的成活率提高 40%～50%。组培苗的炼苗和驯化也多在设施栽培条件下进行，可以根据不同种类、不同品种以及瓶苗的长势进行环境条件的人工控制，有利于提高成苗率，培育壮苗。

2. 有效进行花期调控

随着设施栽培技术的发展和花卉生理学研究的深入，满足植株生长发育不同阶段对温度、湿度和光照等环境条件的需求，已经实现了大部分花卉的周年供应。如唐菖蒲、郁金香、百合、风信子等球根花卉种球的低温贮藏和打破休眠技术，牡丹的低温春化处理，菊花的光照结合温度处理等技术，已经解决了这些花卉的周年供应问题。

3. 提高花卉品质

设施栽培可以通过各种人工技术手段控制植物的生长条件，提供植物正常生长发育必需的条件。如在长江流域普通塑料大棚内，可以进行蝴蝶兰的生产，但是开花迟、花茎小、叶色暗、叶片无光泽；在高水平的设施栽培条件下，进行温度、湿度和光照的人工控制，解决了长江流域高品质蝴蝶兰的生产。

4. 提高花卉对不良环境条件的抵抗能力

日光温室、连栋温室等栽培设施具有很强的抵御自然灾害的能力，可以有效地避免冬季的冻害、早春的倒春寒，避免花期雨水过多、大风、暴雨、冰雹等自然灾害，易于进行病虫害防治，使花卉产量稳定、品质优良。如广东地区 1999 年的严重霜冻，使陈村种植在室外的白兰、米兰、观叶植物等损失超过 60%，而大汉园艺公司的钢架结构温室由于有加温设备，各种花卉基本没有损失。

5. 打破花卉生产和流通的地域限制

花卉和其他园艺作物的不同在于观赏上人们追求“新、奇、特”。各种花卉栽培设施在花卉生产、销售各个环节中的运用，使原产南方的花卉如蝴蝶兰、杜鹃花、山茶顺利进入北方市场，也使原产于北方的牡丹花开南国。

6. 进行大规模集约化生产，提高劳动生产率

设施栽培的发展，尤其是现代环境工程的发展，使花卉生产的专业化、集约化程度大大提高。目前，在荷兰等发达国家从花卉的种苗生产到最后的产品分级、包装均可实现机器操作和自动化控制，提高了单位面积的产量和产值，人均劳动生产率大大提高。

（二）设施栽培特点

设施栽培与露地栽培相比，具有以下特点。

1. 高投入高产出

设施栽培需要有必要的设施。从中国现有的情况看，土法上马的温室（土墙、水泥立柱、竹竿棚架、覆盖草帘），建筑投资一般为5000～8000元/亩（1亩=667m^2）；钢架结构、砖墙（附保温材料）、覆盖保温被、无立柱的温室，一般投资为50000元/亩左右。国外设施配套较全的先进温室，投资每亩高达几十万元，甚至几百万元。从中国的情况看，经济发达地区和大城市郊区，温室建设正朝着高水平、高投入、高产出的方向发展。

2. 抗灾害能力强

温室等栽培设施具有很强的抵御自然灾害的能力，可以有效地避免冬季的冻害、早春的倒春流，避免花期雨水过多、大风、暴雨、冰雹等自然灾害，易于进行病虫害防治，使花卉产量稳定、品质优良。即便是无加温设备的塑料大棚，在室外温度为－10℃的寒冷天气，也能保证室内花卉正常生长发育。

3. 科技含量高

设施栽培实际上是在人为控制的环境中进行花卉栽培，不仅应用了现代工程技术，也应用了其他现代技术，如增施二氧化碳技术。

第二节　设施类型

一、温室

温室是覆盖着透光材料，并附有防寒、加温设备的特殊建筑，它能够提供适宜植物生长发育的环境条件，是北方地区栽培热带、亚热带植物的主要设施。温室对环境因子的调控能力比其他栽培设施（如风障、冷床等）更好，

是比较完善的保护地类型。温室有许多不同的类型，对环境的调控能力也不同，在花卉栽培中有不同的用途。

在现代化的花卉生产中，温室可以对温度、光照、湿度等环境因素进行有效控制，在生产中具有重要作用，广泛应用于原产热带、亚热带花木的栽培，切花、盆花生产以及促成栽培，是花卉栽培中最重要的，同时也是应用最广泛的栽培设施。温室设有保温、加温、降温系统，通风和排风系统，遮荫系统，补光系统，计算机控制系统等，故其比其他栽培设备（如风障、冷床、温床等）对环境因子的调节和控制能力更强、更全面。温室栽培在国内外发展很快，并且向大型化、现代化及花卉生产工厂化发展。

（一）温室的种类

依据应用目的、温度控制、栽培植物的类型以及温室结构形式、建筑材料和屋面覆盖材料等的不同可有以下分类。

1. 按照应用目的分类

（1）观赏温室　这类温室专供陈列、展览、普及科学知识之用。一般设置于公园和植物园内，要求外形美观、高大，便于游人游览、观赏、学习等。如北京中山公园的唐花坞、北京植物园新建的大温室（图1－1）等。在一些国家，公园中设有更大型的温室，内有花坛、草坪、水池、假山、瀑布以及其他园林装饰等，供冬季游人游览，特称“冬园”，如美国宾夕法尼亚州的郎乌德（Longwood）花园的大温室即属此类。

图1－1　北京植物园展览温室

（2）生产栽培温室　以花卉等园艺作物生产栽培为目的，建筑形式以满足植物生长发育的需要和经济实用为原则，不追求外形的美观与否。一般外形简单、低矮，热能消耗较少，室内生产面积利用充分，有利于降低生产成本。依据应用目的不同又可分为切花温室、盆栽温室、繁殖温室等（图1－2）。此外，为培育新的花卉品种，还有专门的杂交育种温室，这种温室要求设置双重门并加纱门，通风换气的进风口，天窗、侧窗均加设纱窗，以防昆虫飞入，影响杂交试验。

图1－2　日光温室

2. 依据温室温度分类

（1）高温温室　室温15～30℃，主要用于北方地区冬季栽培原产热带平原地区的花卉。这类花卉在我国广东南部、云南南部、台湾及海南等地可以露地栽培，如花烛、卡特兰、变叶木、王莲等，它们冬季生长的最低温度为15℃。这类温室也用于花卉的促成栽培。

（2）中温温室　室温10～18℃，主要用于北方地区春秋栽培原产亚热带的花卉和对温度要求不高的热带花卉。这类花卉在华南地区可露地越冬，如仙客来、香石竹等。

（3）低温温室　室温5～15℃，主要用于北方地区春秋栽培原产暖温带的花卉及对温度要求不高的亚热带花卉，如报春花、小苍兰、山茶花等，也可作耐寒草花的生产栽培。北京常用于桂花、夹竹桃、茶花、杜鹃、柑橘、栀子等花木的越冬。

3. 依据栽培花卉种类分类

花卉的种类不同，对温室环境条件的要求也不同。常依据一些专类花卉的特殊要求，分别设置专类温室，如兰科植物温室、棕榈科植物温室、蕨类植物温室、仙人掌科及多浆植物温室、食虫植物温室等。

4. 依据温室结构形式分类

温室的形式取决于温室的用途。观赏温室要求外形美观，形式多样；而生产温室只要求满足生产的需要，形式较为简单。可分为单栋温室和连栋温室。

（1）单栋温室　又称单跨温室、单屋脊温室。一般单栋温室的规模较小，常用于小规模的生产栽培和科学研究。其采光性能较好，便于进行自然通风和人工操作管理；保温性较差，室外气温对室内气温的影响较大，单位建筑面积的土建造价较高。单栋温室根据屋面形式的不同又可分为如下两类。

①单坡屋面温室：这种温室在我国应用较为普遍，它具有透光的单坡朝南的屋面，北墙采用砖墙、土墙或复合墙体挡风、保温，并用其墙内面吸收

和反射一部分光辐射；骨架有竹木、钢管等材料，在屋面上设苇、蒲等保温帘，用于阴天和夜间的保温覆盖。这种温室采光性能、保温性能、防风性能均较好，屋面覆盖的透光材料用玻璃和塑料薄膜均可（图1－3）。

②双坡屋面温室：包括人字形对称双坡屋面、不对称双坡屋面、折线式双坡屋面、拱形屋面等外形的温室。其特点是采光量较大，单位面积土建造价和总占地面积较少，但其保温性能较差。由于侧墙直立或角度较大，室内栽培管理、耕作方便。当采用玻璃作覆盖材料时，常采用人字形双坡屋面；当采用塑料薄膜作覆盖材料时，常用拱形屋面。这种温室高度较高，一般屋脊高3～4m，有的可达5m多，占地面积较大，空间宽敞，适于植物生长，还可进行立体栽培，土地利用率高。这种温室为南北走向，室内采光均匀，有比较完善的环境监测控制设备，机械化、自动化程度较高，是一种现代化栽培设施，但一次性投资大，能源消耗大，栽培管理技术要求高。双坡屋面温室在世界各国广为采用（图1－4）。

图1－3　单坡屋面温室

图1－4　双坡屋面拱形温室

（2）连栋温室　为了加大温室的规模，适应大面积、甚至工厂化生产花卉产品的需要，将两栋以上的单栋温室在屋檐处衔接起来，去掉连接处的侧墙，加上檐沟（天沟），就构成了连栋温室。连栋温室又称为连跨温室、连脊温室（图1－5）。

图1－5　连栋温室

连栋温室保温性好，单位面积的土建造价低，占地面积少，总平面的利用系数高。因此，有利于降低造价、节省能源。但是，其单位建筑面积上的采光量小于单栋温室；栋间加设天沟后，极易造成冬季积雪，排雪困难，给结构带来较大的负载；而且其宽度造成结构遮光；随着栋数的加大，采用开门窗进行自然通风换气困难，因而必须采用机械强制通风、增设二氧化碳发生器和必要的降温设备。

（3）现代化温室

①双层充气薄膜温室：这种温室在北美普遍使用，也是以镀锌钢材作框架，上覆双层充气薄膜，四壁用双层充气薄膜或双层透明硬塑料。优点是投资费用仅及玻璃温室的 60%。室外如加覆一层保温毯，可以大量节省保暖用燃料，比没有保温毯的玻璃温室可节约燃料 40% ~45%。缺点是在北方冬季光照不足，室内湿度较大，早春有时室温上升太高，影响植物品质。前者可用补充光照，后者可以加强通风来解决（图 1 -6）。

图 1 -6　双层充气膜温室

②双层硬塑料板温室：双层硬塑料之间的空隙为0.6 ~1.0cm，每间隔1 ~2cm 或更多有一道纵向隔壁。硬塑料分三类，聚丙烯酸酯类塑料（acrylics）透射率损失仅为5%。施工容易，隙缝少，但不阻燃。20 世纪 70 年代在北美兴建了大量这类温室，以西部南部为多（图 1 -7）。

③夹层充气玻璃温室：为夹层中充二氧化碳气体的双层密封玻璃。优点是节能，比单层玻璃节能约 40%，透光好，持久，不燃。缺点是自身太重，框架结构要加强（图 1 -8）。

图 1 -7　双层硬塑料板温室

图 1 -8　夹层充气玻璃温室

以上各种温室都是大面积的连栋温室，同样大范围的连栋温室比非连栋要节能30%～40%。

④人工气候室：即室内的全部环境条件皆由人工控制，一般用于进行科学研究使用。它除具有一般现代温室的透光、保温、采暖、通风、降温、二氧化碳补充、灌溉等环境性能及设备条件外，还可进行人工补光、加湿、除湿，模拟风霜、冰冻等，并可根据试验研究的需要，对上述各种环境因子进行单因子或多因子的各种程度的调节控制。一般造价和维持费较高，极少使用。在国外，已有用大型人工气候室进行花卉生产的报道。

（二）温室设计的基本要求

1. 符合使用地区的气候条件

不同地区气候条件各异，温室性能只有符合使用地区的气候条件，才能充分发挥其作用。如在我国南方夏季潮湿闷热，若温室设计成无侧窗，用冷湿帘加风机降温，则白天温室温度会很高，难以保持适于温室植物生长的温度，不能进行周年生产。再如昆明地区，四季如春，只需简单的冷室设备即可进行一般的温室花卉生产，若设计成具有完善加温设备的温室，则完全不适用。因此，要根据温室使用地区的不同气候条件，设计和建造温室。

2. 适合栽培花卉的生态要求

温室设计是否科学和实用，主要是看它能否最大限度地满足花卉的生态要求。也就是说，温室内的主要环境因子，如温度、湿度、光照、水分等都要符合花卉的生态习性。不同的花卉生态习性不同，同一花卉在不同生长发育阶段也有不同的要求。因此温室设计者要对各类花卉的生长发育规律和不同生长发育阶段对环境的要求有明确的了解，充分应用建筑工程学等学科的原理和技术，才能获得理想的设计效果。

3. 地形地块要求

温室周围不可有其他建筑或树木遮荫，以免温室内光照不足。在温室或温室群的北面或西北面，最好有山体、高大建筑或防风林等，形成温暖的小气候环境。建造温室的地块要求土壤排水良好、地下水位较低。因温室加温设施常设于地下，且北方温室多采用半地下式，如地下水位较高则难以设置。此外，还应注意水源便利、水质优良和交通方便。

4. 温室区的规划设计必须合理

在进行大规模温室花卉生产时，温室区内温室群的排列、荫棚、温床、工作室、锅炉房等附属设备的设置要有全面合理的规划布局。温室的排列，首先要考虑不可相互遮荫，在此前提下，温室间距越近越有利，不仅可节省建筑投资，节省用地面积，而且便于温室管理。温室的合理间距取决于温室设置地的纬度和温室的高度。以北京地区为例，当温室为东西向延长时，南北两排温室间的距离，通常为温室高度的2倍，并常在此处设置荫棚，供夏季盆花移出室外时应用；当温室为南北向延长时，东西两排温室间的距离，应为温室高度的2/3，这样排列的南北向温室，若栽培盆花，要考虑在温室附近再留出适当面积设置荫棚。当温室高度不等时，高的温室应规划在北面，矮的放在南面。工作室和锅炉房常设在温室的北面或东西两侧。若要求温室设施比较完善，建立连栋式温室较为经济实用，温室内部可区分成独立的单元，分别栽培不同的花卉。

太阳辐射能是温室热量的基本来源之一。温室屋面角度的确定是能否充分利用太阳辐射能和衡量温室性能优劣的重要标志。温室利用太阳辐射能，主要是通过向南倾斜的玻璃（或塑料）屋面取得的。以太阳光线与屋面交角为90°时，温室内获得的能量最大，以用玻璃覆盖的温室为例计算，约可获取太阳辐射能的86.48%（其中12%为玻璃吸收，1.52%为厚度消耗）；若交角为45°时，一部分能量反射掉（约为4.5%），温室获取到太阳能81.98%；若交角为15°时，则30%的能量被反射掉，温室只能得到56.48%的能量。

可见，温室获取太阳辐射能的多少，取决于太阳的高度角和温室南向玻璃屋面的倾斜角度。太阳高度角一年中是不断变化的，而温室的利用多以冬季为主。在北半球，冬季以冬至的太阳高度角最小，日照时间也最短，是一年中太阳辐射能量最小的一天。通常以冬至中午的太阳高度角作为计算向南玻璃屋面角度的依据。如果这一天温室获得的能量，能基本满足栽培植物的生态要求，则其他时间温度条件会更好，有利于栽培植物的生长发育。

冬至中午不同纬度地区的太阳高度角是不同的，随纬度的增加而减小。但就某一地区而言，南向玻璃屋面倾斜角度越大，则与太阳的交角也越大，从而温室内获得的太阳辐射能也就越多。

温室南向玻璃屋面倾斜角度不同，温室内透入的太阳辐射强度有显著的差异。以太阳投向屋面的入射角为90°时，太阳辐射强度最大。以北京为例，冬至中午太阳高度角为26.6°，若使太阳入射角为90°时，则玻璃屋面的倾斜角度应为63.4°，这在温室结构上是行不通的。因此，既要尽可能地多吸收太阳辐射能，工程结构又要合理，以入射角不小于60°为宜，则南向玻璃屋面倾斜角度应不小于33.4°。其他纬度地区，可以此参照确定。南北向延长的双屋面温室，屋面倾斜角度的大小，中午前后与太阳辐射强度关系不大，因为不论玻璃屋面的倾斜角度大小，都相当于太阳光投射于水平面上。这正是此类温室白天温度比东西向延长温室偏低的原因。但是，为了上午和下午能更多地获取太阳辐射能，屋面倾斜角度以30°左右为佳。

（三）温室配套设备

1. 保温加温系统

根据热源与植物的关系，温室加温分为间接式和直接式。

间接式加温系统通过将温室内环境的空气整体加热，使室内植物处于一个整体较温暖的环境中，从而使植株得到加温。现在温室加温系统基本采用此种形式。间接式加温方式主要依靠空气传导与对流，相对速度略慢，但热量分布较均匀，植株不会出现局部过热和较大温差。

直接式加温方式使用较少，主要采用一种红外加热器，它通过反射器将被加热钢管的辐射热量直接反射到植物上。由于热传导方式主要是以辐射进行的，针对性较强，因此在植物本身温度相同时，使用直接加热系统比使用间接加热系统的温室环境温度要低，由此可起到一定的节能效果。但缺点是辐射强度本身具有不均匀现象，且由于热辐射是直线进行，会因作物本身的相互遮掩导致某些部位接受不到辐射热，从而产生较大温差，造成作物局部过热，产生不良影响。

（1）保温系统　一般情况下，温室通过覆盖材料散失的热量损失占总散热量的70%，通风换气及冷风渗透造成的热量损失占20%，通过地下传出的热量损失占10%以下。因此，提高温室保温性的途径主要是增加温室围护结构的热阻，减少通风换气及冷风渗透。

①室外覆盖保温设备：包括草帘、棉被及特制的温室保温被（图1－9），多用于塑料棚和单屋面温室的保温。一般覆盖在设施透明覆盖材料的外表面，傍晚温度下降时覆盖，早晨开始升温时揭开。

②室内保温设备：主要采用保温幕（图1－10）。保温幕一般设在温室透明覆盖材料的下方，白天打开进光，夜间密闭保温。连栋温室一般在温室顶部设置可移动的保温幕（或遮荫/保温幕），人工、机械开启或自动控制开启。保温幕常用材料有无纺布、聚乙烯薄膜、真空镀铝薄膜等，在温室内增设小拱棚后也可提高栽培畦的温度，但光照一般会减弱30%，且不适用于高秆植物，在花卉生产中不常用。

图1－9　温室保温被

图1－10　保温幕

（2）加温系统　温室的采暖方式主要有热水式采暖、热风式采暖、电热采暖等。

①热水式采暖：热水式采暖系统由热水锅炉、供热管道和散热设备3个基本部分组成。热水式采暖系统运行稳定可靠，是玻璃温室目前最常用的采暖方式。其优点是温室内温度稳定、均匀，系统热惰性大，温室采暖系统发生紧急故障、临时停止供暖时，2h内不会对作物造成大的影响。其缺点是系统复杂，设备多，造价高，设备一次性投资较大（图1－11）。

②热风式采暖：热风式采暖系统由热源、空气换热器、风机和送风管道组成。热风式采暖系统的热源可以是燃油、燃气、燃煤装置或电加温器，也可以是热水或蒸汽。热源不同，热风式采暖系统的安装形式也不一样。蒸汽、电热或热水式加温装置的空气换热器安装在温室内，与风机配合直接提供热风。燃油、燃气的加温装置安装在温室内，燃烧后的烟气排放到室外大气中，如果烟气中不含有害成分，也可直接排放至温室内。燃煤热风炉一般体积较大，使用中也比较脏，一般都安装在温室外面（图1－12）。为了使热风在温室内均匀分布，由通风机将热空气送入并均匀分布在温室中的通风管。通风管由开孔的聚乙烯薄膜或布制成，沿温室长度布置。通风管质量轻，布置灵活且易于安装。

图1－11　圆翼型散热器

图1－12　热风炉

热风式采暖系统的优点是温度分布比较均匀，热惰性小，易于实现快速温度调节，设备投资少。其缺点是运行费用高，温室内空间较长时，风机单侧送风压力不够，造成温度分布不均匀。

③电热采暖：电热采暖系统一般用于热风供暖系统。另外一种较常见的电热采暖方式是将电热线埋在苗床或扦插床下面，用以提高地温，主要用于温室育苗（图1－13）。电能是最清洁、方便的能源，但电能本身造价较高，

因此只作为临时加温措施。

中国北方地区的简易温室还经常采用烟道加热的方式进行温室加温。

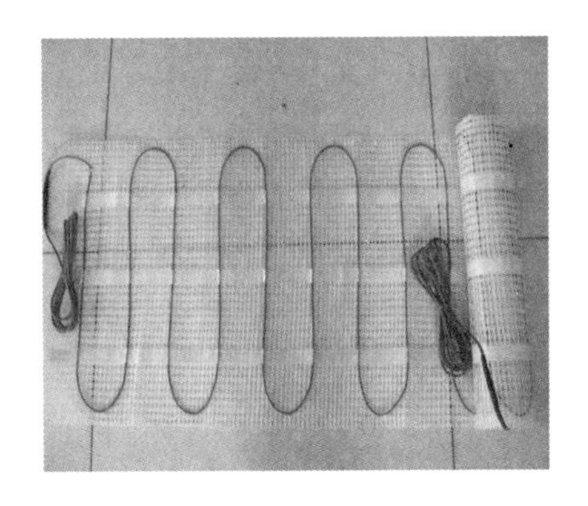

图 1－13　地热线

温室采暖方式和设备选择涉及温室投资、运行成本和经济效益，所以需要慎重考虑。温室加温系统的热源从燃烧方式上分为燃油式、燃气式、燃煤式三种。燃气式设备装置最简单，造价最低；燃油式设备造价比较低，占地面积比较小，土建投资也低，设备简单，操作容易，自动化控制程度高，有的可完全实现自动化控制，但燃油设备运行费用比较高，相同的热值比燃煤费用高 3 倍；燃煤式设备操作比较复杂，设备费用高，占地面积大，土建费用比较高，但设备运行费用在三种设备中最低。从温室加温系统讲，热水式系统的性能好，造价高，运行费用低；热风式系统性能一般，造价低，运行费用高。在南方地区，温室加温时间短，热负荷低，采用燃油式的设备较好，加温方式以热风式较好；在北方地区，冬季加温时间长，采用燃煤热水锅炉比较保险，虽然一次投资比较大，但可以节约运行费用，长期计算还是合适的。

2. 降温系统

在夏季气温太高的地方，为使植物在温室中生长发育良好，需要对温室采取降温措施。我国幅员辽阔，南北气候差异很大，因此降温系统也各有不同。温室中常用的降温设施有：自然通风系统（通风窗、侧窗和顶窗等）、强制通风系统（排风扇）、遮荫网（内遮荫和外遮荫）、湿帘、风机降温系统、微雾降温系统等。一般温室不采用单一的降温方法，而是根据设备条件、环境条件和温度控制要求采用以上多种方法组合。

（1）自然通风和强制通风降温　通风除降温作用外，还可降低设施内的湿度，补充二氧化碳气体，排除室内有害气体。

①自然通风系统：温室的自然通风主要是靠顶部开窗来实现的，让热空气从顶部散出。简易温室和日光温室一般用人工掀起部分塑料薄膜进行通风，而大型温室则设有相应的通风装置，主要有天窗、侧窗、肩窗、谷间窗等。自然通风适于高温、高湿季节的通风及寒冷季节的微弱换气。

②强制通风系统：利用排风扇作为换气的主要动力，强制通风降温（图 1－14）。由于设备和运行费用较高，主要用于盛夏季节需要蒸发降温，或开窗受到限制、高温季节通风不良的温室。排风扇一般和水帘结合使用，组成

水帘－风扇降温系统。当强制通风不能达到降温目的时，水帘开启，启动水帘降温。

图 1－14　排风扇

（2）蒸发降温　蒸发降温是利用水蒸发吸热来降温，同时提高空气的湿度。蒸发降温过程中必须保证温室内外空气流动，将温室内高温、高湿的气体排出温室并补充新鲜空气，因此必须采用强制通风的方法。高温高湿的条件下，蒸发降温的效率会降低。目前采用的蒸发降温方法有湿帘－风机降温和喷雾降温。

①湿帘－风机降温：湿帘－风机降温系统由湿帘箱、循环水系统、轴流风机、控制系统四部分组成。降温效率取决于湿帘的性能，湿帘必须有非常大的表面积与流过的空气接触，以便空气和水有充分的接触时间，使空气达到近水饱和。湿帘的材料要求有强的吸附水的能力、强通风透气性能、多孔性和耐用性。国产湿帘大部分是由压制成蜂窝结构的纸制成的（图 1－15）。

②喷雾降温：喷雾降温是直接将水以雾状喷在温室的空中，雾粒直径非常小，只有 50～90μm，可在空气中直接汽化，雾滴不落到地面。雾粒汽化时吸收热量，降低温室温度，其降温速度快，蒸发效率高，温度分布均匀，是蒸发降温的最好形式。喷雾降温效果很好，但整个系统比较复杂，对设备的要求很高，造价及运行费用都较高（图 1－16）。

图 1－15　湿帘－风机降温系统

图 1－16　喷雾降温系统

（3）遮荫网降温　遮荫网降温是利用遮荫网（具一定透射率）减少进入温室内的太阳辐射，起到降温效果。遮荫网还可以防止夏季强光、高温条件下导致的一些阴生植物叶片灼伤，缓解强光对植物光合作用造成的光抑制。遮荫网遮光率的变化范围为25% ~75%，与网的颜色、网孔大小和纤维线粗细有关。遮荫网的形式多种多样，目前常用的遮荫材料，主要是黑色或银灰色的聚乙烯薄膜编网，对阳光的反射率较低，遮荫率为45% ~85%。欧美一些国家生产的遮荫网形式很多，有各种不同遮荫率的内用、外用遮荫网及具遮荫和保温双重作用的遮荫幕，多为铝条和其他透光材料按比例混编而成，既可遮挡又可反射光线。

①温室外遮荫系统：温室外遮荫是在温室外另外安装一个遮荫骨架，将遮荫网安装在骨架上。遮荫网用拉幕机构或卷膜机构带动，自由开闭；驱动装置手动或电动，或与计算机控制系统连接，实现全自动控制。温室外遮荫的降温效果好，它直接将太阳能阻隔在温室外。缺点是需要另建遮荫骨架；同时，因风、雨、冰雹等灾害天气时有出现，对遮荫网的强度要求较高；各种驱动设备在露天使用，要求设备对环境的适应能力较强，机械性能优良。遮荫网的类型和遮光率可根据要求具体选择（图1－17）。

②温室内遮荫系统：温室内遮荫系统是将遮荫网安装在温室内部的上部，在温室骨架上拉接金属或塑料网线作为支撑系统，将遮荫网安装在支撑系统上，不用另行制作金属骨架，造价较温室外遮荫系统低。温室内遮荫网因为使用频繁，一般采用电动控制或电动加手动控制，或由温室环境自动控制系统控制（图1－18）。

图1－17　外遮荫系统

图1－18　内遮荫系统

温室内遮荫与同样遮光率的温室外遮荫相比，效果较差。温室内遮荫的效果主要取决于遮荫网反射阳光的能力，不同材料制成的遮荫网使用效果差别很大，以缀铝条的遮荫网效果最好。

温室内遮荫系统往往还起到保温幕的作用，在夏季的白天用作遮荫网，降低室温；在冬季的夜晚拉开使用，可以将从地面辐射的热能反射回去，降低温室的热能散发，可以节约能耗20%以上。

（4）水帘风扇强排风系统　在节能和减低费用的前提下，较好的降温办法是蒸发降温，利用水蒸发吸热来降低室内大气的温度。这是当代温室生产中为数有限的几个重大发展之一。通过水壁的水蒸发，吸收空气热量，使进入室内的空气温度下降。水壁通常以大块的厚壁状（10cm厚）纸制物或铝制品为主体，其上有许多弯曲的小孔隙可以通气。纸制物要用化学品处理，使用经久并耐水湿。启动时，流水不断从上而下淋湿整个水壁。温室的北面（上可直至天沟的高度，下面可以到花架的高度或更低）全部装置这种材料，而在南面，相对装置大型排风扇。温室不开窗，在排风扇启动后，将室内高温空气不断向外排出，使室内外产生一个压差，从而迫使湿帘外的空气穿过湿帘冷却后进入温室，通过空气如此不断地循环和冷却达到降温效果。在大气相对湿度越低，蒸发越快的情况下，冷却效果越显著。该系统持续降温效果好，距水帘近处降温效果明显。

（5）微雾系统　此系统主要通过一台高压主机产生较大的压力，将经过过滤的净水送入管路，再由各处的喷头雾化喷出，其雾化颗粒直径5～40μm，这样的超细雾颗粒在落下之前被蒸发，由于水蒸发会消耗大量热量，所以可起到降温的作用（图1－19）。

图1－19　微雾系统

微雾系统降温速度较快，距喷头近处则更为理想。系统运行5min后基本进入稳定状态。此时由于室内湿度增加过大，继续喷雾已无法降低温度，而且由于超细雾颗粒此时因蒸发过程减慢，大部分会汇聚成较大颗粒落下，可能会对植物造成水伤。因此，运行一段时间后需停机一段时间，以便让湿气散发。所以，要求温室中通风条件良好，必要时可采取强排风措施加强通风。如果通风状态达到一定条件，可使温室降温达到很好的效果。

自然通风系统造价低廉，虽然效果可能不是很理想，但在自然条件下使用良好。水帘风窗系统连续降温效果较好，可使温室内同一区域保持在恒温状态下，但温室内各区域将稳步降温，温室空间过长则风扇处降温效果比较差。微雾系统降温快，均衡性好，但易造成湿度过大，并且不利于连续运行，需要有良好的通风设备配合，且当室内外湿度较低的条件下方可取得满意的效果。

3. 补光和遮光系统

（1）补光系统　现代化的切花栽培温室必须备有补光系统。补光系统一般由人工光源和反光设备组成。用于温室人工补光的光源主要有白炽灯、荧光灯、高压汞灯、金属卤化物灯、高压钠灯。它们的光谱成分不同，使用寿命和成本也有差异（图1－20）。

图1－20　补光系统

补光的目的一是延长光照时间，二是在自然光照强度较弱时，补充一定光强的光照，以促进植物生长发育，提高产量和品质。补光方法主要是用电光源补光。用人工补光的方法，可使长日照植物在短日照季节开花，如冬季温室栽培的唐菖蒲（长日照植物），每日延长光照达16h，即可正常开花。如用遮光方法，缩短每日的光照时间，可使短日照植物在长日照季节开花。

用于温室补光的理想的人造光源要求要有与自然光照相似的光谱成分，或光谱成分近似于植物光合有效辐射的光谱；要有一定的强度，能使床面光强达到光补偿点以上和光饱和点以下，一般在30～50klx，最大可达80klx。补光量依植物种类、生长发育阶段以及补光目的来确定。在短日照条件下，给长日照植物进行光周期补光时，按产生光周期效应有效性的强弱，各种电光源可以排列如下：白炽灯 > 高压钠灯 > 金属卤化灯 = 冷白色荧光灯 = 低压钠灯 > 汞灯。

白炽灯和日光灯发光强度低、寿命短，但价格低，安装容易，国内采用较多；高压水银灯和高压钠灯发光强度大，体积小，但价格较高，国外常作温室人工补光光源。灯泡的瓦数、安装密度和补光时间长短因植物而异。

除用电灯补光外，在温室的北墙上涂白或张挂反光板（如铝板、铝箔或聚酯镀铝薄膜）将光线反射到温室中后部，可明显提高温室内侧的光照强度，可有效改善温室内的光照分布。这种方法常用于改善日光温室内的光照条件。

（2）遮光系统　现代化的切花栽培温室还备有遮光系统。遮阳是在夏季高温季节生产鲜切花的必要手段，一般用竹帘或遮荫网覆盖，起到减弱光强的效果。常用的遮阳网有黄、绿、黑、银灰等颜色，宽0.9～2.2m，遮光率为35%～70%，夏季可降温4～8℃，使用年限为3～5年，平均费用为7～22元/m^2，具有轻便、易操作等优点，可依需要覆盖1～3层。

使用遮光幕可有效遮光从而缩短日照时间。用完全不透光的材料铺设在设施顶部和四周，或覆盖在植物外围的简易棚架的四周，严密搭接，为植物临时创造一个完全黑暗的环境。常用的遮光幕有黑布、黑色塑料薄膜两种，现在也常使用一种一面白色反光、一面为黑色的双层结构的遮光幕。

4. 计算机控制系统

过去温室内自动控制环境的装置都应用电动的自控装置，能根据探测器及光敏装置调节温室内的温度和湿度。如冬天室温下降时能启动更多的加热装置，夏天温度高时能自动开启水壁和排风扇，也可以根据定时器开启二氧化碳发生器。但是这种装置，只有一个探测器，只能对室内的一个固定地点进行探测，无法顾及全面。目前采用计算机控制（图 1－21），计算机可以根据分布在温室内各处的许多探测器所得到的数据，算出整个温室所需要的最佳数值，使整个温室的环境控制在最适宜的状态。因而既可以尽量节约能源，又能得到最佳的效果。但是计算机控制，一次性投资较大，目前采用的尚不普遍。但为满足未来大规模温室群发展的需要，逐步推广运用计算机控制，则是必然趋势。

图 1－21　计算机控制系统

5. 花床与花框

为了节省劳动力和温室面积，现代温室对花床做了十分重要的改革。

（1）滑动花床　又名变换通道（图 1－22）。一般每间温室都要有几个纵向的通道，如果有 4 排花床就要有 5 条通道，致使温室的有效利用面积只有总面积的 2/3 左右。20 世纪 80 年代初期出现了一种滑动花床，现已得到广泛的应用。即将花床的座脚固定后，用两根纵长的镀锌钢管放在座脚上面，再将和温室长度相等的花床底架（就是放盆的地方）放到管子上去，不加固定，利用管子的滚动，花床就可以左右滑动。因此一间温室只要留一条通道，把花床左右滑动，就可在每两个花床之间露出相当于通道宽度的间隔，也就是可变换位置的通道，这样每间温室的有效面积可以

图 1－22　滑动花床

提高到86%～88%，每单株植物的燃料费及其他生产费用下降30%。这种花床一般用轻质钢材作边框，用镀锌钢丝钢片作底。在上面摆满盆花时，于任何一端用一手即能轻易拉动。国内有用4分及6分镀锌钢管作边框，而用塑料打包带编网作底的花架。

（2）活动花框　活动花框在20世纪70年代出现于荷兰。温室中搬摆盆花往往需要大量劳动力，而这种活动花框能把大量盆花很轻易地从温室里移到工作室内进行各种操作，也可以移到荫棚冷库或装车的地方。花框呈长方的浅盆状，大小一般为（1.2×3.6）m～（1.5×6）m，框边高10～12cm，用铝制成，很轻，只有25kg左右。框放在两条固定的钢管上，框底有滚筒能在钢管上滚动。每个花框可以推滚到过道的运送车上，而后移向目的地。运送装置中最简单的只是一辆四轮车，复杂的有计算机控制能自动行进的设备。这种花框除了能沿钢管纵向滚动外，也能向左或向右滑动40～50cm，现出人行通道。固定钢管在冬天可以通热水，兼作加温用。这种设备虽然一次性投资较大，但因能节约可观的平日费用，所以也推广得很快。

6. 防虫网

温室是一个相对密闭的空间，室外昆虫进入温室的主要入口为温室的顶窗和侧窗，防虫网就设于这些开口处。防虫网可以有效地防止外界植物害虫进入温室，使温室中的花卉免受病虫害的侵袭，减少农药的使用。安装防虫网要特别注意防虫网网孔的大小，并选择合适的风扇，保证使风扇能正常运转，同时不降低通风降温效率。

7. 二氧化碳施肥系统

二氧化碳施肥可促进花卉作物的生长和发育进程，增加产量，提高品质，促进扦插生根，促进移栽成活，还可增强花卉对不良环境条件的抗性，已经成为温室生产中的一项重要栽培管理措施。但技术要求较高。现代化的温室生产中一般配备二氧化碳发生器（图1－23），结合二氧化碳浓度检测和反馈控制系统进行二氧化碳施肥，施肥浓度一般在600～1500μL/L，绝不能超过5000μL/L。二氧化碳浓度达到5000μL/L时，人会感到乏力，不舒服。目前，中国的蔬菜生产中已经常采用化学反应产生二氧化碳或二氧化碳燃烧发生器等方法进行二氧化碳施肥，但在花卉生产中还很少采用。相信不久的将来，二氧化碳施肥

图1－23　二氧化碳发生器

措施会很快用于中国的花卉生产。

8. 施肥系统

在设施生产中多利用缓释性肥料和营养液施肥，营养液施肥广泛地应用于无土栽培中。无论采取基质栽培还是无基质栽培，都必须配备施肥系统。施肥系统可分为开放式（对废液不进行回收利用）和循环式（回收废液，进行处理后再行使用）两种。施肥系统一般是由贮液槽、供水泵、浓度控制器、酸碱控制器、管道系统和各种传感器组成。施肥设备的配置与供液方法的确定要根据栽培基质、营养液的循环情况及栽培对象而定。自动施肥机系统可以根据预设程序自动控制营养液中各种母液的配比、营养液的EC值（用来测量液体肥料或种植介质中的可溶性离子浓度）和pH、每天的施肥次数及每次施肥的时间，操作者只需要按照配方把营养液的母液及酸液准备好，剩下的工作就由施肥机来进行了。比例注肥器是一种简单的施肥装置，将注肥器连接在供水管道上，由水流产生的负压将液体肥料吸入混合泵与水按比例混合，供给植物。营养液施肥系统一般与自动灌溉系统（滴灌、喷灌）结合使用。

9. 灌溉系统

灌溉系统是温室生产中的重要设备，目前使用的灌溉方式大致有人工浇灌、漫灌、喷灌（移动式和固定式）、滴灌、渗灌等。前两者为较原始的灌溉方式，无法精确控制灌溉的水量，也无法达到均匀灌溉的目的，常造成水肥的浪费。人工灌溉现在多只用于小规模花卉生产。后几种方式多为机械化或自动化灌溉方式，可用于大规模花卉生产，容易实现自动控制灌溉。

典型的滴灌系统由贮水池（槽）、过滤器、水泵、注肥器、输入管道、滴头和控制器等组成。使用滴灌系统时，应注意水的净化，以防滴孔堵塞，一般每盆或每株植物一个滴箭。

固定式喷灌是喷头固定在一个位置，对作物进行灌溉的形式，目前温室中主要采用倒挂式喷头进行固定式喷灌。固定式喷灌还适用于露地花卉生产区及花坛、草坪等各种园林绿地的灌溉。移动式喷灌采用吊挂式安装，双臂双轨运行，从温室的一端运行到另一端，使喷灌机由一栋温室穿行到另一栋温室，而不占用任何种植空间，一般用于育苗温室（图1－24）。

图1－24　移动喷灌机

渗灌是将带孔的塑料管埋设在地表下10～30cm处，通过渗水孔将水送到作物根区，借毛细管作用自下而上湿润土壤。渗灌不冲刷土壤、省水、灌水质量高、土表蒸发小，而且降低空气湿度。缺点是土壤表层湿度低、造价高，管孔堵塞时检修困难。

除以上所提及的灌溉方式外，欧美国家的温室花卉生产中还常采用多种其他自动灌溉方式，如湿垫（毛细管）灌溉（watering mat）、潮汐式灌溉系统（ebb and flood system）等。

二、塑料大棚

覆盖塑料薄膜的建筑称为塑料大棚（图1－25），是目前应用最广泛的普及型保护地设施，也是花卉栽培及养护的又一主要设施。它可用来代替温床、冷床，甚至可以代替低温温室，而其费用仅为建一温室的1/10左右。

图1－25 塑料大棚

塑料大棚的类型和结构有很多种，根据屋顶的形状分为圆拱形塑料大棚和屋脊形塑料大棚；根据耐久性能分为固定式塑料大棚（多用于栽培菊花、香石竹等切花或观叶植物与盆栽花卉等）和简易式移动塑料棚（多作为扦插繁殖、花卉的促成栽培、盆花的越冬等使用）；根据结构分为竹木结构大棚、悬梁吊柱竹木拱架大棚、拉筋吊柱大棚、无柱钢架大棚以及装配式镀锌薄壁钢管大棚。目前推广应用最多的有装配式镀锌薄壁钢管型大棚（俗称钢管大棚）和竹木圆拱形大棚两种。

塑料大棚一般南北延长，长30～60m，跨度6～12m，脊高1.8～3.2m，占地面积180～600m^2，目前普遍认为单栋以333.5～1000m^2一栋为宜，667m^2左右为好。大棚高度一般是2～3m，该高度便于顶部放风操作，同时花卉生长最高点距离棚顶应有60cm的空间，这样使得空气流通相对加快，避免形成死气团，烤坏花卉植株，造成病害。大棚跨度一般应是高度的2～4倍，即6～12m为好。花卉大棚还要求有一个适当的肩高，一般不低于1m，避免种植较高的花卉带来的困难。肩高应根据具体的种植要求来确定，应在1.5m以下选择，肩太高，棚顶平缓，对大棚受力不利。

大棚骨架由立柱、拱杆（架）、拉杆（纵梁）、压杆（压膜绳）等部件组成。棚膜一般采用塑料薄膜，生产中常用的有聚氯乙烯（PVC）、聚乙烯（PE）。目前，乙烯－醋酸乙烯共聚物（EVA）膜和氟质塑料（F－clean）也逐步用于设施花卉生产。

塑料薄膜具有良好的透光性，白天可使地温提高3℃左右，夜间气温下降时，又因塑料薄膜具有不透气性，可减少热气的散发而起到保温作用。在春季气温回升昼夜温差大时，塑料大棚的增温效果更为明显。如早春月季、唐菖蒲、晚香玉等，在棚内生长比露地可提早15～30d开花，晚秋时花期又可延长1个月。

塑料大棚以单层塑料薄膜作为覆盖材料，一般为0.10～0.15mm长寿防滴薄膜。塑料大棚全部依靠日光作为能量来源，冬季不加温。塑料大棚的光照条件比较好，但散热面大，温度变化剧烈。塑料大棚密封性强，棚内空气湿度较高，晴天中午，温度会很高，需要及时通风降温、降湿。一般采用手动卷帘通风，也可按照要求配置微滴灌系统。

总体说来，塑料大棚在北方只是花卉栽培中临时性的保护设施，常用于观赏植物的春提前、秋延后栽培生产以及从春到秋的长季节栽培（南方地区夏季去掉裙膜，换上防虫网，再覆盖遮阳网），同时还用于播种、扦插及组培苗的过渡培养，以及育苗、杂交制种等。与露地育苗相比，具有出苗早、生根快、成活率高、生长快、种苗质量高等优点。由于其结构简单，投资低，实用性强，在我国被广泛使用。

三、荫棚

荫棚是花卉栽培必不可少的设施（图1－26）。它具有避免日光直射、降低温度、增加湿度、减少蒸发等特点。温室花卉大部分种类属于半阴性植物，不耐夏季温室内高温，一般均于夏季移出温室，置于荫棚下养护；夏季嫩枝扦插及播种等也均需在荫棚下进行；一部分露地栽培的切花花卉如设荫棚保护，可获得比露地栽培更为良好的效果；刚上盆的花苗和老株，有的虽是阳性花卉，也需在荫棚内养护一段时间渡过缓苗期。

图1－26　荫棚

荫棚有临时性和永久性两类。临时性荫棚于每年初夏使用时临时搭设，秋凉时逐渐拆除，主架由木材、竹材等构成，多用于露地繁殖床和切花栽培。永久性荫棚是固定设备，骨架用水泥柱或铁管构成。

荫棚的高度应以花场内养护的大型阴性盆花的高度为准，一般不应低于2.5m。立柱之间的距离可按棚顶横担的尺寸来决定，最好不要小于2m×3m，否则花木搬运不便，并会减少棚内的使用面积。一般荫棚都采用东西向延长，荫棚的总长度应根据生产量来计算，每隔3m立柱一根，还要加上棚内步道的占地面积。整个荫棚的南北宽度不要超过8~10m，太宽则容易窝风；太窄，遮荫效果不佳，而且棚内盆花的摆放也不便安排。如果需将棚顶所盖遮荫材料延垂下来，注意其下缘应距地60cm左右，以利通风。荫棚中，可视其跨度大小沿东西向留1~2条通道。

荫棚应建在地势高燥、通风和排水良好的地段，保证雨季棚内不积水，有时还要在棚的四周开小型排水沟。棚内地面应铺设一层炉渣、粗砂或卵石，以利于排出花盆内多余的积水。位置应尽量搭在花卉温室附近，这样可以减少春、秋两季搬运盆花时的劳动强度，但不能遮挡温室的阳光。荫棚的北侧应空旷，不要有挡风的建筑物，以免盛夏季节棚内闷热而引起病虫害发生。如果在荫棚的西、南两侧有稀疏的林木，对降温、增湿和防止西晒都非常有利。

四、风障

风障是冬春季节设置在栽培畦北侧的挡风屏障（图1-27）。由秸秆和草帘等材料做成的风障是我国北方常用的简单保护措施之一，在花卉生产中多与冷床或温床结合使用，可用于耐寒的二年生花卉越冬、一年生花卉提早播种和开花。风障的防风效果极为显著，能使风障前近地表气流比较稳定，一般能削弱风速10%~50%，风速越大，防风效果越显著。风障的防风范围为风障高度的8~12倍。在我国北方冬春晴朗多风的地区，风障是一种常用的保护地栽培措施，但在冬季光照条件差、多南向风或风向不定的地区不适用。

图1-27　风障

欧洲所采用的风障采用不同宽度的黑色塑料薄膜条、木桩和铁丝网制成；

日本的风障采用遮阳网、木桩或铁架制成。

五、温床和冷床

（一）冷床

冷床是不需要人工加温而只利用太阳辐射维持一定温度、使植物安全越冬或提早栽培繁殖的栽植床。它是介于温床和露地栽培之间的一种保护地类型，又称阳畦（图 1－28）。冷床广泛用于冬春季节日光资源充足而且多风的地区，主要用于二年生花卉的越冬及一二年生花卉的提前播种，耐寒花卉促成栽培及温室种苗移栽露地前的锻炼。

图 1－28　阳畦

（二）温床

目前常用的是电热温床。电热温床选用耐高温的绝缘材料、耗电少、电阻适中的加热线作为热源，发热 50～60℃。在铺设线路前先垫以 10～15cm 厚的煤渣等，再盖以 5cm 厚的河砂，加热线以 15cm 间隔平行铺设，最后覆土。温度可用控温仪来控制。

温床的加温方法除应用电热温床外，还有发酵、热水、蒸汽等。过去常借用有机物发酵产生的热量来提高床土温度，后来又有了通热水或蒸汽加温的温床类型。现在，使用最多的是电热温床。电热温床调节灵敏，便于控制温度，而且发热迅速，加热均匀，可长时间连续加温，使用方便。电热温床不通电时，即改为冷床使用。电热温床的场地选择对电能的消耗影响很大，其中影响最主要的因素是地温和气温。为节约用电，电热温床应设在有保护设施的场地。生产中，常将温床附设于繁殖温室拱棚内。

电热温床主要由电加温线、控温仪、开关等组成。应用功率大时，可外加交流接触器。

电加温线是电热温床的基本设备。通常选用电阻适中、发热 50～60℃、外包以耐高温塑料绝缘的专用加热线 6.5m/m^2。铺设前，床底添入 10～15cm 厚的炉渣，其上覆 5cm 厚的砂，整平，加热线即铺设于砂上。加热线在砂面上平行曲折，两线相距 5cm，最后填入 5cm 的土壤。

控温仪能自动控制电源的通断以达到控制温度的作用，使用控温仪可节省用电约 1/3，可使温度控制在花卉的适温范围，并能满足不同花卉对地温的不同要求。使用时只需把感温头放在温床的土壤中，把控温仪的温度旋钮旋到需要设定的温度值即可。控温仪使用时应放在干燥、通风的地方，不要反复旋转控温旋钮，以免电位器损坏。

六、冷库

冷库是花卉促成和抑制栽培中常用的设备，通常保持0～5℃的低温。如在球根花卉的切花生产中，为满足花卉市场周年或多季供应的需要，常将球根贮存于冷库中，分期、分批取出栽植，不断上市。或在花卉生产过程中，因生长发育过快，不能按计划时间供花，则可放入适宜低温的冷库中，延缓其生长发育，适时取出，保证按时开花。冷库的大小，视生产规模和应用目的而异。最好能内外两间，内间保持0～5℃，用于低温贮藏；外间10℃左右，为缓冲间，在将球根或切花取出时，先在缓冲间过渡一段时间，以免骤冷骤热，伤害植物。缓冲间也适于催延花期时用来延缓开花（图1－29）。

图1－29 阿尔斯梅尔拍卖中心的玫瑰冷库

七、地窖

地窖又称冷窖，是冬季防寒越冬简易的临时性设施，可用以补充冷室的不足。我国北方地区应用较多，常用于不能露地越冬的宿根、球根、水生及木本花卉等的保护越冬。地窖通常深1～1.5m，宽约2m，长度视越冬植物的数量而定。地窖最低温度应高于0℃。

地窖应设于避风向阳、光照充足、土层深厚处，依设置方式可分为地下式和半地下式。地下式地窖大部分窖体在地面以下，少部分高出地面，其朝南的墙体可设窗户。地下式地窖保温保湿较好，但窖内高度较低，不便进入管理，通常建成“死窖”；半地下式地窖窖内较高，常设门，留有管理通道，建成“活窖”。地窖在地下水位较高的地区不宜采用。

窖顶的形式有3种，即人字形、平顶式及单坡式。单坡式的北面较南面高约20cm左右，窖内温度较平顶高；人字形和单坡式地窖窖内较高，工作和出入较为方便，多用于有出入口的地窖；平顶式多不设门。

设置窖顶时，用木料作支架，其上覆高粱秆或玉米秸，厚度10～15cm，再盖一层土或深泥封顶。初入窖时，气候较温暖，此时先不覆盖窖顶，随着气温的降低，再逐渐封顶。初覆顶时，土层易薄，土面封冻时，再行加厚。在窖的南侧设置入口，以便出入管理；冬季不需进入窖内管理时，可不设入口，能更好地保持窖内温度的稳定。为调节窖内温度，常设置通气口。初入窖时，气温较高，通气口可全部开放，随着天气变冷，逐渐关闭通气口。待春天升温时，为避免窖内闷热，植株受害，逐步打开通气口。入窖植株常带土球垒放窖内，盆栽者将花盆叠放即可。冷窖内的植物一般不需浇水，若见缺水，可加以补充。下大雪时，及时清除积雪。春天天气变暖后，逐渐清除覆土，以至全部去掉窖顶，稍稍锻炼几天，即可取出植物正常栽培。

第三节　花卉的季节生产

花卉生产受植物本身的生物特性、生长的环境条件以及气候影响，呈现出生产数量变动的季节特性，因此供给数量也呈现出起伏变动，往往出现花卉产业产销不均的情况。

花卉季节性生产明显，生产量受自然环境因子的影响较大。生产的季节性是影响花卉产品供给的表动因子之一。花卉依其种类和品种的不同，有不同的开花与生产季节，而呈现出明显的季节循环变动性（表1－1）。

表1－1　具有生产季节性的花卉产品

月份	切花	盆花
1月	郁金香、小苍兰	水仙、盆兰
2月	袋鼠花、金鱼草	报岁兰、金橘、菠萝花
3月	香豌豆、桃花、非洲菊	蝴蝶兰、黄金葛、杜鹃
4月	飞燕草、洋桔梗、葱花	美女樱、薜荔
5月	水仙百合、康乃馨、海芋	一串红、仙人掌
6月	满天星、火鹤花、石竹	石斛兰、变叶木、彩叶芋
7月	星辰花、向日葵	马拉巴栗、变叶木、彩叶芋
8月	纳丽石蒜、姜荷花	非洲堇、黛粉叶、孤挺花
9月	文心兰、紫苑草、姜荷花	观赏辣椒、长寿花、蕨类
10月	金花石蒜、天堂鸟、夜来香	秋海棠、三色堇
11月	百合、紫罗兰	报春花、拖鞋兰
12月	唐菖蒲、鸢尾	沈丹红、仙客来

对于花卉产期而导致供求失衡的问题，应当从花卉生产的季节性着手，需要充分利用现代农业设施和促成栽培等高新技术，分散花卉产期。夏荷秋菊是消费者耳熟能详的与季节有关的花卉产品，其他受到地理环境因素影响而呈现出季节性的花卉也不胜枚举。通常，在自然的条件下，花卉生产以春季为多，此乃因花卉的生物性、生产条件与产地的自然条件影响，其中影响较大的因子有日照、气温、降水量、风、土壤、水质。

第四节　花卉的工厂化育苗

工厂化育苗是随着现代农业的快速发展，农业规模化经营、专业化生产、机械化和自动化程度不断提高而出现的一项成熟的农业先进技术，是工厂化农业的重要组成部分，它是在人工建造的设施（光、温、水、气可控制）内，进行园林植物育苗（成批量、自动化程度高）的生产方式。工厂化育苗技术的发展，不仅推动了农业生产方式的变革，而且加速了农业产业结构的调整和升级，促进了农业现代化的进程。

一、工厂化育苗的概况

工厂化育苗是以先进的育苗设施、设备、种苗生产车间，将现代生物技术、环境调控技术、施肥灌溉技术、信息管理技术贯穿种苗生产过程，以现代化、企业化的模式组织种苗生产和经营，从而实现种苗的规模化生产。该技术在国际上已是一项成熟的农业先进技术，是现代农业、工厂化农业的重要组成部分。

国外一些发达国家的工厂化育苗起步较早，各国竞相研究. 推广应用范围较广，生产组织和管理已达到了较高的水平，早在20世纪50年代开始，一些发达国家就开展了蔬菜工厂化育苗的研究，到60年代，美国、法国、荷兰、澳大利亚和日本等国的工厂化育苗产业已经形成了一定的规模。70年代欧美等国在各种花卉的育苗方面逐渐进入机械化、科学化的研究。80年代美国、日本、英国等无土育苗（又称营养液育苗）新技术迅速发展起来。90年代初，美国专业种苗生产规模最大的是Speedling Transplanting和Green Heart Farms公司，包括花卉在内的商品苗年产量都在5亿~6亿株。1992年韩国引进工厂化育苗技术，专门设计了两种标准化结构的温室——等屋面钢结构玻璃温室和等屋面刚性覆盖材料温室，开发了专业化的自动播种系统、环境控制系统、可移动式苗床、嫁接装置、催芽室、灌溉施肥系统和幼苗发育管理技术体系。国际上各国竞相研究，推广应用范围较广，生产组织和管理已达到了较高的水平。随着工厂化育苗技术和育苗设施、设备的研制与应用，带动了温室制造业、穴盘制造业、基质加工业、精密播种设备、灌溉和施肥设备、秧苗储运设备等一批相关产业的技术进步和快速发展。

中国从1976年引入了电子叶间隙喷雾装置，对喷雾扦插育苗技术进行了试验和研究，开始发展推广工厂化育苗技术，1979年11月在重庆市召开的全国科研规划会议上确定蔬菜育苗工厂化的研究为全国攻关协作项目之一，1980年全国成立了蔬菜工厂化育苗协作组，开展了引进国外工厂化育苗技术的科技攻关。1987年，中国林业科学研究院研制出双长悬臂自压水式扫描喷雾装置，可以在全日照条件下进行喷雾扦插育苗。“九五”期间，工厂化育苗成为“工厂化农业示范工程”项目的重要组成部分，全国有一大批科研院所的相关技术人员从事工厂化育苗的技术研究和推广应用，我国花费大约1亿美元从法国、荷兰、西班牙、以色列、美国、日本等国引进全光大型温室，面积达175hm^2，特别是北京和上海的几个园区从荷兰、以色列、加拿大引进温室的同时，还带来了配套品种和专家。各地也相继建立起工厂化育苗生产线，促进了中国工厂化育苗的进一步发展。近几年来，在工厂化农业示范园里先后引进了连栋玻璃温室、连栋塑料温室、连栋PC板温室及与之配套的遮阳、内覆盖、水帘降温、滚动苗床、行走式喷水车、补光系统、加光系统、计算机管理系统等。由此，园艺作物的工厂化育苗技术在我国已迅速推广开来。

集中当今世界生物技术、工程技术、设施材料等的最新科技成果，提高花卉育苗水平、发展机械化育苗技术、推进育苗商品化进程，已成为发展花卉生产、尤其是花卉设施栽培生产中必须解决的关键问题。传统花卉育苗方式向工厂化育苗方式的转变是花卉生产发展的必然，是花卉业获取高产高效的基础。近年来，工厂化育苗在均衡市场供应、节约成本、提高效益等方面的作用越来越明显。

二、工厂化育苗的特点

1. 充分利用现代农业设施

为创造良好的生长环境，工厂化育苗生产必须有配套的保护设施，这是工厂化生产的最根本特征。工厂化育苗大部分生产活动都在室内进行，配套的保护设施有温室（连栋温室、日光温室）、塑料大棚、高架荫棚等。

2. 技术先进，科技含量高

一般工厂化生产育苗车间配置有增温降温、补光、自动喷淋设备，生产手段先进，改善了苗木生长发育的条件，苗木的生产受季节的影响小。但温室的光、温、水、气控制系统，配方施肥，病虫害防治等，这些都必须在技术人员的指导下才有可能完成，技术含量高，稍有失误将造成很大的经济损失。

3. 节省能源，容器育苗比例高

目前，工厂化育苗大多采用穴盘育苗（种苗）和纸袋育苗，成品苗的容器栽培也正成为发展方向。培养容器分为两类：一类是可与苗木一起定植的容器，如纸杯、黏土营养杯、营养砖、泥炭容器、纤维质压模容器等；另一类是不能与苗木一起定植入土的容器，如乙烯膜袋或营养杯以及可拆式种植钵、穴苗盘等。与传统的营养钵育苗相比较，育苗效率由每平方米 100 株提高到700～1000 株，能大幅度提高单位面积的种苗产量，还可节省电能2/3 以上，显著降低育苗成本。

4. 实现种苗的标准化生产

育苗基质、营养液等采用科学配方，实现肥水管理和环境控制的机械化和自动化。穴盘育苗一次成苗，幼苗根系发达并与基质紧密黏着，定植时不伤根系，易成活，缓苗快，能严格保证种苗质量和供苗时间。

5. 提高种苗质量

工厂化育苗由于采用机械精量播种的先进技术进行生产，大大提高了播种出苗率，节省种子用量。其生产的苗木无论在色质、株形、生长势及苗木包装运输，还是在定植等方面，均比露地培育的苗木有很大的优势，市场竞争力强。

三、工厂化育苗的作用

花卉、苗木工厂化生产育苗，是由传统生产向现代化生产转变的一次技术革命，是花卉苗木生产现代化的重要标志。工厂化育苗的目标是提高花卉产品产出率、质量和档次，改善劳动环境，增加种植者和企业收入。

1. 迅速推广花卉、园林植物新品种

工厂化育苗是环境相对可控的农业生产，它打破了季节和气候的限制，因此可以减轻由于干旱、冰雹、涝灾、低温等灾害性天气造成的损失，做到周年生产种苗，保证一个新品种引种成功后，能在较短的时间内迅速增加其群体数量，加速其产业化开发利用。

2. 推动花卉、园林苗圃生产技术和管理水平的提高

我国目前的花卉、园林苗木生产，大多采用传统露地栽培模式，生产技术含量不高。工厂化育苗技术的出现，将会推动花卉、园林苗圃在设施建设、生产技术、栽培管理和营销策略等方面的大力发展和改革。

3. 创建高产、高效的生产模式，经济效益明显

花卉、园林苗木的工厂化生产经济效益明显，属于高投入高产出的阳光产业。如以色列创造出每公顷温室每季收获300万枝玫瑰的高产量；江苏省农林学校投资近280万元建成的彩叶苗木种苗生产基地，其工厂化生产设施投资就高达160多万元，每年生产种苗超过300万株，年产值超过350万元。高效的工厂化育苗生产产值可达到传统露地育苗产值的几十甚至几百倍。

4. 具有良好的试验示范和推广辐射作用

在目前我国花卉、园林苗圃生产技术还相对落后的形势下，工厂化育苗、生产技术的出现，对广大花卉、苗木生产专业户和普通苗圃提高生产技术无疑是一种很大的促进。因此，工厂化育苗具有良好的试验示范和推广辐射作用。

5. 充分利用资源，带动其他产业快速发展

工厂化育苗所大量采用的日光温室园艺生产，使我国北方地区花卉、苗木不能生产的冬季变成了生产季节，可充分利用光能和土地资源。花卉、苗木的工厂化生产是高投入、高产出的产业，它涉及设施、环境、种苗、建材、农业生产资料等许多方面，由此可带动建材、钢铁、塑料薄膜、肥料、农药、种苗、架材、环境控制设备、小型农业机械、保温材料等行业的发展。

四、工厂化育苗的场地选择与设计

工厂化育苗的场地由播种车间、催芽室、育苗温室及附属用房（包装间、组培室等）组成。播种车间占地面积视育苗数量而定，主要放置播种流水线、搅拌机及一部分基质、肥料、育苗盘、推车等。催芽室一般15m^2左右，设有加热、增湿和空气交换等自动控制和显示系统，室内温度、光照可调，相对湿度能保持在85%～90%，室内的温湿度、照度在误差允许范围内相对一致。另外还有育苗温室。

五、工厂化育苗的设备设施

花卉工厂化育苗的设施、设备包括生物技术（组培快繁）中心、炼苗贮苗车间、催芽室、种苗生产温室、自动化播种设备、配套设施等。

（一）穴盘精量播种设备

穴盘精量播种生产流水线是工厂化育苗的重要设备，它包括以每小时40～300盘的播种速度完成拌料、育苗基质装盘、刮平、打洞、精量播种、覆盖、喷淋全过程的生产流水线。

（二）育苗环境自动控制系统

（1）加温系统　以燃油热风炉为宜，水暖加温往往不利于出苗前后的温

度升温控制，育苗床架内可埋设电加热线以保证秧苗根部温度的任意调控。

（2）保温系统　温室内设置遮荫保温帘或入冬前加装薄膜保温。

（3）降温排湿系统　主要是内外遮阳网、天窗、侧窗，南侧配置大功率排风扇，北侧配置水帘墙。

（4）补光系统　通常在苗床上部配置光通量为16000lx，光谱波长550～600nm的高压钠灯。

（5）控制系统　常由传感器、计算机、电源、监视和控制软件组成。

（6）肥水药一体化灌溉系统　常见的有行走式喷灌系统、滴灌系统、悬垂式喷灌系统。

此外，还有运苗车与育苗床架。运苗车包括穴盘转移车和成苗转移车。育苗床架可选择固定床架和育苗框组合结构或移动式育苗床架。移动式育苗床架可使温室的空间利用率由约70%提高到80%以上。

六、工厂化育苗的技术以及方法流程

花卉工厂化育苗技术包括专用花卉（切花、盆栽植物、花坛花卉等）优质品种筛选技术，温、光、水、气、营养因子监测调控技术，现代花卉种苗繁殖（播种、扦插、嫁接、组织培养等）技术、栽培（基质、营养液栽培等）技术及病虫害防治技术等。

工厂化育苗目前主要是采用穴盘育苗。穴盘育苗是一种采用一次成苗的容器进行种子播种及无土栽培的育苗技术，是目前国内外工厂化专业育苗采用的最重要的栽培手段，也是蔬菜、花卉苗木生产中的现代产业化技术。

（一）穴盘的选择

市场上穴盘的种类比较多，且穴盘的种类与播种机的类型又有一定的关系，因而穴盘应尽量选用市场上常见的类型，并且供应渠道要稳定。市场上一般有72穴、128穴、288穴、392穴等类型，长×宽一般为（54×28）cm（图1－30）。穴盘孔数的选用与所育的品种、计划培育成品苗的大小有关。一般培育大苗用穴数少的穴盘，培育小苗则用穴数多的穴盘。为了降低生产成本，穴盘应尽量回

图1－30　72孔穴盘

收，并在下一次使用前进行清洗消毒。

（二）穴盘育苗的基质

穴盘育苗采用的基质主要有：泥炭土、蛭石、珍珠岩等。泥炭土也称草炭，是地底下多年自然分化的有机质，无病菌、杂草、害虫，是较好的基质；蛭石是工业保温材料，经高温烧结后粉碎，无病菌、害虫污染，且保水透气性好，含有效钾5%～8%，酸碱度中性，作配合材料极佳；珍珠岩可作配料，但含养分低，持水力弱，价格高。买来的优质泥炭土和蛭石等仍然含有杂物，如草根、泥团、石块、矿渣等，必须经过筛选、粉碎后才能使用。各种基质和肥料要按一定的比例进行配制，并在配制过程中喷上一定量的水，加水量原则上达到湿而不黏，“手握成团、落地即散”。当采用泥炭土和蛭石（2∶1）的混合料时，一般播种前含水量应达到30%～40%。

（三）播种和催芽

播种由播种生产线（精量播种机，图1－31）来完成。播种生产线由混料设备、填料设备、冲穴设备、播种设备、覆土设备和喷水设备组成。穴盘从生产线出来以后，应立即送到催芽室上架。催芽室内保证高湿高温的环境，一般室温为28～32℃，相对湿度95%以上，根据不同的品种略有不同。催芽时间3～5d，有6～7成的幼芽露头时即可运出催芽室。

图1－31　气吸式穴盘育苗精良播种机

（四）温室内培育

育苗的温室尽量选用功能比较齐全、环控手段较高的温室，使穴盘苗有一个好的生长环境。一般要求冬季保温性能好，配有加温设备，保持室内温度不低于28℃；夏季要有遮阳、通风及降温设备，防止太阳直射和防高温，一般温室室温控制在32℃以内为好。育苗期内需要喷水灌溉，一般保持基质的含水量在60%～70%。

（五）穴盘苗出室

花卉、园林苗木种苗在室内生长和室外生长所处的环境不同，在出苗前3～5d应逐渐促进室内环境条件向室外环境条件的过渡，以确保幼苗安全出室。穴盘苗可作为种苗销售，也可出室露地培植成品苗，但在严冬季节出苗一定要处理谨慎，以免对小苗造成冻害。大田移植应计算每天的定植株数，按每天的移植株数分批出苗，保证及时定植。

（六）出室后管理

幼苗出室后对外界环境的适应性较差，必须精心管理，才能确保全苗、壮苗。定植后一周内要注意苗床温度，增加叶面喷雾的次数，适当遮阳。一周后可渐减喷雾次数和遮阳时间，直到小苗完全适应外界的环境条件之后，免去遮阳，转入正常管理。

日常管理：水分管理做到干干湿湿，以促进小苗的根系生长；施肥应以追肥为主，撒施或随水追施，需用复合肥150～240kg/hm^2，每隔3～5d根外追肥一次，用0.2%磷酸二氢钾喷雾，追肥后应及时浇水，防止烧苗。同时，应注意防治幼苗的病虫害。

七、工厂化生产育苗存在的问题

1. 一次性投入大，能耗成本高

近年引进、仿制、自行研制的大型温室，尤其是引进的温室，多数处于亏损经营状态。亏损原因主要是，建造投资高，能源消耗大，产品品质低，产品价值难以实现。

2. 管理体制、机制不完善

工厂化育苗发达的国家，建立有生产－加工－销售有机结合和相互促进，完全与市场经济发展相适应的管理体制和机制。而我国目前还没有建立起这种管理体制和机制。

3. 温室内环境控制水平及设备配套能力不够

如大棚，温室结构简易，设备简陋，难于进行温、光、气、水等环境的综合调节控制。覆盖材料在透光性、防老化、防尘性能方面亦低于国外同类产品或虽然硬件装备水平不低，但生产管理和运行水平远不及国外。

4. 产量和劳动生产率低

以人均管理温室面积比较，只相当于日本的1/5，西欧的几十分之一。

5. 缺乏系列化温室栽培专用品种

目前温室种植品种大部分是从常规品种中筛选出来的，很少有专用型、系列化，特别是国内自己选育的温室花卉栽培品种。

第五节 花卉的机械化生产

近年来，中国花卉产业发展十分迅速，花卉种植面积与销售额持续上升，花卉产值20年来年均增长约30%。2007年全国花卉种植面积75.03万hm^2，约占世界花卉总种植面积的1/3，成为世界最大的花卉生产基地；全国花卉销售额达613.70亿元，出口额约3.28亿美元。因此，中国在世界花卉生产贸易格局中占有重要的地位。

花卉生产在我国农业发展中具有独特的优势和地位，是种植业中最具活力的经济作物之一。因此，广泛运用先进的农业工程技术，加快花卉生产的机械化步伐，已经成为我国农业现代化建设的一项重要任务。

一、国外花卉生产机械

20世纪初期，欧洲一些国家开始大量种植花卉，出现了早期的近代秧苗栽植机具；到20世纪30年代后期，出现了栽植机或栽禾器代替人工直接栽秧；自50年代开始，欧洲国家开展作物压缩土钵育苗及移栽的生产技术研究，研制出多种不同结构形式的半自动移栽机和制钵机；到80年代，半自动移栽机已在西方国家的农业生产中广泛使用，制钵、育苗和移栽已形成完整的机械作业系统，实现了各种机械配套使用（图1－32～图1－37）。到目前为止，作物压缩土钵成形、钵上单粒精密播种和相应的自动化移栽设备在技术上基本达到了完善，也广泛应用于实际生产。欧洲的几个主要花卉生产国家（如荷兰、意大利、比利时、德国等）几乎全部的大地花卉生产都采用育苗移栽生产工艺。

图1－32 播种机

图1－33 做畦机

图1－34　移栽机

图1－35　覆膜机

图1－36　喷雾机

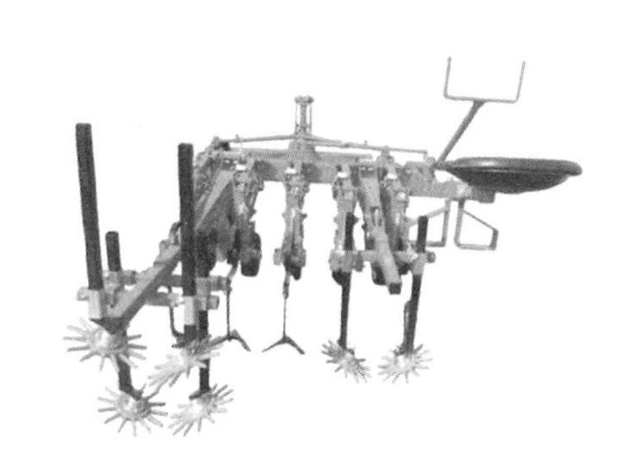

图1－37　除草机

温室花卉产业化生产在西方发达国家的水平很高、规模很大。荷兰、以色列等国大量采用智能化计算机控制、生产流程高度自动化。这种“植物工厂”的专业模式和分工方式能产生非常高的生产效率，大幅提高花卉的品质和产出率，能取得很好的经济效益。在信息化时代到来的今天，依托自动控制技术和信息技术的温室精准农业是备受关注的焦点，世界各国都在该领域开展研究，取得一系列很有特色的成果，极大地推动了温室精准农业生产技术的进步。其中，温室园艺生产机器人无疑是最具代表性的。目前全世界已经开发出了耕耘机器人、移栽机器人、施肥机器人、喷药机器人、嫁接机器人、扦插机器人、采摘机器人、苗盘播种机器人、苗盘覆土消毒机器人等相对比较成熟的可用于设施园艺生产的农业机器人。荷兰花卉生产非常发达，温室园艺产业具有高度工业化的特征，每年花卉产业可创造50亿欧元的价值。由于温室园艺产品生产摆脱了土地约束和天气影响，可以实现按工业方式进行生产和管理，其种植过程可以安排特定的生产节拍和生产周期，产后包装、销售也能够做到与工业生产如出一辙。因此，荷兰的机器人技术得到快速发展。很多温室使用机器人实现不分白昼的连续工作，极大地降低了劳动成本。荷兰球根花卉种球种植面积（2～3）万 hm^2，每个花卉农场平均种植面积达 50～60hm^2，大农场达到 100～200hm^2。每年夏秋是荷兰球根花卉种球收获季节，为了降低生产成本，各个花卉农场尽可能使用机械化作业。

目前国际大面积推广和应用的花卉机械系列主要有：旋耕机、翻转犁、播种机（苗盘式、气吸式）、育苗育秧机、基质搅拌机、装盆机、做畦机、移栽机、施肥机、弓棚覆膜机、喷雾机、除草机（行间、指盘式、机器人）、收获机等。

二、我国花卉生产机械

我国花卉生产一直是一项劳动密集型产业，长期以来，作业以人工为主，劳动力成本占蔬菜生产成本的 50% 左右。由于国内劳动力成本不断上涨，许多花卉生产企业出现用工荒。在这种情况下，花卉生产企业应不断提高单位劳动力的生产效率和减少对劳动力的过度依赖，用机械替代劳动力过度依赖的生产环节。

我国的园艺机械化是从无到有、从少到多逐步发展起来的，农机装备总量持续增长，农业机械化水平大幅度提高。近年来一批结构新颖、操作方便、效率高、适合我国国情的中小型园艺机械相继问世，并在生产实际中得到推广和应用；在设施园艺方面，我国设施栽培发展很快。我国园艺机械化的发展虽然取得了很大成绩，但其速度还落后于园艺生产的发展，园艺机械化水平还不高。目前花卉生产机械的研发应用处于初级阶段，以半自动化为主。

1. 露地花卉耕整机械

花卉耕整机械是在露地花卉生产过程中应用最多的，也是最成熟的，它包括深翻、旋耕、开沟、起垄（做畦）、中耕、培土、施肥、地膜覆盖等一系列机械作业。这些机械已经普遍被花卉生产基地、花农认可和接受，并加以推广应用。

图 1－38　装盆机

2. 种植机械

花卉种植机械包括育苗育秧机械、基质搅拌机械、装盆机械（图 1－38）、播种机械、移栽机械等。如用泥炭土搅拌机解决土壤准备，用盆栽上盆机解决种苗上盆，用传送带解决盆上苗床环节。据调查，一些花卉产业化生产较发达的省、市、自治区，已经开始加工制造、引进、推广应用这些机械，目前多为集约化经营的花卉生产基地应用，已经收到良好的示范效果。

3. 灌溉、植保机械

包括喷灌、滴灌、渗灌、肥水一体化、农药喷淋等。灌溉机械在我国大面积露地花卉生产中已经普遍应用；随着设施花卉的发展，滴灌、渗灌、肥水一体化等机械设备也已开始较大面积地推广应用。我国农药喷洒机械目前已在花卉生产基地、花卉种植农户普遍应用，其中部分花卉生产基地还拥有燃油或电力发动的植保机械，而花卉种植户则多为人工机械。

4. 采收及采后分级、加工、包装机械

目前我国花卉，多为人工采收，收获机械应用较少，处于起步阶段；一些花卉批发市场、拍卖市场，由于需要，已经具有一定的分级、包装、预冷、运输方面的设备和机械（图 1－39）。

图 1－39　鲜切花采后包装

三、制约花卉生产机械化的主要因素

1. 种植分散，规模化程度不高

我国花卉种植相对分散，即使花卉种植规模较大的地区，也很难做到成方连片大面积集中种植。分散种植加大了花卉的生产成本，增加了实现机械化的难度，降低了机械使用效益。

2. 花卉种类多，种植收获技术要求高

我国花卉种类繁多，包括草花类、宿根类、球根类、藤蔓类、灌木类、乔木类等；生产环节复杂，包括鲜切花、盆花、花坛花境等，种植与收获技术难度大。这也是花卉生产机械化发展迟缓的原因之一。

3. 研发相对滞后，适用于花卉生产的机械较少

目前我国花卉机械化研发力量不足，受资金、技术等因素的限制，很难生产出满足要求的高技术产品，因而导致花卉生产机械化发展缓慢。

四、实现花卉生产机械化的途径与对策

我国是世界上花卉种植种类最多和种植面积最大的国家。随着我国近年来经济发展水平的持续提高，人们的消费水平不断提高，消费逐渐科学化，尤其注重精神和文化消费，消费层次不断提高。花卉作为美化形象的产品，正在逐渐成为人们日常的消费品。随着中国经济的增长和社会发展，稳定的花卉消费群体会逐渐产生与壮大。因此，科技创新、改变花卉种植的传统模式，代替传统的繁重的人工劳动，必须广泛运用先进的农业工程技术和实现生产的机械化。

要发展、壮大花卉产业，就要在生产中应用先进的科学技术和装备，并采用现代化的科学管理方式，改善园艺生产的环境和条件，提高劳动生产率，提高生产水平。

园艺机械化生产的效率提高，单位面积生产所需要的劳动力减少，在园艺产品的生产过程中可提高劳动生产率。劳动者成为机械的操作者，改善了园艺生产的条件，减轻了劳动强度。同时还能够防御自然灾害，减少损失，强化和发展生产能力。

园艺机械化结合园艺生物技术措施可促进园艺作物的生长发育，提高园艺产品的产量和品质，更可实现蔬菜、花卉的反季节生产销售，创造良好的社会效益和经济效益。

1. 推进规模化生产，区域化布局，提高机械使用效率

实现花卉规模化、集约化、产业化生产是花卉机械大面积应用的前提，各级政府部门要制定政策，鼓励农民大力发展规模化花卉生产，推进花卉机械规模化作业，扩大机械作业面积。

2. 建立农机农艺协作机制，共同促进发展

统一、规范的种植模式是提高机械效率、发挥机械效益的前提，农机农艺部门要积极协调，逐步建立起农机和农艺的协作机制，把传统农艺和现代化农业机械技术结合起来，最大限度地发挥机械效益。

3. 增强自主研发和创新能力，大力实施农机工业技术创新工程

围绕改善科研手段和科研条件，着力提升新机具的研发能力。围绕机制创新，大力支持重点企业技术进步，增强农机工业自主创新和核心竞争力，带动农机工业快速发展。

4. 加快设施园艺应用机械的研发应用

几年来，我国设施农业发展迅速，要重点示范推广果蔬花卉等园艺作物环境智能化控制装备、设施栽培节能减排技术与装备、设施园艺机械化作业

技术与装备。

5. 完善花卉生产机械的社会化服务体系

大力实施新型农机服务组织推进工程，加快农机服务组织建设速度，使农机服务组织有完善的基础设施、良好的运行机制、较高的技术水平、较大的服务规模、显著的综合效益。

花卉生产机械化水平是衡量现代农业发展程度的一个重要标志。农业机械是先进的生产工具，是建设现代农业的物质基础，是促进传统农业向现代农业转变的关键要素，因此，加快花卉生产机械化的步伐，推动农业现代化建设的进程，已经成为新时期的一项重要任务。

第二章　草本观花类

第一节　金盏菊

一、简介

金盏菊，学名 *Calendula officinalis* L.，又名金盏花、黄金盏、长生菊、醒酒花、常春花，为菊科金盏菊属一年生或越年生草本植物。原产欧洲南部，现世界各地都有栽培。英国的汤普森·摩根公司和以色列的丹齐杰花卉公司在金盏菊的育种和生产方面闻名于欧洲。金盏菊常用于花坛摆花。

结合我国的实际情况，用金盏菊花瓣作原料提取叶黄素油、制备叶黄素是很有前途的项目。将金盏菊花瓣经发酵→脱水→造粒→干燥处理后得到干花颗粒，用正己烷或其他溶剂萃取含油树脂，脱除溶剂后将产品溶于乙醇，然后用浓碱皂化，经离心分离出结晶产物，然后重结晶提纯产品。

二、生长习性

金盏菊适应性较强，喜光照，但怕炎热天气，能耐 -9℃低温；对土壤要求不严，耐瘠薄干旱土壤及阴凉环境，在阳光充足及肥沃地带生长良好。

三、栽培技术

（一）繁殖方法

1. 播种繁殖

常在 9 月中下旬以后进行秋播。播前进行基质消毒、种子催芽，直接把种子放到盛有基质的育苗穴盘中，播后覆盖基质，覆盖厚度为种粒的 2～3 倍。播后可用喷雾器把播种基质淋湿，上覆塑料薄膜，以利保温保湿；幼苗出土后，及时揭开薄膜，并在每天上午的 9：30 之前，或者在下午的 3：30 之后让幼苗接受太阳的光照。当大部分的幼苗长出了 3 片或 3 片以上的叶子后，移栽上盆。

2. 扦插繁殖

扦插基质为营养土、草炭等材料，并进行消毒；选择粗壮、无病虫害的顶梢作为插穗，直接用顶梢扦插。

（二）栽培管理

1. 上盆或移栽

小苗装盆时，先在盆底放入 2～3cm 厚的粗粒基质或者陶粒来作为滤水层，其上撒上一层充分腐熟的有机肥料作为基肥，厚度为 1～2cm，再盖上一层基质，然后放入植株，以把肥料与根系分开，避免烧根。

2. 摘心

上盆 1～2 周后，或者当苗高 6～10cm 并有六片以上的叶片后，把顶梢摘掉，保留下部的 3～4 片叶，促使分枝。在第一次摘心 3～5 周后，或当侧枝长到 6～8cm 长时，进行第二次摘心，即把侧枝的顶梢摘掉，保留侧枝下面的 4 片叶。进行两次摘心后，株形会更加理想，开花数量也多。

3. 温湿度

金盏菊喜欢温暖气候，忌酷热，在夏季温度高于 34℃时明显生长不良；不耐霜寒，在冬季温度低于 4℃以下时进入休眠或死亡。最适宜的生长温度为 15～25℃。金盏菊喜欢较高的空气湿度，空气湿度过低，会加快单花凋谢，最适空气相对湿度为 65%～75%。

4. 肥水管理

金盏菊与其他草花一样，对肥水要求较多，但要求遵循“淡肥勤施、量少次多、营养齐全”的施肥（水）原则，并且在施肥过后，晚上要保持叶片和花朵干燥。金盏菊在生长期间应保持土壤湿润，每 15～30d 施 10 倍水的腐熟尿液 1 次。

5. 光照

春夏秋三季需要在遮荫条件下养护。冬季要给予直射阳光的照射。

6. 花期调节

（1）早春正常开花之后，及时捡出残花梗，促使其重发新枝开花；加强水肥管理，到了 9～10 月可再次开花。

（2）8 月下旬秋播盆内，降霜后移至 8～10℃温度下培养，1 周左右浇 1 次水，保持盆土湿润，每月施加 1 次复合液肥，这样隆冬季节即能不断开花。

（3）3 月底或 4 月初播种，6 月初开花；8 月下旬播种，经越冬管理，第二年五一节金盏菊为盛花期。

（4）将金盏菊种子放在 0℃冰箱内数日进行低温处理，然后于 8 月上旬播种，9 月下旬即可开花。

（三）病虫害防治

金盏菊常发生枯萎病和霜霉病危害，叶片常发现锈病危害，平时管理中宜加强环境调控，及时剪除病叶、老叶，枯萎病和霜霉病严重时可用65%代森锌可湿性粉剂500倍液喷洒防治。初夏气温升高时，发现锈病危害，用50%萎锈灵可湿性粉剂2000倍液喷洒。早春花期易遭受红蜘蛛和蚜虫危害，可用20%三氯杀螨醇乳油500～600倍液、10%蚍虫啉可湿性粉剂2000倍液分别防治。

第二节　垂鞭绣绒球

一、简介

垂鞭绣绒球，学名 *Amaranthus caudatus* L.，别名老枪谷、仙人谷，为苋科苋属一年生草本植物。垂鞭绣绒球相传是我国汉代由西域引进的宫廷花卉，历代宫中多有栽植。后来随着朝代的变迁，几近失传。1999年此花为“昆明世界园艺博览会”观赏花卉，花前肉质茎与叶片可作营养蔬菜食用。

垂鞭绣绒球可作盆栽观赏，也可作为姿态各异的鲜切花观赏，其干花可作装饰：剪下结有绒状花球的分枝，置于阴凉处，待半干后组拼，北方无花时节可作室内装饰。

二、生长习性

垂鞭绣绒球对土壤要求不严，生长期最佳适温18～28℃，能耐－2℃寒霜。

三、栽培技术

（一）繁殖方法

北方通常3～5月播种（南方四季均可），播后两个月初现花蕾。最佳赏期为分枝花穗下垂围满植株，花球膨大的盛花期（播种至此时需100d左右）。赏期可达3个月以上。

垂鞭绣绒球可垄作穴播，也可畦作条播。采用营养钵育苗，播后覆土不宜超过1cm，播后温度保持20～25℃，3～5d出苗，随着幼苗增长要及时间苗，使其留下的苗保持苗壮。

（二）栽培管理

1. 定植

幼苗5～6叶或苗高20～35cm时，即可定植或入盆。陆地栽种观赏每丛

1～3 株，丛距不得小于 1.5cm，大盆栽植不可多于 3 株，小盆 1～2 株为宜。

2. 摘心疏穗

当苗高 70cm 时，花蕾长出 2～5cm，可摘除主干花穗，每株留顶端以下分枝 8～15 个，三株一丛共留分枝 30 个左右为宜。近地部主干 30～50cm 处弱枝需剪除，保留的结穗分枝只留顶端 3～5 个花穗，其他花穗和余蘖小杈，随长随摘除（注意：剪分枝小杈、花穗时，要把靠分枝处小红节点留在原分枝上，使其逐渐膨大成球，增加观赏性）。

3. 肥水管理

该花底土应混有少量腐熟农家肥或腐叶土、泥炭土为宜。生长期每隔 1 个月施 1 次三元素肥料，也可视植株长势适当喷施叶面肥或微肥。切忌浇水过多，生育期间保持土壤见湿见干即可。

4. 矮化栽培

除低温育苗与减少光照控制株高外，通常多采用喷施矮壮素，还可提早摘心，给分枝二次摘心，培养次枝接穗。

5. 养护

该草花属中大型观赏品种，半成苗、成株地上部株冠沉重，为防止雨后肉质茎脆弱、风吹倒伏，需在主干旁插立柱，稍加绑缚，切忌在根部过多培土，造成烂茎。另外夏季伏日高温、强光直射对此花生长不利，此时若在日照 70% 阴凉通风处或在遮荫物旁可理想越夏，又可延长观赏期。

（三）病虫害防治

垂鞭绣绒球成苗后常因多水、高温而引发软腐病、猝倒病，其防治方法通常为定植前后用灭菌剂灌根或叶面喷雾。定植后的成苗如发生茎叶萎蔫、根茎局部腐烂，可用锋利刀片将腐烂处削去，用干面粉掺拌灭菌药 6∶1 抹在伤口处即可治愈。

大面积预防软腐病也可喷施磷酸二氢钾等高效钾肥 1～2 次，增加茎干木质化程度，效果较好。为防治叶面毛虫、蚜虫、菜青虫、钻心虫、红蜘蛛，可喷施新型低毒药剂，确保无公害。

第三节　薰衣草

一、简介

薰衣草，学名 *Lavandula angustifolia* Mill.，又名香水植物、灵香草、香草，属唇形科薰衣草属多年生草本或小矮灌木。原产于地中海沿岸、欧洲各地及大洋洲列岛，后被广泛栽种于英国及南斯拉夫，是庭院中一种新的多年生耐寒花卉，适宜花径丛植或条植，也可盆栽观赏。薰衣草在罗马时代就已是相当普遍的香草，因其功效最多，被称为“香草之后”。我国新疆的天山北麓与法国的普罗旺斯地处同一纬度带，且气候条件和土壤条件相似，是世界三大薰衣草种植地之一。中国的薰衣草之乡，已列入世界八大知名品种之一。伊犁霍城县薰衣草种植面积已达 3 万多亩，精油产量达到全国产量的 97% 以上。

二、生长习性

薰衣草喜温暖气候，耐寒、耐旱、喜光、怕涝、抗盐碱。它对土壤要求不严，耐瘠薄，喜疏松、排水性良好的中性偏碱土壤。由于不耐水涝，薰衣草在南方地区地栽有一定难度，但作为芳香植物，却是一种优良的盆栽花卉。

薰衣草是全日照植物，需要阳光充足的环境。

薰衣草为半耐热性，好凉爽，喜冬暖夏凉，生长适温 15 ~ 25℃，长期高于 38 ~ 40℃顶部茎叶枯黄。北方冬季长期在 0℃以下即开始休眠，休眠时成苗可耐 -25 ~ -20℃的低温。

三、栽培技术

（一）繁殖方法

薰衣草的繁殖方法主要有播种、扦插、压条、分根四种，主要采用扦插和播种法。

1. 种子繁殖

薰衣草种子细小，宜育苗移栽。播种期一般选春季，温暖地区可在每年的 3 ~ 6 月或 9 ~ 11 月进行，寒冷地区宜 4 ~ 6 月播种，在温室冬季也可播种。

薰衣草种子发芽天数约 14 ~ 21d。发芽适温 18 ~ 24℃。发芽后需适当光照，弱光照易徒长。种子因有较长的休眠期，播种前应浸种 12h，然后用20 ~ 50μL/L 赤霉素浸种 2h 再播种。播种前平整土地，浇透水，待水下渗后，均匀播上种子，然后盖上一层细土，厚度为 0.2cm，盖上草或塑料薄膜保墒。保持 15 ~ 25℃，要求苗床湿润，约 10d 即出苗。苗期注意喷水，当苗子过密时可适当间苗，待苗高 10cm 左右时可移栽。

2. 扦插繁殖

扦插一般在春、秋季进行。夏季嫩枝扦插也可。扦插的介质可用 2/3 的粗砂混合 1/3 的泥炭。

选择发育健旺的良种植株，选取节距短粗壮且未抽穗的一年生半木质化枝条顶芽，于顶端 8 ~ 10cm 处截取插穗。插穗的切口应近茎节处，力求平滑，勿使韧皮部破裂。将底部 2 节的叶片去除，插水 2h 后再扦插于土中，2 ~ 3 周就会发根。也可选 8 ~ 10cm 的一年生枝条，在排水良好、保持湿润、20 ~ 24℃ 床温的条件下，约 40d 生根。

地膜扦插，整地做畦，浇透水后覆膜，立即扦插。扦插深度 5 ~ 8cm，行距 20 ~ 25cm。注意提高地温，促进根系发育；勤修剪延伸枝，及时摘除花穗，促进分枝，培育壮苗。

3. 分株繁殖

春、秋季均可进行，用 3 ~ 4 年生植株，在春季 3 ~ 4 月用成株老根分割，每枝带芽眼。

（二）栽培管理

薰衣草为多年生小灌木，一般能利用 10 年左右，易栽培。播种到开花（或采收）所需的时间为 18 ~ 20 周。

1. 春季管理

定植株距 60cm，行距 120cm。新定植的小苗要浇好定根水，5 月底扒土放苗，气温回升时浇水，为小苗定根、老苗返青浇好关键水。浇水一周后松土，保墒提温，老苗田每 667m^2 施尿素 20kg、过磷酸钙 15kg、油渣 30kg，施入行间人工深翻。以起到施肥、松土、保墒、提温的作用，利于薰衣草春季返青生长。

2. 生长期至盛花期管理

及时中耕锄草，小苗在 6 月 20 日前出现的花蕾要及时打掉，促进植株多发枝，为当年秋季形成产量和来年高产打下基础，对老苗地块要做到田间无杂草，5 月初浇好现蕾水，6 月浇好花期水。

3. 修剪

薰衣草花朵的精油含量最丰富，利用时以花朵或花序为主，为方便收获，栽培初期的一些小花序以大剪刀整个理平，新长出之花序高度一致，有利于一次收获。有些品种高度可达 90cm，也用这个方法使植株低矮促使多分枝、开花，增加收获量。开完花后必须进行修剪，可将植株修剪为原来的 2/3，株形会较结实，并有利于生长。

（三）盆栽管理

薰衣草盆栽时宜用大型容器栽培。为预防过湿可选用陶盆，使用塑料盆时下部需铺 2 ~ 3cm 陶粒。

薰衣草不耐炎热和潮湿，若长期受涝可致根烂死亡。室外栽种时注意不要让雨水直接淋在植株上。5 月过后需移置阳光无法直射的场所，增加通风程度以降低环境温度，保持凉爽。

1. 基质

注意选择排水良好的介质，可以使用1/3的珍珠石、1/3的蛭石、1/3的泥炭混合后使用。

2. 浇水

薰衣草不耐涝。在1次浇透水后，应待土壤干燥时再给水，以表面培养介质干燥、内部湿润为度，叶子轻微萎蔫为主。浇水选择早晨，避开阳光，水不要溅在叶子及花上，否则易腐烂且滋生病虫害。

3. 施肥

将优质有机肥放在盆土内当作基肥，生长期间每两个月追施1次有机肥。小苗可施用花宝二号（20－20－20），成株后再施用磷肥较高的肥料如花宝三号（10－30－20）。薰衣草不宜施肥过多，否则香味会变淡。

（四）病虫害防治

薰衣草的主要病害是根腐病，一年生的播种苗或扦插苗受害时首先出现植物萎蔫、失水、叶色暗淡，叶片枝条顶部向下弯曲下垂，在现蕾期表现最明显。轻者夜间可以复原，重者两三天就死亡，根部腐烂，茎部导管变褐呈现光泽。高温高湿的环境下，要加强通风，保持空气干燥。特别是6～10月，雨后要及时翻盆，注意防止盆土积水。发病初期可以用百菌清、多菌灵800倍溶液灌根，每月1次。

第四节　紫罗兰

一、简介

紫罗兰，学名*Matthiola incana*（L.）R. Br.，又名草桂花、四桃克、草紫罗兰，为十字花科紫罗兰属一年生或二年生草本花卉，双子叶植物。原产地中海沿岸，目前我国南部地区广泛栽培。一般在头年秋季播种，翌年春季开花，是春季花坛的主要花卉，也是重要的切花，花朵持久。其矮生品种，可用于盆栽观赏。

二、生长习性

紫罗兰喜冷凉的气候，忌燥热，喜通风良好的环境，能耐短暂的－5℃的低温。对土壤要求不严，要求肥沃湿润及深厚的土壤，在排水良好、中性偏碱的土壤中生长较好，忌酸性土壤。紫罗兰耐寒不耐阴，怕渍水，适于位置较高、接触阳光、通风、排水良好的环境中。切忌闷热，在梅雨季节天气炎热而又通风不良时则易受病虫危害。喜阳光充足，但也稍耐半阴，光照和通风如果不充分，易发生病虫害。

三、栽培技术

（一）繁殖方法

主要为种子繁殖。

1. 播种期

播种适期因各系统开花的时期、生产方式和栽培形式的差异而有所不同。紫罗兰的花期通常是利用品种、播种期以及温室、冷床、补充光照等进行调节的。对一年生品种，在夏季凉爽地区，一年四季都可播种。1 月播种的 5 月开花，2～3 月播种的 6 月开花，4 月播种的 7 月开花，5 月中旬播种的 8 月开花。可以此类推，通常要有 100～150d 的生长期。为保证紫罗兰生产的高效，多采取秋季播种育苗，春节前后上市。

2. 从播种到胚根长出

要 4～9d，无需覆盖，适宜基质温度 20～26℃，pH 5.0～5.5，EC 值小于 0.75，发芽期应始终保持基质湿润，但绝不能饱和。

3. 从播种到第一片真叶出现

需 11～16d，基质温度保持在 18～24℃，湿度中等。pH 5.2～5.6，EC 值小于 1.0。光照应充足，但避免夏季强光直射。当子叶完全展开后，追施硝酸钾或硝酸钙。全苗后用广谱性杀菌剂甲基托布津灌根或喷雾，防治立枯病、根腐病等病害。

4. 从播种到成苗

需 21～28d，最适基质温度 16～24℃，空气相对湿度不超过 80%，光照充足，基质较干，以利于根系生长。基质 pH 保持在 5.2～5.8，EC 值小于 1.5。本阶段交替施用硝酸钾或硝酸钙肥料。施肥可与浇清水交替进行，以控制植株高度。注意防治线虫和地种蝇等植物根部虫害，可用克线膦等农药灌根。

5. 炼苗

需 7d。基质温度控制在 14～20℃，空气相对湿度小于 70%，浇水前使基质充分干透。基质 pH 保持在 5.2～5.6，EC 值小于 0.75。在植株不缺肥的情况下，每周施用 1 次含硝酸钾或硝酸钙的肥料。

（二）栽培管理

1. 定植时间与密度

紫罗兰播种育苗后经过 30～40d，在真叶 6～7 片时定植。栽植间距，无分枝性系（12×12）cm，分枝性系（18×18）cm，加温栽培比无加温栽培稍大。

2. 低温处理

紫罗兰定植后，要保持低于15℃的温度20d以上，花芽方能分化，因而温室栽培的紫罗兰到10月下旬时，要把换气窗、出入口全部打开，以便降温，确保花芽分化。有8片以上真叶的幼苗，遇上三周时间5~15℃的低温，花芽就分化。因而在自然条件下，多数在10月中下旬分化花芽。为了早日出产，到10月中旬就要培育出具8片以上真叶的幼苗。花芽分化后在长日照条件下，如保持5℃以上，花芽形成快，能提早2周开花。

3. 摘心

无分枝性系紫罗兰无需摘心。分枝性系紫罗兰定植15~20d后，真叶增加到10片而且生长旺盛，此时可留六七片真叶，摘掉顶芽；发侧枝后，留上部3~4枝，其余及早摘除。

（三）病虫害防治

紫罗兰易发生的病害有根腐病和灰霉病等，可用50%甲基托布津或50%多菌灵500倍液防治根腐病，灰霉病则用5%扑海因可湿性粉剂1500倍液或50%速克灵可湿性粉剂1500~2000倍液防治。

紫罗兰的虫害有蚜虫、蓟马、潜叶蝇等，分别用10%一遍净可湿性粉剂2000倍液、1.8%爱福丁乳油3000倍液、75%辛硫磷乳油1000~1500倍液防治。

第五节　夜来香

一、简介

夜来香，学名*Telosma cordata*（Burm. F.）Merr.，又名夜香花、夜兰香，是萝摩科夜来香属藤状灌木。亚洲热带和亚热带及欧洲、美洲有栽培，国内主要分布在华南地区。每年春季开始开花，花期很长，多为盆栽观赏植物。花多黄绿色，有清香气，夜间更浓。

二、生长习性

夜来香性喜温暖湿润、阳光充足、干燥的气候环境，由于其根系发达，所以适应性强，生命力旺盛。夜来香主要生长在排水性好、土质肥沃的土壤中；它对于温度要求较高，要求年平均温度20℃左右；夜来香喜肥，所以在它的生长过程中要少量多次地进行施肥；夜来香对水分要求也很高，在炎热的夏季要多浇水，冬季要保持土壤湿润，但是切忌内涝。

三、栽培技术

（一）繁殖方法

主要有扦插繁殖、压条繁殖、分株繁殖和种子育苗等方法，最常用的是扦插繁殖。扦插繁殖于春、夏、秋季进行。扦插的枝条长成新幼苗后，将新幼苗移到花盆里进行养护即可。

1. 选插条

选择生长健壮、无病虫害的枝条，在同一植株上选择当年生、中上部向阳的枝条，要求枝条节间较短、枝叶粗壮、芽尖饱满，不宜选用即将开花的枝条和徒长枝。

2. 选基质

用泥炭土、腐叶土加砂土分别按 3∶3∶4 配制，这样配制的床土具有提高床温、保水、通气、肥沃、偏酸等特点，适宜枝条生根发芽。

3. 处理插条

扦插前用 ABT 生根粉等药剂处理插条，有促进生根的效果。具体做法是将插穗截成 8～12cm 的一段，上面带有 2～3 个芽，插穗下部的切口宜在节下 0.5cm 处，切口要平滑，剪去下部叶片，仅留顶部 2～3 个叶片，然后用 ABT 生根粉等药剂处理插条。插条插深一般以 3cm 左右为宜。

4. 环境调控

生根适宜温度为 20～24℃，插床空气相对湿度为 80%～90%，光照在 30% 左右。水分应适宜，扦插初期水分稍大，后期稍干。露地扦插适期为 5 月初～6 月中旬。

5. 加强插后管理

插后应浇透水，用塑料薄膜覆盖，放在较荫蔽处，防阳光直射，并且在夜间增加光照，助其扦插成活。要经常喷水，保持插床适度湿润，但喷水不可过量，否则插床过湿，常影响插条愈合生根。待插条新根长到 2～3cm 时，即可适时移植上盆。花后冬季应搬入室内养护。

（二）盆栽管理

1. 配制盆土

夜来香喜疏松、排水良好、富有机质的偏酸性土壤。其盆土一般用泥炭土或腐叶土 3 份加粗河泥 2 份和少量的农家肥配成，盆栽时底部约 1/5 深填充陶粒，以利排水，上部用配好的盆土填充。

2. 适宜环境

盆栽夜来香要求通风良好的环境条件，5 月初 ~9 月底宜放院内阳光充足处或阳台上养护，夏季的中午应避免烈日曝晒。

3. 施肥

在其生长过程中，每隔 10 ~15d 施一次液肥，4 月下旬开始每半月施一次稀薄液肥，从 5 月中旬起即可保证不断开花。

4. 浇水

夜来香夏季是生长旺季，除施足肥料外，盆土必须保持经常湿润，必要时一天浇 2 次水。若是幼苗，每天应向叶面喷水 1 ~2 次。

5. 适温

每年 10 月中下旬应将其移入棚室内，棚室温度要求保持 8 ~12℃，如温度低于 5℃，叶片会枯黄脱落直至死亡。

6. 换盆

换盆宜在春季 4 月初出室前进行，换盆时应去掉部分旧土和老根，换上新的培养土，并进行重剪，以促发新枝。换盆后要保持盆土湿润，但盆内不能有积水，换盆后若发现嫩叶略有下垂，要及时浇水。

7. 调整株形

栽培管理中需搭设棚架，植株上架后要及时打顶，促使多分枝。花开后要及时剪去残花梗，并加施肥料，花谢后应将枯干枝叶和过密枝条剪去，对徒长进行截短处理。

（三）病虫害防治

夜来香常发生煤污染病和轮纹病，可用 50% 甲基托布津可湿性粉剂 500 倍液喷洒；防治枯萎病，可采用枯萎立克 600 ~800 倍液、50% 多菌灵 600 倍液等。如发现枯萎病株，应及时清除，带到园外烧毁。

虫害常见蚜虫、介壳虫和粉虱危害，可用 50% 杀螟松乳油 1000 倍液、天王星、氯氰菊酯和快杀灵等防治，效果较好。

第六节 紫芳草

一、简介

紫芳草，学名 *Exacum affine* Balf. F.，别名紫星花，是龙胆科的一年生草本植物，是一种很可爱的小花，紫蓝色，雄蕊鲜黄明艳，并且会散发浓郁的香气。

紫芳草植株小巧玲珑，适合盆栽，常与丽格秋海棠、虾蟆花、仙客来等摆放台阶花槽、窗前栽植槽以及花坛布置，清新幽雅，给人以舒适感。盆栽包装后可作礼物赠送。

二、生长习性

紫芳草的生长适温约 20～30℃，盆栽最好搁置在稍阴凉而有间接日照的地点，避免强烈阳光直射，如果在荫棚底下以 70%～80% 光照生长最理想。

三、栽培技术

（一）繁殖方法

紫芳草的繁殖方法以播种为主，一般以秋、冬、春季为播种适期。种子为好光性，发芽适温在 20℃左右，播种后 10～14d 发芽。由于种子细小，一般专业生产者均采取二次育苗法，即先播种在育苗盆上，之后采取底盆吸水法避免浇水冲掉种子并保持湿度。当长出 3～4 片叶时，挑起小苗，再种到 228 格的育苗穴盘中，待长出 6～8 片叶时，再移植到栽培盆中。

（二）栽培管理

栽培基质为草炭、蛭石、珍珠岩按 3∶1∶1 配制，生长期间可用“花宝二号”稀释 1000 倍后，每 20d 施用 1 次作追肥；在开花期间改用“花宝三号”稀释 1000 倍后作追肥，另每 7～10d 施用 1 次补充磷钾肥。

紫芳草最佳的生育温度是夜温 16～18℃、日温 24～27℃。在室外栽培时，注意在盛夏要移置在凉爽的半日荫处，避免强光直接照射。若置于室内，宜放在光线充足处。夏季生育期间需要遮荫，而春季与早秋期间应去除遮荫网，直到开花后才轻微遮荫，此时的遮荫可使花朵颜色变得更深蓝，而过度的光照与高温容易导致花朵凋谢。花谢立即将残花剪除，可以促进再次结蕾开花。

紫芳草忌高温多湿，盆土要经常保持湿度，过分干旱生育会受阻。保持适当湿度可避免因过度干旱引起的生长受阻。冬天气温与光线低的情况下，植物较软弱，容易受病害的侵袭，所以要减少施肥并控制水分。

第七节　醉蝶花

一、简介

醉蝶花，学名 *Cleome spinosa* L.，又名西洋白花菜、长生果花、凤蝶草、紫龙须、蜘蛛花，为白花菜科醉蝶花属一年生草本植物，花期7～11月。原产南美热带地区，现世界各地广泛栽培，为盆栽观花花卉。醉蝶花还是一种良好的抗污花卉，对二氧化硫、氯气抗性均强，常作为矿山花坛花卉。

二、生长习性

醉蝶花适应性强，性喜高温，较耐暑热，忌寒冷，喜阳光充足地，半遮荫地也能生长良好。对土壤要求不严，水肥充足的肥沃地，植株高大；一般肥力中等的土壤，也能生长良好；砂壤土或黏重的土壤或碱性土生长不良。喜湿润土壤，也较能耐干旱，忌积水。

三、栽培技术

（一）繁殖方法

1. 播种繁殖

（1）基质消毒　首先要对播种用的基质进行物理消毒。消毒最好的方法就是蒸汽消毒或高温消毒。

（2）种子催芽　用25～30℃温水把种子浸泡3～10h，直到种子吸水并膨胀起来。

（3）播种　对于用手或其他工具难以夹起来的细小的种子，可以把牙签的一端用水蘸湿，把种子一粒一粒地粘放在基质的表面上，覆盖基质1cm厚，然后把播种的花盆放入水中，水的深度为花盆高度的1/2～2/3，让水慢慢地浸上来。

对于能用手或其他工具夹起来的种粒较大的种子，直接把种子放到基质中，按（3×3）cm的间距点播。播后覆盖基质，覆盖厚度为种粒的2～3倍。播后可用喷雾器、细孔花洒把播种基质淋湿，以后当盆土略干时再淋水，仍要注意浇水的力度不能太大，以免把种子冲起来。

（4）播种后的管理　播后幼苗出土后，要及时把薄膜揭开，并在每天上午9：30之前，或下午3：30之后让幼苗接受太阳的光照。大多数的种子出齐后，需要适当地间苗，把有病的、生长不健康的幼苗拔掉，使留下的幼苗相互之间有一定的空间；当大部分的幼苗长出了3片或3片以上的叶子后就可以移栽上盆了。

2. 扦插繁殖

（1）扦插基质　使用已经配制好并且消过毒的扦插基质。

（2）扦插枝条的选择　结合摘心工作，把摘下来的粗壮、无病虫害的顶梢作为插穗，直接用顶梢扦插。

（3）温度管理　插穗生根的最适温度为18～25℃，低于18℃，插穗生根困难、缓慢；高于25℃，插穗的剪口容易受到病菌侵染而腐烂，并且温度越高，腐烂的比例越大。扦插后遇到低温时，保温的措施主要是用薄膜把用来扦插的花盆或容器包起来；扦插后温度太高时，降温的措施主要是给插穗遮荫，要遮去阳光的50%～80%，同时，给插穗进行喷雾，每天3～5次，晴天温度较高喷的次数也较多，阴雨天温度较低湿度较大，喷的次数则少或不喷。

（4）湿度管理　扦插后必须保持空气的相对湿度在75%～85%。可以通过给插穗进行喷雾来增加湿度，每天1～3次，晴天温度越高喷的次数越多，阴雨天温度越低喷的次数则少或不喷。但过度地喷雾，插穗容易被病菌侵染而腐烂，因为很多种类的病菌就存在于水中。

（5）光照管理　扦插繁殖离不开阳光的照射，但是，光照越强，则插穗体内的温度越高，插穗的蒸腾作用越旺盛，消耗的水分越多，不利于插穗的成活。因此，在扦插后必须把阳光遮掉50%～80%，待根系长出后，再逐步移去遮光网：晴天时每天下午4：00除下遮光网，第二天上午9：00前盖上遮光网。

（二）栽培管理

1. 摘心

在开花之前一般进行两次摘心，以促使萌发更多的开花枝条。上盆1～2周后，或者当苗高6～10cm并有6片以上的叶片后，把顶梢摘掉，保留下部的3～4片叶，促使分枝。在第一次摘心3～5周后，或当侧枝长到6～8cm长时，进行第二次摘心，即把侧枝的顶梢摘掉，保留侧枝下面的4片叶。进行两次摘心后，株形会更加理想，开花数量也多。用作盆栽的，苗期摘去顶芽，控制施用氮肥，借以矮化植株；用作切花的，栽植可稍密，并摘去侧芽，促使顶芽花序发育。

2. 湿度管理

醉蝶花喜欢较高的空气湿度，空气湿度过低，会加快单花凋谢。也怕雨淋，晚上需要保持叶片干燥。最适空气相对湿度为65%～75%。

3. 温度管理

醉蝶花耐热，最适宜的生长温度20～32℃，不耐霜寒。

4. 光照管理

醉蝶花喜阳光充足，略耐半荫，为使其矮化，要尽可能地多见直射光，以每天4h以上为好。

5. 肥水管理

醉蝶花对肥水要求较多，但要求遵循“淡肥勤施、量少次多、营养齐全”的施肥（水）原则，并且在施肥过后，晚上要保持叶片和花朵干燥。

6. 防倒伏

开花时要设支柱以防倒伏。如不留种，花谢后要及时剪除残花，不让其结籽，减少养分消耗，以利延长花期。

（三）盆栽管理

1. 陶粒应用

小苗装盆时，先在盆底放入2～3cm厚的陶粒来作为滤水层，其上撒上一层充分腐熟的有机肥料作为基肥，厚度为1～2cm，再盖上一层基质，厚1～2cm，然后放入植株，以把肥料与根系分开，避免烧根。

2. 上盆基质

可以选用下面的一种：

（1）菜园土∶炉渣＝3∶1；

（2）园土∶中粗河砂∶锯末（炉渣）＝4∶1∶2；

（3）稻田土、塘泥、腐叶土中的一种；

（4）草炭∶珍珠岩∶陶粒＝2∶2∶1；

（5）菜园土∶炉渣＝3∶1；

（6）草炭∶炉渣∶陶粒＝2∶2∶1。

3. 移栽

小苗移栽时，先挖好种植穴，在种植穴底部撒上一层有机肥料作为底肥（基肥），厚度为4～6cm，再覆上一层土并放入苗木，以把肥料与根系分开，避免烧根。放入苗木后，回填基质，把根系覆盖住，并把基质压实，浇1次透水。

（四）病虫害防治

常有叶斑病和锈病危害，叶斑病用50%托布津可湿性粉剂500倍液喷洒，锈病可用50%萎锈灵可湿性粉剂3000倍液喷洒防治。

醉蝶花在苗期容易出现鳞翅目虫害，可以用生物杀虫剂阿维菌素4000倍进行叶面喷施。

第八节　小丽花

一、简介

小丽花，学名*Dahlia pinnate* cv，又名矮型多头大丽花、花坛大丽花、小轮大丽花、小丽菊、小理花，为菊科大丽花属多年生宿根草本植物。原产墨西哥，为大丽花品种中矮生类型品种群。花期较长，在适宜的环境中一年四季都可开花，通常可开放4～5个月，自6月至霜降花开不绝。小丽花花色艳丽而丰富，是优良的地被植物，也可布置花坛、花境等处，还可盆栽观赏或作切花使用，尤其适合家庭盆栽。小丽花为包头市市花。

二、生长习性

小丽花性喜阳光，宜温和气候，生长适温以10～25℃为好，既怕炎热，又不耐寒，温度0℃时块根受冻，夏季高温多雨地区植株生长停滞，处于半休眠状态，既不耐干旱，更怕水涝，忌重黏土，受渍后块根腐烂。要求疏松肥沃而又排水良好的砂质壤土，低洼积水处也不宜种植。

三、栽培技术

（一）繁殖方法

1. 分球繁殖

小丽花的地下部分有鳞茎或者球茎、块茎、块根等，这些鳞茎或者球茎、块茎、块根等在地下生长了一年后，它的周围会长出小球来，把这些小球分下来种植就行了。操作简单，管理方便。只是要注意，在栽种时，不要把小球种得太深，通常盖土的厚度不要超过球径的一倍。

2. 分株繁殖

早春土壤解冻后，把母株从花盆内取出，抖掉多余的盆土，把盘结在一起的根系尽可能地分开，用锋利的小刀把它剖开成两株或两株以上，分出来的每一株都要带有相当的根系，然后把分割下来的小株在百菌清1500倍液中浸泡5min后取出晾干，单株上盆，然后灌根或浇1次透水，3～4周萌发新根。分株后3～4周内要节制浇水，以免烂根。

3. 扦插繁殖

小丽花的顶芽、腋芽及脚芽萌发后都可以扦插发根，以脚芽苗长势旺，抗病虫力强。一般在3月上旬把块茎栽入素砂盆中，保持湿润，放在室温15℃以上处催芽。待脚芽长出2片真叶时，从块根上掰下，插入基质中催根，每天喷水2～3次，20多天即可生根。

（二）栽培管理

1. 打头

当苗高15cm左右时进行1次打头，以促发侧枝，形成丰满的株形。

2. 肥水管理

小丽花对肥水要求不严，肥水管理要求遵循“淡肥勤施、量少次多、营养齐全”的施肥（水）原则。

（1）春、秋二季　这两个季节是它的生长旺季，肥水管理按照追施花肥→浇水→追施花肥→浇水的顺序循环，每周保证轻施1次花肥、浇1次水。晴天或高温期间隔周期短些，阴雨天或低温期间隔周期长些。

（2）夏季　生长缓慢的季节，要适当地控肥控水。在早晨或傍晚温度低时浇灌，还要经常给植株喷雾。

（3）冬季　在冬季休眠期，主要做好控肥控水工作，间隔周期为7～10d。

3. 光照管理

在晚秋、冬、早春三季，由于温度不是很高，就要给予它直射阳光的照射，以利于它进行光合作用和形成花芽、开花、结实。若遇到高温天气或在夏季，需要给它遮掉大约30%的阳光。开花后放在室内养护观赏的，要放在东南向的门窗附近，以尽可能地延长花期和增加开花数量。

4. 越冬管理

小丽花耐寒性稍差，长江以北露地越冬困难，北方地区可在10月底将块茎从土中掘出，晾2～3d后在室内进行砂藏，温度宜维持在5℃左右。

5. 调节花期

小丽花花期较长，一般可连续开花4～5个月。为市场需求可调整花期，分期繁殖，这样只要温度合适，一年四季均可开花不断。如2月上旬在棚室内繁殖，五一前后即可开花；7月上旬露地扦插，到了国庆节前后可开花；如果在10月份繁殖，可盆栽，冬季开花。

6. 整枝修剪

培养独本小丽花时，要去掉侧芽，只留主枝。盆栽要控制高度，从基部开始将所有腋芽全部摘除，随长随摘，只留顶芽一朵花。培养四本小丽花时，当苗高10～15cm时，基部留2节摘心，使之形成4个侧枝，每个侧枝只留一个顶芽，可开出4朵花。如想要小丽花在国庆节开花，可在7月初花后进行更新修剪，先剪断枝条，留高约20cm，待萎蔫后再剪，剪后适当控水，并按培养要求进行摘心，一般细心培养2个月，在国庆节可以开花。

（三）病虫害防治

1. 白粉病

白粉病为害叶、花梗与花蕾，初现近圆形白色粉层斑，扩大成白粉层斑驳，叶片扭曲，枯萎。病菌在病残体过冬，气流传播，9～10月发病重。发病初期可用2%抗霉菌素120水剂100～200倍或40%多硫胶悬剂800倍，10d喷1次，连喷2～3次。

2. 褐斑病

叶片染病后，初现淡黄色小点，扩大下陷，最后形成近圆形、中央灰白色、边缘暗褐色的白病斑，具轮纹，直径1～5mm，表面产生淡黑色霉状物。

病菌在病叶残体中过冬，6～8月发病重。可用1%等量式波尔多液或75%百菌清600倍防治。

3. 病毒病

病毒病表现花叶、褪绿、矮化等症状。毒原为小丽花花叶病毒、黄瓜花叶病毒、番茄斑萎病毒、烟草线条病毒等，叶蝉与蚜虫传毒。防治上可选用无毒繁殖材料，防治传毒昆虫。

4. 小丽花螟蛾幼虫

淡黄色或淡红色，年发生2～3代，幼虫为害期6～8月。可喷50%杀螟松1000倍液，如虫蛀入茎中，可注射40%三氯杀螨醇乳油100～150倍液。

第九节　千日红

一、简介

千日红，学名 *Gomphrena globosa* L.，又名百日红、千金红、千年红、吕宋菊、沸水菊、长生花、千日草，为苋科千日红属为一年生直立草本植物，花期7～10月。为热带和亚热带常见花卉。原产美洲巴西、巴拿马和危地马拉，我国长江以南普遍种植。

千日红具有很好的观赏价值，是城市美化、公园还有家庭盆栽的极好的观赏植物。千日红还是药用植物，有止咳平喘的作用，尤其是对慢性气管炎等病症有很好的治疗效果。因此千日红也可作为花茶饮用。

二、生长习性

千日红性喜温暖、阳光充足的气候条件，但不能曝晒；适宜在土壤疏松、排水性好并且土质肥沃的地方生长；千日红不耐寒不耐旱，对水分要求不严，能够适应干燥的气候条件。

三、栽培技术

（一）繁殖方法

千日红用种子繁殖，9～10月采种，4～5月播种，6月定植。播种前要先进行浸种处理，方法是先把种子浸入冷水中1～2d，捞出将水挤干，拌以草木灰或细砂，然后搓开种子再播种，播种时选择较密的育苗穴盘，在气温20～25℃条件下，播后约两周内即可出苗。

（二）栽培管理

1. 定植

幼苗2～3片真叶时移植1次，6月上中旬即可定植于花坛中，株距30cm。

2. 肥水管理

千日红生长势强盛，对肥水、土壤要求不严，管理简便，一般苗期施1～2次淡液肥，花期再追施富含磷、钾的液肥2～3次，每次追肥与浇水同时进行，注意中耕除草和雨季排涝。

3. 整枝

在幼苗期进行数次摘顶，即每次保留新生叶片两对，将顶尖掐去，但掐顶时要照顾到株形的整齐美观。残花谢后，不让它结籽，可进行整形修剪，仍能萌发新枝，于晚秋再次开花。

（三）盆栽管理

出苗后4～6周上盆。采用10～14cm直径的盆，盆土以草炭为主。盆栽千日红上盆后要保持湿润，并注意遮荫，生长期结合浇水进行追肥。残花谢后进行整枝修剪，仍能萌发新枝，于晚秋再次开花，但需多施薄肥。

千日红为阳性花卉，除幼苗阶段，不宜阳光直射，上盆后2～3周便可在阳光充足的环境生长。光照充足，有利形成圆整、低矮的株形。

（四）病虫害防治

千日红的主要病害是叶斑病，其症状是叶尖或叶缘出现半圆形至不定形病斑，病斑污褐色至灰褐色。防治方法为收集病残物烧毁，增施磷钾肥，发病初期及时喷药控病，可喷施15%亚胺唑（或称霉能灵）可湿性粉2500倍液，或25%腈菌唑乳油8000倍液2～3次，隔15d 1次。

第十节　荷包花

一、简介

荷包花，学名 *Calceolaria crenatiflora* Cav.，又名元宝花、蒲包花，为玄参科蒲包花属多年生草本花卉，在园林上作一年生栽培。原产于南美洲墨西哥、秘鲁、智利一带，栽培的蒲包花是种间杂种。原种1822年传入欧洲，1830年英国育出许多杂种蒲包花，20世纪英国育出大花系蒲包花，后来德国育出多花矮生系蒲包花。自从荷包花问世以来，在国际花卉市场上它一直无往而不胜，很快传播到世界各国。因其花期长，花型奇特，色泽鲜艳，观赏价值很高，是冬、春季重要的盆花，因此成为家庭室内盆花的新秀，能补充冬春季节观赏花卉不足。

荷包花正值春节应市，奇特的花型惹人喜爱。也是很好的礼仪花卉，送上一盆鲜红的荷包花，可使节日的气氛更为浓厚。若摆放阳台或客室，红花翠叶，顿时满室生辉；在商厦橱窗、宾馆茶室、机场贵宾室点缀数盆荷包花，绚丽夺目，蔚为奇趣。

二、生长习性

荷包花对栽培环境条件要求较高，性喜凉爽湿润、通风的气候环境，惧高热、忌寒冷、喜光照，栽培时需避免夏季烈日曝晒，需蔽荫。生长适温为13～17℃，高过25℃就不利开花，10℃以下经过4～6周即可花芽分化。需要长日照射，在花芽孕育期间，每天要求16～18h的光照，如果光照不足就会推迟花期。对土壤要求严格，以富含腐殖质的砂土为好，忌土湿，要求栽培土壤有良好的通气、排水等条件，以微酸性土壤为好。

针对荷包花的生长习性，地处南亚热带的广东，为了让人们在春节时能够欣赏到荷包花，于是在11月下旬从长江流域盛产荷包花的地方，把已经培育了60～70d的中苗空运抵穗，再继续进行接力栽培，以避过夏秋之间的酷热天气，直至1月下旬或2月上旬开花时，正好遇上春节就及时上市。有些地区于栽培中在温室内装上日光灯，日夜给予照明，荷包花生长发育更为壮旺，开花也大朵得多。

三、栽培技术

（一）繁殖方法

一般以播种繁殖为主，少量进行扦插。荷包花种子细小，每克种子在25000粒左右。发芽适温为18～21℃。8～9月室内播种，过早播种因气温高，容易倒苗，播种过迟影响开花。由于荷包花为冬季盆花，所以播种多于8月底9月初进行。

（二）栽培管理

1. 育苗

育苗营养土以6份腐叶土加4份河砂配制而成，在育苗盘内直接撒播，不覆土，用“盆底浸水法”给水，播后盖上塑料薄膜封口，维持13～15℃，一周后出苗，出苗后及时除去塑料薄膜，以利通风，逐渐见光，使幼苗生长苗壮，室温维持20℃以下。当幼苗长出2片真叶时进行分盆。

2. 定植

播种出苗后20d、苗高2.5cm时带土移苗1次。移苗后30d，苗高5cm时定植在10～15cm盆内。室温以10～12℃为好。

3. 肥水管理

生长期内每周追施1次稀释肥，当抽出花枝时，增施1～2次磷钾肥。要保持较高的空气湿度，但盆内水分不宜过大，空气过于干燥时宜多喷水，少浇水，浇水掌握盆内基质见干见湿的原则，防止水大烂根，盛花期，严格控制浇水。浇水施肥勿使肥水沾在叶面上，造成叶片腐烂。

4. 温度管理

荷包花性喜冷凉，生长适温在10℃左右。冬季室内温度维持在5～10℃，光线太强时要注意遮荫。

5. 光照管理

荷包花为长日照植物，对光照的反应比较敏感。幼苗期需明亮光照，叶片发育健壮，抗病性强，但强光时需适当遮荫保护。如需提前开花，以14h的日照可促进其形成花芽，缩短生长期，提早开花。因此在温室内利用人工光照延长每天的日照时间，可以提前开花。

6. 通风管理

生长期茎叶发育繁茂，而盆土湿度过大加上闷热，会使植株茎部烂叶。为降低温度，中午常采取遮荫措施，创造通风凉爽的环境。特别是春季开花后到5～6月种子成熟时，更要做好通风工作。

7. 整枝管理

对叶腋间的侧芽应及时摘除，否则侧生花枝过多，不仅影响主花枝的发育，还造成株形不正，缺乏商品价值。在规模生产时，当主芽开始由基生叶转向高生长时，可用0.2%～0.3%矮壮素（CCC），喷洒叶面1～2次，来控制植株徒长，压低株形。荷包花的开花时间有先有后，往往先开的就会先枯萎，后开的后枯萎。室内栽培时，要注意及时把枯花摘掉，以免影响观赏效果。

（三）病虫害防治

荷包花易发生猝倒病，故在苗期需用65%代森锌500倍溶液喷施多次，用以预防。发现猝倒病时及时拔出病株，并使盆土稍干。空气过于干燥，温度过高，易发生红蜘蛛、蚜虫等，可喷施生物农药，并增加空气湿度或降低气温。

第十一节　瓜叶菊

一、简介

瓜叶菊，学名 *Pericallis hybrida* B. Nord.，又名兔耳花、千日莲、萝卜海

棠等，为菊科千里光属和有亲缘关系的属的栽培观赏植物，为多年生草本植物，常作1～2年生栽培。分为高生种和矮生种，20～90cm。原产西班牙加那利群岛，我国各地公园或庭院广泛栽培。花色美丽鲜艳，色彩多样，是一种常见的盆景花卉和装点庭院居室的观赏植物。花色丰富，除黄色以外其他颜色均有，还有红白相间的复色，花期为12月～翌年4月，盛花期1～4月。花市上常以盆花出售。

二、生长习性

瓜叶菊喜凉爽湿润的气候，要求冬季温暖、夏季无酷暑的气候条件，忌干燥的空气和烈日曝晒；生长期宜阳光充足和通风良好，并保持适当干燥；忌干旱，怕积水；适宜中性和微酸性土壤，要求土壤疏松、肥沃、排水良好。

三、栽培技术

（一）繁殖方法

瓜叶菊的繁殖以播种为主。对于重瓣品种，为防止自然杂交或品质退化，也可采用扦插或分株法繁殖。

1. 播种法

播种一般在7月下旬进行，从播种到开花约半年时间，至春节可开花。也可根据所需花的时间确定播种时间，如元旦用花，可选择在6月中下旬播种。早播种则植株繁茂花型大，所以播种期不宜延迟至8月以后。

播种盆土由园土1份、腐叶土2份、砻糠灰2份，加少量腐熟基肥和过磷酸钙混合配成。播种采用288孔育苗穴盘。播种后将育苗穴盘置于荫棚下，注意通风和维持较低温度。发芽的最适温度为21℃，约1周发芽出苗。出苗后逐步撤去遮荫物，使幼苗逐渐接受阳光照射，但中午必须遮荫，两周后可进行全光照。为延长花期，可每隔10d左右播种1次。

2. 扦插或分株繁殖

重瓣品种不易结实，可用扦插。1～6月，剪取根部萌芽或花后的腋芽作插穗，插于砂中。20～30d可生根，5～6个月即可开花。也可用根部嫩芽分株繁殖。

（二）栽培管理

1. 出苗后的管理

瓜叶菊播种4～5d后出苗，当幼苗长至3～4叶（约30d）开始分苗。分苗在阴天或下午进行，选用营养钵（营养基质：草炭：蛭石：珍珠岩＝3：1：1）进行分苗，栽好后摆放在有遮阳网的遮荫棚内，待长到6～7叶时上盆。分苗后及时浇水，浇水后将幼苗置于阴凉处，保持土壤湿润，经过一周缓苗后才放在阳光下，继续生长。瓜叶菊缓苗后每1～2周可施豆饼汁或牛粪汁1次，浓度逐渐增加。幼苗时应保持凉爽条件，室温以7～8℃为好，以利蹲苗，若室温超过15℃则会徒长而影响开花。

2. 上盆

选用18～20cm口径的花盆，盆土采用20%腐叶土、70%优质园土、10%腐熟农家肥提前2个月堆制，上盆前6d用多菌灵拌入消毒后用膜覆盖，上盆前3d揭膜后将土摊开。盆间距10～15cm，每个标准棚（$180m^2$）可放1200～1500盆。

3. 上盆后管理

（1）追肥　现蕾前追施1%～3%浓度的氮肥；现蕾后以1%～3%浓度的复合肥为主，每7～10d追肥1次，开花后可适当少追肥，但不能断肥。施肥前应适当控水。

（2）浇水　瓜叶菊需水量大，但不宜过多，一般以因干旱造成少量叶片开始萎蔫时浇水为宜，但因通风量过大或病虫害造成的萎蔫不宜浇水。

（3）拉盆及转盆　瓜叶菊长到叶片相互接触时要及时拉盆，发现偏长的植株应转盆，以使植株生长一致。

（4）盖棚　瓜叶菊生长最适温度为18～22℃，最高25℃，空气湿度80%。因此在霜期来临前必须将棚盖严。

（5）揭膜通风　当棚内温度高于20℃时小通风，过半小时左右再大通风，如棚内温度不太高、湿度不太大时小通风即可。在棚内温度降到15℃时开始减少通风口，待温度降至12℃时完全关闭。阴雨天气则应在中午小通风半小时左右。瓜叶菊上盆至开花前温度要控制在18～22℃，开花后控制在13～15℃。开花时切忌高温高湿，否则开花期将缩短。

4. 花期调控

瓜叶菊的花蕾在严冬季节形成，控制适当温度十分重要。1月是瓜叶菊的育蕾期，如让瓜叶菊在春节期间开花，从1月起，白天温度控制在10～15℃，最高不得超过20℃，夜间不低于5℃。每天光照时间不少于3h。为防止偏冠，可把盆花方向调转180℃放置，至春节始花时正是直立植株。这期间，需水量和需肥量都增加。如供水、供肥不足，会造成蕾小，花色也不好。始花前适当增加浇水量，稍干即浇透水。每盆花浅埋磷酸二氢铵5g。如叶片较薄，可叶面喷布0.2%磷酸二氢钾1～2次。瓜叶菊开花后维持室温8～10℃可延长花期。

瓜叶菊早花品种从播种育苗到开花需3～4个月，花蕾期喷施花朵壮蒂灵，花色艳丽，花期延长，中花品种需6～7个月，晚花品种则可长达8个月以上。

5. 留种

瓜叶菊在3～4月间种子容易成熟，花朵萎谢后植株仍需适度光照，应坚持将其搬到室外向阳处晒几个小时，以借助室外和煦的春风和昆虫帮助传粉，提高结实率，并促进种子发育。一般每个头状花序的种子由外向内分批成熟。留种植株在炎热的中午前后要适度遮荫，否则结实不良。种子成熟后于晴天采下晾干，贮藏备用。种子贮藏要做好品种标记，以免混杂。

（三）病虫害防治

瓜叶菊虫害主要有潜叶蝇、蚜虫和红蜘蛛。防治措施，首先是保持适当的温度和湿度，保持良好的通风；其次是在发病的初期要及时发现，把有虫害的植株及早分开，对有虫害的植株喷施少量农药即可。病害主要有菌核病及灰霉病，温室瓜叶菊易患白粉病。防治方法是：通风降湿，合理施肥，培养健壮植株，及时摘除病叶病株，并用达克宁、速克灵等防治。

第十二节　风铃草

一、简介

风铃草，学名 *Campanula canescens* Wall. et A. DC.，又名钟花、瓦筒花，为桔梗科风铃草属一年生、二年生或多年生草本植物。原产南欧、地中海地区和热带山区，有许多栽培观赏种，其株形粗壮，花朵钟状似风铃，花色明丽素雅，在欧洲十分盛行。花期4～6月，是春末夏初小庭院中常见的草本花卉。风铃草常用于园林景观观赏，可配置于小庭院作花坛、花境材料。主要用作盆花，也可露地用于花境，为高级花材之一。

二、生长习性

风铃草喜夏季凉爽、冬季温和的气候，喜轻松、肥沃而排水良好的壤土。我国栽培中应注意越冬预防凉寒，需要低温温室；长江流域冬季需要冷床防护。小苗越夏时，应予遮荫，避免强烈日照。

三、栽培技术

（一）繁殖方法

风铃草是喜凉植物，在冬季生长数月，第二年春天完成生活史，观赏期长，从现蕾至开花大约需30d，如果进行长日照处理，应在11月播种，在自然条件下，1～2月播种，夏季可观花。当年种子成熟后立即播种，次年植株可以开花。如秋凉再播，多数苗株要到第三年春末才开花。

（二）栽培管理

1. 育苗

风铃草发芽时间长，幼叶生长缓慢，因此在育苗时经常使用288孔穴盘；育苗基质为草炭与蛭石的比例为2∶1。在基质中播种，水分必须保持在基质上部，不要覆盖种子；在胚根出现前应保持较高的相对湿度；基质温度为15～18℃。当子叶已经出现时，基质应保持润湿，但不应饱和，防止水分过少而萎蔫，如果有必要，应在新生幼苗上覆盖一层粗粒蛭石来保湿。

风铃草幼苗期只需少量施肥，如要幼苗快速生长，可施用少量氮钾复合肥。

2. 移栽

萌芽后6～8周，可用9～11cm口径的花盆进行移植。植株移植时不要种植得太深。栽培基质需排水良好，基质中黏土含量为20%～30%，每立方米基质中施加1～1.5kg的完全平衡肥料。基质中应含有微量营养元素，pH为5.5～6.2。

3. 日常管理

（1）水肥管理　浇水不宜过多过频，在两次浇水间可让基质稍干燥一点，但不要使植株因缺水而萎蔫。风铃草需肥量中等，每周交替施用浓度为150～200mg/kg的氮和钾平衡肥（N∶K_2O比例为1∶1.5），9月中旬后不要施肥。为了防止镁元素和铁元素缺乏，可分别喷施浓度为0.025%的硫化镁1～2次，及铁螯合物1～2次。

（2）温光管理　生育适温为13～18℃。冬季无霜的条件下，室内或室外温度可保持在3～5℃。室外栽培需覆盖。春季植株开始在15～18℃的温度下生长5～9周。在13～15℃的冷凉气温下会延长栽培时间。风铃草属长日照植株，每天14h光照可以自然开花，如果要提早花期，需4h间断黑夜30d的处理，从出现15片真叶时开始进行光处理。

（3）生长调节和摘心　风铃草不需生长调节和摘心。在生长早期，风铃草外观零乱，但在后期生长中植株会自然整齐紧凑。

（三）病虫害防治

室外盆栽种植时需喷施杀真菌剂以防灰霉菌、丝核菌和腐霉菌的繁殖。

第十三节　凤仙花

一、简介

凤仙花，学名*Impatiens balsamina* L.，又名指甲花、透骨草、急性子、小桃红等。因其花头、翅、尾、足如凤状，故又名金凤花。为凤仙花属凤仙花科一年生草本花卉，产自中国、印度和马来西亚，中国南北各省均有栽培。花期为6~8月，供观赏，除作花境和盆景装饰外，也可作切花。

二、生长习性

凤仙花性喜阳光，怕湿，耐热不耐寒，喜向阳的地势和疏松肥沃的土壤，在较贫瘠的土壤中也可生长。凤仙花适应性较强，移植易成活，生长迅速。

三、栽培技术

（一）繁殖方法

用种子繁殖。凤仙花结蒴果，蒴果纺锤形，有白色茸毛，成熟时弹裂为5个旋卷的果瓣；种子多数，球形，黑色，状似桃形，成熟时外壳自行爆裂，将种子弹出，自播繁殖，故采种需及时。

3~9月进行播种，以4月播种最为适宜，移栽不择时间。生长期在4~9月，种子播入盆中后一般一个星期左右即发芽长叶。

（二）栽培管理

1. 育苗

播种前，将苗床浇透水，使其保持湿润。凤仙花的种子比较小，盖上3~4mm的一层薄土，注意遮荫，5~6d后发芽，约10d后可出苗。当小苗长出2~3片叶时就要开始移植，以后逐步定植或上盆培育。如果延期播种，苗株上盆，可于国庆节开花。

2. 定植

真叶3~4片即可定植于花坛，株距30cm。如盆栽，定植于15~20cm口径的花盆中，每盆1~3株。

3. 浇水与施肥

定植后及时灌水，生长期要注意浇水，经常保持盆土湿润，特别是夏季要多浇水，尤其是开花期，不能受旱，否则易落花，但也不能积水和土壤长期过湿。如果雨水较多应注意排水防涝，否则根、茎容易腐烂。夏季切忌在烈日下给萎蔫的植株浇水。定植后施肥要勤，5片叶以后，每半个月追肥1次，肥料种类以高效有机肥为好。孕蕾前后施1次磷肥及草木灰。

4. 光照与温度

凤仙花喜光，也耐阴，每天要接受至少4h的散射日光。夏季要进行遮荫，防止温度过高和烈日曝晒。适宜生长温度16~26℃，花期环境温度应控制在10℃以上。冬季要入温室，防止寒冻。

5. 植株调整

长到20～30cm时摘心，增强其分枝能力，株形丰满。花开后剪去花蒂，不使其结籽，则花开得更加繁盛；基部开花随时摘去，这样会促使各枝顶部陆续开花，但容易变异。6月上、中旬即可开花，花期可保持两个多月。

6. 花期控制

如果要使花期推迟，可在7月初播种。也可采用摘心的方法，同时摘除早开的花朵及花蕾，使植株不断扩大，每15～20d追肥1次，9月以后形成更多的花蕾，使它们在国庆节开花。

（三）病虫害防治

凤仙花生存力强，适应性好，一般很少有病虫害。如果气温高、湿度大，出现白粉病，可用50%基硫菌灵可湿性粉800倍液喷洒防治。如发生叶斑病，可用50%多菌灵可湿性粉500倍液防治。凤仙花的主要虫害是红天蛾，其幼虫会啃食凤仙叶片。如发现有此虫害，可人工捕捉灭除。

第十四节　八月菊

一、简介

八月菊，学名 *Callistephus chinensis*（L.）Nees，又名江西腊、蓝菊、翠菊，为菊科翠菊属一年生草本植物。原产中国北部，1728年传入法国，紧接着1731年被英国引种，以后世界各国相继引入，经过杂交选育，新品种不断上市。八月菊花色丰富，花期较长，在园林中广泛应用。矮型品种适用于毛毡花坛和花坛的边缘，也宜盆栽；中型和高型品种可用于各种园林布置；高型品种还常作背景花卉，是良好的切花材料。

二、生长习性

八月菊喜温暖、湿润和阳光充足的环境，怕高温多湿和通风不良。生长适温为15～25℃，冬季温度不低于3℃。若0℃以下茎叶易受冻害。相反，夏季温度超过30℃，开花延迟或开花不良。播种至开花约120d。

八月菊为浅根性植物，生长过程中要保持盆土湿润，有利茎叶生长。同时，盆土过湿对翠菊影响更大，可引起徒长、倒伏和发生病害。

八月菊为长日照植物，对日照反应比较敏感，在每天15h长日照条件下，保持植株矮生，开花可提早。若短日照处理，植株长高，开花推迟。

八月菊适于在干燥凉爽、通风良好的环境中生长。翠菊好肥，喜肥沃排水良好的土壤。

三、栽培技术

（一）繁殖方法

八月菊常用播种繁殖。八月菊为常异交植物，重瓣品种天然杂交率很低，容易保持品种的优良性状。重瓣程度较低的品种，天然杂交率很高，留种时必须隔离，并因品种和应用要求不同决定播种时间。以盆栽品种小行星（Asteroid）系列为例：可以从11月～翌年4月播种，开花时间4～8月。八月菊每克种子420～430粒，发芽适温为18～21℃，播后7～21d发芽。幼苗生长迅速，应及时间苗。

（二）栽培管理

1. 定植

八月菊出苗后15～20d移栽1次，生长40～45d后定植于盆内，常用10～12cm盆。

2. 整植

当苗有8～10cm高时，即宜上盆定植并摘心，促其早发侧枝。

3. 肥水管理

生长期每旬施肥1次，也可用“卉友”20－20－20通用肥。盆栽后45～80d增施磷钾肥1次。浇水原则为保持盆土见干见湿，浇水不宜太频。

八月菊的根系较浅，在生长期，特别是夏季，土壤表面温度高，对生长影响较大，容易导致下部叶处枯黄，造成脱落。入夏后宜在盆土表面覆盖堆肥、树叶或锯屑，注意保湿并移至半阴处，以防止脱叶。

（三）病虫害防治

八月菊比较容易染上叶斑病、萎黄病、锈病等病害，发现病株时要及时清除，并且在一开始就应避免连作、水涝、郁闷不通风和高温高湿环境；施肥时注意不要污染叶面；下雨时要防止泥浆溅起污染叶面，传播病菌。八月菊有锈病、枯萎病和根腐病危害时，可用10%抗菌剂401醋酸溶液1000倍液喷洒防治。虫害有红蜘蛛和蚜虫危害，室内盆栽时可用高压水枪冲洗或人工捕捉，室外大面积栽培时可用20%三氯杀螨醇乳油1000 ～1500倍液喷施。

第十五节　太阳花

一、简介

太阳花，学名*Erodium stephanianum* Willd.，又名半支莲、龙须牡丹、午

时花、松叶牡丹、大花马齿苋，为牻牛儿苗科牻牛儿苗属多年生草本植物。通常高15～50cm，花期6～8月，果期8～9月。分布于我国长江中下游以北的华北、东北、西北、四川西北和西藏。生于干山坡、农田边、砂质河滩地和草原凹地等。俄罗斯西伯利亚和远东、日本、蒙古、哈萨克斯坦、中亚各国、阿富汗和克什米尔地区、尼泊尔也广泛分布。

全草可提取黑色染料。全草入药，煎剂对亚洲甲型流感病毒京科68－1株和副流感病毒I型仙台株有较明显的抑制作用；其叶和茎均对前者作用较强，根部作用较弱；所含鞣酸对其抗病毒作用影响不大。

二、生长习性

太阳花喜欢温暖、阳光充足而干燥的环境，阴暗潮湿之处生长不良。极耐瘠薄，一般土壤均能适应，能自播繁衍。见阳光花开，早、晚、阴天闭合，故有太阳花、午时花之名。

三、栽培技术

（一）繁殖方法

太阳花一般以种子繁殖为主，自播能力也很强。但随着大量园艺新品种的出现，其种子较难收集。尤其是重瓣的园艺新品种，花后不结籽。因此，家庭繁殖可采用扦插法。

1. 播种繁殖

春、夏、秋均可播种。太阳花种子非常细小，每克约8400粒，经常采用育苗盘播种，上面极轻微地覆些细粒蛭石，以保证足够的湿润。发芽温度21～24℃，7～10d出苗，幼苗极其细弱，因此如保持较高的温度，小苗生长很快，便能形成较为粗壮、肉质的枝叶。

2. 扦插繁殖

常用于重瓣品种，在夏季将剪下的枝梢作插穗，萎蔫的茎也可利用，插活后即出现花蕾。5月初～8月底均可剪取5cm左右的嫩茎顶端进行扦插，扦插时抹平容器中的培养土，将剪来的太阳花嫩枝头插入竹筷戳成的洞中，插深不超过2cm。为使盆花尽快成形、丰满，一盆中可视花盆大小，只要能保持2cm的间距，可扦插多株，浇足水即可，一般10～15d即可成活，进入正常的养护。

（二）盆栽管理

1. 分栽上盆

播种育苗，苗高5～8cm时即可直接上盆。采用直径10cm左右的盆，每盆种植 2～5 株，成活率高，生长迅速。

施液肥数次。在 15℃ 以上条件下约 20 余天即可开花。移栽植株无需带土，生长期不必经常浇水。果实成熟即开裂，种子易散落，需及时采收。

2. 平时养护

平时保持一定湿度，半月施 1 次 1/1000 的磷酸二氢钾，就能达到花大色艳、花开不断的目的。如果一盆中扦插多个品种，各色花齐开一盆，欣赏价值更高。

3. 种苗越冬

每年霜降节气后将重瓣的太阳花移至室内照到阳光处。入冬后放在玻璃窗内侧，让盆土偏干一点，就能安全越冬。次年清明后，可将花盆置于窗外，如遇寒流来袭，还需入窗内养护。

（三）病虫害防治

太阳花重点防治蚜虫、杏仁蜂、杏球坚介壳虫等。

防治蚜虫的关键是在发芽前，即花芽膨大期喷药。此期可用吡虫啉 4000～5000 倍液。发芽后使用吡虫啉 4000～5000 倍液并加兑氯氰菊酯 2000～3000 倍液即可杀灭蚜虫，也可兼治杏仁蜂。坐果后可用蚜灭净 1500 倍液。

防治杏球坚介壳虫，分别于发芽前和 5 月下旬喷布机油乳剂 50～80 倍液并加兑乐斯本 1500 倍液。

第十六节　蜡菊

一、简介

蜡菊，学名 *Helichrysum bracteatum*（Vent.）Andr.，又名麦秆菊、七彩菊，是菊科蜡菊属多年生草本植物。原产澳大利亚，在东南亚和欧美栽培较广。蜡菊花朵繁盛，株形较大，是优良的庭院花卉，可用作花坛及花境，或布置草地边缘成自然式栽植，矮性品种可作花坛材料或盆栽观赏。蜡菊因其花色彩绚丽光亮，干燥后花型、花色经久不变不褪，如蜡制成，故名蜡菊，是制作干花的良好材料，是自然界特有的天然“工艺品”。

二、生长习性

蜡菊喜光，喜温暖湿润的环境，不耐寒，忌酷热。一般土壤中均可生长，但以砂壤土与向阳地长势最好。夏季生长停止，多不能开花。蜡菊栽培中施肥不宜过多，以免花色不艳。

播种、扦插、压条繁殖都可以，秋季开花，干燥的花瓣呈金黄色，花色鲜艳且长久不褪。

三、栽培技术

（一）繁殖方法

蜡菊一般为种子繁殖。种子发芽适温15~20℃，约7d出苗。温暖地区可秋播，一般地区3~4月于温室播种，3~4片真叶、6~8cm株高分苗。

（二）栽培管理

1. 育苗

蜡菊从播种到部分植株开花，在冬春育苗需110d左右。如果育苗晚，温度高，日照长，育苗天数则显著减少。

育苗用育苗盘播种。育苗盘上装育苗基质，稍压实，刮平浇水。播干种子，覆草炭土0.5cm，然后盖地膜或扣小拱棚。地温控制在20℃左右，5d即可出苗，当有1~2片真叶时移植。一般只移植1次，用直径10cm的容器培育成苗。在温度管理中，夜间气温不低于9℃，白天气温控制在25℃左右，床土要保持湿润。定植前半个月左右可移至小拱棚炼苗。定植前5d全部揭去覆盖物炼苗，作切花栽培的在苗期摘心1次，以促发侧枝，增加花枝产量。

2. 定植

为获得较好的绿化效果，可于终霜前15d左右定植，定植前秧苗要进行低温锻炼，定植后适当低温，对蜡菊生殖、生长有利，花大。定植时秧苗有20片叶左右，部分秧苗即将始花。

3. 摘心

在开花之前一般进行两次摘心，以促使萌发更多的开花枝条。一般当苗高6~10cm并有6片以上的叶片后，把顶梢摘掉，保留下部的3~4片叶，促使分枝。

在第一次摘心3~5周后，或当侧枝长到6~8cm长时，进行第二次摘心，即把侧枝的顶梢摘掉，保留侧枝下面的4片叶。

进行两次摘心后，株形会更加理想，开花数量也多。

4. 温湿度管理

蜡菊喜欢温暖气候，忌酷热，在夏季温度高于34℃时明显生长不良；不耐霜寒，在冬季温度低于4℃以下时进入休眠或死亡。最适宜的生长温度为15~25℃。蜡菊喜欢较高的空气湿度，空气湿度过低，会加快单花凋谢。也怕雨淋，晚上需要保持叶片干燥。最适空气相对湿度为65%~75%。

5. 光照管理

春夏秋三季需要在遮荫条件下养护。在冬季，由于温度不是很高，要给予直射阳光，以利于进行光合作用和形成花芽、开花、结实。

6. 肥水管理

蜡菊与其他草花一样，对肥水要求较多，但要遵循“淡肥勤施、量少次多、营养齐全”的施肥（水）原则，并且在施肥过后，晚上要保持叶片和花朵干燥。浇水时间尽量安排在早晨温度较低的时候进行。

7. 修剪

每两个月剪掉1次带有老叶和黄叶的枝条，只要温度适宜，能四季开花。

（三）盆栽管理

小苗装盆时，先在盆底放入2～3cm厚的陶粒来作为滤水层，其上撒上一层充分腐熟的有机肥料作为基肥，厚度为1～2cm，再盖上一层基质，厚1～2cm，然后放入植株，以把肥料与根系分开，避免烧根。

上完盆后浇1次透水，并放在略荫环境养护1周。

（四）病虫害防治

蜡菊的主要病害为锈病、白粉病、灰霉病，在防治方法上主要采取以下措施。

1. 加强栽培管理

盆栽植株要注意疏通排水孔或洞，防止灌水；避免密植，加强通风透光，控制肥水，不使土壤过于潮湿；在肥料合理施用的基础上，适当增施磷、钾肥，以提高菊花的抗病能力；栽培基质要进行消毒；地栽菊花切忌连作，应注意加强通风，排水降湿，增加光照。

2. 控制病害蔓延

一旦发现病叶、病枝要及时剪除，集中深埋，以防病菌蔓延。花后要彻底清除病株叶，并集中烧毁，消灭侵染源。

3. 药物防治

早春发芽前，喷3～4°Bé石硫合剂。发病期间喷洒80%代森锰锌500倍液，可达到良好的防治效果。

第十七节　长春花

一、简介

长春花，学名 *Catharanthus roseus*（L.）G. Don，又名日日春、四时春、时钟花、雁来红等，夹竹桃科长春花属多年生草本植物。原产马达加斯加、印度，现分布非洲、亚热带、热带地区，中国栽培长春花的历史不长，主要在长江以南地区栽培，广东、广西、云南等省（自治区）栽培较为普遍。近年来长春花育种以花朵大为主要目标，各省市从国外引进不少长春花的新品种。长春花由于抗热性强，开花期长，从春到秋开花从不间断，色彩鲜艳，发展很快，在草本花卉中已占有一定位置。适合布置花坛、花境，也可作盆栽观赏。

长春花全草入药，是一种防治癌症的良药。据现代科学研究，已经从长春花中提取出 100 多种生物碱。其中长春碱和长春新碱对治疗绒癌等恶性肿瘤、淋巴肉瘤及儿童急性白血病等都有一定疗效，是国际上应用最多的抗癌植物药源，还可止痛、消炎、安眠、通便及利尿等。

长春花是夹竹桃科植物，折断其茎叶流出的白色乳汁，有剧毒。

二、生长习性

长春花喜温暖、稍干燥和阳光充足的环境。生长适温 3 ~ 7 月为 18 ~ 24℃，9 月 ~ 翌年 3 月为 13 ~ 18℃，冬季温度不低于 10℃。

长春花忌湿怕涝，盆土浇水不宜过多，过湿影响生长发育。尤其室内过冬时，植株应严格控制浇水，以干燥为好，否则极易受冻。露地栽培，盛夏阵雨时注意及时排水，以免受涝造成整片死亡。

长春花为喜光性植物，生长期必须有充足阳光，叶片苍翠有光泽，花色鲜艳。

长春花宜肥沃和排水良好的土壤，耐瘠薄土壤，但忌偏碱性。板结、通气性差的黏质土壤，植株生长不良。

三、栽培技术

（一）繁殖方法

1. 播种育苗

长春花种子每克有 700 ~ 750 粒。播种时间主要集中在 1 ~ 4 月。播种宜采用较疏松的人工基质，采用穴盘育苗，播种后保持介质温度 22 ~ 25℃。

2. 扦插繁殖

长春花的扦插时间一般是春天，一般剪比较嫩的枝条作为插穗，顶端带两三片叶子，然后将枝条插入潮湿的基质中。扦插期间温度控制在 20 ~ 25℃，浇完水之后在盆土和插穗上覆盖一层薄膜来保湿，并将盆土放在通风的阴凉处等待生根。

（二）栽培管理

1. 移植上盆

用穴盘育苗的，应在长至 2 ~ 3 对真叶时移植上盆。用 12cm 口径的营养钵，一次上盆到位，不再进行二次换盆。如果是用敞开式育苗盘撒播育苗的，最好在1～2对真叶时，用72或128穴盘移苗1次，然后再移植上盆。

2. 温度管理

长春花生长的环境温度要求较高，对低温比较敏感，低于15℃以后停止生长，低于5℃会受冻害，因此生长期间要求温度20～24℃。由于长春花比较耐高温，所以在长江流域及华南地区经常在夏季和国庆节等高温季节应用。

3. 光照管理

长春花是一种喜阳花卉。无论是在它的生长期还是开花期，都需要充足的光照，室内栽培尽量将它放在室内光照比较明亮的地方来养殖。

4. 水肥管理

长春花喜阳，怕湿、怕涝，盆栽时浇水量要严加控制。露天种植的如果遇到阴雨天，要做好排水工作。施肥时每10d可以采取1次复合肥和液肥轮流交替的施加方法。液肥宜采用20－10－20和14－0－14的水溶性肥料，以200～250μL/L的浓度为宜。

5. 修剪与摘心

摘心的目的是促进分枝和控制花期。第一次摘心于4～6片真叶时（8～10cm）进行，当新梢长出4～6片叶时（第一次摘心后15～20d）进行第二次摘心。一般秋季（国庆节用花）最后一次摘心距初花期25d。

长春花是多年生草本植物，如果成品销售不出去，可以重新修剪，等有客户需要时，再培育出理想的高度和株形。栽培过程中，一般可以用调节剂。

（三）病虫害防治

长春花茎叶腐烂病主要发生在雨季，发病严重时导致大量死亡，严重影响批量生产。化学防治方法为：雨前用1%等量式波尔多液保护，若发病，及时喷72%克露600～800倍或25%普力克600～800倍，每星期喷施1次防治效果较佳。

长春花植株本身有毒，所以比较抗病虫害。虫害主要有红蜘蛛、蚜虫、茶蛾等，可用常规方法进行防治。

第十八节　夏堇

一、简介

夏堇，学名*Torenia concolor* Lindl，又名蓝猪耳、蝴蝶花、灯笼草等，为玄参科蝴蝶草属草本植物，一二年生花卉。原产于亚洲热带和亚热带地区。

夏堇花朵小巧，花色丰富，花期长，花期夏季至秋季，为夏季花卉匮乏时期的草花；生性强健，尤其耐高温，适合阳台、花坛、花台、盆栽等种植，也是优良的吊盆花卉。

夏堇还是药用植物，可清热解毒、利湿、止咳、和胃止呕、化瘀。

二、生长习性

夏堇为喜光植物，喜高温、耐炎热，半耐阴，对土壤要求不严，喜土壤排水良好。生长强健，需肥量不大，在阳光充足、适度肥沃湿润的土壤上开花繁茂。

三、栽培技术

（一）繁殖方法

播种是夏堇最常用的繁殖方法。在华南及热带地区，夏堇可全年播种，但以春季播种为佳。夏堇种子发芽温度要求22～24℃，播于露地苗床或盆播。因种子细小，且发芽需要一定光照，可掺些细砂种，播后可不覆土，但要用薄膜覆盖保湿，播后用“浸水法”浇水。播种后大约10～15d可发芽。播种时要注意保湿。室内栽培时，全年都可以播种。另外，也可采用扦插繁殖。

（二）栽培管理

1. 移植

出苗后去掉薄膜，放在光线充足通风良好的地方，轻度追肥。苗期生长缓慢，长至5cm后生长速度变快，待叶出5片或株高已达10cm时可移栽或上盆（盆口径为10cm）栽植。

2. 日常管理

栽培前应施足基肥。为保持花色艳丽，生长期可每月追施1～2次肥料，可用“卉友”20－20－20通用肥或腐熟饼肥水，夏秋季增施1～2次磷钾肥，但氮肥不能过量，否则植株生长过旺过高，开花反而减少。

夏季应经常保持土壤湿润，栽培土壤较干时及时浇灌。高温季节蒸发量大，尤其是盆栽，应早、晚各浇1次水，防止植株萎蔫。栽培环境要求通风良好。盆栽时宜放在光照充足的地方。株高15cm时进行摘心，促使多分枝。

3. 促成栽培管理

由于市场需求，促成栽培可提前于1～2月在温室内播种，室温保持15～25℃，温度不可过高，萌芽后，经间苗、移苗后，可定植于盆内，注意通风与光照，在温室内冬季宜充分见阳光，浇水施肥按一般草花管理即可。于3

月中旬可将盆栽植株移至室外背风向阳处，施3次磷酸二氢钾，每周1次，有助于促花。之后连续开花及抑制栽培，自3月下旬至6月中旬，分期分批在室外播种，可每隔10至15d播种1次，经间苗、移苗后可定植于露地或上盆，则可自6月至10月中下旬连续开花不断，并可供“十一”用花。

（三）病虫害防治

夏堇很少发生病虫害，但在华南地区若遇低温多湿，易发生白粉病和其他病害，应加大株距，控制浇水，加强排水，降低湿度，喷三唑酮或其他杀菌剂。

第十九节　波斯菊

一、简介

波斯菊，学名*Cosmos bipinnatus* Cav.，又名秋樱、格桑花、八瓣梅、扫帚梅，为菊科秋英属，一年生草本植物。原产墨西哥，种植成活率高，容易成活，花期较长，现全国各地均有种植。适于布置花境，为庭院、道路绿化美化首选花卉品种，重瓣品种可作切花材料。

二、生长习性

波斯菊适应性较强，花期夏、秋季。喜温暖，不耐寒，也忌酷热。喜光，耐干旱瘠薄，宜种植于排水良好的砂质土壤。忌大风，宜种背风处。

三、栽培技术

（一）繁殖方法

1. 种子繁殖

波斯菊种子成熟后易脱落，应于清晨采种。采种宜于瘦果稍变黑色时摘采，以免成熟后散落。

我国北方可于4月中旬露地床播，如温度适宜6~7d即可出苗，6~8月陆续开花，7~8月气候炎热，多阴雨，开花较少。秋凉后又继续开花直到霜降。南方7~8月进行播种，在此期间播种的波斯菊10月就能开花，并且植株矮而整齐。波斯菊的种子有自播能力，一经栽种，以后就会生出大量自播苗，若稍加保护，便可正常开花。

2. 扦插繁殖

在生长期间可行扦插繁殖，于节下剪取15cm左右的健壮枝梢，插于砂壤土内，适当遮荫及保持湿度，6～7d 即可生根。

（二）栽培管理

1. 定植摘心

幼苗具4～5 片真叶时移植，也可直播后间苗。5～6 片叶时摘心，可以多次摘心，以促使植株矮化、多分枝、多开花。

2. 肥水管理

如栽植地施以基肥，则生长期不需再施肥，土壤若过肥，枝叶易徒长，开花减少。或者在生长期间每隔 10d 施 5 倍水的腐熟尿液 1 次。天旱时浇 2～3 次水，即能生长、开花良好。

（三）病虫害防治

波斯菊常有叶斑病、白粉病危害。防治方法为适当增施磷肥和钾肥，注意通风、透光；将重病株或重病部位及时剪除，深埋或烧毁，以杜绝菌源，也可用 50% 托布津可湿性粉剂 500 倍液喷洒。虫害有蚜虫、金龟子危害，用 10% 除虫精乳油 2500 倍液喷杀。

第二十节　紫茉莉

一、简介

紫茉莉，学名 *Mirabilis jalapa* L.，别名草茉莉、胭脂花、地雷花、粉豆花，是多年生草本花卉，常作一年生栽培。原产于南美，现中国各地均有分布。

紫茉莉夏季开花，花萼漏斗状，有紫、红、白、黄等色，也有杂色，无花冠，常傍晚开放，翌日早晨凋萎。可于房前、屋后、篱垣、疏林旁丛植，黄昏散发浓香。

二、生长习性

紫茉莉喜欢温暖的气候，土壤要求疏松、肥沃、深厚、含腐殖质丰富的壤土或夹砂土；性喜温和湿润的气候条件和通风良好的环境，不耐寒，冬季地上部分枯死，在江南地区地下部分可安全越冬而成为宿根草花，来年春季续发长出新的植株。盆栽可用一般花卉培养土，在略有蔽荫处生长更佳，花朵在傍晚至清晨开放，在强光下闭合，夏季能有树荫则生长开花良好，酷暑烈日下往往有脱叶现象。

三、栽培技术

（一）繁殖方法

1. 种子繁殖

我国长江流域以南地区，3 月底 4 月初播种。早春 2 月宜将苗床深挖整细、整平，做成宽 1m、长 6 ~ 8m 的畦。播种可采用散播或条播，要求撒匀种子，地温控制在 20℃。播后覆盖一层厚约 3cm 的草木灰拌土，浇透水，平常注意保湿。种子发芽出土最适温度约 20℃，6d 出苗。出苗后可追施稀薄水肥，加快幼苗生长。有 1 对叶时移苗，单株成苗。在苗长至 2cm 高时，可选择健壮的幼苗，移栽于花圃、花坛或花钵内。定植前 5 ~ 7d 降温放大风炼苗，终霜后定植。在温室内春育苗需 50d 左右。

2. 块根繁殖

老株块根可重复繁殖利用 10 年左右。在长江以南块根可安全越冬成为宿根花卉；北方地区可将根挖出贮藏，翌年定植后重新发出新株。

3. 扦插繁殖

用脚芽、顶芽、腋芽等作插穗，用砂土、炉渣、园土等作基质，扦插后控温 20℃左右，10d 即可生根，生根后移入容器中培育成苗。

（二）栽培管理

紫茉莉栽培管理简便，早春播种，夏秋季开花结实。耐移栽，生长快，健壮。长江以南作多年生栽培，华北地区多作一年生栽培，或于秋末将老根掘起，置于 5℃室内越冬，翌春植露地仍可。

紫茉莉生性强健，适应性强，在生长期间适当施肥、浇水即可。由于紫茉莉是风媒授粉，品种间极易杂交，为了保证采收的种子能保持优良特性，应将不同的品种进行隔离栽培。

（三）病虫害防治

紫茉莉的病虫害较少，叶斑病是紫茉莉上的常见病害，各种植区普遍发生，危害严重。防治方法是增施磷钾肥，提高植株抗病力；适时灌溉，严禁大水漫灌，雨后及时排水；入冬前认真清园，集中把病残体烧毁。发病初期及时喷洒 50% 多霉灵可湿性粉剂 1000 倍液或 75% 百菌清可湿性粉剂 500 倍液，每 667m^2 喷施药液 50L，隔 10d 左右 1 次，连续防治 2 ~ 3 次。天气干燥易长蚜虫，可喷施新高脂膜 800 倍液，以增强药效。

第二十一节 美女樱

一、简介

美女樱，学名 *Verbena hybrida* Voss，又名草五色梅、铺地马鞭草、铺地锦、四季绣球、美人樱，是马鞭草科马鞭草属一年生草本花卉。原产巴西、秘鲁、乌拉圭等地，现世界各地广泛栽培，中国各地均有引种栽培。

美女樱恣态优美，花色丰富，色彩艳丽，盛开时如花海一样，花色有白、红、蓝、雪青、粉红等，花期为 5 ~ 11 月，可用作花坛、花境材料，适合盆栽观赏或布置花台花境，也可作盆花大面积栽植于园林隙地、树坛中，还可作地被植物栽培。

二、生长习性

美女樱喜阳光、不耐阴、较耐寒，在炎热夏季能正常开花；喜温暖湿润气候，不耐干旱；对土壤要求不严，但以在疏松肥沃、较湿润的中性土壤生长健壮，开花繁茂。

三、栽培技术

（一）繁殖方法

美女樱繁殖主要用扦插、压条，也可分株或播种。

播种可在春季或秋季进行，常以春播为主。早春在温室内播种，2 片真叶后移栽，4 月下旬定植；4 月末播种的，7 月即可盛花。秋播需进入低温温室越冬，来年 4 月可在露地定植，从而提早开花。

1. 基质及消毒处理

育苗为无土育苗，基质可就地取材，选用草炭、岩糠、蔗渣等。然后进行基质消毒，最好的方法就是用基质蒸汽机进行物理消毒，可杀死全部病菌、虫卵。

2. 催芽播种

用温水把种子浸泡 3 ~ 10h，使种子吸水膨胀。选用 128 ~ 288 孔育苗穴盘。对于用手或单粒播种机难以夹起来的细小种子，可以把牙签的一端用水蘸湿，把种子一粒一粒地粘放在基质的表面上，上面覆盖 1cm 厚基质，然后把穴盘放入水中，水的深度为穴盘高度的 1/2 ~ 2/3，让水慢慢地浸上来，基质湿润即可。

（二）栽培管理

1. 上盆或移栽

播种育苗的，当大部分的幼苗长出了 3 片或 3 片以上的叶子后就可以移栽上盆了。扦插育苗的，可于 4～7 月，在气温 15～20℃的条件下进行，剪取稍硬化的新梢，切成 6cm 左右的插条，插于温室沙床或露地苗床。扦插后即遮荫，2～3d 以后可稍受日光，促使生长。经 15d 左右发出新根，当幼苗长出 5～6 片叶片时定植。

装盆时，先在盆底放入 2～3cm 厚的粗粒基质或者陶粒来作为滤水层，其上撒上一层充分腐熟的有机肥料作为基肥，厚度为 1～2cm，再盖上一层基质，厚 1～2cm，然后放入植株，以把肥料与根系分开，避免烧根。

上盆用的基质可选用草炭∶珍珠岩∶陶粒 = 2∶2∶1；草炭∶炉渣∶陶粒 = 2∶2∶1；锯末∶蛭石∶中粗河沙 = 2∶2∶1。上完盆后浇 1 次透水，并放在略荫环境养护一周。

2. 温湿度管理

美女樱喜欢温暖气候，忌酷热，在夏季温度高于 34℃时明显生长不良；不耐霜寒，在冬季温度低于 4℃以下时进入休眠或死亡。最适宜的生长温度为 15～25℃。一般在秋冬季播种，以避免夏季高温。

美女樱喜欢较高的空气湿度，空气湿度过低，会加快单花凋谢，最适空气相对湿度为 65%～75%。

3. 光照管理

美女樱春夏秋三季需要在遮荫条件下养护。在气温较高的时候（白天温度在 25℃以上），叶片会明显变小，枝条节间缩短，脚叶黄化、脱落。冬季要给予它直射阳光的照射，以利于它进行光合作用和形成花芽、开花、结实。

4. 肥水管理

美女樱对肥水要求较多，但要求“淡肥勤施、量少次多、营养齐全”的施肥、浇水原则。

5. 摘心修剪

在开花之前一般进行两次摘心，以促使萌发更多的开花枝条。上盆 1～2 周后，或者当苗高 6～10cm 并有 6 片以上的叶片后，把顶梢摘掉，保留下部的 3～4 片叶，促使分枝。在第一次摘心 3～5 周后，或当侧枝长到 6～8cm 长时，进行第二次摘心，即把侧枝的顶梢摘掉，保留侧枝下面的 4 片叶。进行两次摘心后，株形会更加理想，开花数量也多。每两个月剪掉 1 次带有老叶和黄叶的枝条，只要温度适宜，能四季开花。

6. 花坛管理

用于花坛的美女樱宜早定植，花后及时剪除残花，可延长花期。适时施肥、浇水，及时中耕除草，雨季及时排涝。栽培美女樱应选择疏松、肥沃及排水良好的土壤。因其根系较浅，夏季应注意浇水，以防干旱。每半月需施薄肥1次，使发育良好。养护期间水分不可过多过少，如水分过多，茎枝细弱徒长，开花甚少；若缺少肥水，植株生长发育不良，有提早结籽现象。

（三）病虫害防治

美女樱抗性强，病虫害较少，主要病害有白粉病和霜霉病，可用70%甲基托布津可湿性粉剂1000倍液喷洒；虫害有蚜虫和粉虱危害，可用2.5%的吡虫啉1000倍液喷杀。

第二十二节　一串红

一、简介

一串红，学名 *Salvia splendens* Ker－Gawl.，又名爆仗红、象牙红、西洋红，为唇形科鼠尾草属多年生草本植物，常作一二年生栽培。一串红原产巴西，现在我国各地均有栽培。一串红花序修长，色红鲜艳，花期又长，适应性强，为中国城市和园林中最普遍栽培的草本花卉，常用作花坛、花境的主体材料，在北方地区常作盆栽观赏。

我国一串红的栽培历史虽然不长，但在城市环境布置的应用上是最普遍、用量最多的。每年盛大节日，一串红还是唱主角，大城市估测在50万~100万盆，中小城市5万~10万盆。但在品种应用上以红色为主，以老品种为主。近年来，国外在鼠尾属观赏植物的应用上有了新的发展，红花鼠尾草（朱唇）、粉萼鼠尾草（一串蓝）均已培育出许多新品种，中国也已引种并进行小批量的生产，在城市景观布置上已起到了较好的效果。

二、生长习性

一串红喜温暖和阳光充足的环境。不耐寒，耐半阴，忌霜雪和高温，怕积水和碱性土壤，要求疏松、肥沃和排水良好的砂质壤土。

一串红对温度反应比较敏感。种子发芽需21~23℃，幼苗期在冬季以7~13℃为宜，3~6月生长期以13~18℃最好。因此，夏季高温期，需降温或适当遮荫，来控制一串红的正常生长。长期在5℃低温下，易受冻害。

一串红是喜光性花卉，栽培场所必须阳光充足，若光照不足，植株易徒长。对光周期反应敏感，具短日照习性。

三、栽培技术

（一）繁殖方法

以播种繁殖为主，也可扦插繁殖。播种时间于春季3～6月上旬均可进行；扦插繁殖可在夏秋季进行。由于一串红花色变异较大，可提前播种，分出花色，然后再用扦插法繁殖。

1. 播种繁殖

一般3～6月播种。一串红种子较大，1g种子260～280粒。发芽适温为21～23℃，播后15～18d发芽。若秋播可采用温室内盘播，室温必须在21℃以上，发芽快而整齐。低于20℃，发芽势明显下降。出苗后，苗高5～10cm时移栽定植。

2. 扦插繁殖

扦插时间以5～8月为好。选择粗壮充实的枝条，长10cm，插入消毒的腐叶土中，土壤保持20℃，插后注意荫蔽降温，经常喷水，保持湿润，10d可生根，20d可移栽。

（二）栽培管理

1. 播种定植

一串红的生育龄为100～120d，欲使它“五一”节开花，则在1月上旬于温室播种；春节前后开花的一串红可在5～6月播种。

一串红于苗高5～10cm时移栽定植。露地栽培的一串红以肥沃疏松富含腐殖质的土壤或砂质土为宜，定植距离40cm左右。

2. 摘心修剪

一串红在2～4对真叶时进行第一次摘心，摘心重复2～3次，以培养丰满株形。一般开花前1个月停止摘心，但为了推迟花期，在现蕾期摘心可推迟花期15～30d。

及时摘除残花枝，适当增施肥水，既可改善观赏效果，又可延长花期。

3. 肥水管理

（1）适当调水　一串红较耐干旱，但土壤干旱则表现萎蔫状，影响观赏价值，因此要浇足水，夏日每天浇水2次。花前控水、控氮则延迟开花。

（2）适时追肥　一串红的追肥以有机肥为主，一般每20d追1次肥，追肥结合浇水进行。在生长旺季，可追施含磷液肥1～2次，促使开花茂盛。

（3）盆栽　盆栽一串红放置地点要注意空气流通。当苗生有4片叶子时，开始摘心，促进植株多分枝，一般可摘心3～4次。盆内施足基肥，生长前期不宜多浇水，可2d浇1次，以免叶片发黄、脱落。进入生长旺期，可适当增加浇水量，开始施追肥，每月施2次，可使花开茂盛，延长花期。

（三）病虫害防治

播种育苗的地块选背风向阳、排水条件好的砂质土壤，畦面翻松打碎整平，让其在太阳下曝晒几天，再用1.5%的高锰酸钾溶液喷淋苗床进行苗土消毒。

病害主要以预防为主，在高温、高湿或阴雨季节定期喷施石硫合剂等杀菌药物，进行全面杀菌，保证花苗健壮生长。

一串红易发生叶斑病和霜霉病。由于地湿、气温、严重荫蔽、不通风时引起的叶腐烂，应及时采取措施，大面积花圃发生时可用65%代森锌可湿性粉剂500倍液喷洒进行防治；虫害常见银纹夜蛾、短额负蝗、粉虱和蚜虫等危害，大面积花圃发生时可用10%二氯苯醚菊酯乳油2000倍液喷杀。

为防治一串红发生病毒病，整个生长期间注意防治蚜虫，经常清除一串红栽培区的杂草，减少侵染源，发现病株及时销毁。

第二十三节　三色堇

一、简介

三色堇，学名 *Viola tricolor* L.，又名三色堇菜、蝴蝶花、人面花、猫脸花、阳蝶花、鬼脸花，为堇菜科堇菜属二年生或多年生草本花卉，生产中常作二年生栽培。三色堇原产欧洲，中国各地公园多有栽培供观赏。三色堇以露天栽种为宜，无论花坛、庭院、盆栽皆适合，但不适合种于室内，因为室内光线不足，生长会迟缓，枝叶无法充分茁壮，导致无法开花，开花后也不应移入室内，以免影响花朵寿命。

三色堇花色丰富，能在较低温度（0~5℃）条件下开花。在长江以南的大部分地区可以秋季在花园绿地中应用，就地越冬并开花不断至第二年的初夏；在北方地区可以作为早春的花坛花卉，是布置春季花坛的主要花卉之一。其花期长、应用广等优点使得三色堇成为了花坛花卉中用量最大的种类之一。

二、生长习性

三色堇较耐寒，喜凉爽，在昼温15~25℃、夜温3~5℃的条件下发育良好。若昼温连续在30℃以上，则花芽消失，或不形成花瓣。日照长短对开花的影响大，日照不良，开花不佳。喜肥沃、排水良好、富含有机质的中性壤土或黏质壤土。

三、栽培技术

（一）繁殖方法

1. 播种繁殖

（1）催芽　用半张卫生纸折叠成方形，装入小型塑胶袋内，滴水少许，使卫生纸充分吸水，然后将种子倒入袋内，将袋口密封，放置冰箱 5～8℃环境中，经 6～7d 再取出播种。

（2）播种　选用 288 孔育苗穴盘，内装经消毒处理的基质，每穴播一粒种子，注意温度、湿度和光照的管理。

（3）移植　发芽成苗后本叶发至 2～3 枚时，假植于育苗盆中，施肥 1～2 次，本叶发至 5～7 片再移植栽培。

2. 扦插繁殖

扦插于 3～7 月均可进行，以初夏为最好。一般剪取植株中心根茎处萌发的短枝作插穗，开花枝条不能作插穗。扦插后 2～3 周即可生根，成活率很高。

（二）栽培管理

1. 夏季的降温管理

三色堇喜低温，因市场需要，南方地区尤其是江、浙、沪地区，只能在高温、多湿的夏季育苗，如果育苗管理不当，容易出现死苗，死苗率可高达 30%～40%，因此三色堇的夏季降温管理十分重要。

①无论白天还是夜晚，保持温室（大棚）的门窗打开。

②采用湿帘和风扇降温系统，降温的同时还能降低湿度。

③白天用遮阳网遮挡阳光直射，降低植株表面温度。

④当湿度小于 40% 时可以采用微喷降温，注意避免水滴留在植株上。

2. 矮壮素的应用

为防止三色堇徒长，尤其在环境温度过高的地区生产三色堇种苗时，可以用 Alar 和 Cycocel 的混合剂，其浓度要根据种苗生长的阶段和环境温度而定，多次低浓度的喷洒效果更好。

3. 花期的延长

（1）采用不同播种时间　三色堇一般在播种后 2 个月左右开花，因此在春季播种，6～9 月开花；夏季播种，9～10 月开花；秋季播种，12 月开花；11 月播种，第二年 2～3 月开花。

（2）加强管理　经常保持土壤的微湿，在开花前施 3 次稀薄的复合液肥，孕蕾期加施 2 次 0.2% 的磷酸二氢钾溶液。

（三）盆栽管理

1. 盆栽

每 17 ~ 20cm 口径盆植 1 株，基质栽培。

2. 花坛栽培

株距 15 ~ 20cm。栽培土质以肥沃富含有机质的壤土为佳，或用泥炭土 30%、细木屑 20%、壤土 40%、腐熟堆肥 10% 混合调制。生育期间每 20 ~ 30d 施肥 1 次，各种有机肥料或氮、磷、钾复合肥均可。花谢后立即剪除残花，能促使再开花。

（四）病虫害防治

三色堇的病害主要是由高温高湿环境引起的，其防治方法是采用经消毒的栽培介质，选择排水良好的环境，控制病原菌，培养出健壮的种苗。一旦发现有病株应及时清除，防止传染并采用药剂控制，用代森锰锌、福美双等杀菌剂。虫害主要是黄胸蓟马，可用速灭松、万灵等防治。

第二十四节　康乃馨

一、简介

康乃馨，学名 *Dianthus caryophyllus* L.，又名香石竹、狮头石竹、麝香石竹、大花石竹、荷兰石竹，为石竹科石竹属多年生草本植物。原产于地中海地区，现主要分布于欧洲温带以及中国大陆的福建、湖北等地，是世界四大切花之一。康乃馨常被作为母亲节献给母亲的花。花期为 4 ~ 9 月，保护地栽培则四季开花，通常开重瓣花，花色多样且鲜艳，气味芳香，是最受欢迎的切花之一，也可供作插花、胸花等。

二、生长习性

康乃馨喜阴凉干燥、阳光充足与通风良好的生态环境，最适生长温度 14 ~ 21℃，温度超过 27℃或低于 14℃时，植株生长缓慢；喜肥，宜栽植于富含腐殖质、排水良好的石灰质土壤；喜好强光，为中日性花卉，生育期间需要充足的光照。

三、栽培技术

（一）繁殖方法

用播种、压条和扦插法均可，而以扦插法为主。

1. 扦插繁殖

除夏天外，其他时间都可进行，尤以 1 月下旬 ~2 月上旬扦插效果最好。康乃馨每年 12 月 ~ 翌年 2 月是大量繁殖时期，生根时间需 30d 左右；3 ~4 月为 25d，5 ~7 月为 20d 左右。插穗可选择枝条中部叶腋间生出的长 7 ~ 10cm 的侧枝，采插穗时用手拿侧枝顺主枝向下掰取，使插穗基部带有节痕，这样容易成活。采后即扦插进行育苗，一个月后可以移栽定植。

在苗床内铺 20cm 厚的珍珠岩加砻糠灰作为扦插基质，用木板刮平；在冬季为满足生根温度，插床内需铺电热丝，电热丝上加 10cm 厚的基质，整平后扦插。在采穗圃选用健壮插条，每 25 ~30 支一把扎好，也可取冷库中贮存的插穗进行扦插。一般可用 500mg/kg 的生根粉蘸根处理效果较好。每平方米 800 株左右，株行距以（2 ×6） cm 为宜。扦插后要先浇一次透水，一般以苗床下面有大量积水为标准，以后 1 ~2 周内基本保证叶面有雾滴，从第二或第三周起逐渐控制水分。从第三周起，每天只喷 1 ~2 次水，所喷水分以维持蒸发为度，以促根系发育。

2. 压条繁殖

压条繁殖在 8 ~9 月进行。选取长枝，在接触地面部分用刀割开皮部，将土压上。经 5 ~6 周后，可以生根成活。

3. 母本圃育苗繁殖

（1）苗床准备　苗床土以草炭或以草炭为主的其他基质为好，基质厚度至少 20cm。基质内施入足够的肥料，包括氮、磷、钾及部分微量元素，定植前 3d 浇大量水，使基质充分湿润。日光温室和塑料大棚育苗，应根据温室或大棚规格建立苗床或畦面，苗床高度以 80 ~100cm 为适宜。

（2）引进母本　根据市场需求和本地栽培的生态环境等进行品种选择，引进产量高、质量优、生长健壮、抗病性强、抗逆性好的优良品种，根据各品种特性精心抚育，再取健壮插穗，建采苗圃，生产商品苗。

（3）母本圃栽培　为保证幼苗健壮生长，采用塑料大棚进行避雨栽培康乃馨母本圃和采苗圃。其种植密度和插穗产量关系很大，一般采用每平方米 50 株左右的密度。栽植时应掌握浅栽不倒的原则。栽好后浇好、浇足蘸根水，使根系与土壤充分接触。母本苗成活后，应控制水分，保证根系发达。每 7 ~ 10d，视苗情施 1 次肥料。当植株长到 7 叶 1 心时，开始摘心，根据品种分枝能力不同，留 5 ~7 对叶，以备以后发侧枝采穗。当侧枝长到 7 叶 1 心后开始采穗。一般掌握母本上留 3 ~4 对叶，插穗每 25 ~ 30 枝一把用橡皮筋固定，放入纸箱或塑料箱内，在 1 ~2℃冷库贮藏备用。

(二) 栽培管理

1. 起苗定植

根据苗发根情况及时起苗，一般当康乃馨长到2cm长时即可进行。起苗前2d喷1次杀菌剂、1次磷酸二氢钾。起苗时剔除部分不健壮的苗，每100株一袋包装好。

2. 整地施肥

要求排水良好、腐殖质丰富，保肥性能良好而微呈碱性之黏质土壤。每667m^{2}施用高效腐熟的有机肥1500～2000kg，三元复合肥50kg，并使肥料与土壤充分混合。在此基础上做畦，畦宽80～100cm，高20～30cm，畦距60cm，要求畦面平整，土壤湿润。

3. 打桩、拉网

为使康乃馨茎秆挺直，定植前要打桩拉网。打桩要求挺直，高度一致，间距1.5m。拉网要求网间距（11×11）cm，一般4～6层，要求网格对齐、绷紧。

4. 定植时间与方式

（1）时间　康乃馨定植后到开花的时间，因品种、温度、光照的不同而不同，最短100d，最长150d。因此要根据市场需求来确定定植时间。一般3月育苗，5月定植，9月中下旬开花；5月育苗，6月定植，翌年1月开花。

（2）密度　定植株行距分为（10×10）cm、（25×25）cm、（30×30）cm三种方式，即每平方米18株、24株、28株，每667m^{2}7000～12000株。

（3）定植　康乃馨定植时要求土壤湿润，浅栽，浇定植水。

5. 田间管理

（1）浇水　康乃馨生长强健，较耐干旱。多雨过湿地区，土壤易板结，根系因通风不良而发育不正常，所以雨季要注意松土排水。除生长开花旺季要及时浇水外，平时可少浇水，以维持土壤湿润为宜。空气湿润度以保持在75%左右为宜，花前适当喷水调湿，可防止花苞提前开裂。

（2）施肥　康乃馨喜肥，在栽植前施以足量的烘肥及骨粉，生长期内还要不断追施液肥，一般每隔10d左右施1次腐熟的稀薄肥水，采花后施1次追肥。

（3）其他　为促使康乃馨多枝多开花，需从幼苗期开始进行多次摘心：当幼苗长出8～9对叶片时，进行第一次摘心，保留4～6对叶片；待侧枝长出4对以上叶时，第二次摘心，每侧枝保留3～4对叶片，最后使整个植株有12～15个侧枝为好。孕蕾时每侧枝只留顶端一个花蕾，顶部以下叶腋萌发的小花蕾和侧枝要及时全部摘除。第一次开花后及时剪去花梗，每枝只留基部两个芽。经过这样反复摘心，能使株形优美，花繁色艳。

（三）病虫害防治

康乃馨常见的病害有萼腐病、锈病、灰霉病、芽腐病、根腐病，可用代森锌防治萼腐病，五氧化锈灵防活锈病，防治其他病害则用代森锌、多菌灵或克菌丹在栽插前进行土壤处理。

遇红蜘蛛、蚜虫为害时，一般用20%三氯杀螨醇乳油1000～1500倍液杀除。

第二十五节 虞美人

一、简介

虞美人，学名 *Papaver rhoeas* L.，又名丽春花、赛牡丹、满园春、仙女蒿、虞美人草，为罂粟科罂粟属草本植物，花期夏季，花色有红、白、紫、蓝等颜色，浓艳华美。原产于欧亚温带大陆，在中国有大量栽培，现已引种至新西兰、澳大利亚和北美，比利时将其作为国花。如今虞美人在我国广泛栽培，以江、浙一带最多。是春季美化花坛、花境以及庭院的精细草花，也可盆栽或切花。虞美人的花多彩多姿、颇为美观，适用于花坛、花圃栽植，也可盆栽或作切花用。在公园中成片栽植，景色非常宜人，因为一株上花蕾很多，此谢彼开，可保持相当长的观赏期。如分期播种，能从春季陆续开放到秋季。

二、生长习性

虞美人耐寒，怕暑热，喜阳光充足的环境，喜排水良好、肥沃的砂壤土。冬暖夏凉最宜其生长，适宜生长温度12～20℃。夏季温度升高，虞美人长势减弱，地上部分枯黄死亡。生长期要求光照充足，每天至少要有4h的直射日光。如果生长环境阴暗，光照不足，植株生长瘦弱，花色暗淡。只能播种繁殖，不耐移栽，能自播。花期4～7月，果熟期6～8月。

三、栽培技术

（一）繁殖方法

虞美人常采用播种繁殖，移植成活率低，播种宜采用露地直播。春播在早春土地解冻时播种，多采用条播，苗距15～25cm；秋播一般在9月上旬，苗距20～30cm。

种子发芽适温为15～20℃，播后约1周后出苗，因种子很小，苗床土必须整细，播后不覆土，盖草保持湿润，出苗后揭盖。

因虞美人种子易散落，种过一年的虞美人土地可不再播种，原地即会自生无数小苗。

（二）栽培管理

1. 育苗

虞美人种子为每克8128粒左右。播种采用288孔穴盘或200孔穴盘，基质采用进口育苗草炭加入10%直径3～5mm的大粒珍珠岩，育苗周期为6～7周，不用覆盖。

育苗周期分成四个阶段：第一阶段是从播种到胚根出现；第二阶段是从胚根出现到子叶伸展，发芽完毕，并长出一片真叶；第三阶段是从一片真叶出现并开始生长，达到移栽标准；第四阶段是准备运输、移植或贮运。

第一阶段发芽温度为18～21℃，需要5～7d，基质要保持中等湿润；第二阶段温度为18～20℃，施肥可以一周1次，N∶P∶K为1∶0∶1和2∶1∶2交替使用，浓度为50～75mg/kg，需要7d，基质保持偏干；第三阶段温度为17～18℃，施肥浓度为100～150mg/kg，一周1次肥，需要21～28d；第四阶段温度为15～17℃，需要7d，施肥浓度同第三阶段，之后即可上（12×12）cm的盆，浇水见干见湿。育苗期间水的pH调整到微酸性（5.5～6.5）为好，基质pH控制在5.8～6.2为宜。

2. 花圃的间苗、定植

播种出苗后，若不移植，可以（20×30）cm株行距间苗定植。定植株行距为30cm左右，待长到5～6片叶时，择阴天先浇透水，后再移植；移时注意勿伤根，并带土，栽时将土压紧。平时浇水不必过多，经常保持湿润即可。生长期每隔2～3周施5倍水的腐熟尿液1次。非留种株在开花期要及时剪去凋萎花朵，使其余的花开得更好。定植时间不宜迟于其开花日期前110～120d。若要移植，需在幼苗真叶长出3～4片时在阴天进行。移植前要浇透水，起苗时要带土，不伤根。

3. 肥水管理

播种时，要施足底肥，生长期喜潮润的土壤，要适时浇水。浇水应掌握“见干见湿”的原则，刚栽植时，控制浇水，以促进根系生长，现蕾后充足供水，保持土壤湿润。现蕾后每间隔3d叶面喷施1次0.1%磷酸二氢钾液，进行催花。开花后及时剪去凋萎花朵，使余花开得更好。

虞美人耐干燥耐旱，但不耐积水，生育期间浇水不宜多，以保持土壤湿润为好，若非十分干旱即不必浇水。但过于干旱会推迟开花并影响品质。施肥不能过多，否则植株徒长，过高也易倒伏。一般播前深翻土地，施足基肥，在孕蕾开花前再施一两次稀薄饼肥水即可，花期忌施肥。

（三）盆栽管理

虞美人为直根系，再生能力弱，植株移栽后常枯瘦难开花，故应趁苗小时（3～5片真叶）带土团移栽，移栽后适当遮荫，花前花后要多施磷钾肥，促发枝开花，花前适当减少水量。生长期间管理较方便，保持土壤湿润即可，对肥水要求不高。应经常做好松土工作。

（四）病虫害防治

虞美人很少发生病虫害，但若施氮肥过多，植株过密或多年连作，则会出现腐烂病，需将病株及时清理，再在原处撒一些石灰粉即可。常见病害有苗期枯萎病，用25%托布津可湿性粉剂1000倍液喷洒；通常子叶出苗后每周用1000倍液百菌清或甲基托布津喷施，连续2～3次。虫害常见有蚜虫危害，常采用35%卵虫净乳油1000～1500倍液，2.5%天王星乳油3000倍液，50%灭蚜灵乳油1000～1500倍液，10%氯氰菊酯乳油3000倍液，2.5%功夫乳油3000倍液，40%毒死蜱乳油1500倍液，2.5%鱼藤精乳油1500倍液喷杀。

第二十六节　勿忘草

一、简介

勿忘草，学名 *Myosotis silvatica* Ehrh. ex Hoffm.，又名星辰花、补血草、不凋花、斯太菊，是紫草科勿忘草属多年生草本植物，可作一年生和二年生栽培。一年生栽培应选择经低温处理的早熟品种种苗，于4～6月定植，秋季开花，尔后一直延续到次年春季。二年生栽培，于10～12月定植种苗，不必做保温措施，让小苗经冬季低温诱导，翌年春季开花，一直延续到当年冬季。

勿忘草分布于欧洲、伊朗、俄罗斯、巴基斯坦、克什米尔、印度以及中国大陆的江苏、西北、华北、四川、云南、东北等地。生长于海拔200～4200m的地区。多生于山地林缘、山坡、林下以及山谷草地。目前尚未大面积人工引种栽培，采后处理简单，适宜作鲜切花或干花。

二、生长习性

勿忘草适应力强，喜干燥、凉爽的气候，忌湿热，喜光，耐旱，生长适温为20～25℃。适合在疏松、肥沃、排水良好的微碱性土壤中生长。

三、栽培技术

（一）繁殖方法

主要是播种繁殖。秋季播种育苗，播种一般在9月～翌年1月，种子具有嫌光性，将种子撒播后要稍加覆土、保持湿度。在15～20℃适温条件下，经10～15d发芽。播种要注意温度不要超过25℃，萌芽出土后需通风，小苗具5片以上真叶时定植。也可以春播，但花期推迟且缩短。生长期中还可以进行分株、扦插繁殖。

（二）栽培管理

1. 定植

幼苗经间苗、移植后，11月初定植园地。勿忘草性喜干燥，喜土层深厚、疏松透气、微碱性砂质壤土，结合整地施腐熟的有机肥和缓效复合肥，施后均匀翻入土中；定植株行距为（30×40）cm，栽植深度以基质稍高于根颈部为宜，栽植后应有2个月的时间保持15℃以下，以利植株通过春化阶段，有利其正常生长开花。

2. 肥水管理

在生长期中施肥，其中氮、钾等70%作为基肥施用，30%用作追肥；磷肥全部作基肥施用，追肥一般1季1次。花期追钾肥、硼肥有利于提高切花品质及产量。

勿忘草喜干燥及排水良好的环境，忌水涝。整个生育期要适当控制浇水量，否则会导致开花质量及产量下降。

3. 温光调节

勿忘草喜阳光，忌高温高湿。其花芽分化需1.5～2个月低温阶段，需要的温度在15℃以下，长日照条件对其成花有利，气温高于30℃或低于5℃对其生长不利。因此春夏定植的勿忘草，当种苗未做低温处理时，需推迟进入大棚的时间，使其充分接受低温，完成春化作用。

4. 拉网固定

生产高质量的勿忘草的切花，通常要拉网固定花枝。具体做法是在植株抽薹前，用（25×25）cm或（30×30）cm的尼龙网，距地面20～30cm拉设一层网架。

（三）病虫害防治

勿忘草病害主要有灰霉病、白粉病、病毒病等。灰霉病可用800～1000倍液的百菌清、甲基托布津连续喷洒3～4次防治；白粉病可用粉锈宁等喷洒防治；病毒病主要采取及时拔除病株烧毁，喷洒杀虫剂防止昆虫传病等措施防治。

介壳虫是龟背竹最常见的虫害，少量时可用旧牙刷清洗后用2.5%溴氰菊酯3000倍液喷杀。

第二十七节　矮牵牛

一、简介

矮牵牛，学名*Petunia hybrida*（J. D. Hooker）Vilmorin，又名灵芝牡丹、毽子花、矮喇叭花、番薯花，为茄科碧冬茄属或矮牵牛属多年生草本植物，常作一、二年生栽培。原产于南美洲阿根廷，现世界各地广泛栽培，常作盆栽、吊盆、花台及花坛美化，大面积栽培具有地被效果。花期4~10月，景观瑰丽、悦目。矮牵牛花大色艳，花型多变，为长势旺盛的装饰性花卉，而且还能做到周年繁殖、上市，可以广泛用于花坛布置、花槽配置、景点摆放、窗台点缀。重瓣品种还可切花观赏。

二、生长习性

矮牵牛喜温暖和阳光充足的环境，生长适温为13~18℃，低于4℃植株生长停止；夏季能耐35℃以上的高温。夏季生长旺盛，需充足水分，特别是在夏季高温季节，应在早、晚浇水，保持盆土湿润。

矮牵牛属长日照植物，生长期要求阳光充足，在正常的光照条件下，从播种至开花约需100d左右。冬季大棚内栽培矮牵牛时，在低温短日照条件下，茎叶生长很茂盛，但着花很难，当春季进入长日照下，很快就从茎叶顶端分化花蕾。

矮牵牛要求疏松肥沃和排水良好的砂壤土。

三、栽培技术

（一）繁殖方法

1. 播种繁殖

矮牵牛在长江中下游地区保护地条件下，一年四季均可播种育苗，因一般花期控制在五一、国庆，所以播种时间秋播在10~11月，春播在6~7月。用288穴的育苗盘育苗，播种前在育苗穴盘中装好基质，浇透水；播后细喷雾湿润种子，保持基质温度22~24℃，4~7d出苗。第一对真叶出现后施50mg/kg的氮肥液，并注意通风，种苗逐渐见光。种苗出现2~3对真叶时，基质温度可降低到18～20℃，每隔7～10d，施0.1%尿素液或0.1%的氮磷钾15－15－15复合肥液。此阶段应注意通风，白天生长最适温度幼苗期23℃左右，成苗期27～28℃，夜间13～15℃。春育苗在定植前5～7d降温，逐渐加大通风和适度控制水分进行炼苗。

为防止病害产生，每隔1周左右喷施百菌清或甲基托布津800～1000倍液。当植株出现3对真叶时，根系已完好形成，温度、湿度、施肥要求同前，仍要注意通风、防病工作。

2. 扦插繁殖

扦插繁殖室内栽培全年均可进行，花后剪取萌发的顶端嫩枝，长10cm，插入砂床，插壤温度20～25℃，插后15～20d生根，30d可移栽上盆。

（二）栽培管理

1. 移植上盆

当植株出现3对真叶时，秋播矮牵牛直接移入13cm口径的营养钵，春播的一般只移入10cm口径的营养钵。矮牵牛夏季生产比较耐高温，一般只在移栽后几天加以遮阳、缓苗，在整个生长期均不需要遮阳。矮牵牛移植后温度控制在20℃左右，不要低于15℃。在实际生产中，要求国庆开花的要在大棚内进行生产，避免在国庆前因温度低而影响开花；要求在“五一”开花的，也可在露地进行生产，但必须保证冬季霜不直接落在叶片上，否则叶片会出现白色斑点，影响观赏效果。在长江中下游地区，一般均采用保护地设施栽培。

2. 水肥管理

夏季生产盆花，小苗生长前期应勤施薄肥。肥料选择氮、钾含量高，磷适当偏低的，氮肥可选择尿素，复合肥则选择氮磷钾比例为15－15－15或含氮、钾高的，浓度控制在0.2%～0.2%；水溶性肥料一般选择20－10－20和14－0－14两种，浓度在50～100mg/kg。冬季生产盆花，在3～4月勤施复合肥，视生长情况，适当追施氮肥。矮牵牛生产中一般不经摘心处理，但在夏季需摘心1次，以后通过换盆，勤施薄肥。浇水始终遵循不干不浇，浇则浇透的原则。

3. 光照

矮牵牛是长日照植物，花芽形成需要每日多于13h的日照时数。短日照条件下，植株不开花或开花延迟。植株有5片真叶或更早时，开始给予长日照条件，植株移栽后继续给予长日照，直到植株至少具有12片叶为止。短日照条件下，可通过持续补光来缩短开花时间，白炽灯补光可有效地促进花芽形成，但在白炽灯照射下生长的植株容易出现徒长现象，需要使用植物生长调节剂以控制植株高度。

（三）病虫害防治

矮牵牛的病害主要是苗期猝倒病、生长期茎腐病。首先盆栽土壤必须消毒，发病后及时摘除病叶，发病初期用百菌清、甲基托布津 800～1000 倍液防治。主要虫害有菜蛾、蚜虫、卷叶蛾等，尤其在国庆花卉生产中较为常见，一般用杀灭菊酯喷施，防治蚜虫。严格控制用药浓度，以防药害，影响生长。

第二十八节　万寿菊

一、简介

万寿菊，学名 *Tagetes erecta* L.，又名臭芙蓉、万寿灯、蜂窝菊、臭菊花、蝎子菊，为菊科万寿菊属一年生草本植物。原产墨西哥，我国各地均有栽培。在广东和云南南部、东南部种植面积较大。在尼泊尔作为传统节日花朵，随处可见，是提取纯天然黄色素的理想原料。

万寿菊叶绿花艳，人们喜欢用它绿化、美化环境。逢年过节，特别是老年人寿辰，人们往往都以万寿菊作礼品馈赠，以示健康长寿。

随着工业化生产水平的提高和高科技产品的广泛应用，国内外市场对万寿菊的需求发生了根本性的变化，天然黄色素作为食品、饲料、医药领域的高科技产品，越来越被国内外知名企业看好，特别是生产天然叶黄素的中间体万寿菊颗粒市场前景更广阔。

二、生长习性

万寿菊喜温暖湿润和阳光充足的环境，喜湿，耐干旱。生长适宜温度为 15～25℃，花期适宜温度为 18～20℃，要求生长环境的空气相对湿度在 60%～70%，冬季温度不低于 5℃。夏季高温 30℃以上，植株徒长，茎叶松散，开花少。10℃以下，生长减慢。万寿菊为喜光性植物，充足的阳光对万寿菊生长十分有利，植株矮壮，花色艳丽。阳光不足，茎叶柔软细长，开花少且小。万寿菊对土壤的要求不严，以肥沃、排水良好的砂质壤土为好。

三、栽培技术

（一）繁殖方法

万寿菊的繁殖，以种子繁殖为主，也可扦插繁殖。

1. 播种繁殖

春天播种，种子在土壤常温下度过 1 周之后，发芽出苗，3 个月开花，秋天收获种子。一般万寿菊于移栽前40d左右育苗，每栽667m^{2}万寿菊需苗床20～25m^2，用种约30g。选用128孔育苗穴盘，内装育苗基质，育苗基质为草炭、蛭石按2∶1的比例混合而成，每1m^{3}基质再加入25kg腐熟农家肥混合均匀。每一穴盘孔放入一粒万寿菊种子。把万寿菊种子放在55℃温水中浸泡15min进行杀菌消毒，将这些种子再放入温水中浸泡几个小时，再用清水将种子洗净并晾干之后就可以播种了。万寿菊的种子在播种一周之后就出苗了，出苗之后要注意周围环境的温度，不可高于30℃，最好保持在25℃上下，注意通风，育苗基质保持湿润。

2. 扦插繁殖

夏季扦插，成活率比较高。从万寿菊的健壮主枝干剪取一段长约10cm的嫩枝来作插穗，将万寿菊插穗下面的叶子摘除并将基部斜剪之后插入土中即可，适当的浇水遮荫之后，半个月生根，过一个月左右开花、结实。

（二）栽培管理

1. 移栽

当万寿菊苗茎粗0.3cm、株高15～20cm、出现3～4对真叶时即可移栽。

采用宽窄行种植，大行70cm，小行50cm，株距25cm，每667m^{2}留苗4500株，按大小苗分行栽植。移栽万寿菊的地块要结合深翻，每667m^{2}施入有机肥2000kg，三元复合肥40kg，并按种植方式要求整地。移栽时要浇透水，促使早缓苗、早生根。移栽时采用地膜覆盖，以提高地温，促进花提早成熟。

2. 中耕培土

移栽后要浅锄保墒，当苗高25～30cm时出现少量分枝，从垄沟取土培于植株基部，以促发不定根，防止倒伏，同时抑制膜下杂草的生长。

3. 浇水

培土后根据土壤墒情进行浇水，每次浇水量不宜过大，勿漫垄，保持土壤见干见湿。

4. 根外追肥

在花盛开时进行根外追肥，喷施时间以下午6时以后为好，每667m^{2}喷施尿素30g，磷酸二氢钾30g。

（三）病虫害防治

万寿菊病虫害较少，主要是病毒病、枯萎病、红蜘蛛。对病毒病用病毒威、菌毒清进行防治；对枯萎病用75%百菌清、多菌灵、乙磷铝、甲基托布津进行防治；对红蜘蛛在初期进行防治，用50%马拉硫磷乳油1000倍液，隔7d喷1次，连喷2次。地下害虫主要是蝼蛄、蛴螬，每667m^{2}用3%呋喃丹0.75～1kg结合移栽施入土中；红蜘蛛、蚜虫可用1.8%的虫螨克和速克毙防治。

第二十九节　蜀葵

一、简介

蜀葵，学名 *Althaea rosea*（Linn.）Cavan，又名一丈红、熟季花、麻秆花、秫秸花，为锦葵目蜀葵属多年生草本植物。原产中国四川，现在中国分布很广，各地广泛栽培，供园林观赏，世界各国均有栽培供观赏用。宜于种植在建筑物旁、假山旁或点缀花坛、草坪，成列或成丛种植，组成绿篱、花墙，美化园林环境。矮生品种可作盆花栽培，也可作切花，供瓶插或作花篮、花束等用。由于它原产四川，故名曰“蜀葵”，又因其高达丈许，花多为红色，故名“一丈红”，是山西省朔州市市花。

二、生长习性

蜀葵喜阳光充足，耐半阴，但忌涝。耐盐碱能力强，在含盐 0.6% 的土壤中仍能生长。耐寒冷，在华北地区可以安全露地越冬。在疏松肥沃、排水良好、富含有机质的砂质土壤中生长良好。

三、栽培技术

（一）繁殖方法

蜀葵通常采用播种繁殖，也可进行分株和扦插繁殖。分株、扦插多用于优良品种的繁殖。

1. 播种繁殖

蜀葵种子成熟后易散落，应及时采收。另外，蜀葵易杂交，为保持品种的纯度，不同品种应保持一定的距离间隔。

播种时春播、秋播均可。可播于露地苗床育苗移栽，也可露地直播，不再移栽。南方常采用秋播，在 9 月份秋播于露地，而北方常以春播为主。蜀葵种子成熟后即可播种，正常情况下种子约 7d 就可以萌发。一次种植，多年受益。

2. 分株繁殖

在秋季进行，适时挖出多年生蜀葵的丛生根，用快刀切割成数小丛，使每小丛都有两三个芽，然后分栽定植即可。

3. 扦插繁殖

花后至冬季均可进行。取蜀葵老干基部萌发的侧枝作为插穗，长约 8cm，插于沙床或盆内均可。插后用塑料薄膜覆盖进行保湿，并置于遮荫处直至生根。冬季扦插，应在温室内进行。

（二）栽培管理

蜀葵栽培管理较为简易。幼苗长出 2～3 片真叶时，应移植 1 次，加大株行距。移植后适时浇水，开花前追肥 1～2 次，追肥以磷、钾肥为好，同时经常松土、除草，以利于植株生长健壮。当蜀葵叶腋形成花芽后，追施 1 次磷、钾肥。开花后要保持充足的水分，以延长花期。花后及时将地上部分剪掉，还可萌发新芽。盆栽时，应在早春上盆，保留独本开花。

（三）病虫害防治

蜀葵易受卷叶虫、蚜虫、红蜘蛛等危害，老株及干旱天气易生锈病，应及时防治。

多年生老株蜀葵易发生蜀葵锈病，春季或夏季在植株上喷施波尔多液可起到防治效果；发病初期可喷 15% 粉锈宁可湿性粉剂 1000 倍液或 75% 百菌清可湿性粉剂 600 倍液等，每隔 7～10d 喷 1 次，连喷 2～3 次，均有良好的防治效果。

生长期间有红蜘蛛、蚜虫为害，发生严重时，用 1.8% 阿维菌素乳油 7000～9000 倍液或用 15% 哒螨灵乳油 2500～3000 倍液防治，均有较好的防治效果。

第三十节　旱金莲

一、简介

旱金莲，学名 *Tropaeolum majus* L.，又名旱荷、寒荷、金莲花、旱莲花、金钱莲、寒金莲、大红雀等，为旱金莲科旱金莲属一年生或多年生的攀缘性稀有野生植物。原产南美秘鲁、巴西等地，我国普遍引种作为庭院或温室观赏植物，河北、江苏、福建、江西、广东、广西、云南、贵州、四川、西藏等省区均有栽培。北方常作一二年生花卉栽培。旱金莲叶形如碗莲，在环境条件适宜的情况下，全年均可开花，一朵花可维持 8～9d，全株可同时开出几十朵花，香气扑鼻，颜色艳丽，乳黄色花朵盛开时，如群蝶飞舞，是一种重要的夏季观赏花卉。盆栽可供室内观赏或装饰阳台、窗台。

二、生长习性

旱金莲不耐寒，能忍受短期 0℃，喜温暖湿润、阳光充足，越冬温度

10℃以上。适宜种植于排水良好的肥沃土壤。生长适温 18～24℃，35℃以上生长受到抑制，因此夏季高温时不易开花。

三、栽培技术

（一）繁殖方法

用播种或扦插法。

1. 播种繁殖

一般于 3 月播种，7～8 月开花；6 月播种，国庆节开花；9 月播种，春节开花；12 月播种，“五一”开花。播种先用 40～45℃温水浸泡种子一夜后，将其点播在装有素砂的浅盆中，上覆盖细砂厚约 1cm，播后放在向阳处保持湿润，10d 左右出苗，幼苗 2 片真叶时分栽上盆。

2. 扦插繁殖

以春季室温 13～16℃时进行，剪取有 3～4 片叶的茎蔓，长 10cm，留顶端叶片，插入砂土中，保持湿润，10d 开始发根，20d 后便可上盆。

（二）栽培管理

1. 培养土

宜选用腐叶土 4 份、园土 4 份、堆肥土 1 份、砂土 1 份混合配制的壤土。

2. 肥水管理

旱金莲在生长过程中，一般每月施 1 次浓度为 20% 的腐熟豆饼水；在开花期间停施氮肥，改施 0.5% 过磷酸钙或腐熟的鸡鸭粪水，每隔半月施 1 次；花谢之后追肥 1 次 30% 的腐熟豆饼水，以补充因开花所消耗的养分；秋末再施 1 次复合性越冬肥，以增强植株的抗寒能力。

浇水次数和浇水量应根据天气和植株生长情况而定。春秋季节一般隔天浇水 1 次，夏季每天浇水 1 次，以保持较高的空气湿度。出现花蕾时浇水次数宜适当减少，但要加大每次的浇水量，使盆土见干见湿。

3. 光照管理

旱金莲性喜阳光，春秋季节应放在阳光充足处，夏季需适当遮荫，冬季室温保持在 15℃左右，阳光充足，便能继续生长发育。

4. 整形修剪

由于旱金莲是缠绕半蔓性花卉，具较强的顶端生长优势，若要使其花繁叶茂，在小苗时，就要打顶使其发侧枝。当植株长到高出盆面 15～20cm 时，需要设立支架，把蔓茎均匀地绑扎在支架上，并使叶片面向一个方向。支架的大小以生长后期蔓叶能长满支架为宜，一般高出盆面 20cm 左右，随茎的生长及时绑扎，并注意蔓茎均匀分布在支架上。在绑扎时，需进行顶梢的摘心，促使其多分枝，以达到花繁叶茂的优美造型。

5. 花期控制

旱金莲以7～8月炎夏开花最盛，冬季和早春控制室温在16～24℃的条件下可常年开花不断。另外，若要在元旦、春节期间开花，可在上一年8月播种；需在“五一”节赏花，可在上一年12月于室内播种；国庆节观花的，则在5月底6月初播种，高温季节及时遮荫或移至通风凉爽处生长；若要早春2～3月开花，需在上一年10月室内播种，室温保持在15℃左右，长有3～4片真叶时上盆即可达到目的。

（三）病虫害防治

旱金莲病虫害较少，主要害虫为潜叶蛾，另外还易受蚜虫和白粉虱的危害，需及时喷药防治。防治潜叶蛾可用菊酯类农药，防治蚜虫和白粉虱可用吡虫啉类农药。

第三十一节　香雪球

一、简介

香雪球，学名 *Lobularia maritima*（L.）Desv.，又名庭芥、小白花，为十字花科香雪球属多年生草本花卉，常作一二年生栽培。原产地中海沿岸。香雪球株矮而多分枝，花开一片白色，是布置岩石园的优良花卉，也是花坛、花境的优良镶边材料，盆栽观赏也很好。香雪球匍匐生长，幽香宜人，也宜于岩石园墙缘栽种，也可盆栽和作地被等。

二、生长习性

香雪球适应性较强，能耐轻度霜寒，室外越冬应予保护；忌炎热，喜阳光，对土壤要求不严，但以排水良好的土壤为宜。

三、栽培技术

（一）繁殖方法

1. 播种繁殖

由于香雪球在整个生长期忌炎热，播种最适温度为15～20℃，常在9月中下旬以后进行秋播。

（1）播种方法　由于香雪球种子较小，播种时把牙签的一端用水蘸湿，把种子一粒一粒地粘放在基质的表面上，覆盖基质1cm厚，播后可用喷雾器把基质淋湿，以后当盆土略干时再淋水，仍要注意浇水的力度不能太大。

（2）播后管理　播种后，用塑料薄膜覆盖，以利保温保湿；幼苗出土后，要及时把薄膜揭开，在每天上午9：30之前、下午3：30之后让幼苗接受太阳的光照。大多数的种子出齐后，需适当间苗，当大部分的幼苗长出3片及3片以上的叶子后可移栽上盆。

2. 扦插繁殖

使用已经配制好并且消过毒的扦插基质，基质为草炭∶蛭石＝3∶1。通常结合摘心工作，把摘下来的粗壮、无病虫害的顶梢作为插穗，直接用顶梢扦插。扦插后的管理介绍如下。

（1）温度管理　插穗生根的最适温度为18～25℃，低于18℃，插穗生根困难、缓慢；高于25℃，插穗的剪口容易受到病菌侵染而腐烂，并且温度越高，腐烂的比例越大。扦插后遇到低温时，保温的措施主要是用薄膜把用来扦插的花盆或容器包起来；扦插后温度太高时，降温的措施主要是给插穗遮荫，要遮去阳光的50%～80%，同时，给插穗进行喷雾，每天3～5次。

（2）湿度管理　扦插后保持空气相对湿度75%～85%。可以通过给插穗进行喷雾来增加湿度，每天1～3次，晴天温度越高喷的次数越多，阴雨天温度越低喷的次数则少或不喷。

（3）光照管理　扦插后每天把阳光遮掉50%～80%，待根系长出后，逐步移去遮光网。

（二）栽培管理

1. 上盆或移栽

小苗装盆时，先在盆底放入2～3cm厚的粗粒基质或者陶粒来作为滤水层，其上撒上一层充分腐熟的有机肥料作为基肥，厚度为1～2cm，再盖上一层基质，厚1～2cm，然后放入植株，以把肥料与根系分开，避免烧根。上完盆后浇1次透水，并放在略荫环境养护一周。

小苗移栽时，先挖好种植穴，在种植穴底部撒上一层有机肥料作为底肥（基肥），厚度为4～6cm，再覆上一层土并放入苗木，以把肥料与根系分开，避免烧根。放入苗木后，回填土壤，把根系覆盖住，并用脚把土壤踩实，浇1次透水。

2. 摘心修剪

在开花之前一般进行两次摘心，以促使萌发更多的开花枝条。当苗高6～10cm并有6片以上的叶片后，把顶梢摘掉，保留下部的3～4片叶，促使分枝。在第一次摘心3～5周后，或当侧枝长到6～8cm长时，进行第二次摘心，即把侧枝的顶梢摘掉，保留侧枝下面的4片叶。进行两次摘心后，株形会更加理想，开花数量也多。在开花的过程中，把残花带3片叶剪掉，可以延长花期。

3. 水肥管理

定植后每月浇1次复合肥液（10kg水放1.5g肥），每次浇水加稀薄的有机肥液。10片叶后，肥水可适当增加浓度1000mg/kg（1kg水放1g肥）。肥水勿沾茎叶。

4. 温湿度管理

香雪球喜欢冷凉气候，忌酷热，耐霜寒，最适生长温度为15～25℃。在晚秋、冬、早春三季，由于温度不是很高，要给予直射阳光，以利于进行光合作用和形成花芽、开花、结实；夏季若遇到高温天气，需要遮去大约50%的阳光。

香雪球喜欢较干燥的空气环境，阴雨天过长，易受病菌侵染。怕雨淋，晚上要保持叶片干燥。最适空气相对湿度为40%～60%。

（三）病虫害防治

用2.5%溴氰菊酯3000～5000倍液喷洒叶面进行防治虫害；每7～10d喷1次700倍的多菌灵或百菌清杀菌防病。

第三十二节　玉簪花

一、简介

玉簪花，学名*Hosta plantaginea*（Lam.）Aschers.，又名玉春棒、白鹤花、玉泡花、白玉簪，为百合科玉簪属多年生草本植物。原产中国和日本，我国各地均有栽培。玉簪花是中国古典庭院中重要花卉之一，称江南第一花，既可观叶又可观花。现代庭院，多培植于林下草地、岩石园或建筑物背面，因花夜间开放，芳香浓郁，是夜花园中不可缺少的花卉，还可以盆栽布置于室内及廊下，秋季开花，供观赏。成片种植玉簪花，是发展旅游业的好项目。

二、生长习性

玉簪花属典型的阴性植物，喜阴湿环境，忌强烈日光曝晒，受强光照射则叶片变黄，生长不良；喜肥沃、湿润的砂壤土，性极耐寒，我国大部分地区均能在露地越冬，地上部分经霜后枯萎，翌春宿萌发新芽。

三、栽培技术

（一）繁殖方法

栽培中常用种子和分株繁殖。

1. 种子繁殖

种子秋季成熟，采收后晒干，翌年2～3月间播种，2～3年后开花。因玉簪喜阴，宜种植在树林下，建筑物北侧，或不受阳光直射的隐蔽处，切忌种植在向阳处。

种子繁殖用条播，按行距约10cm开沟，沟深约1cm，将种子均匀撒入沟内，覆土后稍加镇压，浇水，保持土壤湿度，气温20～25℃时，25d左右可出苗。幼苗长出2～3片叶时，按行株距（45×30）cm移栽。

2. 分株繁殖

春秋均可进行，以秋季分根为宜，将2～3年以上生的老株挖出，把根蔸分开，以2～3个芽为一丛，进行移栽。

（二）栽培管理

种子繁殖的幼苗生长较慢，需经常松土锄草。

1. 追肥

玉簪花喜土壤湿润肥沃。地栽定植时要施入腐熟的厩肥作基肥，栽后浇足水。每年春季展叶后约每隔2～3周施1次氮钾结合的腐熟液肥。孕蕾期追施以磷钾肥为主的液肥，花期暂停施肥。

2. 浇水

每次施肥后都要及时浇水，以保持土壤湿润，这样可促使叶绿花繁。生长季节遇天旱要注意经常浇水和松土，以保持土壤疏松和通气良好。

3. 越冬

华北等地11月上中旬以后，玉簪花地上部分枯萎，进入冬季休眠，这时应将地上部分剪除，浇防冻水，并在根际附近覆盖细砂，以防宿根受冻。

（三）盆栽管理

玉簪花入夏后需移至遮荫处或北面阳台上，防止阳光直晒。其他生长季节放半光处，深秋之后放向阳处培养，对其生长和开花有利。

根据盆土实际干湿情况，适时适量进行浇水，以经常保持盆土湿润为宜。从新芽萌发后开始，每2～3周施1次氮磷结合的稀薄液肥，入夏后施肥以含磷钾元素的肥料为主，这对花芽分化和保持花色纯正有利。花期应停止施肥。盆栽玉簪于霜降后移入室内，室温维持在2～3℃，即可安全越冬，翌年4月出室。

（四）病虫害防治

玉簪花易发生斑点病等叶部病害。在防治方法上主要为加强管理，施足肥料，培育壮苗，防雨遮荫，定植后适时浇水，防止大水漫灌。加强棚室通风，降低温度。及时清除病残体。发病初期，及时摘除病叶。药剂防治，可用半量式波尔多液200倍加0.1%硫磺粉，或65%代森锌可湿性粉剂500倍，或75%百菌清可湿性粉剂500～800倍液，每5～7d喷1次，共喷2～3次。夏季应防止蜗牛及蛞蝓的危害，注意及时喷施相关的药剂。

第三十三节　大花萱草

一、简介

大花萱草，学名 *Hemerocallis middendorfii* Trautv. et Mey.，为百合科萱草属宿根花卉类。原产中国、日本和西伯利亚，目前世界各地广泛栽培，花期7～8月。该类花卉对碱性土壤具有特别的耐性，是油田及滩涂地带不可多得的绿化材料。可用来布置各式花坛、马路隔离带、疏林草坡等。也可利用其矮生特性作地被植物。其中有数个品种为“冬青”型，种植在南国，可四季常绿，是优秀的园林绿地花卉。

二、生长习性

大花萱草耐寒性强，抗病性强，耐光线充足，又耐半阴，抗低寒，适应温度范围广，对土壤要求不严，但以腐殖质含量高、排水良好的通透性土壤为好，我国从南到北均可种植。北方地区需在下霜前将地下块茎挖起，贮藏在温度为5℃左右的环境中，春季栽植。露地栽培的最适温度为13～17℃。

三、栽培技术

（一）繁殖方法

分株繁殖为主，也可播种繁殖，工厂化生产可以采用组织培养法。

1. 分株繁殖

多于春秋两季进行。分株时挖取株丛的一部分分蘖作为种苗，挖取部分要带根，从短缩茎处割开，将老根、朽根和病根剪除，尽量保留肉质根，适当剪短（约留10cm）后即可栽植。

2. 播种繁殖

快速大量生产种苗的方法，春季播种。但因种子发芽率低，需先浸种发芽，播后一年才可定植。

播种前苗床要先施足底肥，床宽1.3～1.7m，长30m左右，两侧挖排水沟。播种时每隔20cm开深约3cm的浅沟，把种子均匀地播入沟内，盖一层细土，再薄铺一层细沙。出苗前要浇水和除草，保持好土壤湿度，秋季即可起苗栽植。每667m^2苗床用种子2.5kg，可育苗5万～6万株。

3. 组培法

以根颈、花茎以及花蕾为外植体。

（二）栽培管理

大花萱草栽植大多在早春 3 月初萌芽前进行，当年即可抽薹开花。但因栽后能生长多年，所以应重视栽植地的选择。一般选择地下水位低的平地或水源条件好的坡地，要求排水良好、土质疏松、土层深厚。栽植土地要整平，栽植时穴行距为（40 × 50）cm。挖穴栽植，穴为三角形，栽 3 ~ 5 株，穴深 30cm 以上，并施入农家肥作基肥，栽后覆土压实。

大花萱草适应性强，管理方便。由于其花期长，对氮、磷、钾的需求量比较大，除种植时施足基肥外，还要根据不同发育阶段的需要来施肥。为使大花萱草中后期花葶抽生整齐粗壮，花蕾发育肥大，萌蕾力增强，花前及花期需追肥两次，每次施肥以速效肥为主。因花期较短，要及时修剪残花。

（三）病虫害防治

大花萱草易发生锈病、叶斑病和叶枯病，主要虫害是红蜘蛛和蚜虫。防治病害可早期喷洒波尔多液或石硫合剂进行防治；防治红蜘蛛和蚜虫可用 10% 吡虫啉 800 ~ 1000 倍液喷雾防治。

第三十四节　非洲紫罗兰

一、简介

非洲紫罗兰，学名 *Saintpaulia ionantha* H. Wendl.，又名非洲堇，是苦苣苔科非洲苦苣苔属多年生草本植物。原产东非的热带地区，植株小巧玲珑，花色斑斓，一年四季开花，是室内的优良花卉，是国际上著名的盆栽花卉，在欧美栽培特别盛行。

非洲紫罗兰自法国人于 1893 年在非洲发现后，直到 20 世纪初才发现它在适宜的环境中能全年开花不断，而且适应空调环境。20 世纪 30 年代非洲紫罗兰在美国已十分流行，40 年代已选育出许多间色和重瓣品种。至今，非洲紫罗兰在美国已成为主要生产的盆栽花卉，在家庭中栽培十分普遍，在欧洲，荷兰、丹麦、德国、法国都有批量生产，荷兰在 1995 年生产盆栽花卉中占第七位，产值达到 2140 万美元。非洲紫罗兰在欧美已成为窗台植物。

二、生长习性

非洲紫罗兰喜温暖气候，忌高温，较耐阴，宜在散射光下生长，适于肥沃疏松的中性或微酸性土壤，夏季怕强光和高温。生长适温为16～24℃，4～10月为18～24℃，10月～翌年4月为12～16℃。白天温度不能超过30℃，高温对非洲紫罗兰生长不利。冬季夜间温度不低于10℃，否则容易受冻害。相对湿度以40%～70%较为合适，盆栽如过于潮湿，容易烂根。空气干燥，叶片缺乏光泽。非洲紫罗兰夏季需遮荫，叶色青翠碧绿；冬季则阳光充足，才能开花不断；雨雪天加辅助光对非洲紫罗兰的生长和开花十分有利。

三、栽培技术

（一）繁殖方法

常用播种、扦插和组培法繁殖。

1. 播种繁殖

春、秋季均可进行。温室栽培以9～10月秋播为好，发芽率高，幼苗生长健壮，翌年春季开花棵大花多。2月播种，8月开花，但生长势稍差，开花少。非洲紫罗兰种子细小，播种时盆土应细，播后不覆土，压平即行。发芽适温18～24℃，播后15～20d发芽，2～3个月移苗。幼苗期注意盆土不宜过湿。一般从播种至开花需6～8个月。

2. 扦插繁殖

主要用叶插。花后选用健壮充实的叶片，叶柄留2cm长剪下，稍晾干，插入沙床，保持较高的空气湿度，室温为18～24℃，插后3周生根，2～3个月将产生幼苗，移入6cm盆。从扦插至开花需要4～6个月。若用大的蘖枝扦插，效果较好，一般6～7月扦插，10～11月开花；如9～10月扦插，翌年3～4月开花。

3. 组培繁殖

非洲紫罗兰用组织培养法繁殖较为普遍。以叶片、叶柄、表皮组织为外植体，用MS培养基加1mg/L 6－苄氨基腺嘌呤和1mg/L萘乙酸。接种后4周长出不定芽，3个月后生根小植株可栽植。小植株移植于腐叶土和泥炭苔藓土各半的基质中，成活率100%。美国、荷兰、以色列等国均有非洲紫罗兰试管苗生产。

（二）栽培管理

1. 水肥管理

早春低温，浇水不宜过多，否则茎叶容易腐烂，影响开花；夏季高温、干燥，应多浇水，并喷水增加空气湿度，否则花梗下垂，花期缩短；秋冬，气温下降，浇水应适当减少。每次浇水以能充分浇湿介质，并有多余的水分由盆底流出为原则。以一般室内环境而言，非洲紫罗兰的浇水周期3~7d。

非洲紫罗兰茎叶生长繁茂，花大而多。生长过程中要求肥料较多，需每半月施肥1次，肥料以有机肥料为好。如肥料不足，则开花减少，花朵变小。

2. 光温管理

非洲紫罗兰属半阴性植物，每天以8h光照为最合适。若雨雪天光线不足，应添加人工光照。如光线不足，叶柄伸长，开花延迟，花色暗淡。盛夏光线太强，会使幼嫩叶片灼伤或变白，需遮荫防护。非洲紫罗兰生长适温15~25℃，夏天要注意通风。

3. 去残换盆

花后应随时摘去残花，防止残花霉烂。

植株由小盆换至大盆时，先放入少许新介质于欲换的大盆盆底，将带介质的植株放入大盆中，在空隙中填入新介质。换盆后充分浇水再放在环境适宜的场所栽培。换盆后的植株通常较虚弱或根部受伤，根吸收能力降低，在换盆后2周内避免施肥。换盆最好选择在环境气候合宜的季节，一般换盆时温度维持在18~26℃为宜。

（三）病虫害防治

在高温多湿条件下，易发生枯萎病、白粉病和叶腐烂病，一旦发现病株，务必立即隔离，可用10%抗菌剂401醋酸溶液1000倍液喷雾或灌注盆土中。介壳虫和红蜘蛛在生长期常危害非洲紫罗兰，可用2.5%溴氰菊酯3000倍液喷杀。

第三十五节　芙蓉葵

一、简介

芙蓉葵，学名*Hibiscus moscheutos* Linn.，又名草芙蓉、大花秋葵，为锦葵科木槿属多年生草本植物。原产于北美，现广泛分布于华北、华东地区。花期6~8月，为极富欣赏效果的花境植物，宜栽于河坡、池边、沟边，为夏季重要花卉。

二、生长习性

芙蓉葵喜阳，略耐阴，耐寒、耐热、喜湿，耐盐碱，宜温暖湿润的气候，忌干旱，耐水湿，在临近水边的肥沃砂质壤土中生长繁茂。芙蓉葵为喜光的长日照植物，在短日照条件下，不能形成花芽开花。

三、栽培技术

（一）繁殖方法

芙蓉葵可以通过播种、扦插、分株和压条等方法进行繁殖。

1. 播种繁殖

宜在春季5月上旬露地直播，因种皮紧硬，播前将种子用55℃温水浸种10～15h，播种后注意保湿，1～2周发芽，长至3～4片真叶时移栽。当年冬天可培土防寒，实生苗一般当年不开花，第二年才开花。

2. 分株繁殖

可在春秋两季进行，将老株上的茎芽带根切下栽培，容易成活，当年就可开花。

3. 扦插繁殖

在生长期间，取半木质化的枝条，插入湿润的砂壤土中，并保持湿润，约1个月就可以生根。

（二）栽培管理

1. 栽培密度

成片栽种时以株行距（60×80）cm为宜。

2. 肥水管理

芙蓉葵栽种易活，管理简单，其生长健壮，适应性强，一般在5月上旬萌发生长。栽种小苗时，先施底肥，生长期应两次补充磷、钾肥，每1m^2可追施氮、磷、钾三元复合肥（15∶15∶15）80g左右，并结合浇水。

3. 修剪

芙蓉葵7～10月开花不断，从花量上可出现3次开花高峰，第一次为7月初开始，可延续15～20d，以主茎花为主；8月中旬出现第二次开花高峰，主要是副梢花，花质量与主梢花无明显区别，这次高峰可维持1～5d；9月中旬出现第三次开花高峰。每次开花过后，应及时修剪，把上次开花后的空枝及形成的种子剪除，这样可以增加下一个开花高峰的花量，尤其第二高峰过后，更应及时修剪保证下一次花的量与质。

（三）病虫害防治

芙蓉葵的主要虫害有无斑弧丽金龟、棉铃虫、红蜘蛛等。其防治方法为早晨或傍晚在花上捕捉成虫；利用杀虫灯诱杀成虫；去除病虫枝及清除杂草，集中烧毁。成虫大量发生为害时，可喷施10%氯氰菊酯乳油2500～3000倍液；1.2%苦烟乳油800～1000倍液；2.5%溴氰菊酯乳油3000～3500倍液；1.8%阿维菌素乳油7000～9000倍液。

第三十六节　天人菊

一、简介

天人菊，学名 *Gaillardia pulchella* Foug.，又名虎皮菊，为菊科天人菊属一年生或多年生草本植物。原产北美，在我国中、南部广为栽培。天人菊花期7～10月，具耐旱特性，是很好的沙地绿化、美化、定沙草本植物，其花姿妖娆，色彩艳丽，花期长，栽培管理简单，可作花坛、花丛的材料。

二、生长习性

天人菊性喜高温、干燥和阳光充足的环境，耐干旱炎热，也耐半阴，不耐寒。适宜种植于排水良好的疏松土壤，耐盐性佳。它耐风、抗潮，生性强韧，具耐旱特性，是良好的防风固沙植物。

三、栽培技术

（一）繁殖方法

1. 播种繁殖

天人菊常在夏季进行播种，对播种用的基质要进行消毒。选用128～288孔育苗穴盘，把种子一粒一粒地粘放在基质的表面上，覆盖基质1cm，播后用细孔喷雾器把播种基质淋湿，覆盖地膜。幼苗出土后，要及时把薄膜揭开，并在每天上午9：30之前，或下午3：30之后让幼苗接受太阳的光照。当大部分的幼苗长出3片以上的叶子时移栽上盆。

2. 扦插繁殖

结合摘心工作，把摘下来的粗壮、无病虫害的顶梢作为插穗，直接用顶梢扦插。插穗生根的最适温度为18～25℃，温度太高时，注意遮荫降温，同时，给插穗进行喷雾，每天3～5次。

（二）栽培管理

1. 移栽

小苗装盆时，先在盆底放入2～3cm厚的粗粒基质或者陶粒来作为滤水层，其上撒上一层充分腐熟的有机肥料作为基肥，厚度为1～2cm，再盖上一层基质，厚1～2cm，然后放入植株，以把肥料与根系分开，避免烧根。上盆用的基质可以选用下面的一种：菜园土∶炉渣＝3∶1；或者园土∶中粗河砂∶锯末（炉渣）＝4∶1∶2；或者草炭∶珍珠岩∶陶粒＝2∶2∶1。上盆后浇1次透水，并放在略荫环境养护一周。

2. 摘心

在开花之前一般进行两次摘心，以促使萌发更多的开花枝条。上盆1~2周后，或者当苗高6~10cm、并有6片以上的叶片后，把顶梢摘掉，保留下部的3~4片叶，促使分枝。在第一次摘心3~5周后，或当侧枝长到6~8cm长时，进行第二次摘心，即把侧枝的顶梢摘掉，保留侧枝下面的4片叶。进行两次摘心后，株形会更加理想，开花数量也多。

3. 日常管理

天人菊喜欢较高的空气湿度，空气湿度过低，会加快单花凋谢，最适空气相对湿度为65%~75%。耐热，不耐霜寒，生育适温10~25℃。喜阳光充足，略耐半荫。若日照不足，会影响开花。与其他草花一样，对肥水要求较多，但要求遵循“淡肥勤施、量少次多、营养齐全”的施肥（水）原则，并且在施肥过后，晚上要保持叶片和花朵干燥。

（三）病虫害防治

宿根天人菊病虫害少，常见虫害有粉虱、蚜虫、蛞蝓等。防治粉虱和蚜虫可用600~800倍液蓟虱净、5%啶虫脒800倍液或25%阿克泰（噻虫嗪）2500~5000倍液进行防治。防治蛞蝓可用3.3%蜗牛敌或3%砷酸钙混合剂撒粉以每平方米用药1g防治。

主要病害为炭疽病，危害叶片，未发现虫害。炭疽病症状：发病初期在叶片上出现淡黄色圆斑，后期病斑边缘为黑褐色，中央为灰褐色。严重时叶片发黄，继而发黑，最后焦枯，病叶一般为中下部叶片。防治坚持“预防为主、综合防治”的方针，合理密植，及时中耕除草，第1茬花后合理修剪，增施有机肥或化肥，提高天人菊抗病能力。发病时采用药剂防治，如10%苯醚甲环唑75~112.5g/hm^{2}或50%代森铵600倍液喷施。

第三十七节　红蓼

一、简介

红蓼，学名*Polygonum orientale* L.，又名红草、东方蓼、狗尾巴花，为蓼科一年生草本植物。除西藏外，广布于全国各地和朝鲜、日本、俄罗斯、菲律宾、印度和欧洲，大洋洲的一些国家也有种植。因其生长迅速、高大茂盛，叶绿，且花密红艳，适应性强，适于观赏，故适宜作观赏植物，花期6~9月，果期8~10月。红蓼室内简易水养也可以。截取一段枝，插在花瓶里，加入水，几天后它就能自行生根，在水中生长。放在窗台或是电脑桌上，既可增加室内湿度，又具观赏价值。

二、生长习性

红蓼喜温暖湿润的环境，喜光照充足；宜植于肥沃、湿润之地，也耐瘠薄，适应性强。

三、栽培技术

（一）繁殖方法

春季播种繁殖，可自播繁衍，栽培管理简单。

（二）栽培管理

春播。播种前，先深挖土地，敲细整平，按行株距（33×35）cm 开穴，深约 7cm，每穴播种子约 10 粒，每 1hm^2 播种量 9～15kg，播后施人畜粪水，盖上草木灰或细土约 1cm。

当苗长出 2～3 片真叶时，匀苗、补苗，每穴有苗 2～3 株，并进行中耕除草、追肥 1 次。至 6 月再进行中耕、追肥 1 次。肥料以人畜粪水为主。若遇干旱要注意浇水。

秋天当红蓼的种子成熟时，采集其种子，放在干燥的地方保存。

（三）病虫害防治

红蓼极少发生虫害，但褐斑病时有发生，危害其生长。

防治方法：（1）秋末冬初清除病残体，枯草和修剪后的残草要及时清除，以减少菌源。（2）在高温、高湿天气来临之前或其间，要少施或不施氮肥，保持一定量的磷、钾肥，避免串灌和漫灌，特别要避免傍晚灌水。（3）发病初期出现枯斑时，可以选用甲托、三唑酮等常规杀菌剂防治。如果病情很严重，应喷洒 50% 苯菌灵可湿性粉剂 1500 倍液或阿米西达药剂防治。

第三十八节　鸡冠花

一、简介

鸡冠花，学名 *Celosia cristata* L.，又名鸡髻花、老来红，为苋科青葙属一年生草本植物，夏秋季开花，花多为红色，呈鸡冠状，故称鸡冠花。原产非洲、美洲热带和印度，我国南北各地均有栽培，广布于温暖地区。

鸡冠花享有“花中之禽”的美誉，是园林中著名的露地草本花卉之一，有较高的观赏价值，是重要的花坛花卉。高型品种用于花境、花坛，还是很好的切花材料，切花瓶插能保持10d以上。也可制干花，经久不凋；矮生种用于栽植花坛或盆栽观赏。

二、生长习性

鸡冠花喜温暖干燥的气候，怕干旱，不耐涝；喜阳光充足、湿热，不耐霜冻。不耐瘠薄，对土壤要求不严，喜疏松肥沃和排水良好的土壤。花期从夏、秋季直至霜降。

三、栽培技术

（一）繁殖方法

鸡冠花用播种繁殖，于4~5月、气温20~25℃时进行。播种前，可在苗床中施一些饼肥或厩肥、堆肥作基肥。因鸡冠花种子细小，播种时应在种子中和入一些细土进行撒播，覆土2~3mm即可。播种前要使苗床中土壤保持湿润，播种后喷水，给苗床遮荫，两周内不要浇水。一般7~10d可出苗，待苗长出3~4片真叶时可间苗1次，拔除一些弱苗、过密苗，到苗高5~6cm时即应带根部土移栽定植。

（二）栽培管理

1. 栽植

春季幼苗长出2~4片叶时栽植上盆。选用15~22cm花盆。小盆栽矮生种，大盆栽凤尾鸡冠等高生种。盆土选用肥沃、排水良好的砂质壤土或用腐叶土、园土、砂土以1∶4∶2的比例配制的混合基质。

2. 摘心

矮生多分枝的品种，在定植后应进行摘心，以促进分枝；而直立、可分枝的品种不必摘心。

3. 光照与温度

鸡冠花喜温暖，忌寒冷。生长期要有充足的光照，每天至少要保证4h光照。适宜生长温度18~28℃。

4. 施肥与浇水

生长期间适当浇水，但盆土不宜过湿，以潮润偏干为宜，花蕾形成后应每隔10d施1次稀薄的复合液肥。生长后期加施磷肥，并多见阳光，可促使生长健壮和花序硕大。在种子成熟阶段宜少浇肥水，以利种子成熟，并使较长时间保持花色浓艳。

（三）病虫害防治

鸡冠花常发生轮纹病、立枯病、茎腐病，发病初期及时喷药防治。常用药剂有等量式波尔多液 200 倍液；50% 的甲基托布津可湿性粉剂、50% 的多菌灵可湿性粉剂 500 倍液喷雾；40% 的菌毒清悬浮剂 600 ~ 800 倍液喷雾；或用代森锌可湿性粉剂 300 ~ 500 倍液浇灌。

第三十九节　二月蓝

一、简介

二月蓝，学名 *Orychophragmus violaceus*（L.）O. E. Schulz，又名诸葛菜、紫金草（日本），为十字花科诸葛菜属一年或二年生草本，因农历二月前后开始开蓝紫色花，故称二月蓝。分布在中国东北、华北及华东地区，生长于平原、山地、路旁、地边。对土壤光照等条件要求较低，耐寒旱，生命力顽强。传说诸葛亮率军出征时曾采嫩梢为菜，故又名诸葛菜。

二月蓝在园林绿地、林带、公园、住宅小区、高架桥下常有种植，作为观花、地被植物广泛应用。由于种源充裕，价格便宜，因此被很多绿化工程、公园、旅游景点所采用。二月蓝不仅冬天披绿，春天紫花成片，而且它能延续自繁，毋需过多养护，能与其他植物混种，是集多种优点于一体的好品种，在北京属于早春花种。

二、生长习性

耐寒性强，冬季常绿。又比较耐阴，用作地被，覆盖效果良好；适生性强，从东北、华北，直至华东、华中都能生长，冬季如遇重霜及下雪，有些叶片虽然受冻，但早春能萌发新叶、开花和结实；对土壤要求不严；具有较强的自繁能力，1 次播种后，年年都能自成群落。每年 5 ~ 6 月种子成熟后，自行落入土中，9 月长出绿苗，小苗越冬，晚春开花，夏天结籽，年年延续。

三、栽培技术

（一）繁殖方法

二月蓝以种子繁殖为主，再生能力强，植株枯干后很快会有新落下的种子发芽长出新的植株苗，在不经翻耕的土壤上，人工撒播的种子也能成苗，并具较强的抗杂草能力。故栽培管理相对粗放，较为容易。播种时间夏、秋均可，但以 8 ~ 9 月最为适宜。每克种子 300 ~ 400 粒，每 667m^2 播种量 1kg 左右。

（二）盆栽管理

1. 盆栽

盆栽时盆土用园土、珍珠岩、草木灰混合拌匀，比例为6∶2∶1，上盆时要施足基肥，待挺苗后将盆搬到有阳光的地方进行常规的肥水管理。

2. 施肥

二月蓝一年施肥4次，即早春的花芽肥、花谢后的健壮肥、坐果后的壮果肥、入冬前的壮苗肥。在花蕾期和幼果期各进行1次叶面喷施0.2%磷酸二氢钾溶液，花色则更艳丽，果实将更饱满。

3. 除草

在花种萌发时及时清除杂草，以免蔓延。施用除草剂喷杀基本上可以根除杂草，但一定要注意在施用除草剂后要隔一段时间后再播种二月蓝，因为除草剂对任何植物都具有杀伤作用。

控制结实，一般在结实前用剪草机将其修剪到10～15cm的高度，使其再生开花。

（三）病虫害防治

二月蓝的主要病虫害是霜霉病，在管理中选择通风透光的地段种植，种植密度合理，严重发病时可喷施50%疫霉净500倍液。常见害虫有蚜虫、菜青虫、蜗牛、潜叶蝇等。若发现害虫，要及时进行药物防治。

第三章　兰花类

根据人们的欣赏习惯，可将兰科植物分为洋兰与国兰两大类。常见栽培的洋兰主要分布在南、北回归线地域，主要产地在南美洲，也称热带兰，一般以其气生根附生于悬崖峭壁、大树高枝之上，故称为“附生兰”或“气生兰”；国兰主要产于中国，因其生长在地上，故又称“地生兰”。

洋兰是个习惯叫法，也是约定俗成的叫法，不是一个植物学上的科学概念，另外，洋兰是中国人对某些兰花的特有称谓，不是一个国际通用的植物学概念。可以初步把非中国原产的或用国外先进技术育出的适合外国人欣赏习惯的园艺兰花品种称洋兰。洋兰花型大朵，色彩艳丽，少有香气，最著名的有卡特兰、蝴蝶兰、大花蕙兰、石斛兰、文心兰、兜兰、万代兰等。

国兰，古代称之为兰蕙，是兰科兰属的多年生常绿宿根草本植物，比之西方栽培的洋兰要早得多。它有春兰、蕙兰、建兰、寒兰、墨兰五大类，有上千种园艺品种。这一类兰花与热带兰不同，没有艳丽的色彩，却具备宁静而致远的高雅气质和清醇、馨远的幽香，与东方人鉴赏花卉的标准相吻合，深为人们所爱。自古以来，人们欣赏兰花，莳养兰花，体现出人们对兰花品质的赞赏。随着社会的进步，人们经济状况的改善和生活水平的提高，养兰人数不断增加，人们通过养植兰花，美化环境、陶冶情操、修身养性。

第一节　蝴蝶兰

一、简介

蝴蝶兰，学名 *Phalaenopsis aphrodite* Rchb. F.，又名蝶兰，为兰科蝴蝶兰属多年生草本植物。原产于亚洲，在中国台湾和泰国、菲律宾、马来西亚、印度尼西亚等地都有分布，其中以台湾出产最多。蝴蝶兰属是著名的切花和盆花种类，全属 50 多种，因花形似蝶得名。其花姿优美，颜色华丽，为热带兰中的珍品，有“兰中皇后”之美誉！蝴蝶兰花期很长，一般在 3 ~ 6 个月。

二、生长习性

蝴蝶兰出生于热带雨林地区，本性喜高气温、高湿度、通风半阴环境，忌水涝。生长适温为18～30℃，冬季15℃以下就会停止生长，低于10℃容易死亡。

三、栽培技术

（一）繁殖方法

蝴蝶兰的工厂化繁殖方法主要有播种繁殖法和组织培养法。

1. 无菌播种法

先将未裂开的成熟蒴果洗净，然后置于75%～90%乙醇或氯仿中浸2～3s，再用5%～10%的漂白粉溶液或3%的双氧水浸5～20min。取出种子在同样的消毒水中浸泡5～20min，然后用过滤的方法除去溶液，取出种子，再用细针将种子均匀地平铺于已制备好的瓶中培养基表面。培养条件为光照强度2000～3000lx，每天10～18h，温度保持在20～26℃。9～10个月后，小苗长出2～3片叶子便可出瓶上盆栽植。此法是一项科学性较强的工作，一般在组织培养实验室里进行，或在规模大、管理严格的组培工厂里进行。

2. 组织培养法

采用组织培养法来繁殖蝴蝶兰，可以获得与母株完全相同的优良的遗传特性。通过这种方法产生的蝴蝶兰苗通常称为分生苗或组织苗。用于进行分生培养的植物组织（外植体）可以是顶芽（茎尖）、茎段（休眠芽），也可以是幼嫩的叶片或根尖，但最常见的是采用蝴蝶兰的花梗。因为选用花梗作为外植体，不仅不会损伤植株，而且诱导容易。较老的花梗或已开花的花梗主要取其花梗节芽，而幼嫩的花梗除了花梗节芽外，花梗节间也可作为组织培养的材料。

（二）栽培管理

1. 栽培介质

栽培介质必须具备以下要求：

①能使兰株根系承受兰花本身质量，保持正常株形，但不能太重，以轻质为佳；

②排水性能和保水性能良好；

③通气性能好；

④能维持1～2年不腐烂；

⑤价格不贵、合适，易于获得，操作方便。

适于栽培蝴蝶兰的介质有以下几种：蛇木屑、泥炭藓、水苔、树皮、椰糠与椰壳纤维。市场出售的蝴蝶兰盆花使用的介质一般为水苔。

2. 管理技术

蝴蝶兰从瓶苗到开花成品出售分5个生长阶段：瓶苗、小苗、中苗、大苗、开花阶段。栽培管理如下。

（1）前期管理　瓶苗生长阶段，最适生长温度白天为25～28℃，夜间18～20℃。1.5寸（1m＝30寸）小苗阶段生长适温23～28℃。刚出瓶的小苗温度应低于20℃，空气相对湿度保持70%～80%，光线控制在1000lx以下。通过一段过渡期后，温度恢复正常，光照逐渐提高到10000lx，最后可达15000lx。

（2）苗期管理　组培苗出瓶后3～5d内不宜灌肥、浇水，但需马上进行杀菌处理。可用多菌灵1000倍液叶面杀菌，隔天喷生根粉。经3～5d过渡期后根据水苔干湿情况，第一次施肥，用花多多10号（氮、磷、钾比例为3∶1∶1）8000倍液喷施，以水苔全湿为标准。隔1天再用花多多10号3000倍液喷叶面肥。此后，据小苗干湿情况，以薄肥勤施的原则逐渐提高施肥浓度。

经4个月培育后，小苗长成中苗，叶尖距达12～15cm，此时应换成直径8cm的透明软盆。中苗时期的管理基本和小苗阶段相似，但光照可提高到20000lx。施肥以花多多8号、1号（氮、磷、钾比例分别为2∶1∶2、2∶2∶2）交替使用。

（3）中期管理　苗经3～4个月培育后进入大苗阶段，此时应换成直径12cm的透明软盆。管理方法与中苗一样，但施肥采用1号花多多（氮、磷、钾比例为1∶1∶1）。大苗经5～6个月成熟可以进行催花处理。

（4）后期管理　开花期即生长后期。蝴蝶兰的开花是低温促成的，所以除在管理上要精细外，还应控制好温度。首先将夜间温度降至16～18℃，45d后形成花芽。花芽形成并花梗长高10cm后夜间温度保持在18～20℃，白天保持25～28℃。3～4个月后可开花，花期温度略为降低，但不低于15℃。

开花期水肥管理尤为重要。浇水宜在上午10时实施，避免将水直接洒到花朵上。浇水后采用抽风机通风，保持棚内空气新鲜，使残留水分尽快散失。在催花芽阶段施肥以花多多15号（氮、磷、钾比例为3∶9∶5）为主，待花梗抽出10cm高时施肥以花多多2号（氮、磷、钾比例为1∶3∶2）1000倍液为佳，视蝴蝶兰自身状况而定。

（三）病虫害防治

常见的蝴蝶兰病害主要有白绢病、疫病、灰霉病、炭疽病和煤烟病。防治方法用代森锰锌1000倍液、好生灵1500倍液、扑海因1000倍液、五氯硝基苯1000倍液喷施；加强温室通风；将病株、病叶集中烧毁。

主要虫害有介壳虫，用1000倍液杀扑磷或速灭松2000倍液喷施，每周1次，连续喷2～3次；防治螨类，选用20%四氰菊酯乳油4000倍液或75%克螨特乳油1000～1500倍液等药物喷杀；对于红蜘蛛要采用连续喷杀、不同药物轮番喷杀的方法才能较彻底地将其消灭，一般是每隔3～5d喷药1次，连续喷药2～3次。

第二节　文心兰

一、简介

文心兰，学名*Oncidium flexuosum* Lodd.，又名跳舞兰、舞女兰、金蝶兰、瘤瓣兰等，为兰科文心兰属多年生草本植物。原产美国、哥伦比亚、墨西哥、厄瓜多尔和秘鲁。文心兰是兰科中文心兰属植物的总称，本属植物全世界原生种多达750种以上，而商业上用的千姿百态的品种多是杂交种。文心兰植株轻巧、潇洒，花茎轻盈下垂，花朵奇异可爱，形似飞翔的金蝶，又似翩翩起舞的少女，极富动感，是世界重要的盆花和切花种类之一。在泰国、新加坡、马来西亚和我国台湾都有大规模的生产，并大量出口日本、西欧、澳大利亚等地。在荷兰、法国、德国和西班牙也有一定数量的生产，由于生产成本高，能源消耗大，近年来生产面积逐年减少，并向非洲国家发展。

二、生长习性

厚叶型文心兰的生长适温为18～25℃，冬季温度不低于12℃；薄叶型文心兰的生长适温为10～22℃，冬季温度不低于8℃。文心兰喜湿润和半阴环境，除浇水增加基质湿度以外，叶面和地面喷水更重要，增加空气湿度对叶片和花茎的生长更有利。文心兰只能接受冬天的直射阳光，而其他的三个季节里，则必须遮荫，以达到与原产地相似的日照。夏季的阳光最为强烈，因此在室外栽培时，必须加设50%～60%的遮阳网，否则叶片易被阳光灼伤；而在春秋两季里，阳光较夏季柔和，一般只需要30%左右的遮阳网，就能保护兰株。

三、栽培技术

（一）繁殖方法

文心兰的繁殖方法有分株繁殖与组织培养。

1. 分株繁殖

春、秋季均可进行，常在春季新芽萌发前结合换盆进行。将带 2 个芽的假鳞茎剪下，直接栽植于水苔的盆内，保持较高的空气湿度，可很快萌发新芽和长出新根。

2. 组织培养

选取文心兰基部萌发的嫩芽为外植体，用 70% 酒精进行表面消毒，灭菌后用无菌水洗净，切成 1～1.5mm 厚的茎尖薄片，接种在准备好的培养基上，保持温度（26±2）℃，光照强度 500lx，每天照射时间 16h，在 MS 培养基添加 1mg/L6－苄氨基腺嘌呤的培养基上，原球茎的形成最快，只需 45d。将形成的原球茎继续在增殖培养基中采用固体培养，20 多 d 后原球茎顶端形成芽，在芽基部分化根。约 100d，分化出的植株长出 2～3 片叶，成为完整幼苗。

（二）栽培管理

1. 栽培基质

文心兰的大多数种类均采用盆栽。盆栽基质与栽培蝴蝶兰的基质相似，如水苔、碎蕨根、木屑、木炭、珍珠岩、碎砖块、泥炭土等。这些基质组合应用，如以细蕨根 40%、泥炭土 10%、木炭 20%、珍珠岩或蛭石 20%、碎石和碎砖块 10% 混合调制，效果较好。种植时要用碎石或碎砖垫花盆底部 1/3 左右以利通气和排水。栽培的花盆可用塑料盆、素烧盆、瓷盆等。栽培 2～3 年以上的文心兰，植株逐渐长大并长出小株，根系过满，要及时换盆。换盆通常在开花后进行，未开花植株，可选择在生长期限之前，如早春秋后天气变凉时进行，栽培材料应一起更换。换盆可结合分株一起进行。

2. 温度管理

缓苗阶段，白天温度 25～28℃，晚上 23～25℃。新根萌长快，待长出新根后，温度可适当放宽些，但保持上述温度有利于兰苗生长，鳞茎生长成熟后昼夜温度在（26～29℃）/（23～25℃）时，文心兰可从营养生长转为生殖生长。文心兰花期较短，为了延长花期，可适当降低温度。文心兰的生长适宜温度为 12～33℃，低于 12℃就停止光合作用。如低温超过 6～8h 就会发生冻害，高于 33℃生长发育也会受阻，特别是在强光照下会灼伤兰苗。温度变化不宜太热，否则易引起落蕾现象。

3. 湿度管理

相对湿度应控制在 60%～80%，刚栽植的小苗湿度应在 80% 左右，湿度不应太大或太小，太大易感染病害，太小对兰花生长不利。在炎热的夏季应在植株周围的地面、台架、叶片上喷水，以增加空气湿度，同时还要保持良好的通风，否则会导致植株生长不良，假鳞茎易腐烂。要特别注意的是，不要向盆内大量灌水来提高湿度，否则极易引起烂根，湿度变化也不宜太大，否则不仅不利于生长，也极易引起落蕾现象。

4. 光照管理

光线不能过强或过弱。过强易引起灼病，轻者组织受伤，叶变黄色，严重的呈灰白色，并引发炭疽病；光线过弱光合作用能力降低，导致叶片徒长，软弱下垂，不利于花芽分化，开花数量少，生长不良。刚栽植的幼苗，光照在10000～15000lx，随着幼苗的长大，光照逐渐增强，最高达30000～35000lx，在这个光照条件下，文心兰花芽分化快，营养生长可以更好地转为生殖生长。一般夏季遮光60%～75%，春秋季遮光40%～50%。

5. 水肥管理

浇水原则是干湿交替，每次浇水要浇透。春季刚分株时少浇水；夏季植株生长旺盛，蒸发水分快，可每天浇1次。上午浇过后，下午再对叶片实行喷雾浇水。由于文心兰的栽培基质主要是椰壳和石子，不易保水、保肥，应在盆中放一些缓释肥，以增加肥效。施肥种类及数量根据植株生长情况进行调整，一般1次肥1次水或2次肥1次水。基质pH应控制在5.5～6.5，EC值在1.2～1.6mS/cm。

6. 花期调控方法

文心兰花期不定，周年均可开花。但实际上由于春节前2个多月的气温偏低，造成大部分文心兰花期不能在春节应市。为使其花期刚好在春节应市，应于农历七月上旬挑出次叶芽为2～5cm的健壮植株放在一起管理，当次叶芽形成假鳞茎后，除日常管理外，每月加施1～2次5～11～26彼得肥或磷酸二氢钾，并于春节前2个月左右放于温室加温，可取得一定效果。

（三）病虫害防治

文心兰的虫害主要有介壳虫。介壳虫寄生于植株叶片边缘或叶面吸取汁液引起植株枯萎，严重时整株植株会枯黄死亡。可用50%马拉松乳油2000倍液喷杀。文心兰的病害主要有软腐病和叶斑病，叶斑病发生时危害文心兰的叶片，软腐病发生时会使植株整株死亡。可采用50%的多菌灵1000倍液、50%的甲基托布津可溶性湿剂800倍液防治。

第三节　卡特兰

一、简介

卡特兰，学名*Cattleya hybrida*，又名嘉德利亚兰、嘉德丽亚兰、加多利亚兰、卡特利亚兰等，为兰科卡特兰属多年生草本植物。原产热带美洲，均为附生兰，常附生于林中树上或林下岩石上。卡特兰花大、雍容华丽，花色娇艳多变，花朵芳香馥郁，在国际上有“洋兰之王”的美称，是哥斯达黎加的国花。卡特兰一年四季都有不同品种开花。卡特兰既是高级的切花又是名贵的盆花，可用来点缀家庭居室或公共场所，卡特兰还是高雅美丽的胸饰花。

二、生长习性

卡特兰喜温暖湿润的环境，越冬温度，夜间15℃左右，白天20～25℃，保持大的昼夜温差至关重要，不可昼夜恒温，更不能夜温高于昼温。要求半阴环境，春夏秋三季应遮去50%～60%的光线。

卡特兰属于附生兰（气生兰），它们有着肥大的假鳞茎用于贮存水分和营养，还有着粗壮肥大的根，根外包被着海绵状的多水的根被。因此卡特兰十分耐旱，一般要等根部干了之后再给它浇水。同时栽种时一定要用排水性特别好的基质。

三、栽培技术

（一）繁殖方法

卡特兰的繁殖方法有分株繁殖、组织培养和无菌播种。

1. 分株繁殖

一般结合换盆，将各丛分开，分后的每个株丛至少要保留3个以上的假鳞茎，并带有新芽。用蕨根泥炭藓栽植时，一定要栽紧栽实，以用手提植株时，根不从盆中拔出为好。根系要均匀地分散在盆内。先将植株由盆中磕出，去除栽培所用材料，剪去腐朽的根系和鳞茎，将植株栽于材料中。新栽的植株应放于较荫蔽的环境中10～15d，并每日向叶面喷水。栽培基质以苔藓、蕨根、树皮块或石砾为好，而且盆底需要放一些碎砖块、木炭块等物。炎热季节，要注意通风、透气。生长季节盆中应放些发酵过的固体肥料，或10～15d追施1次液肥，并保持充足的水分和较高的空气湿度。

2. 组织培养

卡特兰种子的胚发育不完全，在自然状况下需与真菌共生才有极少数萌发。卡特兰的组织培养常利用胚或茎尖等营养器官来进行繁殖。花胚培养中，采用MS培养基附加0.2mg/L NAA和0.2mg/L 6－BA对胚萌发具有较好的效果。茎尖培养时要防止褐变，茎尖的最适初代培养基为MS＋6－BA 3.0mg/L＋NAA 1.0mg/L；原球茎增殖的最适培养基为MS＋6－BA 0.5mg/L＋NAA 0.5mg/L＋10%香蕉汁；生根培养基为1/2MS＋NAA 0.2mg/L＋10%香蕉汁＋适量蛋白胨。在商品苗生产中，用蛋白胨及食用糖配制培养基能降低成本。

（二）栽培管理

对于需短日照的秋冬花卡特兰，可通过缩短或延长光照时间来控制其花期，使其能应时绽放。对于温度型品种，可通过调节温度来控制花期。要想栽好卡特兰，应特别重视以下几个方面的管理。

1. 温度

卡特兰的生长适温 3 月 ~ 10 月为 20 ~ 30℃，10 月 ~ 翌年 3 月为 12 ~ 24℃，其中白天以 25 ~ 30℃为好，夜间以 15 ~ 20℃为最佳，日夜温差在 5 ~ 10℃较合适。冬季棚室温度应不低于 10℃，否则植株停止生长进入半休眠状态，低于 8℃时，一般不耐寒的品种易发生寒害，较耐寒的品种能耐 5℃的低温。秋末冬初当环境温度降至 12℃以下时，应及早搬入室内。夏季当气温超过 35℃以上时，要通过搭棚遮荫、环境喷水、增加通风等措施，为其创造一个相对凉爽的环境，使其能继续保持旺盛的长势，安全过夏，避免发生茎叶晒伤。

2. 光照

卡特兰喜具散射光的半阴环境。若光线过强，其叶片和假球茎易发黄或被灼伤，并诱发病害；若光线过弱，又会导致叶片徒长、叶质单薄。一般情况下，春、夏、秋三季可用黑网遮光 50% ~ 60%，冬季在棚室内不遮光，搁放于室内的植株可置于窗前，稍见一些直射阳光。

3. 水分

卡特兰不仅要求栽培基质湿润，而且要求有较高的空气湿度。它为附生兰，根系呈肉质，宜采用排水透气良好的栽培基质，以免发生积水烂根。生长季节要求水分充足，但也不能浇水过多，特别是在湿度低、光照差的冬季，植株处于半休眠状态，要切实控制浇水，否则易导致其烂根枯死。另外，卡特兰在花谢后约有 40d 左右的休眠期，此一时期应保持栽培基质稍呈潮润状态。一般在春、夏、秋三季每 2 ~ 3d 浇水 1 次，冬季每周浇水 1 次，当盆底基质呈微润时，为最适浇水时间，浇水要一次性浇透，水质以微酸性为好，不宜夜间浇水喷水，以防湿气滞留叶面导致染病。卡特兰一般应维持 60% ~ 65% 的空气湿度，可通过加湿器每天加湿 2 ~ 3 次，外加叶面喷雾，为其创造一个湿润的适生环境。

4. 栽培基质

栽培卡特兰的栽培基质，通常可用蕨根、苔藓、树皮块、水苔、珍珠岩、泥炭土、煤炉渣等混合配制。一般生长旺盛的植株，每隔 1 ~ 2 年更换 1 次植料，时间最好在春季新芽刚抽生时或花谢后，结合分株进行换盆。

5. 肥料

卡特兰所需的肥料，有相当一部分可通过与其根系共生的菌根来获得，需肥相对较少，忌施入粪尿，也不能用未经充分腐熟的有机肥，否则易导致植株烂根坏死。可用沤制过的干饼肥末或多元缓释复合肥颗粒埋施于植料中。生长季节，每半月用0.1%的尿素加0.1%的磷酸二氢钾混合液喷施叶面1次。当气温超过32℃或低于15℃时，要停止施肥，花期及花谢后休眠期间，也应暂停施肥，以免出现肥害伤根。

6. 花期调控方法

①选择尽量小而又不影响卡特兰生长的花盆种植希望其开花的兰株，有意制造一个逼迫的环境，让营养成分往花芽集中，从而促进开花。

②选择较健壮的成熟兰株，在花芽分化和假球茎开始膨大时，改施磷钾比例高的催花肥，以促进开花。

③卡特兰在原产地于开花前一两个月会进入干燥期，干燥变成促进开花的必然条件，因此，如果您养的卡特兰“不易开花”（有些不经干燥期一样开花），您不妨在茎部成熟时给予一段干燥期（渐次减少给水，茎部微有凹缩不要紧，但不要太严重），刺激营养液集中向花芽的形成分配，从而起到催花作用，可促进花苞形成。

（三）病虫害防治

卡特兰的虫害主要有介壳虫、蜗牛等。介壳虫寄生于植株叶片边缘或叶片背面吸取汁液，引起植株枯萎，严重时整株会枯黄死亡，同时诱发煤污病。5月下旬是孵化盛期，可用2.5%溴氰菊酯3000倍液喷雾灭杀。蜗牛可采用人工捕杀或用灭螺力等毒饵诱杀。卡特兰的病害主要有卡特兰叶斑病和卡特兰叶枯病等。卡特兰叶斑病在温室种植时比较常见，发病时叶尖上出现圆形小黑斑，界限清楚，湿度高时会引起叶片或假鳞茎腐烂。卡特兰叶枯病是由水霉引起的，常发生在叶片的顶端，呈圆形褐斑，病斑扩大迅速，叶片最后变成黑色。可采用50%多菌灵1000倍液、50%的甲基托布津1000倍液防治。

第四节　石斛兰

一、简介

石斛兰，学名 *Dendrobium nobile* Lindl.，别名石斛、石兰、吊兰花、金钗石斛、枫斗。石斛兰属是兰科植物中最大的一个属。原产地主要分布于亚洲热带和亚热带，澳大利亚和太平洋岛屿，全世界约有1000多种。我国约有76

种，其中大部分分布于西南、华南、台湾等地。石斛兰可入药，名为石斛，对人体有驱解虚热，益精强阴等疗效。随着花卉产业的兴起，由于其花型优美，花色变化多端，常作为盆栽供室内观赏，用于桌饰、吊挂。花期长，也为良好的切花材料。由于石斛兰具有秉性刚强、祥和可亲的气质，有许多国家把它作为“父亲节之花”。

二、生长习性

石斛兰喜温暖、湿润和半阴环境，不耐寒。生长适温 18～30℃，生长期以 16～21℃更为合适，休眠期 16～18℃，晚间温度为 10～13℃，温差保持在 10～15℃最佳。白天温度超过 30℃对石斛生长影响不大，冬季温度不低于 10℃。幼苗在 10℃以下容易受冻。

三、栽培技术

（一）繁殖方法

常用分株、扦插和组培繁殖。

1. 分株繁殖

春季结合换盆进行。将生长密集的母株，从盆内托出，少伤根叶，把兰苗轻轻掰开，选用 3～4 株栽 15cm 盆，有利于成形和开花。

2. 扦插繁殖

选择未开花而生长充实的假鳞茎，从根际剪下，再切成每 2～3 节一段，直接插入泥炭苔藓中或用水苔包扎插条基部，保持湿润，室温在 18～22℃，插后 30～40d 可生根。待根长 3～5cm 时盆栽。

3. 组培繁殖

常以茎尖、叶尖为外植体，在附加 2，4－D 0.15～0.5mg/L、6－苄氨基腺嘌呤 0.5mg/L 的 MS 培养基上，其分化率可达 1∶10 左右。分化的幼芽转至含有活性炭、椰乳的 MS 培养基中（附加 2，4－D 和 6－苄氨基腺嘌呤各 0.1mg/L），即能正常生长，形成无根幼苗，将幼苗转入含有吲哚丁酸 0.2～0.4mg/L 的 MS 培养基中，能够诱导生根，形成具有根、茎、叶的完整小植株。

（二）栽培管理

盆种石斛首先选盆，尽量选些敞口浅盆，可选瓦盆、紫砂盆、塑料盆。

基质主要分为硬料和软料两大类。硬料可以是火烧土、火山石、珊瑚、红砖粒、大理石、一般的建筑用石等；软料可以是栎树皮、松树皮、蛇木屑、花生壳、椰壳粒等。软硬基质可多种合用，也可各取一种。软硬基质比例一般为1:1。

石斛用浅盆，但也尽量浅种，如果浅种时，难种稳，可在上面用些大点的石子压两周，等长根生稳后再拿开，也可以插好细竹，把植株固定好。千万不要栽得过深，免得把植株闷死，植株扎根以后，自然就能在盆中站稳了。种好石斛后，用大水淋1次，然后摆在阴凉通风处一两周，可正常管理。

1. 温度

石斛兰喜高温高湿，生长适温为20～27℃。落叶类石斛越冬的温度夜间可低至10℃左右或更低，常绿种类则不可低于15℃，同时要注意保持较大的昼夜温差（10～15℃），温差过小（小于4～5℃）会严重影响石斛兰的生长和开花。

2. 光照

石斛兰在原产地常附生在热带雨林中的树干或岩石上，因而喜半阴的环境，在春、夏生长旺盛期，应进行遮光，可遮光60%～70%，但在冬季休眠期需要较多的阳光，一般可遮光20%～30%或不遮光。此外，要根据植株的特性调节好遮光的程度，像春石斛比常绿类的秋石斛要求更加强的光照，光照不足，其假鳞茎生长纤细、软弱，易得病，不容易形成花芽。

3. 湿度

将湿度保持在60%以上，阴雨天气时，湿度在90%以上时应加强通风，防止细菌性、真菌性病害发生。

4. 水肥管理

在新芽开始萌发至新根形成期间，需要充足水分，又怕过于潮湿，因此应注意水分充分供应但又不能有积水。对成年植株而言，因夏季是其生产旺季，需要较多的水分，尤其是高温干燥时要注意勤加浇水，一般大晴天需要每天浇水1～2次，而转入秋季之后，生长旺季已过，可逐步减少浇水量和浇水次数，可减至2～3d或1周浇水1次即可。石斛兰喜薄肥勤施，生长期间每隔7～10d施1次腐熟的饼肥水或根外追施0.1%的全元素复合肥。石斛兰进入休眠后则应停止施肥。

5. 催花管理

（1）春石斛　将进入花芽分化阶段时，切忌再施氮肥，而要增施磷、钾肥。氮肥的施用必须在8月底前结束，改施磷肥补充开花所需养分，磷肥的使用则需在9月底前结束。减少或停止浇水，用干燥刺激可促进开花。偶尔喷雾，只要能防止假鳞茎出现皱缩和严重的脱水，预防刚形成的花芽干燥、枯萎即可。春石斛开花，需9～13℃的低温，连续2～4周，累计400h以上，30～50d后可以形成花芽。如果温度超过上述标准或者连续时间不到半月，均会使花芽分化不完全而影响日后的开花数目。石斛兰的生长需要一定的温差，为了形成足够好的花芽数量，夜温应当不超过16℃，不低于5℃，直到花芽出现。花芽形成后，夜间温度保持在18～20℃，6～8周就可以开花。春石斛花期调控完成后，在冬末开始落叶时，茎节上出现小凸出物，即是花苞形成的初期阶段。

（2）秋石斛　在植株催花之前，每隔两周可施1次稀释2000～3000倍的磷钾肥。与春石斛不同，秋石斛开不开花，受光照时间的长短和光量影响最大。只要是“短日照”，那么不论气温的高低，秋石斛皆有花芽形成。秋石斛的“兰头”（假球茎）成熟时，花芽即开始分化。每日其“暗期”必须超过12h，就算是短暂的闪光（任何光线），只要打破其“暗期”的连续性5min，也不能开花。催花期间忌低温多水和高温干燥，这些皆是孕花的致命伤，日常可多喷水雾于叶面及四周。

（三）病虫害防治

石斛兰的虫害主要有介壳虫，蜗牛等。介壳虫可用2.5%溴氰菊酯3000倍液喷雾灭杀。蜗牛可采用人工捕杀或用灭螺力等毒饵诱杀。

石斛兰的病害主要有石斛黑斑病、煤污病和石斛炭疽病等。黑斑病和炭疽病可采用50%的多菌灵1000倍液或50%的甲基托布津1000倍液防治；煤污病可用50%的多菌灵1000倍液防治。

第五节　大花蕙兰

一、简介

大花蕙兰，又名虎头兰、喜姆比兰、蝉兰。大花蕙兰，是对兰属（*Cymbidium*）中通过人工杂交培育出的、色泽艳丽、花朵硕大的品种的一个统称。它是由兰属中的大花附生种、小花垂生种以及一些地生兰经过100多年的多代人工杂交育成的品种群。

大花蕙兰植株挺拔，花茎直立或下垂，花大色艳，主要用作盆栽观赏。适用于室内花架、阳台、窗台摆放，更显典雅豪华，有较高品位和韵味。如多株组合成大型盆栽，适合宾馆、商厦、车站和空港厅堂布置，气派非凡，惹人注目。大花蕙兰叶长碧绿，花姿粗犷，豪放壮丽，是世界著名的“兰花新星”。它具有国兰的幽香典雅，又有洋兰的丰富多彩，在国际花卉市场十分畅销，深受花卉爱好者的倾爱。大花蕙兰的生产地主要是日本、韩国和中国、澳洲及美国等。

二、生长习性

大花蕙兰原产亚洲热带和亚热带高原，喜冬季温暖和夏季凉爽的气候，喜高湿强光，生长适温为10～25℃。夜间温度以10℃左右为宜，尤其是开花期将温度维持在5℃以上、15℃以下可以延长花期3个月以上。

三、栽培技术

（一）繁殖方法

大花蕙兰的繁殖一般可用分株、组织培养和播种的方法。

1. 分株繁殖

分株法是常用的方法，在开花后新芽尚未长大之前的短暂休眠期进行。将母株从盆中倒出，然后去掉培养基质、枯黄叶片、过老的假鳞茎与腐烂的根系，用锋利的小刀将相连过多的假鳞茎切开进行分株。每丛带2～3枚假鳞茎，其中之一必须是新形成的。最后洗干净放置在阴处1～2d，待根略发白而无明显干缩时进行栽种，这时根较软，操作时不易折断，容易成活。为了避免伤口感染病菌，切口处可涂上草木灰或硫磺粉。其缺点是繁殖系数低、繁殖量小，容易产生变异植株，出苗不整齐。

2. 组织培养

选取健壮母株基部发出的嫩芽为外植体。将芽段切成直径0.5mm的茎尖，接种在准备好的培养基上。用MS培养基添加6-苄氨基腺嘌呤0.5mg/L培养，52d形成原球茎。将原球茎从培养基中取出，切割成小块，接种在添加6-苄氨基腺嘌呤2mg/L和萘乙酸0.2mg/L的MS培养基中，使原球茎增殖。将原球茎继续在增殖培养基中培养，20d左右在原球茎顶端形成芽，在芽基部分化根。90d左右，分化出的植株长出具3～4片叶的完整小苗。采用植物组织培养技术繁殖，种苗量大，出苗整齐，管理技术要求一致，开花期一致。但是操作比较复杂，并需要的设备较多，不适用家庭繁殖和小规模的生产。

3. 播种繁殖

应用于原生种的繁殖和杂交育种。

（二）栽培管理

1. 苗期管理

大花蕙兰在管理中根据不同苗龄进行。

（1）幼苗　在（8×8）cm和（12×12）cm营养钵中的当年生苗，一般不留侧芽。

（2）一年苗　生长1年左右的幼苗换到大盆（内口直径15cm或18cm）

中，一般每苗留2个子球，对称留效果最佳，其他侧芽用手剥除。当芽长到5cm时进行疏芽最为合适。因为侧芽在15cm长以前无根，15cm以后开始发根，不同品种用不同的留芽方式，也有每苗留1个子球的。

（3）二年苗　指生长24个月以上的苗子，不需要换盆。这个阶段的苗子每月施有机肥15g/盆，随着苗子长大，每月施用18～20g/盆，换盆12个月后只施骨粉，并在10月前不断疏芽，11月～翌年1月要决定留孙芽（开花球）数量。一般大型花可留孙芽2个/盆，将来可开花3～4枝/盆；中型花可留孙芽2～3个/盆，将来可望开花4～6枝。

2. 温度

大花蕙兰生长适温在15～25℃，且喜白天温度高、夜间温低、温差大（8℃以上）的环境。越冬温度不能低于10℃，夏季不能高于29.5℃。花芽分化期间，即夏、秋两季，必须有明显的日夜温差才能使其分化花芽，而当花芽已萌发时，晚上温度不能超过14℃，否则易使花芽提早凋谢。

3. 光照

大花蕙兰的最适光强在20000～30000lx（注：中等偏强），相对大部分兰花而言，大花蕙兰更喜阳光。较强光照可提高开花率，但太强会导致幼嫩花芽的枯死，一般控制在6000lx以下。

4. 湿度

大花蕙兰属地生兰类，喜根部湿润而不积水的环境，生长期要求湿度75%～85%，休眠期50%左右，花期55%～65%。如湿度过低，植株生长发育不良，根系生长慢而细小，叶片变厚而窄，叶色偏黄。总体来说，大花蕙兰怕干不怕湿。

5. 肥水管理

中小苗期需要高钾肥，氮、磷、钾比例为1∶1∶（2～3）；中大苗需加重磷的比例，而且以有机肥为主，叶面施肥为辅。生产上通常用喷灌，5月和9月每天浇1次水，6～8月份每天浇2次水，10月～翌年4月每2～3d浇1次水。浇水次数视苗大小和天气状况随时调整。注意大花蕙兰对水质要求很高，电导率EC要小于0.3mS/m。

6. 年宵花的花期调控

（1）温光　6～10月，白天20～25℃，夜间15～20℃，为花芽分化与形成的最佳温度；11月以后夜温为10～15℃，日温为20℃。如果温度过高则花粉形成受阻，整个花序枯死，一般花茎伸长和开花的温度在15℃左右。如白天大于30℃，夜间大于20℃，则花序形成受到影响，接受60d的高温，花序发育全部终止。3cm以上的花序比3cm以下的花序更易受高温影响，花芽分化早晚取决于新芽的叶停长早晚及假鳞茎成熟的早晚。较强光照可提高开花率，但太强会导致幼嫩花芽的枯死，一般控制在60000lx以下。

（2）控水及施肥　花芽发育期间适当控水能促进花芽分化和花序的形成。选择性施肥，1～6月，氮、磷、钾平衡肥；6～10月增加磷、钾比例。

（3）矮化剂应用技术　大花蕙兰的叶片在50～60cm长时最为适宜，若不用矮化剂则叶长为70～80cm。为了提高生产效率，降低单位占地面积，一般采用浇灌多效唑（PP333）的方式来使叶片变短。具体浇灌方法是当叶片长到30～40cm时，开始应用矮化技术，效果最好。一般在2～3月份，用10～30μL/L的多效唑浇灌，特殊品种可能要处理2次，多数品种处理1次即可。应用该方法可抑制叶片生长10cm左右，花高于叶片10～20cm，花茎也会相应降低，会感觉花的比例大，平衡感强，观赏效果更佳。

（三）病虫害防治

大花蕙兰易发生炭疽病，其防治方法为及时剪除病斑，并配合喷药。常用药剂，代森锰锌1000倍液、可杀得1000倍液。防治其细菌性病害，常用农用硫酸链霉素6000倍液、井冈霉素800倍液等。

大花蕙兰的虫害有蛞蝓、叶螨，常用蛞克星、三氯杀虫螨等药剂进行防治。

第六节　兜兰

一、简介

兜兰，学名*Paphiopedilum concolor*（Bateman）Dfitz.，又称拖鞋兰，因其花朵上唇瓣变异成兜状，像拖鞋而得名。为兰科多年生草本，多数为地生种，杂交品种较多，是兰科中最原始的类群之一，是世界上栽培最早和最普及的洋兰之一。主要分布在亚洲热带和亚热带林下，我国兜兰属植物资源丰富，已知有18种，主要分布于西南和华南地区。其株形娟秀，花型奇特，花色丰富，花大色艳，很适合于盆栽观赏，是极好的高档室内盆栽观花植物。兜兰因品种不同，开放的季节也不同，多数种类冬春时节开花，也有夏秋开花的品种，因而如果栽培得当，一年四季均有花看。

二、生长习性

兜兰喜温暖、湿润和半阴的环境，怕强光曝晒。绿叶品种生长适温为12～18℃，斑叶品种生长适温为15～25℃，能忍受的最高温度约30℃，越冬温度应在10～15℃为宜。一般而言，温暖型的斑叶品种等大多在夏秋季开花，冷凉型的绿叶品种在冬春季开花。

兜兰所需光照与蝴蝶兰相近，属于阴性植物，怕强光直射，早春以半阴为好，遮光 50% ~60%；夏季早晚见光，中午前后需遮荫，遮光 60% ~70%，冬季可照光。

三、栽培技术

（一）繁殖方法

常用播种和分株繁殖。

1. 播种繁殖

兜兰因种子十分细小，且胚发育不完全，常规方法播种发芽比较困难，只能于试管中用培养基在无菌条件下进行胚的培养。发芽后在试管中经 2 ~3 次分苗、移植，当幼苗长至 3cm 高时，可移出试管，栽植在盆中。从播种至开花需 4 ~5 年。兜兰培养基为花宝 1 号 3g、蔗糖 35g、蛋白胨 2g、琼脂 15g 和蒸馏水 1000mL 等组成。

2. 分株繁殖

有 5 ~6 个以上叶丛的兜兰都可以分株，盆栽每 2 ~3 年可分株 1 次。分株在花后短暂的休眠期结合换盆进行。将母株从盆内倒出，注意不要损伤嫩根和新芽，把兰苗轻轻分开，选用 2 ~3 株苗上盆，盆土用肥沃的腐叶土，酸碱度在 pH6 ~6.5，盆栽后放阴湿的场所，以利根部恢复。

（二）栽培管理

1. 栽培基质

兜兰多数种类为地生兰类，栽培基质要用有机质混合物，如水苔、碎蕨根、木屑、腐殖土、泥炭土等。以细蕨根 60%、泥炭土 20%、腐殖土 10%、碎石或砖块 10% 混合调制。盆栽可用腐叶土 2 份、泥炭或腐熟的粗锯末一份配制培养土。上盆时，盆底要先垫一层木炭或碎砖瓦颗粒，垫层的厚度掌握在盆深的 1/3 左右。这样可保持良好的透气性，又有较好的吸水、排水能力，可满足植株根系生长的要求。

2. 温度

兜兰适宜生长温度为 10 ~30℃。最适温度白天为 18 ~28℃，夜间为 15 ~18℃。夏天高于 30℃时，应加强通风和采取降温措施；冬天低于 10℃时，应放置室内保温或加温，温度为 10℃即可安全度过冬天。

3. 光照

喜半阴和散射光充足的环境，阳光过烈时生长变缓，易产生日灼而叶片变淡干枯，且植株生长缓慢，呈矮小状。过阴时虽也能生长，但植株纤细，并严重影响花芽分化，致使开花减少，甚至不开花。夏季应遮去阳光的60% ~70%，春、秋季需遮去阳光的40% ~50%，冬季则不遮光。

4. 环境湿度

对空气相对湿度要求不像一般兰花那样高，只要维持40% ~60%即可。生长时应多向叶面及四周喷水，以增加空气相对湿度，但超过80%时需注意加强通风。

5. 肥水管理

兜兰没有贮藏水分的假鳞茎，而且叶片薄而柔软，因而生长期间应保持盆土湿润，盆土干时应及时补给水分，但忌积水。秋季花芽分化及冬季10℃左右时，需适当控制水分，只要盆土稍呈湿润即可。生长期间每半月追施1次肥料，常用氮、磷、钾比例为3∶1∶1及2∶2∶2的混合肥。开花前的施肥应注意氮磷钾的配合，近开花时要增施磷钾肥，如氮、磷、钾比例为1∶3∶2的混合肥，以促进花芽分化和有利于开花。单纯施用氮肥时，植株虽生长旺盛、叶片苍绿，但开花少，甚至不开花。冬季低于12℃和夏季高于30℃时，应停止施肥。

（三）病虫害防治

1. 病害防治

主要的细菌性病害有褐腐病、软腐病、褐斑病、花腐病等；真菌性病害主要有炭疽病、黑腐病、萎蔫病、根腐病等。细菌性病害防治可用农用链霉素、0.5%等量式波尔多液、喹啉铜1000 ~1500倍液等药剂轮流使用，进行防治。发生该病时，先剪除病叶，然后用200mg/L农用链霉素或0.5%等量式波尔多液喷洒，每10天喷1次，连喷3次。

真菌性病害防治可在发病初期用65%代森锌可湿性粉剂300 ~500倍液，或70%百菌清可湿性粉剂600 ~800倍液喷施；若病害较重，可用75%甲基托布津可湿性粉剂1000倍液喷洒。不同的药剂交替使用，效果会更好。此外，还可用0.1% ~0.2%硫酸铜液、50%克菌丹可湿性粉剂400 ~500倍液、50%福美双可湿性粉剂500 ~700倍液等进行喷洒，每10d 1次。

2. 虫害防治

兜兰主要虫害有介壳虫、红蜘蛛、蚜虫、蜗牛等。防治虫害的药物主要有毒丝本毒死埤（800倍液）、马拉硫磷（50%乳剂1000倍液）、2.5%溴氰菊酯（乳剂2000倍液）。防治时可每周喷施1次，以上药物交替使用连续施药3 ~4次。

第七节　万代兰

一、简介

万代兰，学名 *Vanda coerulea* Griff.，也称胡姬花，是对兰科万代兰属 Vanda 的植物统称，是洋兰家族里的一名强者，属于兰科万代兰属多年生草本植物。属内有 60～80 个原始种，杂交品种非常丰富，是极为重要的花卉之一，新加坡选定万代兰为国花。万代兰的品种众多，开花期各不相同，但主要集中在夏、冬雨季。花朵的寿命很长，观赏期往往可长达 30～50d 之久。本属多为附生性，也有部分岩生性或地生性，分布在中国、印度、马来西亚、菲律宾、美国夏威夷以及新几内亚、澳大利亚北方。

二、生长习性

万代兰适应性极强，怕冷不怕热，怕涝不怕旱，在夏天温度高达 35℃对它的生长也影响不大，而且在栽培时不必用许多基质。泰国许多花场对万代兰的种植管理都非常粗放，常用木条钉成一个个四方形的小框，里面放入几粒木炭、碎砖或椰衣，就可以延续生长，经常给它洒水和喷肥也能长叶开花。这种生命顽强的特性，是许多名花难以比拟的。

三、栽培技术

（一）繁殖方法

1. 组培繁殖

在无菌条件下，利用培养基提供养分对万代兰的芽尖组织进行快繁。

2. 高芽繁殖

秋末时，万代兰在叶腋处会长出高芽，当高芽长至 5～7.5cm 时，用已消毒的锋利刀子，切下高芽，并种植在装有蛇木屑的盆子中。切记在切口上必须涂药，以免受病菌感染。另外，当多年栽培的植株长到 1m 以上时，可将长 30～46cm 的顶芽切下，并涂药消毒两边切口，然后种植在盆中，保持潮湿即可。

3. 截顶繁殖

是用利剪在近顶部 8～10 层叶的位置剪断，用百菌清粉剂涂抹切口消毒后另盆栽植，浇水后置于半阴潮湿处即可。另外，当多年栽培的植株长到 1m 以上时，可将长 30～46cm 的顶芽切下，并涂药消毒两边切口，然后种植在盆中，保持潮湿即可。

（二）栽培管理

由于万代兰的根属气生根，因此凡排水良好的介质都能适用，像蛇木屑、碎砖块、木炭、椰糠等，无论是单独使用或混合使用都是很好的盆土。种植万代兰除了介质外，盆钵也需相当讲究，在多种材质的盆钵中，以木条盆、多孔硬塑料盆及陶盆为优，万代兰还能在蛇木板上生长良好。无论用何种方式栽培，切记盆土必须排水及通气均非常良好。

1. 温度

万代兰喜欢高温环境，在18～35℃范围内都可正常发育，在24～32℃，最有利成长和开花。如生长期达不到这个温度，万带兰就很难开花，甚至不开花。冬季是种植万带兰是否成功的关键，若冬季日间能保持在20℃以上，晚间保持15℃以上，才能安全越冬。

2. 光照

万代兰叶片厚革质，含水量丰富，能耐猛烈阳光的照射，冬季甚至不需要遮光，但盛夏烈日一般也要使用40%～50%的遮光网遮光，以免叶片被晒黄，影响整株的观赏效果。尤其是盆栽万代兰，如果光照不足，植株会徒长衰弱，并由于体内养分积累少而难于形成花芽。因此，盆栽万代兰要随阳光的四季变化而调整位置，使它能吸收到最恰当的阳光照射量。

3. 湿度

万代兰为气生兰，有着强大的气生根群，喜欢在潮湿的环境下生长，保持空气湿度在80%左右，有利于它健康生长。日常管理中必须经常对植株喷水雾和地上洒水来保证合适的空气湿度。

4. 肥水管理

万代兰植株粗壮高大，需要的肥料较多。因此在生长旺盛期内可每周施稀薄的液肥1次，每月用1000倍磷酸二氢钾溶液喷叶面，可增加万代兰的养分积累，有利于其开花和增强耐寒能力。冬季生长迟缓期可减少施肥，约每月1次为宜。万代兰的开花期内可停止施肥直至花期结束后恢复。

（三）病虫害防治

万代兰的真菌性病害有疫霉病、炭疽病、叶枯病，每周喷施1次500倍大生M－45液，或多菌灵1000倍液预防；细菌性病害主要为软腐病，采用链霉素1000倍液或石硫合剂或等量式波尔多液500倍液，每周喷洒1次，同时增加通风、降低温度和湿度。万代兰的虫害为蜗牛和蛞蝓，常用蛞克星来诱杀。

第八节　春兰

一、简介

春兰，学名 *Cymbidium goeringii* Rchb. f.，又名朵朵香、双飞燕、草兰、草素、山花、兰花，是地生兰常见的原种。多产于温带，主要分布在中国，是中国的特产。开花时有特别幽雅的香气，花期 2 ~ 4 月，为室内布置的佳品，其根、叶、花均可入药。

我国春兰以江苏、浙江所产为贵，福建、广东、四川、云南、安徽、江西、甘肃、台湾等地也有出产。花色有浅黄绿色、绿白色、黄白色，有香气。

二、生长习性

春兰性喜凉爽、湿润和通风透气的环境，忌酷热、干燥和阳光直晒。要求土壤排水良好、含腐殖质丰富、呈微酸性。北方冬季应在温室栽培，最低温度不低于 5℃。

一般春兰的生长适温为 15 ~ 25℃，其中 3 ~ 10 月为 18 ~ 25℃，10 月 ~ 翌年 3 月为 10 ~ 18℃。在冬季甚至短时间的 0℃也可正常开花，但将室温保持在 3 ~ 8℃为最佳。

春兰花期还有一个很特别的地方——春化，在花苞现蕾后一个月左右，要有 4 ~ 6 周 0 ~ 5℃的低温期，否则来年开花，花茎不会拔高，出现盆面开花现象，俗称“扑地兰”。

三、栽培技术

（一）繁殖方法

春兰的繁殖方法，包括分株繁殖、播种繁殖和组织培养等。

1. 播种繁殖

春兰种子极细，发芽率低，盆播很难发芽，可采用培养基繁殖。采种后应立即进行播种，方法是必须在无菌条件下，将种子播种于预先配置好的兰花专用培养基上。种子播前用双氧水浸泡 15 ~ 20min 消毒。接着将装有培养基的培养瓶放置 20 ~ 25℃ 培养箱内，3 个月后种子相继发芽。待幼苗在培养瓶内长有 2 ~ 3 片小叶时，从瓶内移植于经消毒的泥炭苔藓中培养，待兰苗生长健壮后再移植于小盆。

2. 组织培养

①选取健壮母株基部发出的嫩芽为外植体，用75%酒精浸泡10～30s，用0.1%氯汞消毒5～15min，用无菌水冲洗4～5次。

②将消毒好的芽接入配制好的培养基中。培养基的有效成分组成：MS基本培养基，BA_2～6mg/L、NAA0.5～5mg/L、2，4－D 0.5～2mg/L、椰子汁5%～10%、香蕉泥5%～10%、琼脂6000～8000mg/L、糖20～30g/L。光照培养，温度为20～28℃，光强1500～3000lx，每天光照10～16h，培养30～90d。

3. 分株繁殖

①常在春季3月中旬～4月底和秋季10月～11月上旬进行。这时春兰已结束休眠期并开过花，新芽和新根即将长出，栽后不久便会出新根发新芽，容易恢复正常生长。过早分株，气温低，会造成冻伤、枯叶；如分株过晚，容易损坏芽和新根。

②先将母株从盆内托出，去除宿土，将空根、烂根、断根以及枯叶、病叶剪去，干瘪的假鳞茎剪去。

③将兰花冲洗晾干。分株苗一般以2～3筒为宜，按兰苗大小选择用盆，使盆苗相称。

④盆栽土要用肥沃疏松的腐叶土，并消毒处理以达到无病菌和害虫潜藏。

⑤栽植兰苗，要求苗的茎部与盆口平，盆面中部稍高于四周，再铺上翠云草，以防浇水冲淋。

⑥栽植后的兰花以浸水为好，以浸透为止。新栽兰苗放半阴处养护。

（二）栽培管理

1. 选盆

庭院养兰宜用素烧盆或无釉陶盆，此种盆疏水透气性能良好，利于兰苗生长发育。阳台、房顶养兰宜用塑料深筒盆，虽透气性差，而它体轻、整洁、价廉，形状好，底孔多，有利兰根伸展与兰盆移动。

2. 盆土

栽培基质要求无病虫，无污染，忌发热，忌干燥，忌渍水与盐碱，疏松肥沃，透气排水。土质类有腐叶土和泥炭土；植物类有锯末、刨花、水苔、树皮、谷壳；无机类有煤渣、砖粒等。可根据当地资源，选用数种粉碎，进行二合一、三合一，甚至多合一配制。pH以5.5～6.5为宜。使用前还需日晒，用药物灭菌更好。

3. 栽植

先用网状物盖好底孔，然后填粗粒基质至盆高的1/5～1/4处，作为排水层。将兰株放入盆内，填中粒基质至1/2处，再填细粒基质至3/4处。将盆摇动几下或双手拍动盆壁，使基质与兰根密切接触。继续填细料至盆口2～

3cm 处。兰株栽好后可用细眼壶从盆边慢慢浇灌清水，直至盆底流水。先将盆放至蔽荫处，见盆面基质干燥可喷水保湿，半月后可移至向阳处，转入正常养护。

4. 光照与温湿度

冬季阳光质弱，春季阳光柔和，可接受全光照。自初夏至仲秋需要遮光蔽荫 70% ~90%。兰花生长的适宜温度为 20 ~28℃。20℃以下生长缓慢，25℃以上生长迅速，达到30℃即被迫进入休眠状态。昼温10 ~16℃，夜温5 ~10℃，则为冬季休眠期。空气湿度要适宜。

5. 水分管理

兰花用水以雨水或雪水为最好，河水次之，井水又次之，必须用自来水时，需静置1 ~2d，待水中所含氯挥后再使用为好。热季浇水，应在傍晚太阳下山后，以免叶面之水分经太阳照射后灼伤植株，并防止高温水液浸伤新芽下端的幼嫩部分。寒季浇水应在白昼进行，以免夜间盆内有水分冻伤兰根，特忌兰心积水，易使幼株腐烂。兰株叶片有病斑时，要保持叶面干燥，防止病菌蔓延。如用传统的栽培基质，最好采用“一干一湿”管水法，即表土干透才浇水，一浇就要浇透，至盆底出水为止，切忌半干半湿。

6. 施肥管理

兰花需肥量不多，上盆或换盆无需施用基肥，生长期施用追肥宜坚持“薄肥勤施”“宁淡勿浓”的原则。气温 30℃以上、10℃以下是兰花的休眠期，须停止施肥；冬季与早春不施；酷暑盛夏不施。施肥应在晨、晚进行。

（三）病虫害防治

春兰在生长过程中，常见病害有春兰黑斑病，定期喷洒 800 倍液的百菌清、退菌特、多菌灵杀菌剂，交替使用；春兰炭疽病，发病初期喷洒 500 倍液的炭疽福美杀菌剂。

第九节　蕙兰

一、简介

蕙兰，学名 *Cymbidium faberi* Rolfe，又名中国兰、九子兰、夏兰、九华兰、九节兰、一茎九花，为兰科兰属的多年生地生草本植物。蕙兰原产中国，是我国栽培最久和最普及的兰花之一，古代常称为“蕙”，“蕙”指中国兰花的中心“蕙心”，常与伞科类白芷合名为“蕙芷”。生于湿润、开阔且排水良好的透光处，海拔 700 ~3000m。产自安徽、浙江、江西、福建、台湾、湖北、湖南、广东、广西、四川、贵州、云南、陕西南部、甘肃南部、河南南部和西藏东部，尼泊尔、印度北部也有分布。

二、生长习性

蕙兰大多原生在海拔较高的山地，要求通风性要好，有一定的温差；喜阳；对空气湿度要求相对较低，耐旱，抗涝性强，耐寒耐高温。蕙兰的生长周期较其他种兰类长，而且并非都能够在一个生长季全部生成。

三、栽培技术

（一）栽培管理

蕙兰每年5月上旬~6月上旬新叶芽出土，秋芽在7月下旬~8月中旬出土。养蕙兰要3苗以上连体栽培，3苗以下不易成活。蕙兰每苗从出土到生长完成需3年左右。蕙兰的花芽出土为每年9月~10月上旬，生长2~3cm后，停止生长，需要5个月（温度5℃）左右的时间春化休眠，方能开花。花期为每年3月下旬~4月下旬，晚花5月上旬。

1. 温度

蕙兰的生长适宜温度为15~25℃，夏天不超过38℃，冬天不低于-5℃，生殖生长温度为10~20℃。在国兰中惠兰是最耐寒耐高温的兰花。

2. 光照

蕙兰是最喜光的兰花，夏季阳光最强烈时需遮荫60%左右，其他季节可不遮荫。

3. 空气湿度

蕙兰对空气湿度的要求为60%~75%，冬季休眠期空气湿度不要低于50%，生长期湿度保持在70%~80%。

4. 肥水管理

蕙兰是国兰中最耐干旱的兰花，它有粗长的根，具有一定的保水性，能应付短期的干旱。其浇水以“秋不干，冬不湿”为原则；夏季炎热，空气干燥，应增加浇水次数、增大空气湿度。每年春季（3月初）与秋季（10月初）浇1次稀释腐熟有机肥。生长季节每10d喷1次兰菌王。因蕙兰有部分品种不易发花，宜在8~11月份每隔15d喷施1次800倍液的磷酸二氢钾。

（二）病虫害防治

雨季应注意防治黑斑病、炭疽病等常见病，可在梅雨季节前或下雨后用甲基托布津、多菌灵、花康2号等交替使用，7~10d喷洒叶面1次。如发生虫害应用花康1号、敌杀死等对症下药，及时处理。

第十节 建兰

一、简介

建兰，学名 *Cymbidium ensifolium*（L.）Sw.，又名雄兰、骏河兰、剑蕙等，为多年生草本兰科植物。建兰主产于温暖湿润的多山省份，即福建的七大山脉及其在浙江、江西、广东三省的延伸地带；四川、台湾、广西、云南、贵州和湖南等省区，也均有其丰富的蕴藏量。多山的福建省，几乎是各个山野均盛产建兰，尤其以东南部的戴云山脉、西北部的杉岭山脉和南部的博平岭山脉的产量和种质负有盛名。

二、生长习性

野生建兰大多生长在长江以南气候温暖湿润的亚热带地区，喜温暖湿润和半阴环境，耐寒性差，因此比较怕冻，越冬温度不低于3℃。怕强光直射，不耐水涝和干旱，宜用疏松肥沃和排水良好的腐叶土栽培。长江以北地区栽培，冬季宜放在封闭式兰室内养，气温不能低于0℃，否则易发生冻害。

三、栽培技术

（一）繁殖方法

建兰的繁殖为分株繁殖，一般在晚10月下旬～11月进行。

1. 盆具的选择

以质地粗糙、无上釉、边底多孔、有盆脚的兰盆栽兰较好。

2. 栽培基质的调配

栽培基质应选择质地疏松、团粒结构好、有机质丰富、透气性好、排水性能强、有利于好气性微生物活动、增强兰菌共生的混合栽培基质。

3. 兰株的种植

（1）苗木处理　兰株起苗后，冲洗根群上的泥砂，拆去无叶假鳞茎，剪除病残叶片和朽根。种植前，种苗用甲基托布津或可杀得2000倍稀释液浸泡半小时，捞起用清水冲洗干净，放于阴凉通风处，晾干水分待栽。

（2）种植　植株只有1～2丛的可栽于盆的正中，盆栽多丛的应把每丛的老株朝向盆中，新株朝盆缘，以提高新株的发芽率和生长发展空间。种植时将最粗的栽培基质放入盆内直至盆高度的15%，放入兰株后，要布匀根群，谨防兰根折伤，慢慢填入细栽培基质直至盆高的95%，拍摇，使细栽培基质与兰根紧密结合，细栽培基质在兰盆中的高度约 90%，易于浇灌，兰株基部（假鳞茎）半裸露于盆面，使其更有机会获得自然光照和新鲜空气。

（二）栽培管理

建兰的叶芽在每年 3 ~4 月相继破土而出，当新芽长至 2 ~5cm 时约有近一个月的缓长期，此时正是植株长根和母株花芽分化期。4 ~5 月新叶芽的根长 2cm 以上时便有了自供自给养分的能力，也就进入了伸长展叶期。6 月中旬前后花芽便破土而出，花芽无休眠期，经 25d 左右的发育，便竞艳争芳，花莛直立，长约 30cm 左右，清香宜人。

1. 温度

建兰的生长适宜温度为 18 ~28℃，最高不超过 35℃，冬天不低于 5℃，生殖生长温度为 14 ~25℃。冬季休眠温度为 5 ~14℃（11 月 ~翌年 3 月），只能在有遮挡风霜的防护条件下耐受短暂性的、间歇性的 -5 ~ -2℃低温。

2. 光照

建兰是国兰中最喜光的兰花之一。凡冬春全日照、夏秋半遮荫的，分蘖力高，着花量大，香气足，长势壮。不过对于叶艺品种（特别是高艺品种），夏秋要有 70% ~80% 的遮荫，冬春也要有 50% 左右的遮荫。

3. 空气湿度

生长期要保持 60% ~70% 湿度，夏季偏高，春秋季偏低，冬季休眠期（空气最干燥）空气湿度不要低于 50%。

4. 肥水管理

建兰需水量以湿润为佳。建兰根系粗大，假鳞球茎圆大，能贮藏较多的水分和养料，能耐旱 15d 左右。建兰喜淡肥勤施，忌浓肥骤施，它的需肥量比其他兰要大些，在生长期可以 10 ~15d 施 1 次淡薄肥。

（三）病虫害防治

建兰的病害主要为白绢病、炭疽病。白绢病的防治应注意通风透光，发病后可去掉带菌盆土，撒上五氯硝基苯粉剂或石灰杀菌；炭疽病的防治方法除改善环境条件外，发病期可先用 50% 甲基托布津可湿性粉剂 800 ~1500 倍液喷治，7 ~10d 喷 1 次。建兰的虫害主要有介壳虫、线虫病。介壳虫用杀扑磷 1000 倍液喷雾防治；线虫病的防治主要是栽培基质应用 100℃蒸汽灭菌消毒，杀死虫卵。

第十一节　墨兰

一、简介

墨兰，学名 *Cymbidium sinense*（Jackson ex Andr.）Willd.，又名中国兰、

报岁兰、入岁兰，兰科多年生草本植物。原产我国、越南和缅甸。墨兰作为观赏植物不仅拥有众多的爱好者，而且一直都是诗歌、绘画和工艺品等寓意和表现的题材，其兰花活动已成为了传统文化的一个组成部分——兰花文化。

墨兰常生于山地林下溪边，也见于常绿阔叶林或混交林下草丛中，花序直立，花朵较多，可达20朵左右，香气浓郁，花色多变。

墨兰花香色美，叶形独特，又是多种珍贵的观赏兰花的培育母本，因此一直深为人们所喜爱。

二、生长习性

1. 喜阴而忌强光

墨兰多生长于向阳密林间，所以墨兰是典型的阴性植物。阳光过强，会产生日灼害。因此冬春宜有60%～70%的遮荫密度；夏秋宜有85%～90%的遮荫密度。

2. 喜温暖而忌严寒

墨兰的生长适温为25～28℃，休眠期适温为白天12～15℃，夜间8～12℃。它不耐3℃以下的低温，即使是仅有短暂性的2℃以下的低温也会产生冻害。

3. 喜湿而忌燥

墨兰原生于雨水充沛的南方林野，喜湿而忌燥。生长期需要有75%～80%的空气相对湿度，冬季需要有50%以上的空气相对湿度。基质表面偏干，就需尽快浇水，切勿偏干过久。

4. 喜肥而忌浊

墨兰的需磷量较少，对氮的需求较大。墨兰叶阔，需要较多的钾素营养。墨兰对肥料三要素氮、磷、钾的适合比例为7:4:9。

三、栽培技术

（一）分株繁殖

1. 分株时期

一般来说，只要不是兰花的旺盛生长季节均可以进行分株繁殖，其中以兰花的休眠期为最佳。墨兰在春节之后花蕾逐渐凋谢，生长减弱，加上气候稍有回暖，也适宜进行分株繁殖。

2. 分株方法

首先用手轻拍兰盆，使盆内基质松动，然后一手抓住兰苗茎基部，一手托起花盆并将其倒置，轻叩盆四周，倒出兰株。兰苗倒出后，用手轻拍土坨使其松散，逐步将旧盆土抖掉。

兰苗脱盆后先将枯黄的叶片、假鳞茎上干枯的苞片、腐烂干枯的老根等剪除，叶片已经完全脱落的假鳞茎也应该剪除。最后选择已经清理好的较大丛植株，找出两假鳞茎相距较宽、用手摇动时又容易松动的地方，用利剪剪开，伤口涂抹炭末和硫磺粉，防止伤口腐烂。剪开的两部分假鳞茎上都应有新芽，各自能单独发展成新的植株。

（二）盆栽技术

1. 栽培基质

中国传统盆栽兰花多用其原产地林下的腐殖土，当地人称为“兰花泥”。这种土腐殖质含量丰富、疏松而无黏着性，常呈微酸性，是栽培兰花的优良盆栽用土。在北方栽培兰花，一般都用腐叶土 5 份、砂泥 1 份混合而成。也有用腐殖土 4 份、草炭土 2 份、炉渣 2 份和河砂 2 份等混合配制。

2. 分苗与消毒

分盆时，首先用左手五指抓住兰苗的基部，将盆倒置过来，并轻轻叩击盆的周围，使盆与盆土分离，再细心地将土坨轻轻拍打抖落泥土。小心清理兰根，剪去腐烂根、断根、枯叶及干枯的假鳞茎，然后用清水冲洗干净，将兰根放入托布津 1000 倍液或高锰酸钾 800 倍液中进行消毒，杀灭伤口附近的病菌。

3. 上盆

家庭养兰主要是观赏性的，用盆最好使用紫砂盆或塑料盆。盆选好后，种植前先在盆底排水孔上面盖以大片的碎瓦片，并铺以窗纱，接着铺上山泥粗粒，即可放入兰株（兰株根系的分布要均匀、舒展，勿碰盆壁），然后往盆内填加腐殖土埋至假鳞茎的叶基处，并在泥表面再盖上一层白石子或翠云草，既美观又可保持表土湿润。接着用盆底渗水法使土透湿后取出，用喷壶冲净叶面泥土，放置蔽荫处缓苗，一周后转入正常管理。

4. 光照管理

兰花喜半阴环境，忌干燥。冬季阳光质弱，春季阳光柔和，适宜兰花生长，可接受全光照。自初夏至仲秋光照时间长，光质强，于兰花生长不利，需要遮光蔽荫。

5. 温度调控

兰花生根发芽与正常生长，适宜温度为 20～28℃。20℃以下生长缓慢，25℃以上生长迅速，达到30℃即被迫进入休眠状态。昼温 10～16℃，夜温5～10℃，则为冬季休眠期。可耐低温的极限，春兰 －3℃，蕙兰 －4℃，建兰 －2℃，墨兰 －2℃。家庭养兰多在室内越冬，冬春无需采取加温措施，即可安全度过严寒时期。

6. 施肥

墨兰施肥“宜淡忌浓”，一般春末开始，秋末停止。施肥时以气温18~25℃为宜，阴雨天均不宜施肥。肥料种类，有机肥或无机肥均可。生长季节每周施肥1次，秋冬季墨兰生长缓慢，应少施肥，每20d施1次，施肥后喷少量清水，防止肥液沾污叶片。施肥必须在晴天傍晚进行，阴天施肥有烂根的危险。

（三）病虫害防治

墨兰的主要病害有霉菌病、炭疽病。霉菌病的防治方法为除去带菌土壤，用1%硫酸铜液浇灌病株根部或用25%萎锈灵可湿性粉剂50g，加水50kg，浇灌病株根部；黑斑病的防治方法为拔除病株，加强通风，降低湿度，用50%多菌灵800倍液防治，每半月1次，连续3次。

在湿度较大并通风不良时，常发生介壳虫危害，可用2.5%溴氰菊酯3000倍液防治。

第十二节　寒兰

一、简介

寒兰，学名*Cymbidium kanran* Makino，为多年生草本兰科植物，株形修长健美，叶姿优雅俊秀，花色艳丽多变，香味清醇久远。分布在福建、浙江、江西、湖南、广东等地，日本也有分布。

寒兰的株形与建兰十分相似，花葶直立，清秀可爱，花色丰富，有黄绿、紫红、深紫色等，一般具有杂色脉纹与斑点。花期10~12月，凌霜冒寒吐芳，实为可贵，因此有“寒兰”之名，花香浓郁持久。

二、生长习性

寒兰分布的区域具有年平均气温高、无霜期长、降水量高、空气湿度大等特点。寒兰大都生长于腐殖土层厚、坡陡的阔叶林或混交林中。寒兰生长的生态小气候表现为夏日湿润、无直晒阳光或少有直晒阳光，冬季气温较高，少有积雪、冰冻、霜寒。由于寒兰着生于上层厚而陡的地势，即使雨季也难积水，土壤粗松透气，利于兰根伸展。从寒兰的自然生态可以看出，它处于比其他种类的兰花更为优越的环境条件中，是兰花中的“处尊养优”者。所以寒兰栽培的难度要较其他种类兰花大。

三、栽培技术

（一）栽培管理

寒兰每年4月下旬~5月中旬叶芽破土而出，叶芽露出盆土2~3cm长时，有20d左右的缓长期。6月中旬前后新芽伸长展叶，经4个半月左右时间新叶发育成熟。寒兰花芽每年9月底~10月中旬左右露出土面，并继续伸长，经50d左右生长发育，11月下旬前后花会陆续开放。春寒兰花期为2~3月；夏寒兰花期为6~9月；秋寒兰花期为8~10月。

1. 温度

寒兰生长最适宜温度为20~28℃，最高不超过30℃，最低不低过0℃。生殖生长温度为14~22℃。

2. 光照

寒兰是典型的喜阴花卉，冬春晴天要有40%~50%的遮荫，夏秋晴天要有80%~90%的遮荫。

3. 空气湿度

生长期空气湿度应保持在65%~85%，冬季休眠期湿度应为50%~60%。

4. 肥水管理

寒兰的假鳞茎明显而较大，根细长而深扎，相对较耐干旱，宜盆表土偏干，所以4d左右浇1次水为好，切忌浇半截水。它忌水渍，喜湿润、基质偏干、空气流通的环境。生长期内每隔10~15d喷施0.1%磷酸二氢钾1次（生长良好时，可减少次数或不喷），新芽成长期可加适量尿素；新苗成熟期再喷2~3次高钾肥，以促使假鳞茎增大。为了使各种养分更加均衡，4~6月及9~10月每月可增施1次稀薄有机肥，但应切记宁淡勿浓，防止造成肥害。

（二）病虫害防治

搞好兰园卫生，彻底清除虫、病源及传染源是防虫防病的关键。发现危害严重及易互相感染的病株应彻底隔离或销毁，平时剪下的病叶、枯叶应集中烧掉。

防病可选用甲基托布津、代森锰锌、多菌灵、可杀得、百菌清等杀菌药；杀虫可用速扑杀、螨威、敌杀死等。

第四章　凤梨类

一、简介

凤梨花，学名 *Billbergia pyramidalis*（Sims）Lindl.，又名观赏凤梨、菠萝花，为凤梨科水塔花属。原产于墨西哥至巴西南部和阿根廷北部丛林中，为多年生草本，约有 68 属 2000 余种。除少数是食用凤梨（俗称菠萝）外，大多数为观赏凤梨（园艺品种）。它们以观花为主，也有观叶的种类，其中还有不少种类花叶并貌，既可观花又可观叶。观赏凤梨以其叶片颜色丰富多彩和挺拔的叶丛与株形以及缤纷的色彩和奇丽的花序，赢得了人们的青睐。

凤梨花期长，观赏凤梨花期长达半年之久，3 个月内花艳如初；其颜色较多，株形千姿百态。叶片多为绿色，部分具有红、黄、白、绿、褐、紫等色彩相间的纵向条纹或横向斑带，少数属种的叶片被覆银灰色的斑粉或绒毛。花序五彩缤纷，有红、橙、粉、黄、绿、蓝等单色或混合色。凤梨花序奇特多姿，观赏器官多，除可观赏花朵之外，还可赏叶、赏果。

二、生长习性

凤梨花性喜温暖湿润的气候环境，喜欢充足的阳光光照，冬季要适当地增加温度，夏季时不要将凤梨花在太阳下直射，要适当进行遮荫，凤梨花喜欢半荫的生活环境。春季和秋季是它的生长期，这时候要适当地浇水，保持介质湿润。生长期还要注意追加施肥，保证凤梨花在成长期的营养供应，可以生长出更大的叶子和花朵。凤梨花喜欢土质肥沃、疏松、排水性较好的砂质土壤。

三、栽培技术

（一）繁殖方法

观赏凤梨可通过播种、组织培养、分株等方法繁殖。通过种子繁殖的凤梨因种苗生长缓慢、长势较弱，一般要栽培 5～10 年才能开花，除育种外一般不用此方法。组织培养法繁殖系数高、速度快、植株生长一致、开花早，适合大规模商业化生产。小规模生产栽培常采用分株的方法来繁殖。目前随着国内高档花卉市场的逐渐成熟，品质优良的组培种苗是各个生产企业的首选。

（二）栽培管理

1. 栽培基质

观赏凤梨多为附生种，要求栽培基质必须具有疏松、透气、排水良好、结构稳定等特点。凤梨喜欢偏酸性基质，其 pH 保持在 5.5～6.5 为最佳。目前生产中一般采用泥炭土、珍珠岩、椰糠按 2∶1∶1 混合作为栽培基质，也可采用椰糠、稻糠、炉渣等基质混合。基质在使用前一定要进行消毒处理，否则植株易感病。生产上常用 40% 的甲醛用水稀释 100 倍液将基质喷湿，混合均匀后用塑料薄膜覆盖 15d 以上，以达到熏蒸杀灭病虫害和杂草种子的目的。使用前揭去薄膜让基质风干一周，消除残留物的危害。也可用蒸汽消毒、太阳能消毒等物理方法消毒。

2. 水分管理

水质对凤梨非常重要，一般含盐量越低越好。高钙、高钠盐的水会使叶片失去光泽，妨碍光合作用的进行，并容易引发心腐病和根腐病。水的 EC 值宜控制在 0.3mS/cm 以下，pH 应介于 5.5～6.5。

夏秋为凤梨的生长旺季，需水量较多，每 4～5d 向叶杯内浇水 1 次，每 15d 左右向基质中浇水 1 次，保持叶杯有水，基质湿润。冬季进入休眠期后，每 2 周向叶杯内浇水 1 次，基质不干不浇水，太湿易烂根。

3. 温度管理

观赏凤梨的适宜温度要求白天在 21～28℃，夜晚在 18～21℃，最高不能高于 35℃，最低不能低于 15℃。若温度高于 35℃，将会造成高温伤害，导致植株生长缓慢，花型小，花的分枝少；如果温度长时间在 10℃ 以下，叶片和苞片会出现变红、白斑、白尖或失色等现象，病部干后焦枯，若温度继续下降将导致植株死亡。

一般情况下，苗期植株比较幼嫩，温度宜控制在 20～25℃，严禁早晚温差大。栽植 3 个月后，温度可调至 18～28℃，日夜温差应适当增大，利于生长。夏季可通过开启水帘或风机系统进行降温。

4. 湿度管理

凤梨喜欢高湿环境，空气湿度宜维持在 75%～85%。在此湿度范围内，植株会变得圆润饱满，叶色光亮照人。湿度过低（低于 40%），叶片会向内卷曲或无法伸展，甚至叶尖出现焦枯现象。但湿度也不宜过大，若湿度太大，植株叶片上会出现褐色斑点，严重时出现烂心现象。苗期相对湿度控制在 80%～85%，栽植 3 个月后宜控制在 75%～85%。可通过向种植床下方及走道洒水的方法来提高空气湿度，同时还可达到降温效果。

5. 光照管理

光照强度是决定植株生长速度、植株形态、花型、花色等的重要因素。在适宜的光照范围内，光照强度增大，将会促进植株叶片变小，株形紧凑，花型变大，花朵上色快。若光照太强，会在叶片上留下斑点，严重时会灼伤叶片；光照太弱则会造成植株徒长，色泽晦暗，花序纤细失色。

一般而言，苗期将光照强度控制在15000lx左右，光照过强会影响缓苗速度。3个月后可将光照强度增加到18000～22000lx。

6. 通风管理

通风与凤梨生长是密切相关的。夏季高温高湿期间，良好的通风对植株极为重要。通风良好时，植株粗壮，叶片宽而肥厚，花穗大而长，花色艳丽；通风不足时，植株易徒长，叶片狭长，花穗短，花色没有光泽，而且易发生病虫害。

7. 肥料管理

凤梨所需肥料适宜的氮、磷、钾比例为2∶1∶2。另外，凤梨对硼元素非常敏感，即使微量的硼都会让凤梨产生烧顶症状。镁对凤梨的叶绿素和酶的合成有重要作用，在配制肥料时，镁肥含量以12%为最佳。

凤梨施肥以“薄肥勤施”为原则。另外，肥液的EC值因生长阶段不同而有所差异。种苗种植后，等新根长到2cm时，才可以有规律地进行施肥，此时肥液EC值宜控制在0.5～0.8mS/cm。种植4个月后，EC值调到1.0mS/cm左右。当凤梨由营养生长阶段进入生殖生长阶段，达到可催花状态时，EC值要增加到1.2。催花后EC值仍以1.2为宜（注：催花前后停肥3周）。

（三）盆栽管理

1. 栽培前的准备工作

在种苗到达之前，先要把温室、栽培场地清理干净并进行消毒（用1%的甲醛溶液对温室进行熏蒸消毒），并把栽培盆、栽培基质准备好。

2. 定植

凤梨种苗到后，将凤梨种苗从包装中取出，依照不同的品种，把种苗定植在相应的直径7cm、8cm、9cm大的盆中，种植深度一般保持在1～2cm，如果太深，介质会进入到种苗心部，影响种苗生长。最好能在当天种完。基质保持相对干燥，不能压得太紧，尽量保持良好的透气性。种植后，要浇透水，保证凤梨根系和土壤的良好结合。种植约10d后，喷1次氮、磷、钾比例为2∶1∶2的2000倍低浓度叶面肥。尽可能只对植株叶杯浇水，而不对土壤，以确保植株的叶部水分。当植株根系形成后，新根至少长2cm才可以有规律地给植株施肥。

3. 移植

凤梨苗在小盆中生长约4～8个月后（视植株健壮程度），就需要换上大盆。一般小红星、紫花凤梨用11～12cm的盆，擎天类品种用14～16cm的双色盆，粉凤梨用16cm的盆。换盆时，先在盆底放一层基质，再把凤梨从小盆中连土取出，摘除老叶，放在盆中央，在根球四周放入基质，轻压以确保植株直立，种植深度以5cm为宜。同样注意基质不宜压得太紧，尽量保持良好的透气性。移盆种植一段时间后，当根球的外面有一些白色根时，就可以开始施肥。

4. 催花

换盆8～10个月后，凤梨植株长到合适大小，由营养阶段进入生殖阶段。根据市场的需要，随时可以催花。一般用乙炔饱和水溶液进行催花处理。人工催花到凤梨抽花，一般时间为3个月。人工催花应注意如下几点。

①要选完成营养生长阶段的植株，至少有20片充分发育的叶片，包括已枯死的老叶，以积累足够的营养物质。如叶数太少，营养不足，即使催花成功，花开也达不到观赏标准。

②一般要求在室温20℃左右进行，温度越高，催花时间越短；温度越低，催花时间越长。

③凤梨催花处理前两周停止施肥，只浇清水。催花处理两周后开始施肥，少施氮肥多施钾肥，这样可以防止生成绿色花穗。

④催花的同时不要关闭乙炔气阀，因为乙炔气体容易从水中蒸发掉，如果关掉气阀，水中的乙炔浓度会逐渐降低，影响催花效果。

（四）病虫害防治

凤梨是抗性较强的植物，在生长环境良好的地方，病虫害很少发生，而且如果发生，防治起来相对容易。

（1）病害　主要有根腐病和心腐病，两者均属真菌类病害，有恶臭味。其防治方法用75%的代森锰锌700倍液灌心，每隔10～15d 1次，连灌2～3次即可有效防治。

（2）虫害　主要有介壳虫、红蜘蛛和蚜虫。介壳虫的防治用速蚧克1000倍液喷施，喷施部位以叶背为主，每15～20d连喷3次即可完全防治。

红蜘蛛的防治可用10%螨意2000倍液、哒螨灵2000倍液，每半个月喷1次，连喷2～3次便可达到较好效果。蚜虫可用吡虫啉1500倍液或杜邦万灵2000倍液，每周喷1次，连喷2次即可彻底防治。

第五章　宿根类

第一节　地涌金莲

一、简介

地涌金莲，学名*Musella lasiocarpa*（Fr.）C. Y. Wu ex H. W. Li，又名千瓣莲花、地金莲、不倒金刚，为芭蕉科地涌金莲属多年生草本植物。原产我国云南省，在西双版纳栽培得尤其多，四川省也有分布，系我国特产花卉。地涌金莲先花后叶，花冠犹如从地面涌出的一朵金色莲花，硕大、灿烂、奇美，花期长达半年之久，仿佛来自仙界。地涌金莲被佛教寺院定为“五树六花”之一，云南民间还利用其茎汁解酒、解毒，制作止血药物。现北京植物园热带温室已引种栽培这一美丽的植物。

二、生长习性

地涌金莲喜温暖、湿润、凉爽的气候，耐寒性较强，能耐0℃左右低温及极端-5℃低温，是芭蕉类最耐寒的种类，但寒冷地区宜在温室内栽培；需阳光充足，不耐阴，要求夏季湿润、冬春稍干燥的气候；宜在排水良好、肥沃、疏松和湿润的壤土中栽培。

三、栽培技术

（一）繁殖方法

地涌金莲常用分株法繁殖。于春末将根部滋生出的分蘖苗连根挖起，另行栽植。也可用播种繁殖，种子不易久藏，宜随采收随播种。

（二）栽培管理

1. 露地栽培

露地栽培宜在春季，忌植于低洼或雨后积水的地方。春季要保证充足的水分供给，雨后要及时排水。秋末和早春需施以腐熟有机肥，并在假茎基部培以肥土，以促进生长开花。花后假茎枯死，应及时将其砍掉。

地涌金莲植株较喜肥，以堆肥、厩肥为宜，早春施于根际；秋末也需施以腐熟有机肥。干旱季节要适当浇水，夏季气温高，需水量增加，晴天需早浇水、下午浇透水，以保证叶片鲜嫩丰盈，但忌雨淋或浇水过多造成积水。夏季高温季节应避免阳光直射。

在华南地区，冬季应用稻草或塑料薄膜包裹茎干，以防霜冻。待春天拆去包装物，修剪枯枝烂叶，施入肥料即可。

2. 盆栽栽培

北方地区只宜盆栽。盆土可用泥炭土 6 份，园土和河砂各 2 份配制，另加少量饼肥末作基肥。生长季节浇水宜干湿相间，约每月施 1～2 次稀薄饼肥水。春、秋、冬三季摆放在向阳处培养，夏季和初秋中午前后日照强度大，需注意适当遮荫。冬季室温保持在 6℃以上，控制浇水，便可安全越冬。由于地涌金莲生长较快，故需每年春季换 1 次盆。

（三）病虫害防治

地涌金莲病虫害较少。种植前可每 667m^2用敌可松或百菌清 1kg，拌细河砂 50kg 进行土壤消毒。夏、秋会有叶枯病发生，此时可喷 600～800 倍液的代森锰锌加以防治。空气不畅通易遭介壳虫危害，可用 40% 速扑杀乳油 1500 倍液喷雾防治。

第二节　福禄考

一、简介

福禄考，学名 *Phlox paniculata* L.，又名天蓝绣球、锥花福禄考，属花荵科草夹竹桃属多年生宿根草本花卉。原产北美洲南部，现世界各国广为栽培。福禄考是观花植物，花期 6～9 月，福禄考的开花期正值其他花卉开花较少的夏季，植株较矮，花色多样，姿态雅致，可用于布置花坛、花境，也可点缀于草坪中，是优良的庭院宿根花卉，也可用作盆栽或切花。

二、生长习性

福禄考喜排水良好的砂质壤土和湿润环境，耐寒，忌酷日，忌水涝和盐碱。在树荫下生长最强壮，尤其是庇荫或西侧背景，或与比它稍高的花卉如松果菊等混合栽种，更有利于其开花。

三、栽培技术

（一）繁殖方法

福禄考可以用播种、分株以及扦插繁殖。

1. 播种繁殖

北方地区可秋季冷床播种越冬，要注意防冻；春播则宜早，花期较秋播短。

2. 分株繁殖

5 月前将母株根部萌蘖用手掰下，每 3 ~5 个芽栽在一起，注意浇水，露地栽植的每 3 ~5 年可分株 1 次。

3. 扦插繁殖

春季新芽长到 5cm 左右的时候，将芽掰下，插入装有素沙的苗床中，覆盖塑料薄膜，置于室内阳光不直射的地方。如果繁殖量大，可搭遮荫网棚扦插，温度在 20℃左右，一个月即可生根。

（二）栽培管理

1. 露地栽培

选择背风向阳而又排水良好的地块，结合整地每 $667m^2$ 施入 2000kg 堆肥作基肥，化肥以氮磷钾三元复合肥为好，每 $667m^2$ 施入 15kg。5 月初 ~5 月中旬移植，株距 40 ~45cm 为宜，栽植深度比原深度略深 1 ~2cm。生长期经常浇水，保持土面湿润。6 ~7 月生长旺季，追 1 ~3 次人粪或饼肥。在北方，有些品种应在根部盖草或覆土保护越冬。在 11 月中旬，应浇 1 次“封冻水”，开春浇一遍“返青水”。

2. 盆栽栽培

应在每年春季新芽萌发后换 1 次盆，换盆时要换栽培基质。栽培基质为园土 3 份、有机肥 3 份、炉灰 1 份混合。基质中可施入少量的氮磷钾三元复合肥作基肥，换盆后应浇透水。当新芽生长到 6 ~7cm 时，应根据盆的大小，选留部分健壮的芽，剪出多余的，一般口径 20cm 的盆可留 4 ~5 个芽。生长期间要及时追肥，可用腐熟的人粪尿、豆饼水、化肥溶液，2 ~3 周追肥 1 次。注意浇水，保持土壤疏松、湿润，注意调节向光性，使植株健壮，挺直。

（三）病虫害防治

福禄考病虫害较少，偶有叶斑病、蚜虫发生。发生叶斑病时可喷洒 50%多菌灵 1000 倍液进行防治；发生蚜虫可用毛刷蘸稀洗衣粉液刷掉，发生量大时可喷洒 40% 吡虫啉 1500 倍液。

第三节 荷包牡丹

一、简介

荷包牡丹，学名 *Dicentra spectabilis*（L.）Lem.，别名荷包花、蒲包花、铃儿草、兔儿牡丹，是荷包牡丹科荷包牡丹属多年生宿根草本花卉。荷包牡丹原产我国北部，日本、俄罗斯西伯利亚也有分布。因叶似牡丹叶，花类荷包，故名“荷包牡丹”。荷包牡丹可以称得上又一种中国的玫瑰花。为了适应中国荷包牡丹盆栽花卉事业的飞速发展，跟上国际盆栽的潮流，以扩大外销，多创外汇，应大量发展盆栽荷包牡丹。

二、生长习性

荷包牡丹喜光，可耐半阴。性强健，耐寒而不耐夏季高温，喜湿润，不耐干旱。宜富含有机质的壤土，在砂土及黏土中生长不良。

三、栽培技术

荷包牡丹既可地栽，也宜盆植，家庭种植一般以盆栽为主。

（一）繁殖方法

繁殖方法有分株繁殖、扦插繁殖、播种繁殖和嫁接繁殖，常用分株繁殖。

1. 分株繁殖

早春 2 月当新芽萌动而新叶未展出之前，将植株从盆中脱出，抖掉根部泥土，用利刀将根部周围蘖生的嫩茎带须根切下，两三株植于一盆，覆土高于旧土痕 2～3cm，浇水，置阴处，长新叶后按常规管理，当年可开花。分株要适时，如老株的新叶已展开再来进行分株，易伤根系，成活率低；深秋休眠期也可分株，但成活率不高。要相隔 2～3 年才能分株 1 次，不能年年分株。

2. 扦插繁殖

花谢后剪去花序，7～10d 后剪取下部有腋芽的健壮枝条 10～15cm，切口蘸硫磺粉或草木灰，插于素土中，浇水后置阴处，常向插穗喷水，但要节制盆土浇水，微润不干即可，月余可生根，翌春带土上盆定植，管理得好，当年可开花。也有用根茎截段繁殖的，即将根茎截成段，每段带有芽眼，插于砂中，待生根后栽植盆内。

3. 播种繁殖

种子成熟后，随采随播，但实生苗要 3 年才开花，家庭繁殖一般不用，园林部门为大量繁殖或是培育杂交新品种才采用。

4. 嫁接繁殖

嫁接前首先选好适宜盆栽的荷包牡丹品种。盆栽荷包牡丹，宜选用植株矮、适应性强、根多而短、生长健壮而又容易开花的牡丹品种作接穗进行嫁接。嫁接苗应用肥沃地块栽植。行距20cm、株距12～15cm，每667m^2可育23000～25000棵苗木。成活的苗培养2～3年一般可孕出3～5朵花蕾，此时即可盆栽上市出售。这样培植的苗木规格大小、形状基本一致。

（二）栽培管理

1. 选盆

以选用较深大、通透性较好的土陶盆种植为佳。如用塑料盆、瓷盆，可在盆底垫层碎木炭块或陶粒，以增强透气排水。荷包牡丹喜生于含腐殖质较多的壤土中，所以盆栽基质可用腐叶土、草炭与蛭石混合土等。

2. 水肥管理

荷包牡丹系肉质根，稍耐旱，怕积水，因此要根据天气、盆土的墒情和植株的生长情况等因素适量浇水，坚持“不干不浇，见干即浇，浇必浇透，不可渍水”的原则。春秋和夏初生长期的晴天，每日或间日浇1次，阴天3～5d浇1次，常保持盆土半墒；盛夏和冬季休眠期，盆土要相对干一些，微润即可。

荷包牡丹喜肥，上盆定植或翻盆换土时，宜在培养土中加入骨粉或腐熟的有机肥或氮磷钾复合肥，生长期10～15d施1次稀薄的氮磷钾液肥，使其叶茂花繁，花蕾显色后停止施肥，休眠期不施肥。

3. 光照和温度管理

荷包牡丹原产中国河北和东北地区，喜散射光充足的半阴环境，比较耐寒，而怕盛夏酷暑高温，怕强光曝晒，因此宜置于庭院的大树下、葡萄架下、高大建筑物的背阴面、东向或北向阳台。夏季休眠期要置于通风良好的阴处，不能见直射光，并常向附近地面洒水，提高空气湿度，降低温度。

4. 越冬管理

秋末冬初，将盆栽荷包牡丹埋入土中，枝条露在地上土外，上边用草或壅土加以保护越冬。也有的将花盆直接放入地窖中越冬，第二年开春去掉覆盖物，搬出窑外，放置透风向阳处，加强肥水管理，令其自然开花。还可以放在温室或塑料大棚内根据节日需要促使提前开花。

5. 修剪

为改善荷包牡丹的通风透光条件，使养分集中，秋、冬季落叶后，要进行整形修剪。剪去过密的枝条，如并生枝、交叉枝、内向枝及病虫害枝等，使植株保持美丽的造型。

（三）病虫害防治

荷包牡丹开花后，每隔 10 ~ 15d 喷 1 次 150 倍等量式波尔多液或 800 ~ 1000 倍托布津药液防治叶部病害。牡丹根甜，易遭蚂蚁或其蛴螬危害，可用樟木油稀释成 600 ~ 800 倍液，在发生部位淋 250mL。

第四节　菊花

一、简介

菊花，学名 *Dendranthema morifolium*（Ramat.）Tzvel.，又名寿客、金英、黄华、秋菊、陶菊、艺菊，为菊科菊属多年生草本植物。菊花是经长期人工选择培育的名贵观赏花卉，品种达 3000 余种，是中国十大名花之一，开封、太原市花，在中国有 3000 多年的栽培历史。菊花为园林应用中的重要花卉之一，广泛用于花坛、地被、盆花和切花等。

二、生长习性

菊花为多年生草本植物。喜凉爽、较耐寒，生长适温 18 ~ 21℃，地下根茎耐旱，最忌积涝，喜地势高、土层深厚、富含腐殖质、疏松肥沃、排水良好的壤土。在微酸性至微碱性土壤中皆能生长，而以 pH6. 2 ~ 6. 7 最好。菊花为短日照植物，在每天 14. 5h 的长日照下进行营养生长，每天 12h 以上的黑暗与 10℃的夜温适于花芽发育。

三、栽培技术

（一）繁殖方法

菊花繁殖的方法有多种，生产中常用的有扦插、分株、嫁接、压条繁殖、组织培养等法，通常以扦插繁殖应用最多。

1. 分株繁殖

在收割菊花的田间，将选好的种菊用肥料盖好，以保暖过冬，防止冻害影响成活率。翌年 4 月 20 日 ~ 5 月中旬之间种菊发出新芽时便可进行分株移栽。分株时将菊花全根挖出，轻轻振落泥土，然后顺菊苗分开，每株苗均带有白根，将过长的根以及苗的顶端切掉，根保留 6 ~ 7cm，地上保留 16cm，可按穴距（40 × 30）cm 挖穴，每穴栽 1 ~ 2 株。也可进行盆栽，20cm 口径的花盆每盆一株。

2. 扦插繁殖

扦插时间根据品种特性、各地气候条件和市场需求决定。截取无病虫害、健壮的新枝作为扦插条，插条长 10～13cm，苗床地应平坦，适温 15～18℃，土壤不宜过干或过湿。扦插时，先将插条下端 5～7cm 内的叶子全部摘去，上部叶子保留，将插条插入基质中 5～7cm 深，顶端露出土面 3cm 左右，浇透水，覆盖一层稻草，约 20d 生根。

3. 压条繁殖

在夏季阴雨天进行。第一次在小暑（7 月上旬）前后，先把菊花枝条压倒，每隔 10cm 用湿泥盖实，打去梢头，使其叶腋处抽出新枝；第二次在大暑（7 月下旬）前后，把新抽的枝条压倒，方法同第一次，并追施腐熟的人粪尿 1 次，在处暑（8 月下旬）打顶。

4. 组织培养

利用组织培养进行菊花离体快速繁殖，是 1972 年创造的一项新技术，近 40 多年来，中国已分别从菊花的叶片、茎尖、茎段、花瓣与花蕾等组织成功地得到再生植抹。

（二）栽培管理

菊花盆栽或地栽皆可，但地栽忌连作。

1. 换盆

菊苗分株或扦插成活后，选择阴天上盆，先小盆后大盆，经 2～3 次换盆，到 7 月份可定盆。盆栽基质可选用 6 份腐叶土、3 份砂土和 1 份饼肥渣配制成，为防治病虫害，基质在装盆前应进行高温消毒。菊花栽植后浇透水放阴凉处，待植株生长正常后逐步移至向阳处养护。

2. 浇水

盆栽菊花合理浇水直接关系到菊花的生长、开花的好坏。春季，菊苗幼小，浇水宜少，以利菊苗根系发育；夏季，菊苗长大，天气炎热，蒸发量大，浇水要充足，可在清晨浇 1 次，傍晚再补浇 1 次，并要用喷水壶向菊花枝叶及周围地面喷水，以增加环境湿度；立秋前，要适当控水、控肥，以防止植株徒长。立秋后开花前，要加大浇水量并开始施肥；冬季，花枝基本停止生长，植株水分消耗量明显减少，蒸发量也小，须严格控制浇水。

盆栽菊花的浇水除根据季节决定量和次数外，还要根据天气变化而变化。阴雨天要少浇或不浇；气温高蒸发量大时要多浇，反之则要少浇。一般在浇水时，要见盆土干时浇，不干不浇，浇则浇透，但不要使花盆存水，否则会造成烂根、叶枯黄，引起植株死亡。

3. 施肥

在菊花植株定植时，盆中要施足底肥。在植株生长过程中一般 10d 施 1

次淡肥，菊花孕蕾到现蕾时，可每周施 1 次稍浓一些的肥水；含苞待放时，再施 1 次浓肥水后，即暂停施肥，此时用 0.1% 磷酸二氢钾溶液进行叶面喷肥，可使花开得更鲜艳。施肥在盆土干时施用，并结合浇水。施用液肥时避免把肥液浇到植株和叶面上，以防叶片枯黄、发烂。

4. 摘心与疏蕾

当菊花植株长至 10 ~ 15cm 高时，即开始摘心。摘心时，只留植株基部 4 ~5 片叶，上部叶片全部摘除。待以后长出新枝有 5 ~6 片叶时，再将心摘去，使植株保留 4 ~7 个主枝，以后长出的枝、芽要及时摘除。摘心能使植株发生分枝，有效控制植株高度和株形，使其长得矮而壮。最后一次摘心时，要对菊花植株进行定型修剪，去掉过多枝、过旺枝及过弱枝，保留 3 ~5 个枝即可。9 月现蕾时，要摘去植株下端的花蕾，每个分枝上只留顶端一个花蕾，这样以后每盆菊可开 3 ~5 朵花，花朵较大，富有观赏性。

（三）病虫害防治

菊花是名花，因其品种繁多，色彩鲜艳，深受大众喜爱。但是菊花种植过程中病虫害较多，如果管理不善，发生病虫危害，会严重影响其观赏价值。

1. 病害防治

菊花常见病害主要有根腐病、黑斑病、白粉病和枯萎病。防治方法为加强栽培管理，及时修剪，使植株通风透光，有一定的直射光照，发病期间少施氮肥，多施磷钾肥；定期喷洒 25% 粉锈宁 1500 倍液或甲基托布津 1000 倍液用于预防。

2. 虫害防治

菊花常见的害虫有棉铃虫、蚜虫和红蜘蛛。防治方法为加强肥水管理，培养健壮的植株，提高抗虫能力；及时喷洒 20% 三氯杀螨醇乳油 800 倍液或蚜螨齐杀 1000 倍液兼治蚜虫，连续用药 2 ~3 次。

第五节　芍药

一、简介

芍药，学名 *Paeonia lactiflora* Pall.，别名将离、余容、离草，是芍药科芍药属的著名草本花卉。其在中国的栽培历史超过 4900 年，是中国栽培最早的一种花卉，被人们誉为“花仙”，且被列为“六大名花”之一，又被称为“五月花神”。芍药可分为草芍药、美丽芍药、多花芍药等多个品种，其根制成中药具有镇痉、镇痛的药用价值，位列草本之首。芍药花大艳丽，品种丰富，在园林中常成片种植，花开时十分壮观，是近代公园或花坛的主要花卉。芍药又是重要的切花，或插瓶，或作花篮。

二、生长习性

在同一地区，芍药花期的早晚与春天气温的变化密切相关。温度可影响整个开花的过程。春暖和春寒，花期可相差 4 ~5d 以至 10 ~20d。水分和降雨对花期的影响不大，在花前充分灌水或遇降雨，有助于芍药开花，花朵硕大，花色艳丽；若花前土壤含水量低，则会使花朵变小，花色不艳，花期缩短。海拔高度可影响气温、光照和湿度等的变化，从而影响花期。一般情况下，随着海拔增高，花期延迟。光照常与温度相伴而对植物生长发育和花期产生重大影响。花前光照不足，会影响花色，使之不够浓艳，花期光照强烈，再伴以温度升高，会使花期缩短或灼伤花朵。芍药属长日照植物，因此，在花期搭遮阳棚，会延长芍药的花期。芍药是深根性植物，所以要求土层深厚，适宜疏松肥沃而排水良好的砂质壤土，以中性或微酸性土壤为宜，盐碱地不宜种植。芍药忌连作，所以要进行轮作。

三、栽培技术

（一）繁殖方法

芍药传统的繁殖方法包括分株、播种、扦插、压条等，其中以分株法最为易行，被广泛采用。播种法仅用于培育品种、生产嫁接牡丹的砧木和药材生产。观赏品种的快速繁殖，是一项亟待解决的课题，一直寄希望于组织培养，至今虽有进展，但距实际应用尚有距离。

1. 分株繁殖

分株法是芍药最常用的繁殖方法，芍药产区的苗木生产，基本采用此法。

（1）分株时间　从越冬芽充实时到土地封冻前均可进行。适时分株栽植，由于地温尚高，有利于根系伤口的愈合，并可萌发新根，增强耐寒和耐旱的能力，为次年的萌芽生长奠定基础。各地分株时间由于其地理位置、气候条件的不同而不尽相同。如山东菏泽，8 月底 ~9 月下旬就可以分株了；而江苏扬州在 9 月下旬 ~11 月上旬分株。

（2）分株方法　分株时细心挖起肉质根，去宿土，削去老硬腐朽处，用利刀顺自然缝隙处劈分，一般每株可分 3 ~5 个子株，每子株带 3 ~5 个或 2 ~3 个芽，分后稍加阴干，蘸以含有养分的泥浆即可栽植。深度以芽入土 2cm 左右为宜。

2. 播种繁殖

芍药的果实为蓇葖，每个蓇葖含种子1～7粒。待种子成熟，蓇葖开裂，散出种子。当蓇葖果变黄时即可采收。果实成熟有早有晚，要分批采收，果皮开裂散出种子，即可播种。芍药需当年采种即及时播种。

（1）播种方法　播种前，要将待播的种子除去瘪粒和杂质，再用水选法去掉不充实的种子，用50℃温水浸种24h，取出后即播。

（2）整畦播种　播种育苗用地要施足底肥，深翻整平，直接做畦播种。若墒情较差，应充分灌水，然后再做畦播种。畦宽50cm，畦距30cm，种子按行距6cm、粒距3cm点播；也可行条播，条距40cm，粒距3cm，覆土5～6cm；或穴播，穴距20～30cm，每穴放种子4～5粒，播后用湿土覆盖，厚度约2cm。每666.7m^2用种约50kg。播种后盖上地膜，于次年春天萌芽出土后撤去。

3. 组织培养

植物组织培养即植物无菌培养技术，是根据植物细胞具有全能性的理论，利用芍药离体的器官、组织或细胞（如根、茎、叶等），在无菌和适宜的人工培养基及光照、温度等条件下，诱导出愈伤组织、不定芽、不定根，最后形成与母体遗传性相同的完整的植株。这种技术又被称为克隆技术，达到快速繁殖的目的，具有广泛的应用价值。

（二）栽培管理

芍药有观赏栽培、药用栽培、无土栽培、促成和抑制栽培、切花栽培等。

1. 选地与施肥

选用地势高燥、排水良好的地块，要求土层深厚、水源丰富、疏松肥沃的砂质壤土。芍药忌连作，大田栽培一般每3～4年轮作1次。栽植前1～2个月进行深翻，结合深翻每666.7m^2可施腐熟农家肥1500～2000kg。

2. 栽植方法

不论播种苗还是分株苗的定植，华北地区于8月下旬～9月下旬栽植；长江中下游地区在9月下旬～11月上旬栽植。庭院观赏栽培株行距可用（1×1）m，栽植点可呈“品”字形排列，栽植穴的规格为深度35cm，上口直径20cm。

栽植穴底施腐熟的饼肥，每穴0.5kg，与底土掺匀。栽前芍药苗用甲基托布津700倍液沾根处理，以防病虫危害。栽植深度为10cm，栽后灌水。为冬季保温，秋末每栽植穴上堆5～8cm的土堆。

3. 田间管理

（1）扒土平畦　在前一年秋天栽植时堆的土堆，在芍药嫩芽出土前及时扒平，平整畦面，以利浇水和田间管理。

（2）施肥　一般每年追肥3次。春天幼苗出土展叶后，可施“花肥”；开花后，芍药要进行花芽分化和芽体发育，可施“芽肥”；入冬前结合越冬封土，可施“冬肥”。花肥、芽肥以速效肥为主，冬肥以长效肥为主，肥料多用腐熟的饼肥及复合肥料。追肥方法为穴施，穴深约15cm，将肥料施于其中并覆土。每666.7m^2可追施饼肥或麻酱渣（制取麻酱后的酱液）150～200kg，或粪肥1500kg。三年生以上的植株，每666.7m^2用饼肥或麻酱渣200～250kg，或用优质农家肥2000～2500kg。

（3）浇水除草　芍药根系发达，入土很深，能从土壤深层吸收水分；根肉质不耐水湿，所以不需像露地草花那样经常浇水，只在干旱时适时浇水，尤以开花前后和越冬封土前，要保证充分的灌水。降雨后及时排水。在整个生长季节，要经常中耕除草，每年应中耕除草5次左右。

（4）整枝防雨，摘侧蕾　芍药除茎顶着生主蕾外，茎上部叶腋有3～4个侧蕾，为使养分集中，顶蕾花大，在花蕾显现后不久，摘除侧蕾，可适当延长芍药的观赏期。芍药花梗较软，除少数株形矮壮，除单瓣型、荷花型和金蕊型等花瓣数较少的品种外，多数品种开花时花头侧垂，甚至整个植株侧伏。为保持良好的观赏效果，在花蕾透色后，要设立支柱，使花梗直伸，花头挺立，花姿优美。芍药花期适逢炎热多雨季节，在花期可设置遮阳防雨棚，遮去强光，免受雨水侵袭，以提高观赏效果和延长观赏期。

4. 无土栽培

无土栽培，包括基质栽培和水培两种方式。在国际花卉市场上，盆花要求必须采用无土栽培的形式，以防病虫害的传播。

（1）品种选择　大多数芍药品种对盆栽均表现良好，都优于一般土壤栽培。适于无土栽培的品种有“紫蝶献金”“乌龙捧盛”“朱砂盘”“杨妃出浴”和“砚池漾波”等。

（2）基质配制　可用蛭石、珍珠岩、陶粒和树皮等为基质，使用混合基质效果更好。其配合的比例如蛭石、珍珠岩、草炭按1∶1∶1的比例配合；蛭石、珍珠岩、陶粒按1∶1∶1配合；或蛭石、珍珠岩按1∶1配制等。在我国南方，可加用一些地方性的基质，如炭化稻壳等。

（3）栽培形式　主要为盆栽形式。盆栽视芍药植株大小，选用相应口径的花盆，可用瓦盆、塑料盆。栽植时，盆底铺一层陶粒，以利排水，然后栽入芍药苗株，填进混合基质。

（4）营养液配制与灌溉　适应3个不同生长时期的营养液配方：其一，在夏季到入冬前使用，作用是促芽保根；其二，是开花前使用，含磷较高，促使开花美、大；其三，在花后使用，起到全面补肥的作用。这对芍药无土栽培营养液的配制有很高的参考价值。将特制的渗管埋入2～10cm的基质中，使营养液不断向外渗透，既可节水，又灌溉均匀，操作也十分方便。

5. 促成栽培

进行芍药的栽培，首先要选定适于促成栽培的品种，一般多选择早花品种，可缩短促成开花的时间。如用“巧玲”“墨紫楼”“银荷”“粉绒莲”“大富贵”“凤羽落金池”“美菊”等。

（1）冷藏处理　为使芍药在自然花期之前开花，要选用三四年生的健壮植株，进行冷藏处理。在冷藏室内，用埋土冷藏法，芽微露即可。冷藏室的温度，以保持3℃为宜。冷藏期间每半月检查1次土壤湿度，若用砂壤土，以手握刚好成团为宜，过干对催花不利，过湿易发霉烂根。不同的品种，其处理温度和处理时间有一定差异。如在9月上旬冷藏植株，然后定植，在15℃条件下，则60～70d开花，即12月可以上市；若需翌年1～2月开花，则在10～11月进行冷藏。

（2）营养土栽植　芍药植株从冷库取出后要先放阴凉处适应一下室温。经冷藏处理的植株需用营养土栽植，并定期喷施或灌施营养液，辅以激素管理，并特别要注意后期喷肥。营养土可用腐熟的腐叶土、园土和砂土，以2∶3∶1的比例配制，另加适量饼肥和磷钾肥，氮肥则在上盆后追施。上盆时覆土高出芽1cm，浇水后芽微露。

（3）温湿度调节　芍药最适生长温度为20～25℃。催花植株进入温室后，逐渐加温，前期15～20℃，约10d；中期15～25℃，约15d；后期20～25℃，20～25d。高温不要超过28℃，低温不可低于12℃，并避免剧烈的温度变化。空气相对湿度应保持在70%～80%，可通过浇水、喷水、通气等加以调节。

（4）补充光照　芍药为长日照花卉，在冬春季促成栽培时，正值短日照季节，补充光照尤为重要。光照时数应增加至每天13～15h，以使花蕾充分发育，开花美、大。

（5）激素的应用　一般使用赤霉素（GA_3）处理。在上盆后浇水时，可使用2000mg/LGA_3处理以进一步打破芽体休眠。当花蕾直径0.4cm时和0.8cm时，用600mg/LGA_3涂抹花蕾2次；花蕾直径1.2cm时，再用1000mg/LGA_3涂1次。

（6）其他管理　当萌芽长到5～10cm时，除去无蕾芽，以免徒耗养分。以后注意去除侧生花蕾，每株留6～8朵花。当花蕾含苞待放时，应控制浇水，以供出售或租摆。开花后不要往花上浇水，放于15～20℃的室内，花期可达20～30d。花谢后，放回通室，待温度适宜后栽回露地。如用作切花，按常规采收后，继续精心管理，养根促芽，以备以后再用。

6. 抑制栽培

抑制栽培多选用晚花品种，如“杨妃出浴”“玲珑玉”“冰青”“赵园粉”“砚池漾波”“红雁飞箱”“花红重楼”“银针绣红袍”等。为使芍药开花比自然花期晚，可采用两种措施。

（1）休眠期冷藏　在早春挖起尚未萌芽的植株，在0℃的冷库中冷藏备用，保持植株的湿润状态。根据用花的时间，视季节可提前30～45d出库，进行正常栽培，到时即可开花。

（2）生长期冷藏　可在花蕾将近开放时冷藏，冷藏温度要高些，为3～5℃，到用花前2～3d，再出库常规栽培。

7. 切花栽培

适于切花生产的品种应具备如下条件：成花率高，花型丰满，花梗、叶柄硬挺，枝长，叶片较小；花型端正，花色鲜艳，气味芬芳，花蕾圆整，顶部不易开裂；花瓣质地硬，层次分明，花径中等，花朵向上开放，花蕾糖质分泌物少；切花水养性好，水养期长；植株生长茁壮，生长势强，萌蘖力强，抗逆性强，病虫害少；耐贮藏运输。切花品种的选择要注意花色、花期的搭配，以保证周年或多季供应市场。田间管理同上。

（三）病虫害防治

芍药病害主要有褐斑病、根腐病；虫害主要有红蜘蛛和蚜虫等。

芍药褐斑病，多发生在高温多雨季节，发病时，叶面上先出现淡黄绿色小点，逐步形成圆形小褐斑，可用0.5%等量式波尔多液或65%代森锌800倍液喷洒防治；根腐病主要由排水不良引起，发病后，根部腐烂发黑，地上部分因此生长不好，可用60°白酒搽洗根部后重新栽植。

防治红蜘蛛和蚜虫等害虫，要及时清除越冬杂草，可用40%三氯杀螨醇剂2000倍液进行喷洒防治。

第六节　银叶菊

一、简介

银叶菊，学名 *Jacobaea maritima*（L.）Pelser ex Meijden，别名雪叶菊，为菊科千里光属的多年生草本植物。原产南欧，在我国华北、华中地区有一定面积的栽培。其银白色的叶片与其他色彩的纯色花卉配置栽植，效果极佳，是重要的花坛观叶植物。

二、生长习性

银叶菊喜凉爽湿润、不耐酷暑，高温高湿时易死亡。喜阳光充足的气候和疏松肥沃的砂质土壤或富含有机质的黏质土壤。在长江流域能露地越冬。

三、栽培技术

（一）繁殖方法

银叶菊常用种子繁殖。元旦上市的7月下旬播种，春节上市的8月上中旬播种。发芽适温20～25℃。

苗床播前浇足水，播后浇水要喷细雾或隔遮阳网喷浇；银叶菊出苗时间较长，出苗前要保持苗床湿度，为保湿降温可在苗床上方盖网遮荫。晚播的出苗后全光照管理；幼苗生长较慢，注意勤施水肥。苗期施肥2～3次；肥料为浓度0.5‰～1‰的尿素，间施1次0.5%～0.8%的45%高浓复合肥或稀释20倍左右的饼肥水。

（二）栽培管理

1. 分苗与上盆

3～4片真叶时分苗。用（10×8）cm的营养钵，分苗用的基质为2/3堆肥土加1/3熟木屑，每立方米基质加入1kg复合肥。分苗时应剔除细弱苗、高脚苗。分苗后用40%遮阳网遮荫4～5d，7、8月早播的由于分苗醒棵后气温尚高，光线强烈，遮荫要达10～15d。早盖晚揭，缓苗后全光照管理。苗期施肥3～4次，肥料为浓度0.8%～1.5%的高浓复合肥或尿素，或稀释15倍左右的饼肥水。

一般6～7叶时上盆，盆径14～16cm。盆土为堆肥土∶腐熟木屑=3∶1，另加复合肥1kg/m^3。上盆深度为略过原土痕。为增加分枝，上盆前后可摘心1次。

2. 水分管理

上盆后的浇水应把握“见干见湿”的原则。银叶菊有较强的耐旱能力，保护地栽培条件下银叶菊的浇水总体上要适度偏干。但在生长旺盛期应保证充足的肥水供应。

3. 肥料管理

上盆两周后，每10d左右施肥1次，以氮肥为主，冬季间施1～2次磷、钾肥。肥料用尿素和45%三元复合肥，浓度1‰～1.5‰，或用0.1%的尿素和磷酸二氢钾喷洒叶面。由于银叶菊是观叶花卉，已长成的植株其浇水施肥注意不要沾污叶片。

4. 冬季管理

银叶菊苗期可耐 -5℃低温，商品盆花栽培，南方地区可露地或单层大棚栽培，长江中下游地区可单层棚或双层棚栽培，北方 -10℃以下地区，其栽培应在日光温室内进行。盆花初次进棚应在秋冬最低气温降至0℃前进行，冬季宜保证充足的光照。

5. 植株调整

作花坛布置及镶边栽培时，生长初期摘心1次。盆栽的生长期间可通过摘心控制其高度和增大植株蓬径。优质盆花的株形和长相是矮壮丰满，叶片舒展、厚实，分枝多而健壮、紧凑，叶色银白美观。作组合盆栽栽培时可不摘心。

（三）病虫害防治

除苗床偶有地下害虫危害，银叶菊未见有病虫害发生。

第七节　四季报春

一、简介

四季报春，学名 *Primula obconica* Hance.，又名四季樱草、球头樱草、仙鹤莲，是报春花科报春花属多年生宿根草本植物，常作两年生花卉栽培。原产于湖北宜昌、湖南、江西、两广、贵州至云南及西藏山南等地。每年1~4月开花，可连续不断开花一个月，是冬春家庭中很好的观赏花卉，用于盆栽观赏、春季布置花坛、花境等。

二、生长习性

四季报春喜温暖湿润的气候，春季以15℃为宜，夏季怕高温，需遮荫，冬季室温7~10℃为好，家庭阳台种植或露地花境种植需置向阳处。适宜栽种于肥沃疏松、富含腐殖质、排水良好的砂质酸性土壤中。

三、栽培技术

（一）繁殖方法

四季报春为播种繁殖。春、秋均可进行。若想四季报春在夏季开花，可于2~3月播种；若要使其在春季开花，则需在前一年8月播种。由于种子寿命短，宜采收后即播种。

（二）栽培管理

1. 育苗管理

一般采用苗床播种育苗。播种用基质一般为腐叶土 5 份、堆肥土 4 份、河砂 1 份混匀调制。由于种子细小，每克约 5000～7000 粒，可混合细砂均匀撒播，不必覆土，盖上一层纸，再覆盖地膜。为防止干燥，立即放置阴暗处，并将盆土渗透水，在 15～20℃的条件下，10d 左右可以发芽。发芽后及时除去覆盖物，并逐渐移至有光线处。

幼苗长出 2 片真叶时进行分苗，幼苗有 3 片真叶时进行移栽，6 片叶时定植栽在口径 15cm 的盆中。幼苗期注意通风，经常施以稀薄液肥并保持盆土湿润，约经 3～4 个月便可开花。

2. 日常管理

苗期保持水分充足，缓苗后减少浇水，保持盆土湿润即可。

白天温度保持在 18～20℃，夜间保持在 15℃。如夜温低于 10℃，叶子易受低温而变白色。如果需要冬天开花，可夜间补光 3h。

每 7d 追施充分腐熟的稀薄液肥 1 次。

（三）病虫害防治

四季报春的病害主要有茎腐病，其防治方法为发病后立即喷施 50% 代森锰锌 1000 倍液，防止病情扩大；灰霉病，为四季报春花冬季和早春常见的病害，可用 1000 倍的速克霉、灰霉克或速霉克防治。其虫害主要有潜叶蝇，发生初期喷施 1000 倍的乐斯本进行防治；蚜虫，可用 1000 倍液的吡虫啉进行防治，效果很好。

第八节　麦秆菊

一、简介

麦秆菊，*Helichrysum bracteatum*（Vent.）Andr.，又名蜡菊，为菊科蜡菊属的多年生草本花卉，常作 1～2 年生栽培，花期 7～9 月。原产于澳大利亚，现世界各国多有栽培，可布置花坛花境，也可盆栽观赏，另外可用其作干燥花、切花和插花。

二、生长习性

麦秆菊性喜温暖和阳光充足的环境，但忌阳光直射，较耐寒，忌酷热，在湿润而又排水良好的肥沃和疏松的土壤上生长良好。

三、栽培技术

（一）繁殖方法

1. 播种繁殖

常在9月中下旬以后进行秋播。用温热水（30～35℃）把种子浸泡3～10h，使种子吸水膨胀起来。把牙签的一端用水蘸湿，把种子一粒一粒地粘放在育苗穴盘的基质表面，覆盖基质1cm厚，用水浸法使育苗穴盘湿润。秋季播种后，遇到寒潮低温时，可以用塑料薄膜把育苗穴盘包起来，以利保温保湿；幼苗出土后，要及时把薄膜揭开，并在每天上午的9：30之前，或者在下午的3：30之后让幼苗接受太阳的光照。

2. 扦插繁殖

选用已经配制好并且消过毒的扦插基质。

结合摘心工作，把摘下来的粗壮、无病虫害的顶梢作为插穗，直接用顶梢扦插。扦插后的管理介绍如下。

（1）温度　插穗生根的最适温度为18～25℃，低于18℃，插穗生根困难、缓慢；高于25℃，插穗的剪口容易受到病菌侵染而腐烂，并且温度越高，腐烂的比例越大。扦插后遇到低温时，覆盖薄膜保温；扦插后温度太高时，降温的措施主要是给插穗遮荫，要遮去阳光的50%～80%，同时给插穗进行喷雾，每天3～5次。

（2）湿度与光照　扦插后保持空气的相对湿度在75%～85%。可以通过给插穗进行喷雾来增加湿度，每天1～3次。扦插后用遮阳网遮阳，待根系长出后，再逐步移去遮光网。晴天时每天下午4：00除下遮光网，第二天上午9：00前盖上遮光网。

（3）上盆或移栽　小苗装盆时，先在盆底放入2～3cm厚的粗粒基质或者陶粒来作为滤水层，其上撒上一层充分腐熟的有机肥料作为基肥，厚度为1～2cm，再盖上一层基质，厚约1～2cm，然后放入植株，以把肥料与根系分开，避免烧根。当大部分的幼苗长出33片以上的叶子时就可以移栽上盆了。

（二）栽培管理

当苗约长到9cm时，定植于园地或花坛，株距30cm；盆栽时选用20cm口径的花盆。

1. 移栽与摘心

挖好种植穴，在种植穴底部撒上一层有机肥料作为底肥，再覆上一层土并放入苗木，回填土壤，把根系覆盖住，并用脚把土壤踩实，浇1次透水。

在开花之前一般进行两次摘心，以促使萌发更多的开花枝条。当苗高6～

10cm 并有 6 片以上的叶片后，把顶梢摘掉，保留下部的 3 ~4 片叶，促使分枝。在第一次摘心 3 ~5 周后，或当侧枝长到 6 ~8cm 长时，进行第二次摘心，即把侧枝的顶梢摘掉，保留侧枝下面的 4 片叶。进行两次摘心后，株形会更加理想，开花数量也多。

2. 温湿度与光照管理

麦秆菊喜欢温暖气候，忌酷热，在夏季温度高于 34℃时明显生长不良；不耐霜寒，在冬季温度低于 4℃以下时进入休眠或死亡。最适宜的生长温度为 15 ~25℃。

麦秆菊喜欢较高的空气湿度，空气湿度过低，会加快单花凋谢。也怕雨淋，晚上需要保持叶片干燥。最适空气相对湿度为 65% ~75%。

春、夏、秋三季需要在遮荫条件下养护。在冬季，由于温度不是很高，要给予直射阳光照射。

3. 肥水管理

与其他草花一样，对肥水要求较多，但要求遵循“淡肥勤施、量少次多、营养齐全”的施肥（水）原则。春秋两季是麦秆菊的生长旺季，每周要保证 1 次追肥、2 次灌水。间隔周期大约为室外养护的 1 ~4d，晴天或高温期间隔周期短些，阴雨天或低温期间隔周期长些或者不浇；放在室内养护的 2 ~6d，晴天或高温期间隔周期短些，阴雨天或低温期间隔周期长些或者不浇。

夏季高温期麦秆菊对肥水要求不多，因此要适当控肥控水。追肥浇水间隔周期大约为：室外养护的 3 ~5d，晴天或高温期间隔周期短些，阴雨天或低温期间隔周期长些或者不浇；放在室内养护的 4 ~7d，晴天或高温期间隔周期短些，阴雨天或低温期间隔周期长些或者不浇。浇水时间尽量安排在早晨温度较低的时候进行，晚上保持叶片干燥。

冬季麦秆菊进入休眠期，主要是做好控肥控水工作，肥水间隔周期为 7 ~10d，晴天或高温期间隔周期短些，阴雨天或低温期间隔周期长些或者不浇。浇水时间尽量安排在晴天中午温度较高的时候进行。

（三）病虫害防治

如发生叶斑病，可剪除部分分枝，创造通风透光的环境。每周喷 100 ~200 倍等量式波尔多液 1 次，连喷 3 ~4 次，对防病有效。

第九节　石竹

一、简介

石竹，学名 *Dianthus chinensis* L.，又名洛阳花、石竹子花、石柱花、十样景花、石菊、瞿麦草等，是石竹科石竹属的多年生草本植物，是中国传统名花之一。原产中国东北、华北、长江流域及东南亚地区，分布很广，主产河北、四川、湖北、湖南、浙江、江苏，目前已作为观赏植物由人工在世界范围内引种广泛栽培，已培育出大量栽培种。园林中可用于花坛、花境、花台或盆栽，也可用于岩石园和草坪边缘点缀，大面积成片栽植时可作景观地被材料。另外石竹有吸收二氧化硫和氯气的本领，可用于净化环境和环境保护。切花观赏亦佳。

二、生长习性

石竹耐寒、耐干旱，不耐酷暑，夏季多生长不良或枯萎；喜阳光充足、干燥、通风及凉爽湿润的气候；要求肥沃、疏松、排水良好及含石灰质的壤土或砂质壤土；忌水涝，好肥；耐碱性土较好。栽培时应注意遮荫降温。

三、栽培技术

（一）繁殖方法

常用播种、扦插和分株繁殖。

1. 播种繁殖

播种繁殖一般在 9 月进行。播种于露地苗床，播后保持基质湿润，播后 5d 即可出芽，10d 左右即出苗。苗期生长适温 10～20℃。当苗长出 4～5 片叶时可移植，翌春开花。也可于 9 月露地直播或 11～12 月温室盆播，翌年 4 月定植于露地。

2. 扦插繁殖

10 月～翌年 2 月下旬到 3 月进行。枝叶茂盛期剪取嫩枝 5～6cm 长作插条，插后 15～20d 生根。

3. 分株繁殖

多在花后利用老株分株，可在秋季或早春进行。

（二）栽植管理

1. 盆栽栽植

盆栽石竹要求施足基肥，每盆种 2～3 株。苗长至 15cm 时摘除顶芽，促其分枝，以后注意适当摘除腋芽，不使分枝太多，以促使花大而色艳。生长期间宜放置在向阳、通风良好处养护，保持盆土湿润，约每隔 10d 左右施 1 次腐熟的稀薄液肥。冬季宜少浇水，如温度保持在 5～8℃条件下，则冬、春不断开花。

2. 露地栽植

（1）栽植　华北地区露地栽植多于5月份进行。栽植前施足底肥，深耕细耙，平整打畦。当播种苗长出3~4片真叶时移栽。株距15cm，行距20cm。移栽后浇水。

（2）光温管理　石竹生长适宜温度15~20℃，生长期要求光照充足，摆放在阳光充足的地方，夏季以散射光为宜，避免烈日曝晒。温度高时要遮荫、降温。

（3）水肥管理　浇水应掌握不干不浇。南方地区秋季播种的石竹，11~12月浇防冻水，第2年春天浇返青水。整个生长期要追肥2~3次腐熟的人粪尿或饼肥。

（4）摘心　苗高10~15cm时摘心，令其多分枝，多开花。摘心后及时摘除腋芽，减少养分消耗。

（三）病虫害防治

石竹常见锈病和红蜘蛛危害。锈病可用50%萎锈灵可湿性粉剂1500倍液喷洒，红蜘蛛用40%吡虫啉1500倍液喷杀。

第十节　非洲凤仙

一、简介

非洲凤仙，学名*Impatiens wallerana* Hook. f.，又名沃勒凤仙，为凤仙花科凤仙花属多年生草本植物。原产非洲东部热带地区。非洲凤仙茎叶光洁，花朵繁多，色彩绚丽明快，周年开花，是目前园林中最优美的盆栽花卉之一，在国际上十分流行，是著名的装饰性盆花，广泛用于花坛、栽植箱、装饰容器、吊盆和制作花球、花柱、花墙。特别在展览方面塑造景点，其效果非常突出。

在非洲凤仙生产规模上，美国占绝对优势，在美国花卉生产总额中占47%，产值在15.7亿美元的花坛和庭院植物中，非洲凤仙占第一位，

非洲凤仙进入我国时间不长，由于品种少，抗热性差，发展速度不快。但在北方家庭中作盆栽观赏还是十分盛行。近年来，在引种非洲凤仙新品种的同时，增加了新几内亚凤仙（*I. hawkeri*）的引种，使凤仙花的品种更加丰富，逐渐成为我国盆栽花卉的主要品种之一。

二、生长习性

非洲凤仙喜温暖湿润和阳光充足的环境，不耐高温和烈日曝晒；对温度

的反应比较敏感，生长适温为17～20℃，新几内亚凤仙为21～23℃；要求冬季温度不低于12℃，5℃以下植株受冻害。花期室温高于30℃，会引起落花现象。对水分要求比较严格，幼苗期必须保持盆土湿润，切忌脱水和干旱；夏秋空气干燥时，应经常喷水，保持一定的空气湿度，对茎叶生长和分枝十分有利。但盆内不能积水，否则植株受涝死亡。非洲凤仙在生长过程中，特别在夏季高温期和花期，要防止强光直射，应设遮阳网防止强光曝晒。冬季在室内栽培时，需充足阳光，但中午强光时适当遮荫，有利于非洲凤仙叶片的生长和延长开花观赏期。开花时间6～8月。栽培非洲凤仙宜用疏松、肥沃和排水良好的腐叶土或泥炭土，pH5.5～6.0。

三、栽培技术

（一）繁殖方法

常用播种和扦插繁殖。

1. 播种繁殖

室内栽培时，全年均可播种。非洲凤仙种子细小，每克种子1700～1800粒，播种用消毒的培养土、腐叶土和细沙的混合土。发芽适温为22℃，播后15～20d发芽。新几内亚凤仙发芽适温为24～26℃，播后7～14d发芽。

2. 扦插繁殖

全年可以进行。剪取生长充实的健壮顶端枝条，长10～12cm，插入砂床，室温在20～25℃条件下，插后20d可生根，30d可盆栽。

（二）栽培管理

1. 温度管理

非洲凤仙生长、开花最适温度为18～35℃，在这个温度范围内，可全年开花，花朵大而花色艳丽多姿。当温度低于15℃时，生长缓慢，花蕾停止发育，花瓣受害；当温度低于10℃时，生长停止，全株由叶片开始表现出受害，枝干萎蔫失水，脱叶死亡。夏天可耐45℃的高温，并能够开花，但花朵直径明显变小，花量减少。

2. 光照管理

非洲凤仙性喜阴，不耐阳光直晒，尤其在半阴的条件下最为适宜。光照强度为200～400lx。

3. 肥水管理

除在上盆时应施底肥之外，在其生长期还应追施稀薄液肥3～4次，或用硝酸钾、磷酸二氢钾按2～3kg加入100L水的比例进行追肥，每周施肥1～2次为宜。定植后，在其生长期，晴天应每天浇水1次，阴天视基质湿润情况浇水。但在花期不可浇大水，否则易烂根。非洲风仙生长期间要求空气相对湿度为70%～90%。

4. 整形修剪

非洲风仙具有较强的分枝能力，苗高10cm时，摘心1次，促使萌发分枝，形成丰满株态，多开花。花后要及时摘除残花，以免影响观赏性，若残花发生霉烂还会阻碍叶片生长。

（三）病虫害防治

非洲风仙常有叶斑病、茎腐病危害，移栽基质必须高温消毒，加强温度、湿度等环境调控，发生病害时可用50%多菌灵可湿性粉剂1000倍液喷洒防治；虫害主要为蚜虫危害，用10%除虫精乳油3000倍液喷杀。

第十一节　荷兰菊

一、简介

荷兰菊，学名*Symphyotrichum novi－belgii*，又名纽约紫菀，为菊科紫菀属多年生宿根草本花卉，花期为8～10月。荷兰菊花繁色艳，适应性强，特别是引进的荷兰菊新品种植株较矮。荷兰菊适于盆栽室内观赏和布置花坛、花境等，更适合作花篮、插花的配花。

二、生长习性

荷兰菊性喜阳光充足和通风的环境，适应性强，喜湿润但耐干旱、耐寒、耐瘠薄，对土壤要求不严，适宜在肥沃和疏松的砂质土壤生长。在中国东北地区可露地越冬。

三、栽培技术

（一）繁殖方法

常用播种、扦插和分株繁殖。播种在3～4月春播，但优良品种易退化。扦插在春、夏季进行，剪取嫩茎作插条，插后18～20d生根。分株在春、秋季均可进行，一般每3年分株1次，剪除老根，将每株分为数丛，重新栽植。

1. 播种繁殖

播种期在3月上旬，在温室内盆播或苗盘播种。在室温不低于15℃左右条件下，7d左右可出齐苗。待苗高5cm左右时及时进行第一次分栽以免徒长。可选择口径12cm小盆或在畦中分栽。5月上旬进行第二次分栽定植，根据需要植入大盆或直接地栽。地栽株距控制在40cm左右，以利其进一步分蘖增生。

2. 分株繁殖

荷兰菊分蘖能力很强，分蘖植株可单独割离分栽。分栽时间一般选择在初春土壤解冻、母株刚长出丛生叶片后。挖出越冬的地下根，用刀将原坨割成几块，分别栽植，其分蘖苗成活率极高。可利用此法将多年生植株大量繁殖。

3. 扦插繁殖

多年生植株在开春后长出大量分蘖苗。可用刀将幼小的分蘖苗切取下来进行扦插。用珍珠岩、蛭石作基质，温度保持在20℃以上，需遮荫或采用全光照喷雾装置保持空气湿度，半个月左右即可生根。生根植株可直接定植入盆或入畦。

4. 嫁接栽培

采用野生黄蒿作砧木进行嫁接栽培，效果较好。在10月底或11月初，将荷兰菊摘去残花并翻盆换土。当室外温度降至5℃左右时，将盆搬入低温温室并保持低温。翌年立春后，将盆菊搬至室外避风处，清明节前后浇适量薄肥水。在4月底至6月底从野外挖取黄蒿苗，栽入口径20cm的花盆中。6、7月视黄蒿植株生长大小换成30cm花盆，每5d施1次薄肥水。当黄蒿茎高达到15cm时，用劈接法嫁接荷兰菊。嫁接后套上小塑料袋保湿，7d左右就能成活。黄蒿砧木嫁接口的内芯如已呈白色老化状，则不宜嫁接。

（二）栽培管理

1. 大面积花境的播种

选择交通便利、靠近水源的地块，要求质地疏松、土粒细碎、透气性较好、pH6.5～7的砂土或砂壤土。播前及早进行土地耕翻，施好基肥，每667m^2施优质农家肥3000kg，硫酸钾复合肥10～15kg。精量播种时按行距30cm进行条播，一般每667m^2用种50～60g（2.5万～3万粒）。大面积播种选用播种机，播种深度1cm。播种后先浇水、再覆盖地膜，盖后注意检查出苗和湿度情况，适时揭去覆盖物。

2. 及时间苗

第一次间苗在5～6叶期进行，株距6～7cm，用小刀轻轻割去要间去的苗；第二次间苗在9～10叶期进行，株距13～15cm，可把苗连根轻轻拔去。

3. 施肥和浇水

生长期每2周追施1次稀薄饼肥，促使生长旺盛。同时酌情浇水，天旱时要及时浇水，同时结合清沟、松土、除草。

4. 适时修剪和摘心

为了使荷兰菊株形丰满，花繁色艳，控制花期和植株高度，可按球形、扁体馒头形等形状进行定向摘芯，但最后一次摘芯需每个头同时进行。如需国庆节开花，可在小暑（7 月上旬）做最后一次摘芯；如需在秋季菊展时开花，可于 7 月下旬做最后一次摘芯。盆栽苗高 5cm 时，可进行摘心，促使多分枝。

5. 越冬管理

入冬前浇冻水 1 次，即可安全越冬，翌年由根部重新萌芽，长成新株。露地栽培的，冬季地上部枯萎后，适当培土保苗。

盆栽的植株在花后剪去地上部分，将盆放置在冷室越冬。如在暖房中，可将植株从盆中扣出，栽到 30cm 深的土沟内，挤在一起，上面覆土或盖草越冬。

（三）病虫害防治

荷兰菊枝叶繁茂，在植株密度大、通风不良，特别是植株下部湿度过大时容易受白粉病，要及时喷施 25% 粉锈宁可湿性粉剂 2000 倍液或 20% 粉锈宁乳剂 4000 倍液防治；发生褐斑病时，可用 65% 甲基托布津可湿性粉剂 600 倍液喷洒。

荷兰菊易发生蚜虫、红蜘蛛，主要危害叶片和茎部，造成叶片枯黄，影响生长，可用蚍虫啉 1000 ~ 1500 倍液防治。

第十二节　非洲菊

一、简介

非洲菊，学名 *Gerbera jamesonii* Bolus，别名为扶郎花、太阳花、猩猩菊、日头花等，为菊科大丁草属多年生宿根常绿草本植物。原产地为南非，随着国内温室技术的进步及国外新型温室技术的引进，中国的栽培量也明显增加，华南、华东、华中等地区皆有栽培。

非洲菊花朵硕大，花色丰富，花枝挺拔，花色艳丽，水插时间长，切花率高，瓶插时间可达 15 ~ 20d，花色分别有红色、白色、黄色、橙色、紫色等，是现代切花中的重要材料。它与月季、唐菖蒲、香石竹列为世界最畅销的“四大切花”。非洲菊盆栽常用来装饰门庭、厅室，其切花用于瓶插、插花，点缀案头、橱窗、客厅，也可布置花坛、花境，或温室盆栽作为厅堂、会场等装饰摆放。

二、生长习性

非洲菊喜冬暖夏凉、空气流通、阳光充足的环境，不耐寒，忌炎热。喜肥沃疏松、排水良好、富含腐殖质的砂质壤土，忌黏重土壤，宜微酸性土壤，生长最适 pH 为 6.0～7.0。生长适温 20～25℃，冬季适温 12～15℃，低于10℃时则停止生长，属半耐寒性花卉，可忍受短期的 0℃低温。通常四季有花，以春秋两季最盛。

三、栽培技术

（一）繁殖方法

非洲菊多采用分株法繁殖，每个母株可分 5～6 小株；播种繁殖用于矮生盆栽型；需求量大时采用组织培养快繁，还可用单芽或发生于颈基部的短侧芽分切扦插。

（二）栽培管理

1. 土壤准备

每 667m^2施优质腐熟厩肥 2000kg，氮磷钾三元复合肥 50kg，并深翻 25～30cm。栽培地块附近开 70～100cm 深的排水沟（根据水位高低而定），起45cm 的高畦，畦宽 1.0m，沟宽 40cm。采用甲醛消毒，用 40% 工业甲醛稀释浓度为 1%，均匀喷洒土壤，喷洒后迅速盖好塑料薄膜密闭闷熏，2～3d 后揭膜，风干土壤 2 周后淋水冲洗，再过 2 周后方可定植。第一次种植非洲菊的土壤不必消毒。

2. 种苗选择

选择苗高 11～15cm、4～5 片真叶的种苗定植。优质种苗标准：种苗健壮，叶片油绿，根系发达、须根多、色白，叶片无病斑、虫咬缺口和机械损伤。

3. 定植

周年均可定植，但从生产及销售的角度考虑，4～6 月较为理想。每畦种 3 行，中行与边行交错定植，株距 30cm，每 1m^2 定植 9～10 株。种植前 2～3d，给土壤浇透水；种植时间在阴天或晴天的早晨和傍晚进行；栽种时要深穴浅植，根颈部位露于土表 1～1.5cm，如果植株栽得太浅，采花时易拉松或拉出植株；栽完后及时浇透水。

4. 栽培管理

（1）苗期管理　定植后用 70% 的遮阳网遮光 7～10d，待苗成活后逐渐增加光照；通过启闭棚膜来调节昼夜温度，昼温保持在 22～25℃，夜温 20～

22℃，持续1个月；这个时期用喷淋浇水，浇水时间在早晨为好，不宜过干和过湿。每天逐株检查，及时剔除带病植株，补上健壮小苗。

（2）成苗期管理　种植后1个月左右，非洲菊就进入旺盛生长期，光照过强时需适当遮荫；温度调为夜间14～16℃，白天18～25℃为最适温度；每隔1周用0.1%的复合肥（氮、磷、钾比例为1∶1∶1）浇1次，每2周用0.1%的磷酸二氢钾喷施1次叶面肥；喷施广谱性杀菌剂，如喷施甲基托布津800～1000倍液2～3次防病。

（3）花期管理　定植后3～4个月即进入花期。此时每隔1周施用氮、磷、钾比例为12∶12∶17的复合肥1次。采用叶面喷施微肥，一般25d 1次，每次用0.1%～0.2%四水硝酸钙、0.1%～0.2%螯合铁、0.1%～0.2%硼砂加5～10μL/L钼酸钠进行叶面交替喷施；浇水采用滴灌，浇水原则是"不干不浇，浇则浇透"，棚内相对湿度保持在80%～85%；及时拔草，清除病叶、枯叶，拔出病株并用生石灰进行植穴的土壤消毒；夏季花期，要注意遮阳及通风降温，冬季花期，注意保温及加温，尤其应防止昼夜温差太大，以减少畸形花的产生。

（4）清除残叶　非洲菊基生叶丛下部叶片易枯黄衰老，应及时清除，既有利于新叶与新花芽的萌生，又有利于通风，增强植株长势。

（三）盆栽管理

1. 基质

非洲菊盆栽选用人工基质栽培可明显提高产量和质量。人工基质原料为腐殖质5份、珍珠岩2份、泥炭3份。

2. 温与光

温室内温度应控制在15～25℃，最高不高于30℃，最低不低于13℃。一般生产日平均温度为18～19℃，超过19℃就应通风。同时，夜温不宜太高，理想的夜温应该在15～18℃。

在非洲菊生长过程中最适宜的日照长度是11～13h，因此在低光照的时候可以进行人工补光。一般人工补光的要求是每1m^2 3500～4000lx。补光要在植株上盆4周后进行。

3. 水肥

盆栽非洲菊对水分非常敏感，因此必须保证浇水的正确时间，在早晨或傍晚浇水，入夜时要使植株相对干燥。植株开始长根时必须从下部浇水，可以采用底部渗透的方式；高温期间可以从植株上方浇水，但要注意防止从植株中心部位开始产生的真菌霉变。

非洲菊喜肥，夏季施肥时氮与钾的比例为2∶1，冬季为1.5∶1。肥料pH应为5.5～6.0。

4. 调整盆距

非洲菊从上盆到开花，如果是夏季生产，需要 8 ~ 9 周；冬季生产需要 11 ~ 12 周。盆的大小为 10 ~ 15cm。温室内每平方米大约可以生产 30 盆。当植株长到一定大小后应及时拉开盆距。

（四）病虫害防治

非洲菊的病害主要有疫病、白粉病、斑点病、灰霉病，其防治关键技术为连作土壤必须用威百亩或甲醛等消毒；控制湿度，保持棚内通风低湿；及时清除病叶并集中销毁。疫病发病初期用 58% 乙磷铝锰锌 400 倍液灌根，施药时间在早晚气温低时进行，温度高于 28℃ 时停止施药，每隔 7d 用药 1 次，连续 3 次。白粉病病发期，用硫磺熏蒸法防治，每个熏蒸器每次投放硫磺粉 20 ~ 30g，于每日 17 时放帘后，保持棚内密闭，通电加热 2h，每隔 6d 更换 1 次硫磺粉，连续熏蒸 15d 止。斑点病发病初期喷施 2.5% 腈菌唑乳油 300 倍液或 70% 甲基托布津可湿性粉剂 800 ~ 1000 倍液，7d 喷 1 次，连续喷 2 ~ 3 次。灰霉病发病初期用 70% 甲基托布津 1500 倍液叶面喷雾，并结合烟雾剂进行防治。

非洲菊的虫害主要有白粉虱、蓟马。防治白粉虱要彻底清除杂草；插黄板进行随时监测；一旦发现虫害，要及时选阿维菌素等生物农药进行喷施，喷药时间选在黎明，喷后密闭大棚 4 ~ 5h，第二天早晨继续喷药 1 次。蓟马的防治关键技术是及时剪除有虫花朵；1.8% 阿维菌素乳油 3000 倍液每隔 5 ~ 7d 喷施 1 次，连喷 3 次可获得良好的防治效果。重点喷洒花、嫩叶和幼果等幼嫩组织。

第十三节　鸢尾

一、简介

鸢尾，学名 *Iris tectorum* Maxim.，别名紫蝴蝶、蓝蝴蝶、乌鸢、扁竹花、土知母（四川）、剪刀兰等，为鸢尾科鸢尾属多年生草本宿根花卉。原产中国及日本，现在主要分布在我国中原、西南和华东一带。其花型大而美丽，花色丰富，花型奇特，是花坛及庭院绿化的良好材料，也是优美的盆花、切花用花，也可用作地被植物，有些种类为优良的鲜切花材料。法国人视鸢尾花为国花。

二、生长习性

鸢尾喜阳光充足、气候凉爽的环境，耐寒力强，也耐半阴环境，要求适度湿润、排水良好、富含腐殖质、略带碱性的黏性土壤。

三、栽培技术

（一）繁殖方法

多采用分株、播种法。

1. 分株繁殖

分株在春季花后或秋季进行，一般种植2~4年后分株栽植1次。分割根茎时，注意每块根茎应具有2~3个不定芽。

2. 播种繁殖

种子成熟后应立即播种，实生苗需要2~3年才能开花。栽植距离45~60cm，栽植深度7~8cm为宜。

（二）栽培管理

1. 栽植

温室和露地栽培鸢尾，以排水良好、适度湿润的土壤为宜。栽植前施入腐熟的堆肥，植株栽植深度为根茎顶部低于地面3~5cm为宜。种植密度依不同品种、球茎大小、种植期、种植地点的不同而不同。为使种植间距合适，通常采用每平方米有64个网格的种植网。

2. 温度与光照

鸢尾露地生长的最适温度为15~17℃，白天持续高温，可应用遮荫网；温室内生产鸢尾，最适温度为15℃。为了缩短生长期，种植时可使用新采收的种球。鸢尾喜日光充足，稍耐阴，适应性强，一般正常管理便能旺盛生长。

3. 湿度

鸢尾生长理想的相对湿度在75%~80%，要注意避免湿度大幅度变动。在温暖的阴天或潮湿的天气里，相对湿度往往较高。温室栽培需要通过同时加热和通风来降低湿度。

4. 施肥与浇水

每年春季集中施肥1次，以有机肥为主，生长期可追施2~3次氮磷钾复合肥；浇水视具体情况而定，一般露地栽培鸢尾，生长期每周浇水1次，随着气温的降低浇水量逐渐减少，以早晨浇水为好。冬季较寒冷的地区，露地栽培鸢尾株丛上应覆盖厩肥或树叶等用于防寒。

用于切花生产的鸢尾在种植期，保证足够的水分供应是特别重要的，尤其种植前几天的土壤要足够湿润，以确保早期根系快速、健康生长。

（三）病虫害防治

鸢尾的主要病害有软腐病、根腐病、基腐病、锈病等。软腐病、根腐病、基腐病的防治方法主要为轮作、盆栽时基质消毒处理、种球放入等量式波尔多液100倍的杀菌剂中浸10～15min；锈病发病初期可用25%的粉锈宁400倍液防治。虫害有蚀夜蛾，可用90%敌百虫1200倍液灌根防治。

第十四节　耧斗菜

一、简介

耧斗菜，学名*Aquilegia viridiflora* Pall.，别名猫爪花、血见愁，为毛茛科耧斗菜属多年生草本宿根花卉。原产欧洲，生于山坡林下或林缘。我国分布于东北、华北及陕西、宁夏、甘肃、青海等地，栽培供观赏。耧斗菜花姿娇小玲珑，花色明快，适应性强，宜成片植于草坪上、疏林下，也宜洼地、溪边等潮湿处作地被覆盖，还适于布置花坛、花境等，花枝可供切花。

二、生长习性

耧斗菜适应性强，喜凉爽气候，炎夏宜半阴，忌夏季高温曝晒，耐寒，适宜生长在湿润排水好的砂质壤土中。

三、栽培技术

（一）繁殖方法

用播种或分株法繁殖。

1. 播种繁殖

在392孔的穴盘中播种，用蛭石覆盖种子。发芽温度控制在21～24℃，10～14d可发芽。出苗前需用塑料薄膜覆盖，以保持基质湿润，经1个月出苗。播种苗2年左右可以开花。定植苗3～4年需更新1次。

2. 分株繁殖

在早春发芽前或落叶后进行，优良品种通常采用分株法，于3～4月或8～9月进行，但以秋季为好。

（二）栽培管理

1. 定植

幼苗10cm左右即可定植，株行距30～40cm。露地定植前需施足基肥，精细整地。北方地区春季较为干旱，应浇足底水。

2. 田间管理

花前应施追肥1次，并适时浇水。夏季需适当遮荫，雨后及时排水，严防倒伏。同时需加强修剪，以利通风透光。待苗长到一定高度时（约40cm），需及时摘心，以控制植株的高度。入冬以后需施足基肥，北方地区还应在植株基部培上土，浇足防冻水，以提高越冬的防冻能力。

（三）病虫害防治

耧斗菜易感花叶病。防治方法为加强栽培管理，重施有机肥，增施磷钾肥；及时铲除田间杂草，清除传染源；及早防治蚜虫，消灭传染媒介。

第六章　球根类

第一节　仙客来

一、简介

仙客来，学名 *Cyclamen persicum* Mill.，别名萝卜海棠、兔耳花、一品冠、篝火花、翻瓣莲，是报春花科仙客来属多年生草本植物。原产地中海一带，逐渐成为世界性的观赏花卉，现世界各地广为栽培。仙客来是一种普遍种植的鲜花，被推举为盆花的女王。适合种植于室内，是著名的冬春季温室盆花，并适作切花，花期10月~翌年4月，长达数月，深受人们喜爱，是世界花卉市场上最重要的盆栽花卉之一。仙客来花期适逢圣诞节、元旦、春节等传统节日，市场需求量巨大，生产价值高，经济效益显著。仙客来是山东省青州市的市花。

二、生长习性

仙客来喜凉爽、湿润及阳光充足的环境。生长和花芽分化的适宜温度为15~20℃，湿度70%~75%；冬季花期温度不得低于10℃，若温度过低，则花色暗淡，且易凋落；夏季温度若达到28~30℃，则植株休眠，若达到35℃以上，则块茎易于腐烂。仙客来为中日照植物，要求疏松、肥沃、富含腐殖质、排水良好的微酸性砂壤土。

三、栽培管理

（一）繁殖方法

1. 播种繁殖

一般秋天播种。选择大粒、饱满的种子，先洗净，再用磷酸钠溶液浸泡10min进行消毒，播后注意保湿保温，一般播种一个月就可以发芽。

播种使用一次性或易消毒穴盘，基质要求用透气性良好的泥炭和珍珠岩按一定比例混合，播种后，将种子用蛭石或珍珠岩覆盖，厚度以刚好遮住种子为宜，并将穴盘用塑料膜覆盖。

2. 分株繁殖

分株的时间一般选在仙客来开花以后，多于春季进行。先取出仙客来的球状根茎，按照芽眼的分布进行切割，保证每个分株都有一个芽眼，然后将切割处抹一些草木灰再移栽到其他盆土中压实，分株后浇水要浇足，然后放在阴凉处即可。

（二）栽培管理

1. 移栽上盆

播种后 15～18 周，当小苗长有 7～10 片叶时可以上盆。微型系列和迷你型系列在播种后 10 周，当植株有 3～5 片叶，可直接从穴苗盘上盆。要用透气性良好的泥炭、一定比例的黏土（10%）和珍珠岩混合，其 pH 为 6～6.5，并在基质中加适当的钙肥。栽植起苗时可用标准或自制的起苗系统将小苗自下而上推出，注意不要伤根。最佳温度：上盆后 2～3 周为 17℃，此后可降至 14～16℃；相对湿度：60%～85%。

2. 浇水与施肥

仙客来宜湿不宜涝。要求经常保持土壤湿润，但根部不要积水。仙客来喜欢湿润的环境，但不宜水太多，每天适量浇 1 次水以保持盆土的湿润度，同时还要控制浇水量。夏天时多为其喷水，以保证正常的水分吸收量。

仙客来的施肥宜薄不宜厚，生长期每 10d 施 1 次薄肥，孕蕾时还要再追施 1 次液肥，开花期的时候尽量少施肥。施肥最好用 0.3% 的磷酸二氢钾复合肥（含锌、硼、钼、锰、镁、铜、铁、硫等微量元素）溶液浇施，每次每盆用量约 150mL，氢钾各 1 次（切忌施用高氮肥料），可提前开花 15～20d。

3. 温度与光照

白天尽量保持在 20℃，夏天过热时，要降温遮荫；冬天室内的温度尽量不要低于 10℃。仙客来的养殖地点还要有良好的通风条件。

仙客来喜阳光，延长光照时间，可促进其提前开花，因此，应将仙客来放置在阳光充足的地方养护，但夏天避免阳光直射且要遮荫，以免被阳光晒伤。

4. 换盆

一般 9 月中旬休眠球茎开始萌芽，即刻换盆，盆土不要盖没球茎。刚换盆的仙客来球茎发新根时，浇水不宜过多，以防烂球，盆土以稍干为好。

5. 其他管理

通过提高夜间温度和早晨低温处理，可以缩短花茎。在仙客来的幼蕾出现时，用 1mg/kg 的赤霉素轻轻喷洒到幼蕾上，每天喷 1～3 次即可，可提早开花 15d 以上。

（三）病虫害防治

仙客来的病害比虫害多，家庭养护中常见灰霉病、软腐病等。其防治方法为夏季保持凉爽环境，合理施肥浇水，及时翻盆换土，及时摘除病叶。药剂防治通常的做法是对植株统一喷施 1 次 800 倍液的农用链霉素，或喷施代森锌、多菌灵、百菌清等广谱性杀菌剂。

仙客来常见虫害为蚜虫和红蜘蛛，可用除虫菊酯水剂、乳剂按说明喷施防治。

病虫害防治应在干燥天的清晨或傍晚，温室无工作人员时，喷洒杀虫剂。要确保植株夜间干燥，株间通气良好。

第二节 水仙

一、简介

水仙，学名 *Narcissus tazetta* Linn. var. chinensis M. Roener，又名凌波仙子、金盏银台、落神香妃、玉玲珑、金银台，属石蒜科水仙属多年生草本植物。原产中国，现主要分布在湖北、河南、江苏、上海、福建等地。此属植物全世界共有 800 多种，其中的十多种如喇叭水仙、围裙水仙等具有极高的观赏价值。水仙是中国的十大名花之一，久负盛名，誉满全球。

二、生长习性

水仙花性喜温暖、湿润，以疏松肥沃、土层深厚、排水良好的冲积砂壤土为最宜，pH5 ~7.5 均宜生长。水仙花喜充足的光照，白天水仙花盆要放置在阳光充足的地方，可以使水仙花叶片宽厚、挺拔，叶色鲜绿，花香扑鼻。

三、栽培技术

（一）繁殖方法

1. 侧球繁殖

储球着生在鳞茎球外的两侧，仅基部与母球相连。秋季可将其与母球分离，单独种植，次年产生新球。

2. 侧芽繁殖

侧芽是包在鳞茎球内部的芽，在进行球根阉割时，随挖出的碎鳞片一起脱离母体，拣出白芽，秋季撒播在苗床上，翌年可产生新球。

3. 双鳞片繁殖

1 个鳞茎球内包含着很多侧芽，基本规律是两张鳞片 1 个芽。把鳞茎放在低温 4 ~10℃处 4 ~8 周，然后在常温中把鳞茎盘切小，使每块带有两个鳞片，并将鳞片上端切除留下 2cm 作繁殖材料，然后用塑料袋盛含水 50% 的蛭石或含水 6% 的砂，把繁殖材料放入袋中，封闭袋口，置 20 ~28℃黑暗的地方。经 2 ~3 月可长出小鳞茎，成球率 80% ~90%。这种方法四季可以进行，但以 4 ~9 月为好。生成的小鳞茎移栽后的成活率高，可达 80% ~100%。

4. 组培繁殖

用 MS 培养基，每升附加 30g 蔗糖与 5g 的活性炭，用芽尖作外植体，或用具有双鳞片的茎盘（5 ×10） mm 作外植体，pH5 ~7；装入（20 ×100） mm 的玻璃管中，每管 10mL 培养基，经消毒后，每管植入一个外植体，然后在 25℃中培养，接种 10d 后产生小突起，20d 后成小球，1 月后转入含 NAA0. 1/mg 的 1/2MS 培养基中，6 ~8 周后有叶、有根，移栽在大田中，可 100% 成活。

（二）栽培管理

水仙栽培有旱地栽培、水田栽培两种方法。

1. 旱地栽培

每年挖球之后，把上市出售的大球挑出来，余下的小侧球可立即种植，一般认为种得早，发根好，长得好。种植时，较大的球用点播法，单行或宽行种植。单行种植时用（6 ×25） cm 的株行距，宽行种植的用（6 ×15） cm 株行距，连续种 3 ~4 行后，留出 35 ~40cm 的行距，再反复连续下去。旱地栽培的，除施 2 ~3 次水肥外，不常浇水。

2. 水田栽培

种球选择非常严格，要求选用无病虫害、无损伤、外鳞片明亮光滑、脉纹清晰的作种球，并按球的大小、年龄分三级栽培。

（1）1 年生栽培　从 2 年生栽培的侧球或从不能作二年生栽培的小鳞茎中选出球体坚实、宽厚、直径约 3cm 的作种球。用撒播、条播或点播法栽培。每 667m^2栽 2. 3 万株。

（2）2 年生栽培　经过 1 年生栽培后，球成圆锥形，从中选出坚实、顶粗、直径约 4cm 以上的作种球，栽培养护较 1 年生的细致。每 667m^2 栽 8000 ~10000 株。

（3）3 年生栽培　也称商品球栽培，是上市出售、供观赏前的最后一年栽培，其栽培管理极为精细，至为重要。从经过 2 年生栽培的球中，选出球形阔、矮，主芽单一，茎盘宽厚、顶端粗大、直径在 5cm 以上的球作种球，种前剥掉外侧球，并用阉割法除去内侧芽，使每球只留一个中心芽。每 667m^2 大约栽 5000 株。

3. 耕地浸田

8～9月把土地耕松，然后在田间放水浸田。浸田1～2周后，把水排干。随后再耕翻5～6次，深度在35cm以上，使下层土壤熟化、松软，以提高肥力，减少病虫害和杂草，并增加土壤透气性。

4. 施肥做畦

水仙需要大量的有机肥料作基肥。3年生栽培，每667m^2需要有机肥5000～10000kg，过磷酸钙或钙镁磷肥20～50kg；2年生栽培用肥量减半，1年生栽培的可以再减少些。这些肥料要分几次随翻地翻入土中，使土壤疏松，肥料均匀，然后将土壤表面整平，做成宽120cm、高40cm的畦，畦沟宽约35～40cm。畦面要整齐、疏松，沟底要平滑、坚实，略微倾斜，使流水畅通。

5. 种球阉割

为使鳞茎球在最后一次栽培中迅速增大而有利于多开花，需采用种球阉割手术。这项手术的原理与一般植物剥芽相同，是使养分集中，主芽生长健壮，翌年能获得一个硕大的鳞茎球。不同的是种球的侧芽是包裹在鳞片之内的，不剖开鳞片就无法去除侧芽。阉割时既要去掉全部侧芽，又不能伤及主芽及鳞茎盘。

6. 种球消毒与种植

种植前用40%的福尔马林100倍液浸球5min或用0.1%的升汞水浸球半小时消毒。种植时间，各地可根据当地气候条件确定。3年生栽培用（15×40）cm的株行距，2年生栽培用（12×35）cm的株行距。种植时要逐一审查叶片的着生方向，按未来叶片一致向行间伸展的要求种植，以使有充足的空间。

为使鳞茎坚实，宜深植。1～2年生栽培，深约8～10cm；3年生栽培，深约5cm。种后覆盖薄土，并立即在种植行上施腐熟肥水，并灌水满沟。次日把水排干，待泥黏而不成浆时，夯实沟底和沟边，以减少水分渗透，使流水畅通。修沟之后，在畦面盖稻草，3年生的覆草5cm左右，1～2年生的覆草可薄些。覆草时，使稻草根伸向畦两侧沟中，梢在畦中重叠相接。种植结束后放水，初期水深约8～10cm，1周后加深到15～20cm，水面维持在球的下方，使球在土中，根在水中，根梢在畦的中央重叠相接。

7. 日常管理

水仙由种植到挖球，需要在田间生长6～7个月。要长成一个理想的鳞茎，除上述基础工作外，主要靠养护、管理。

（1）灌水与施肥　沟中经常要有流水，水的深度坚持“北方多水，西南少水，雨天排水，晴天保水”的原则。一般天寒时，水宜深；天暖时，水宜浅；生长初期，水深维持在畦高的3/5处，使水接近鳞茎球基部，植株长高时，水位可略降低；晴天水深为畦高的1/3，如遇雨天，要降低水位，不使水淹没鳞茎球。收获前10～15d要排干沟水，直至挖球。

水仙喜肥，在发芽后开始追肥。3年生栽培，追肥宜勤，隔7d施1次；2年生栽培，每隔10d施1次；1年生栽培半月施1次。追肥以磷钾肥为主，收获前10d停肥、晒田。

（2）剥芽与摘花　阉割鳞茎球时，如有未除尽的侧芽萌发，应及早进行1～2次拔芽工作。田间种植的水仙有开花的，为使养料集中到鳞茎球的生长上去，应予摘花。

（3）防寒　水仙虽耐一定的低温，但也怕浓霜与严寒。偶现浓霜时，要在日出之前喷水洗霜，以免危害水仙叶片。对于低于－2℃的天气，要有防寒措施。较暖地区可栽风障。

（三）盆栽管理

1. 挑选种球

水仙种球的优劣决定着花开的多少和花香是否浓郁。要想养一盆好的水仙花，必须从选择好的水仙球茎开始。每篓装20个的球茎，每个球茎的直径可达12cm，为一等品；每篓装20～30个的，球茎稍小。以上这两种水仙球茎，一般每球可开花4～7箭以上，为上品。

2. 水培法

用浅盆水浸法培养。将经催芽处理后的水仙直立放入水仙浅盆中，加水淹没鳞茎1/3处。盆中可用石英砂、鹅卵石等将鳞茎固定。

（1）水分管理　白天水仙盆要放置在阳光充足的地方，晚上移入室内，并将盆内的水倒掉，以控制叶片徒长。次日晨再加入清水，注意不要移动鳞茎的方向。刚上盆时，水仙可以每日换1次水，以后每2～3天换1次，花苞形成后，每周换1次水。水仙在10～15℃环境下生长良好，约45d即可开花，花期可保持月余。水仙不需任何花肥，只用清水即可。

（2）温度管理　室温保持15℃则28～30d开花；若室温18～20℃时，23～25d即可开花。在4～6℃环境下生长良好，约45d即可开花，花期可保持月余。

（3）花期调控　花期长短随室温变化而变化。当室温不低于13℃时，花期只有7d左右；8～12℃时花期可长达15～20d；若室温保持4℃左右，花期可长达1个月之久。

（四）病虫害防治

水仙的主要病害有褐斑病，发病初期，可用75%百菌清可湿性粉剂600～700倍水溶液，每5～7d喷洒1次，连喷数次可控制病害发展；枯叶病，可于栽植前剥去干枯鳞片，用1500倍高锰酸钾溶液冲洗2～3次预防，病发初期用50%代森锌1500倍水溶液喷洒；线虫病，可用0.5%福尔马林液浸泡鳞茎3~4h加以预防，如在养护过程中发现植株染病严重，应立即将病株剔除并销毁。

第三节 黄水仙

一、简介

黄水仙，学名 *Narcissus pseudo-narcissus* Linn.，又名洋水仙、喇叭水仙，为石蒜科水仙属多年生草本。原产法国、西班牙、葡萄牙，现已全面引种至我国。黄水仙花茎挺拔，花朵硕大，副花冠多变，花色温柔和谐，清香诱人，是世界著名的球根花卉。与中国水仙相比，具有花大、色艳等特点，而且具有较强的抗低温能力。可用来布置花坛和花境，如在稀疏林下自然式栽种，送腊迎春之际，花开朵朵，使早春风光更添明媚。

二、生长习性

黄水仙喜温暖、湿润和阳光充足的环境，对温度的适应性比较强，在不同生长发育阶段对温度的要求不同。黄水仙在原产地是冬季湿润、夏季干热的生长环境，因此，盆栽黄水仙秋冬根生长期和春季地上部生长期均需充足水分，但不能积水。开花后需水量逐渐减少，鳞茎休眠期保持干燥。黄水仙对光照的反应不敏感。除叶片生长期需充足阳光以外，开花期以半阴为好。土壤以肥沃、疏松、排水良好、富含腐殖质的微酸性至微碱性砂质壤土为宜。黄水仙较耐阴，也具有较好的抗旱和抗瘠薄能力。

三、栽培技术

（一）繁殖方法

常用分球、播种和组培繁殖。

1. 分球繁殖

鳞茎内的侧芽膨大形成子鳞茎。秋季挖出鳞茎时分出子鳞茎进行分球繁殖，自然繁殖率为4~5倍。主鳞茎开花率100%，侧鳞茎开花率80%~90%。为提高繁殖系数，可人工诱发子鳞茎，用利刀将充实鳞茎自鳞茎盘向顶部交叉纵切3~4刀，深度约为鳞茎高的1/2，以损及短缩茎的生长点为度。切割后将鳞茎倒置于清洁的干沙中，使其产生愈伤组织，再放21℃繁殖箱内培养，温度渐升高至30℃，相对湿度85%，约3个月形成多数子鳞茎，可取下分植。

诱发的子鳞茎培育3～4年成为开花鳞茎。

2. 播种繁殖

9月中旬播种，播种基质用腐叶土、泥炭和粗砂混合土，经消毒后装盆待播。播后精细管理，翌春出苗，有1片叶子。初夏叶、根相继枯萎，形成休眠小鳞茎。小鳞茎需培育4～5年成为开花鳞茎。

3. 组培繁殖

以鳞茎或芽尖、茎盘作为外植体。先用洗涤剂清洗干净，再用75%酒精和0.1%升汞消毒30min，再用无菌水冲洗3次。接种于添加2，4－D 2mg/L和激动素0.1mg/L的MS培养基上，半个月后转移至MS加6－苄氨基腺嘌呤2mg/L和萘乙酸1mg/L的培养基上，约15d可形成幼苗，再转移到1/2MS加吲哚丁酸1mg/L的生根培养基上，10d后形成生根小苗，经3年培育成开花鳞茎。

（二）栽培管理

1. 花期管理

黄水仙冬春开花，花大，色艳，是新春佳节较好的盆花与切花。用它点缀窗台、阳台和客室，显得格外清秀高雅。用于花坛、花境、草坪和水池边缘摆放，可使得早春风光更添明媚。开花的盆栽黄水仙商品应放5～12℃温度范围，照度保持在2000～3000lx，每天照明12～14h，其商品价值能保持长久。

2. 促成栽培

黄水仙若遇到30℃的高温，会导致分化现象而影响开花。6～7月球根掘起后，经过一定的高温，即可用作促成栽培。促成栽培最早可于11月底开花，一般促成栽培花期为12月～翌年3月。

促成栽培先要进行冷藏春化处理。以8～10℃进行冷藏处理5周以上，对促进开花最有效。春化处理时间越长，越能促进开花。但冷藏时间过长，也会使花朵变小。如在冷藏处理前先在15～18℃下贮藏，则效果更好。因此，一般均在10月定植，若9月定植，必须找凉爽的地方或在晴天遮光降温。通常在8月初把种球放入8℃的冷库，处理8周，可在11月开花；若8月中下旬进行低温处理，8周后定植，12月开花；8月底处理，10月下旬定植，翌年1月开花；9月上旬处理，10月底定植，翌年2月份开花；9月中下旬处理，11月上旬定植，翌年3月开花；不处理，10～11月定植，翌年3～4月开花。

（三）盆栽管理

盆栽黄水仙常用15～20cm盆，每盆栽鳞茎3～5个，栽后鳞茎上方覆土6～8cm，浇透水后放半阴处。

在冬季根部生长期和春季叶片生长期保持盆土湿润，3～4月就能正常开花。目前，盆栽黄水仙常用促成栽培，将鳞茎放35℃下贮藏5d，再经17℃贮藏至花芽分化完全，约1个月，然后放9℃低温下贮藏6～8周，盆栽后白天室温21℃、晚间15℃，60～70d后开花。在叶片生长期可施用“卉友”15－15－30盆花专用肥或施腐熟农用肥1～2次。

（四）病虫害防治

常发生根腐病和线虫病，可用0.1%升汞浸30min，生长期用79%百菌清可湿性粉剂700倍液喷洒。虫害有蚜虫和红蜘蛛危害，可用15%哒螨灵乳油2000倍液喷杀防治。

第四节　百合

一、简介

百合，学名*Lilium pumilum* DC.，又名番韭、山丹，是百合科百合属多年生草本球根植物。主要分布在亚洲东部、欧洲、北美洲等北半球温带地区，中国是其最主要的起源地，是百合属植物自然分布中心。近年有不少经过人工杂交而产生的新品种，如亚洲百合、麝香百合、香水百合等。百合在插花造型中可作焦点花、骨架花。它属于特殊型花材，是名贵的切花新秀。

二、生长习性

百合性喜湿润的半阴环境，较耐寒冷，忌干旱、忌酷暑，最忌硬黏土，在富含腐殖质、微酸性至中性的肥沃砂质和排水良好的土壤中生长茂盛，鳞茎发达，花色艳丽。百合开花温度为16～24℃，低于5℃或高于30℃生长几乎停止，如果冬季夜间温度低于5℃持续5～7d，花芽分化、花蕾发育会受到严重影响，推迟开花甚至盲花、花裂。

三、栽培技术

（一）繁殖方法

百合的繁殖方法有播种、分小鳞茎、鳞片扦插和分株芽等四种方法。

1. 播种繁殖

播种属有性繁殖，主要在育种上应用。

秋季采收种子，翌年春天播种。播后20～30d发芽。幼苗期要适当遮阳。入秋时，地下部分已形成小鳞茎，即可挖出分栽。因种类的不同，有的3年开花，也有的需培养多年才能开花。

2. 分小鳞茎繁殖

通常在老鳞茎的茎盘外围长有一些小鳞茎。在9～10月收获百合时，可把这些小鳞茎分离下来，贮藏在室内的砂中越冬，第二年春季上盆栽种。培养到第三年9～10月，即可长成大鳞茎而培育成大植株。因此法繁殖量小，只适宜家庭盆栽繁殖。

3. 鳞片扦插繁殖

秋天挖出鳞茎，将老鳞茎上充实、肥厚的鳞片逐个分掰下来，每个鳞片的基部应带有一小部分茎盘，稍阴干，然后扦插于盛好基质的花盆或栽培箱中，让鳞片的2/3插入基质，保持基质一定湿度，在20℃左右条件下，约1个半月，鳞片伤口处即生根，培养到次年春季，鳞片即可长出小鳞茎。将它们分开栽入盆中，精心管理，培养3年左右即可开花。

4. 分珠芽繁殖

分珠芽法繁殖，仅适用于少数品种如卷丹、黄铁炮等百合。将地上茎叶腋处形成的珠芽取下来进行栽植培养，可长成大鳞茎至开花，通常需要2～4年的时间。为促使多生小珠芽供繁殖用，可在植株开花后，将地上茎分成每段带3～4片叶的小段，浅埋茎节于湿沙中，则叶腋间均可长出小珠芽。

（二）栽培管理

1. 选地施肥

百合忌连作，怕积水，因此要选择土层深厚、肥沃、疏松且排水良好的壤土或砂壤土种植，并实行3～4年的轮作。结合深翻每667m^2施优质农家肥2500～3000kg，沤制饼肥100～150kg，过磷酸钙40～50kg。在此基础上平整做畦，畦宽100cm，畦高30cm，畦距40cm。四周开好较深的排水沟，以利排水。亚洲百合和铁炮百合一部分品种可在中性或微碱性土壤上种植，东方百合则要求在微酸性或中性土壤上种植。

2. 种球选择

亚洲百合种球先用周径12～14cm的种球；铁炮百合种球规格除Snow Queen最好采用周径12～14cm球外，其他品种可以采用周径10～12cm种球；东方百合种球规格应在周径16cm以上。种球应完好无损，没有病虫害。

3. 栽植管理

（1）种植时间　主要依切花上市时间及百合品种的生育期而定。在云南等南方地区周年可种植。以正常产花计，11月下旬～翌年1月上旬切花上市，可在8月下旬～9月上旬定植；如要在11月～翌年4月连续产花，可将种球冷藏，在元月前陆续取出定植。

（2）栽植密度　因品种、种球大小、季节而异。亚洲百合杂种50～60个/m^2，东方百合杂种和麝香百合杂种 45～55 个/ m^2。同一品种，大球稀些，小球密些；阳光弱的冬季比春秋季稀些。定植深度冬季可在 6cm 左右，夏季 8cm 左右。

4. 水肥管理

百合生长期间喜湿润，但怕涝，定植后即灌 1 次透水，以后保持湿润即可，不可太潮湿。在花芽分化期、现蕾期和花后低温处理阶段不可缺水。

百合喜肥，定植 3～4 周后追肥，以氮钾肥为主，要少而勤。但忌碱性和含氟肥料，以免引起烧叶。通常情况下可使用尿素、硫酸铵、硝酸铵等酸性化肥，切勿施用复合肥和磷酸二铵等碱性化肥。

5. 温光管理

百合对温度较为敏感，管理上有三个时期较为关键。第一个时期为种植后 20～30d 内，要求温度不可超过 30℃，其中亚洲百合要求不高于 25℃；第二个时期为现蕾后至切花采收前，温度若持续低于 5℃或高于 30℃均会引起裂萼；第三个时期为花后低温处理阶段，白天最高温度应控制在 15～18℃以下，最低气温应控制在 0℃以上。夏季生产要适度遮光，以降低温度。

（三）病虫害防治

百合花常见病害有花叶病、鳞茎腐烂病、斑点病、叶枯病等。其防治方法为选择无病毒的鳞茎留种；加强对蚜虫、叶蝉的防治工作；发现病株及时拔除并销毁；温室栽培注意通风透光，加强管理；发病初期每 7～10d 喷洒 1 次等量式波尔多液 100 倍液，或 50% 退菌特可湿性粉剂 800～1000 倍液，连喷3～4 次。

第五节　六出花

一、简介

六出花，学名 *Alstroemeria aurantiaca*，又名智利百合、秘鲁百合、水仙百合，为石蒜科六出花属多年生草本植物。原产智利，1754 年引种到英国。直到 20 世纪 50 年代在欧美用于切花观赏后，开始迅猛发展。六出花花期 6～8 月，花色丰富，花型奇异，盛开时更显典雅富丽，是新颖的切花材料。现在，已开始应用于盆栽观赏。

目前，荷兰在六出花的新品种选育、繁殖和生产方面都领先于各国。六出花在我国还处于引种阶段，在切花市场还不多见，仅有少数企业进行小规模的试种。盆栽六出花仅在展览会上作为展品，使用的还是切花品种。因此，盆栽六出花在我国还是一个空白，有较好的发展前途。

二、生长习性

六出花喜温暖、湿润和阳光充足的环境。夏季需凉爽，怕炎热，耐半阴，不耐寒。生长适温为15～25℃，最佳花芽分化温度为20～22℃，如果长期处于20℃下，将不断形成花芽，可周年开花。如气温超过25℃以上，则营养生长旺盛，而不行花芽分化。耐寒品种，冬季可耐－10℃低温，在9℃或更低温度下也能开花。

六出花在生长期需充足水分，但不喜高温高湿；六出花属长日照植物，忌烈日直晒，可适当遮荫。如秋季因日照时间短，影响开花时，采用加光措施，每天日照时间在13～14h，可提高开花率。

六出花的栽培土壤以疏松、肥沃和排水良好的砂质壤土为优。

三、栽培技术

（一）繁殖方法

1. 播种繁殖

六出花种子千粒质量约16g，宜秋冬季播种。播种基质用草炭土与砂按1∶1（体积比）的比例混合，经过高温消毒后，装于播种盆中。10月中旬～11月下旬播种，经过1个月0～5℃的自然低温，种子逐渐萌动，然后移至15～20℃的条件下，约2周，种子发芽率可达80%以上。种子发芽后温度维持在10～20℃，生长迅速。当幼苗长至4～5cm高时，应及时分植。移植时间以早春2～3月为佳。

2. 分株繁殖

六出花有横卧地下的根茎，其上着生肉质根，贮存水分和养分。在横卧根茎上着生出许多隐芽，当外界条件适合时，横卧根茎在土壤中延伸，同时部分隐芽萌发，直到长成花枝。分株繁殖就是利用根茎上未萌发的隐芽，当根茎分段切开后，刺激隐芽萌发即可成新的植株。分株繁殖时间为10月份。植株分栽前，要使土壤疏松、不干不湿。分株时，先自距地面30cm处剪除植株上部，后将植株挖起，轻轻抖动周围土壤，栽植在已准备好的苗床上。

3. 组培繁殖

常用顶芽作外植体，经常规消毒灭菌后，接种到添加6－苄氨基腺嘌呤5mg/L和萘乙酸1mg/L的MS培养基上，经2个月的培养成不定芽，再转移到添加萘乙酸1mg/L的1/2MS培养基上，由不定芽形成块茎。

（二）栽培管理

1. 定植

定植地应选择通透性良好的肥沃砂质壤土，土层厚度在50cm以上，排水性能好。作切花栽培时，定植的株行距一般为（40×50）cm。

2. 水分管理

六出花在旺盛的生长季节应有充足的水分供应和较高的空气湿度，相对湿度控制在80%～85%较为适宜。炎热夏季处于半休眠状态。冬季温度较低时应注意控制水分。

3. 肥料管理

定植时，结合土壤理化性状和结构的改良，应施足腐熟的有机肥，以2000～3000kg/667m^{2}为宜，并加入10～15kg的三元复合肥（氮、磷、钾比例为1∶1∶1）。在植株的整个生长发育周期，要施以追肥。追肥的方式通常根据植株生长的不同阶段进行。植株生长前期，一般为10月下旬～次年2月中旬，不需追施肥料；植株生长旺盛期，一般在2月下旬～6月上旬，每隔2～3周追施1次肥料，氮、磷、钾三要素的配比为3∶1∶3，肥料的种类以尿素、硝酸钾、磷酸二氢钾为好，同时每周1次用0.2%的磷酸二氢钾进行叶面追肥。植株半休眠期，即6月中旬～8月中旬要减少施肥次数。在8月下旬～9月上旬天气转凉后，植株迅速恢复生长，要适当增加追肥次数。

4. 温度管理

新栽植株在定植后1～2个月内给予适当低温（不低于5℃），生长季节温度维持在8～15℃；夏季最好使土温保持在20℃左右。当温度升高至25℃以上时，影响切花的产量和质量；温度升高至35℃以上时，植株处于半休眠状态。植株最适宜的花芽分化温度为20～22℃，夏季为了防止土壤温度过高，可在地下埋设供水管来达到降温的目的，同时加强通风，增加空气湿度。

5. 光照管理

六出花是强阳性植物，生长季节应有充足光照，其最适日照时数为13～14h。冬季及早春自然日照时间短，因此在保护地栽培时应补充光照。为了节省能源，补光时间应选择在植株已进入旺盛生长阶段（即有3～4个新芽长出土面时），每天补充光照4～5h，直到自然光照达到13h左右即可停止补光。补光强度为10～15W/m^2。

6. 支架拉网

六出花高生品种茎秆可达1.5m以上，必须及时搭架拉网以防倒伏。早春在植株长高至40cm时即应开始拉网，网格间距为（15×15）cm，拉3～4层。

（三）盆栽管理

六出花盆栽常用 12～15cm 盆。10 月中旬盆栽，栽植深度 3～5cm，栽后浇透水，30d 后长出叶芽。此时白天温度不超过 25℃，晚间温度在 7～10℃为宜。如超过 12℃，易使茎秆软弱。生长期每半月施用 1 次“卉友”28－14－14 高氮肥。入冬后，新芽生长迅速，茎叶密生，影响基部花芽生长，需疏叶，去除细小的叶芽，保留粗壮的花芽，达到株矮、花多的目的。

（四）病虫害防治

六出花常有根腐病危害，可用 65% 代森锌可湿性粉剂 600 倍液喷洒。虫害有蚜虫危害花枝，可用 50% 蚜松乳油 1000～1500 倍液喷杀。

第六节　马蹄莲

一、简介

马蹄莲，学名 *Zantedeschia aethiopica*（L.）Spreng.，别名观音莲、慈菇花、水芋马，属天南星科马蹄莲属的草本球根花卉。原产非洲南部，在欧美国家是新娘捧花的常用花。我国分布在冀、陕、苏、川、闽、台、滇。马蹄莲为近年新兴花卉之一，市场需求较大，前景广阔。由于马蹄莲叶片翠绿，花苞片洁白硕大，宛如马蹄，形状奇特，是国内外重要的切花花卉，切花寿命长达 10～15d。马蹄莲还是盆栽观叶兼观花花卉。马蹄莲是很好的家居 DIY 花材，它姿态美丽，与各种风格的家居都可相配。

二、生长习性

马蹄莲性喜温暖气候，不耐寒，不耐高温，生长适温为 20℃左右，0℃时根茎就会受冻死亡。冬季需要充足的日照，光线不足则花少，稍耐阴。夏季阳光过于强烈灼热时适当进行遮荫。喜潮湿，不耐干旱。喜疏松肥沃、腐殖质丰富的黏壤土。其休眠期随地区不同而异。在我国长江流域及北方栽培，冬季宜移入温室，冬春开花，夏季因高温干旱而休眠；而在冬季不冷、夏季不干热的亚热带地区全年不休眠。

三、栽培技术

（一）繁殖方法

1. 分球繁殖

植株进入休眠期后，剥下块茎四周的小球，另行栽植。栽培马蹄莲通常在秋后植球。床植行距 25cm，株距 10cm。用园土 2 份、砻糠灰 1 份，再稍加些厩肥；也可用细碎塘泥 2 份、腐叶土（或堆肥）1 份，加入适量过磷酸钙和腐熟的牛粪配制。植后覆土 3 ~4cm 厚，20d 左右即可出苗。

2. 播种繁殖

种子成熟后即行盆播。发芽适温 20℃左右。

（二）栽培管理

1. 陆地栽植

（1）栽植时间　马蹄莲适宜 8 月下旬 ~9 月上旬栽植，地栽用作切花生产。将健壮根茎 3 个一组栽于肥沃田中，元旦左右即能开花供应市场。

（2）肥水管理　马蹄莲生长期间喜水分充足，要经常向叶面、地面洒水，以增加空气湿度。每半月追施液肥 1 次，开花前宜施以磷肥为主的肥料，以控制茎叶生长，促进花芽分化，保证花的质量。施肥后要立即用清水冲洗。2 ~4 月是盛花期，花后逐渐停止浇水；5 月以后植株开始枯黄，应渐停浇水，适度遮荫，预防积水。应注意通风并保持干燥，以防块茎腐烂。待植株完全休眠时，可将块茎取出，晾干后贮藏，秋季再行栽植。

2. 无土栽培

马蹄莲的无土栽培形式主要有盆栽和槽培。盆栽一般选用植株矮小紧凑的白柄种、红花马蹄莲和银花马蹄莲，如以大型植株为目的，可选用植株高大的绿柄种或黄花马蹄莲。以收获佛焰苞作为切花的马蹄莲，适宜采用槽培形式。

（1）无土栽培系统　马蹄莲无土栽培系统主要由种植槽、滴灌系统、营养液池、水泵和供液定时器等组成。种植槽可用砖块砌成，槽框宽 80cm，高 20cm，种植槽长度按温室实际长度而定。槽内先铺一层塑料薄膜以隔离土壤，再放入 15 ~18cm 厚的基质。适合切花马蹄莲无土栽培的基质有稻壳灰、锯木屑按 3∶1 体积比混合，或采用珍珠岩与锯木屑按 2∶1 体积比混合。滴灌系统可采用内嵌式滴灌带，出水孔距离 10cm 或 20cm，每条种植槽铺 2 条。营养液池容积一般以 1 ~2m^3 为宜。水泵选择要根据滴灌带工作压力及数量而定，一般 3 座温室可用 1 台功率为 450W 的潜水泵来进行供液。

（2）种植　无土栽培马蹄莲可在 8 月下旬种植。选用健康无病、大小一致的种球，按 15cm 株距定植在种植槽中。大小一致的种球，行距 40cm。种球插入深度为 3 ~4cm。定植后，在种球外侧铺设 2 条滴灌带供液。

（3）营养液管理　马蹄莲无土栽培营养液可采用下列配方：硝酸钙 800g、磷酸二氢钾 210g、硫酸镁 250g、硝酸钾 500g、硝酸铵 30g、乙二胺四乙酸铁盐 10g、硫酸锰 2g、硫酸锌 1g、硼酸 1. 3g、硫酸铜 0. 15g、钼酸铵 0. 1g。在马蹄莲生长初期，营养液浓度可控制在 1. 2mS/cm；生长中后期可适当提高到

1.5mS/cm。整个生长期间，营养液 pH 均要调到 5.6～6.5。营养液供应量主要根据天气情况与植株大小而定，一般一天供液 2～3 次，保证栽培基质层湿润，槽底有一层浅水层即可。

（三）盆栽管理

1. 栽植

花盆宜选用浅盆，基质以砂壤土为主，配以园土和腐叶各 1/3，再掺入 1/5 有机肥。因其根系长在球体上部，所以盆底要铺陶粒或炉渣或粗粒砂。每盆栽大球 2～3 个，小球 1～2 个，盆土可用园土加有机肥。栽后置半阴处，出芽后置阳光下，待霜降移入温室，室温保持 10℃以上。

2. 施肥与浇水

盆栽养分有限，所以要薄肥勤施，不断补充盆土养分。马蹄莲喜欢温暖湿润的环境，不耐干旱，所以盆土要保持湿润，在生长、开花期应充分浇水。但花后应减少浇水量，以利休眠。

3. 光照

马蹄莲喜长光而不喜强光，所以要放在光线充足的地方。花期光照不足，就会只抽苞而不开花，甚至花苞逐渐变绿而干瘪。春秋季不必遮光。

4. 修剪

马蹄莲属多年生草本植物，始花于春节，3～4 月为开花盛期，花谢后应及时剪去残花和花葶，花可延续到 5 月份。勤将老叶剪除可以促使其多次开花。

5. 促成栽培

于 6 月下旬将其旋转到完全遮荫且通风极好的地方养护。每天中午、下午都要向地面喷水 2～3 次，以降低温度，在白天气温不超过 30℃的情况下，马蹄莲仍可继续开花。

6. 越冬

10 月份寒露节前，将马蹄莲移入温室内，控制浇水，保持室温不低于 10℃。每周用接近室温的水冲洗叶面 1 次，保持叶片清新鲜绿。如空气干燥时，应用水向花四周喷雾增湿。冬季注意增加光照。为促进早春开花，可在 12 月份浇 1～2 次稀薄肥水。

（四）病虫害防治

马蹄莲的病害主要是软腐病。防治方法有拔除病株，用 200 倍福尔马林对栽植穴进行消毒；尽量避免连作；及时排涝；空气宜流通；发病时喷洒波尔多液。虫害主要是红蜘蛛，可用三硫磷 3000 倍液防治。

第七节 风信子

一、简介

风信子，学名 *Hyacinthus orientalis* L，又名洋水仙、西洋水仙、五色水仙、时样锦，为风信子科风信子属的多年生球根类草本植物，具鳞茎。原属于百合科，现已被提升为新的风信子科的模式属。原产于地中海和南非，现广泛分布于世界各地，中国各地均有栽培，是目前发现的开花植物中最香的一个品种。风信子植株低矮整齐，花序端庄，花色丰富，花姿美丽，色彩绚丽，在光洁鲜嫩的绿叶衬托下，恬静典雅，是早春开花的著名球根花卉之一，也是重要的盆花种类。适于布置花坛、花境和花槽，也可作切花、盆栽或水养观赏。花除供观赏外，还可提取芳香油。

二、生长习性

风信子习性喜阳、耐寒，可耐受短时霜冻。喜冬季温暖湿润、夏季凉爽稍干燥、阳光充足或半阴的环境，喜肥，要求排水良好和疏松、肥沃的砂质土，忌积水，较耐寒。

风信子鳞茎有夏季休眠习性，在冬季比较温暖的地区秋季生根，早春新芽出土，3 月开花，5 月下旬果熟，6 月上旬地上部分枯萎而进入休眠。在休眠期进行花芽分化，分化适温 25℃左右，分化过程 1 个月。花芽分化后至伸长生长之前要求有 2 个月左右的低温阶段，气温不能超过 13℃。

三、栽培技术

（一）繁殖方法

以分球繁殖为主。

1. 分球繁殖

6 月份把鳞茎挖回后，将大球和子球分开（大球秋植后第二年早春可开花，子球需培养 3 年才能开花）。由于风信子自然分球率低，一般母株栽植一年以后只能分生 1 ~2 个子球。为提高繁殖系数，可在夏季休眠期对大球采用阉割手术，刺激它长出子球。阉割方法是，在花芽已经形成的 8 月间，把鳞茎底部茎盘先均匀地挖掉一部分，使茎盘处伤口呈凹形，再自下向上纵横各切一刀，呈十字切口，深达鳞茎内的芽心为止，这时会有黏液流出，应用 0.1% 的升汞水涂抹消毒，然后放在烈日下曝晒 1 ~2h，再平摊在室内。室温先保持 21℃左右，使其产生愈伤组织，待鳞片基部膨大时，温度渐升到 30℃，相对湿度 85%，3 个月左右即形成许多小鳞茎。这样诱发的小鳞茎培养 3～4 年可开花。

2. 种子繁殖

多在培育新品种时使用，于秋季播入冷床中的培养土内，覆土 1cm，翌年 1 月底 2 月初萌发。实生苗培养的小鳞茎，4～5 年后开花。一般条件贮藏下种子发芽力可保持 3 年。

（二）栽培管理

1. 打破球根休眠

为了打破休眠期，要将球根先放进冰箱里冷藏一个月左右，从冰箱取出后，移放在阴凉的地方七八天才可播种。

2. 选地与种植

宜选用排水良好，深厚、肥沃、中性至微碱性砂质壤土，忌连作。种植时间可在 9～10 月进行，翌年 4 月便可开花。种植前施足基肥，上面加一薄层砂，然后将鳞茎排好，株距 15～18cm，覆土 5～8cm，并覆草以保持土壤疏松和湿润。一般开花前不作其他管理，花后如不拟收种子，应将花茎剪去，以促进球根发育，剪除位置应尽量在花茎的最上部。

3. 施肥与浇水

种植前需施足基肥，在生长时期要追施养分较完全的液肥 1～2 次。日常管理中要经常浇水，促使生长。花谢后要减少浇水，施 1～2 次液肥，有利于地下鳞茎的生长。夏季，风信子处于休眠期，要停止施肥和控制浇水，以防根部腐烂。冬季要剪去地上部分，浇足水让其越冬。

4. 球根贮藏

6 月上中旬将球根挖出，摊开、分级贮藏于冷库内，夏季温度不宜超过 28℃。

5. 促成栽培

7 月下旬以后，将球根用 8℃的低温处理 70～75d，然后 10 月上旬于温室中栽培，即可令其年末开花。由于各栽培品种其促成的感度相差很大，因此在促成栽培时应选用适于促成用的品种。

（1）种球选择　风信子开花所需养分，主要靠鳞茎叶中贮存的养分供给，因此要选择表皮无损伤、肉质鳞片不过分皱缩、较坚硬而沉重、饱满的种球。

（2）土壤要求　要求土壤肥沃、有机质含量高、团粒结构好、pH6～7；可按腐叶土 5、园土 3、粗砂 1.5、骨粉 0.5 的比例配制培养土；在栽种前，可用福尔马林等药剂进行土壤消毒，在土温 10～15℃的情况下，在土壤表面施药后立即覆盖薄膜，温暖天气 3d 后，撤去薄膜，晾置 1d 后进行栽种，保持土壤湿润。

（3）光照　风信子需光照5000lx以上，可保持正常生理活动。光照过弱，会导致植株瘦弱、茎过长、花苞小、花早谢、叶发黄等情况发生，可用白炽灯在1m左右处补光；但光照过强也会引起叶片和花瓣灼伤或花期缩短。

（4）温湿度　风信子生长适温为15～25℃，温度过高，会出现花芽分化受抑制，畸形生长，盲花率增高的现象；温度过低，又会使花芽受到冻害。土壤湿度应保持在60%～70%，过高，根系呼吸受抑制易腐烂，过低，则地上部分萎蔫，甚至死亡；空气湿度应保持在80%左右，并可通过喷雾、地面洒水增加湿度，也可用通风换气等办法，降低湿度。

（三）盆栽管理

选择排水好的疏松土壤，施足基肥，在10月份时将种头种入盆内，每小盆种1球，大盆种3～4球，然后盖土，栽植深度5～8cm。栽后要保持土壤湿润，同时要注意增施磷、钾肥。经过120d左右将开花，开花前、后各施肥1次。6月植株枯萎后挖出鳞茎，晾干后贮藏于温度不超过28℃的室内。

（四）病虫害防治

风信子的主要病害有生芽腐烂、软腐病、菌核病和病毒病，其防治应以加强管理为基础，并以积极预防、综合防治为原则。种植前基质严格消毒，种球清选并做消毒处理，生长期间每7d喷1次1000倍退菌特或百菌清，交替使用；严格控制浇水量，加强通风管理，控制环境中的空气相对湿度；鳞茎收藏时，剔除受伤或有病鳞茎，贮藏鳞茎时室内要通风；出现中心病株及时拔除，可以大幅度降低发病率。对于病毒病的防治，主要措施为清除种植地及周边杂草，严格防治蚜虫危害。

第八节　美人蕉

一、简介

美人蕉，学名*Canna indica* L.，别名兰蕉、红艳蕉，为美人蕉科美人蕉属多年生球根根茎类草本植物，花期北方6～10月，南方全年。原产印度，现在中国南北各地常有栽培。美人蕉枝叶茂盛，花大色艳，花期长，开花时正值天热少花的季节，可大大丰富园林绿化中的色彩和季相变化，使园林景观轮廓清晰，美观自然。与一年生草花相比，美人蕉对环境的要求不严，养护管理较为粗放，适应力强，且经济实用。美人蕉为盆栽佳品，市场热销。更适宜城区、旅游景区、生活区、公园及行道绿化。无论用到何处，不管是片植、行植都是奇观风景线，可用来布置花境、花坛，别有情趣。

二、生长习性

美人蕉喜温暖和充足的阳光，不耐寒。对土壤要求不严，在疏松肥沃、排水良好的砂土壤中生长最佳，也适应于肥沃黏质土壤。在温暖地区无休眠期，可周年生长，在22～25℃温度下生长最适宜；5～10℃将停止生长，低于0℃时就会出现冻害。美人蕉因喜湿润，忌干燥，在炎热的夏季，如遭烈日直晒，或干热风吹袭，会出现叶缘焦枯。

三、栽培技术

（一）繁殖方法

1. 播种繁殖

4～5月份将种子坚硬的种皮用利具割口，温水浸种一昼夜后露地播种，播后2～3周出芽，长出2～3片叶时移栽1次，当年或翌年即可开花。

2. 块茎繁殖

块茎繁殖在3～4月进行。将老根茎挖出，分割成块状，每块根茎上保留2～3个芽，并带有根须，栽入土壤中10cm深左右，株距保持40～50cm，浇足水即可。新芽长到5～6片叶子时，要施1次腐熟肥，当年即可开花。

（二）栽培管理

1. 栽植

华北地区4月中、下旬栽植。地栽采用穴植，每穴根茎具2～3个芽，穴距80cm，穴深20cm左右，栽植后覆土厚10cm左右。盆栽时多选用低矮品种，每盆留3个芽。栽后覆土8～10cm厚。

2. 浇水与施肥

栽植后根茎尚未长出新根前，要少浇水。盆土以潮润为宜，土壤过湿易烂根。花茎长出后经常浇水，保持盆土湿润。冬季减少浇水，以“见干见湿”为原则。

栽植前施足基肥，生长旺季每月应追施3～4次稀薄饼液肥。开花期前20～30d叶面喷施1次0.2%磷酸二氢钾水溶液催花。

3. 光照与温度

生长期要求光照充足，保证每天要接受至少5h的直射阳光；适宜生长温度16～30℃。

4. 花期控制

若欲“五一”节开花，1月将贮藏的根茎用搀有少量肥的土盖起来，要求环境温度白天30℃，夜晚15℃左右，经过10d后即可出芽。出芽后，将留有2~3个芽的根茎栽入盆内，保持盆土湿润，酌量追肥。4月上旬现花蕾，注意透风，“五一”便可开花。

开花时，为延长花期，可放在温度低、无阳光照射的地方，环境温度不宜低于10℃。花后随时剪去花茎，减少养分消耗，促其连续开花。

5. 根茎采挖

北方寒冷地区，在秋季经1~2次霜后且茎叶大部分枯黄时，剪去地上部分，将根茎挖出，适当干燥后堆放于室内，在温度5~7℃的条件下即可安全越冬。暖地冬季可露地越冬，不必采收，但经2~3年后需挖出重新栽植，同时还可扩大栽植规模。

（三）盆栽管理

宜选用矮性品种。盆土要用腐叶土、园土、泥炭土、山泥等富含有机质的土壤混合拌匀配制，并施入豆饼、骨粉等有机肥作基肥。

春季3~4月挖取根茎，修剪掉腐烂部分，根据根茎的大小、茎芽多少，切成若干块。切口要平滑，切后需涂以草木灰或炭粉，然后再分栽，每盆栽1~2株。分栽时，选用有2~3个茎芽的根茎切块，埋入盆中，深度以芽尖露出盆土为度。栽后浇足水，并保持盆土湿润，待其长至5~6片叶子时，每隔10~15d需施1次液肥，液肥可用腐熟的稀薄豆饼水并加入适量硫酸亚铁，也可用复合化肥溶液，浓度宜偏淡一些，一般以0.3%左右为宜。开花时应停止施肥。

开花期间应将花盆移至阴凉处，有利于延长开花期。花谢以后，应及时将花茎剪除，以促使其萌发新芽，长出花枝，继续开花。气温超过40℃时，移至阴凉通风处。

（四）病虫害防治

美人蕉常见病虫害如下。

（1）花叶病　防治方法是繁殖时，选用无病毒的母株作为繁殖材料；发现病株立即拔除销毁，以减少侵染源；该病是由蚜虫传播，可使用杀虫剂防治蚜虫，减少传病媒介。

（2）蕉苞虫　蕉苞虫的成虫将卵产在大花美人蕉的叶片、嫩茎和叶柄上，等幼虫孵化后爬到叶缘咬食叶片，并吐丝将叶片粘成卷苞，早晚爬出苞外咬食附近的叶片，严重时植株上出现累累叶苞和残缺不齐的叶片，影响了生长和观赏效果。防治方法为及时摘除叶苞并杀死幼虫；在幼虫孵化还没有形成叶苞前，用90%的敌百虫1000倍液杀死幼虫，或用抑太保1000倍液于晨间或傍晚喷杀。

第九节　唐菖蒲

一、简介

唐菖蒲，学名 *Gladiolus gandavensis* Van Houtt，又名菖兰、剑兰、扁竹莲、十样锦、十三太保，为鸢尾科唐菖蒲属多年生球根类花卉。原种产于南非，现在世界各地普遍栽培。主要生产国为美国、荷兰、以色列及日本等。唐菖蒲为著名的观赏花卉，是重要的鲜切花，可作花篮、花束、瓶插等，可布置花境及专类花坛，矮生品种可盆栽观赏。它与玫瑰、康乃馨和扶郎花被誉为世界四大切花，成为节日喜庆不可缺少的插花材料。又因其对氟化氢非常敏感，还可用作监测污染的指示植物。

二、生长习性

唐菖蒲为喜光性长日照植物，忌寒冻，畏酷热，夏季喜凉爽气候，不耐过度炎热，球茎在4~5℃条件下即萌动，20~25℃生长最好。唐菖蒲性喜肥沃深厚的砂质土壤，要求排水良好，不宜在黏重土壤易有水涝处栽种，pH以5.6~6.5为佳。生长最适温度白天20~25℃，夜晚10~15℃，以每天16h光照最为适宜。在江南地区冬季可在露地安全过冬，北方则需挖出球茎放于室内越冬。

三、栽培技术

（一）繁殖方法

唐菖蒲的繁殖以分球繁殖为主，新球第二年开花。为加速繁殖，也可将球茎分切，每块必须具芽及发根部位，切口涂以草木灰，略干燥后栽种。培育新品种时，多用播种繁殖，秋季采下种子即播，发芽率高；冬季实生苗转入温室培养，次春分栽于露地，加强管理，秋季可有部分苗开花。

（二）栽培管理

1. 选地与施肥

栽培唐菖蒲选择向阳、排水性良好、含腐殖质多的砂质壤土，做成高20cm、宽1~1.5m的高畦。栽种前土壤应用足够的基肥，基肥种类以富含磷、钾肥为好，每667m^2施入氮6~9kg、磷6~12kg、钾7~12kg。

2. 种球选择与处理

生产上以栽种球茎为主，当地上部分发黄时，即可掘取球茎，晚植者可于 11 月下旬掘取。如掘球时硬叶仍绿，可扎束式摊开晾干，然后扯走叶片，取球贮藏。种球收后薄摊于室内多层架上，要求通风干燥，防止冻害。入夏时如尚未种植，部分球茎开始抽芽，但对种植后的生长开花，并无大碍。在 5 月将种球冷藏于 4 ~5℃处，就不会有抽芽现象。一般选择直径 2.5cm 以上的种球，春季按球茎大小分级，并用 70% 甲基托布津粉剂 800 倍液或多菌灵 1000 倍液与克菌丹 1500 倍液混合浸泡 30min，然后在 20 ~25℃条件下催芽，1 周左右即可栽植。

3. 栽植时间

自然条件下一般在 4 ~5 月、地温在 10℃左右时种植，若要周年生产，则应根据不同供花期来确定。在温度、光照有保证的条件下，要求元旦前上市的应在 9 月初下种，春节期间上市的可在 9 月末下种，早春供应切花的可于 11 月下旬 ~12 月下旬下种。

株行距随品种株型不同而异，大株型的 20cm 见方，中小株型的 10 ~15cm 见方。种植深度一般 3 ~10cm。为防止倒伏，在种植球茎时，预先将 2 层 20cm 见方的尼龙网格放于种植床上，以后随着植株的长高，逐层用支柱牵拉绷紧，防止植株倒伏，花茎弯曲。

4. 肥水管理

生长期间追肥 3 次。第一次在 2 片叶展开后，以促芽茎叶生长；第二次在 4 片叶茎伸长孕蕾时，以促花枝粗壮，花朵大；第三次在开花后，促更新球发育。前期追肥用稀薄粪水加尿素 1 次，中期重施 1 次钾肥，后期注意控氮，以免植株徒长，造成倒伏。夏季如遇干旱，应充分灌溉，同时雨季注意排灌。

5. 花期调控

唐菖蒲为长日照花卉，每天光照需 14h 以上。根据这一特点，可通过遮光将唐菖蒲每日能接受光的时间缩短到 10 ~12h 以内，以达延迟开花的目的。

使用生长调节剂进行花期调控，用 800mg/kg 的矮壮素水溶液浇灌唐菖蒲球茎 3 次可使开花数量增多。第一次浇灌是在栽植种球后进行，第二次于种植后 4 周进行，最后一次浇灌在开花前 25d 进行，可提前 5 ~8d 开花。

6. 促成及延后栽培

促成栽培必须人工打破种球休眠，即种球收获后，先用 35℃高温处理 15 ~20d，再用 2 ~3℃的低温处理 20d，然后定植，即可正常萌发生长。

唐菖蒲从定植到开花，需历时 100 ~120d。如要求 1 ~2 月份供花，则于 10 ~11 月份定植；若 12 月份定植，则 3 ~5 月份开花。促成栽培的株行距为（15 ×15） cm 或（25 ×7） cm，每平方米种植种球 40 ~60 个。定植后白天气温应保持 20 ~25℃，夜间 15℃左右。

延后栽培中，种球收获后贮于3～5℃干燥冷库中，翌年7～8月再种植于温室中。

（三）病虫害防治

（1）青霉腐烂病　收获和运输时，尽量不使种球受伤；种植前用2%的高锰酸钾溶液浸泡4h；生长过程中随时拔除病株。

（2）干腐病　种植时选用无病母球，生长过程中及时拔除病株。

（3）球茎病害　球茎消毒，方法是去除球茎皮膜，浸入清水中15min，再浸入80倍福尔马林液30min或0.2%代森铵10min，再用清水冲洗后栽植。

（4）盲花　为生理病害，多在冬季保护地栽培中发生。防治的方法是保证适宜的温度和光照，选择耐低温和短日照的品种。

（5）蛞蝓　可用石灰水、氨水喷杀；于园圃周围撒石灰粉，阻止其进入；人工扑杀。

（6）铜绿丽金龟子　在我国分布广泛，为害严重。成虫、幼虫均能为害，以幼虫危害最重。防治方法为春、秋深翻耕地，消灭害虫，合理灌溉，增施腐熟肥，改良土壤，从而增强其抗虫能力；用50%辛硫磷乳油3.7～4.5L/hm^2，结合灌水施入土中进行土壤处理。

第十节　郁金香

一、简介

郁金香，学名*Tulipa gesneriana* L.，又名洋荷花、草麝香，为百合科郁金香属的具球茎草本植物。原产地中海南北沿岸及中亚细亚和伊朗、土耳其，东至中国的东北地区等地，现已普遍地在世界各个角落种植，其中以荷兰栽培最为盛行，成为商品性生产，是荷兰的国花。郁金香是重要的春季球根花卉，宜作切花或布置花坛、花境，也可丛植于草坪上、落叶树树荫下。中、矮性品种可盆栽。在园林中多用于布置花坛或成片用于草坪、树林、水边，形成整体色块景观。

二、生长习性

郁金香原产伊朗和土耳其高山地带，由于地中海的气候，形成郁金香适应冬季湿冷和夏季干热的特点，其特性为夏季休眠、秋冬生根，并萌发新芽但不出土，需经冬季低温后，第二年2月上旬左右（温度在5℃以上）开始伸展生长形成茎叶，3～4月开花，生长开花适温为15～20℃；花芽分化适温为

20～25℃，最高不得超过28℃。

郁金香属长日照花卉，性喜向阳、避风，冬季温暖湿润，夏季凉爽干燥的气候。8℃以上即可正常生长，一般可耐－14℃低温，耐寒性很强，在严寒地区如有厚雪覆盖，鳞茎就可在露地越冬，但怕酷暑。要求腐殖质丰富、疏松肥沃、排水良好的微酸性砂质壤土。忌碱土和连作。

三、栽培技术

（一）繁殖方法

播种繁殖一般在育种及大量繁殖时才用，但要4～5年才能开花，故一般常用分球繁殖。以分离小鳞茎法为主。母球为一年生，即每年更新。郁金香花后在鳞茎基部发育成1～3个次年能开花的新鳞茎和2～6个小球，于6月上旬将休眠鳞茎挖起，去泥，贮藏于干燥、通风和20～22℃温度条件下，有利于鳞茎花芽分化。

（二）栽培管理

1. 栽植方法

秋季9～10月露地栽种。地栽要求排水良好的砂质土壤，pH6.6～7，深耕整地，以腐熟牛粪及腐叶土等作基肥，并施少量磷钾肥。郁金香不宜连作。种球栽种前应进行消毒处理，可用高锰酸钾溶液或福尔马林溶液浸放30min，晾干后种植。种植郁金香前的一个月应对土地进行深翻曝晒，消灭病菌孢子，并除去杂草。然后选择晴朗天气，用40%福尔马林100倍液浇灌（深度达10cm以上）进行土壤消毒，消毒后用薄膜覆盖，覆盖时间在1周左右。揭膜之后，把土整细，浇1次透水，准备种植。郁金香要求做畦栽植，种植畦畦宽一般为100cm，沟深30cm。株行距为鳞茎横径的2～3倍（12cm×12cm），栽植深度4～5cm。覆土后不再浇水，但需加盖谷草，以提高土壤湿度并防止土壤板结。

2. 肥水管理

出苗后、花蕾形成期及开花后进行追肥。冬季鳞茎生根，春季开花前，追肥2～3次。3月底～4月初开花，6月初地上部叶片枯黄进入休眠。生长过程中一般不必浇水，保持土壤湿润即可，若天气干旱，可浇1～2次透水。其他栽培管理基本与风信子相同。

3. 促成栽培

即通过对种球的变温处理，打破花原基和叶原基的休眠，消除抑制花芽萌发的因素，促进花芽分化，再通过人为增温、补光等措施，使郁金香在非自然花期开花。

（1）基质准备　用泥炭、腐熟土和砂以1∶1∶1混合作为栽培基质，效果较好。定植前半个月左右床土中施入腐熟农家肥作基肥，并加入适量的多菌灵（或用1%的福尔马林浇灌覆盖消毒），充分灌水，定植前仔细耕耙，确保土质疏松。

（2）栽培设施及时间　促成栽培的设施为温室。由于温室内地温高，郁金香会发生晚春化现象，而且会降低促成栽培效果，因此一般在春节前两个月，即大约11月上中旬栽种。

（3）温度管理　栽后一个星期，种球开始发芽。在苗前和苗期，白天使室内温度保持在12～15℃，夜间不低于6℃，促使种球早发根，发壮根，培育壮苗。此时温度过高，会使植株茎秆弱，花质差。

经过20多天，植株已长出两片叶时，应及时增温，促使花蕾及时脱离苞叶。白天室内温度保持在18～25℃，夜间保持在10℃以上。一般再经过20多天时间，花冠开始着色，第一支花在12月下旬～翌年1月上旬开放，至盛花期需10～15d，这时应视需花时间的不同分批放置，温度越高，开花越早。一般花冠完全着色后，应将植株放在10℃的环境待售。

（4）光照管理　充足的光照对郁金香的生长是必需的，光照不足，将造成植株生长不良，引起落芽，植株变弱，叶色变浅及花期缩短。出苗后应增加光照，促进植株拔节，形成花蕾并促进着色；发芽时，花芽的伸长受光照的抑制，遮光后，能够促进花芽的伸长，防止前期营养生长过快，徒长；后期花蕾完全着色后，应防止阳光直射，延长开花时间。

（5）花期调控　为保证郁金香能准时开花，在生长期中应尽量保持日间温度17～20℃，夜间温度10～12℃，温度高时可通过遮光、通风降低温度，温度过低时可通过加温、增加光照促进生长。郁金香的花期控制还可以通过植物生长激素来调节。如用赤霉素浸泡郁金香球茎，使之在温室中开花，并且可加大花的直径。

（三）盆栽管理

盆栽要选充实肥大的球茎，30cm花盆内可栽3～5球。球顶与土面平齐。秋季种植后即将盆埋入土中，春天再挖出，放置阳光充足、通风良好处，正常浇水施肥，即可按时开花。

（四）病虫害防治

郁金香病虫害的病原菌可由种球携带，也可由土壤携带而感染种球，多发生在高温高湿的环境。主要病害有茎腐病、软腐病、碎色病、猝倒病、盲芽等；虫害多为蚜虫。其防治方法为栽种前进行充分的土壤消毒，尽可能选用脱毒种球栽培，发现病株及时挖出并销毁，温室生长过程中保持良好的通风，防止高温高湿，喷施1～2次杀菌剂，效果更好。蚜虫发生时，可用3%天然除虫菊酯800倍液喷杀。

第十一节　番红花

一、简介

番红花，学名 *Crocus sativus* L.，又称藏红花、西红花，是一种鸢尾科番红花属的多年生花卉，也是一种常见的香料。最早由希腊人人工栽培，主要分布在欧洲、地中海及中亚等地，明朝时传入中国。《本草纲目》将其列入药物之类，中国浙江等地有种植。

二、生长习性

番红花原产欧洲南部，性喜温暖湿润的环境，怕酷热。喜阳光充足，也能耐半阴，较耐寒，忌连作。生长适温 15℃左右，开花适温 16～20℃。要求疏松肥沃而又排水畅通的砂质壤土，pH5.5～6.5。忌土壤黏重，积水久湿。球茎夏季休眠，秋季发根，长叶，花期 10～11 月，花朵日开夜闭。

三、栽培技术

（一）繁殖方法

番红花可用分球法和播种法繁殖，但以分球繁殖为主。

1. 分球繁殖

一般在 8～9 月进行。成熟球茎有多个主、侧芽，花后从叶丛基部膨大形成新球茎，夏季地上部枯萎后，挖出球茎，分级，阴干，贮藏。而种植时间早则有利于形成壮苗。每个成熟球茎都有数个主芽和侧芽。种植时应将 8g 以上的大球与小球分开种植。小球茎质量在 8g 以下的当年不能开花，需继续培养 1 年。

2. 播种繁殖

由于番红花不易结籽，需通过人工授粉后才能得到种子。待种子成熟后，随收随播种于露地苗床或盆内。种子播种密度不能过大，以稀些为好。因为植株需长球，一般 2 年内不能起挖，从种子播种到植株开花，往往要经 3～4 年的时间。

（二）栽培管理

1. 田间管理

在一般栽培条件下，整个生育期约为 210d 左右。无论是春花种或秋花种均为秋植球根花卉，即秋季开始萌动，经冬、春两季生长期开花，夏季进入休眠期。球茎的寿命为一年。

番红花9～10月种植，土壤要翻耕整细，施足腐熟有机肥和少量过磷酸钙。株行距（10×20）cm，播深8～10cm，覆土5～8cm，生长期及时除草，雨后注意排水，秋旱时要松土浇水，保持土壤湿润以利生根。10月开花，孕蕾期追施1次速效性磷肥，则花大色艳。花后要及时追施1～2次腐熟饼肥水，促使球茎生长。北方地区，冬季需覆盖草帘等物防寒。第二年春季注意浇水，促使新球茎膨大。夏季进入休眠期，植株地上部干枯，最适生长温度为10～15℃。也可促成栽培。一次栽植后可隔数年球茎拥挤时挖出分栽。球茎贮藏于17～23℃的干燥室内。

2. 盆栽管理

盆栽番红花宜选春季开花品种，在10月间栽种。选球茎质量在20g左右的春花种，上内径15cm的花盆，每盆可栽5～6个球。栽后先放室外养护，约2周后生根，移入室内光照充足、空气清新湿润处，元旦前后即可开花。花后应即摘去残花，以免养分消耗，并追施1～2次以磷钾为主的复合化肥溶液，促进球根生长壮实，继续正常养护。至入夏地上部分枯黄，将球茎取出阴干后贮藏。

（三）病虫害防治

菌核病危害球茎和幼苗，贮藏球茎必须剔除受伤或有病球茎，以防球茎变质及病菌感染和蔓延。可用50%托布津可湿粉剂500倍液喷洒防治。

第十二节　百子莲

一、简介

百子莲，学名*Agapanthus africanus*，又名紫君子兰、蓝花君子兰，为石蒜科百子莲属多年生草本宿根植物。盛夏至初秋开花，花色深蓝色或白色，亭亭玉立，具有较高的观赏价值。原产南非，中国各地多有栽培。百子莲花型秀丽，适于盆栽作室内观赏，在南方置半阴处栽培，作岩石园和花境的点缀植物。北方需温室越冬，温暖地区可庭院种植。

二、生长习性

喜温暖、湿润和阳光充足的环境。要求夏季凉爽、冬季温暖，5～10月温度在20～25℃，11月～翌年4月温度在5～12℃。如冬季土壤湿度大，温度超过25℃，茎叶生长旺盛，妨碍休眠，会直接影响翌年正常开花。光照对生长与开花有一定影响，夏季避免强光长时间直射，冬季栽培需充足阳光。土壤要求疏松、肥沃的砂质壤土，pH 在 5.5～6.5，切忌积水。

三、栽培技术

（一）繁殖方法

分株繁殖，在春季 3～4 月结合换盆进行，将过密的老株分开，每盆以 2～3 丛为宜。分株后翌年开花，如秋季花后分株，翌年也可开花。

播种繁殖，播后 15d 左右发芽，小苗生长慢，需栽培 4～5 年才开花。

（二）盆栽管理

1. 栽培基质

百子莲盆栽宜用园土 3 份、砻糠灰和堆肥各 1 份混合作用。

2. 浇水施肥

百子莲喜肥喜水，但盆内不能积水，否则易烂根，以湿润为度，见干见湿；夏季尤要注意保证给予充足的水分，并要经常在植株及周围环境喷水增湿、降温。施肥前一天，要暂停浇水 1 次，使盆土收水。

肥料以粪肥、饼肥和化学复合肥交替使用为好，10～15d 施 1 次。对于分株苗，更应给予充足的肥水，才能使其早开花。花后要摘去花并及时追施肥料。10 月以后停止施肥。

3. 盆栽管护

6～9 月要注意不让烈日直射，以免灼伤叶片。在温度降至 1～2℃时即移入室内湿润处，保持 0℃以上就可越冬，在此阶段要注意控制浇水，保持盆土稍微湿润即可，不能多浇。

（三）病虫害防治

百子莲常见叶斑病、红斑病。叶斑病可用 70% 甲基托布津可湿性粉剂 1000 倍液喷洒防治；红斑病的防治应注意在浇水时防止水珠滴在叶面，发病时喷 1 次 600 倍的百菌清水液，效果较好。

第十三节　大丽花

一、简介

大丽花，学名 *Dahlia pinnata* Cav.，又名大理花、天竺牡丹、东洋菊、洋芍药（广州），为菊科大丽花属多年生宿根草本植物。原产于墨西哥，是墨西哥国花，我国引种始于 400 多年前。全世界栽培最广的观赏植物，目前，世界多数国家均有栽植，是世界上花卉品种最多的物种之一，也是世界名花之一。大丽花适于花坛、花境丛栽，另有矮生品种适于盆栽。大丽花的花朵还可用于制作切花、花篮、花环等。

二、生长习性

大丽花喜湿润怕渍水，喜肥沃怕贫瘠，喜阳光怕荫蔽，喜凉爽怕炎热，既不耐寒，又畏酷暑，需经一段低温时期进行休眠。栽种大丽花宜选择肥沃、疏松的土壤，适应全国不同气候及土质，病虫害少，易管理，好繁殖。

三、栽培技术

（一）繁殖方法

通常用块根繁殖，也可扦插，也可播种。分根和扦插繁殖是大丽花繁殖的主要方法，大丽花通过种子繁殖进行育种。

1. 分根繁殖

分根繁殖是大丽花繁殖的最常用方法。因大丽花仅于根颈部能发芽，在分割时必须带有部分根颈，否则不能萌发新株。为了便于识别，常采用预先埋根法进行催芽，待根颈上的不定芽萌发后再分割栽植。分根法简便易行，成活率高，苗壮，但繁殖株数有限。

2. 扦插繁殖

扦插繁殖用全株各部位的顶芽、腋芽、脚芽均可，但以脚芽最好。扦插时间从早春到夏季、秋季均可，以 3、4 月份成活率最高。扦插约 2 周可生根。为提高扦插成活率，插前将根丛放温室催芽，保持 15℃ 以上温度，在嫩芽 6～10cm 时，即脚芽长 2 片真叶时切取扦插。扦插法繁殖数量较大。

3. 种子繁殖

种子繁殖仅限于花坛品种和育种时应用。夏季多因湿热而结实不良，故种子多采自秋凉后成熟者。垂瓣品种不易获得种子，需进行人工辅助授粉。播种一般于播种箱内进行，20℃左右，4～5d 即萌芽出土，待真叶长出后再分植，1～2 年后开花。

（二）栽培管理

1. 栽培方式

（1）地栽　选择地势高燥、排水良好、阳光充足而又背风的地方，并做成高畦。株行距一般品种 1m 左右，矮生品种 40～50cm。大丽花茎高多汁柔嫩，要设立支柱，以防风折。浇水要掌握干透再浇的原则，夏季连续高温时，应及时向地面和叶片喷洒清水来降温，以免叶片焦边和枯黄。伏天无雨时，坚持每天浇水，显蕾后每隔 10d 施 1 次液肥，直到花蕾透色为止。霜冻前留

10～15cm 根颈，剪去枝叶，掘起块根，就地晾 1～2d，即可堆放室内以干砂贮藏。贮藏室温 5℃左右。

（2）盆栽　大丽花上盆时间一般在 10 月中旬，每盆 1～2 株，以采用多次换盆为好。选用口面大的浅盆，同时把盆底的排水孔尽量凿大，下面垫上一层陶粒作排水层。培养土一般以菜园土（50%）、腐叶土（30%）、砂土（20%）配制为宜。最后一次换盆需施入足够的基肥，以供应充足的营养。生长期每 10d 施肥 1 次盆花专用肥。在定植后 10d 使用 0.05%～0.10% 矮壮素喷洒叶面 1～2 次，来控制大丽花的植株高度，也可待苗高 15cm 时摘心 1 次，增加分枝，使多开花。花凋谢后需及时摘除，以减少养分消耗，避免残花霉烂影响茎叶生长，又可促使新花枝形成，延长观花时间。生长过程中要严格控制浇水，防止茎叶徒长，又能促使茎粗、花朵大。夏季高温时，叶面应多喷水，有利于茎叶生长，但盆土不能过湿。其他管理同地栽。

2. 光照

大丽花喜光不耐阴，若长期放置在荫蔽处则生长不良，根系衰弱，叶薄茎细，花小色淡，甚至有的不能开花。因此，盆栽大丽花应放在阳光充足的地方，每日光照要求在 6h 以上。

3. 整形和修剪

当苗长高 10～12cm 时，留 2 个节摘顶，培养每株枝条达 6～8 枝。当花蕾长到花生米大小，每枝留 2 个花蕾，其他花蕾摘除。花蕾期喷施花朵壮蒂灵，可使花瓣肥大，花色艳丽，花期延长；当花蕾露红时，每枝只留 1 个花蕾。

盆栽大丽花的整枝，要根据品种灵活掌握。一般大型品种采用独本整形，中型品种采用 4 本整形。独本整形即保留顶芽，除去全部腋芽，使营养集中，形成植株低矮、大花型的独本大丽花。4 本大丽花是将苗摘心，保留基部两节，使之形成 4 个侧枝，每个侧枝均留顶芽，可成 4 干 4 花的盆栽大丽花。

4. 植株安全越冬

大丽花不耐寒（主要是块根不能受冻），11 月间，当枝叶枯萎后，要将地上部分剪除，搬进室内，原盆保存。也可将块根取出晾 1～2d 后埋在室内微带潮气的砂土中，温度不超过 5℃，翌年春季再行上盆栽植。

5. 品种保持

为保持大丽花的优质品种，花色不变异，要把优质花色品种单独分别栽种，养护管理，相互隔离，不能相互传粉受精。如果不分品种混栽或混合养护，因其会相互传粉受精，易产生花色变异，这就很难保持种质的纯正。平时常见的半红半黄，或半白半红，或白中有红纹等色，都是这种原因所致。

（三）病虫害防治

大丽花在栽培过程中易发生的病虫害有：白粉病、花腐病、螟蛾、红蜘蛛。

（1）白粉病　9～11月份发病严重。防治方法为加强养护，使植株生长健壮，提高抗病能力；控制浇水，增施磷肥；发病时，及时摘除病叶，并用50%代森铵水溶液800倍液进行喷雾防治。

（2）花腐病　多发生在盛花至落花期内。防治方法为植株间要加强通风透光；后期，水、氮肥都不能使用过多，要增施磷、钾肥；蕾期后用0.5%等量式波尔多液或70%托布津1500倍液喷洒，每7～10d施1次。

（3）暝蛾　该虫主要危害大丽花、菊花。防治方法为6～9月每20d左右喷1次90%的敌百虫原药800倍液，可杀灭初孵幼虫。

（4）红蜘蛛　喷施螨类专用药剂，如三氯杀螨醇、尼索朗、哒螨灵等。

第十四节　朱顶红

一、简介

朱顶红，学名*Hippeastrum rutilum*（Ker－Gawl.）Herb.，又名百枝莲、对红，是石蒜科朱顶红属多年生草本球根花卉。原产秘鲁和巴西，各国广泛盆栽。因其花朵硕大肥厚，适于盆栽陈设于客厅、书房和窗台，具有很高的观赏价值。其综合性状为球根花卉之首，其品种繁多不逊郁金香；花色之齐全超过风信子；花型奇特连百合也逊色。

二、生长习性

朱顶红喜温暖、湿润和阳光充足的环境，要求夏季凉爽、忌酷热，冬季温暖，5～10月温度在20～25℃，11月～翌年4月温度在5～12℃，冬季休眠期要求冷凉的气候，以10～12℃为宜，不得低于5℃。阳光过于强烈时应置于荫棚下养护，冬季栽培需充足阳光。土壤要求疏松、肥沃的砂质壤土，pH在5.5～6.5，切忌积水。

三、栽培技术

（一）繁殖方法

繁殖方法主要采用播种法和分离小鳞茎法。

1. 播种繁殖

朱顶红经人工授粉容易结实，授粉后 60 余天种子成熟，熟后即可播种。播后置半阴处，保持 15 ~ 18℃ 和一定的空气湿度，15d 左右可发芽。实生苗需养护 2 ~ 3 年方可开花，最快的 18 个月开花。

朱顶红如采收种子，应进行人工授粉，可提高结实率。由于朱顶红种子扁平、极薄，容易失水，丧失发芽力，应采种后即播。

2. 分离小鳞茎繁殖

分球繁殖于 3 ~ 4 月进行。将母球周围的小球取下另行栽植，栽植时覆土不宜太多，以小鳞茎顶端略露出土面为宜。此法繁殖朱顶红需经 2 年培育才能开花。

3. 分割鳞茎繁殖

一般于 7 ~ 8 月进行。首先将鳞茎纵切数块，然后，再按鳞片进行分割，外层以 2 鳞片为一个单元，内层以 3 鳞片为一个单元，每个单元均需带有部分鳞茎盘。然后将插穗斜插于基质中，保持 25 ~ 28℃ 和适当的空气湿度，30 ~ 40d 后，每个插穗的鳞片之间均可产生 1 ~ 2 个小鳞茎，而且基部生有根系。此法繁殖的小鳞茎，需培养 3 年左右方可开花。

4. 组培繁殖

常用 MS 培养基，以茎盘、休眠鳞茎组织、花梗和子房为外植体。经组培后先产生愈伤组织，30d 后形成不定根，3 ~ 4 个月后形成不定芽。

（二）栽培管理

1. 庭院栽种

选择排水良好的场地。露地栽种，于春天 3 ~ 4 月植球，应浅植，使鳞茎顶部稍露出土面即可，5 月下旬 ~ 6 月初开花。冬季休眠，地上叶丛枯死，10 月上旬挖出鳞茎，置于不上冻的地方，待第二年栽种。

栽种要求含有机质丰富的砂质壤土，要求排水良好，忌黏重土壤。保持植株湿润，浇水要透彻。但忌水分过多、排水不良。一般室内空气湿度即可。生长期间随着叶片的生长每半月施肥 1 次，花期停止施肥，花后继续施肥，以磷、钾肥为主，减少氮肥，在秋末可停止施肥。冬季休眠期可冷凉干燥，温度 5 ~ 10℃。可适量的阳光直射，但不可太久。

2. 促成栽培

朱顶红花大色美，采用矮生种进行规模性生产还是非常有前途的。特别是要将花期控制在元旦和春节期间，成为少花季节的优质盆花。在盆花生产的同时，朱顶红还可以扩大到切花和种球生产，它具有生产成本低、产量高、切花品位高、装饰效果好、种球耐贮藏运输等特点。

朱顶红生长快，经 1 年或 2 年种植，盆土肥分缺乏，为促进新一年生长和开花，应换上新土。经 1 年或 2 年生长，朱顶红头部新生小鳞茎很多，因此在换盆、换土同时可进行分株，把大株的合种为一盆，中株的合种为一盆，小株的合种为一盆。朱顶红在换盆、换土、种植的同时要施底肥，上盆后每月施磷钾肥 1 次，施肥原则是薄施勤施，以促进花芽分化和开花。朱顶红生长快，叶长又密，应在换盆、换土的同时把败叶、枯根、病虫害根叶剪去，留下旺盛叶片。

（1）提前开花　朱顶红的自然花期为 4 ~ 6 月，如需要提早开花，可采用促成栽培方法：12 月将原花盆内的大鳞茎取出重新上盆，浇透水，放在 20 ~ 25℃的室内，增加室内空气湿度，保持盆土湿润，施 1 ~ 2 次以磷肥为主的液肥，约经 2 个月左右便可开花。如果室温达不到 20℃，为了加速其开花，可用塑料袋将花蕾罩上。此外，采取遮光的办法，每天只给 10 ~ 11h 的光照，也可促使其提早开花。

（2）春节开花　将正在生长期的盆栽朱顶红，在春节前 80 ~ 90d，停水停肥，待叶片稍呈萎蔫状态时，将叶片齐根剪掉，然后将朱顶红花盆置于室内干燥阴凉处，保持室温在 13℃左右。注意温度不能过高，也不能过低，更不要向盆土浇水，如盆土过干时，可用细眼喷壶稍向盆土喷些水，待盆土稍湿润即可，促使朱顶红球茎被迫休眠并进行花芽分化。

春节前 30 ~ 40d 时，将花盆浇透水，置于室内温暖向阳处，保持室温在 20 ~ 25℃之间，朱顶红便很快抽出花箭。如花箭生长得过快，可把花盆移到室内温度较低处；如花莛长得过慢，则可把室温提高。同时可适当地增加光照，并补充适量的磷、钾肥液。经过以上的管理措施和精心养护，在春节期间，朱顶红开花时间可长达月余。

3. 休眠期养护

朱顶红鳞茎冬季处于休眠状态，休眠期约 60d 左右，若休眠期养护得好，可使其萌发翌年再开花。严格控制浇水，过冬时浇水量应至少能够维持鳞茎不致枯萎即可，否则鳞茎易变质。严格控制室温，可保持温度 10℃左右，低于 5℃时鳞茎易受冻，高于 15℃后妨碍其休眠，影响翌年开花。对盆土里分拣出的小鳞茎，可藏在室内含水量约 10% 的砂土中。

（三）盆栽管理

宜选用大而充实的鳞茎，栽种于 18 ~ 20cm 口径的花盆中，4 月盆栽的，6 月可开花；9 月盆栽的，置于温暖的室内，次年春三四月可开花。用草炭、蛭石、珍珠岩按 3∶1∶1 比例混合，并加入一定数量的高效有机肥，盆底要铺 1 ~ 2cm 陶粒，以利排水。鳞茎栽植时，顶部要稍露出土面。将盆栽植株置于半阴处，避免阳光直射。生长和开花期间，宜追施 2 ~ 3 次肥水。鳞茎休眠期，浇水量减少到维持鳞茎不枯萎为宜。若浇水过多，温度又高，则茎叶徒长，妨碍休眠，影响正常开花。

（四）病虫害防治

朱顶红的主要病害有病毒病、斑点病和线虫病。其防治可采取早期摘除病叶；栽植前鳞茎用0.5%福尔马林溶液浸2h，春季定期喷洒等量式波尔多液；用75%百菌清可湿性粉剂700倍液喷洒。虫害有红蜘蛛危害，可用40%三氯杀螨醇乳油1000倍液喷杀。

第十五节　姜荷花

一、简介

姜荷花，学名 *Curcuma alismatifolia*，为姜科姜荷属多年生草本热带球根花卉。原产于泰国。由于粉红色的苞片酷似荷花，且为姜科，故称姜荷花，花朵外形似郁金香而被称为“热带郁金香”。姜荷花因其独特的花型，鲜艳的花色以及花期长，在日本和台湾深受人们的青睐，目前大陆市场几乎是一个空白，市场前景极为看好。姜荷花的花期约在6月初~10月中上旬，正值夏季切花种类、产量较少的时期，正好可以弥补夏季切花之不足。姜荷花常被用来作为敬神礼佛的花卉，因此每逢农历初一、十五或宗教节庆，市场需求量明显增加，甚或偶有供不应求的现象。

二、生长习性

姜荷花在原产地泰国清迈一带是春季萌芽，夏季开花，到11月当地雨季转为干季时，地上部停止生长，茎叶变黄、枯死，进入休眠。诱导姜荷花休眠的主要因素为短日照，日照长度13h以下即进入休眠；次要因素是低温，当夜温低于15℃时，即使人工延长日照时数，植株仍会停止生长进入休眠。

姜荷花种球的萌芽最适温度为30~35℃，完全萌芽需40~50d。3个月以后种植于田间，种植至萌芽出土需35~60d不等。生长期喜温暖湿润、阳光充足的气候。南方地区于11月底，由于气温降低和日照变短，叶片枯干，地上部分生长完全停止，地下之球根转入休眠状态。

三、栽培技术

（一）繁殖方法

姜荷花常用分球的繁殖方法，在日照时数渐短（13h以下）、气温转凉（15℃以下）、贮藏根肥大后，地上部植株渐渐干枯进入休眠，即可采收种球，挖掘后以人工捡出种球，再经分球、清洗及消毒。

（二）栽培管理

1. 整地与施肥

姜荷花生长强健，对土壤适应性强，一般除黏重的土壤外均可种植，但为了照顾种球的采收，应尽量选择土质深厚、排水良好且不缺水的砂质土壤为宜。姜荷花自种植到休眠，生长期长达 8 ~10 个月，若宿根栽培可长达 2 年，因此整地时应施入大量有机肥。

2. 种球的选择

种植时应选择直径 1.5cm 以上且带有 3 个以上贮藏根的种球。早春，从 1 ~6 月均可栽植。种植前，根茎必须在 30℃高温及高湿条件下放 3 周，种植前用 0.3% 的 Merpan 消毒 20min，发芽后，根茎要小心地种植于盆中或床中，深度为 10cm，将根茎贮藏几个月后再种植。

3. 种植与保温

整地后做 80cm 宽的高畦，畦沟 20 ~30cm，每畦种 4 行，株距 15 ~25cm，或每畦种 2 行，株距 7.5 ~12.5cm。每 667m^2 约需种球 15000 ~25000 个。株距较大者单株切花及种球产量均较高，但如换算成单位面积产量，株距较小者产量比较高。宿根栽培时宜采用每畦种 2 行的方式，这样可以方便第二年基肥的施用。

姜荷花种球的萌芽适温为 30 ~35℃，生长温度不低于 20℃。种植后至萌芽所需时间，视种植后土壤温度及水分管理而定，因此，种植后要在畦面覆盖塑料布保温及保湿，有助于提早萌芽开花。

4. 水肥管理

水分是影响姜荷花种球萌芽的重要因素。种植后至萌芽前必须供应充足的水分，以维护土壤湿度。生长中期，保持湿润的环境，但不能积水。

姜荷花生育期肥料需求量高，要求种植前每 667m^2 以氮、磷、钾肥各 15kg（相当于硫酸铵 71.4kg、正磷酸石灰 83kg、氯化钾 25kg）作为基肥，种植后每 20d 施 1 次追肥，每次每 667m^2 氮、磷、钾肥各施用 2kg（相当于硫酸铵 9.5kg、过磷酸石灰 11.1kg、氯化钾 3.3kg）。应用滴灌，并施放 3% 的微量元素。

5. 遮荫处理

姜荷花在萌芽后、花茎抽出前用遮光率 50% ~60% 的遮阳网遮荫，可增加花茎及苞片的长度，减少苞片末端的绿色斑点，提高切花品质。但至 8 月下旬后，因植株生长茂密，相互遮荫，甚至高过花序，而且花梗也会变细，故遮荫网应在 8 月下旬 ~9 月初拆除。由于姜荷花为喜高温花卉，因此长江以北地区栽培姜荷花时应在连栋温室、日光温室内进行。

（三）病虫害防治

种植初期为预防切根虫、夜蛾类及螺蛞类危害新芽，可在畦面撒布毒丝本粒剂。雨季来临前及雨季高温多湿期间，应注意防治赤斑病、炭疽病、疫病。在姜荷花病害的防治上，目前尚无推广药剂可供使用，可参考其他作物相同病害的防治药剂，如用依得利或锌锰达乐防治疫病；用锌锰及浦或铜锌锰及浦防治炭疽病；赤斑病则可轮流使用百菌清、腐绝快得宁、扑克拉等。

第七章　草本观叶类

第一节　豆瓣绿

一、简介

豆瓣绿，学名 *Peperomia tetraphylla*（Forst. f.）Hook. et Arn.，又名椒草、翡翠椒草、青叶碧玉、豆瓣如意，为胡椒科豆瓣绿属常绿多年生草本植物。原产西印度半岛、南美洲北部、巴拿马等地区。目前，我国很多地区已有批量生产，各地花卉市场均能见到盆栽豆瓣绿。

豆瓣绿以观叶为主，叶肥厚，光亮碧绿，四季常青，花期 2～4 月及 9～12 月。一般作为盆栽装饰用，置于茶几、装饰柜、博古架、办公桌上，十分美丽；或作悬垂栽培于室内窗前或浴室处，对甲醛、二甲苯、二手烟等有害物质有一定的净化作用，还有较好的防辐射功效。

二、生长习性

豆瓣绿性喜温暖湿润的半阴环境。最适生长温度 25℃左右，最低不能低于 10℃，怕高温，又不耐寒冷，要求较高的空气湿度，忌阳光直射和曝晒，喜疏松肥沃、排水良好的土壤。

三、栽培技术

（一）繁殖方法

1. 扦插繁殖

豆瓣绿以扦插繁殖为主，有枝插和叶插两种方式。

（1）枝插　一般 4～8 月进行。选取有顶尖的枝条，截取带 5～6 片叶、长 6～8cm 的插条，将下部两片叶剪掉，插穗剪口剪成斜面。剪口晾干后，直接插入砂床或上盆，浇透水，保持温度在 18℃左右，20～25d 即可生根。

（2）叶插　一般 5 月进行。剪取带 1cm 叶柄的成熟叶片，直立或稍斜插入砂床或上盆，注意将叶柄和切口埋入砂或基质中，保持温度 20 ~ 25℃，25 ~ 30d 即可生出不定根和不定芽。

扦插基质可选用营养土、河砂、泥炭土等材料。家庭扦插建议使用配制好且消过毒的扦插基质，也可用中粗河砂，但使用前要用清水冲洗几次。

2. 分株繁殖

豆瓣绿也可进行分株繁殖，盆土可用腐叶土、泥炭土加部分珍珠岩或砂配成，并加入适量基肥。

（二）盆栽管理

1. 基质

豆瓣绿对基质要求较严，喜疏松、肥沃及排水良好的基质。盆栽种植可用泥炭土 3 份、园土 2 份、锯木屑 1 份、珍珠岩半份混合均匀。

2. 修剪

新生苗高 6 ~ 8cm 时进行第一次摘心，待侧芽长出 3 ~ 4 片叶时进行第二次摘心，这样依次进行直至株形丰满。大株的修剪需要根据长势确定，徒长枝短截，或全株剪掉，保留最下部 1 ~ 2 个节间重发新芽。

3. 浇水

豆瓣绿性喜水，不耐干旱。生长期最好保持盆土湿润，浇水少量多次，见干见湿，切忌盆内积水，以防根系腐烂。炎热的夏季应每天向茎、叶喷水 1 ~ 2 次。当外界气温低于 25℃时待盆土表面干燥后再浇透水，低于 10℃时，可干燥数日后再浇透水。

4. 施肥

上盆后 1 个月左右，可浇施 0.5% 的尿素液肥。生长旺季每 20 ~ 30d 施 1 次以氮、磷、钾为主的复合肥水或腐熟的豆饼肥水。当气温低于 18℃或高于 30℃时少施或不施肥。施肥最好少量多次进行，浓度以稀薄为好，喷洒完肥水要注意给叶面喷水清洗，以防灼伤叶片。

5. 光照

豆瓣绿性喜半阴或散射光照，冬季需要充足的光照，可置于向阳地带，其余季节需稍加遮荫，特别是光照强的夏季需用 90% 的遮阳网搭成荫棚。豆瓣绿在半阴条件下，叶色更明亮，光泽更佳，尤其斑叶品种对阳光的需求稍高一些，但置于荫蔽的环境下易徒长，注意不要遮荫过度。

6. 温度

豆瓣绿喜温暖环境，生长适温为 20 ~ 30℃，越冬温度最好保持在 10℃以上，10℃以下停止生长，5℃以下易受冻害。

7. 湿度

豆瓣绿性喜湿润，在湿度大的环境下生长茂盛、叶色鲜艳，气温较高或空气干燥时要加强叶面及环境喷水，以保持较高的空气湿度。能适应短暂的干燥环境，湿度一般保持在65%～70%。另外，豆瓣绿可剪取较长枝条或整盆洗净根部后进行水培，插枝水培最好在20～25℃时进行，2周左右即可生根，水培观赏性较好。

（三）病虫害防治

豆瓣绿常见病害为环斑病毒病，另有根颈腐烂病、叶斑病、栓痂病、炭疽病等；虫害偶有介壳虫、红蜘蛛和蛞蝓危害，一旦发现病虫要及时防治。

第二节　彩叶草

一、简介

彩叶草，学名 *Coleus scutellarioides*（Linn.）Benth.，又名五彩苏、老来少、五色草、锦紫苏，为唇形科鞘蕊花属多年生草本植物。原产于印度尼西亚爪哇岛，现栽培的均为人工改造后的园艺变种。在我国很多地方也可见到，尤其南方更常见之。

彩叶草是一种适应性十分强的花卉，以观叶为主，色彩鲜艳、品种甚多、繁殖容易，为应用较广的观叶花卉，室内摆设多为中小型盆栽，庭院栽培可作花坛，或植物镶边。还可将数盆彩叶草组成图案布置会场、剧院前厅，花团锦簇，也可作为花篮、花束的配叶。

二、生长习性

彩叶草原产热带，性喜温暖，不耐寒，越冬气温不宜低于5℃，生长适温为20～25℃，喜阳光充足的环境，也能耐半阴，忌烈日曝晒，可在室内短期摆放，要求栽种在疏松肥沃、排水良好的土壤中。

三、栽培技术

（一）繁殖方法

彩叶草的繁殖方法有多种，主要应用的有播种繁殖和扦插繁殖，多以播种繁殖为主。

1. 播种繁殖

（1）种子处理　为缩短苗期，可将种子置于21～24℃恒温环境里进行催芽处理。待种子露白即长出胚根后，即可播种。

（2）育苗土消毒　珍珠岩和砻糠配制的育苗土最理想，也可用过筛的腐叶土。可将基质装箱后，用沸水喷湿淋透，或者掺拌土壤杀菌剂进行消毒。

（3）播种　播种适温为18℃，春秋两季均可。将种子均匀地撒在消毒、整平后的育苗土表，用清水将其表层喷湿，用地膜覆盖。发芽时需要充足的光照，温度控制在21～24℃，14d左右即可发芽。

（4）播种后及幼苗期的管理　此时管理的关键是控制温度。子叶展开至新叶形成期，温度控制在16～17℃，既有利于发根，又能防止徒长，培养壮苗。水分也是此期间的管理重点，基质的含水量不能过高或过低，短期的干透，甚至只在土表，都会使刚萌发的小粒种子死亡。

（5）施肥管理　在施足底肥的基础上，结合喷水施用低浓度的营养液，以钾肥为主。

（6）大苗期管理　从第4片老叶形成到苗高6cm期间，可以将幼苗按（10×10）cm的株行距移入苗床或营养钵里，培养大苗。移栽后要根据设定的株形进行摘心。

2. 扦插繁殖

对播种繁殖品质易变异的品种进行扦插繁殖。彩叶草基质扦插又因所用容器不同，分为穴盘扦插和苗床扦插，现以穴盘扦插为例介绍如下。

（1）扦插季节　温室穴盘扦插可于3～10月进行，露地穴盘扦插可于4～9月进行，随当地温度的变化适当调节。只要温度适宜，四季均可进行。

（2）插条准备　选取色彩艳丽的优良植株，用嫩枝扦插，将枝条剪成5～7cm长的小段，带2个腋芽，叶子剪去1/2，浸入清水中，保持湿润待用。

（3）穴盘选用　根据扦插苗情况选用不同规格的穴盘。可选长54cm、宽28cm、高5cm，孔径3.1cm或2cm、深5cm的穴盘。

（4）基质准备　基质可使用泥炭土、腐叶土、锯末、砂土，透气性好即可。调节pH6～7，再用0.1%的高锰酸钾溶液消毒基质，装入穴盘，压实压平。

（5）扦插　以叶片互不覆盖、不影响光合作用为宜，扦插深度为2cm，不要过深；插后用手压实基质表面，然后将穴盘置于遮光率为70%的遮荫网下、温度25～32℃、有微风的小环境中。

（6）喷雾保湿　扦插后根据天气情况调整喷雾时间和次数，使空气湿度保持在90%左右，但基质不能出现积水。扦插后10d左右长出新根，逐渐减少喷雾次数，15d后移植或定植，进入正常管理。

（二）栽培管理

1. 水分管理

彩叶草叶大而薄，土壤过干叶色易褪去，在生长期应注意浇水和叶面喷水，尤其在夏季高温期应将浇水和叶面喷水相结合，以提高空气湿度。但不能使盆土过湿，否则植株易发生徒长的现象，导致茎节过长，影响株形。长期的积水还易使根系腐烂、叶片脱落。冬季则应控制浇水，温度维持在15℃，保证干湿相宜。

2. 施肥管理

彩叶草喜肥，每次摘心后都要施1次饼肥水或腐熟的其他有机肥。生长期施1～2次稀薄的磷、钾肥，可促使节间短、枝密、茎硬、叶面色泽鲜亮。切忌施入过量的氮肥，易导致叶片暗淡。

3. 光照管理

彩叶草为喜光植物，在全日照下叶色更鲜艳，一般不遮荫。但在夏季高温时应避免阳光直射，高温强光会使色素遭到破坏，引起叶绿素增加，导致植株色彩不鲜明，甚至偏绿，影响观赏，因此夏季高温时应适当遮荫。

4. 温度管理

彩叶草耐寒性不强，生长适温为20～25℃。冬季生长迟缓，越冬温度要求在15℃以上，低于10℃则叶片变黄脱落，生长停止。冬季的温度若长期低于5℃，茎、叶会呈水渍状，严重时植株会枯死。

5. 修剪整形

若要培养出株形丰满的植株，需摘心促进侧枝生长。若要培养成树状株形，则不必摘心。花序出现后，若不采种则应及时摘去，以免消耗营养，影响株形。对于留种母株，要减少摘心次数，让其入冬前完成开花结实过程。

（三）病虫害防治

幼苗期易发生猝倒病，应注意播种土壤的消毒。生长期有叶斑病危害，可用50%托布津可湿性粉剂500倍液喷洒。室内栽培时，易发生介壳虫、红蜘蛛和白粉虱危害，可用15%哒螨灵乳油2000倍液喷雾防治。

第三节　红掌

一、简介

红掌，学名*Anthurium andraeanu*，又名安祖花、火鹤花等，为天南星科花烛属多年生常绿草本植物。原产于南美洲的热带雨林地区，现欧洲、亚洲、非洲皆有广泛栽培。

红掌为典型的半肉质须根系，可常年开花，一般植株长到一定时期，每个叶腋处都能抽生花蕾并开花。其花朵独特，色泽鲜艳华丽，色彩丰富，叶形苞片为主要观赏部位，苞片颜色常见的有红色、粉红色、白色等。佛焰花序，其佛焰苞硕大、肥厚具蜡质，色泽有红、粉、白、绿、双色等。红掌的花语是大展宏图、热情、热血，为重要的热带切花之一。切花水养可长达1个半月，切叶可作插花的配叶。可作盆栽，单花期可长达4~6个月，周年可开花，也是重要的春节花卉。

二、生长习性

红掌性喜温暖、潮湿和半阴的环境，但不耐阴；喜阳光而忌阳光直射，不耐寒；喜肥而忌盐碱。最适生长温度为20~28℃，最高温度不宜超过35℃，低于10℃有冻害的可能。最适空气相对湿度为75%~80%。红掌喜光，但是不耐强光，全年宜在适当遮荫的环境下栽培，阳光直射会使其叶片温度比气温高，叶温太高会出现灼伤、焦叶、花苞褪色和叶片生长变慢等现象。

三、栽培技术

（一）繁殖方法

红掌可通过分株、分苗及播种、扦插与组织培养进行繁殖。

1. 分株法

4~5月可从生长繁茂的株丛密集处分株，每株带3~4片叶。剪断连接的根，分植到不同的盆中。分株具有简便易行、成长开花快的特点。

2. 分苗法

健壮植株周围常会生出小苗，待小苗长到3~4片叶时，剪离母株，分盆栽植即可。

3. 播种法

为防止种子丧失生命力，浆果成熟后应随采随播。一般室内盆播，点播间距1cm，覆一薄层腐叶土。覆薄膜保湿，维持25~30℃的温度和80%以上的相对湿度，15~25d可发芽。

4. 扦插法

适用于直立茎的红掌品种，多在夏季进行。插穗一般2~3节，具1~2枚叶。扦插基质用珍珠岩和蛭石对半掺匀。将插穗直立或平卧插入基质1/3~1/2处，用小拱棚保湿，相对湿度80%~95%，30~35d后，长出新根和新芽。

5. 组织培养

以叶片、芽、叶柄为外植体进行组织培养，经消毒后，接种于MS+1mg/L 6-苄氨基腺嘌呤（6-BA）培养基上，形成愈伤组织，转接到MS+3mg/L

6 - BA培养基上形成小苗。

（二）栽培管理

1. 温度

红掌生长适温为19～25℃，最低不能低于14℃，最高不能高于35℃，昼夜温差在3～6℃。长时间处于13℃以下环境时，导致生长受阻，在9℃以下条件会出现叶面水渍状，并逐渐干枯，甚至死亡，35℃以上时易出现灼伤。

2. 光照

红掌性喜半阴环境但不耐阴，喜光而不耐强光，忌阳光直射，因此红掌宜在适当遮荫的条件下栽培。春、夏、秋季应适当遮荫，尤其是夏季需遮光70%以上，冬季光照减弱应保证适度的光照，早、晚或阴雨天则不用遮光。

3. 湿度

红掌性喜潮湿环境，产业化栽培红掌应保证较高的空气湿度，以80%～85%最好，不低于60%，湿度过低，其叶片及佛焰苞的边缘容易出现干枯，佛焰苞不平整。

4. 肥水管理

红掌对基质水分的要求比较高，夏季要求适度湿润，但不能灌水过多，过湿会导致根系生长不良甚至腐烂；冬春季基质要润而不湿。红掌在小苗期应多施氮、钾肥；成龄红掌氮、磷、钾适当配比施用，比例为7∶1∶10，同时重视钙、镁肥的施用。红掌对盐分较为敏感，一般EC值1.2mS/cm较为适宜。

（三）盆栽管理

1. 基质选择

盆栽红掌生长时间长，对基质的要求高，宜选用排水良好且介质稳定、不易腐烂、不会快速分解的基质。好的盆栽基质组成应为25%孔隙度+25%含水量+50%固体物质。

2. 上盆

采用盆栽，每盆种1～2株红掌，应注意浅植、矮植，基质只需没入根系基部即可，上盆种植时很重要的一点是使植株心部的生长点露出基质的水平面，同时应尽量避免植株沾染基质。栽前应对根部进行药物处理，栽后浇透水。

（四）病虫害防治

红掌栽培中常见的病害有枯萎病、叶枯病、炭疽病、根腐病，可用硫酸链霉素、百菌清、炭特灵、福美双等药剂防治。常见虫害有：蚜虫、红蜘蛛、温室蓟马、蜗牛和蛞蝓等，可用吡虫啉、虫螨杀、阿维菌素等防治。

第四节 灯笼花

一、简介

灯笼花，学名 *Enkianthus quinqueflorus* Lour.，又名倒挂金钟、吊钟海棠，为柳叶菜科倒挂金钟属多年生木本花卉。原产墨西哥。灯笼花园艺品种极多，有单瓣、重瓣，花色有白、粉红、橘黄、玫瑰紫及茄紫色等。灯笼花开花时，垂花朵朵，婀娜多姿，如悬挂的彩色灯笼，盆栽适用于客室、花架、案头点缀，用清水插瓶，既可观赏，又可生根繁殖，在暖地和夏季凉爽地区也常用作花坛、花境材料。

二、生长习性

喜凉爽湿润环境，怕高温和强光，以肥沃、疏松的微酸性土壤为宜。冬季要求温暖湿润、阳光充足、空气流通；夏季要求凉爽及半阴条件。忌酷暑闷热及雨淋日晒。生长适温 15 ~ 25℃，冬季温度不低于 5℃，夏季温度达 30℃时呈半休眠状态。

三、栽培技术

（一）繁殖方法

灯笼花主要用扦插繁殖和压条繁殖，一些结实种类也可用播种繁殖法。

1. 扦插繁殖

（1）嫩枝扦插 春末至早秋植株生长旺盛时，选用当年生粗壮枝条作为插穗。剪成 5 ~ 15cm 长的插穗，每段带 3 个以上的叶节。剪取插穗时需要注意的是，上面的剪口在最上一个叶节的上方大约 1cm 处平剪，下面的剪口在最下面的叶节下方约 0.5cm 处斜剪，上下剪口都要平整。

（2）硬枝扦插 早春气温回升后，选取去年的健壮枝条作插穗。每段保留 3 ~4 个叶节，剪取的方法同嫩枝扦插。

插穗生根的最适温度为 20 ~ 30℃，低于 20℃，插穗生根困难、缓慢；高于 30℃，插穗的上、下两个剪口易受病菌侵染而腐烂。扦插后若遇低温，可覆膜保温；若遇高温，需遮光 50% ~80%，同时，给插穗进行喷雾，保持空气湿度在 75% ~85%。

2. 压条繁殖

选取健壮的枝条，从顶梢以下 15 ~ 30cm 处把树皮剥掉一圈表皮，伤口宽度在1cm左右，剪取一块长10～20cm、宽5～8cm的薄膜，上面放些湿润的园土，将环剥部位包裹，薄膜的上下两端扎紧，中间鼓起。4～6周后生根。生根后，把枝条边根系一起剪下，就成了一棵新的植株。

（二）栽培管理

1. 水分管理

冬季及雨季2～3d浇水1次，秋季及晴天每天浇水1次，夏季处于半休眠状态时要控制水分，防止脱叶、烂根现象发生。

2. 光照管理

喜半阴环境，但在不同季节时光照有不同的要求。冬季与早春、晚秋需全日照，初夏与初秋需半日照，酷暑盛夏宜蔽荫。

3. 肥水管理

浇水要见干见湿，以保持盆土湿润为宜。盛夏盆土宜偏干，可喷水保持空气湿度在60%以上。冬季须稍湿润，促进新梢生长。春秋每10～15d施1次稀薄液肥，孕蕾期每周施1次。头年及当年春季培育的新株，夏季仍正常施肥，以持续开花；多年老株处在休眠期，可停止施肥。

4. 温度控制

生长适温为15～25℃，夏季怕炎热高温，气温超过30℃，就会进入半休眠状态，冬季不得低于5℃。

5. 夏季管理

（1）避暑遮荫　夏季气温高于30℃时，要避免阳光曝晒，可将盆株从南面阳台移置北面阳台上去以避开日照。将盆株置于较大的竹筐或纸箱中，四周壅以松软的盆土，以防花盆直接被阳光炙烤。

（2）防止雨淋　夏季多雨，要把盆株置于避雨的场所，如遇雷雨来不及移置花盆，应及时将盆中的积水倒掉。若盆土内的水分较长时间蒸发不掉，盆土过湿，也易导致落叶、烂根，致使整株死亡。

（三）盆栽管理

上盆时在盆底放2～3cm厚的粗粒基质作为滤水层，撒一层腐熟的有机肥作基肥，然后将植株定植在盆中。上盆用的基质为富含腐殖质、排水良好的肥沃砂壤土。上盆后浇1次透水，先放于遮荫环境养护1周。

（四）病虫害防治

灯笼花常发生枯萎病和锈病，可用20%萎锈灵乳油400倍液喷洒防治锈病，用10%抗菌剂401液1000倍液施入土壤防治枯萎病。通风不好，易发生蚜虫、介壳虫和粉虱危害，可用40%氧化乐果乳油1000倍液喷杀。灯笼花是一种非常容易发生病虫害的花卉，所以在养护中要特别注意病虫害的防治。

第五节 生石花

一、简介

生石花，学名 *Lithops pseudotruncatella*，又名石头花、石头玉，为番杏科生石花属多年生植物，因形态酷似卵石而得名。其品种繁多，株形小巧，精致自然，是目前市场上较受欢迎的小型多肉植物之一。原产南非开普省极度干旱少雨的沙漠砾石地带，为了适应环境，由双子叶植物演进成多肉化的典型球叶植物，靠皮层内的贮水组织保存水分生存。其顶面称为“窗”，窗内有叶绿素进行光合作用，顶部中间有一道缝隙，3～4 年生的植株在秋季从这个缝隙里开出黄、白或粉色的花朵。生石花小巧玲珑，形态奇特，似晶莹的宝石，在国际上享有“活的宝石”之美称，适宜作室内小型盆栽花卉。

二、生长习性

生石花喜阳光，生长适温为 20～24℃，生长规律是 3～4 月间开始生长，夏季高温季节暂停生长进入休眠，秋凉后又继续生长并开花，花谢后开始越冬。

三、栽培技术

（一）繁殖方法

生石花生产上最常用的繁殖方法是播种法。生石花花谢后结出果实，可收获非常细小的种子，晚秋种子成熟后可立即采种盆播，也可翌年 5 月中旬再播。播种土可用蛭石或细砂 3 份、草炭土 1 份的混合土，并对土壤进行高温消毒。播后覆薄膜保湿。浇水应采用“洇灌”的方法，把花盆放在水盆中，使水分通过花盆下面的排水孔，慢慢洇湿土壤。

出苗后及时去掉塑料薄膜，以免因闷热潮湿导致小苗腐烂。苗期也要采用“洇灌”的方法浇水。刚出苗的生石花常东倒西歪，根部裸露在土壤外面，可用牙签、镊子等小工具，用土将露在外面的根部覆盖，并将歪倒的植株扶正。

（二）栽培管理

1. 湿度管理

生石花喜欢较干燥的环境，阴雨天持续时间过长，易受病菌侵染。怕雨淋，晚上保持叶片干燥，最适空气湿度为 40%～60%。

2. 温度管理

最适生长温度为15～25℃，怕高温闷热，在夏季酷暑气温33℃以上时进入休眠状态。忌寒冷霜冻，越冬温度需要保持在10℃以上，在冬季气温降到7℃以下也进入休眠状态，温度接近4℃时，会因冻伤而死亡。在室外可用薄膜把它包起来越冬，但要每隔2d就要在中午温度较高时把薄膜揭开让其透气。

3. 光照管理

夏季放在半阴处养护，或遮光50%，叶色会更加漂亮。在春、秋两季，由于温度不是很高，给予直射阳光的照射，利于进行光合作用积累养分。冬季，放在室内有明亮光线的地方养护，平时放在室内养护的，要放在东南向的门窗附近，以便多接收光线，并且每经过一个月或一个半月，要搬到室外养护2个月，否则会造成徒长。

4. 肥水管理

生石花耐旱能力很强，在干旱的环境条件下也能生长，其根系怕水渍，如花盆内积水，或浇水施肥过分频繁，容易引起烂根。浇肥浇水的原则是"见干见湿，干要干透，不干不浇，浇就浇透"，浇水时避免把植株弄湿。春、秋两季为其生长旺季，要加强肥水管理。夏季高温进入休眠状态，对肥水要求不多，要控肥控水，浇水时间尽量安排在早晨或傍晚温度较低的时候进行，还要经常给植株喷雾。冬季休眠期，做好控肥控水。

（三）病虫害防治

生石花肥厚多肉，含水量很高，很容易因感染细菌而引起植株腐烂，因此应注意通风良好，避免盆土积水，经常喷洒多菌灵等灭菌药物，夏季和脱皮期可增加喷药次数以及用药量，最好几种药物交替使用。

生石花的主要虫害是根粉蚧，附着在根部吸取植株的养分，从而造成植株表皮发皱，生长停滞，不开花，也不分头，严重时还会造成植株干瘪死亡。可对盆土进行高温消毒。

第六节　铁十字海棠

一、简介

铁十字海棠，学名*Begonia masoniana* Irmsch.，又名刺毛秋海棠、马蹄秋海棠，为秋海棠科秋海棠属多年生草本花卉。铁十字海棠原产东南亚，叶片生在茎基放射状抽出的细长叶柄上，黄绿色叶面上嵌有红褐色的十字形斑纹，十分秀丽，是秋海棠中较为名贵的品种。适用于宾馆、厅室、橱窗、窗台摆设点缀。已成为世界性著名的室内和庭院观赏花卉。

二、生长习性

铁十字海棠性喜温暖、湿润、半阴的环境，夏季要求凉爽，忌强光直射。不耐干旱，冬季温度不能低于10℃。

三、栽培技术

（一）繁殖方法

铁十字海棠一般用扦插法和分株法进行繁殖。

1. 扦插繁殖

（1）扦插基质　一般用中粗的河砂即可，在使用前用清水冲洗几次。

（2）插穗的选择　直接用顶梢扦插，一般结合摘心工作，把摘下来的粗壮、无病虫害的顶梢作为插穗。

（3）扦插后的管理　主要是温度控制。插穗生根的最适温度为18～25℃，低于18℃，插穗生根困难、缓慢；高于25℃时，插穗的剪口容易受到病菌侵染而腐烂，并且温度越高，腐烂越严重。遇低温时，可用薄膜包扎扦插容器进行保温；遇高温时，主要降温措施是给插穗遮荫，要求遮光50%～80%，同时，给插穗喷雾。

2. 分蘖繁殖

铁十字海棠具匍匐根状茎，自然状况下通常是靠茎的分蘖繁育，分蘖数量3个左右。为加快分蘖速度，可人为将根状茎分割为多个带有叶片和萌蘖幼芽的个体，分盆继续培养，数月后焕发新叶成为完整植株。通过人工分蘖繁育单棵母株可以得到7～8棵植株。

（二）栽培管理

1. 水分

由于铁十字海棠叶片较大，因此在生长季节需注意盆土不能太干，但也要避免浇水过勤而使盆土长时间处于过湿状态或积水，导致生长不好甚至死亡。夏季与冬季盆土偏干些为好，但要求空气湿度高，特别是在夏季高温时节，湿度保持在80%为好，可经常向叶面和地面喷水，并要注意通风，否则易得病害。

2. 温度与光照

铁十字海棠生长适宜温度为22～25℃，最低温度不能低于10℃，最高温度不能超过30℃。因此，在夏季天气炎热时要采取遮荫、通风、喷水降温、避免阳光直射等措施；冬天要增温，使温度保持在10℃以上，且置于向阳处。

家庭莳养，春、秋季节可放在室内光线明亮处，冬季可放在朝南向阳地方，注意保温；夏季移至北面窗台上，注意通风降温。为了增湿，需经常向叶面喷水，但盆土不能太湿。

3. 翻盆与施肥

每年春季翻1次盆，换上新的肥沃、疏松的培养土，盆底要多垫碎瓦片或砾石，以利排水，并施用腐熟的有机肥或颗粒肥料。生长期间，每隔半个月需施入稀薄饼肥或液肥，冬、夏两季要停止施肥。施肥时要注意勿溅到叶片上，施好后需浇水，以免造成肥害。

（三）病虫害防治

铁十字海棠常受灰霉病、白粉病和叶斑病危害，可用50%多菌灵1000倍液喷洒防治，或每隔半月用100倍等量式波尔多液喷洒2~3次进行预防。

第七节　万年青

一、简介

万年青，学名 *Rohdea japonica*（Thunb.）Roth，又名蒀、千年蒀、开喉剑、九节莲、冬不凋、冬不凋草、铁扁担、乌木毒、白沙草、斩蛇剑等，为百合科万年青属多年生常绿草本植物，是万年青属的唯一种。原产于中国南方和日本，浙、闽、川、滇等省份都有分布，现在全国各地温室内均有栽培。

万年青无地上茎，叶丛生，深绿色，花穗从叶丛中抽出。花期6~7月，短穗状花序顶生，簇生淡绿色或白色小花。肉质浆果球形，12月果熟，鲜红或金黄色，经冬不落。万年青是很受欢迎的优良观赏植物，自古人们就把万年青作为“万古长青”“吉祥长寿”的良好象征，是良好的观果兼观叶盆栽花卉，叶姿高雅秀丽，常置于书斋、厅堂的条案上或书、画长幅之下，秋冬配以红果更增添了色彩。

二、生长习性

万年青野生于海拔750~1700m的林下潮湿处或草地上。性喜温暖、湿润、半阴的环境，忌烈日直射，要求疏松砂质壤土及土层深厚的腐殖质壤土，微酸性。

三、栽培技术

（一）繁殖方法

万年青播种和分株繁殖均可，以分株为主。

1. 分株法

万年青的地下茎萌芽力强，可于春、秋用利刀将根茎处新萌芽连带部分侧根切下，伤口涂以草木灰，栽入盆中，略浇水，放置阴凉处，1～2d后浇透水即可。也可将整个植株从盆中倒出，视植株大小，用利刀分割为几部分，待伤口晾干一天或涂以草木灰，上盆如前述管理即可。

2. 播种法

万年青浆果成熟后即可随采随播入细砂与腐叶土各半拌和的盆土内，盆上盖玻璃或扎上塑料薄膜，以保持盆土湿度、温度和光照。

3～4月将成熟的万年青果实采下，剥去红色外种皮及果肉，将籽粒按照5cm×5cm的株行距播种于苗床上，覆盖1.5～2cm厚的薄土，压实，浇透水。保持苗床湿润，温度保持在20℃左右，约30d即可出苗，待苗高2cm左右时即可分苗。

（二）栽培管理

盆栽万年青，宜用含腐殖质丰富的砂壤土作培养土。土壤的pH在6～6.5，每年定期换盆1次。换盆时，去除腐败枯叶和根茎，用施加钾肥的酸性土壤作栽培土。栽种后，要将万年青置于阴凉处几天，以便恢复活力。

1. 光照

万年青夏季生长旺盛，需放置在蔽荫处，以免强光照射，否则，易造成叶片干尖焦边，影响观赏效果。

2. 水分

万年青为肉根系植物，积水容易导致受涝，浇水多，易引起烂根。但必须保持空气湿润，如空气干燥，也易发生叶子干尖等不良现象。夏季每天早、晚应向花盆四周地面洒水，以造成湿润的小气候。还应注意防范大雨浇淋，尤其是开花期不能淋雨，要放置在阴燥通风不受雨淋的地方。

3. 施肥

生长期间，每隔20d左右施1次腐熟的液肥，初夏生长较旺盛，可10d左右追施1次液肥。追肥中可加兑少量0.5%硫酸铵，促进生长，使叶色浓绿光亮。在开花旺盛的6～7月，每隔15d左右施1次0.2%的磷酸二氢钾水溶液，促进花芽分化，以利于更好地开花结果（在立夏前后应把成株外围的老叶剪去几片以利萌发新芽、新叶和抽生花葶）。

4. 整形修剪

为保持植株的良好造型，提高观赏价值，随着植株的生长，株下部的黄叶、残叶、部分老叶要及时修剪。家庭盆养时可用软布蘸啤酒擦拭叶片，既可去掉尘土，又给叶片增加了营养，使叶片亮绿、干净。

5. 冬季管理

（1）适时换盆　盆栽的万年青，一般10月需换盆1次。换盆时，要剔除衰老根茎和宿存枯叶，用腐叶土2份、泥炭1份、砂土1份混合栽植。浇透水后放于遮荫处养上几天，移入温室或室内。

（2）科学浇水　万年青喜湿润的环境，冬季越冬的盆土要见干见湿，不可过干。冬季还要保持空气湿润和盆土潮润，一般每周浇1次水为宜，还需经常用温水清洗叶片，以保持叶色鲜艳。

（3）适宜的温度和光照　花叶万年青喜高温怕寒冷，温度要保持在15℃左右。要求光照充足，通风良好。温度低于10℃或过湿常引起落叶，甚至茎顶溃烂；光线过弱会导致叶片褪色。

（三）病虫害防治

万年青生长期间易受叶斑病、炭疽病、介壳虫、褐软蚧等危害。叶斑病要及时清除病残叶片，炭疽病主要因通风不良引起，有介壳虫为害时利于病害的发生和蔓延，防治方法为加强养护，增施磷、钾肥等，褐软蚧如病害不严重，一般用竹片等物将虫体刮除，病虫害严重时可结合药剂施用，及时防治。

第八节　紫背竹芋

一、简介

紫背竹芋，学名 *Maranta bicolor* Ker，又名红背卧花竹芋、红背肖竹芋、红背葛郁，为竹芋科肖竹芋属多年生草本植物。原产中美洲及巴西，我国南部各省区均有栽培。紫背竹芋叶片长卵形或披针形，枝叶生长茂密、株形丰满，厚革质，叶面深绿色有光泽，中脉浅色，叶背血红色，形成鲜明的对比，穗状花序，苞片及萼鲜红色，花瓣白色，背部呈紫红色。紫背竹芋是室内喜阴植物，是优良的观叶赏花植物，用来布置卧室、客厅、办公室等场所，可显得安静、庄重，可供较长期欣赏。

二、生长习性

紫背竹芋喜温暖、潮湿、荫蔽的环境。生长适温20～30℃，需水较多，不耐干旱。较耐热，稍耐寒，5℃以上可安全过冬。怕霜冻，喜疏松、肥沃、湿润而排水良好的酸性土壤。

三、栽培技术

（一）繁殖方法

紫背竹芋主要用分株繁殖。

生长旺盛的植株每1～2年可分盆1次。分株宜于春季气温回暖后进行，沿地下根茎生长方向将丛生植株分切为数丛，然后分别上盆种植，置于较荫蔽处养护，待发根后按常规方法管理。

另外，也可利用抽长的带节茎叶进行扦插繁殖。

（二）栽培管理

1. 栽培基质与肥料

紫背竹芋盆栽可用腐叶土、园土和河砂等量混合并加少量基肥作为培养土。要求土壤营养丰富，疏松透气。在生长季节，每月施1～2次液肥，以保证其生长健壮、枝叶繁茂。

2. 温度与水分管理

紫背竹芋喜温暖、潮湿、荫蔽的环境。生长适温20～30℃，越冬温度15℃。生长期间应充分供给水分，土壤微干时就应当及时浇水，并经常地面喷水，增加空气湿度，但不要产生积水，以影响生长和烂根。入秋后应控制浇水量。如果空气湿度低和干旱，会引起叶片边缘发黄发焦；另外阳光直射也会引起叶片边缘发黄发焦。

3. 光照管理

紫背竹芋是优良的室内喜阴观叶植物，炎热的夏季要防止阳光曝晒，应遮去70%～80%的光照，否则易产生伤害。

（三）病虫害防治

紫背竹芋的常见病害主要有叶斑病和叶枯病。发病初期，每隔半月用200倍等量式波尔多液喷施2～3次。也可用65%代森锌可湿性粉剂600倍液喷洒防治。常见虫害主要有介壳虫，通风不良时易发生。防治可在若虫期用50%杀螟松乳油1000倍液喷杀。

第九节　君子兰

一、简介

君子兰，学名*Clivia miniata* Regel Gartenfl.，为石蒜科君子兰属多年生草本植物。君子兰原产于非洲南部，生树下面，其植株文雅俊秀，有君子风姿，花如兰，而得名。根肉质纤维状，伞形花序顶生，每个花序有小花7~30朵，多的可达40朵以上。小花有柄，在花顶端呈伞形排列，花漏斗状，直立，黄色或橘黄色。可全年开花，以春夏季为主。果实成熟期10月左右。花、叶并美，美观大方，又耐阴，宜盆栽室内摆设，观叶赏花，也是布置会场、装饰宾馆环境的理想盆花。此外，君子兰还有净化空气的作用和药用价值。

君子兰厚实光滑的叶片直立似剑，象征着坚强刚毅、威武不屈的高贵品格；丰满的花容、艳丽的色彩，象征着富贵吉祥、繁荣昌盛和幸福美满，所以人们广泛培育。中国共培植了160多个名贵的君子兰品种，是百姓家庭常见的花卉品种。

二、生长习性

君子兰既怕炎热又不耐寒，喜欢半阴而湿润的环境，畏强烈的直射阳光。生长的最佳温度在18~22℃，5℃以下或30℃以上，生长均受抑制。君子兰喜欢通风的环境，喜深厚肥沃疏松的土壤，适宜室内培养。

三、栽培技术

（一）繁殖方法

君子兰主要有播种繁殖和分株繁殖两种方式，其中大花君子兰用播种繁殖比较普遍。

1. 播种繁殖

君子兰喜微酸性的土质，以pH6~6.5为宜。用播种方法繁殖君子兰的时间要求不严格，春、秋、冬三季都可播种，气温要保持在20~25℃，以促进胚芽萌发。

用30~40℃温水浸种24h。君子兰种子较大，可以采用点播形式播种，种脐向下，株距2cm左右，播后用纯净的河砂覆盖，厚度以能把种子掩盖为宜。用浸水法或喷雾状喷壶浇水，可以避免因水势过大而将种子冲乱，最好在铺好播种砂层之前先浇透水，然后铺砂播种。播种喷水后用一块玻璃板或薄膜盖好，以保持容器内的温度和湿度。当容器内外温差较大时，玻璃下面容易形成露滴，每天可将玻璃盖翻转1次，以免露滴落下砸漏种子。为防止阳光直射，玻璃上可以放报纸或牛皮纸遮荫。播种温度保持在20~25℃最有利于发芽。温度偏高易徒长；温度偏低，种胚活动受抑制，容易烂种。君子兰播后发育比较缓慢，从发芽到长出第1片叶子需要近60d的时间。正常发育，20d左右生出胚根，40d生出胚芽鞘，60d生出第1片叶子。伸出胚芽鞘以后应该接受日光照射，同时保持砂层的湿度，注意把玻璃盖垫起来留出空隙通风透气。当第1片叶子长出即可去掉玻璃盖，注意经常喷水保湿。

2. 分株繁殖

垂笑君子兰采用分株繁殖更为普遍。

分株结合换盆进行，去掉宿土，找出可以分株的腑芽，将腑芽分株上盆种植。种植深度以埋住基部假鳞茎为度，靠苗株的部位要使其略高一些，并盖上经过消毒的砂土。种好后随即浇1次透水，待到2周后伤口愈合时，再加盖一层培养土。一般需经1～2个月生出新根，1～2年开花。用分株法繁殖的君子兰，遗传性比较稳定，可以保持原种的各种特征。

（二）栽培管理

1. 幼苗移栽

播种90d后小苗即可移栽。选用13cm以上的盆或木箱。移栽用培养土以富含腐殖质为主。可以用2～3份腐叶土与1份河砂混合过筛，加入少量骨粉及充分腐熟的饼肥装盆，装盆时下设排水层，上铺培养土，稍微墩实即可。

起苗时应小心细致，一手用竹片至侧方掘挑，另一只手轻控小叶提起，此时小苗只有1个新叶和1条根。竹片另一端削成筷子粗细的圆棒，按株距插适当深的孔穴，将苗根轻轻导入后，用竹片稍微压实。注意移栽幼苗叶片朝向一致，移栽后浇1次透水，缓苗以后再逐渐见光。

2. 水肥管理

（1）土壤与浇水　君子兰适宜用含腐殖质丰富的土壤。一般君子兰土壤的配置为6份腐叶土、2份松针、1份河砂或炉灰渣、1份底肥（腐熟的饼肥等）。夏季高温季节及时浇水以免干旱使花卉的根、叶受到损伤。注意盆土干湿情况，出现半干就要浇1次，但量不宜多，保持盆土润而不潮。一般情况下，春天每天浇1次；夏季晴天一天浇2次；秋季隔天浇1次；冬季每周浇1次或更少。

（2）施肥　君子兰施底肥应在每2年1次的换盆时进行，常用厩肥、堆肥、绿肥、饼肥等。追肥可施用饼肥、鱼粉、骨粉等肥料。初栽植的少施些，以后随着植株的长大和叶片的增加，施肥量也随之逐渐增加。根外追肥是要弥补土壤中养分之不足，以解决植株体内缺肥的问题，使幼苗生长快、花朵果实长得肥大。常用尿素、磷酸二氢钾、过磷酸钙等进行叶面喷施。生长季节4～6d喷1次，半休眠时2周1次。

3. 君子兰夹箭及其防治

（1）夹箭原因　①温度太低，君子兰抽莛温度为20℃左右，若温度长期低于15℃，其花莛很难长出。②营养不足，君子兰孕蕾和开花时对磷、钾肥的需求量较大，若是缺乏就会使君子兰抽莛力量不足，从而出现夹箭现象。

③盆土缺氧，君子兰孕蕾期根系需氧量大，如果盆土过细或长期处于湿度较大的状态，就会降低盆土的通透性，从而出现缺氧，造成夹箭现象。④恒温莳养，君子兰开花需要5～8℃的昼夜温差，如果白天、黑夜都让植株处于一个基本相同的温度下，就会影响君子兰的营养积累，开花期就很容易出现夹箭现象。⑤伤根烂根，君子兰根系受损或者烂根，就会造成营养吸收渠道受阻，影响植株抽莛开花。⑥品种不良，有些品种的君子兰天生夹箭。

（2）防治措施　①调整温度，尽量使昼夜温差保持在5～8℃。②保证营养，进入秋、冬季，适当增施磷、钾肥，以促进植株成花、抽莛。③保证水分适量供应，君子兰抽莛期间要保证盆土的含水量在30%～50%。④药辅并用，促莛催花，可将市场上购买的君子兰促箭剂按说明书涂抹在花莛上或滴于盆土中；也可人工将夹箭处两侧的叶片撑开，但不能损伤叶片。⑤重新换土，先干后湿，换土后5d内不浇水，所换土壤不能是干土，应保持30%左右的水分，5d后浇1次大水，这样一般都能抽莛开花。

（三）病虫害防治

君子兰的主要病害有炭疽病、软腐病、根腐病、白绢病、病毒病。当发现时要立即剪除病叶或病根，集中烧毁，清理周围环境卫生，随即用多菌灵等药剂喷施防治。虫害主要有介壳虫、蚜虫、蜗类、蓟马。发现后可用蚜松乳油等药剂防治。

第十节　丽格海棠

一、简介

丽格海棠，学名*Begonia × elatior*，又名玫瑰海棠，是球根海棠与野生秋海棠的杂交品系，为秋海棠科秋海棠属多年生草本植物。丽格海棠花型多样，多为重瓣，花色有红、橙、黄、白等，变化繁复，令人叹为观止。丽格海棠花期长，可长达半年以上，花型花苞丰富，枝叶翠绿，是不可多得的四季室内观花植物。置于茶几、书房、卧室中，小巧玲珑，雅致美观。目前丽格海棠已经成为国际上十分流行的盆花品种，同时也是节庆日用花的主要品种之一。

二、生长习性

丽格海棠喜温暖、湿润、通风良好的栽培环境，对光照、温度、水分及肥料要求比较严格。丽格海棠是一种定量型短日照植物，即植株开花不一定要求真正的短日照。

三、栽培技术

（一）繁殖方法

1. 播种法

（1）播种　丽格海棠的种子基本上都是进口的，分包衣粒和非包衣粒两种。包衣粒种子可用穴盘育苗，非包衣粒种子只能用育苗盘育苗。播种基质为草炭土和蛭石各 1 份，混后消毒，润湿备用。播种时包衣粒种子可用镊子分拣，每穴一粒；非包衣粒种子可掺入适量的微细蛭石粉，撒播于育苗盘中。播种后均不必覆土，只用细喷壶喷雾即可，再用薄膜将育苗盘包住。保持环境温度 20℃左右，大约 12d 开始出苗。当小苗长出真叶时，可适当透气，促其发根。

（2）移栽　小苗前 3 个月内长得很慢。小苗耐高湿高温，初夏播种的小苗，整个夏天均不必去掉塑膜。立秋后天气凉爽了，可逐渐揭掉塑料膜炼苗，到初冬时即可上盆。选用较小的底部多孔的花盆，培养土可用草炭土 2 份、蛭石 1 份混合配制，上盆前控制浇水，使育苗盘中的培养土处于半干状态，这样起苗时可不散团伤根。刚上盆的小苗要防止天气变化温度过高，同时要用塑料膜罩上，但不可过于严密，要适当通风，以防烂苗。

2. 扦插法

秋末冬初，结合整形修剪，剪下的新生枝条作插穗。丽格海棠可以枝插，也可以叶插。枝插时，枝条长短要适度，用刀片将枝条下部切成马蹄形；叶插时，要选用生长旺盛六分成熟的叶子，将叶柄下端用刀片斜切。扦插基质为蛭石或素沙，扦插后要浇透水，但叶面上不可积水，而且用薄膜将其罩上，放于散射光处，适当通风，避免高温。约 3 周插条便可生根。

（二）栽培管理

1. 温湿度与光照

丽格海棠生长的适宜温度为 15 ~ 22℃，低于 5℃时，会受冻害；低于 10℃，生长停滞；超过 28℃，生长缓慢；超过 32℃，生长停滞。为了达到最大的营养生长量，夜间温度应该维持在 19 ~ 20℃。温度超过 24℃时，易发生徒长。此外，日温低于夜温有助于控制植株徒长，提高成品的品质。建议北方的种植者尝试将日间温度控制在 16 ~ 18℃，夜间温度控制在 20 ~ 21℃。

丽格海棠前期的生长需要较高的相对空气湿度，应控制在 80% ~ 85%。当形成花蕾后要注意降低湿度，维持在 55% ~ 65% 的水平。湿度维持在 70% ~ 80%，还可以有效地控制白粉病和灰霉病。

北方的种植者在最初上盆的2周内应注意遮荫，开始正常生长后，应使植株充分接受光照。在出货前2周又要注意遮荫，以延长货架寿命。

2. 施肥与浇水

丽格海棠的定期施肥尤其重要。苗期以氮肥为主，随着植株的生长，逐渐提高磷、钾肥的用量，开花前加大施肥量，还可适当进行叶面喷肥。叶面肥的浓度不可过大，控制在1%～2%，喷雾要均匀，叶的正反面都要喷到。施肥应薄施。丽格海棠具有肉质根茎，根系纤细，容易受损，水分供应不足会影响植株生长，过湿时轻则导致植株生长缓慢、茎干变软，重则引起茎根病害。淋水应遵循“见干见湿”的原则，同时淋水时注意不要沾湿叶子。

3. 促苗技术

（1）长日照处理 长日照处理对于丽格海棠的营养生长是必需的。在冬季短日照的月份，为了栽培出最佳的产品可以使用补光灯，促使每株上的花朵数增加。补光采用照度为2000～3000lx高压钠灯，时间应达到16～20h，外部光照超过5000lx时可以关灯。灯所散发的热量在补光期间可以使温室的温度提高0.5～1℃。额外补充光照的时间为9月份2h，10月份3h，11月份4h，12月份6h，1月份6h，2月份5h，3月份3h和4月份1h。

（2）短日照处理 在3～9月期间暗处理可促进丽格海棠花芽形成，还可缩短栽培周期。暗处理从17：00至次日早8：00进行，使用不透光的黑色塑料膜将植株罩住，注意温度不要超过25℃。当枝条长至5～7cm长时开始暗处理。提早或推迟短日照处理开始的时间可影响最后植株的大小。为了取得良好的花芽分化，要根据天气、栽培和品种条件提供7～14d的暗处理。从9月～翌年3月份，由于自然短日照，只要打破一定时期的光照即可。

（3）环境条件 上盆后保持20～21℃，大约过4～5周之后温度可以降低到18～19℃。温度为20℃时可以进行通风，在栽培的末期，温度可以降低到17～18℃。二氧化碳对于植株的发育具有积极的影响，可产生更强壮的叶片和更深的叶色。最适宜的二氧化碳浓度为600～700μL/L，从太阳升起2h后到日落前1h施用该剂量，注意在开始通风1h后施用。

（三）病虫害防治

丽格海棠最常见的病害有茎腐病、根腐病、白粉病和灰霉病；虫害主要有蚜虫、红蜘蛛、蓟马等，应定期防治。茎腐病、根腐病的发病原因通常是浇水过多，排水不良所致，应注意排水，使基质干燥，采用多次少量浇水，保持通风良好，并控制室温18～25℃，同时喷施25%多菌灵或甲基托布津等进行防治。白粉病一般在叶柄、叶片等处发生，逐渐扩大生成一层白粉，可喷洒250倍的苯菌灵或代森锌水溶剂等进行防治。蚜虫、蓟马等虫害的防治，可喷施10%吡虫啉、一遍净等。

第十一节 旅人蕉

一、简介

旅人蕉，学名 *Ravenala madagascariensis* Adans.，又名扇芭蕉，为旅人蕉科旅人蕉属大型草本植物。原产非洲的马达加斯加岛上，马达加斯加人将旅人蕉誉为自己的“国树”。现各热带地区多有栽培，中国见于广东、海南、上海、北京、台湾。旅人蕉高大挺拔，娉婷而立，貌似树木，实为草本，叶片硕大奇异，状如芭蕉，左右排列，对称均匀，它的水分贮藏在粗大叶柄基部。旅人蕉“身材魁梧”，高达20m左右，粗约50cm，叶子既粗壮又阔大，一般可达3~4m。

旅人蕉的每个叶柄底部都有一个酷似大汤匙的“贮水器”，可以贮藏好几斤水，只要在这个位置上划开一个小口子，就像打开了水龙头，清凉甘甜的泉水便立刻涌出。因此，人们又称旅人蕉为“旅行家树”“水树”“沙漠甘泉”“救命之树”等。

旅人蕉为一极富热带风光的观赏植物，它形体高大，叶脉修长，叶片水灵，有时简直是青翠欲滴，作为观赏的对象，可给人以愉悦之感，可用于街心、公园、庭院、校园，也可作大型室内盆栽应用。

二、生长习性

旅人蕉喜光，喜高温多湿气候，夜间温度不能低于8℃。要求疏松、肥沃、排水良好的土壤，忌低洼积涝。

三、栽培技术

（一）繁殖方法

1. 分株法繁殖

旅人蕉以分株法繁殖为主。盆栽者于早春或开花后，结合换盆从根茎处切开分栽。夏季不耐阳光直射，需适当遮荫和通风，或于叶面喷水增湿降温。寒地冬季应移入阳光充足的室内越冬，室温保持在13~18℃。栽培中如通风不良易遭蚧壳虫危害。

2. 离体快速繁殖

外植体选择旅人蕉的顶芽。基本培养基为MS。

①启动培养基：MS+6-BA5.0mg/L+5%椰子乳（CW）+10%活性炭（AC）；

②芽增殖培养基：MS + 6 - BA4.0mg/L + 1.0% AC；

③壮苗培养基：MS + 6 - BA1.0mg/L + 10% CW + 1.0% AC；

④生根培养基：1/2MS + NAA2.0mg/L + 1.0% AC。

以上培养基的 pH 均为 5.8 ~ 6.0，卡拉胶为 0.5%，蔗糖浓度为 3%。培养的光强约为 24μmol/（m^2·s），温度为 24 ~ 26℃。壮苗和生根培养的光强约为 40μmol/（m^2·s）。

（二）盆栽管理

盆栽用土可用园土 2 份、草炭土或腐殖土 1 份和砂土 1 份混合配制而成。盆底多垫陶粒以利排水，有利于肉质根的发育。栽植时不宜过深，以不见肉质根为准，过深影响新芽萌发。生长期每月施肥 1 次，特别在长出新叶时要及时施肥。4 ~ 6 月生长期可多施氮肥，6 月以后以磷、钾肥为主。

旅人蕉生长迅速，盆栽必须换盆，幼苗期宜每年换盆 1 次，大苗一般 2 ~ 3 年换盆 1 次。夏季注意防强风吹刮，以免叶片撕裂，影响株形美观。

旅人蕉对低温的反应极敏感，12℃以下即有冷害，长期 8℃左右低温，植株即受冷害而死亡。广州、南宁一带已不能在露地越冬，寒潮来时需移入室内或用塑料薄膜覆盖，西双版纳及雷州半岛可露地栽培。除炎热夏季应进行适当遮荫外，其他季节应给予充足的光照。生长季要保证水分供应，使盆土经常保持湿润，夏季还应常向叶面喷水以增湿降温。

（三）病虫害防治

旅人蕉常发生叶斑病危害，发病初期可用 50% 多菌灵可湿性粉剂 600 倍液喷洒。虫害有介壳虫，发生时可用 25% 噻嗪酮乳油 1000 倍液喷杀。

第十二节　观音莲

一、简介

观音莲，学名 *Alocasia amazonica*，又称黑叶芋、黑叶观音莲、龟甲观音莲，为天南星科海芋属多年生草本观叶植物，我国西南及台湾、广东、广西等地均有分布。观音莲植株挺拔洒脱，叶色翠绿光亮，适应性很强，被广泛用作室内观赏植物栽培，颇受人们喜爱。

观音莲有毒，尽量避免在有儿童的家庭种植，养护时要注意，防止儿童和不知情者误食或通过其他渠道摄入。一旦误食，轻则舌喉肿胀，上吐下泻，重则窒息，心脏麻痹。如误食中毒，需立即服蛋清、面糊、大量饮糖水或静脉注射葡萄糖盐水。

二、生长习性

观音莲原生境为海拔 500 ~ 1600m 的沟谷密林下或山沟灌木林下阴湿处，性喜温暖湿润、半阴的生长环境，忌强光曝晒。对土壤要求不严，但肥沃疏松的砂质土有利于块茎生长肥大。

三、栽培技术

（一）繁殖方法

观音莲常用分株繁殖。一般于每年春夏气温较高时，将地下块茎分蘖生长茂密的植株沿块茎分离处分割，使每一部分具有 2 ~ 3 株幼芽，然后分别上盆种植。分株时尽量少伤根，同时上盆后宜置于阴湿环境，保持盆土经常湿润，并注意叶面喷雾，以利新植株恢复生长。也可于春季新芽抽长前将地下块茎挖出，将块茎切段分离，用草木灰或硫磺粉对伤口进行消毒防腐，稍晾干后用水苔包扎，或置于通气排水的疏松土壤中，使其长出不定根，抽长新芽。此间切忌基质过湿，以免块茎腐烂。

（二）栽培管理

观音莲在半阴环境下，叶色鲜嫩而富有光泽，叶脉清晰，叶色深绿。如光照太强，容易使叶色暗淡，甚至产生日灼，叶面粗糙，叶色灰白，叶脉模糊，叶面有时发生灼伤斑点；但光线太弱也易引起徒长，植株生长纤细而易倒伏。在生长旺盛期可根据植株生长情况，每月施 1 ~ 2 次稀薄液肥，并增施磷、钾肥，以利植株茎干直立，生长健壮，同时有利于地下块茎生长充实及冬季抗寒越冬。盆栽时一般用肥沃园土即可。

（三）病虫害防治

在整个生育期间，最常见的虫害有切根虫、螺、蜗牛和夜蛾等，主要危害观音莲的新叶和根群，可在田间撒施米乐尔、螺通杀、喷敌百虫和用谷糠配制的毒饵进行诱杀。主要的病害有炭疽病和赤斑病，要经常对土壤消毒，在多雨的季节时，要用 50% 的多菌灵 800 倍液、65% 的代森锌 600 倍液来喷施防治其他病害。另外，注意防止积水引起地下块茎腐烂。

第十三节　彩叶芋

一、简介

彩叶芋，学名 *Caladium bicolor*（Ait.）Vent.，又名花叶芋，为天南星科

花叶芋属多年生常绿草本植物。原产南美热带，巴西及亚马逊河流域分布最广。彩叶芋具白、粉、深红等色斑，佛焰苞绿色，上部绿白色，呈壳状，色彩变化万千。有红脉镶绿，红脉绿叶，红脉带斑，绿脉红斑，有的叶色纯白而仅留下绿脉或红脉，有的绿色叶面布满油漆或水彩状斑点。5 ~9 月是它的旺盛生长期，也是它的主要观赏期，叶子的斑斓色彩充满着凉意。

彩叶芋叶形似象耳，色彩斑斓，艳丽夺目，是观叶植物中的上品。可用于耐阴地被植物观赏。由于彩叶芋喜高温，在气候温暖地区，也可在室外栽培观赏，但在冬季寒冷地区，只能在夏季应用在园林中。

二、生长习性

彩叶芋喜高温、高湿，不耐寒；喜半阴，忌强光直射；要求疏松肥沃的土壤。生长适温 30℃，15℃以下逐步休眠。冬季块茎贮藏温度不低于 15℃。

三、栽培技术

（一）繁殖方法

1. 播种繁殖

彩叶芋种子不耐贮藏，采种后需立即播种，否则发芽率很快下降。

2. 分株繁殖

彩叶芋常用分株繁殖，4 ~5 月在块茎萌芽前，将块茎周围的小块茎剥下，若块茎有伤，用草木灰或硫磺粉涂抹，晾数日待伤口干燥后盆栽。

3. 分割块茎

块茎较大、芽点较多的母球可进行分割繁殖。用刀切割带芽块茎，待切面干燥愈合后再盆栽。

无论是分割繁殖还是分株繁殖，室温都应保持在 20℃以上，否则栽植块茎易受潮而难以发芽，反而造成腐烂死亡。

（二）栽培管理

1. 土壤

彩叶芋要求肥沃疏松和排水良好的腐叶土或泥炭土。无土栽培一般采用 1 份蛭石与 1 份珍珠岩混合，配以浓度为 0.2% 的营养液，氮、磷、钾比例为 3:2:1。

2. 施肥与光照

彩叶芋生长期为 4 ~10 月。每半个月施用 1 次稀薄肥水，如豆饼、腐熟酱渣浸泡液，也可施用少量复合肥，施肥后要立即浇水、喷水，否则肥料容易烧伤根系和叶片。立秋后要停止施肥。彩叶芋叶子逐渐长大时，可移至温暖、半阴处，切忌阳光直射。

3. 温度和湿度

催芽、发根后上盆，保持温度25℃，4~5周后出叶。生长期若温度低于18℃，叶片生长不挺拔，新叶萌发较困难。气温如果高于30℃，新叶萌发快，叶片变薄，观叶期缩短。6~10月为展叶观赏期，盛夏季节要保持较高的空气湿度。除早晚浇水外，还要给叶面、地面及周围环境喷雾1~2次。入秋后叶子逐渐枯萎，进入休眠期，应控制用水，使土壤干燥。

4. 养护

因彩叶芋以观叶为主，所以为防止养料消耗，要及时摘除花蕾，抑制生殖生长。入秋后，叶子逐渐枯萎，进入休眠期，应节制浇水，使土壤干燥，剪去地上部分，将块根上的泥土抖去，并涂以多菌灵，贮藏于干的蛭石或砂中。室温维持在13~16℃，贮藏4~5个月后，于春天将其重新培植。

（三）病虫害防治

彩叶芋在块茎贮藏期会发生干腐病，可用50%多菌灵可湿性粉剂500倍液浸泡或喷洒防治。生长期易发生叶斑病等，可用80%代森锰锌500倍液或50%多菌灵可湿性粉剂1000倍液等防治。

第十四节　网纹草

一、简介

网纹草，学名*Fittonia verschaffeltii*（Lemaire） van Houtte，又名费道花、银网草，为爵床科网纹草属多年生草本植物。网纹草姿态轻盈，植株小巧玲珑，叶脉清晰，叶色淡雅，纹理匀称，深受人们喜爱，是目前在欧美十分流行的小型观叶盆栽植物，自20世纪40年代被发现以来，仅仅半个世纪，已在窗台、阳台和居室中十分常见。

二、生长习性

网纹草性喜高温高湿及半阴的环境，较抗冻，红色网纹草越冬后颜色会更红、更深。忌干旱，生长适温为20~28℃，越冬不得低于12℃，畏冷，怕旱，忌干燥，也怕渍水。

三、栽培技术

（一）繁殖方法

网纹草主要以扦插繁殖，也可进行分株和组织培养。

1. 扦插繁殖

网纹草在适宜温度条件下，全年可以扦插繁殖，但以 5 ~9 月温度稍高时扦插效果最好。从长出盆面的匍匐茎上剪取插条，长 5 ~8cm 左右，一般需有 3 ~4 个茎节，去除下部叶片，稍晾干后插入沙床。如土壤温度在 24 ~30℃，插后 7 ~14d 可生根。若温度过低，插条生根较困难。一般在插后 1 个月可移栽上盆。

（1）扦插基质　可选用营养土、河砂或泥炭土等材料。

（2）扦插后管理

①温度：插穗生根的最适温度为 18 ~25℃，低于 18℃，插穗生根困难、缓慢；高于 25℃，插穗的剪口容易受到病菌侵染而腐烂，并且温度越高，腐烂的比例越大。扦插后遇低温时，可用薄膜覆盖进行保温；扦插后遇高温，可进行遮荫，遮去阳光的 50% ~80%，同时进行喷雾，每天 3 ~5 次，根据天气控制喷雾次数。

②湿度：扦插后必须保持空气的相对湿度在 75% ~85%。可以通过给插穗进行喷雾来增加湿度，每天 1 ~3 次，晴天温度越高喷的次数越多，阴雨天温度越低喷的次数减少或不喷。

③光照：扦插繁殖离不开阳光的照射，但光照越强，插穗体内的温度越高，插穗的蒸腾作用越旺盛，消耗的水分越多，不利于插穗的成活。因此，在扦插后必须遮光 50% ~80%。

2. 分株繁殖

对茎叶生长比较密集的植株，在不少匍匐茎节上已长出不定根，只要匍匐茎在 10cm 以上带根剪下，都可直接盆栽，在半阴处恢复 1 ~2 周后转入正常养护。

3. 组织培养繁殖

常以叶片和茎尖作外植体。消毒灭菌后叶片切成 8 ~10mm 的小段，接种到 MS 培养基加 6 - BA 2mg/L、NAA 2mg/L 和 2，4 - D 1mg/L 的培养基上，30d 后叶片弯曲，再过 20d 长出丛生芽。将丛生芽切割后移入 1/2MS 培养基加 NAA 0. 1 mg/L 的培养基上，约 1 ~2 周长出不定根，形成完整植株。

（二）栽培管理

1. 光照与温度

网纹草喜中等强度的光照，忌阳光直射，但耐阴性也较强。网纹草生长适温为 18 ~25℃，耐寒力差，气温低于 12℃ 叶片就会受冷害，约 8℃ 植株就可能死亡。

2. 浇水与施肥

盆土完全干时，网纹草叶会卷起来甚至脱落；如果太湿，茎又容易腐烂。

而网纹草的根系又较浅，所以等到表土干时就要进行浇水，而且浇水的量要稍加控制，让培养土稍微湿润即可。

对于生长旺盛的植株，每半个月可施1次以氮为主的复合肥。由于枝叶密生，施肥时注意肥液勿接触叶面，以免造成肥害。生长期使用0.05%～0.1%硫酸锰溶液喷洒叶片1～2次，网纹草叶片更加翠绿娇洁。

3. 修剪

当苗具3～4对叶片时摘心1次，促使多分枝，控制植株高度；栽培第二年要修剪匍匐茎，促使萌发新叶再度观赏；第三年应重新扦插更新，否则老株茎节密集，生长势减弱，观赏性欠佳。

（三）盆栽管理

盆栽网纹草用8～10cm盆或12～15cm吊盆，盆土以富含有机质、通气保水的砂壤土最佳，用泥炭种植也很好，也可用椰壳、珍珠岩混合基质进行无土栽培。10cm盆栽3棵扦插苗，15cm吊盆栽5棵扦插苗。

装盆时，先在盆底放入2～3cm厚的粗粒基质，其上撒一层充分腐熟的有机肥料，厚度约为1～2cm，再盖上一层基质，厚约1～2cm，然后放入植株，以把肥料与根系分开，避免烧根。上完盆后浇1次透水，并放在遮荫环境养护。

（四）病虫害防治

网纹草的常见病害有叶腐病和根腐病。叶腐病用25%多菌灵可湿性粉剂1000倍液喷洒防治；根腐病用链霉素1000倍液浸泡根部杀菌。常见虫害有介壳虫、红蜘蛛和蜗牛等危害。介壳虫和红蜘蛛用15%哒螨灵乳油2000倍液喷杀；蜗牛可人工捕捉或用灭螺丁诱杀。

第十五节　非洲堇

一、简介

非洲堇，学名 *Saintpaulia ionantha* H. wendl.，又名非洲紫罗兰，为苦苣薹科非洲苦苣薹属多年生草本植物。原产东非的热带地区。非洲堇栽培品种繁多，有大花、单瓣、半重瓣、重瓣、斑叶等，花色有紫红、白、蓝、粉红和双色等，植株小巧玲珑，花色斑斓，四季开花，是室内的优良花卉。放置室内可净化空气、改善室内空气品质、美化环境、调和心情及舒解压力，也为园艺治疗的理想材料。非洲堇为国际上著名的盆栽花卉，在欧美栽培特别盛行，1893年第一次在德国花展中亮相时，被誉为最有趣的植物。

二、生长习性

非洲堇喜温暖气候，忌高温，较耐阴，宜在散射光下生长。适宜肥沃疏松的中性或微酸性土壤。

三、栽培技术

（一）繁殖方法

非洲堇常用播种、扦插和组织培养法繁殖。

1. 播种繁殖

非洲堇的播种，春、秋季均可进行，温室栽培以9~10月秋播为好。发芽率高，幼苗生长健壮，翌年春季开花，棵大花多。也可2月播种，8月开花，但生长势稍差，开花少。非洲堇种子细小，播种盆土应细，播后不覆土，压平即可。发芽适温18~24℃，播后15~20d发芽，2~3个月移苗。

2. 扦插繁殖

（1）叶片的选择　越老化的叶片，分化能力也越差。因此用来繁殖的叶片最好是选择幼嫩健康没有病害的。以一棵成株而言，由中心算起第3及4环的叶片是最理想的繁殖材料。

（2）叶片的采取　可利用拇指及食指夹住叶柄，再左右摇动数次使叶柄由基部脱离植株，或利用刀片由叶柄基部切下。

（3）叶片的切割　叶片朝上，用刀片在距离叶基1.5~2cm处，以约45°斜角切下。

（4）固体介质扦插　将处理好的叶片自切口处埋入已湿润的繁殖用介质中约0.5~1cm，置于温度约18~25℃的环境下培养。

（5）生根与萌芽　叶片发根时间受品种、环境、季节、叶片年龄影响，一般在1~2个月，根长出后即可每隔7~10d施稀释2500~3000倍的高氮肥料。新芽约在发根后1个月后长出。

（6）分株　新芽长出约2~3个月后，小苗有4~6片叶时，将母叶连带小苗从繁殖容器中取出，拨去部分介质，再利用小刀片将小苗的根分离。

（7）幼苗管理　幼苗对缺水的忍受度较差，且一旦缺水可能会影响日后的生长发育，故应避免缺水。待2~3个月后可定植于较大的盆中。绿叶品种由叶插到开花约需8~12个月；而斑叶品种因生长较缓慢，到第一次开花往往需要生长12个月以上。

用大蘖枝扦插，一般6~7月扦插，10~11月开花，也可9~10月扦插，翌年3~4月开花。

3. 组织培养繁殖

非洲堇用组织培养法繁殖较为普遍。以叶片、叶柄、表皮组织为外植体，用MS培养基加1mg/L 6－BA和1mg/L NAA。接种后4周长出不定芽，3个月后生根小植株可栽植。小植株移植于腐叶土和泥炭苔藓土各半的基质中，成活率100%。

（二）栽培管理

非洲堇不同的生长期施肥要领如下。

1. 生根期

如繁殖、移植、换盆后，刚处理后因无根或根部受伤，吸收功能差，于2～4周后施肥，适用氮、钾含量较高的肥料，如氮、磷、钾比例为7∶6∶19或7∶6∶7等的肥料。

2. 营养生长期

幼苗生长至开花前以及花期过后，适用氮肥成分较高的肥料，如氮、磷、钾比例为3∶1∶1或5∶1∶4或5∶1∶1等的肥料。

3. 开花期

在预期开花前约2个月开始施用。适用含磷成分较高的肥料，如氮、磷、钾比例为1∶3∶2或1∶2∶1或6∶18∶7或0∶1∶1等的肥料。

（三）盆栽管理

老化的植株、根部生病的植株应及时换盆。换盆选择环境气候合宜的季节，使植株能顺利复原。一般换盆时温度维持在18～26℃为宜。

将最底部生长不良的叶片去除，把不健康的根组织去除约1/3～1/2。植株由小盆换至大盆时，先放入少许基质于大盆盆底，将植株放入大盆中，在空隙中填入基质。换盆后浇透水，放在环境适宜的场所栽培。换盆后的植株通常较虚弱或根部受伤，根吸收能力降低，在换盆后2周内避免施肥。

（四）病虫害防治

非洲堇的常见病害有枯萎病、白粉病和叶腐烂病，一旦发现病株，立即拔除并隔离，用10%抗菌剂401醋酸溶液1000倍液喷雾或灌注盆土中；常见虫害有红蜘蛛、蚜虫、介壳虫、根粉介壳虫及蓟马，可用15%溴氰菊酯4000～5000倍液喷杀。

第十六节　天竺葵

一、简介

天竺葵，学名*Pelargonium hortorum* Bailey，又名洋绣球、入腊红、石腊

红、洋葵、洋蝴蝶等，为牻牛儿苗科天竺葵属多年生草本花卉。原产于非洲南部。由于群花密集如球，故又有洋绣球之称。花色红、白、粉、紫变化多端。花期由初冬至翌年夏初，可作春季花坛用花，盆栽宜作室内外装饰。

二、生长习性

天竺葵喜温暖、湿润和阳光充足的环境，耐寒性差，怕水湿和高温。生长适温 3～9 月为 13～19℃，冬季温度为 10～12℃，能耐短时间 5℃ 低温。6～7 月间呈半休眠状态。栽培宜肥沃、疏松和排水良好的砂质壤土。

三、栽培技术

（一）繁殖方法

天竺葵以播种繁殖和扦插繁殖为主。

1. 播种繁殖

天竺葵播种春、秋均可进行，以春季室内盆播为好。种子发芽适温为 20～25℃。天竺葵种子不大，播后覆土不宜深，约 2～5d 发芽。秋播，第二年夏季开花。经播种繁殖的实生苗，可选育出优良的中间型品种。

2. 扦插繁殖

天竺葵除 6～7 月植株处于半休眠状态外，均可扦插，以春、秋季为好。夏季高温，插条易发黑腐烂。扦插选用插条长 10cm，以顶端部最好，生长势旺，生根快。剪取插条后，让切口干燥数日，形成薄膜后插于沙床或膨胀珍珠岩和泥炭的混合基质中，注意勿伤插条茎皮，否则伤口易腐烂。插后放半阴处，保持室温 13～18℃，插后 14～21d 生根，根长 3～4cm 时可盆栽。扦插过程中用 0.01% 吲哚丁酸液浸泡插条基部 2s，可提高扦插成活率和生根率。一般扦插苗培育 6 个月可开花。

（二）栽培管理

1. 育苗技术

（1）发芽期　在适合的条件下，播种当天种子就开始萌动，直到子叶展开，胚根约 1～3d 伸出。播后用粗蛭石覆盖，以保持湿度。光照，不需光萌发，提供 100～1000lx 光照会提高发芽率并减少徒长的机会。播种后的 1～3d，直到幼根出现，介质湿度保持饱和；第 4～8d，降至潮湿；第 9d 以后保持介质干湿交替。空气湿度，一直到幼根出现前保持 100%，然后降至 40%。

（2）幼苗生长期　在子叶展开后，要保证在植株营养生长期间环境条件合适，养分供应充足，以保证植株可以顺利进入诱导开花阶段。光照，日照 16～18h 促进早开花，可补充 3500～4500lx 光照；温度，18～20℃，逐渐降至 16～18℃；介质湿度，浇水要见干见湿；空气湿度，40%～70%；施肥，交替使用钙基复合肥（7∶2∶7）和硝酸钾（3∶1∶3）。天竺葵对氨态肥比较敏感，氨态肥浓度不能超过 5μL/L，以防止徒长。在高光照条件下，补充 1000μL/L 二氧化碳可以促进开花。生长调节剂，3～5 片真叶时，施 750μL/L 氯化氯代胆碱。

2. 移栽

春季栽植。南方地栽，应选不易积水的地方，土壤要求疏松、肥沃、排水良好，最好是砂质壤土。北方宜盆栽，室内越冬。盆栽选用腐叶土、园土和砂混合的培养土。栽前先在盆底放入瓦片，以利排水。一般先栽在小盆中，不施入基肥，养护一段时间后再移入较大的盆中，这时可在盆中施入腐熟的适量厩肥作基肥，上面装入培养土，根系不要与基肥直接接触。

3. 光照与温度

天竺葵喜阳光，除夏季炎热太阳光很强需要遮荫或放室内，避免阳光直射外，其他时间均应该接受充足的日光照射，每天至少 4h，这样才能保持终年开花。适宜生长温度 16～24℃，以春、秋季气候凉爽时生长最为旺盛。冬季温度保持白天 15℃左右，夜间不低于 8℃，并且保证有充足的光照，仍可继续生长开花。

4. 肥水管理

每月施 2～3 次稀薄液肥，在花芽分化后，应增加施入磷、钾肥。土壤要经常保持湿润偏干状态，但不能浇水过多。土壤过湿会使植株徒长，影响花芽分化，开花少，甚至使根部腐烂死亡。浇水应掌握“不干不浇、浇要浇透”的原则。夏季气温高，植株进入休眠，应控制浇水，停止施肥。

5. 整形修剪

为使植株冠形丰满紧凑，应从小苗开始进行整形修剪。一般苗高 10cm 时摘心，促发新枝。待新枝长出后还要摘心 1～2 次，直到形成满意的株形。由于它生长迅速，每次开花后都要及时摘花修剪，促发新枝不断、开花不绝，一般在早春、初夏和秋后进行修剪 3 次。第一次在 3 月份，主要是疏枝；第二次在 5 月份，剪除已谢花朵及过密枝条；立秋后进行第三次修剪，主要是整形。

（三）病虫害防治

天竺葵主要受细菌性叶斑病危害，可喷施农用链霉素 1000 倍液进行防治，注意加强管理，株间保持通风透光。

第十七节　绿萝

一、简介

绿萝，学名 *Epipremnum aureum*（Linden et Andre）Bunting，又名魔鬼藤、石柑子、竹叶禾子、黄金葛、黄金藤，为天南星科绿萝属常绿草本植物。自古已在世界广有分布，包括南澳大利亚、马来西亚、印度支那、中国、日本、印度。绿萝萝茎细软，叶片娇秀，生长于热带地区，常攀援生长在雨林的岩石和树干上，可长成巨大的藤本植物，最高可以长到20m，藤径4cm。室内种植高度能到达2m左右，其缠绕性强，气根发达，既可让其攀附于用棕扎成的圆柱上，摆于门厅、宾馆，也可培养成悬垂状置于书房、窗台，是一种常用的室内观叶花卉。环保学家发现，一盆绿萝在8～10m^2的房间内就相当于一个空气净化器，能有效吸收空气中的甲醛、苯和三氯乙烯等有害气体。

二、生长习性

绿萝为阴性植物，忌阳光直射，喜散射光，较耐阴。室内栽培可置窗旁，但要避免阳光直射。喜温暖、潮湿环境，要求土壤疏松、肥沃、排水良好。越冬温度不应低于15℃。

三、栽培技术

（一）繁殖方法

繁殖采用扦插和埋茎法。

选取健壮的绿萝藤，剪成两节一段，注意不要伤及气生根，然后插入素砂或煤渣中，深度为插穗的1/3，淋足水放置于荫蔽处，每天向叶面喷水或盖塑料薄膜保湿，环境温度不低于20℃，成活率均在90%以上。

在春末夏初（4～8月）剪取15～30cm的枝条，将基部1～2节的叶片去掉，用培养土直接盆栽，每盆3～5根，浇透水，置于阴凉通风处，保持盆土湿润，一月左右即可生根发芽，当年就能长成具有观赏价值的植株。

绿萝也可用顶芽水插，剪取嫩壮的茎蔓20～30cm长段，直接插于盛清水的瓶中，每2～3d换水1次，10多天可生根成活。

（二）栽培管理

1. 光照

绿萝的原始生长条件是参天大树遮蔽的树林中，向阳性并不强。但在秋冬季的北方，为补充温度及光合作用的不足，却应增大它的光照度。方法是把它摆放到室内光照最好的地方，或在正午时搬到密封的阳台上晒太阳。同时，温度低的时候要尽量少开窗，因为极短的时间内，叶片就可能被冻伤。

2. 温度

在北方，室温10℃以上，绿萝可以安全过冬，室温在20℃以上，绿萝可以正常生长。一般家庭达到这个温度问题不大，需要注意的是要避免温差过大，同时也要注意叶子不要靠近供暖设备。

3. 湿度

在保证正常温度的条件下，加大湿度对植物的生长极为有利。具体方法可使其靠近加湿器，加湿器每天的开放时间在5h以上；也可用调到雾状刻度的喷雾器向植物的叶片、茎部和气根处喷水，每天若干次；第三种方法是在花盆托盘内保持适量水分，通过水的蒸发增加植物的局部湿度。

4. 水分

绿萝秋冬季的浇水量应根据室温严格控制。供暖之前，温度较低，植株的土壤蒸发较慢，要减少浇水，水量应控制在原来的1/4～1/2。供暖之后，浇水也不可过勤，浇水要少向盆中浇，应由棕丝渗水。冬季浇的水以晾晒过一天后的水比较好，水过凉容易损伤根部。

5. 养分

北方的秋冬季节，植物多生长缓慢甚至停止生长，因此应减少施肥。入冬前，以浇喷液态无机肥为主，时间是15d左右1次。入冬后，施肥以叶面喷施为主，通过叶面上的气孔吸收肥料，肥效可直接作用于叶面。叶面肥要用专用肥，普通无机肥不易被叶面吸收。北大护花神系列和日本出品的花一番等均可作叶面肥使用。

（三）盆栽管理

每盆栽植或直接扦插4～5株，盆中间设立棕柱，便于绿萝缠绕向上生长。整形修剪在春季进行。当茎蔓爬满棕柱，梢端超出棕柱20cm左右时，剪去其中2～3株的茎梢40cm。待短截后萌发出新芽新叶时，再剪去其余株的茎梢。

（四）病虫害防治

绿萝很容易受到害虫和病原体的危害。典型的害虫有粉介壳虫、红蜘蛛、介壳虫。粉介壳虫通常是最常见的，可以使用酒精杀虫。病害通常有根腐病、叶斑病、炭疽病和枯萎病等，其防治的主要方法是不要过度浇水。

第十八节　吉祥草

一、简介

吉祥草，学名 *Reineckia carnea*（Andr.）Kunth，又名观音草，为百合科吉祥草属多年生长绿草本植物。原产中国长江流域以南各省及西南地区，江苏、浙江、安徽、江西、湖南、湖北、河南、陕西（秦岭以南）、四川、云南、贵州、广西和广东等省都有分布，日本也有分布。生于阴湿山坡、山谷或密林下，海拔 170 ~3200m 的地方。吉祥草花期 9 ~10 月，花淡紫色，果鲜红色，在园林中多作荫地地被。其叶优雅，有兰草风韵。盆栽或水培，可供室内欣赏。

二、生长习性

吉祥草适应性强，喜温暖、湿润、半阴的环境，对土壤要求不严格，以排水良好的肥沃壤土为宜。耐寒较强，长江流域、华东地区可露地越冬，华北各地冬季需温室栽培。

三、栽培技术

（一）繁殖方法

以分株繁殖为主，春秋两季均可进行，通常于早春 3 ~4 月，将大丛株切割成 3 ~4 块小株，分开栽培即可，每 3 ~4 年分栽 1 次。也可播种繁殖，但较少应用。

（二）栽培管理

1. 基质栽培

吉祥草宜在 3 月萌发前进行分株，每丛 3 ~5 株。盆栽时基质可用腐叶土 2 份、园土和砂各 1 份配制。吉祥草长势强健，在全日照处和浓荫处均可生长，但以半阴湿润处为佳。光照过强时，叶色水绿泛黄，太阴则生长细弱，不能开花。土壤过干或空气干燥时，叶尖容易焦枯，所以平时要注意保持土壤湿润，空气干燥时要进行喷水，夏季要避免强光直晒。待新叶发出后，每月施 1 次有机肥，可使其生长更加茂盛。放置室内观赏，要注意保持叶面清洁，如环境太阴，还要每半月将其放到室外培养一段时间后，再移入室内。

2. 水养栽培

（1）选材　选取叶色浓绿、生长旺盛、无病虫害的植株，用铲子小心地从土里挖出，尽量不伤根，然后将其根部清洗干净。

（2）压石　选取用来铺设园林小路的卵石或雨花石，将其洗刷干净，先在玻璃器皿的底部铺上一层，将吉祥草竖置于石上，再用石块把它的根部压稳，不让其倒伏，往玻璃器皿中注入清水，直到整个根部全部浸没为止。

(3) 管理　由于吉祥草的根长期浸泡在水中，时间久了水容易产生异味，因此应该做到勤换水，每周换 1 次为好，还要定期滴几滴营养液或磷酸二氢钾溶液，可使植物杆茎粗壮、叶片肥厚、叶色鲜嫩、植株茂盛。吉祥草比较耐阴，每晚 1 ~2h 的日光灯照射即可满足其光合作用的需要。

(三) 病虫害防治

吉祥草主要受叶斑病和根腐病危害，栽培时注意适时处理过密植株，使用充分腐熟的有机肥。栽培过程发现叶斑病可用百菌清、代森锰锌、绿乳铜、多菌灵等防治，在使用过程中应注意使用的浓度和次数、使用方法、注意事项等。切勿长期使用一种药物。主要虫害为介壳虫。

第十九节　金钱树

一、简介

金钱树，学名 *Zamioculcas zamiifolia*，别名金币树、雪铁芋、泽米叶天南星、龙凤木，为天南星科雪芋属多年生常绿草本植物，是极为少见的带地下块茎的观叶植物。原产于热带非洲。地上部无主茎，不定芽从块茎萌发形成大型复叶，小叶肉质，具短小叶柄，坚挺浓绿，明亮光泽，观赏价值极高。适宜在不同光强下生长，耐阴性强，有“耐阴王”之称，为新引入的高档室内观赏植物。

二、生长习性

金钱树原产于非洲东部雨量偏少的热带（草原）气候区，性喜暖热略干、半阴及年均温度变化小的环境，比较耐干旱，但畏寒冷，忌强光曝晒，怕土壤黏重和盆土内积水，如果盆土内通透不良易导致其块茎腐烂。要求土壤疏松肥沃、排水良好、富含有机质、呈酸性至微酸性。萌芽力强，剪去粗大的壮复叶后，其块茎顶端可很快抽生出新叶。

三、栽培技术

(一) 繁殖方法

1. 分株繁殖

4 月，当室外的气温达 18℃ 以上时，将大的金钱树植株脱盆，抖去绝大部分根土，从块茎的结合薄弱处掰开，并在创口上涂抹硫磺粉或草木灰，另行上盆栽种。注意栽种时不要埋得太深，以其块茎的顶端埋在土下 1.5 ~ 2cm 即可。另外，根据金钱树块茎上带有潜伏芽的特点，可将硕大的单个块茎分切成带有 2 ~ 3 个潜伏芽的小块，待其创口愈合后，再将其先埋栽于稍呈湿润的细沙中，待切割开的小块茎长成独立的植株后再行上盆栽种。

2. 扦插繁殖

插穗可用单个小叶片、一段叶轴加带 2 个叶片或单独一段叶轴，将单个叶片扦插于河砂与蛭石掺拌的混合基质上，经过 10 ~ 14d，在叶基部即可形成带根小球状茎，经过 2 ~ 3 个月的培育，便可长成小植株。若用叶轴或叶轴带叶片作插穗进行扦插，基质可用一般的细沙，也可用泥炭土、珍珠岩和河砂按 3∶1∶1 的比例混合后配制成基质。插穗入土深度为穗长的 1/3 ~ 1/2，只留叶片于基质外，喷透水后置于蔽荫处，保持 25 ~ 27℃的环境温度，视基质的干湿程度，每天给叶面喷雾 1 ~ 2 次，维持基质稍呈湿润状态。少量块茎当年出芽并长出新叶，但生长势弱、生长缓慢，次年块茎会长出粗壮的新芽而正常生长。

（二）栽培管理

1. 温度

金钱树生长适温为 20 ~ 32℃，不论是盆栽还是地栽，都要求年均温度变化小，生产性栽培最好在可控温的大棚内进行。夏季当气温达 35℃以上时，应通过加盖黑网遮光和给周边环境喷水等措施来降温；冬季最好能维持 10℃以上的棚室温度。秋末冬初，当气温降到 8℃以下时，应及时将其移放到光线充足的室内，在整个越冬期内，温度应保持在 8 ~ 10℃，这样比较安全可靠。

2. 光照

金钱树喜光又有较强的耐阴性，应避开春末夏初久雨初晴后的烈日曝晒和夏季正午前后 5 ~ 6h 的无遮无拦的强光烘烤。生产性栽培时，自春末到中秋，都应将其放在遮光 50% ~ 70% 的荫棚下，但又不能过分阴暗，否则又会导致新抽嫩叶细长、叶色发黄失神、小叶间距稀疏，从而影响到植株的紧凑优美。对冬季移放到棚室内的盆栽植株，应给予补充光照。

3. 水分

盆栽金钱树，应努力为其营造一个既湿润又偏干的环境。生产性栽培时，当室温达 33℃以上时，应每天给植株喷水一次。中秋以后要减少浇水，或以喷水代浇水，以助于新抽嫩叶的平安过冬。在冬季应特别注意盆土不能过分潮湿，以偏干为好，注意给叶面和四周环境喷水，使相对空气湿度达到 50% 以上。

4. 肥料

金钱树比较喜肥，除栽培基质中应加入适量沤制过的饼肥或多元缓释复合肥外，生长季节可每月浇施2～3次0.2%的尿素加0.1%的磷酸二氢钾混合液，也可浇施平衡肥，浓度为200～250μL/L，结合硝酸钙使用。中秋以后，为使其能平安过冬，应停施氮肥，连续追施2～3次0.3%的磷酸二氢钾液，以促使其幼嫩叶轴和新抽叶片的硬化充实。当气温降到15℃以下后，应停止一切形式的追肥，以免造成低温条件下的肥害伤根。

5. 土壤

由于金钱树原产地特殊的气候条件，使其形成了较强的抗旱性，因此对栽培基质的基本要求是通透性良好。栽培基质多用泥炭、粗沙或冲洗过的煤渣与少量园土混合，并将其pH调整至6～6.5，呈微酸性状态。梅雨季节要勤检查，发现盆内有积水现象时，要及时给予翻盆换土。

（三）病虫害防治

金钱树的主要病害为褐斑病，其防治方法为发现少量病叶，要及时摘除销毁，发病初期用50%的多菌灵可湿性粉剂600倍液或40%的百菌清悬浮剂500倍液，每隔10d喷洒叶片一次，连续3～4次，防治效果较好。其主要虫害是介壳虫，防治方法为家庭少量种养，可用透明胶带粘去虫体，也可用湿布抹去活虫体；生产性栽培，可在其若虫孵化盛期，喷洒20%的扑虱灵可湿性粉剂1000倍液，杀虫效果很好。

第八章　藤蔓类

第一节　常春藤

一、简介

常春藤，学名 *Hedera nepalensis* K. Koch var. sinensis（Tobl.）Rehd.，又名土鼓藤、钻天风、三角风、爬墙虎、散骨风、枫荷梨藤、爬山虎等，为五加科常春藤属常绿藤本植物。原产欧洲、亚洲和北非。常春藤株形优美、规整，是世界著名的新一代室内观叶植物，为颇为流行的室内大型盆栽花木，尤其在较宽阔的客厅、书房、起居室内摆放，格调高雅、质朴，并带有南国情调，还可净化室内空气，吸收由家具及装修散发出的苯、甲醛等有害气体，为人体健康带来极大的好处，深受大众喜爱。

二、生长习性

常春藤为阴性藤本植物，也能生长在全光照的环境中，在温暖湿润的气候条件下生长良好，不耐寒。对土壤要求不严，喜湿润、疏松、肥沃的土壤，不耐盐碱。

三、栽培技术

（一）繁殖方法

常春藤可采用扦插法、分株法和压条法进行繁殖。除冬季外，其余季节都可以进行，而温室栽培不受季节限制，全年可以繁殖。主要用扦插法繁殖。除夏季温度太高和冬天温度太低不能扦插外，其余时间均可进行。适宜时期是4～5月和9～10月。插穗一般选用1～2年生枝条，长约10cm，其上要有一至数个节，直接扦插至素砂插床中，深度约为3～4cm；也可用100μg/gNAA处理后再扦插。扦插苗适当遮荫，保持较高的空气湿度，温度保持在20℃左右，2周即可生根。生根后可在秋初或夏初上盆定植。

（二）栽培管理

常春藤栽培管理简单粗放，南方多地栽于园林的蔽荫处，令其自然匍匐在地面上或者假山上。北方多盆栽，盆栽可绑扎各种支架，牵引整形，夏季在荫棚下养护，冬季放入温室越冬，室内要保持空气的湿度，不可过于干燥，但盆土不宜过湿。

1. 温度

常春藤性喜温暖，生长适温为20～25℃，怕炎热，不耐寒。因此放置在室内养护时，夏季要注意通风降温，冬季室温最好能保持在10℃以上，最低不能低于5℃。

2. 光照

常春藤喜光，也较耐阴，放在半光条件下培养则节间较短，叶形一致，叶色鲜明，因此宜放室内光线明亮处培养。若能于春秋两季，各选一段时间放室外遮荫处，使其早晚多见些阳光，则生机旺盛，叶绿色艳。但要注意防止强光直射，否则易引起日灼病。

3. 水分

生长季节浇水要见干见湿，不能让盆土过分潮湿，否则易引起烂根落叶。冬季室温低，尤其要控制浇水，保持盆土微湿即可。北方冬季气候干燥，最好每周用与室温相近的清水喷洗1次，以保持空气湿度，则植株显得有生气，叶色嫩绿而有光泽。

4. 施肥

家庭栽培常春藤，盆土宜选腐叶土或草炭土加1/4河砂和少量骨粉混合配成的培养土，生长季节2～3周施1次稀薄饼肥水，一般夏季和冬季不施肥。施肥时切忌偏施氮肥，氮、磷、钾三者的比例以1:1:1为宜。生长旺季也可向叶片上喷施1～2次0.2%磷酸二氢钾液，会使叶色显得更加美丽。但需注意施液肥时要避免沾污叶片，以免引起叶片枯焦。

5. 及时修剪

小苗上盆（最好每盆栽3株）长到一定高度时要注意及时摘心，促使其多分枝，则株形显得丰满。

（三）病虫害防治

常春藤的病害主要有叶斑病、炭疽病、细菌叶腐病、根腐病、疫病等。虫害以卷叶虫螟、介壳虫和红蜘蛛的危害较为严重。注意及时清除枯枝落叶并剪除病枝、病叶，病害可喷洒65%代森锌600倍液保护，喷洒50%多菌灵或50%托布津500～600倍液进行防治。

第二节　马蹄金

一、简介

马蹄金，学名 *Dichondra repens* Forst.，又名黄疸草、荷包草、肉馄饨草、金锁匙、鸡眼草、小灯盏菜、小迎风草、小碗草、小半边莲等，为旋花科马蹄金属多年生匍匐草本植物。分布于台湾以及中国大陆的长江以南等地，生长于海拔1300~1980m的地区。马蹄金茎多数，细长，匍匐地面，植株低矮，根、茎发达，四季常青，抗性强，覆盖率高，堪称“绿色地毯”，适用于公园、机关、庭院绿地等栽培观赏，也可于沟坡、堤坡、路边等用作固土材料。

二、生长习性

马蹄金生长于半阴湿、土质肥沃的田间或山地，适应性强，耐阴、耐湿，稍耐旱，可耐轻微的践踏，温度降至－7~－6℃时会遭冻伤，一旦建植成功便能够旺盛生长，并且自体结实。

三、栽培技术

（一）繁殖方法

1. 茎段繁殖

茎段繁殖为马蹄金繁殖最常用的方法，主要是用它的匍匐茎来繁殖。首先在选好的圃地上施基肥，浇水，精耕细作，整平（或打畦筑垅），3~9月均可进行。然后采用1:8的比例进行分栽，分栽时用手将草皮撕成（5×5）cm大小的草块，贴在地面上，稍覆土压实，及时灌水即可。一般经过2个月左右的生长，即可全部覆盖地面。在茎段栽上后，新草块没有全面覆盖地面期间，必须及时拔除杂草，一般需进行2~3次。

2. 播种繁殖

选好圃地，施上底肥和农药，然后精耕细耙，打畦筑垅。适时播种，一般3~9月均可进行，以3~5月最好。播前先灌足底水，然后将选好的种子用撒播的方法均匀地撒入畦中，覆盖细土1~1.5cm，播种量3kg/667m^{2}左右。待生长至4~5片真叶时追施尿素5kg/667m^{2}和磷酸二铵10kg/667m^2。及时清除杂草，防治病虫害。

（二）栽培管理

1. 田间管理

由于马蹄金匍匐生长于地面上，而且叶子比较宽大，施肥很困难，如果不严格把握施肥技术就会造成严重的烧苗现象。使用溶解性高的肥料，最好先溶解再用喷雾器喷洒；如果使用不能马上溶解的肥料，则施肥后都要浇大量的水，将落在叶子上的肥料用水冲到土壤中，并使之尽快溶解掉，这样可以降低茎叶被烧伤的程度。同时，要避开高温施肥。

马蹄金喜氮肥，平时结合下雨和浇水，应适量追施氮肥，最好施尿素3～5kg/667m^2和二铵5～10kg/667m^2。待草皮栽培2～3年后，由于根茎密集在一起，容易造成土壤板结影响透气和渗水，可依情况进行刺孔，或用刀铲划线切断草根，提高土壤疏松度，同时加施氮肥，适当浇水，使草坪恢复活力。

2. 防除杂草

由于多种因素的影响，马蹄金草坪中一般都有一定数量的杂草危害，特别是新建草坪杂草更是种类多、数量大，如不及时防治势必严重影响草坪的质量。在马蹄金还没有全面覆盖地面期间，必须除杂草2～3遍，这是种好马蹄金的关键。除草可用除草剂，最好在杂草苗期施用比较理想。

（三）病虫害防治

马蹄金抗病能力较强，但它易感染南方菌核腐烂病，发生高峰期是6～9月份四个月，发生时可用敌克松防治，也可选用井冈霉素防治。防治前将病斑处的腐烂叶全部清除掉。

马蹄金草坪草叶片比较嫩，汁液含量高，受黏虫侵害十分严重，当发现黏虫时，必须采取必要的措施进行防治，可选用辛硫磷、乐斯本等杀虫剂。还有一种危害马蹄金的生物是蜗牛，可用米达、灭汉罗等交替使用来防治。

第三节　蔓长春花

一、简介

蔓长春花，学名 *Vinaca major* Linn，又称长春蔓，为夹竹桃科蔓长春花属半灌木植物。原产地中海沿岸、印度、热带美洲，现广东、江苏、浙江和台湾等地有栽培。蔓长春花植株丛生，叶椭圆形，亮绿有光泽；花淡蓝色，花期4～5月，绿色叶片上有许多黄白色块斑，植株终年常绿，生长繁茂，枝叶光滑青翠，富于光泽，是一种美丽的观叶植物，也是很好的地被植物。将其种于高处，让茎蔓自然下垂，柔顺的枝条看上去轻盈飘逸，绿意盎然，别有韵味。春末夏初，绿叶丛中会悄无声息地绽放出梦幻般的蓝色花朵，淡雅怡人，宁静详和，给人一种清幽朦胧的静态美。

二、生长习性

蔓长春花喜温暖、湿润和阳光充足的环境，对光照要求不严，尤以半阴环境生长最佳。蔓长春花为常绿植物，有一定的耐寒能力，每年6~8月和10月为生长高峰。耐寒，耐水湿。宜肥沃、疏松和排水良好的砂壤土。

三、栽培技术

（一）繁殖方法

蔓长春花繁殖主要采用扦插法，在整个生长季进行都可以。做法是取茎2~3节插于砂或土中，按时浇透水，遮荫，约10d就能生根。生长期长期保持盆土湿润，每半月施1次肥，以磷、钾肥为主。冬季温度不得低于0℃。此外还可采用分株、压条法繁殖。

（二）栽培管理

1. 春季管理

春季最低气温稳定在10℃以上时换盆。换盆时应对枝蔓进行适当的修剪。早春应放置于有光线的窗台上培养，气温升高后开始发新芽，应保持土壤的湿润，并开始追肥。气温较高时遮去中午的光照或给予半光照。春末应置于半阴处或光线明亮的室内培养，注意补充室内的空气湿度。

2. 夏季管理

花叶长春蔓耐高温，但不耐烈日。夏季光照较强，易将其叶片灼伤，故应置于室内光线明亮处，保持土壤的湿润，并经常向其四周和叶片喷雾洒水以增加空气湿度，加强室内的通风。气温较高时不施肥。

3. 秋季管理

秋季气温凉爽后可适当增加光照，秋末气温下降后逐步将盆栽移至有光照的窗台上培养，减少浇水次数，使盆土偏干，使其进入半休眠状态。停止施肥。

4. 冬季管理

花叶长春蔓稍耐寒，冬季气温在0℃以上可安全越冬，应放置于有光照的窗台上培养，让其接受光照。使盆土偏干，中午气温较高时向其叶面和四周喷雾洒水数次。秋冬季节室内气温保持在10℃左右时，花叶长春蔓仍能缓慢地生长，应正常管理，但应减少施肥的次数。

（三）病虫害防治

蔓长春花常有枯萎病、溃疡病和叶斑病发生，可用等量式波尔多液喷洒。

虫害有介壳虫和根节线虫，介壳虫用25%亚胺硫磷乳油1000倍液喷杀，根节线虫用3%呋喃丹颗粒剂防治。

第四节 蔓性天竺葵

一、简介

蔓性天竺葵，学名*Pelargonium peltatum*（L.）Herit. ex Ait.，又名盾叶天竺葵，多年生攀缘或缠绕草本植物。花冠洋红色，伞形花序，花有深红、粉红及白色等，为灌木状草本植物。

蔓性天竺葵可盆栽观赏，也可于“五一”“十一”等节日布置花坛。全株可供药用，有的品种可提取香料。

二、生长习性

蔓性天竺葵喜阳光，但也较耐阴，怕寒冷，需在温室内栽培。不耐水湿，喜疏松、排水良好的土壤。

三、栽培技术

（一）繁殖方法

1. 扦插繁殖

蔓性天竺葵繁殖以扦插为主，春秋季进行，9～10月扦插，可在冬季开花。因其茎嫩多汁，扦插时易腐烂，因此在采取插穗后，切口干燥一天，再进行扦插；或预先在选取插穗的母株上进行摘心，待侧枝抽出后，自基部分枝处切取，伤口较小，愈合较快，成活率高。扦插后土温保持10～12℃，1～2周内生根，生根后及时移入7～10cm的盆中，最后定植于15cm的盆内。

2. 播种繁殖

种子随采随播，周年都可进行，只是应避开高温季节。播种温度以20～23℃为宜。采用疏松、排水良好的培养介质，播种前用百菌清消毒，点播或撒播在育苗盘中，覆土约5mm，用浸透法吸水，然后用塑料薄膜覆盖以保持土壤湿润，室温25℃，7d左右出苗后掀开薄膜。秋播，第二年夏季能开花。经播种繁殖的实生苗，可选育出优良的中间型品种。

（二）栽培管理

1. 苗期管理

天竺葵的育苗周期为5～6周，分四个阶段。

第一阶段，从播种到胚根出现，发芽温度为 21～24℃。这个阶段需要 3～5d，基质要中等湿润。

第二阶段，从胚根出现到子叶伸展，发芽完毕，并长出 1 片真叶。出苗后，要降低基质湿度，以利于根系发育，温度依旧为 21～24℃。可以一周施肥 1 次，氮、磷、钾的比例为 1:0:1 和 2:1:2 的肥料交替使用，浓度为50～75mg/kg。这个阶段需要 5～10d，基质中等湿润。

第三阶段，从 1 片真叶出现并开始生长，温度为 18～21℃。施肥浓度 100～150mg/kg，一周施 2 次肥。这个阶段需要 14～21d，基本达到 4 叶 1 心，达到移栽标准。

第四阶段，准备移植或贮运。温度为 17～18℃。这个阶段需要 7d，施肥浓度同第三阶段，之后可栽入（14×12）cm 的盆中。

整个育苗期水的 pH 要调整到微酸性，在 5.5～6.5 为好，基质 pH 控制在 6.2～6.5 为宜。基质温度不低于 18℃为宜。幼苗发芽后宜迅速接受光照，以防徒长。可于育苗期保持每天光照 16～18h，为期 4 周，光照强度为 3200～5400lx。肥料用氮、磷、钾的比例为 2:1:2。保持基质中等湿润状态，两次浇水之间保持基质处于干燥状态，同时保持较低的空气湿度，以减少病害发生。

2. 上盆移栽

当幼苗长到1片真叶时可进行第一次移苗。移苗或上盆时可根据土壤情况施用复合肥或腐熟的有机肥作基肥。基质尽可能采用当地优良基质，55%～75%优质草炭、20%～25%的珍珠岩、5%～10%的蛭石、5%～10%的陶粒，这种比例混合的基质比较理想。定植后立即浇施甲基托布津 1000 倍液，可预防根腐病的发生。

3. 日常管理

栽培蔓性天竺葵以排水良好的砂质壤土为宜。以磷、钾肥为主，有机液肥适量，以免导致徒长影响开花。夏季放置荫处，停止施肥。为使植株饱满，生长整齐，生长期应多次摘心，促发新枝，同时及时摘除黄叶或过大的叶片，以及过密、纤弱的枝条，使植株内部通透。霜降前后移入室内阳光充足处，通风良好，温度不低于 5℃，以免受冻害，此时应严格控制浇水。蔓性天竺葵生长较快，应每年换盆 1 次，及时剔除老根。换盆宜在 3～4 月出室前后进行。

（三）病虫害防治

天竺葵子叶长出后每周喷施 1000 倍液的百菌清或甲基托布津，防猝倒病，连续喷 2～3 次为宜。

第五节 飘香藤

一、简介

飘香藤，学名 *Pelargonium peltatum*（L.）Ait.，又名双喜藤、红皱藤、红蝉花，为夹竹桃科双腺藤属多年生常绿藤本植物。原产美洲热带。飘香藤的缠绕茎柔软而有韧性，顺着支架盘旋而上，粉红似喇叭的花儿大而直挺，花茎能达到6~8cm。飘香藤从初春到深秋花开不断，花色有粉红、桃红、大红等，且富于变化，有“热带藤本植物皇后”的美称。在开花期间，往往呈现花多于叶的盛况，微风袭来，阵阵扑鼻的清香使人心旷神怡，因此就有了“飘香藤”的雅名。飘香藤室外栽培时多用于篱垣、棚架、天台、小型庭院美化，由于其蔓生性不强，也适合室内盆栽，可置于阳台做成球形及吊盆观赏。

二、生长习性

飘香藤喜温暖湿润及阳光充足的环境，也可置于稍荫蔽的地方，但光照不足开花减少。生长适温为20~30℃，对土壤的适应性较强，但以富含腐殖质、排水良好的砂质壤土为佳。

三、栽培技术

（一）繁殖方法

飘香藤一般用扦插法繁殖，可于春、夏、秋季进行，也可用组织培养法进行快繁。

（二）栽培管理

室外栽培不宜植于过于低洼的场所，以免积水引起缺氧而生长不良。室内盆栽北方可用腐叶土加少量粗砂，南方可使用塘泥、泥炭土、河沙按5:3:2混合配制。在生长期，可适量追施复合肥3~5次，但应控制氮肥施用量，以免营养生长过旺而影响生殖生长，使开花减少。在养护过程中，要适当控制浇水，以形成发达的根系。

花期过后即可进行修剪。如果是一、二年生植株，可进行轻剪，修剪主要是为了整形。多年生老株可于春季进行强剪，以促其萌发强壮的新枝。

（三）病虫害防治

飘香藤抗逆性强，较少感染病害，因此在生长期，每月喷洒1次杀菌剂即可对病害起到预防作用。

第六节　牵牛花

一、简介

牵牛花，学名 *Pharbitis nil*（L.）Choisy，又名喇叭花、朝颜花，为旋花科牵牛属一年生蔓性缠绕草本花卉。原产热带美洲，我国各地普遍栽培。牵牛花花冠喇叭样，花色鲜艳美丽，花期 6～10 月，大都朝开午谢。

牵牛花跨进传统名花行列，已有千余年的历史，不但名见花谱、花志、名著，而且历代有许多的诗文吟咏。牵牛花为夏、秋常见的蔓性草花，可作小庭院及居室窗前遮荫、小型棚架、篱垣的美化，也可作地被栽植。

二、生长习性

牵牛花生性强健，喜气候温和、光照充足、通风适度，对土壤适应性强，较耐干旱盐碱，不怕高温酷暑，属深根性植物。地栽土壤宜深厚，最好直播或尽早移苗，大苗不耐移植。

三、栽培技术

（一）繁殖方法

牵牛花以播种繁殖为主。牵牛花种子发芽温度为 20～30℃，一般在四月末五月初播种（南方还可以提前），按品种分行播在细砂土苗床中。牵牛花种皮较厚，发芽慢，播种时可在种脐上部用小刀刻破一点种皮。播种后保持 25℃，7d 左右发芽。

（二）栽培管理

1. 移栽

种子发芽后，大约再过 10d 左右，子叶完全张开。待真叶刚刚萌发时，就可移栽入小盆中，可整坨把小苗带土分开。作盆栽时随之将主根下端去掉 1cm，用普通培养土栽在二号筒盆，每盆一株，注意不要碰伤主根。移苗宜小，宜早，土坨越大越好。

当小苗长出 6～7 片叶即将伸蔓时，整坨脱出，换上坯子盆（内径 24cm）定植。盆土要用加肥培养土，并每盆施 50g 蹄片作底肥。栽后浇透水。

2. 肥水管理

露地定植时选择排水良好的土壤，给予充分日照和通风良好的环境，生育期盆土表面略干时需灌水，半个月施稀液肥 1 次，氮肥不宜太多，以免茎叶过于茂盛。盆栽需设支柱。

3. 整形修剪

牵牛花的真叶长出3~4片后，中心开始生蔓，这时应该摘心。第一次摘心后，叶腋间又生枝蔓，待枝蔓生出3~4片叶后，再次摘心，同时结合整形。每次摘心后都应追肥。枝蔓成长后即进入花期，待花苞成形后，可将花苞的托叶摘掉，以利花苞发展。为保证养分充分供应花苞而开出大而艳丽的花朵，还可以除掉一些花苞，培育独朵的花。开过花后要将残花摘掉，不使其作籽，以免影响下一批花的营养。

绿篱种植时，当主蔓生出7~8片叶时进行摘心，留4片叶；待长出3个支蔓后，再留4片叶进行摘心；待长出9条支蔓后，均匀分布于篱笆或墙垣进行绑扎，任其生长，很快即可形成绿篱和花墙。

盆栽室内观赏时，可在7~8片叶时留4片叶摘心，长出3个支蔓后再留1片叶摘心。使每盆植株不超过9个花蕾，这样可使株形丰满花大。也可采用篮式栽培方法。

4. 搭架

盆栽时，小苗长高后，在盆中心直插一根1m长的细竹竿，再用3m左右长的铅丝，一端齐土面缠在竹竿上，然后自盆口盘旋向上形成下大上小匀称的塔形盘旋架。铁丝上端固定在竹竿顶尖。牵牛花为左旋植物，铅丝的盘旋方向必须符合牵牛花向左缠绕的习性。

（三）病虫害防治

牵牛花主要有白锈病为害叶、叶柄及嫩茎。注意及时拔除病株并销毁；播种前应进行种子消毒；发病初期喷1%等量式波尔多液或50%疫霉净500倍液进行防治。

第七节 珊瑚藤

一、简介

珊瑚藤，学名 *Antigonon leptopus* Hook. ex Arn.，又名紫包藤、旭日藤，为蓼科珊瑚藤属常绿木质藤本植物。原产于中美洲地区，现中国台湾、海南、广州等地有栽培。珊瑚藤茎蔓攀力强，花多数密生成串，花期3~12月，色彩艳丽，花繁且具微香，是夏季难得的名花。既可栽植于花坛，又是盆栽布置宾馆、会堂窗内两侧花他的良好材料，适合花架、绿荫棚架栽植。

二、生长习性

珊瑚藤喜向阳、湿润、肥沃之酸性土，性喜高温，生育适温约22～30℃，在热带或亚热带南部凉爽季节中，生长繁茂。冬季气温10℃以下时，叶色会变成墨绿，有时微枯，在5℃以上即可安全越冬。喜湿润，在有明亮光照的环境下生长较好，喜肥，稍耐寒，喜欢生长在排水良好且富含腐殖质的壤土中。

三、栽培技术

（一）繁殖方法

可用播种或扦插法，但以播种为主。

1. 播种繁殖

春至夏季为适期，发芽适温约22～28℃。播种前先将种子浸水4～6h，使之充分吸水，再浅埋于土中约1cm，保持湿度，约经30d能发根。由于不耐移植，最好用直播或盆播。

2. 扦插繁殖

春季为珊瑚藤的扦插适期。剪组织充实的枝条，每段约15～20cm，摘去下部叶片，只留上部2～3片叶，插于泥炭土和粗砂等量混合后的培养土中，浇足水，再用塑料袋罩住花盆，放于半阴下，15～20d即可生根。新叶长出后就可移栽，但发根率及生育不如播种理想。

（二）栽培管理

1. 土壤光照

以肥沃壤土或腐植质壤土为佳，排水、日照需良好，日照不足开花疏而色淡。夏季盆栽在室外养护，最好置于树阴下，但每天至少要有3～4h的直射光照。

2. 水肥

珊瑚花性喜湿润，故在生长期间应充分浇水，经常保持盆土湿润，在夏季高温季节要向叶面喷水。休眠期内要少浇水，只要盆土不干即可。珊瑚花生长期需肥较多，每7～10d需施1次25%的沤熟饼肥。当花现蕾时，则要多施磷、钾肥，这样可使茎干坚挺，花色更加鲜艳。

3. 摘心修剪

如果想要使珊瑚花长成灌丛状，那么在生长初期必须要通过多次摘心，促其多分枝，从而可使株形丰满。幼株茎蔓伸长后需设立支柱供攀缘，若枝条多，选留2～3支作主枝，其他加以剪除，待上棚架后再摘心，促其多分枝。北部冬季有落叶现象，可趁此修剪整枝，将枝条剪短；植株老化则采用强剪。

第八节 使君子

一、简介

使君子，学名 *Quisqualis indica* L.，又名留求子、史君子、五梭子、索子果、冬均子、病柑子，为使君子科使君子属攀缘状灌木植物。分布于印度、缅甸至菲律宾，我国分布于福建、台湾（栽培）、江西南部、湖南、广东、广西、四川、云南、贵州，生于平地、山坡、路旁等向阳灌丛中。花瓣长圆形或倒卵形，白色后变红色，有香气。花期 5 ~ 9 月，果期 6 ~ 10 月。本种为古今中外著名的驱虫药，于治疗小儿病患上至少已有 1600 多年的历史。

二、生长习性

使君子性喜向阳、温暖湿润的气候，畏风寒、霜冻。对土壤要求不严，但以肥沃的砂质壤土最好。忌渍水，但稍耐水湿，不耐干旱。直根性，不耐移植。抗性强，少有病虫害。

三、栽培技术

（一）繁殖方法

使君子主要用播种、分株、扦插和压条繁殖。

1. 播种繁殖

苗床宽宜 120cm，行距 18 ~ 20cm，株距 10cm，播时种子尖端向下，果柄的一端向上，斜插入土，再盖厚约 3cm 的土，并保持湿润，约一个月发芽出土。苗期注意锄草，苗高 10 ~ 15cm 时即可带土移栽或来年春天移栽。

2. 分株繁殖

于 3 月份，选取健壮母株的萌蘖移栽。

3. 扦插繁殖

有枝插法和根插法。

（1）枝插法　2 ~ 3 月或 9 ~ 10 月进行。剪取 1 ~ 2 年生健壮枝条作插条，插条长 20 ~ 25cm，斜插于苗床上，于次年移植。

（2）根插法　12 月至次年 1 ~ 2 月进行。将距离主根 30cm 以外的部分侧根切断挖出，选径粗 1cm 以上的根，剪成长约 20cm 作插条，扦插于苗床，1 年后可移植。

4. 压条繁殖

2～3 月选健壮长枝，弯曲埋入土中，或波状压条，生根后截取移植。

（二）栽培管理

培育的使君子小苗，可在 2 月中下旬或雨季定植。行株距（3.3 ×2.3）m，穴中施厩肥，与土混匀，每穴栽苗 1 株，栽后浇水定根。

露地栽植于向阳背风的地方，温室栽培冬季需保证较高的室温。使君子开花结实需充足的养分，除定植时施足基肥外，每年春、夏两季，应施肥 1～2 次，并经常中耕除草，方能花繁叶茂。11 月～翌年 2 月为落叶期，此时应减少浇水次数并停止施肥。若因春、夏生长快速而导致枝条杂乱，可在冬季修剪枝叶，以免影响次年开花。

（三）病虫害防治

使君子抗病性强，在生产中，基本没有病害。舞毒蛾是生产中主要危害使君子的害虫。舞毒蛾属于鳞翅目毒蛾科，又名秋千毛虫，是世界性的森林食叶害虫。

防治方法主要如下。

1. 加强管理加强管理，铲除杂草，对植株进行整枝修剪，剪除枯枝、残枝、病虫害枝，并集中烧毁。

2. 人工摘卵块舞毒蛾卵块孵化期长，可达个月以上。卵块常出现在枝梢基部或枝干上，一般易发现，可通过人工剪除，集中烧毁来消灭它。

3. 诱杀成虫利用该虫具有趋光性的特点，可在成虫羽化期用灯光诱杀。

4. 生物防治释放舞毒蛾天敌如广大腿小蜂、舞毒蛾平腹小蜂。

5. 化学防治采用化学农药敌百虫粉剂、杀螟松乳油倍液防治舞毒蛾为害。

第九节　炮仗花

一、简介

炮仗花，学名 *Pyrostegia venusta*（Ker－Gawl.）Miers，又名黄金珊瑚，为紫葳科炮仗藤属常绿木质藤本植物。原产中美洲，世界各地栽培。炮仗花可攀缘高达 7～8m，因花似炮仗而得名。每当春季开花时节，朵朵金黄色的小花，星星点点地点缀在绿墙上，就像一串串鞭炮，又仿佛一颗火星似的炸成一片，给花园、环境增添许多喜庆色彩，极受人们喜爱。炮仗花可用大盆栽植，置于花棚、花架、茶座、露天餐厅、庭院门首等处，作顶面及周围的绿化，景色殊佳；也宜地植作花墙，覆盖土坡、石山。

二、生长习性

炮仗花性喜向阳环境和肥沃、湿润、酸性的土壤，生长迅速，在华南地区，能保持枝叶常青，可露地越冬。

三、栽培技术

（一）繁殖方法

炮仗花常用扦插和压条法繁殖。

1. 扦插繁殖

于3月中下旬，选择1年生的粗壮枝条作插穗，插入湿沙床内并喷雾保湿。当气温稳定在20℃左右时，插后约25d发根，成活率可达70%。约一个半月左右，可移入圃地培育。

2. 压条繁殖

主要是利用落地的藤蔓，在叶腋处伤皮压土，从春到秋均可进行，但以夏季为最宜。20~30d可发根，一个半月左右剪下成新株，当年即可开花。多作盆花栽培，或直接压条于容器内，不移至圃地育苗。

（二）栽培管理

1. 定植

一年生苗可出圃定植。栽培地点应选阳光充足、通风凉爽的地方。炮仗花对土壤要求不严，但栽培在富含有机质、排水良好、土层深厚的肥沃土壤中，则生长更茁壮。种植穴要挖大一些，并施足基肥，基肥宜用腐熟的堆肥，并加入适量豆饼或骨粉，穴土要混拌均匀。定植后第一次浇水要透，并需遮荫。待苗长高70cm左右时，要设棚架，将其枝条牵引上架，并需进行摘心，促使萌发侧枝，以利于多开花。

盆栽炮仗花，宜选用深筒瓦盆，培养土以腐叶土、园土、山泥等为主，并施入适量经腐熟的堆肥、豆饼、骨粉等有机肥作基肥。

2. 肥水管理

炮仗花生长快，开花多，花期又长，因此肥、水要足。追肥宜用腐熟稀薄的豆饼水或复合化肥，生长季节一般约2周左右施1次氮磷结合的稀薄液肥，孕蕾期追施1次以氮肥为主的液肥，以利开花和植株生长。

浇水次数视土壤湿润状况而定。在炎热夏季除需浇水外，每天还要向枝叶喷水2~3次和在周围地面洒水，以提高空气湿度，浇水要见干见湿，切忌盆内积水。秋季开始进入花芽分化期，此时浇水需适当少些，以控制营养生长，促使花芽分化。

3. 温度管理

炮仗花不耐寒，在北方地区冬季需移入室内越冬。越冬期间放室内阳光充足处，并应控制浇水，停止施肥，室温保持在10℃以上。一般12月中下旬开始需将室温逐渐提高些，同时要适量浇水与施肥，到了2～3月便可孕蕾开花。

4. 调整株形

炮仗花为多年生常绿攀缘藤本植物，生有卷须，可以借助他物向上攀缘生长。家庭培养时，为了提高观赏效果，栽时可选用大而深的花盆，当幼苗长到一定高度时在盆内搭一花架，将其茎蔓引缚在花架上，并注意分布均匀，放在阳光充足的阳台上养护。也可在阳台上设花架，让其向上攀缘生长，待枝条在附属物体上长到一定高度时，需打顶，促使萌芽新枝，以利多开花。已经开过花的枝条，来年不再开花，因此对一些老枝、弱枝等要及时剪除，以免消耗养分，影响第二年开花。

（三）病虫害防治

炮仗花的常见病害有叶斑病和白粉病，可用50%多菌灵可湿性粉剂1500倍液喷洒。常见虫害有粉虱和介壳虫，可用50%杀螟乳油1500倍液喷杀。

第十节　金银花

一、简介

金银花，学名 *Lonicera japonica* Thunb.，又名忍冬、金银藤、二色花藤、二宝藤、右转藤、子风藤、鸳鸯藤，为忍冬科忍冬属多年生半常绿缠绕木质藤本植物。原产我国，分布各省。“金银花”一名出自《本草纲目》，由于其花初开为白色，后转为黄色，因此得名“金银花”。由于金银花匍匐生长的能力比攀缘生长能力强，故更适合于在林下、林缘、建筑物北侧等处作地被栽培，还可以作绿化矮墙，也可以利用其缠绕能力制作花廊、花架、花栏、花柱以及缠绕假山石等。

二、生长习性

金银花为温带及亚热带树种，适应性很强，喜阳、耐阴，耐寒性强，也耐干旱和水湿，对土壤要求不严，但以湿润、肥沃的深厚砂质壤上生长最佳。每年春夏两次发梢。根系繁密发达，萌蘖性强，茎蔓着地即能生根。

三、栽培技术

（一）繁殖方法

金银花主要有播种和扦插繁殖。

1. 播种繁殖

4月播种。将种子在35~40℃温水中浸泡24h，取出掺2~3倍湿砂催芽，等裂口达30%左右时播种。在畦上按行距21~22cm开沟播种，覆土1cm。每2d喷水1次，10余日即可出苗。秋后或第2年春季移栽。

2. 扦插繁殖

一般在雨季进行。在夏秋阴雨天气，选健壮无病虫害的1~2年生枝条截成30~35cm，摘去下部叶子作插条，随剪随用。在选好的土地上，按行距1.6m、株距1.5m挖穴，穴深16~18cm，每穴5~6根插条，分散形斜立着埋于土内，地上露出7~10cm，填土压实。扦插的枝条生根之前应注意遮荫，避免阳光直晒造成枝条干枯，半月左右即能生根，第2年春季或秋季移栽。

（二）栽培管理

1. 选地整地

栽植地宜选择土层疏松、排水良好、靠水源近的肥沃砂壤土，每667m^2施堆肥2500kg，深翻30cm以上。此外，荒坡、地旁、沟边、田埂、房屋前后的空地均可种植。

2. 移栽

于早春萌芽前至秋冬季休眠期前均可进行。生产上常用的栽植密度为行距150cm、株距120cm，按此密度挖穴，宽深各40cm，每穴施入农家肥5kg，与底土拌匀。然后，每穴栽壮苗1株，填细土压紧、踏实，浇透定根水。

3. 中耕除草

金银花栽植后要经常除草松土，使植株周围无杂草滋生，以利生长。每年中耕除草3次，早春新芽萌发前、秋末冬初封冻前还应各培土1次。这样可提高地温，防旱保墒，促使根系发育，多发枝条，多开花。中耕时，在植株根系周围宜浅，远处可稍深。

4. 肥水管理

施肥浇水一般在每年早春或初冬进行。具体为早春头茬花快要采完时与入冬前，在植株周围开一环状沟，将有机肥与化肥混合后施入，覆土，以利保水、保肥。每株施农家肥5kg，尿素和磷酸氢二铵各100g。头茬花后，以追施尿素为主。此外，也可进行叶面追肥，每667m^2用尿素250g、磷酸二氢钾

250g，加水50kg，叶面喷施，增产也很明显。入冬前，施腐熟的农家肥，以助越冬。天旱时需及时浇水，保持土壤湿润。

5. 整形修剪

金银花为喜阳植物，花多着生于外围阳光充足的新生枝条上，如枝叶茂盛，已结过花的枝条当年虽能继续生长，但不再开花，只有在原开花母枝上萌发的新梢，才能再结花蕾，因此成株后应进行修剪整形。

修剪在移栽后1~2年的金银花萌芽前进行。一是主干的培育，即将植株干高修剪为35cm左右，促使分枝萌芽。在主干上部保留5~6个旺盛枝条，当年萌发的枝条一般都是花枝，其所生花蕾应全部适时采去，否则会影响来年植株的长势。二是分枝的修剪，即剪去分枝的上部，只保留5~7对芽，以促使长出新的分枝。

每年春季未萌芽时应剪去枯老枝、病残枝，以减少养分消耗，疏剪影响通风透光的过密枝；向下发的枝条，由根基上发出的幼条也应剪去。此外，每茬花采完后应适当修剪疏枝并剪去病枝，从而达到使金银花枝条分布均匀合理、透光透气、便于多开花的目的。

（三）病虫害防治

金银花的常见病害有白绢病、褐斑病及白粉病等，可加强种植管理，并结合药物防治。主要虫害有蚜虫、尺蠖及红蜘蛛等。

第十一节 藤三七

一、简介

藤三七，学名*Anredera cordifolia*（Tenore）Steenis，又名洋落葵、藤子三七和川七等，为落葵科落葵属缠绕藤本植物。原产于巴西，在中国很多地区均有种植，尤其在南方地区种植较多。

藤三七为蔓生蔬菜，以采摘嫩梢和叶片食用，含有丰富的维生素A和维生素C，具有滋补、壮腰膝、消散瘀、活血、健胃保肝等作用。

二、生长习性

藤三七性喜湿润的气候，耐旱，耐湿，对土壤的适应性较强，但以选择通气性良好的砂壤土栽培为宜。藤三七喜温暖气候，生长适温为17~25℃，在华南地区可终年生长；其耐寒能力也较强，能忍耐0℃以上的低温，但霜冻会受害，在-2℃以下的气温地上部分会冻死，但翌年地下部块茎或珠芽可萌发出新株。在35℃以上的高温下，病害严重，生长不良。在炎热的夏季，藤三七生长缓慢，叶片小，产量低，品质差。

三、栽培技术

（一）繁殖方法

藤三七繁殖的方法有茎蔓扦插法和珠芽块茎繁殖法。

1. 扦插繁殖

（1）苗床准备　在温室内准备好苗床。苗床的长度为5～6m，宽度为1.2～1.5m。营养土的配方采用2/3的食用菌下料和1/3的园田土，搅拌均匀，加入适量干鸡粪，撒在苗床上，用耙子耙细整平，营养土厚度一般10cm左右最为适宜。

（2）扦插　剪取1年以上生的藤三七茎蔓枝条，枝长15cm左右，要有2～3个节位，以保证发芽率。顺着叶片的生长方向插入土中4～5cm深，1次浇透水。再用竹片在苗床的两侧插出拱棚，用塑料布扣棚。

（3）苗期管理　扦插后1～7d内，白天的温度控制在25～30℃，夜间不低于10℃。7d后白天温度保持在22～25℃，夜间控制在6～8℃。扦插后的3d内应适当遮光，第4d后再逐渐撤去遮阳物，以利于植物正常的成活。7d后再进行适当的通风炼苗，为以后的定植做好准备。

2. 珠芽块茎繁殖

以茎蔓、珠芽或块茎直接种植可在春、秋、冬三季进行。珠芽或块茎繁殖的成活率更高，因此可在成株中剪取有气生根的分生节、珠芽或块茎，按种植规格直接种植于大田。

（二）栽培管理

1. 育苗定植

栽植藤三七宜选择排水良好的砂壤土，施足腐熟有机肥，每667m^{2}施2000～3000kg，以1.7m包沟起畦，株行距（17×20）cm，每667m^{2}植5000～5500株，定植后应浇足定根水。

2. 水分管理

藤三七长势强，叶片肉厚，生长期间水分蒸发量大。为了获得高产优质的产品，需要吸收较多的水分，特别是在高温季节，应及时浇水。在多雨季节，则应注意排水，防止土壤积水，以免根系受害。

3. 肥料管理

藤三七除了栽培时施足底肥外，生长要求有充足的氮肥和适量的磷钾肥供应。一般每采摘一两次后要穴施1次腐熟细碎的农家肥，每667m^{2}用量在 300 ~ 500kg，也可追施经过高温消毒的膨化鸡粪，每 667m^{2}用量 200kg 左右。

4. 植株调整

藤三七分枝性强，生长繁茂，在生产中需通过整枝、修剪、摘心等措施来控制植株的生长和发育。具体采取的措施应根据植株生长势、栽培方式、定植密度、气候条件等而定。采用爬地栽培的，蔓长 30 ~ 40cm 时摘除植株生长点，可促发粗壮的新梢、增大增厚叶片、促进叶腋新梢的萌发，以后随着茎蔓的伸长再摘除其生长点。入秋后将地上部的老茎蔓剪除，用有机肥拌土进行培肥培土，以利于植株复壮。采用搭架栽培的，秋季出现花序，要及时摘除这些嫩梢，以控制花序的发生。

（三）病虫害防治

藤三七常见虫害有斜纹夜蛾、甜菜夜蛾、蚜虫等。斜纹夜蛾、甜菜夜蛾，可用 0.36% 百草一号水剂 1000 倍液或 0.6% 清源保水剂 1500 倍液喷雾防治。主要病害是蛇眼病。

第十二节 旱金莲

一、简介

旱金莲，学名 *Tropaeolum majus* L.，又名旱荷、寒荷、金莲花、旱莲花、金钱莲、寒金莲、大红雀等，为旱金莲科旱金莲属一年生或多年生的攀缘性稀有野生植物。原产南美秘鲁、巴西等地，我国普遍引种作为庭院或温室观赏植物，河北、江苏、福建、江西、广东、广西、云南、贵州、四川、西藏等省区均有栽培。旱金莲叶形如碗莲，在环境条件适宜的情况下，全年均可开花，一朵花可维持 8 ~ 9d，全株可同时开出几十朵花，香气扑鼻，颜色艳丽，乳黄色花朵盛开时，如群蝶飞舞，是一种重要的夏季观赏花卉。盆栽可供室内观赏或装饰阳台、窗台。

二、生长习性

旱金莲不耐寒，能忍受短期 0℃，喜温暖湿润，越冬温度 10℃ 以上。需用阳光充足和排水良好的肥沃土壤。生长适温 18 ~ 24℃，35℃ 以上生长受抑制，因此夏季高温时不易开花。北方常作一二年生花卉栽培。

三、栽培技术

（一）繁殖方法

用播种或扦插法。

1. 播种繁殖

一般于3月播种，7~8月开花；6月播种，国庆节开花；9月播种，春节开花；12月播种，“五一”开花。播种先用40~45℃温水浸泡种子一夜后，将其点播在装有素砂的浅盆中，上覆盖细砂厚约1cm，播后放在向阳处保持湿润，10d左右出苗，幼苗2片真叶时分栽上盆。

2. 扦插繁殖

以春季室温13~16℃时进行，剪取有3~4片叶的茎蔓，长10cm，留顶端叶片，插入砂中，保持湿润，10d开始发根，20d后便可上盆。

（二）栽培管理

1. 培养土

宜选用腐叶土4份、园土4份、堆肥土1份、砂土1份混合配制的壤土。

2. 肥水管理

旱金莲在生长过程中，一般每月施1次浓度为20%的腐熟豆饼水；在开花期间停施氮肥，改施0.5%过磷酸钙或腐熟的鸡鸭粪水，每隔半月施1次；花谢之后追肥1次30%的腐熟豆饼水，以补充因开花所消耗的养分；秋末再施1次复合性越冬肥，以增强植株的抗寒能力。

浇水次数和浇水量应根据天气和植株生长情况而定。春秋季节一般隔天浇水1次，夏季每天浇水1次，以保持较高的空气湿度。出现花蕾时浇水次数宜适当减少，但要加大每次的浇水量，使盆土见干见湿。

3. 光照管理

旱金莲性喜阳光，春秋季节应放在阳光充足处，夏季需适当遮荫，冬季室温保持在15℃左右，阳光充足，便能继续生长发育。

4. 整形修剪

由于旱金莲是缠绕半蔓性花卉，具较强的顶端生长优势，若要使其花繁叶茂，在小苗时，就要打顶使其发侧枝。当植株长到高出盆面15~20cm时，需要设立支架，把蔓茎均匀地绑扎在支架上，并使叶片面向一个方向。支架的大小以生长后期蔓叶能长满支架为宜，一般高出盆面20cm左右，随茎的生长及时绑扎，并注意蔓茎均匀分布于支架上。在绑扎时，需进行顶梢的摘心，促使其多分枝，以达到花繁叶茂的优美造型。

5. 花期控制

旱金莲以7～8月份炎夏开花最盛，冬季和早春控制室温在16～24℃的条件下可常年开花不断。另外，若要在元旦、春节期间开花，可在上一年8月播种；需在“五一”节赏花，可在上一年12月于室内播种；国庆节观花的，则在5月底、6月初播种，高温季节及时遮荫或移至通风凉爽处生长；若要早春2～3月开花，需在上一年10月室内播种，室温保持在15℃左右，长有3～4片真叶时上盆即可达到目的。

（三）病虫害防治

旱金莲的病虫害较少，主要害虫为潜叶蛾，另外还易受蚜虫和白粉虱的危害，需及时喷药防治。防治潜叶蛾可用菊酯类农药，防治蚜虫和白粉虱可用吡虫啉类农药。

第十三节　西番莲

一、简介

西番莲，学名*Passiflora coerulea* L.，又名鸡蛋果、巴西果、百香果、藤桃，为西番莲科西番莲属多年生常绿攀缘木质藤本植物。原产于巴西，后来在南美、南非、东南亚各国、澳洲和南太平洋各地区都有种植，为著名的芳香水果，有“果汁之王”的美誉，果实甜酸可口，风味浓郁，芳香怡人。西番莲当年种植，当年开花结果，花大而美丽，花型奇异，果色鲜艳，具有很高的观赏及绿化价值。

二、生长习性

西番莲植株寿命约20年，经济寿命一般8～10年。喜光，喜温暖至高温湿润的气候，不耐寒。生长快，开花期长，开花量大，适宜于北纬24°以南的地区种植。对土壤的要求不很严格。

三、栽培技术

（一）繁殖方法

西番莲常用播种和扦插繁殖。

1. 播种繁殖

播种春、秋季均可。播种前，种子需低温（0℃）预处理3个月。播种时，先将种子用水浸泡2～3d，用手搓脱种子外层胶质，每千克种子用10～

15g 多菌灵或甲基托布津拌种，20～30h 后即可播种。苗圃保持 40%～50% 的荫蔽度。播种后每 3d 浇 1 次水，保持温度 20℃左右，30～180d 发芽，出苗不整齐。

2. 扦插繁殖

扦插以 5 月为宜，剪取 10～12cm 嫩枝，插入砂床，砂床温度控制在 18～20℃，25～30d 可生根。

（二）栽培管理

1. 种植地选择

西番莲种植开发园地应选择有灌溉条件、排水良好、土质肥沃、质地疏松、透气性好的砂壤土，在土层较厚的地带种植，土壤酸碱度以 pH7.0 以下的中性、微酸性为宜。

2. 果苗定植

栽植方式以篱笆直立型为主，庭院栽培可采用棚架式。成片栽培行株距为（3×2）m，每 667m^2栽 111 株。栽苗时定植土用适量腐熟有机肥与砂壤土拌匀。定植时要理顺根系，分层填土，踏紧压实，栽后及时浇根水，并覆盖（50×50）cm 的小块薄膜。

3. 抹芽与整形修剪

定植后小苗恢复生长，每 5d 抹 1 次芽，以促使主蔓速生、粗壮。

当幼树长到 40～50cm 时，要及时立支柱，牵引幼树藤蔓上架。采用单主蔓双层四大枝整形法，即当主蔓长到 70～80cm 时留侧蔓 2 枝，分别牵引上架，作第一层主蔓；当植株长到 150～160cm 时，再留壮侧枝 1 枝，与主蔓延长枝同时作为第二层主枝，分别牵引向反方向上架，形成双层四枝枝蔓整形。此期间应将主蔓 80cm 以下和 80～160cm 间的侧枝、萌枝全部剪除或抹掉。

4. 肥水管理

栽后及时灌水、排水，并结合施清淡肥或叶面肥 2～3 次。6 月下旬至 7 月上旬大花期，对叶面喷施磷酸二氢钾 250 倍液进行促花；7 月下旬大果期对叶面喷施“云大－120”6000 倍液及 0.2% 的硼砂进行保果。

（三）病虫害防治

西番莲的病害较少，生产中主要发生根腐病、疫霉病和炭疽病。防治病害的主要措施首先是做好排水工作，防止果园积水；其次结合修剪清园，将病枝、病叶、病果清出园外烧掉，必要时进行药物防治。西番莲虫害很少。

第十四节 含羞草

一、简介

含羞草，学名 *Mimosa pudica* Linn.，又名感应草、知羞草、呼喝草、怕丑草，为豆科含羞草属多年生草本或亚灌木。原产于南美热带地区，现我国各地均有栽培，无明显地理分布分区，华东、华南、西南等省区较为常见。由于叶子会对热和光产生反应，它在受到外界触动时，叶柄下垂，小叶片合闭，所以得名“含羞草”。含羞草的花、叶和荚果均具有较好的观赏效果，且较易成活，适宜作阳台、室内的盆栽花卉，在庭院等处也能种植。

二、生长习性

含羞草适应性强，喜温暖湿润的气候，对土壤要求不严，但在湿润的肥沃土壤中生长良好。不耐寒，喜光，但又能耐半阴，一般生于山坡丛林中及路旁的潮湿地。

三、栽培技术

（一）繁殖方法

含羞草主要为播种繁殖，且以直播为主，若需移栽，应在幼苗期进行，否则不易成活。作为一年生栽培的含羞草，春秋都可播种。播前可用35℃温水浸种24h，浅盆穴播，覆土1～2cm，以浸盆法给水，保持湿润，在15～20℃条件下，经7～10d出苗，苗高5cm时上盆。

（二）栽培管理

1. 上盆

播种土用腐叶土、园土、细砂，按照2∶3∶5比例混合配制。播时，先在盆中盛上适量的培养土，铺平压实，用喷壶洒透水，待水全部渗透后进行播种，每盆播种子1～2粒。如用浅盆育苗，则以（2×2）cm的距离进行点播。播后覆土3～5cm，以盖住种子为宜。盆上盖塑料薄膜保湿，将盆放到20℃左右的散光处。盆土干燥时用浸盆法灌水。约经7～10d，种子发芽出苗。

2. 移栽

含羞草出苗后，将盆上的覆盖物拿掉，并逐渐接受阳光。待幼苗长到3cm高时，播在浅盆中的即可分苗带土移栽，否则不易成活。刚上盆的幼苗浇透水后，放到半阴处，待缓苗后再移到阳光充足的地方。而直播在小盆中的可直接放在阳光充足处生长。南方4月中、北方5月初，可将苗盆移出室外培养，并及时浇水保持盆土湿润。幼苗长到4片叶时开始追施液肥，一般7～10d追施1次腐熟淡液肥即可。苗长大后可再换一次盆，但用盆不宜过大，一般定植到15～20cm的中号花盆中即可。

3. 日常管理

含羞草喜湿润，夏季生长期每天浇水1次。苗期每半月施追肥1次。生长期需肥不多，施稀液肥2～3次即可，肥料不宜过多。不耐寒，喜温暖气候，适宜生长温度为20～25℃。喜光线充足，略耐半阴。夏季炎热时应适当遮荫，冬季宜置于阳光充足处。

（三）病虫害防治

含羞草基本无病虫害。如发生蛞蝓，可在早晨用新鲜石灰粉撒施防治。

第十五节　马兜铃

一、简介

马兜铃，学名*Aristolochia debilis* Sieb. et Zucc.，又名水马香果、蛇参果、三角草、秋木香罐，为马兜铃科马兜铃属多年生缠绕性草本植物，因其成熟果实如挂于马颈下的响铃而得名。分布于黄河以南至长江流域，南至广西，一般野生于路旁与山坡。马兜铃在园林中宜成片种植，作地被植物，任其蔓延。也可用于攀缘低矮栅栏作垂直绿化材料。

二、生长习性

马兜铃喜冷凉湿润的气候，耐寒，耐旱，怕涝，忌阳光照射。宜在湿润而肥沃的砂质壤土或腐殖质壤土中种植。

三、栽培技术

（一）繁殖方法

马兜铃主要为种子繁殖，在10～20℃变温条件下发芽率高。春播宜3月下旬~4月上旬，直播与育苗均可。

在苗床上开沟，行距25cm，沟深3～6cm，播幅10cm，将种子播下，覆土轻压，加盖稻草，以保持苗床湿润。出苗后除去覆盖物，1hm^{2}土地用种子15～22.5kg。次年4月，按株行距（30×40）cm开穴定植。

（二）栽培管理

幼苗期需适当灌水，施氮肥1次；定植后至开花期，追施氮肥2次；8月中、下旬开花时增施磷、钾肥。及时中耕除草，株高30cm后应搭架，以利其茎蔓攀缘生长。

（三）病虫害防治

凤蝶严重时可将马兜铃叶子吃尽。其防治方法为冬季清理田园，消灭越冬蛹；4～9月凤蝶发生期，当1～2龄幼虫群集危害时，用20%杀灭菌脂乳油2000倍液喷雾。此外，还有象鼻虫、斜纹夜蛾、金斑夜蛾、蚜虫等为害。

第十六节　文竹

一、简介

文竹，学名*Asparagus setaceus*（Kunth）Jessop，又名云片松、刺天冬、云竹，为百合科天门冬属多年生常绿藤本观叶植物，因其叶片轻柔，常年翠绿，枝干有节似竹，且姿态文雅潇洒，故名文竹。原产非洲南部，我国各地常见栽培。文竹叶片纤细秀丽，密生如羽毛状，翠云层层，株形优雅，独具风韵，深受人们的喜爱，是著名的室内观叶花卉。文竹的最佳观赏树龄是1～3年生，此期间的植株枝叶繁茂，姿态完好。但即使只生长数月的小植株，其数片错落生长的枝叶，也可形成一组十分理想的构图，形态也十分优美。以盆栽观叶为主，又为重要的切叶材料。

二、生长习性

文竹性喜温暖湿润和半阴环境，不耐严寒，不耐干旱，忌阳光直射。适合生长于排水良好、富含腐殖质的砂质壤土。生长适温为15～25℃，越冬温度为5℃。

三、栽培技术

（一）繁殖方法

文竹用播种和分株的方法进行繁殖。

1. 播种繁殖

以室内盆播为主，一般点播于浅盆，粒距2cm，覆土不宜过深，浸水后用玻璃或薄膜盖上，以减少水分蒸发，保持盆土湿润，放置于阳光充足处。播种后温度保持在20℃左右，25～30d即可发芽，在15～18℃时则需30～40d

才能发芽，幼苗长到3~4cm高时，便可分苗移栽。

2. 分株繁殖

一般3~5年生的植株生长较茂密，可进行分株繁殖。在春季换盆时进行，将根系扒开，注意不要伤根太多，用利刀顺势将丛生的茎和根分成2~3丛，使每丛含有3~5枝芽，选盆栽植或地栽。分栽后浇透水，放到半阴处，以后适当控制浇水，以免引起黄叶。

（二）栽培管理

1. 盆栽基质

常用腐叶土1份、园土2份和河砂1份混合作为基质，种植时加少量腐熟畜粪作基肥。

2. 翻盆换土

文竹为肉质须根，在生长过程中要求土壤通气、排水良好，因此要求每年换1次盆土，待根系长满盆时再更换大盆。换盆时把外围的须根剪掉，并去除一部分旧盆土，添加新肥土。随着植株的生长、高大，应插设支架。

3. 温度与光照

文竹冬季应入室养护，室温保持在10℃以上。若太阳直射，除可造成叶片发黄外，还会出现焦灼状；通风不良会大量落叶，且导致不能结实。因此，文竹一般在室内或荫棚下摆放，但也不能长期遮荫。秋末和冬季应靠近南窗摆放，可多见些阳光。

4. 浇水与施肥

文竹生长期中最关键的是浇水问题，如浇水过多，容易引起根部腐烂，叶黄脱落；如浇水过少，盆土太干，则容易导致叶尖发黄，叶片脱落，降低观赏价值。因此秋冬应减少浇水，以见干见湿为原则。生长期每月要追施1~2次含有氮、磷的薄肥，促使枝繁叶茂，其他液肥也可以。需要注意的是，开花期施肥不要太多。

5. 整形

文竹叶形秀丽，雅丽脱俗，常以盆栽置于书架、案头、茶几上，美化居室。但由于它生长迅速，小巧秀丽的外形往往不能持久，因此必须加以整形。

（1）盆控法　花盆与植株的大小比例应为1:3，这样可限制根系的生长，保持株形大小不变。

（2）摘去生长点　在新生芽长到2~3cm时，摘去生长点，可促进茎上再生分枝和叶片，并能控制其不长蔓，使枝叶平出，株形不断丰满。

（3）转盆　适时转动花盆的方向，可以修正枝叶的生长形状，保持株形不变。

需要注意的是，对文竹的整形必须与控制肥水结合进行。即在室温15～18℃时，每周浇1次透水，使盆土保持湿润（以手指可按下为宜）。不要轻易施肥或少施肥。

（三）病虫害防治

在湿度过大且通风不良时易发生叶枯病，应适当降低空气湿度并注意通风透光，发病后喷洒等量式波尔多液200倍液，或50%多菌灵可湿性粉剂500～600倍液进行防治。夏季易发生介壳虫、蚜虫，可用15%溴氰菊酯4000～5000倍液喷杀。

第十七节 铁线莲

一、简介

铁线莲，学名*Clematis florida* Thunb.，又名铁线牡丹、金包银、山木通、番莲、威灵仙，为毛茛科铁线莲属木质藤本植物。原产于中国，广东、广西、江西、湖南等地均有分布。全世界广泛分布于各大洲，而以北温带与北半球的亚热带地区为多。中国约有110种，生于低山区的丘陵灌丛中。铁线莲花色有蓝色、紫色、粉红色、玫红色、紫红色、白色等，有若干个种、变种及其品种和杂交种，可以用于花柱、花凉亭、花拱门、花篱笆等处供园林观赏用。

二、生长习性

铁线莲喜肥沃、排水良好的碱性壤土，忌积水或夏季干旱而不能保水的土壤；耐寒性强，可耐－20℃低温。

三、栽培技术

（一）繁殖方法

铁线莲的繁殖方法主要有播种、压条、分株和扦插。

1. 播种繁殖

原种可以播种繁殖。春季播种，约3～4周可发芽；秋季播种，要到春暖时萌发。子叶留土类型的种子要经过一个低温春化阶段才能萌发，而转子莲要经过两个低温阶段才能萌发。这些种子的春化处理可用一定浓度的赤霉素处理。

2. 压条繁殖

可在3月用去年生的成熟枝条压条。通常在1年内生根。

3. 分株繁殖

丛生植株，可以分株。

4. 扦插繁殖

杂交铁线莲栽培变种以扦插为主要繁殖方法。7～8月取半成熟枝条，在节间截取，节上具2芽，扦插基质用泥炭和砂各半，扦插深度为节上芽刚露出于土面，保持温度15～18℃。生根后上10cm盆，在防冻的温床或温室内越冬。春季换15～20cm盆，移出室外。夏季需遮荫防阵雨，10月底定植。

（二）栽植管理

我国中部在4～5月、北方在解冻后栽植。

1. 场地选择

不管是阳台、露台还是庭院，每天需至少2h的直射光照条件。南方因为夏天较热，所以最好有一定的荫蔽条件，如林缘、墙壁。地栽时，南方雨水多，需注意不能选择低洼涝地。

2. 盆栽

选择底部透水的花盆，基质以疏松、透气、保水、保肥、干净为好，盆表面可覆盖松鳞或者其他园艺覆盖物。肥料则以全营养控释肥为好，可以加入一些骨粉或者其他完全发酵的有机肥。盆栽的季节所受限制较少。

3. 地栽

地栽一般春季或者秋季进行。地栽苗以带基质的容器苗为好，栽培前容器苗充分浸水。种植穴应大于容器苗的3～4倍，混入一些专用栽培基质，采用控释肥或者有机肥为底肥，栽植深度5～10cm为好。

4. 肥水管理

保持基质充分湿润，但不积水，栽后几个月要注意充分浇水，使根部能向四周伸长。施足底肥，平时可以用水溶性肥料进行补充。叶色发黄，斑驳，可能是缺元素的征兆，应及时增施相应肥料。

5. 修剪和绑扎

及时绑扎，使其按照期望的方向生长，并进行修剪。

（三）病虫害防治

铁线莲抗病虫害的能力较强。病害有枯萎病，多在夏季雨天放晴、温度急升时枝条突然枯萎，往往在秋天或次年春天萌发新枝。其他有粉霉病、病毒病等。虫害主要有红蜘蛛、刺蛾等为害。

第十八节　紫藤

一、简介

紫藤，学名 *Wisteria sinensis*（Sims）Sweet，又名朱藤、招豆藤、藤萝，为豆科紫藤属落叶攀缘大藤本植物。原产中国，朝鲜、日本也有分布，华北地区多有分布，以河北、河南、山西、山东最为常见。紫藤为长寿树种，花紫色或深紫色，十分美丽，可半月不凋，民间极喜种植。成年的植株茎蔓蜿延屈曲，开花繁多，串串花序悬挂于绿叶藤蔓之间，瘦长的荚果迎风摇曳，自古以来中国文人皆爱以其为题材咏诗作画。在庭院中用其攀绕棚架，制成花廊，或用其攀绕枯木，有枯木逢生之意。还可做成姿态优美的悬崖式盆景，置于高几架、书柜顶上，繁花满树，老桩横斜，别有韵致。

二、生长习性

紫藤为暖带及温带植物，对气候和土壤的适应性强，较耐寒，能耐水湿及瘠薄土壤，喜光，较耐阴。以土层深厚、排水良好、向阳避风的地方栽培最适宜。主根深，侧根浅，不耐移栽。生长较快，寿命很长。缠绕能力强，但对其他植物有绞杀作用。

三、栽培技术

（一）繁殖方法

紫藤繁殖容易，可用播种、扦插、压条、分株、嫁接等方法，栽培中主要用播种、扦插，但因实生苗培养所需时间长，所以应用最多的是扦插法。

1. 扦插繁殖

插条繁殖一般采用硬枝插条。3 月中下旬枝条萌芽前，选取 1 ~ 2 年生的粗壮枝条，剪成 15cm 左右长的插穗，插入事先准备好的苗床，扦插深度为插穗长度的 2/3。插后喷水，加强养护，保持苗床湿润，成活率很高，当年株高可达 20 ~ 50cm，两年后可出圃。还可采用插根方法，利用紫藤根上容易产生不定芽的特性，3 月中下旬挖取 0.5 ~ 2.0cm 粗的根系，剪成 10 ~ 12cm 长的插穗，插入苗床，扦插深度保持插穗的上切口与地面相平。其他管理措施同枝插。

2. 播种繁殖

播种繁殖在 3 月进行。播前用 55℃ 温水浸种，待水温降至 30℃ 左右时，捞出种子并在冷水中淘洗片刻，然后保湿堆放一昼夜后便可播种。或将种子用湿砂贮藏，播前用清水浸泡1～2d。

（二）栽培管理

1. 移栽

多于早春定植。定植前需先搭架，并将粗枝分别系在架上，使其沿架攀缘。由于紫藤寿命长，枝粗叶茂，制架材料必须坚实耐久。紫藤直根性强，故移植时宜尽量多掘侧根，并带土球。

2. 光温

紫藤喜阳光，略耐阴，种植紫藤要选取向阳地块。紫藤的适应能力强，耐热、耐寒，在中国从南到北都有栽培。

3. 水肥

紫藤的主根很深，所以有较强的耐旱能力，但是喜欢湿润的土壤，但不能积水，否则会烂根。紫藤在一年中施2～3次复合肥，基本可以满足需要。

4. 土壤

紫藤主根长，所以种植的地方需要土层深厚。紫藤耐贫瘠，但肥沃的土壤更有利其生长。紫藤对土壤的酸碱度适应性也强。

5. 修剪

修剪时间宜在休眠期。修剪时可通过去密留稀和人工牵引使枝条分布均匀。因紫藤发枝能力强，花芽着生在一年生枝的基部叶腋，生长枝顶端易干枯，因此要对当年生的新枝进行回缩，剪去1/3～1/2，并将细弱枝、枯枝在基部剪除。

（三）病虫害防治

为害紫藤的病毒病有数种，以脉花叶病最为常见，紫藤及多花紫藤的叶片侧脉变黄或明脉，渐扩大成放射型病斑或斑驳，有时主脉黄化，后出现星状斑纹或环纹，严重时叶片畸形。紫藤常见虫害有蜗牛、介壳虫、白粉虱等。

第十九节　凌霄

一、简介

凌霄，学名 *Campsis grandiflora*（Thunb.）Schum.，又名紫葳、女藏花、凌霄花、中国凌霄，为紫葳科凌霄属落叶藤本植物。分布于黄河和长江流域的江苏，广东、广西、贵州也有栽培。凌霄生性强健，枝繁叶茂，入夏后朵朵红花缀于绿叶中次第开放，十分美丽，是理想的垂直绿化、美化花木的品种，可用于棚架、假山、花廊、墙垣绿化。其茎、叶、花均可入药，有泻血热、破血淤的功能。

二、生长习性

凌霄喜阳光充足，也耐半阴，适应性较强，耐寒、耐旱、耐瘠薄，以排水良好、疏松的中性土壤栽植为宜，忌酸性土，有一定的耐盐碱能力，忌积涝、湿热，不喜大肥。

三、栽培技术

（一）繁殖方法

凌霄不易结果，很难得到种子，主要用扦插、压条繁殖，也可分株繁殖。

1. 扦插繁殖

可在春季或雨季进行，北京地区适宜在 7～8 月。截取较坚实粗壮的枝条，每段长 10～16cm，扦插于砂床，上面用玻璃覆盖，以保持足够的温度和湿度。一般温度在 23～28℃，插后 20d 即可生根，到翌年春即可移入大田，栽植行距 60cm、株距 30～40cm。

2. 压条繁殖

在 7 月间将粗壮的藤蔓拉到地表，分段用土堆埋，露出芽头，保持土壤湿润，约 50d 左右即可生根，生根后剪下移栽。南方也可在春天压条。

3. 分根繁殖

宜在早春进行，即将母株附近由根芽生出的小苗挖出栽种。

（二）栽培管理

1. 追肥浇水

早期管理要注意浇水，后期管理可适当粗放些。开花之前施一些复合肥、堆肥，并进行适当灌溉。

2. 支架与疏剪

植株长到一定程度，要设立支架。每年发芽前可进行适当疏剪，去掉枯枝和过密枝，使树形合理，利于生长。

3. 盆栽

宜选择 5 年以上的植株，将主干保留 30～40cm 短截，同时修根，保留主要根系，上盆后使其重发新枝。萌出的新枝只保留上部 3～5 个，下部的全部剪去，使其成伞形，控制水肥，经一年即可成形。搭好支架任其攀附，次年夏季现蕾后及时疏花，并施 1 次液肥，则花大而鲜丽。

4. 越冬

冬季置不结冰的室内越冬，严格控制浇水，早春萌芽之前进行修剪。

（三）病虫害防治

凌霄的病虫害主要有灰斑病、白粉病、根结线虫病、霜天蛾、大蓑蛾、蚜虫等。防治方法是清除病落叶，烧毁。病害在发病初期喷洒波尔多液或多菌灵等药剂，白粉病可喷洒粉锈宁或退菌特等药剂。根结线虫的防治主要是栽培基质用杀线虫剂处理。盆栽凌霄的虫害防治可在盆土内施呋喃丹后浇水，在害虫幼虫期进行。

第二十节　球兰

一、简介

球兰，学名 *Hoya carnosa*（L. f.）R. Br.，别名腊花、金雪球、石壁梅等，为萝藦科球兰属多年生蔓性草本，多生于平原和山地，附生于树上或石上。球兰小花呈星形簇生，清雅芳香，是一种栽培广泛的室内观叶植物，适于攀附与吊挂栽培，可攀缘支持物、树干、墙壁、绿篱等；或栽于桫椤板上，让其茎节附着攀爬。它枝蔓柔韧，可塑性强，可随个人爱好制作各种形式的框架，令其缠绕攀缘其上生长，开成多姿多彩的各种动植物形象，其吊挂装饰垂悬自然，耐观赏。

二、生长习性

球兰性喜温暖及潮湿的环境，不耐寒，生育适温 18～28℃，冬季室温应保持在 10℃以上。栽培土质以富含腐殖质、排水良好的壤土为佳。

三、栽培技术

（一）繁殖方法

球兰主要用扦插法繁殖，一般在晚春进行。切取一段约 10cm 的茎端，并在切口沾上发根剂，然后插入土中进行扦插，在 21℃下培养约 8～10 周，就会长出根，隔 2 周后，让根部发育良好后即可移植。

（二）盆栽管理

1. 光温

盆栽球兰，春、秋季节宜放在室外朝南窗台上或室内南窗附近培养，可保持叶色翠绿光亮，开花良好。夏季需要移至遮荫处，防止强光直射，否则叶色易变黄。但长期将其放在光线不足处，则叶色变淡，花少而不艳。

球兰不耐寒，生长适温为15～25℃，冬季室温应保持在10℃以上，若低于5℃，则易受寒害，引起落叶，甚至整株死亡。

2. 肥水

生长季节浇水要见干见湿，经常向叶面喷水。夏季浇水要充足，同时要注意增加空气湿度，以利健壮生长。生长旺季施肥主要以有机肥或复合肥料为主，一般不需多施肥，否则会影响开花。从现蕾期开始直到花谢，每3周浇1次肥水，其余时间因为生长缓慢，要停止施肥。

3. 修剪

幼株宜早摘心，促使分枝，并及时设立支架，使其向上攀附生长。花谢之后要任其自然凋落，不能将花茎剪掉，因为第二年的花芽大都还会在同一处萌发，若将其剪除，就会影响来年开花数量。对于已有花蕾和花朵正开的植株，不能随意移动花盆，否则易引起落蕾落花。

4. 换盆

花盆宜选用高脚盆，年幼时每年春季换1次盆，成株后可每隔1～2年换1次盆。选择比原来略大的盆，换盆时要剪去部分老根和陈土，几年以上的老株不需每年换盆。

（三）病虫害防治

球兰的常见病害有炭疽病、坏斑病、叶斑病，可用50%多菌灵可湿性粉剂600倍液或用70%代森锰锌可湿性粉剂400～600倍液喷洒防治。主要虫害有介壳虫、蚜虫及螨类等，可用50%杀螟乳油1500倍液喷杀。

第九章　仙人掌及多肉类

第一节　佛手掌

一、简介

佛手掌，学名 *Mesembryanthemum uncatum* Salm - Dyck，又名舌叶花、宝绿，为番杏科舌叶花属多肉类植物，因其肉质叶舌状稍卷曲，叶色鲜绿，叶面光洁透明，叶片紧抱轮生于短茎上，酷似佛手状而得名。原产南非冬季温暖、夏季凉爽的干旱地区。佛手掌秋、冬开花，花自叶丛抽出，具短梗，金黄色。可用小盆栽植，馈赠亲友，陈设于书桌、几案，小巧玲珑，花型奇特，很具观赏价值，令人喜爱赞不绝口。

二、生长习性

佛手掌喜冬季温暖、夏季凉爽的干燥环境，生长适温 18 ~ 22℃，超过 30℃时，植株生长缓慢且呈半休眠状态。越冬温度需保持在 10℃以上。宜于肥沃、排水良好的砂壤土中生长。

三、栽培技术

（一）繁殖方法

一般为分株或播种繁殖。分株一般在春季结合换盆进行，将老株丛切割若干丛，另行上盆栽植即可。

（二）栽培管理

1. 温度控制

佛手掌喜冬季温暖、夏季凉爽的干燥环境，生长适温 18 ~ 22℃，超过 30℃生长迟缓，并进入半休眠状态，越冬温度需保持在 10℃以上。如高温多湿，茎叶易腐烂，此时，需遮荫和通风，以凉爽、半阴为好，达到安全越夏。

2. 肥水管理

早春开花期，浇水可酌量增加；夏季高温时，浇水需谨慎，盆土宜略干燥；秋季生长最旺盛，浇水应多些；入冬后气温下降，生长减慢，浇水相应减少，维持盆土始终处于湿润状态，改浇水为喷水，停止施肥，确保其能安全过冬。当环境气温超过 32℃，植株将进入半休眠状态，此时应将盆栽植株搬放至阴凉处，停肥控水，保持盆土略呈干燥，注意环境通风透气，待秋凉后再恢复正常的水肥供应。

施肥多于春、秋佛手掌生长旺盛时期进行，一个月追肥 1 次，以高效有机肥为好，一株追施 100g 为宜。

3. 日照管理

充足的日光照射，对于佛手掌正常生长、发育来说非常重要，特别是在低温阶段应该保持全日照。

（三）病虫害防治

最常见的是萎蔫病，病菌从根颈部侵入后，扩展至全株。病部初呈黄褐色至褐色，后根颈部起皱变软，地上部分全面萎蔫干枯，在高温高湿条件下易发病。防治方法是尽量减少伤口，必要时可于发病初期用 50% 的多菌灵可湿性粉剂 500 倍液，或 70% 的甲基托布津可湿性粉剂 800 倍液浇灌根颈部。

佛手掌的叶片出现腐烂，有以下几个方面的原因：

（1）盆土过湿　夏季高温季节，如果盆土中水分过多，加上空气湿度大，而此时植株已进入半休眠状态，吸收水分的功能较差，因而易招致叶片腐烂。应适当遮荫，为其创造一个通风良好、凉爽半阴的环境，使其能安全过夏。

（2）施肥失误　如它在秋季生长旺盛，则氮肥不宜过多，否则易导致植物徒长和烂叶，应强调氮、磷、钾三要素的均衡供应。另外，浇施有机肥时，不要将肥液溅落于叶片上，以免引起病斑和腐烂。

（3）叶片破损　在栽培养护过程中，如果叶片出现人为破损或虫咬损伤，脏水或病菌易乘虚而入，引起伤口处腐烂，所以应尽量避免叶片出现伤口。

第二节　芦荟

一、简介

芦荟，学名 *Aloe vera*（Linn.）N. L.，又名卢会、讷会、象胆、劳伟，为百合科芦荟属多年生草本植物。原产于地中海、非洲。据考证，野生芦荟品种 300 多种，主要分布于非洲等地。芦荟叶簇生，花序为伞形、总状、穗状、圆锥形等，色呈红、黄或具赤色斑点，花被基部多连合成筒状，为花叶兼备的观赏植物，又因其易于栽种，颇受大众喜爱，成为众多居民的家庭盆栽观赏植物。

二、生长习性

芦荟性畏寒，需生长在终年无霜的环境中；喜光，需要充分的阳光才能生长；怕积水；喜排水性好、不易板结的疏松土壤。

三、栽培技术

（一）繁殖方法

芦荟一般都是采用幼苗分株移栽或扦插等技术进行无性繁殖。无性繁殖速度快，可以稳定地保持品种的优良特征。

1. 分生繁殖

分生繁殖为芦荟的主要繁殖方法。将芦荟幼株从母体中分离出来，另行栽植，形成独立生活的芦荟新植株。分生繁殖在芦荟整个生长期中都可进行，但以春秋两季进行分生繁殖温度条件最为适宜。

2. 扦插繁殖

扦插繁殖也是芦荟繁殖中常用的一种方法，利用芦荟主茎和侧枝的下端可以发生不定根的特性，分离繁殖芦荟新的植株，这对于分株发达和茎节容易伸长的芦荟种类特别适宜。芦荟的扦插主要采用茎插和根插。

（二）栽培管理

1. 土壤

芦荟喜欢生长在排水性能良好、不易板结的疏松土质中。一般的土壤中可掺些沙砾或灰渣，或能加入腐叶草灰等更好，但过多砂质的土壤往往造成水分和养分的流失，使芦荟生长不良。

2. 温度

芦荟怕寒冷，它长期生长在终年无霜的环境中。在5℃左右停止生长；0℃时，生命过程会发生障碍；低于0℃，就会冻伤。生长最适宜的温度为15～35℃，湿度为45%～85%。

3. 肥水

芦荟怕积水，在阴雨潮湿的季节或排水不好的情况下很容易叶片萎缩、枝根腐烂以致死亡。为保证芦荟是绿色天然植物，尽量使用发酵的有机肥，饼肥、鸡粪、堆肥均可。

4. 日照

芦荟的生长发育需要充分的阳光。需要注意的是，初植的芦荟不宜阳光直射，宜在半阴处。进入生长旺盛时期可全天日照。

（三）病虫害防治

芦荟的常见病害主要有炭疽病、褐斑病、叶枯病、白绢病及细菌性病害。病害发生后，用内吸传导的治疗剂如托布津、瑞毒霉等，以及抗生素如硫酸链霉素、农用链霉素、春雷霉素、井冈霉素等，以控制病害蔓延。

第三节　玉麒麟

一、简介

玉麒麟，学名 *Euphorbia neriifolia* L.，又名麒麟勒、麒额角、麒麟掌，为大戟科大戟属多浆类植物，是仙人掌类植物中最原始的类群之一。它具有翠绿而美丽的叶片，茎叶均具肉质，株形优雅，酷似我国古代传说中的麒麟，故得名“玉麒麟”。原产印度东部干旱、炎热、阳光充足的地区，现在我国各地均有栽培，暖地可庭院栽植，寒地多盆栽观赏。玉麒麟具有吸收甲醛、苯类物质的功能。

二、生长习性

玉麒麟性喜温暖，要求阳光充足，但又耐半阴。适宜排水良好的砂质壤土，耐旱，不耐寒。

三、栽培技术

（一）繁殖方法

玉麒麟一般用扦插法繁殖，在 4～10 月期间均可扦插。扦插一般选晴天的上午进行。选取生长壮实的变态茎一块，凉置 3～4d，待伤口干缩后，可插入干净河砂中 2～3cm，暂不浇水，过2d 后喷水，保持盆土潮润，一个月左右可生根，然后移栽上盆。切割变态茎块时，易流出白色乳汁，要使其流淌干净或用水冲去乳汁，以免汁干后形成干胶状，封住切口，影响生根。扦插后放阴凉处养护，保持湿润，但切口忌积水，积水会沤烂插穗。

（二）栽培管理

1. 上盆

上盆栽种的玉麒麟盆土可用园土、腐熟的厩肥土、河砂按照 3:3:4 混合配制而成。栽种时，先在花盆底部垫上一层 2～3cm 厚的陶粒或粗砂粒，以利排水，防止渍水烂根。上盆后应浇透水，先放置阴凉处一周后，移到弱光处，再逐渐移到较强的光照下放置。它耐干旱，浇水宜少不宜多。

2. 光照

玉麒麟喜光。5月初出房后，先置荫棚下7～10d，再放在阳光充足处养护，尤其是在生长季节里更要保证充足的光照，切不可久置室内观赏。冬季虽已休眠，但植株还要进行光合作用，以维持基本的生命活动，因此也应放置在阳光充足的场所，否则会使叶片发黄脱落。

3. 水分

玉麒麟比较耐旱，平时浇水以“宁干勿湿”为原则。当盆土干硬发白、叩击盆壁听到清脆的响声时浇透水。冬季浇水比平时还要减少，在15～18℃的室内，每10d左右浇1次透水即可。

4. 施肥

玉麒麟不太喜肥，供肥原则是“宁少勿多”“宁淡勿浓”。生长季节每月施1次15%左右充分腐熟的矾肥水。施肥时切忌生肥、浓肥，否则易致烂根、落叶。冬季休眠时可停肥，至翌春开始生长时再逐渐恢复正常的供肥水平。

5. 温度

玉麒麟不耐寒，一般在霜降前第一次寒流未来时就应入室，并应注意室内通风，让其逐渐适应室内小气候。冬季室温保持15℃以上可保证叶片不落，如已落叶，只要温度在7℃以上就可以安全越冬。

（三）病虫害防治

病虫害较少，但长期在温室或放置地点通风不好，易遭介壳虫危害。冬春季可每10d用清水喷洗1次叶片灰尘。对煤气非常敏感，熏染后易造成落叶。

第四节　观音莲

一、简介

观音莲，学名 *Sempervivum tectorum*，又名长生草、观音座莲、佛座莲，为景天科长生草属多年生草本植物，是一种以观叶为主的小型多肉植物。原产于西班牙、法国、意大利等欧洲国家的高山地区，其株形端庄，犹如一朵盛开的莲花，叶色富于变化，紫红色的叶尖极为别致，适合作中小型盆栽或组合盆栽，用不同造型的花盆栽种，其观赏效果也相差很大，用卡通型的花盆栽种，活泼可爱，深受孩子们的欢迎；用紫砂盆或青花瓷器盆种植，端庄大方，颇受中老年人的青睐；而栽于木质的小花盆，时尚自然，很受年轻人的喜爱。

二、生长习性

观音莲喜阳光充足和凉爽干燥的环境，适应性较强。

三、栽培技术

（一）繁殖方法

观音莲的繁殖主要包括分株繁殖、扦插繁殖、播种繁殖、组织培养等方法。

1. 播种繁殖法

在观音莲开花成熟以后采集到观音莲的种子，然后将种子在适宜的温度条件下种植，促其发芽，长出幼苗，待幼苗稍加成长就可以移栽了。

2. 组织繁殖

将观音莲的叶子和块茎等作为外植体，将叶子切小块进行整组的接种。先用无菌水进行消毒，再用营养液进行组织培养，直至生芽，成长为幼苗进行移栽。

3. 叶插繁殖

选择观音莲一个生长中的叶片平放在营养土里，一段时间后，原来那个叶片就会长出新的小叶芽和根部，取它的根部移栽在土里进行正常的培育，直到长成一株新的观音莲。

4. 分株繁殖

为最常用的一种繁殖方法，一般在 5 ~ 6 月进行。当从块茎抽出 2 片叶片就可将其分割开来，切割的伤口要涂上木炭粉等。栽培的土壤要经过几天烈日曝晒或蒸熏消毒。栽下幼苗后，进行喷雾保持叶面湿润，并放在阴处过渡一段时间再移至半阴处。另外，还可用小块茎播种，在气温达到 20℃ 或稍高一点就可进行。将小块茎尖端向上，埋入灭菌的基质中，保持基质中等湿度，一般在 20d 左右发出新芽。若需扩大繁殖，可对块茎进行分割，但伤口上要涂上硫磺粉消毒，待气温稍低些时再种，以防腐烂。

（二）栽培管理

1. 土壤

盆土要求疏松肥沃，具有良好的排水透气性。可加 1/3 的腐殖土，再加 1/3 的河砂或煤球渣，掺入少许骨粉。新栽的植株不必浇太多的水，保持其半干状态，以利于根系的恢复。

2. 温度

观音莲生长适温为 20 ~ 30℃，越冬温度为 15℃。冬季夜间温度不低于

5℃，白天在15℃以上。休眠的植株，能耐0℃的低温。观音莲不耐热，5月以后植株生长逐渐停止，夏季进入休眠期。

3. 光照

夏季高温和冬季寒冷时植株都处于休眠状态，主要生长期在较为凉爽的春、秋季节。生长期要求有充足的阳光，如果光照不足会导致株形松散，不紧凑，影响观赏。

4. 浇水

浇水遵照“不干不浇，浇则浇透”的原则，避免长期积水，以免烂根。但也不能过于干旱，植株虽然不会死亡，但生长缓慢，叶色暗淡，缺乏生机。夏季高温期，叶片水分蒸发量大，需水量更多，如缺水极易使叶片萎蔫，所以需经常向叶面喷水。

5. 施肥

每20d左右施1次腐熟的稀薄液肥或低氮高磷钾的复合肥。施肥时不要将肥水溅到叶片上。施肥一般在天气晴朗的早上或傍晚进行，当天的傍晚或第二天早上浇1次透水，以冲淡土壤中残留的肥液。冬季放在室内阳光充足的地方，倘若夜间最低温度在10℃左右，并有一定的昼夜温差，可适当浇水，酌情施肥，使植株继续生长。

（三）病虫害防治

在整个生育期间，最常见的虫害有切根虫、螺、蜗牛和夜蛾等，主要危害观音莲的新叶和根群。可在田间撒施米乐尔、螺通杀，喷敌百虫和用谷糠配制的毒饵进行诱杀。主要的病害有炭疽病和赤斑病，要经常对土壤进行消毒，在多雨的季节，要用50%的多菌灵800倍液、65%的代森锌600倍来喷施，以防治其他的病害。另外，注意防止积水引起地下块茎腐烂。

第五节　山影拳

一、简介

山影拳，学名 *Cereus peruvianus*（L.）Mill. cv. Monstrosus，又名山影、仙人山，为仙人掌科天轮柱属植物，因外形峥嵘突兀，形似山峦，故名仙人山。原产西印度群岛、南美洲北部及阿根廷东部。山影拳因品种不同，其峰的形状、数量和颜色各不相同，有所谓“粗码”“细码”“密码”之分。如用紫砂盆栽植山影拳，其形态似山非山，似石非石，终年翠绿，生机勃勃，犹如一盆别具一格的“山石盆景”。山影拳是植物而又像山石，郁郁葱葱，起伏层叠。宜盆栽，可布置厅堂、书室或窗台、茶几等。

二、生长习性

山影拳性喜阳光，耐旱，耐贫瘠，也耐阴。盆栽宜选用通气、排水良好、富含石灰质的砂质土壤。

三、栽培技术

（一）繁殖方法

山影拳主要采用扦插法繁殖，全年都可进行，以 4 ~5 月为好。扦插时选取山影拳的小变态茎，割下后晾 1 ~2d，待切口干后扦插入土中，暂不浇水，压实盖土，可喷一些水保持湿润。一般在温度适宜（14 ~23℃）的条件下，大约 20d 即可生根。

（二）栽培管理

山影拳盆景直立挺拔，四季常青，生机勃勃，给人以不断向上之感，另有一番情趣。但为防止山影拳徒长，破坏造型，降低盆景的观赏价值，在养护过程中应注意两点：一是栽植山影拳宜用砂质土与培养土各半的混合土，切忌用肥土，肥大容易引起植株徒长；二是控水，水分充足易使山影拳徒长，新枝细而长，皱折少、不美观，浇水要坚持“见干见湿”进行，宁干勿湿，盆土以偏干为好。

山影拳一般不需要施肥。每年在换盆时，在盆底放少量碎骨粉、有机肥料作基肥即可，千万不能施用高浓度的化学肥料，否则会出现肥害。冬季室外环境温度低于 5℃时及时移入室内，置于向阳处，室温维持在 5 ~10℃，即可安全越冬。如遇气温骤降，可将其罩上塑料袋保暖。

（三）盆栽管理

制作山影拳盆景，宜选用椭圆形或长方形盆钵。盆钵大小深浅要和种植的山影拳大小及数量成正比，以“粗码”山影拳为好，因其雄劲，皱折多，很像自然界里起伏的峰峦。春季用利刀把山影拳从分叉处切下，放置阴凉通风处一周左右，待切口干燥后，将插条插入素土或砂床中，放置向阳处养护，一周后再浇透水，然后进行正常养护。等其生根后，将插条从盆内扣出再进行定植造型。制作一个中等大小的山影拳盆景，需要长短不一的插条 7 ~9 个。把较长的插条 2 ~3 个和较短的插条 1 ~2 个植盆钵一端，把剩余 3 ~4 个插条植于盆钵另一端。插条要高低错落，参差不齐，有疏有密，前矮后高，有一定层次为好。两组插条之间要留有一定空地，这样好似两座大山之间一块平整的草地。为防止插条歪斜倒伏，在适当位置应该埋入几块吸水石或小砖块。

（四）病虫害防治

山影拳主要发生锈病危害，可用50%萎锈灵可湿性粉剂2000倍液抹擦，也可用刀挖除患病部分，使其重新长出新的变态茎。虫害主要有红蜘蛛、介壳虫，可用机油乳剂50倍液喷杀。

第六节 燕子掌

一、简介

燕子掌，学名*Crassula portulacea*，又名玉树、景天树、肉质万年青，为景天科青锁龙属植物。非洲南部地区多有分布。燕子掌枝叶肥厚，四季碧绿，叶形奇特，株形庄重，栽培容易，管理简便。宜于盆栽，可陈设于阳台上或在室内桌几上点缀，显得十分清秀典雅。燕子掌树冠挺拔秀丽，茎叶碧绿，顶生白色花朵，十分清雅别致。若配以盆架、石砾，可加工成小型盆景，也可培养成古树老桩的姿态，装饰茶几、案头更为诱人。

二、生长习性

燕子掌喜温暖干燥和阳光充足的环境，不耐寒，怕强光，稍耐阴，喜肥沃、排水良好的砂壤土，冬季温度不低于7℃。

三、栽培技术

（一）繁殖方法

1. 扦插繁殖

燕子掌主要用扦插繁殖，一年四季均可进行，但以春季和秋季为宜，该季节扦插生根快、成活率高。一般从生长势好、侧枝多的植株上选取带叶的侧枝，插条长8～12cm，置于阴凉通风处晾干1～2d后，使切口稍干燥，然后插入砂床；也可摘取主茎叶片，切口稍晾干后，插入砂床，保持20～25℃和适宜湿度，约半个月即可生根。

2. 水插繁殖

燕子掌也可进行水插繁殖，生根快、生根多而且成活率高。水插于4～9月进行。将品质优良、生长健壮和无病害的枝条剪下，每段长10～15cm，上端留3～4对叶，下端去掉两对叶，冲洗干净削口上的汁液。取干净、无菌的水瓶或水杯，选取的杯子最好是不透明的杯子以便于满足根系在黑暗中生长较快的需要，盛入清洁的水，上面放上起固定作用的泡沫或厚的纸板，用泡沫或厚纸板固定枝条后放入杯中，水深以浸入插穗的1/3～1/2为宜，放入通风荫蔽处，保持温度25℃以上。扦插后每2～3d换1次水，一般7d左右就可生根，生根率几乎为100%，生根后及早上盆，上盆后放在蔽荫处5～7d，即可进入正常养护。

（二）栽培管理

1. 移栽

小苗上盆时，先在盆底放入约2cm厚的粗粒基质或者陶粒来作为滤水层，其上撒上一层充分腐熟的有机肥料作为基肥，厚度约为1～2cm，再盖上一层基质，厚约1～2cm，然后放入植株，以把肥料与根系分开，避免烧根。宜选用2/3的腐叶土和1/3的园土混合并加入少量的河砂作为培养土，上完盆后浇1次透水并放在略荫环境养护一周。

2. 日常管理

盆栽燕子掌从春季到秋季，可1～2d浇水1次，忌盆内积水。燕子掌生长适温为15～25℃，越冬温度宜保持在7℃以上，低于5℃易受冻害；夏季高温酷暑，气温高达30℃以上时。植株处于休眠和半休眠状态，要控制浇水。同时，还应做好遮荫降温工作，可每日向盆周围的地面喷水2～3次，并注意通风。

进入冬季后，要移放到能维持7～10℃的室内保温。在气温较暖和的日子，中午时分可将燕子掌搬至阳台，让其沐浴阳光，夜晚仍移入室内；注意控制盆土干湿度，盆土以稍干燥为主，并适时向叶面喷细雾补水。一般情况下，无需对盆土直接浇水。有条件的可将盆搬入暖棚，没有条件的也可采用塑料膜罩封，但需注意罩内湿度，发现水湿过大时，要及时揭罩换气，以防烂叶。

若因防冻措施失误，致使燕子掌已遭受冻害，但不要轻易丢弃植株，只要将冻死的叶片、嫩枝清除掉，保存饱满的主茎，翌年春季适当施以肥料，主茎上仍能萌发新枝新叶，一般经1～2年的培育，又能发育成一株完美的植株。

生长期间对过长和过密枝杈适度修剪，可保持株姿匀称，树势强健。每半月转1次盆，避免枝叶偏斜，影响美观。如光照不足，应注意防止湿热、烂根、脱叶。

（三）病虫害防治

燕子掌的主要病害有炭疽病和叶斑病，可用70%甲基托布津可湿性粉剂1000倍液喷洒。室内通风差，茎叶易受介壳虫危害，用50%杀螟松乳油1500倍液喷杀。

第七节 玉吊钟

一、简介

玉吊钟，学名 *Kalanchoe fedtschenkoi*，又名细叶落地生根、洋吊钟等，为景天科伽蓝属草本植物。原产马达加斯加岛干燥、阳光充足的热带地区。玉吊钟叶片轮生于主茎上，水平排列，颇美观。花冠赤橙色或深红色，状如下垂之钟，五彩斑斓，甚为美丽。玉吊钟适宜于作盆花布置厅堂、门前、花台、花架等处或地植点缀花坛、假山等处，景色殊佳；同时也是重要的切花，摘枝赠人，表示情有独钟。玉吊钟是一种重要的观赏植物资源，是落地生根类开发前景较高的一种，是较好的屋顶绿化植物。

二、生长习性

玉吊钟仅能耐极短期的0℃左右低温，不耐严寒及霜冻；性喜温暖凉爽的气候环境，不耐高温烈日。冬季温度不低于5℃。气温在13℃以上时，方能正常开花。玉吊钟适合生长在肥沃、疏松和排水良好的砂壤土中。茎叶均为肉质，较能耐旱，不需要经常浇水。华南地区一般可在室外安全越冬，北方只宜盆栽，冬季移入温室内。

三、栽培技术

（一）繁殖方法

玉吊钟主要用扦插繁殖，以5～6月进行最好。选用肥厚充实的顶端茎，剪取10～12cm长，切口稍干燥后插于砂床，约7～10d可生根，根长2～3cm时移栽上盆。也可叶插，切取单叶，剪口晾干后，斜插砂盆中，插后10d左右长出新根，30d后从叶片基部长出小植株。但叶插出的小苗大多数缺少叶绿素不易成活。

（二）栽培管理

玉吊钟栽植时需施足基肥，叶片伸展后至花茎形成以前，每月施综合性追肥1次，氮肥不宜施用过多，以免花茎过于肥嫩，易遭风折。春季花后换盆，并整株修剪，控制株高，促使多分枝，在萌发新枝时，浇水可多些。盛夏应稍加遮荫，但过于荫蔽，茎叶易徒长，柔软，叶色暗淡缺乏光泽。夏日高温多雨季节，应控制用水，避免因土壤过湿引起烂根。冬季应停止施肥，控制浇水，注意保护花茎。玉吊钟为短日照植物，如每天光照超过12h，开花将推迟到早春。冬季室温在10～12℃，玉吊钟可正常开花。

（三）病虫害防治

玉吊钟常发生茎腐病和褐斑病，可用65%代森锌可湿性粉剂600倍液喷洒。虫害有介壳虫和粉虱危害，用50%杀螟松乳油1500倍液喷杀。

第八节　白雪姬

一、简介

白雪姬，学名 *Tradescantia sillamontana* Matuda，又名白毛鸭跖草、白绢草，为鸭跖草科鸭跖草属多年生肉质草本植物。原产墨西哥北部，虽然引进我国时间不长，但由于其形态独特，满株的白色长毛在各种观赏植物中独树一帜，淡紫色的小花精致而醒目，是花、叶俱佳的观赏花卉。而叠叶草株形玲珑可爱，富有天然野趣，其养护也较为简便，非常适合家庭栽培欣赏，常作小型盆栽，点缀几案、书桌、窗台等处，清新雅致，颇有特色。

二、生长习性

白雪姬喜温暖、湿润的环境和充足柔和的阳光，耐半阴和干旱，不耐寒，忌烈日曝晒和盆土积水。

三、栽培技术

（一）繁殖方法

白雪姬可结合换盆进行分株繁殖。方法是把生长密集的植株从盆中倒出，将其分割栽种即可；也可在生长季节剪取带顶梢的茎在砂土或蛭石中进行扦插，插后放在半阴处，保持土壤湿润而不积水，在20～25℃的条件下，2周左右可生根。

（二）栽培管理

1. 温光

白雪姬生长适温16～24℃。白雪姬喜光，若光照不足，会使植株徒长，影响观赏；若光线过强，则叶片呈褐色，也影响美观。夏季高温时可适当遮光，并加强通风，否则会因闷热、潮湿导致植株腐烂。冬季放在室内阳光充足处，节制浇水，8～10℃可安全越冬。

2. 水肥

生长期需保持盆土湿润而不积水，空气干燥时可用洁净的水向植株及周围地面喷洒，但水珠不能长时停留在叶面上，否则会造成叶片腐烂。每月施1次腐熟的稀薄液肥或复合肥，但肥量不宜多，以免茎、叶生长过旺，使株形凌乱。因为植株密布长毛，沾上污物后很难清除，因此施肥时要格外小心，防止肥液污染植株。

3. 修剪整形

白雪姬由于植株生长较快，栽培中要经常修剪整形，及时将过长的茎剪短，摘除下部发黄枯烂的叶片，以保持株形的整洁美观。

4. 换盆

每年的3~4月换盆1次。盆土要求疏松肥沃，具有良好的排水透气性，可用腐叶土2份、园土1份、粗砂或蛭石3份的混合土栽种，并加入少量骨粉作基肥。由于白雪姬的新株比老株更具观赏性，栽培中应经常繁殖新株，对老株进行更新。

第九节　红雀珊瑚

一、简介

红雀珊瑚，学名 *Pedilanthus tithymaloides*（Linn.）Poit.，又名扭曲草、拖鞋花、百足草、红雀掌，为大戟科红雀珊瑚属植物。原产中美洲西印度群岛。杯状花序排列成顶生聚伞花序，总苞鲜红色，全年开红或紫色花，树形似珊瑚，故称“红雀珊瑚”。红雀珊瑚茎枝和叶片深绿，姿态优美，终年常青，适于盆栽装饰书桌、几案等。

二、生长习性

红雀珊瑚性喜温暖，适生于阳光充足而不太强烈且通风良好的地区，可适应温度较高和半阴的环境，要求疏松肥沃、排水良好的栽培土壤。

三、栽培技术

（一）繁殖方法

1. 播种繁殖

（1）选种　最好是选用当年采收的种子，种子保存的时间越长，其发芽率越低。播种前首先要对种子进行挑选，选用籽粒饱满、没有残缺或畸形及病虫害的种子。

（2）消毒　一是对种子进行消毒，常用60℃左右的热水浸种一刻钟，然后再用温热水催芽 12～24h；二是对播种用基质进行消毒，最好的方法就是把基质放到锅里炒热。

（3）播种　把种子一粒一粒地粘放在基质的表面上，覆盖基质 1cm 厚，然后把播种的花盆放入水中，水的深度为花盆高度的 1/2～2/3，让水慢慢地浸上来（这个方法称为“盆浸法”），以免把种子冲起来。

（4）播种后的管理　在深秋、早春播种后，遇到寒潮低温时，可以用塑料薄膜把花盆包起来，以利保温保湿；幼苗出土后，要及时把薄膜揭开，并在每天上午 9：30 之前，或者下午 3：30 之后让幼苗接受太阳的光照。大多数的种子出齐后，需要适当地间苗，把有病的、生长不健康的幼苗拔掉，使留下的幼苗相互之间有一定的空间，当大部分的幼苗长出了 3 片或 3 片以上的叶子后就可以移栽。

2. 扦插繁殖

常于春末秋初用当年生的枝条进行嫩枝扦插，或于早春用去年生的枝条进行老枝扦插。

（1）扦插基质　营养土可用河砂、泥炭土按 1∶1 混合配制，并加入适量的有机肥。

（2）插条的选择　进行嫩枝扦插时，在春末至早秋植株生长旺盛时，选用当年生粗壮枝条作为插穗。把枝条剪下后，选取壮实的部位，剪成 5～15cm 长的一段，每段要带 3 个以上的叶节。剪取插穗时需要注意的是，上面的剪口在最上一个叶节的上方大约 1cm 处平剪，下面的剪口在最下面的叶节下方大约为 0.5cm 处斜剪，上下剪口都要平整。进行硬枝扦插时，在早春气温回升后，选取去年的健壮枝条作插穗。每段插穗通常保留 3～4 个节，剪取的方法同嫩枝扦插。

（3）扦插后的管理

①温度：插穗生根的最适温度为 20～30℃，低于 20℃，插穗生根困难、缓慢；高于 30℃，插穗的上剪口容易受到病菌侵染而腐烂。若遇低温，可用薄膜把用来扦插的花盆或容器包起来；温度太高温时，可遮荫 50%～80%。

②湿度：扦插后必须保持空气的相对湿度在 75%～85%，通过喷雾来减少插穗的水分蒸发，每天喷雾 2～3 次。

③光照：扦插后须把阳光遮掉 50%～80%，待根系长出后，再逐步移去遮光网。晴天时每天上午 9：00 前盖上遮光网，下午 4：00 除下遮光网。

3. 压条繁殖

选取健壮的枝条，从顶梢以下大约 15～30cm 处把树皮剥掉一圈，剥后的伤口宽度在 1cm 左右，深度以刚刚把表皮剥掉为限。剪取一块长 10～20cm、宽 5～8cm 的薄膜，上面放些淋湿的园土，像裹伤口一样把环剥的部位包扎起来，薄膜的上下两端扎紧，中间鼓起。约4～6周后生根。生根后，把枝条边根系一起剪下，就成了一棵新的植株。

（二）栽培管理

1. 移栽

小苗装盆或养了几年的大株转盆时，先在盆底放入2～3cm厚的陶粒作为滤水层，其上撒上一层充分腐熟的有机肥料作为基肥，厚度约为1～2cm，再盖上一薄层基质，厚约1～2cm，然后放入植株，以把肥料与根系分开，避免烧根。上完盆后浇1次透水，并放在遮荫环境养护一周。

2. 温湿度

由于红雀珊瑚原产于亚热带地区，因此对冬季的温度要求很严，应保持环境温度在8℃以上，否则停止生长。保证湿润或半燥的气候环境，要求空气相对湿度在50%～70%。

3. 光照

红雀珊瑚对光照的适应能力较强，放在室内养护时，应尽量放在有明亮光线的地方。在室内养护一段时间后，就要把它搬到室外有遮荫的地方养护一段时间，如此交替调换。

4. 水肥

对于盆栽的植株，除了在上盆时添加有机肥料外，在平时的养护过程中，还要进行适当的肥水管理。春夏秋三季是它的生长旺季，要加强施肥，冬季休眠期，控肥控水。

对于地栽的植株，春夏两季根据干旱情况，施用2～4次肥水，先在根颈部以外30～100cm开一圈小沟（植株越大，则离根颈部越远），沟宽、深都为20cm，沟内撒进有机肥，或颗粒复合肥（化肥），然后浇上透水。入冬以后开春以前，照上述方法再施肥1次，但不用浇水。

5. 修剪

在冬季植株进入休眠或半休眠期，要把瘦弱、病虫、枯死、过密等枝条剪掉，也可结合扦插对枝条进行整理。

（三）病虫害防治

有叶斑病、炭疽病和介壳虫、蚜虫、红蜘蛛等病虫危害。

第十节　翡翠珠

一、简介

翡翠珠，学名*Senecio rowleyanus*，又名一串珠、绿铃、绿串株，为菊科千里光属多年生常绿匍匐生肉质草本植物。原产西南非干旱的亚热带地区。茎纤细，叶互生，较疏，圆心形，深绿色，肥厚多汁，极似珠子，故有“佛串珠”“绿葡萄”“绿铃”之美称。翡翠珠用小盆悬吊栽培，极富情趣，是家庭悬吊栽培的理想花卉，可放于案头、几架，也可作悬垂栽植，如下垂的宝石项链、晶莹可爱。因其茎蔓纤细匍匐生长，缀着光滑圆珠状肉质叶，形似桃，大小如豌豆，色碧绿如翡翠，悬垂在花盆四周，典雅别致，既装饰美化了室内环境，又调节人的心情。翡翠珠能有效地清除室内的二氧化硫、氯、乙醚、乙烯、一氧化碳、过氧化氮等有害物。

二、生长习性

翡翠珠喜富含有机质、疏松肥沃的土壤。在温暖、空气湿度较大、强散射光的环境下生长最佳。忌荫蔽、忌高温高湿、忌干旱，喜凉爽的环境，适宜生长温度为12～18℃，越冬温度应保持在10～12℃，最低不低于5℃。

三、栽培技术

（一）繁殖方法

翡翠珠的繁殖主要靠扦插，一般在春、秋两季进行，此时中午气温最高不超过28℃、夜晚最低不低于5℃，是植物生长的旺盛阶段。选择带叶插穗扦插成活率高，插栽可同时进行。将预先选择的泥瓦盆进行垫瓦、填土、扦插，插穗长短均可，一般以8～10cm为宜，沿盆边一周排列斜插在基质中，最后留4～5cm的插穗插在盆中心用土压住，然后将盆放置在通风透光的窗口，并浇水保持潮湿，每隔几天浇1次，保持50%～60%的湿度，半个月左右即可发根生长。成活后要控制浇水量，保持盆土干湿相间的状态，有利于植株生长。在晚春至早秋气温较高时，插穗极易腐烂，最好不进行扦插。

（二）栽培管理

1. 移栽

上盆用的基质可选用下面的一种：菜园土∶炉渣＝3∶1；草炭∶珍珠岩∶陶粒＝2∶2∶1。小苗装盆时，先在盆底放入2～2cm厚的粗粒基质或者陶粒来作为滤水层，其上撒上一层厚度约为1～2cm充分腐熟的有机肥料作为基肥，再盖上一层厚约1～2cm的基质，然后放入植株。上完盆后浇1次透水，并放在略荫环境养护一周。

2. 春季

由于温度逐渐上升，植物生长开始进入旺盛时期，水分蒸发量大，一般要保持2～3d浇1次水为宜。

3. 夏季

将栽植盆放置于阴凉通风处，以防温度过高造成腐烂，同时要少浇水，因为这时的植物处于半休眠状态，水分蒸发量减少，根部吸收水分缓慢，水过多极易烂茎死亡。但也不能过干，因为翡翠珠的茎极细，如长时间不浇水，就容易造成叶肉质皱缩，养分水分输送失调，造成枯枝、死枝且难以恢复。所以要掌握适时浇水，一般选择在傍晚每4～5d左右浇1次。夏季还应避免高温、高湿，否则极易烂茎死亡，可将盆花置于防雨荫蔽处栽培。

4. 秋天

气候逐渐凉爽，植物进入第二个生长阶段，这时要注意浇水、保湿，要做到不干不浇。增加光照，但秋季高温时忌阳光直射，应遮光50%，秋季可追施液肥。

5. 冬季

这时生长进入停滞状态，要放在阳光充足处，室温要在0℃以上，保持不结冰即可。不宜多浇水，但也不能过干，浇水要在阳光充足的中午进行。

（三）病虫害防治

翡翠珠主要受蜗牛、蚜虫、吹绵蚧和煤烟病、茎腐病等危害，注意加强栽培管理，并及时防治。

第十一节　虎尾兰

一、简介

虎尾兰，学名 *Sansevieria trifasciata* Prain，又名虎皮兰、锦兰，为龙舌兰科虎尾兰属植物。原产非洲西部和南部，现在世界各地花鸟市场及家庭中都可常见。虎皮兰具有很高的观赏价值，可用于盆栽观赏及花坛布置，适用于家庭、办公环境的装饰，对美化环境、净化空气等均起到良好的作用。研究表明，虎尾兰可吸收室内80%以上的有害气体，吸收甲醛的能力超强，并能有效地清除二氧化硫、氯、乙醚、乙烯、一氧化碳、过氧化氮等有害物，并且虎尾兰堪称卧室植物，即便是在夜间它也可以吸收二氧化碳，放出氧气。6棵齐腰高的虎尾兰可以满足一个人的吸氧量。

二、生长习性

虎尾兰适应性强，性喜温暖湿润，耐干旱，喜光又耐阴。对土壤要求不严，以排水性较好的砂质壤土为好。不耐严寒，其生长适温为20～30℃，越冬温度为10℃。

三、栽培技术

（一）繁殖方法

虎尾兰的繁殖方法主要有扦插繁殖和分株繁殖两种。

1. 分株繁殖

适合所有品种的虎尾兰，一般结合春季换盆进行。将生长过密的叶丛切割成若干丛，每丛除带叶片外，还要有一段根状茎和吸芽，分别上盆栽种即可。

金边及斑叶品种利用叶插繁殖出的小苗为绿色苗，金边及斑状消失，降低了观赏价值，所以这些品种不宜用扦插繁殖，只能用分株繁殖。

2. 扦插繁殖

扦插繁殖仅适合叶片没有金黄色镶边或银脉的品种，否则会使叶片上的黄、白色斑纹消失，成为普通品种的虎尾兰。选取健壮而充实的叶片，剪成5～6cm长，插于砂土或蛭石中，露出土面一半，保持稍有潮气，一个月左右可生根。

（二）栽培管理

1. 土壤

虎尾兰喜疏松的砂土和腐殖土，耐干旱和瘠薄。一般两年换1次盆，春季进行，可于换盆时在栽培基质中掺入一定的有机肥。

2. 水肥

虎尾兰为沙漠植物，能耐恶劣环境和久旱条件，所以要掌握“宁干勿湿”的原则。由春至秋生长旺盛，应充分浇水；冬季休眠期要控制浇水，保持土壤干燥，切忌积水，以免造成腐烂而使叶片以下折倒。注意平时用清水擦洗叶面灰尘，保持叶片清洁光亮。

生长盛期，每月可施1～2次肥，施肥量要少，一般使用复合肥，从11月～翌年3月停止施肥。

3. 光温

盆栽虎尾兰不宜长时间处阴暗处，要常给予散射光，除盛夏需避免烈日直射外，其他季节均应多接受阳光；若放置在室内光线太暗处时间过长，叶子会发暗，缺乏生机。

虎尾兰喜欢温暖的气温，适宜温度是18～27℃，低于13℃即停止生长。冬季温度也不能长时间低于10℃，否则植株基部会发生腐烂，造成整株死亡。

（三）病虫害防治

虎皮兰常见的病害主要有叶斑病和炭疽病两种，可喷施50%多菌灵进行防治。常见的虫害有象鼻虫，可用50%杀螟松乳油1000倍液喷杀。

第十二节　长寿花

一、简介

长寿花，学名*Kalanchoe blossfeldiana*，又名矮生伽蓝菜、圣诞伽蓝菜、寿星花，为景天科伽蓝菜属多肉植物。原产东非马达加斯加岛。长寿花的叶片属厚肉质，密集深绿，有光泽，终年翠绿，有很高的观赏价值。春、夏、秋三季栽植于露地作镶边材料，12月~翌年4月开出鲜艳夺目的花朵，花色粉红、绯红或橙红色，每一花枝上可多达数十朵花，花期长达4个多月，长寿花之名由此而来，是元旦、圣诞节和春节期间馈赠亲友和长辈的理想盆花。

二、生长习性

长寿花性喜温暖，生长适宜温度以白天不超过30℃，晚间温度不低于18℃为宜；耐干旱，对土壤要求不严，以肥沃的砂壤土为好；为短日照植物，对光周期反应比较敏感。

三、栽培技术

（一）繁殖方法

长寿花以扦插繁殖为主，还可进行组织培养。

1. 扦插繁殖

在5~6月或9~10月进行效果最好。选择稍成熟的肉质茎，剪取5~6cm长，插于砂床中，浇水后用薄膜盖上，室温在15~20℃，插后15~18d生根，30d即可移栽。如种苗不多时，可用叶片扦插，即将健壮充实的叶片从叶柄处剪下，待切口稍干燥后斜插或平放于沙床上，保持湿度，10~15d，可从叶片基部生根，并长出新植株。

（1）用净黄砂、砂质壤土或者营养土作基质，最好用0.1%的高锰酸钾溶液消毒。

（2）掐取6~10cm长的枝干，要带两个以上的叶基段。扦插时要将插穗尽量剪至一般高，剪口下端一般为斜口，最好离最下一个芽眼 2mm 处为宜，利于生根，上口要平整，且离最上一个芽 4mm 以上为宜，避免水分损失后上部切口干枯变色，造成扦插失败。

（3）直接插于基质中，插入深度以 1/2 ~2/3 为好，压实，浇 1 次透水。其后，保持介质湿润即可。

（4）扦插后用塑料薄膜覆盖以保温保湿，能促进枝条快速生根，保证成活率。

（5）刚扦插的插穗要避开强烈的光照，最好在散射光条件下，扦插后的插穗暂且不要施肥。

2. 组培繁殖

美国和法国从 20 世纪 70 年代末应用长寿花的茎顶、叶、茎、花芽和花等作为外植体，用 MS 培养基加 2mg/L 激动素和 0.1mg/L NAA，诱导不定芽。再用 1/2MS 培养基加 1mg/L 吲哚丁酸诱导生根。在室温 25 ~27℃、光照 16h 下，经 4 ~6 周就能长出小植株。

（二）栽培管理

1. 栽植

春季栽植或换盆换土。南方地区可地栽，露地越冬；北方地区宜盆栽，室内越冬。地栽应栽在阳光充足、地势略高、排水方便的地方，土壤为疏松的砂壤土；盆土采用肥沃的砂壤土或腐叶土、粗砂、谷壳按照 2:2:1 混合。盆栽时盆底要垫陶粒，并在培养土中搀加腐熟的有机肥作基肥。栽后不能马上浇水，需要停数天后浇水，以免根系腐烂。

2. 光照与温度

长寿花为短日照植物，对光照要求不严，全日照、半日照和散射光照条件下均能生长良好。适宜生长温度 15 ~25℃。夏季炎热时要注意通风、遮荫，避免强阳光直射。冬季入温室或放室内向阳处，温度保持在 10℃以上，最低温度不能低于 5℃。

3. 浇水与施肥

长寿花为肉质植物，较耐干旱，生长期不可浇水过多，每 2 ~3d 浇 1 次水，盆土以湿润偏干为好。生长期每月施 1 ~2 次富含磷的稀薄液肥，施肥在春、秋生长旺季和开花后进行。冬季应减少浇水，停止施肥。

4. 植株调整

为了控制植株高度，要进行 1 ~2 次摘心，促使多分枝，可有效地控制植株高度，达到株美、叶绿、花多的效果。

5. 调节花期

在长寿花的栽培过程中，可利用短日照处理来调节花期，达到全年提供盆花的目的。

（三）病虫害防治

长寿花主要有白粉病和叶枯病危害，可用65%代森锌可湿性粉剂600倍液喷洒。虫害有介壳虫和蚜虫危害叶片和嫩梢，可用50%蚜松乳油1000～1500倍液喷杀防治。

第十三节　虎刺梅

一、简介

虎刺梅，学名*Euphorbia milii* Ch. des Moulins，又名铁海棠、麒麟刺、麒麟花等，为大戟科大戟属藤蔓状多刺植物。原产于马达加斯加。虎刺梅四季均可开花，花期长，花色鲜艳，形姿雅致，栽培容易，是人们喜爱的室内盆栽花卉。由于虎刺梅幼茎柔软，常用来绑扎成孔雀等造型，成为宾馆、商场等公共场所摆设的精品。热带地区种植于庭院栽培。

二、生长习性

虎刺梅喜温暖、湿润和阳光充足的环境，稍耐阴，耐高温，较耐旱，不耐寒。以疏松、排水良好的腐叶土为最好。冬季温度较低时，有短期休眠现象。

三、栽培技术

（一）繁殖方法

虎刺梅主要用扦插繁殖。

扦插基质可用营养土或河砂、泥炭土等材料。在早春或晚秋（中午气温最高不超过28℃、夜晚最低不低于15℃）的生长旺季，剪下叶片或茎秆（要带3～4个叶节），待伤口晾干后插入基质中，把插穗和基质稍加喷湿，只要基质不过分干燥或水渍，就可很快长出根系和新芽。在晚春至早秋气温较高时，插穗极易腐烂，最好不进行扦插。

（二）栽培管理

1. 移栽

虎刺梅移盆定植时，先在盆底放入1～2cm厚的粗粒基质或陶粒来作为滤水层，其上撒上一层1～2cm厚的充分腐熟的有机肥料作为基肥，再盖上1～2cm厚的基质，然后放入植株。上盆用的基质可用草炭、珍珠岩、陶粒按照

2:2:1比例混合，上完盆后浇1次透水，并放在略阴环境下养护一周。

2. 湿度管理

虎刺梅喜欢较干燥的空气环境，怕雨淋，阴雨天持续的时间过长，易受病菌侵染；晚上保持叶片干燥。最适空气相对湿度为40%～60%。

3. 温度管理

虎刺梅最适生长温度为15～32℃，怕高温闷热，在夏季酷暑气温33℃以上时进入休眠状态。忌寒冷霜冻，越冬温度需要保持在10℃以上，在冬季气温降到4℃以下时进入休眠状态，如果环境温度接近0℃，会因冻伤而死亡。

4. 光照管理

在夏季放在半阴处养护或者遮荫50%，叶色会更加漂亮。在春、秋二季，由于温度不是很高，就要给予它直射阳光的照射，以利于它进行光合作用积累养分。在冬季，放在室内有明亮光线的地方养护。平时放在室内养护的，要放在东南向的门窗附近，以能接收光线，并且每经过一个月或一个半月，要搬到室外养护2个月，否则叶片会长得薄、黄，新枝条或叶柄纤细、节间伸长，处于徒长状态。

5. 肥水管理

虎刺梅耐旱能力很强，在干旱的环境条件下也能生长，浇肥浇水的原则是“见干见湿，干要干透，不干不浇，浇就浇透”。其根系怕水渍，如果花盆内积水，或者给它浇水施肥过分频繁，就容易引起烂根。浇肥浇水时避免把植株弄湿。

（三）病虫害防治

虎刺梅发生的主要病害为茎枯病和腐烂病，可用50%克菌丹800倍液，每半月喷洒1次。虫害主要有粉虱和介壳虫，可用50%杀螟松乳油1500倍液喷杀。

第十章　灌木类

第一节　杜鹃

一、简介

杜鹃花，学名 *Rhododendron Simsii* Planch，又称映山红，雅称“山客”，与山茶花、仙客来、石腊红、吊钟海棠并称“盆花五姐妹”，是中国十大名花之一，为杜鹃花科落叶或半常绿灌木。中国是杜鹃花的分布中心，约有 460 种，除新疆和宁夏外，各省区均有分布，西藏东南部、四川西南部、云南西北部是最集中的产地。杜鹃在所有观赏花木之中，称得上花、叶兼美，地栽、盆栽皆宜，用途很广泛。

二、生长习性

杜鹃花喜凉爽、湿润的气候，恶酷热干燥。要求富含腐殖质、疏松、湿润及 pH 在 5.5 ~6.5 的酸性土壤。部分种及园艺品种的适应性较强，耐干旱、瘠薄，土壤 pH 在 7 ~8 也能生长。杜鹃花对光有一定要求，但不耐曝晒，夏秋应有落叶乔木或荫棚遮挡烈日，并经常以水喷洒地面。

三、栽培技术

（一）繁殖方法

常用播种、扦插和嫁接法繁殖，也可行压条和分株繁殖。

1. 播种繁殖

常绿杜鹃类最好随采随播，落叶杜鹃也可将种子贮藏至翌年春播。气温 15 ~20℃时，约 20d 出苗。

2. 扦插繁殖

一般于 5 ~6 月，选当年生半木质化枝条作插穗，插后设棚遮荫，在温度 25℃左右的条件下，1 个月即可生根，西鹃生根较慢，约需 60 ~70d。

（二）栽培管理

杜鹃花在我国淮河以南可以露地栽培。栽植时选择适宜的地块，挖宽、深各 50cm 以上的定植穴或条沟，施入适量的优质腐熟农家肥作基肥。移栽常在初春或梅雨季节进行，最好带土球移植。采用营养钵育苗，随时均可移植。栽后 1 个月内应每天浇水 1 ~ 2 次，并每天喷数次叶面水（雾）。每年春季萌芽后至初秋，每月浇施 1 ~ 2 次有机液肥和磷、钾化肥液，适时喷施叶面肥。旱季适时浇水，雨季注意排水，忌积水。夏季和初秋高温时应适当遮阳，并每天早、晚各喷 1 次叶面水（雾）。每年花后适当进行 1 次修剪。

（三）盆栽管理

1. 栽培基质

目前通常采用 3 种配制的培养土。

（1）山土 7 份、干苔草屑 1 份、干腐叶土 2 份、干肥 1 份混合配制。

（2）山皮土（表土）3 份、马粪 3 份、落叶杂草 3 份、人粪尿 1 份，分层堆制，经过 1 ~ 2 年后过筛备用。

（3）山土 3 份、腐叶土 3 份、园土 4 份、砂土 2 份混合配制，并每盆加入 50g 麻酱渣、骨粉。

2. 环境条件

盆栽杜鹃花要具有室内和室外两种环境。室内环境是在冬季使用。长江流域，室内只要有一定的光照和通风条件，一般不必加温。北方冬季极为寒冷、干燥，用中温（15℃左右）温室栽培为宜。

3. 肥水管理

（1）浇水　杜鹃性喜阴湿，不宜过干，开花期间尤需更多水分，具体可视盆土干燥情况适量浇水。3 月间，杜鹃花发根萌芽，需水量随之增加。夏鹃生长发育稍迟，浇水量应少于春鹃。一般每隔 2d 在上午适量浇水1 次。4 ~ 6 月杜鹃花陆续开花，枝叶也开始抽发，需水量较大，一般应在每天早晨或傍晚浇水 1 次。7 ~ 9 月上旬高温干燥季节，早晚各浇水 1 次，水量不宜过多，并于中午在叶面和地面喷水，以保持湿润的环境。从 9 月中旬 ~ 11 月，天气逐渐转凉，为杜鹃花生长适应期，为防抽出秋梢，增强越冬抗寒力，浇水量应适量减少，一般隔日清晨浇水 1 次，保持湿润即可。冬季杜鹃花已进入休眠期，需水量不多，一般每隔 4 ~ 5d 浇水 1 次，宜在晴暖天中午前后进行。

（2）施肥　杜鹃花比较喜肥，一般采用腐熟的饼肥、鱼粉、蚕豆或紫云英等经腐烂后掺水浇灌，忌用人粪尿。出房后至花蕾吐花前，每隔 10d 施1 次薄肥，浓度为 15%，共施 2 ~ 3 次，促使老叶转绿，萌发新根。花谢后，为了促使发枝长叶，就在5月中旬~7月上旬施肥5~6次。如连续下雨，可施干肥。进房前，杜鹃花的生长即将停止前，应施肥1~2次。

4. 光照管理

在出房前到开花前宜多见阳光。开花期间，中午要进行短时间遮荫，透光率60%。在6月~7月上旬的梅雨期间，正是杜鹃花抽叶发枝期，应尽可能多见阳光。但遇强烈阳光，上午9时~下午4时还应遮荫，以防灼伤新叶。7月中旬~9月上旬，每天上午8时~下午5时要遮荫，防止烈日照射。9月以后的秋季生长期可缩短遮荫时间，一般可在上午10时~下午4时遮荫，10月以后宜多见阳光。

5. 整形

杜鹃花生长较缓慢，一般任其自然生长，只在花后进行整形，剪去徒长枝、病弱枝、畸形枝、损伤枝，修剪后给伤口涂抹愈伤防腐膜，使其伤口快速愈合。

（四）病虫害防治

杜鹃花易发生褐斑病，可用70%甲基托布津1000倍液、65%代森锌600~800倍液等喷洒。每隔5~7d喷1次。视病情连喷3~5次。防治根腐病，发病初期用12%绿乳铜乳油800~1000倍液灌根，每周灌，连续浇灌2~3次。杜鹃花常见的虫害有红蜘蛛、蚜虫等，在初期用20%三氯杀螨醇乳油1000~1500倍液连续喷治3~4次。

第二节　紫叶矮樱

一、简介

紫叶矮樱，学名*Prunus × cistena*，蔷薇目蔷薇科梅属，是红叶李和矮樱的杂交种，为落叶灌木或小乔木。我国20世纪90年代从美国引进。紫叶矮樱在整个生长期内叶片均呈鲜紫红色，故在园林中被广泛应用；又因其树形紧凑，叶片稠密，耐修剪，萌蘖力强，且易造型，也用来作色篱、色块、片植等。

二、生长习性

紫叶矮樱适应性强，对土壤要求不严格，在排水良好、肥沃的砂壤土、轻度黏土上生长良好。性喜光，耐寒能力较强。抗病力强，很少有病虫危害，极耐修剪，半阴条件仍可保持紫红色，根系特别发达，吸收力强，对水、肥条件要求不严格，在干旱、瘠薄以及矸石土产地条件下可以正常生长，喜湿润环境，但不耐积水，忌种植于低洼处。

三、栽培技术

（一）繁殖方法

1. 嫁接繁殖

有芽接法和穗接法。嫁接砧木一般采用山杏、山桃，以杏砧最好。春、秋季采用切接，时间为当年 11 月下旬开始到第二年 2 月底；夏、秋季采用芽接。嫁接成活后，第 2 年春季萌芽时，在接芽上部 1cm 处剪除。

2. 扦插繁殖

多选用嫩枝扦插。采用壮枝条剪枝，每段长为 12cm，每年 3 月份之前扦插。插前将下部 3cm 长浸泡于生根粉液水中 2h，上端恰好与地面平齐，埋好、压实、覆上薄膜，保持地温。扦插生根率达 85%，成活率可达 80%。

（二）栽培管理

1. 水肥管理

每年早春和秋末可浇足浇透返青水和封冻水，平时如果不是特别干旱，基本可以靠天生长。夏季雨天，应及时将树坑内的积水排除。

新植苗木除在栽植时施基肥外，在生长期还应适当追肥。在早春、初夏各追施 1 次氮、磷、钾复合肥，秋末再施用 1 次圈肥或芝麻酱渣。对于新植苗木、缺肥长势不好的苗木，可进行叶面施肥。

2. 整形修剪

（1）扫帚型　用作片植或用作绿篱。用作绿篱的植株，修剪高度一般在 0.6 ~ 1.2m，可于每年的春末和初秋进行，使绿篱表面平整，突出绿篱侧面的枝条也应剪除；片植观赏的苗木其修剪相对粗放，剪除病虫枝、交叉枝、枯死枝、内膛枝，适当疏除过密枝，以利通风透光。

（2）自然开心型　一般用于对植、列植。紫叶矮樱是以观叶为主的灌木，所以修剪时应尽可能多保留一些枝条，疏除一些背下枝、交叉枝和竞争枝，保留 3 ~ 4 个内膛枝，对当年生枝条应在其 40cm 左右时摘心，以促进枝条木质化，多生侧枝。

（三）病虫害防治

紫叶矮樱在栽培过程中，会受到刺蛾、蚜虫、红蜘蛛、叶跳蝉、介壳虫的危害。每年冬季涂白时尽量将主干和大枝都进行涂白，还应将虫卵、虫茧刮干净，早春应及时喷百菌清、多菌灵等广谱杀菌剂。刺蛾、蚜虫、叶跳蝉、介壳虫可用溴氰菊酯等喷杀，红蜘蛛可用三氯杀螨醇进行防治。

第三节 玫瑰

一、简介

玫瑰，学名 *Rosa rugosa* Thunb.，是蔷薇属一系列花大艳丽的栽培品种的统称。原产中国，中国华北、西北和西南及日本、朝鲜、北非、墨西哥、印度均有分布，栽培历史悠久。既是优良的花灌木，又是重要的香料植物。花期5～9月，果期9～10月。玫瑰因枝秆多刺，故有“刺玫花”之称。玫瑰花可提取高级香料玫瑰油，玫瑰油价值比黄金还要昂贵，故玫瑰有“金花”之称。玫瑰在园林、景观、绿化中的地位很高，既可以集中成景，也可点缀于园林小品周围营造良好的休憩氛围，丰花类更可以直接制作色带与色块。

二、生长习性

玫瑰系温带树种，耐寒，耐旱，对土壤要求不严，在微碱性土地能生长，在富含腐殖质、排水良好的中性或微酸性轻壤土上生长和开花最好。喜光，在庇荫下生长不良。不耐积水，受涝则下部叶片黄落。萌蘖性很强，生长迅速。

三、栽培技术

（一）繁殖方法

1. 播种繁殖

春季播种，通常在4月上中旬即可发芽出苗，秋季移植，第三、四年就可开花。新采收的种子不能萌发，播种前必须进行砂层处理，方能萌发、出苗。

2. 分株繁殖

多于早春或晚秋进行。方法是将整株玫瑰带土挖出进行分株，每株1～2个枝条并略带一些须根，定植于盆中或露地，当年就能开花。

3. 扦插繁殖

一般在早春或晚秋玫瑰落叶休眠时，剪取成熟枝条，并带3～4个芽进行扦插。如果嫩枝扦插，要适当遮荫，保持苗床湿润。扦插后30d即生根，成活率70%～80%。

4. 嫁接繁殖

多采用芽接和根接。玫瑰的砧木以近代月季和红十姊妹两个品种为好，嫁接后易成活，生长快，产花量高。砧木的标准，两年生，发育健壮，无病虫害，直径在0.5cm以上。接芽应选用当年萌发的玫瑰枝条上部的饱满腋芽。嫁接时间可在3月中旬、7月上中旬或9月中下旬进行，以夏季嫁接最好，此时气温高，分生细胞活动强烈，愈合快，成活率高。

（二）栽培管理

1. 栽植

选择土层深厚、土壤结构疏松、地下水位低、排水良好、富含有机质的砂质土壤为宜。萌生苗木要有2~3个分枝，嫁接苗木的砧木根系要发达。玫瑰的栽植一年四季均可进行，其中秋季落叶后到封冻前为最佳栽植期。为使植株尽快生长扩大花丛，必须进行大穴栽植，穴长宽各1m，深0.6~0.8m，或挖掘深宽各0.6~0.8m的定植沟。宜施有机肥、过磷酸钙，与土混匀后施在深0.2~0.5m土中，栽后踏实，及时灌透水。

2. 肥水管理

（1）培土　在玫瑰落叶后或早春时间，对玫瑰基部进行培土，厚度一般4~8cm，这样既加厚了花丛土层，促进了根系的生长，也使落叶、杂草埋入土中并腐烂，从而增加了土壤腐殖质，同时病叶埋入土中，也减少了病菌的传播。该项措施在春季解冻后至萌芽前或采收后结合施肥进行。

（2）中耕　在玫瑰生长期进行，每年进行中耕4~5遍，中耕深度一般为10~15cm，结合中耕，及时清除杂草，特别是多年生宿根杂草和蔓生攀缘植物。

（3）施肥浇水　早春，当气温稳定在3~5℃时施肥，施肥以氮为主，可用氮磷结合的速效肥料，如尿素、磷酸二铵等，每667m^{2}用量10~15kg。4月中旬~5月下旬玫瑰现蕾开花阶段，追施适量速效复合肥，每667m^{2}用量15~20kg。8月中旬~10月中旬，枝叶逐渐停长，光合作用积累的营养大量向根系回流，此期应施有机基肥，施基肥时可结合深翻同时进行，每667m^{2}用量2500~5000kg。每年早春浇1次解冻水，入冬进行1次冬灌，生长期间干旱时，也应浇水。

3. 修剪整枝

（1）冬春修剪　在玫瑰落叶后至发芽前进行。以疏剪为主，每丛选留粗壮枝条，空间大的可适当短剪，促发分枝，以保证鲜花产量。对于长势旺盛、老枝多的玫瑰株丛要适当重剪，达到集中营养、促进萌发新枝、恢复长势的目的。

（2）花后修剪　在鲜花采收完毕后进行，主要用于生长旺盛，枝条密集的株丛疏除密生枝、交叉枝、重叠枝，但要适当轻剪，否则会造成地上、地下平衡失调，引起不良后果。

（三）病虫害防治

玫瑰的病虫害主要有诱病、黑斑病、白粉病、金龟子、天牛、红蜘蛛等。一般在发芽前喷施5°Bé石硫合剂，消灭越冬病虫；4月上旬喷施0.5%的辛硫磷防治金龟子、象鼻虫；5~6月喷0.5%螨死净和0.125%三氯杀螨醇防治红蜘蛛；6~8月喷2~3次0.125%~0.167%退菌特或0.5%等量式波尔多液防病。在春季或生长期及时剪除锈病危害的枝条，人工捉拿金龟子、象鼻虫、天牛幼虫等。

第四节　木槿

一、简介

木槿，学名*Hibiscus syriacus* Linn.，又名木棉、荆条、白饭花、朝开暮落花等，为锦葵科木槿属落叶灌木。原产于亚洲东部，在世界各地均有栽培，是韩国的国花，在北美有“沙漠玫瑰”的美称。我国华东、中南、西南及河北、陕西、台湾等地多有栽培。木槿盛夏季节开花，开花时满树花朵，适用于花篱、绿篱及庭院布置。墙边、水滨种植也很适宜。在北方常在公路两旁成片成排种植，不仅增强了公路两旁的景观，还起了防尘的作用。在公园的景点、海边的绿地、家居小院、隔离空间的绿篱等，都可大量选栽木槿。它还是保护环境的先锋，环保工作者测试出，木槿是抗性强的树种，它对二氧化硫、氯气等有害气体具有很强的抗性，同时又有滞尘的功能。

二、生长习性

木槿适应性强，南北各地都有栽培。木槿喜温暖、湿润的气候，但也很耐寒。喜光，耐半阴。耐干旱，不耐水湿。适应性强，对土壤要求不严，能在贫瘠的砾质土中或微碱性土中正常生长，但以深厚、肥沃、疏松的土壤为好。萌芽性强，耐修剪。

三、栽培技术

（一）繁殖方法

1. 播种繁殖

一般在春季4月进行。果实10月成熟后，11~12月采种，采后低温干藏，到翌春4月条播或撒播。

2. 分株繁殖

在秋天落叶后或早春发芽之前，挖取植株根际的萌株，另行栽植。栽前可适当修剪根部，并对地上部实行重短截。

3. 扦插繁殖

在早春枝叶萌发前进行。选无病虫害的健壮植株为母株，在母树萌发前选取1～2年生、径粗1cm以上的中上部枝条为繁殖材料，将枝条剪成15～20cm长的枝段，清水浸泡4～6h后进行扦插。插前整好苗床，按畦带沟宽130cm、高25cm作畦，每平方米施入厩肥6kg、钙镁磷75g作为基肥。扦插要求沟深15cm，沟距20～30cm，株距8～10cm，插穗入土深度为插条的2/3，插后培土压实，及时浇水。由于木槿扦插极易生根，栽培数量较少时，可进行直插栽培，直接将插穗按栽培密度栽入定植穴中，无需移栽定植；也可用长枝条直插栽培，要深入土深度在20cm以上，以防倒伏和由于根系过浅而受旱害。

（二）栽培管理

1. 定植

木槿对土壤要求不严格，一般可利用房前屋后的空地、山坡地、边角荒地种植，也可作为绿篱在菜地、果园四周单行种植，或成片种植进行专业化生产。移栽定植时，种植穴或种植沟内要施足基肥，一般以磷钾肥为主，配合施入少量复合肥。移栽定植最好在幼苗休眠期进行，也可在多雨的生长季节进行。移栽时要剪去部分枝叶以利成活，定植后应浇1次定根水，并保持土壤湿润。

2. 肥水管理

当枝条开始萌动时，应及时追肥，以速效肥为主，促进营养生长；现蕾前追施1～2次磷、钾肥，促进植株孕蕾；5～10月盛花期间结合除草、培土进行追肥两次，以磷钾肥为主，辅以氮肥，以保持花量及树势；冬季休眠期间在植株周围开沟或挖穴施肥，以农家肥为主，辅以适量无机复合肥，以供应来年生长及开花所需养分。长期干旱无雨的天气，应注意灌溉，而雨水过多时要排水防涝。

3. 修剪

（1）主干开心形修剪　对直立型的木槿，往往会发生抱头生长，树冠内的枝条拥挤，枝条占据有效空间小，开花部位易外移，形成基部光透现象，可将其逐步改造成开心形。

（2）丛生形修剪　对开张型木槿，常发生主枝数过多，外围枝头过早下垂，内膛直立枝多且乱现象。主要修剪方法有：一是及时用背上枝换头，防止外围枝头下垂早衰，对枝头处理与开心形相同；二是对内膛萌生直立枝，一般疏去，空间大可利用，但一般不用短截，防止枝条过多，扰乱树形。对内膛枝及其他枝条采用旺枝疏除，壮花枝缓放后及时加缩，再放再缩，用这种方法不断增加中短花枝的比例。

（三）病虫害防治

木槿生长期间病虫害较少，病害主要有炭疽病、叶枯病、白粉病等。病害发生时，可剪除病枝，选用安全、高效低毒农药喷雾防治或诱杀，应注意早期防治。虫害主要有红蜘蛛、蚜虫、蓑蛾、夜蛾、天牛等，可用稀释后的洗涤剂喷杀。

第五节　藤本月季

一、简介

藤本月季，学名 *Morden cvs. of Chlimbers and Ramblers*，别名藤蔓月季、爬藤月季、爬蔓月季，为蔷薇科蔷薇属藤性灌木。原种主产于北半球温带、亚热带，我国为原种分布中心。现代杂交种类广布欧洲、美洲、亚洲、大洋洲，尤以西欧、北美和东亚为多。我国各地多有栽培，以河南南阳最为集中。

藤本月季花多色艳，全身开花、花头众多，甚为壮观。园林中多将之攀附于各式通风良好的架、廊之上，可形成花球、花柱、花墙、花海、拱门形、走廊形等景观。

二、生长习性

藤本月季喜光，喜肥，要求土壤排水良好。藤本月季一般四季都可以开放，但大部分是在夏季绽放，以晚春或初夏二季花的数量最多，然后由夏至秋断断续续开一些花。藤本月季性强健，生长迅速，以茎上的钩刺或蔓靠他物攀缘。

三、栽培技术

（一）繁殖方法

繁殖以扦插为主，但优良品种扦插难以成活，故生产中更多的是用嫁接繁殖。无刺蔷薇根系发达，以无刺蔷薇作砧木嫁接最佳，枝接、芽接、根接均可。枝接多于 11 月下旬将砧木挖出于室内接（埋栽于苗床湿砂内，10d 内不必浇水，20d 可成活）或于早春地接。芽接一年四季均可进行。

（二）栽培管理

1. 移栽定植

裸根苗宜于晚秋或早春栽植。脱盆苗木以雨季栽最好。定植应选向阳通风、排水良好之地。挖穴后，重施基肥；栽后浇足水。以后见干浇水。

2. 肥水管理

藤本月季在整个生活期中都不能失水，从萌芽到放叶、开花阶段，应注意供应充足水分，尤其是在花期需水特多，要经常保持土壤湿润，以保证花朵肥大、鲜艳。进入休眠期后，需水相对减少，应适当控制水分。雨季忌积水，注意及时排水。炎热夏季干旱时，宜傍晚浇水。

由于藤本月季开花多，需肥量大，所以在冬季休眠期应施足底肥。生长季应及时施肥，一般在五月盛花后追肥，以利夏季开花和秋季花盛。秋末应控制施肥，防止秋梢过旺而受到霜冻。春季开始展叶时，由于新根大量生长，注意不要使用浓肥，以免新根受损，影响生长。新梢生长期应勤追1:1:2的氮、磷、钾三元复合之薄液肥，忌浓肥。也可用0.1%～0.3%的尿素和磷酸二氢钾配以微量元素于早、晚行叶面喷肥。其中多次开花性的品种应于花后及时将花枝留3～5个芽短截，以促萌新枝继续开花。老枝经几年开花后，应采用“去老留新”法修剪加以更新，对“藤墨红”等蔓性品种修剪宜轻，每枝留10～12个芽短截，如留芽太少，势必因新枝生长过旺而影响开花。

3. 修剪整形

在移栽前，首先要疏去衰老枝、细弱枝、伤残枝、病虫枝，掘苗后还要对根系进行修剪，把老根、病根剪除，将伤根截面剪平，以利愈合。苗木定植后一般需进行1次较强的修剪，常在枝条近基部10cm处剪截，先养好根系，以后才能抽生枝条。

藤本月季品种较多，一季花品种是在头年生的藤蔓上抽生花枝，初夏开出大量的花朵。因此，早春的修剪必须注意尽量保留头年生的壮藤，去除不能开花的老、弱、病枝及过密藤蔓，同时进行轻度短截，否则，不当的强剪必定会影响到春天开花，甚至毁坏植株。所保留的藤蔓要适当地进行牵引、缚扎、卷盘，使其分布均匀，充分透光。花后还要进行修剪，如有老藤可从基部剪除，保留头年生的壮藤，并适当加强肥水管理，促使植株抽发强壮的蘖芽，秋末就能形成健壮的新生藤蔓，藤上的饱满芽来年还会形成花枝，这样年复一年的生长，植株的体积会长得很大。

多季花品种一般在定植后三年内无需大的修剪，每年仅去除死藤及无用的枝蔓，并进行轻度的短截即可。自第四年开始进行入冬前和春季修剪，每株保留4～5根强壮的主藤，剪除过多的老藤，但要注意不宜过多地修剪2～3年生的藤蔓，因其在这种藤蔓分枝上开花最好。在整形盘缚时，要去掉主藤的尖梢，以促进侧枝生长开花。花后要去除残花，并注意保留枝上的饱满芽，目的是为了产生新花。也有的品种花后不去残花，故意让其结果，枝条上挂满金红色果实，很有观赏价值。

（三）病虫害防治

藤本月季在生长期间易感染白粉病和黑斑病，该两种病害以防为主。黑斑病的防治可于春暖连续3周，每周喷1次等量式波尔多液200倍液或200倍的铜皂液进行预防。发病时应每周喷1次甲基托布津800～1000倍液或400倍的退菌特；收集并烧除病叶。白粉病的防治于萌芽前喷3～5°Bé的石硫合剂。发病时，每周喷1次800～1000倍的50%代森锌或等量式波尔多液，连续喷3次。

蚜虫是月季栽培中常见的害虫，用金世纪1500倍液或吡虫啉1500倍液喷雾即可。此外，黄刺蛾和星天牛也是其常见害虫，应注意防治，黄刺蛾要掌握在3龄幼虫以前防治，效果较好。

第六节　珠兰

一、简介

珠兰，学名 *Chlorantus spicatus*（Thunb.）Makino，别名珍珠兰、金粟兰、鱼子兰、茶兰、鸡爪兰，为金粟兰科金粟兰属常绿半灌木，其花如珠，其香似兰，故名珠兰。珠兰原产我国、日本和朝鲜，多分布在亚热带的低山区，在我国华南各省均有野生。珠兰是亚热带植物，在北方等地区栽种，不能露地过冬，必须盆栽于温室。珠兰枝叶碧绿柔嫩，姿态优雅，夏季家庭养植，花香浓郁，适合于窗前、阳台、花架陈列，馥郁盈室，令人心旷神怡。珠兰叶常绿、花香，系盆花上品。因其性耐阴，故可室内观赏，多陈设在几座上。

二、生长习性

珠兰性喜温暖，怕高温，不耐寒，喜夏季凉爽、冬季温暖、四季温差小的气候。冬季室温必须保持在5℃以上才能安全越冬。

珠兰属阴性植物，性喜散射光，忌强光曝晒，一般以透光度30%为宜，这样植株生长健壮，根系发达，开花繁茂。在强光直射下生长发育不良。因此栽培珠兰从入夏至初秋需要遮荫。但光照过弱则植株易徒长。

珠兰喜欢湿润环境，要求空气相对湿度在80%左右，土壤含水量25%～30%，当土壤含水量超过40%以上时植株长势弱，易染病，叶片下垂，生长缓慢，不利开花。

珠兰系肉质根，含水量较多，对土壤要求严，需要良好的通气和排水的环境，适宜在疏松、肥沃、含腐殖质丰富的砂质壤土中生长。要求土壤在雨季排水快，干旱时保水力强。

三、栽培技术

（一）繁殖方法

繁殖常用压条、扦插和分株繁殖。压条在梅雨季用徒长枝 2～4 根聚集在一起，稍加刻伤，埋土 3～4cm，约 2 个月即可与母株切开，另行移栽。扦插在 5～7 月进行，选取带节间枝条，长 5～7cm。插后 30d 左右生根。分株常在春季换盆时进行。

（二）栽培管理

1. 盆栽基质

用 2 份腐叶土、2 份砻糠灰、6 份黄泥混合后作为基质，并掺拌 20% 的河砂，以利于通气排水。

2. 温度管理

珠兰原产于我国亚热带的闽粤山地，喜温暖，怕高温，也不耐寒。喜夏季凉爽、冬季温暖、四季温差小的气候，冬季必须进入温室防寒。珠兰在日最低温 5℃可以正常生长，低于 5℃生长缓慢或停止生长，低于 0℃受冻害。一般在霜降前入室，谷雨后出房。

3. 遮荫养护

珠兰怕阳光直射，夏季宜放在荫棚底下或林地散射光下养护，或要有遮荫设备，喜通风透气的环境，要求土壤排水较好，否则肉质根易腐烂。

4. 水肥管理

珠兰喜潮湿，不耐旱，但盆土经常过湿或雨后积水，也会导致根系生长不良而烂叶。春季珠兰出房后，要注意水肥管理。春季每天浇一次水，夏季需早晚各浇一次水，秋季 2～3d 浇一次。除了注意温度、光照、土壤和水分外，还要合理施肥。一般开花前施入氮、磷结合的肥料 1～2 次，以后每 15d 左右施 1 次肥。

5. 摘心

珠兰从幼苗时起就要多摘心，并且设立支柱，以利于多分枝、多开花。老叶也要经常摘除，秋后必须剪除枯弱枝条。

（三）病虫害防治

珠兰常有茎腐病、菌核病和叶蝉危害。病害用 10% 托布津可湿性粉剂 500 倍液喷洒；虫害用 2.5% 敌杀死 3000 倍液喷杀。

第七节　香水草

一、简介

香水草，学名 *Heliotropium arborescens* L.，又名洋茉莉、天芥菜，为紫草科天芥菜属亚灌木。原产地为秘鲁。香水草因枝条柔软，老株披散，姿态不美，常作一、二年生栽培。叶色浓绿肥实，敦厚起皱，花小，集合成绒球状，呈堇色或紫色，具有特殊的诱人香味，令人心旷神怡。温度适宜时全年开花，但以4~6月开花最盛。花含芳香油，可提炼出用于制作花香型化妆品。

二、生长习性

香水草性喜温暖、光照充足的环境，不耐夏季炎热。生长适温10~15℃，越冬温度5~7℃，温室内一年四季均可开花，盛花期在春季。要求疏松肥沃、排水良好的土壤。

三、栽培技术

（一）繁殖方法

一般用扦插繁殖，也可以用播种繁殖，但如果是温室栽培，通常很难获得种子。播种适期为秋季。香水草的寿命很短，只能维持1年，所以采收的种子宜早播，以便获得较高的出苗率。气温22℃，约20~30d发芽。

扦插四季都可以进行，但以春、秋两季较好。室内扦插多在2~3月进行，以嫩枝扦插。从植株上部生长健壮的嫩枝上切取带有2~4个节的茎段，切口要求在节下约0.5cm处，且要平滑。摘除插穗下部叶片，仅留上部2~3片。扦插介质通常采用河沙。扦插的深度为插穗的1/3，插后轻压基部周围，使插穗与沙密接，插后浇足水，并遮荫，之后保持一定的湿度，3周左右可发根，然后先移栽到小盆中，盆土可选用腐殖土、砂土、园土，加入少量草木灰拌匀即可。20d后翻盆种植到较大的盆内。当苗长高7~8cm时进行摘心。加强肥水管理，一般从扦插到开花约需60d。

（二）栽培管理

1. 水肥管理

香水草喜湿润的环境，春季生长旺盛季节，盆土应保持湿润，过干过湿都会引起叶片发黄，一般春、秋季节每天浇1次水，夏季生长缓慢，最好是早晚各浇1次水。冬季时适当控制水分不可过湿，3~4d浇1次水即可。

香水草属喜肥花卉，上盆一周后便可开始追肥，在生长期间每周施1次稀薄腐熟的饼肥水，或经过发酵的鸡粪液；每隔2～3周增施1次复合化肥。冬季室温低或夏季炎热时期，可延长追肥的间隔时间或者停止施肥。

2. 光温管理

香水草是喜光植物，要求充足的阳光，在日光不足的环境里，容易生长瘦弱，枝纤花小，或不能开花。冬季时将其移至阳光充足的场所；夏季时再把香水草放置在荫棚下或是遮光处，遮去强烈的日光，否则叶片很容易灼伤枯黄；春、秋两季时就可以让香水草得到充足的日照。

夏季气温超过30℃时，植株生长缓慢进入半休眠状态，如经烈日曝晒，叶片易枯黄。因此夏季应将花盆移至凉爽而又通风的地方，生长适温为15～25℃，冬季室温保持在13℃以上就能继续开花，温室内一年四季均可开花，越冬温度5～7℃。

3. 盆栽与修剪

盆栽香水草基质宜用排水良好的肥沃疏松壤土，一般采用园土4份、堆肥土3份、砂土2份和草木灰1份配合调制。从幼苗至开花一般需2～3个月。植株根系发达，须根生长极旺，故在此期间宜换盆1～2次，以利根系发育。

移栽上盆后，要从幼苗开始及时进行摘心，促其分枝而多开花。需要翻盆培养的也要摘心，使其形成繁密圆满的株形。如要培养较大的株形，可用支柱扶撑绑架，并剥除其所有的侧芽，使枝条向高度生长。待茎干长高后反复摘心，使其成长为一株伞形的植株。

第八节　夏腊梅

一、简介

夏腊梅，学名 *Calycanthus chinensis* Cheng et S. Y. Chang，又被称为牡丹木、黄枇杷等，腊梅科夏腊梅属。夏蜡梅分布范围狭小，以前仅见于浙江东部、西北部海拔600～1100m处的山坡或溪谷林下，近年来在安徽、浙江两省交界处又发现有夏蜡梅的分布。由于我国夏蜡梅分布区极为狭窄，加上森林砍伐严重，生态环境恶化，天然分布区更加缩小，为加强保护，夏蜡梅已被列为国家二级保护珍稀濒危植物。它一反蜡梅隆冬腊月开花的习惯，直到初夏才吐露芬芳，更显弥足珍贵。

二、生长习性

夏蜡梅原产地年平均气温约12℃，平均相对湿度80%，年降水量1400～

1600mm。因此夏蜡梅喜凉爽湿润的气候，适于微酸性的山地黄壤；较耐阴，在强光下生长不良；不耐干旱和瘠薄，较耐寒。花期 5 ~ 6 月，果期 6 ~ 10 月。

三、栽培技术

（一）繁殖方法

1. 播种繁殖

种子 10 月中下旬成熟，采摘后将种子脱出备用。早春播种前用冷水浸泡种子 24 ~ 28h，然后做床播种。播种时要覆草保湿，一般约半个月即可出土，两个月就能基本出齐。苗出齐后揭去覆草，再搭棚遮荫，防止幼苗被烈日灼伤。进入夏季，床面和叶面都要经常喷水，提高空气湿度，降低床面温度，以利于生长。一般当年生苗高可达 30cm，根长 20 ~ 25cm，地上部分具 2 ~ 3 个分杈，留床一年可移栽定植。播种苗一般 4 ~ 5 年即可现蕾开花。

2. 分株繁殖

用铁铲将植株掘出，抖去根上泥土，用利刀或枝剪将萌蘖分成若干小株，每小株需有主枝 1 ~ 2 根，再将分株主干留 10cm 处剪截，然后栽种。分株宜在秋季落叶后至春季萌芽前进行。

（二）栽培管理

露地栽培宜选择湿润和光照不强的环境，移植时，大苗要带土球，种植深度与原地相同。栽前施入腐熟有机肥作基肥，栽后灌足水。花后及时追肥，每年 1 次即可。雨季要注意及时排涝。冬季可进行树下翻土，以改良土壤，有利植株来年生长。花后如不留种，可及时剪除残花，同时对枯枝、弱枝、过密枝等进行疏删。

（三）盆栽管理

盆栽可于春季发芽前上盆，盆土宜疏松、肥沃。上盆后浇透水，恢复生长后应适当浇水，盆土保持见湿见干状态。花前及盛花期浇水必须适量，水多易落花落蕾，水少则开花不齐。春季施 2 次展叶肥，5 月施 1 ~ 2 次复合化肥，施肥以磷、钾肥为主，氮肥适量。花后至落叶前，酌施 2 ~ 3 次追肥。花谢后进行修剪，以疏为主。

（四）病虫害防治

夏蜡梅常见的虫害有蚜虫、介壳虫、刺蛾、卷叶蛾等，如果发现上述虫害，均可用 50% 辛硫磷乳剂或 50% 杀螟松乳剂 1000 倍液以及其他相应的农药喷杀。夏蜡梅夏季易发生褐斑病、叶斑病等细菌性病害，皆由高温高湿引起，可用多菌灵 500 倍液喷洒防治。

第九节 迎春

一、简介

迎春花，学名 *Jasminum nudiflorum* Lindl.，别名金腰带、串串金、云南迎春、大叶迎春、清明花、金梅、迎春柳，为木犀科素馨属落叶灌木花卉植物。分布于中国华南和西南的亚热带地区，华北、安徽、河南均可生长。迎春花枝条细长，呈拱形下垂生长，植株较高，可达 5m，在园林绿化中宜配置在湖边、溪畔、桥头、墙隅，或在草坪、林缘、坡地、房屋周围也可栽植，可供早春观花。它与梅花、水仙和山茶花统称为“雪中四友”，是我国常见的花卉之一。

二、生长习性

迎春花生长旺盛，适应性强，喜光，稍耐阴，略耐寒，喜阳光，耐旱不耐涝，在华北地区可露地越冬。要求温暖而湿润的气候，疏松肥沃和排水良好的砂质土，在酸性土中生长旺盛，碱性土中生长不良。根部萌发力强。枝条着地部分极易生根。

三、栽培技术

（一）繁殖方法

1. 分株繁殖

在春秋进行。将迎春的根、茎基部长出的小分枝与母株相连的地方切断，然后分别栽植。栽植后浇一些定根水，提高成活率。一般多年生的母株可分成 10～20 个小丛，栽植后即可开花。

2. 压条繁殖

将迎春母株近地 1～2 年生枝条向下弯曲后压入挖好的坑中，坑不用挖得很深，3～5cm 即可，然后培土压实，再浇上一些水，使土壤湿润提高成活率。压条一般要 2 个月左右生根，成活后在第二年的春天与母株分离移植。压条繁殖成活率高、管理简便、幼苗生长旺盛，但是繁殖数量相对较低。

3. 扦插繁殖

扦插繁殖一般在每年的七八月进行。在扦插之前首先要准备苗床地，准备一个宽 2.5m、长 10m 的苗床，里面铺满 12cm 厚的砂子。选用 1～2 年生的健壮、充实、无病虫害的迎春花枝条，将选好的枝条剪成 10～15cm 的小段，上端离腋芽1cm左右处剪平，下端离腋芽1cm左右处剪平。在扦插之前，先要把这些剪下来的枝条在生根水里蘸一下，扦插7个月左右根部基本完整，即可移栽到大田进行定植。

（二）栽培管理

1. 移栽

大田的土壤要整理平整，按行距为25～30cm挖一个6～8cm深的小沟，株距为12～15cm，把根部完整的迎春苗栽种到里面。

2. 肥水管理

迎春花在每年春天1、2月陆续开花，所以在迎春刚刚吐露花苞的时候施1次磷肥，可使花色艳丽、减少落花并延长花期。7～8月是迎春花芽分化期，应施1次磷肥，以利于花芽的形成；花开后浇1次水，保证迎春花开花时对水分的需求。在雨季到来之前，要经常注意灌水，一般2～3d灌1次水。立秋后不要灌水，以防枝条过长过嫩而不能安全越冬。

3. 中耕除草

8月要适时地中耕除草，除草的同时给迎春根部松土，利于迎春吸收土壤中的养分，促进生长。

4. 修剪

迎春在1年生枝条上形成花芽，第二年春季开花，因此在每年花谢后应对所有花枝进行修剪，促使长出更多的侧枝，增加着花量。

（三）盆栽管理

上盆迎春的栽种一般在花凋后或9月中旬进行。具体方法是在花盆里放入基质，基质以疏松肥沃的砂质土为好，并加一些腐熟有机肥，然后把迎春花放在花盆里，表面再放上一层2～3cm基质把花根埋住，浇1次透水，最后把上好盆的迎春花搬到屋内或室外阴凉处。上盆迎春需每隔2～3年翻盆换土1次。

（四）病虫害防治

迎春花的常见病害为花叶病、褐斑病，防治方法为首先要及时清除杂草，减少传染源；其次应及早防治蚜虫，消除传毒媒介；发病初期喷洒70%百菌清可湿性粉剂1000倍液等杀菌剂。此外，迎春花还易发生灰霉病，其防治方法为种植密度要合理，注意通风，降低空气湿度；病叶、病株及时清除，以减少传染源；发病初期喷洒50%速克灵或50%扑海因可湿性粉剂1500倍液。

迎春花常见虫害为蚜虫，其防治方法为每年6月份迎春枝繁叶茂的时候喷施1次有效成分为40%的辛硫磷乳油，可有效防治蚜虫危害。

第十节 榆叶梅

一、简介

榆叶梅，学名 *Amygdalus triloba*（Lindl.）Ricker，又名榆梅、小桃红、榆叶鸾枝，因其叶似榆，花如梅，故名“榆叶梅”，又因其变种枝短花密，满枝缀花，故又名“鸾枝”，为梅亚科扁桃亚属小乔木或灌木。榆叶梅枝叶茂密，花繁色艳，原产中国北部，现今各地几乎都有分布，是中国北方春季园林中的重要观花灌木，有较强的抗盐碱能力。北京园林中最宜大量应用，宜植于公园草地、路边，或庭院中的墙角、池畔等。

二、生长习性

榆叶梅为温带树种，耐寒，耐旱，喜光，对土壤的要求不严，不耐水涝，喜中性至微碱性、肥沃、疏松的砂壤土。榆叶梅喜欢略微湿润或干燥的气候环境，要求生长环境的空气相对湿度在 50% ~70%。喜欢温暖气候，但夏季高温、闷热（35℃以上，空气相对湿度在 80% 以上）的环境不利于它的生长；对冬季温度要求很严，当环境温度在 10℃以下停止生长，在霜冻下不能安全越冬。

三、栽培技术

（一）繁殖方法

1. 嫁接繁殖

嫁接方法有芽接和枝接两种，一般用芽接的多。芽接在 8 月中下旬进行，砧木用一年生的榆叶梅实生苗，或用野蔷薇类植物、毛桃、山桃实生苗均可。接芽可从优良品种的榆叶梅株上，选择剪取一年生枝条上的饱满叶芽。枝接在春季 2 ~3 月进行。接穗要在植株萌芽前截取。冬季也可截取接穗，贮藏在砂土中，留待春季使用。嫁接可在 6 月以前，1 ~2 个月后愈合便可与母株分离。

2. 分株繁殖

在秋季和春季土壤解冻后植株萌发前进行。分株后的植株，应剪去 1/3 ~1/2 枝条，以减少水分蒸发，这样有利于植株成活。

3. 压条繁殖

压条要在春季 2 ~3 月进行。可选择两年生枝条，对埋入土中的部分，在枝条上做部分刻伤或做环状剥皮处理，以利萌发根须。一般一个月即可生根，生根后，把枝条边的根系一起剪下，就成了一棵新的植株。

4. 扦插繁殖

常于春末秋初用当年生的枝条进行嫩枝扦插，或于早春用去年生的枝条进行老枝扦插。扦插基质用河沙、泥炭土等材料。进行嫩枝扦插时，在春末至早秋植株生长旺盛时，选用当年生粗壮枝条作为插穗。把枝条剪下后，选取壮实的部位，剪成5～15cm长的一段，每段要带3个以上的叶节，扦插深度为枝条的1/2左右。

（二）栽培管理

榆叶梅在管理中，秋冬春三季要给予充足的阳光。对于盆栽的植株，除了在上盆时添加有机肥料外，在平时的养护过程中，还要进行适当的肥水管理。春夏秋三个季节是它的生长旺季，肥水管理按照肥－清水－肥－清水的顺序循环，间隔周期大约为1～4d，晴天或高温期间隔周期短些，阴雨天或低温期间隔周期长些或者不浇。冬季休眠期，主要是做好控肥控水工作，肥水管理按照肥－清水－清水－肥－清水－清水的顺序循环，间隔周期大约为3～7d。对于地栽的植株，春夏两季根据干旱情况，施用2～4次肥水。

（三）盆栽管理

1. 日常管理

上盆用的基质可以选用下面的一种：菜园土∶炉渣＝3∶1；园土∶中粗河砂∶锯末（茹渣）＝4∶1∶2；水稻土、塘泥、腐叶土混合。先在盆底放入2～3cm厚的粗粒基质作为滤水层，其上撒上一层充分腐熟的有机肥料作为基肥，厚度约为1～2cm，再盖上一薄层基质，厚约1～2cm，然后放入植株，以把肥料与根系分开，避免烧根。上完盆后浇1次透水，并放在遮荫环境养护一周。

2. 修剪整形

榆叶梅树冠基本培养形成后，早春时应重点将交叉枝、内膛枝、枯死枝、过密枝、病虫枝、背上直立枝剪掉，还可对一些过长的开花枝和主枝延长枝进行短截，防止花位上移，影响观赏效果。对长势不均匀的植株，要本着抑强扶弱的原则，对长势好的枝条进行短截或疏除；对一些过密的辅养枝和不做预备开花枝培养的上年生枝条要进行疏除；对大的开花枝组枝条适当进行短截，对各类型开花枝组中过密的枝条也应适当进行疏除，防止枝条过密影响开花质量。

（四）病虫害防治

榆叶梅常见的病害有黑斑病，其防治方法为加强水肥管理，提高植株的抗病力；秋末将落叶清理干净，并集中烧毁；春季萌芽前喷洒1次5°Bé石硫合剂进行预防；发病时可用80%代森锌可湿性颗粒700倍液，或70%代森锰锌 500 倍液进行喷雾，每 7d 喷施 1 次，连续喷 3～4 次可有效控制病情。

榆叶梅常见的虫害有蚜虫、红蜘蛛、刺蛾、叶跳蝉等，如有发生，可用吡虫啉 1500 倍液杀灭蚜虫，用 40% 三氯杀螨醇乳油 1500 倍液杀灭红蜘蛛，用 Bt 乳剂 1000 倍液喷杀刺蛾，用 2.5% 敌杀死乳油 3000 倍液杀灭叶跳蝉。

第十一节 玉树珊瑚

一、简介

玉树珊瑚，学名 *Jatropha podagrica* Hook.，别名珊瑚树、珊瑚油桐，大戟科麻疯树属灌木植物。原产中美洲西印度群岛，我国各地温室栽培。玉树珊瑚茎肥胖、突鼓，叶大而翠绿，花序鲜艳夺目，为极好的观叶、观花、观茎植物。

二、生长习性

玉树珊瑚喜较高的温度，以 20～28℃ 为合适；好充足阳光，也较耐阴，夏天宜予遮荫。耐干燥，宜用排水良好的砂质土壤种植；不耐湿，湿则腐烂。一年四季都可开花。

三、栽培技术

（一）繁殖方法

1. 播种繁殖

开花后经人工授粉易结实，但结果后应用纱布包好，否则果实成熟后易开裂，造成种子脱落。种子采收后不宜久存，可采取点播法，株距约 3cm，每穴一粒。发芽较缓慢，在温度 25℃ 左右 1～2 个月才能出苗。当幼苗长到 5cm 高时分苗，移栽到小花盆中。苗期要加强水的供给，每半月施薄肥 1 次。

2. 扦插繁殖

剪取嫩枝作插穗，待剪口稍干后扦插于盛细砂土的花盆中。插后要保持介质潮湿，但不可浇水过多，在 22℃ 的温度下，2～3 周可生根。

（二）盆栽管理

盆栽基质宜用排水良好的砂质土壤和泥炭土混合，按 3:2 配制。盆底层放少量骨粉作基肥。生长期间每月追施 1 次稀薄的腐熟豆饼液肥，浓度为 20% 以下。若追施化肥，宜用复合肥加过磷酸钙混合稀释 100 倍，再加 0.2% 尿素。开花前 7d 左右，加施 1 次以磷钾为主的肥料，如腐熟的鸡鸭粪液肥，浓度为25%，可使花朵鲜艳夺目。冬季停止施肥。

玉树珊瑚喜干旱，又是肉质茎，盆土宜干不宜湿，一般生长期内15～20d浇水1次，平常多喷水，盆株周围小环境应保持较高的湿度。秋末要节制浇水，数日浇水1次即可。

室内栽培生长最适宜温度24～28℃，冬季室温宜在14～16℃。成苗2年翻盆1次，于4～5月间进行。一般置于室内散射光处养护，但夏天要移放在防雨、通风、阴凉的室外。

（三）病虫害防治

玉树珊瑚主要有绵团蚧和溃疡病害。绵团蚧主要寄生于玉树珊瑚的花丛中，可用50%杀螟松乳油2000倍液喷杀，10min后立即用清水冲洗喷药部，以免茎、叶溃烂。玉树珊瑚的溃疡病害由多种病原细菌引发，如发现玉树珊瑚茎下有溃疡性创伤，即刻将其移至通风处，用利刀轻轻刮除腐坏组织后，涂上硫磺粉，并喷多菌灵1～2次，可使伤口愈合。

第十二节　郁李

一、简介

郁李，学名 *Cerasus japonica*（Thunb.）Lois.，别名寿李、小桃红，为蔷薇科李属落叶灌木，高1～1.5m。分布广泛，中国的华北、东北、华中、华南均有分布，主要地区为黑、吉、辽、冀、鲁、豫、浙。宜丛植于草坪、山石旁、林缘、建筑物前，或点缀于庭院路边，或与棣棠、迎春等其他花木配植，也可作花篱栽植。

二、生长习性

郁李喜光，生长适应性很强，耐寒，根系发达，耐旱。不择土壤，能在微碱土中生长，耐瘠薄。根萌芽力强，能自然繁殖。抗性强，耐旱，不畏烟尘。常生于山坡林缘或路旁灌丛中。对土壤要求不严，惟以石灰岩山地生长最盛。萌蘖力强，易更新。

三、栽培技术

（一）繁殖方法

郁李的繁殖以分株、扦插为主，也可用压条、播种、嫁接，但应用较少。一般单瓣种可用播种繁殖，重瓣种可用毛桃或山桃作砧木进行春季切接和夏季芽接繁殖。

1. 分株繁殖

一般在春季萌发前或秋季落叶后进行。把整个株丛挖出，分成几部分，然后重新栽植，栽后灌足水。

2. 扦插繁殖

可行枝插和根插。硬枝扦插比嫩枝扦插成活率高，生长快。硬枝扦插一般在早春发芽前进行，选一、二年生的粗壮枝条，剪成12～15cm长的插条，插入苗床，扦插深度为插穗的2/3～3/4，保持土壤湿润。根插可在早春进行。掘取郁李的根，剪成10cm左右的根段，平埋入苗床内，覆土厚度为3cm左右，然后覆草或地膜，以保持土壤湿润。当萌发出不定芽时即可去掉覆盖物，加强苗期管理。由于郁李的根容易产生不定芽，也可直接用根插繁殖。

3. 播种繁殖

于6月上旬采种，堆熟后将种子洗净阴干，至秋季播种，还可将种子低温砂藏后，于春季露地播种。

（二）栽培管理

因郁李适应性强，故栽培管理较简单粗放。移栽需在落叶后到萌芽前进行，在春季2～3月栽植时，穴内施腐熟的堆肥作基肥，栽后浇透水。成活后，可只在干旱时浇水。为了使植株花繁叶茂，可在成活后的前二、三年秋季于植株旁施腐熟的堆肥1～2次，早春展叶前和4月开花前各施肥1次。花后及时剪除残留花枝，并疏除株丛内部的枯枝、纤弱枝，保持冠丛松散匀称。郁李在生长过程中根部萌蘖力很强，需加控制，应经常清除，以保持其优良株形。

1. 温湿度管理

耐寒。夏季高温期会进入半休眠状态，生长受到阻碍。最适宜的生长温度为15～30℃。喜略微湿润至干爽的气候环境。

2. 光照管理

喜欢半阴环境，在阳光强烈、闷热的环境下生长不良。

3. 肥水管理

对于地栽的植株，春夏两季根据干旱情况，施用2～4次肥水。先在根颈部以外30～100cm开一圈沟，沟内撒进10～20kg有机肥，或者50～250g颗粒复合肥（化肥），然后浇上透水。

（三）病虫害防治

主要病害为流胶病。其防控措施为在园艺作业中，避免碰伤树体，适当修剪，合理施肥、浇水，避免严重干旱后大水漫灌，控制树体负荷；在开花前刮除胶体，再用50%退菌特300倍液、1%硫酸铜液等涂抹；生长期喷洒

50%混杀硫悬浮剂500倍液、50%多菌灵可湿性粉剂800倍液等3～4次，每15d一次。

第十三节　朱缨花

一、简介

朱缨花，学名 *Calliandra haematocephala* Hassk.，别称红合欢、美洲欢，俗称“红绒球”，为豆科朱缨花属植物。主要原产地在美洲热带或亚热带地区，印度也有分布，中国广东、福建、台湾有栽培。朱缨花叶色亮绿，花色鲜红又似绒球状，甚是可爱，是一种观赏价值较高的花灌木，且有许多园艺观花品种。可行盆栽、公园绿化布置，适用于池畔、水滨、河岸和溪旁等处散植。

二、生长习性

朱缨花性喜温暖、湿润和阳光充足的环境，不耐寒，要求土层深厚且排水良好。喜光，喜温暖湿润的气候，适生于深厚肥沃排水良好的酸性土壤。

三、栽培技术

（一）繁殖方法

1. 播种繁殖

10月采种，种子干藏至翌年春播种。播前用60℃热水浸种，每天换水1次，第三天取出保湿催芽1周。播后5～7d发芽。育苗期及时修剪侧枝，保证主干通直。移植宜在芽萌动前进行，但移植大树时应设支架，以防被风刮倒。冬季于树干周围开沟施肥1次。

2. 扦插繁殖

一般在春季进行，插床温度为25℃左右最佳。剪取长10cm左右的壮枝段，插在粗沙中，浇水保持湿润，遮光置于荫棚中养护，秋季露地栽培，50d左右生根，之后可定植。

（二）栽培管理

1. 水肥管理

植株定植前宜挖大植穴，施足基肥。浇水掌握见干见湿，即在两次供水之间，应让土壤有适当干旱的时间，以利于根系的深扎；浇则浇透。施肥可用有机肥或无机复合肥，每2～3个月施用1次。

2. 整形修剪

苗期应及时修剪侧枝，保证主干通直。移植宜在芽萌动前进行。一般每年春季整形修剪1次，可保持树形的美观和高度。开花1~2年后，生长势减弱，可对老化的植株或病弱枝条进行强剪，促使萌发新枝。为了使其保持株形好，且花繁色艳，可在春季花后4月中、下旬重剪；6月中旬待树冠长至1m左右时，疏去徒长枝或明显突出树冠外的旺盛枝，使其基本保持圆球形。7、8月雨水充足，需采用疏枝结合短截的方法，使其保持在1~2m的圆球形。其他时间疏去明显突出树冠外的枝条即可。在花芽分化以后，不能对树冠进行回缩修剪或短截枝条，否则会剪去花芽，造成植株只长枝条不开花。

（三）盆栽管理

朱缨花在我国南方热带和亚热带地区可露地栽植，也可盆栽，北方地区则应盆栽进行温室管养。盆栽宜选用园土掺入部分河砂作为盆土，并放置在南面阳台种植观赏。其生长适温为23~30℃，越冬时温度保持在15~18℃并避风，可使落叶减少。平时可等盆土表面1cm深处干时再进行浇水，冬天可等盆土一半干时再浇，从春至秋每个月施1次复合肥。

（四）病虫害防治

朱缨花较少有病虫害，有时因天气或人为因素可能有天牛和木虱。天牛可用20%菊杀乳油和25%菊乐合剂2000倍灭杀，木虱用20%三氯杀螨醇乳油1000~1500倍液喷杀。溃疡病危害，可用50%退菌特800倍液喷杀。

第十四节　紫荆

一、简介

紫荆，学名*Cercis chinensis* Bunge，属豆科紫荆属落叶灌木或小乔木，是春季的主要观赏花卉之一，又叫满条红、苏芳花、紫株、乌桑、箩筐树，因其木似黄荆而色紫，故名。原产于中国，在湖北西部、辽宁南部、河北、陕西、河南、甘肃、广东、云南、四川等省都有分布。香港紫荆与大陆其他地区生长的紫荆不同，只能在热带和亚热带生长，只有在广东、福建、台湾、广西、海南、云南等地生长。树干挺直丛生，早春季节先于叶开花，花型似蝶，盛开时花朵繁多，成团簇状，给人以繁花似锦的感觉；是观花、叶、干俱佳的园林花木，适合栽种于庭院、公园、广场、草坪、街头游园、道路绿化带等处，也可盆栽观赏或制作盆景。

二、生长习性

紫荆花，适宜暖热湿润的气候，喜阳耐暑热，不耐寒。生长于酸性肥沃土壤最佳，易成活，生长也较快。

三、栽培技术

（一）繁殖方法

1. 播种繁殖

9～10月收集成熟荚果，取出种子，埋于干砂中置阴凉处越冬。3月下旬到4月上旬播种，播前进行种子处理，用60℃温水浸泡种子，水凉后继续泡3～5d，每天需要换凉水一次。种子吸水膨胀后，放在15℃环境中催芽，每天用温水淋浇1～2次，待露白后播于苗床，2周可齐苗。出苗后适当间苗，4片真叶时可移植于苗圃中。圃地以疏松肥沃的壤土为好。为便于管理，栽植实行宽窄行，宽行60cm，窄行40cm，株距30～40cm。

2. 分株繁殖

紫荆根部易产生根蘖，秋季10月份或春季发芽前用利刀断蘖苗和母株连接的侧根另植，容易成活。秋季分株的应假植保护越冬，春季3月定植，一般第二年可开花。

3. 压条繁殖

生长季节都可进行，以春季3～4月较好。空中压条法可选1～2年生枝条，用利刀刻伤并环剥树皮1.5cm左右，露出木质部，将生根粉液涂在刻伤部位上方3cm左右，待干后用筒状塑料袋套在刻伤处，装满疏松园土，浇水后两头扎紧即可。一月后检查，如土过干可补水保湿，生根后剪下另植。

4. 扦插繁殖

紫荆花的扦插在夏季生长季节进行，剪去当年生的嫩枝作插穗，插于砂土中可成活。但生产中不常用。

5. 嫁接繁殖

可用长势强健的普通紫荆作砧木，以加拿大红叶紫荆等优良品种的芽或枝作接穗。接穗要求长势旺盛。选择无病虫害的植株向阳面外围的充实枝条，接穗采集后剪除叶片，及时嫁接。可在4～5月和8～9月用枝接的方法，7月用芽接的方法进行。如果天气干旱，嫁接前1～2d应灌一次透水，以提高嫁接成活率。在紫荆嫁接后3周左右检查接穗是否成活，若不成活应及时进行补接。嫁接成活的植株要及时抹去砧木上萌发的枝芽，以免与接穗争夺养分，影响其正常生长。

（二）栽培管理

1. 移栽

紫荆在每年冬季落叶后的 11 ~ 12 月、翌年 2 ~ 4 月发芽前均可移栽。大的植株移栽时应带土球，以利于成活，对于一些较长的枝条也要适当短截，以方便携带运输。如果花期移栽，还要摘除部分花朵，以避免消耗过多的养分，影响成活。定植时勿使土球松散。每穴施腐熟的堆肥或厩肥 10 ~ 15kg，栽后浇透水，以保证成活。

2. 水肥管理

紫荆在生长期应适时中耕，以疏松表土，减少水分蒸发，使土壤里的空气流通，促进养分的分解，为根系的生长和养分的吸收创造良好的条件。每年的早春、夏季、秋后各施一次腐熟的有机肥，以促进开花和花芽的形成，每次施肥后都要浇一次透水，以利于根系的吸收。天旱时注意浇水，雨季要及时排水防涝，以免因土壤积水造成烂根。

3. 修剪整形

紫荆耐修剪，可在冬季落叶后至春季萌芽前剪除病虫枝、交叉枝、重叠枝，以保持树形的优美。由于紫荆的老枝上也能开花，因此在修剪时不要将老枝剪得过多，否则势必影响开花量。紫荆的萌芽力较强，尤其是基部特别容易萌发蘖芽，应及时剪去这些萌芽，以保持树形的优美，并避免消耗过多的养分。花后如果不留种，注意摘除果荚，以免消耗过多的养分，对生长不利。

（三）病虫害防治

紫荆花的病害主要有角斑病、枯萎病、叶枯病，其防治方法为秋季清除病落叶，减少侵染源；加强养护管理，增强树势，提高植株抗病能力；发病时可喷 50% 多菌灵可湿性粉剂 700 ~ 1000 倍液，或 50% 甲基托布津 500 ~ 1000 倍液喷雾，10 ~ 15d 喷一次，连喷 2 ~ 3 次。

紫荆花的虫害主要有大蓑蛾、褐边绿刺蛾等，其防治方法为在幼虫孵化发生初期喷敌百虫 800 ~ 1200 倍液；防治蚜虫可喷 50% 蚜松乳油 1000 ~ 1500 倍液。

第十五节　小叶丁香

一、简介

小叶丁香，学名 *Syringa microphylla* Diels，又称四季丁香、二度梅、野丁香等，为木犀科丁香属落叶灌木。丁香原产中国，分布于河北、河南、山西、陕西等地。花淡紫红色，花期4月下旬~5月上旬，秋季7月下旬~8月上旬。

小叶丁香枝条柔细，树姿秀丽，花色鲜艳，且一年二度开花，解决了夏秋无花的现状，为园林中优良的花灌木，是雅俗共赏的观赏植物，适于种在庭院、居住区、医院、学校、幼儿园或其他园林、风景区。可孤植、丛植或在路边、草坪、角隅、林缘成片栽植，也可用以盆栽摆设在书室、厅堂，或者作为切花插瓶，具有“花中君子”之美誉。丁香花是哈尔滨市花。

二、生长习性

小叶丁香喜充足阳光，也耐半阴。适应性较强，耐寒、耐旱、耐瘠薄，病虫害较少。以排水良好、疏松的中性土壤为宜，忌酸性土。忌积涝、湿热。

三、栽培技术

（一）繁殖方法

小叶丁香栽培容易，管理粗放，可用播种、扦插、嫁接、压条和分株等法繁殖。播种于春、秋两季进行，播种前将种子在0~7℃的条件下砂藏1~2个月，播种半个月内即可出苗。扦插于花后1个月，选当年生半木质化健壮枝条作插穗。嫁接于6月下旬~7月中旬进行，可用芽接或枝接，砧木多用欧洲丁香或小叶女贞。

（二）栽培管理

1. 移栽

小叶丁香花宜在早春芽萌动前进行移栽。移栽穴内应先施足基肥，基肥上面再盖一层土，然后放苗填土。栽后浇一次透水，以后再浇2~3次水即可。

2. 水肥管理

注意除草，雨季防涝，干旱时注意浇水，便可顺利生长。丁香不喜大肥，切忌施肥过多，以免引起枝条徒长，影响开花。一般每年或隔年入冬前施一次腐熟堆肥即可。

3. 修剪

3月中旬发芽前，要对小叶丁香进行整形修剪，疏除过密枝、细弱枝、病虫枝，中截旺长枝，使树冠内通风透光。花谢后如不留种，可将残花连同花穗下部两个芽剪掉，以减少养分消耗，促进萌发新枝和形成花芽。落叶后，还可以进行一次整枝，以保树冠圆整美观，利于来年生长、开花。

（三）病虫害防治

小叶丁香花病虫害很少。主要害虫有蚜虫、袋蛾及刺娥。可用1000倍

25%的亚胺硫磷乳剂喷洒防治。

第十六节　紫丁香

一、简介

紫丁香，学名 *Syringa oblata* Lindl.，又称丁香、华北紫丁香、百结、情客、龙梢子，为木犀科丁香属落叶灌木或小乔木。生于山坡丛林、山沟溪边、山谷路旁及滩地水边。中国长江以北各庭院普遍栽培，在中国已有1000多年的栽培历史，是中国的名贵花卉，适于庭院栽培，春季盛开时硕大而艳丽的花序布满全株，芳香四溢，观赏效果甚佳，是庭院栽种的著名花木。

二、生长习性

紫丁香喜光，稍耐阴，耐寒性较强；耐干旱，忌低温；喜湿润、肥沃、排水良好的土壤；喜温暖、湿润及阳光充足的栽培环境。

三、栽培技术

（一）繁殖方法

紫丁香的繁殖方法有播种、扦插、嫁接、压条和分株。

1. 播种繁殖

于春、秋两季在室内盆播或露地畦播，北方以春播为佳，于3月下旬进行冷室盆播，温度维持在10～22℃，14～25d即可出苗。露地播种方式为开沟条播，株行距为（10×10）cm，沟深3cm左右。无论室内盆播还是露地条播，当出苗后长出4～5对叶片时，即要进行分盆移栽或间苗。分盆移栽为每盆1株。露地可间苗或移栽1～2次，株行距为（15×30）cm。

2. 扦插繁殖

于花后1个月，选当年生半木质化健壮枝条作插穗，插穗长15cm左右，用50～100μL/L的吲哚丁酸水溶液处理15～18h，插后用塑料薄膜覆盖，1个月后即可生根。扦插也可在秋、冬季取木质化枝条作插穗，一般于露地埋藏，翌春扦插。

3. 嫁接繁殖

可用芽接或枝接，砧木多用欧洲丁香或小叶女贞。华北地区芽接一般在6月下旬至7月中旬进行。接穗选择当年生健壮枝上的饱满休眠芽，接到离地面5～10cm高的砧木干上。也可秋、冬季采条，经露地埋藏，于翌春枝接，接穗当年可长至50～80cm，第二年萌动前需将枝干离地面30～40cm处短截促其萌发侧枝。

（二）栽培管理

1. 移栽

紫丁香宜栽于土壤疏松而排水良好的向阳处，一般在春季萌芽前栽植。2～3年生苗栽植穴径应在70～80cm，深50～60cm。每穴施100g充分腐熟的有机肥料及100～150g骨粉，与土壤充分混合作基肥。栽植后浇透水，以后每10d浇1次水，每次浇水后要松土保墒。栽植3～4年生大苗，应对地上枝干进行强修剪，一般从离地面30cm处截杆，第2年就可以开出繁茂的花来。

2. 修剪

一般在春季萌动前进行修剪，主要剪除细弱枝、过密枝，并合理保留好更新枝。花后要剪除残留花穗。

3. 追肥浇水

一般不施肥或施少量肥，切忌施肥过多，否则会引起徒长，从而影响花芽形成，反而使开花减少。但在花后应施些氮、磷、钾肥。灌溉可依地区不同而区分，华北地区，4～6月是丁香生长旺盛并开花的季节，每月要浇2～3次透水，7月以后进入雨季，则要注意排水防涝。到11月中旬入冬前要灌足水。

（三）盆栽管理

1. 放置场所

紫丁香喜光，平时宜放于阳光充足、空气流通之处。但在夏季要稍加庇荫，冬季埋盆于室外向阳处或移入室内窗台前。

2. 浇水

平时保持盆土湿润偏干，切忌过湿。夏季高温时要早晚各浇一次水，秋后宜少浇水，以利休眠越冬。

3. 施肥

冬日施用腐熟饼肥为基肥，春季萌动后，每半月施一次饼肥水，以促进开花。夏季应适当施肥，以利花芽分化，保持次年多花。秋后少施肥水，肥分过多，对发育不利。

4. 修剪

在生长期，枝叶过密时应及时修剪；秋后进入休眠期，要适当整形修剪，剪去徒长枝、重叠枝及交叉枝，使之养分集中，多孕花蕾。

5. 翻盆

每隔2～3年翻盆一次，结合翻盆，修剪根系，除去部分老根及过长根系，剔去旧土，换以新培养土，以利根系发育，叶茂花繁。

（四）病虫害防治

紫丁香常见病害有斑枯病、褐斑病、黑斑病等，其防治方法为及时清除枯枝残叶，减少侵染源；发病初期喷洒1%等量式波尔多液，或70%甲基托布津可湿性粉剂1000倍液，或50%多菌灵可湿性粉剂1000倍液，或75%百菌清可湿性粉剂500倍液，10~15d喷一次，连喷3~4次。紫丁香常见虫害有家茸天牛，为害枝干；还有蓑蛾、刺蛾、蚜虫等，为害嫩枝及叶，可用20%三氯杀螨醇乳油1000~1500倍液喷雾。

第十七节　风铃扶桑

一、简介

风铃扶桑，学名 *Ceropegia trichantha* Hemsl.，又名拱手花篮、花篮、吊篮花、吊金钱，为锦葵科苘麻属常绿灌木。原产南美洲，我国华南一带可露地栽培，北方地区在温室栽培。其枝条柔软，绿叶婆娑，花朵形似风铃，色彩鲜艳，迎风摇曳，美丽而可爱、在适宜的条件下全年都可开花，但冬季开花的数量较少。适合庭院栽培或作大中型盆栽，布置客厅、阳台等处。

二、生长习性

风铃扶桑喜高温，不耐寒，北方需在高温温室越冬；不耐阴，喜肥，性喜光，也稍能耐荫庇，喜高温、高湿，耐烈日酷暑，但不耐低温，当气温在18℃以下时，生长较缓慢，气温在12℃以下时，生长停滞，连续数天5℃左右低温，嫩枝有冷害，幼苗忌霜冻；它对土壤要求不严，但在中等肥沃、疏松透气，偏酸性（pH6.2~7）最好，贫瘠干燥土生长不良。

三、栽培技术

（一）繁殖方法

风铃扶桑开花后不结实，生产中主要用扦插育苗繁殖。扦插的季节，除冬季低温不宜外，春夏秋三季均可进行，但以3~5月最为适宜，此时扦插的幼苗，翌年即可定植。老枝和嫩枝均可用作繁殖材料，但以1~2年生枝条的成苗率最高。将插穗剪成10cm左右长，剪后即插入砂床或蛭石床内，按行珠距（15×5）cm斜插，入土深度为枝条的2/3，插后压紧，浇水。生根长叶后，选阴雨天气定植，按行株距（100×100）cm开穴，每穴栽植1株，经常保湿，约1个月即可发叶发根，一般成活率可达80%以上。当插穗发根3~5

条，根长3cm左右时，即可移入圃地定植，注意浇水保湿，按常规育苗方法管理，翌年即可出圃。

（二）栽培管理

露地栽培风铃扶桑宜于我国北回归线以南的地区栽培。较耐水湿，一般排水较差的地方能正常生长，但不宜长期渍水。

盆栽风铃扶桑每年春季换盆，增添腐叶土，并修剪整形，以便多萌发分枝。生长期每半月施肥1次。盛夏土壤保持湿润，多见阳光，但要防烈日曝晒，早晚在叶面喷水。秋季天气转凉时，应搬入室内，停止施肥，控制浇水，保持通风。

（三）病虫害防治

风铃扶桑抗性强，少有病虫害，偶有跳棉虫危害嫩枝，可用克螨特乳油等农药喷杀。

第十八节　一品红

一、简介

一品红，学名 *Euphorbia pulcherrima* Willd. et Klotzsch.，又名象牙红、老来娇、圣诞花、猩猩木，为大戟科大戟属植物。原产于墨西哥塔斯科地区，现广泛栽培。供观赏一品红通常高60cm~3m，其深绿色的叶长约7~16cm。其最顶层的叶是火红色、红色或白色的，因此经常被误会为花朵，而真正的花是在叶束中间的部分。花期从十二月可持续至来年的二月，花期时正值圣诞、元旦期间，非常适合节日的喜庆气氛。

二、生长习性

一品红性喜温暖湿润的环境，不耐寒，冬季室温要保持在10℃以上，低温或阳光不足，会导致叶色发黄而脱落。一品红为短日照植物，10月下旬花芽开始分化，12月下旬开始开花。喜生于肥沃湿润排水良好的砂质壤土上。

三、栽培技术

（一）繁殖方法

一品红繁殖以扦插为主。用老枝、嫩枝均可扦插，但枝条过嫩则难以成活。

1. 硬枝扦插

多在春季3～5月进行。剪取一年生木质化或半木质化枝条，长约10cm，作插穗；剪除插穗上的叶片，切口蘸上草木灰，待晾干切口后插入细沙中，深度约5cm，充分灌水，并保持温度在22～24℃，约一个月左右生根。

2. 嫩枝扦插

选当年生嫩条，生长到6～8片叶时，取6～8cm长，具3～4个节的一段嫩梢，在节下剪平，去除基部大叶后，立即投入清水中，以阻止乳汁外流，然后扦插，并保持基质潮湿，大约20d左右可以生根，再经约两周可上盆种植或移植。小苗上盆后要给予充足的水分，置于半阴处一周左右，然后移至早晚能见到阳光的地方锻炼约半个月，再放到阳光充足处养护。

（二）栽培管理

1. 肥水管理

一品红的浇水要根据天气、盆土和植株生长情况灵活掌握，一般浇水以保持盆土湿润又不积水为度，但在开花后要减少浇水。

一品红除上盆、换盆时，加入有机肥及马蹄片作基肥外，在生长开花季节，每隔10～15d施一次稀释5倍充分腐熟的麻酱渣液肥。入秋后，还可用0.3%的复合化肥，每周施一次，连续3～4次，以促进苞片变色及花芽分化。

2. 光温管理

一品红每年的9月中下旬进入室内，要加强通风，使植株逐渐适应室内环境，冬季室温应保持在15～20℃。至12月中旬以后进入开花阶段，要逐渐通风。

一品红属短日照植物。一年四季均应得到充足的光照，苞片变色及花芽分化、开花期间，光照显得更为重要。如光照不足，枝条易徒长，易感病害，花色暗淡，长期放置阴暗处，则不开花，冬季会落叶。为了提前或延迟开花，可控制光照，一般每天给予8～9h的光照，40d便可开花。

3. 植株生长调控

一品红在生产栽培中必须对其进行矮化和整形处理，以达到造型丰满、矮化美观的效果。其具体方法包括摘心和矮化处理。当一品红植株高达20cm时摘心，其后，当昼夜温差超过3℃时，可在摘心充分后喷施750～1000μL/L的矮壮素1～4次，以抑制茎秆徒长。昼夜温差超过5℃时，可在摘心后1～4周，喷施1000μL/L的矮壮素与1500μL/L的B_9混合液1～3次，也可喷施5～10μL/L的多效唑。但不可在花芽分化后喷施维和多效唑矮化剂。

低浓度的多效唑溶液有控制着色、苞片卷曲或变小的作用，建议在花芽分化后，半数叶片显色前喷施0.05～0.1μL/L的多效唑溶液。

4. 短日照处理

一品红是短日照植物，短日照处理在于使一品红提前开花。在栽培中常用蒙黑布遮光处理，即在荫棚里面大约2m高处用竹子横竖连接，把黑布盖上即可。

（1）黑布遮光的时间　品种不同，处理的时间也不同。一般来说，要提前60～70d处理，若要在国庆期间销售，则在7月5日～7月20日就要开始处理，处理时苗的高度一般在12～15cm为好，高度小于10cm的，不宜处理。

（2）温度调节　因为7～9月正值夏季，温度比较高，盖黑布温度会骤升，要在温室内悬挂温度计，早期的温度控制在23～28℃，中后期的温度控制在19～22℃，可通过通风设备或水帘来降低温度。

（3）时间调节　每日处理的时间控制在3～4h为宜。操作的具体时间为清晨5：00～7：00和下午5：00～7：00，因为这段时间的温度比较低，不会造成植株徒长。

（4）处理期间的矮化　遮光处理时要视植株的生长情况使用矮化剂，大约10～15d可用矮化剂处理一次，但浓度不能太高，在1000～2500倍为宜，使用时阳光、通风要好。

（5）注意肥水的管理　遮光处理时每天早晚喷一次水，10～15d追施一次花肥。肥料的选择要根据植株的大小而定，每周喷一次叶面肥。

5. 长日照处理

一品红在长日照情况下就会抑制生殖生长，而促进营养生长。当年的扦插苗要留到第二年作母株时，或当年的扦插苗或母株要留到春节销售时，均要进行长日照处理。每天长日照处理的时间为3～4h。

（1）长日照处理的工具　一般一品红在温室中栽培，安装补光灯来进行长日照处理。补光灯可用荧光灯、高压钠灯、金卤灯等，近几年新型节能高效的LED植物生长灯已开始推广应用。

（2）长日照处理的时间　长日照处理结束后的60～75d就可以销售，一般进行长日照处理的时间在9月20日左右。

（3）补光时间　一般在10月15日前进行补光，否则会造成花期推迟的现象，导致不能达到预期销售的目的。每天进行长日照处理3h为宜，中期调至3.5h，后期调至4h。其原因是随着时间的推移，白天一天比一天变短，故长日照处理应越来越长。

（三）盆栽管理

一品红盆栽基质一般用菜园土3份、腐殖土3份、腐叶土3份、腐熟的饼肥1份，加少量的炉渣混合使用，上盆、换盆时，加入适量有机肥，在生长开花季节，每隔10～15d施一次稀释5倍充分腐熟的麻酱渣液肥。入秋后，每周施一次0.3%的复合化肥，连续3～4次，以促进苞片变色及花芽分化。一般浇水以保持盆土湿润又不积水为度，但在开花后要减少浇水。在清明节前后将休眠老株换盆，剪除老根及病弱枝条，促其萌发新枝，在生长过程中需摘心两次，第一次6月下旬，第二次8月中旬，待枝条长20～30cm时开始整形作弯，目的是使株形短小，花头整齐，均匀分布，提高观赏性。

（四）病虫害防治

一品红常发生的病害有叶斑病、灰霉病和茎腐病，可用70%甲基托布津可湿性粉剂1000倍液喷洒，每3d喷1次，连续用药2～3次。在遮光处理后期苞片变红时，可用百菌清烟剂熏烟。

一品红线虫一般在上盆3～5周时极易出现，防治药物可用辛硫磷3000倍液或90%万灵可湿性粉剂2500倍液灌根，每3d灌1次，灌根2次即可。

一品红生长过程中极易发生粉虱，可悬挂黄板进行物理防治，也可用20%灭扫利乳油1500倍液、20%吡虫啉可湿性粉剂2500倍液或90%万灵可湿性粉剂1500倍液喷洒，每3～5d喷1次，连续喷洒2次，每天上午7：00左右是最佳喷药时间。

第十九节　银合欢

一、简介

银合欢，*Leucaena leucocephala*（Lam.）de Wit.，为含羞草科银合欢属灌木或小乔木。原产于中美洲，1645年由荷兰人引入台湾，在我国华南广泛引种栽培，生长于海拔100～1200m稀薄灌木丛中或路边等一些光照较强的地方。银合欢生长较快，直立生长，长势旺盛、分枝多，树形美观，近年来已在我国许多省区推广种植，主要为景观植物。

二、生长习性

银合欢喜阳光充足，厌过湿，不耐阴，喜欢干燥凉爽的气候，生长迅速。由于银合欢根系能够深入到土壤深层，抗旱能力非常强，适应性强，不择土壤，耐瘠薄盐碱，无病虫害。幼株对冻害比较敏感，成熟植株具有较强的抗冻害能力。

三、栽培技术

（一）繁殖方法

1. 苗床整地

土地翻耕后除净杂草，起畦，畦幅（1.5～2.0）m×（8～10）m，施适量基肥，酸性重的土壤（pH5.5 以下）每 667m^2加施石灰 50～100kg。

2. 种子处理

用热水（82℃）浸泡 3～5min，或沸水（100℃）浸泡 50～100s，晾干拌以银合欢根瘤菌种制成丸衣化种子。

3. 播种

气温稳定在 15℃以上时，在苗床上开行条播经处理的银合欢种子，株行距（10×35）cm，覆土 2～3cm。播后保持土壤湿润，一周内即出苗。也可用营养钵育苗。

4. 直播

适用于建植大面积人工刈割地或放牧地，用手播或机器撒播，但要处理好地面（清理杂草灌丛，进行翻耕耙碎）。播种要尽可能同禾本科牧草如狗尾草、宽叶雀稗条状间种，比例为 1:(1～3)。先播银合欢 1 行，成苗后再播禾本科牧草 1～3 行，条（行）距约 90cm。银合欢播种量 0.5kg/667m^2。

（二）栽培管理

1. 移栽

苗木高 0.2～1.0m 时可以移植，以穴植效果最好，穴径 60cm，深 50cm，施适量磷肥、石灰及有机肥，株行距（3×3）m。移植应在阴雨天或浇足定根水。

2. 管理

苗木定植后前期生长缓慢，要注意除草、培土。如根部结瘤太少或未发现根瘤，每 667m^2追施尿素 2kg。栽培中要求较强的肥水管理。

3. 固定支架

因幼苗时茎较纤细，叶片浓密茂盛，应固定支架以防倒伏。如肥水条件好，生长更旺盛，年生长量可达 6m。

（三）病虫害防治

银合欢的主要病害有叶斑病、流胶病、根腐病和溃疡病，以及细菌性果腐病等，但发病均不明显。银合欢抗虫能力也较强，常见异木虱（一种银合欢的虫害）侵害，当发现异木虱侵害时，可用灭净菊酯进行杀灭。每 667m^2用量 10mL，稀释 1000 倍，用超低容量喷雾法，灭虫效果达 90% 以上。

第二十节　南天竹

一、简介

南天竹，学名 *Nandina domestica* Thunb.，又名红杷子、天烛子、红枸子，为小檗科南天竹属常绿灌木，是我国南方常见的木本花卉种类。分布于湖北、江苏、浙江、安徽、江西、广东、广西、云南、四川等省。其形态优越清雅，常被用以制作盆景或盆栽来装饰窗台、门厅、会场等。

二、生长习性

南天竹性喜温暖及湿润的环境，比较耐阴，也耐寒。容易养护。栽培土壤要求肥沃、排水良好的砂质壤土。对水分要求不甚严格，既能耐湿也能耐旱。比较喜肥。

三、栽培技术

（一）繁殖方法

1. 种子繁殖

秋季采种，采后即播。在整好的苗床上，按行距33cm开沟，深约10cm，均匀撒种，每667m^2播种量为7～8kg。播后，盖草木灰及细土，压紧。第二年幼苗生长较慢，要经常除草、松土，并施清淡人畜粪尿。以后每年要注意中耕除草、追肥，培育3年后可出圃定植。

2. 分株繁殖

春秋两季将丛状植株掘出，抖去宿土，从根基结合薄弱处剪断，每丛带茎干2～3个，需带一部分根系，同时剪去一些较大的羽状复叶，地栽或上盆，培养一两年后即可开花结果。

（二）栽培管理

1. 选地整地

选择土层深厚、肥沃、排灌良好的砂壤，山坡、平地排水良好的中性及微碱性土壤也可栽植。还可利用边角隙地栽培。

2. 移栽

宜在春天雨后进行。株行距各为100cm。栽前，带土挖起幼苗，如不能带土，必须用稀泥浆根，栽后才易成活。

（三）盆栽管理

1. 栽植方法

南天竹适宜用微酸性土壤，盆栽基质可按砂质土5份、腐叶土4份、粪土1份的比例调制。栽前，先将盆底排水小孔用碎瓦片盖好，加层木炭更好，有利于排水和杀菌。一般植株根部都带有泥土，如有断根、撕碎根、发黑根或多余根应剪去，按常规法加土栽好植株，浇足水后放在阴凉处，约15d后，可见阳光。每隔1～2年换盆一次，换盆通常将植株从盆中扣出，去掉旧的培养土，剪除大部分根系，去掉细弱过矮的枝干定干造型，留 3 ~5 株为宜，用培养土栽入盆内，蔽荫管护，半个月后正常管理。南天竹在半阴、凉爽、湿润处养护最好。强光照射下，茎粗短变暗红，幼叶“烧伤”，成叶变红。南天竹适宜生长温度为20℃左右，适宜开花结实温度为 24 ~25℃，冬季移入温室内，一般不低于0℃。翌年清明节后搬出户外。

2. 肥水管理

南天竹浇水应见干见湿，夏季每天浇水一次，并向叶面喷雾 2 ~3 次，保持叶面湿润；开花时尤应注意浇水，不使盆土发干，并于地面洒水提高空气湿度，以利提高授粉率。冬季植株处于半休眠状态，不要使盆土过湿。浇水时间，夏季宜在早、晚时行，冬季宜在中午进行。南天竹在生长期内，细苗半个月左右施一次薄肥（宜施含磷多的有机肥）。成年植株每年施三次干肥，分别在5、8、10 月进行，第三次应在移进室内越冬时施肥，肥料可用充分发酵后的饼肥和麻酱渣等。施肥量一般第一、二次宜少，第三次可增加用量。

3. 湿度光照

南天竹喜欢湿润或半燥的气候环境，要求生长环境的空气相对湿度在50% ~70%，湿度过低时下部叶片黄化、脱落，上部叶片无光泽。当环境温度在 8℃以下停止生长。

南天竹对光线的适应能力较强，放在室内养护时，应尽量放在有明亮光线的地方，如采光良好的客厅、卧室、书房等场所。在室内养护一段时间后（1 个月左右），要把它搬到室外有遮荫（冬季有保温条件）的地方养护一段时间（1 个月左右），如此交替调换。

4. 修剪

在生长期内，剪除根部萌生枝条、密生枝条，剪去果穗较长的枝干，留1 ~2 枝较低的枝干，以保株形美观，以利开花结果。

（三）病虫害防治

南天竹的主要病害为茎枯病，发现病枝及时铲除并销毁，冬季喷洒达克宁胶悬剂 500 倍液。虫害主要为螨类，其防治方法为早春喷 30°Bé 石硫合剂，内加 0.3% 合成洗衣粉；大量发生时，可喷施 40.7% 乐斯本乳油 1500 倍液或73% 克螨特乳油 2000 倍液。

第二十一节　朱蕉

一、简介

朱蕉，学名 *Cordyline fruticosa* L. A. Cheval.，又名千年木、红竹，为百合

科朱蕉属植物。原产亚洲热带及太平洋各岛屿，有些种类原产澳大利亚和新西兰，19 世纪初传入欧洲，很快又落户美洲，到 20 世纪初，朱蕉在欧美已十分流行，常用于室内装饰。朱蕉主茎挺拔，姿态婆娑，披散的叶丛形如伞状，叶色斑斓，极为美丽，是最常见的室内观叶植物。适于在厅房中装饰陈设，或单株摆放，或组成花坛，供赏其常青不凋的翠叶和紫红斑彩的叶色。

二、生长习性

朱蕉性喜高温多湿的气候，属半阴植物，夏季要求半阴，不能忍受北方地区烈日曝晒，完全蔽荫处叶片又易发黄。不耐寒，冬季低温临界线为 10℃，除广东、广西、福建等地外，均只宜置于温室内盆栽观赏。要求富含腐殖质和排水良好的酸性土壤，忌碱土，植于碱性土壤中叶片易黄，新叶失色，不耐旱。

三、栽培技术

（一）繁殖方法

1. 扦插繁殖

朱蕉的分枝能力差，必须培育采条母株。以 6 ~ 10 月剪取顶端枝条，长 8 ~ 10cm，带 5 ~ 6 片叶，剪短，去掉下部叶片，插入砂床，疏荫保温保湿管护，适温为 24 ~ 27℃，不低于 20℃。插条用 0.2% 吲哚丁酸处理 2s，可提高生根率和缩短生根天数。播后 30 ~ 40d 生根并萌芽，当新枝长至 4 ~ 5cm 时盆栽。

2. 压条繁殖

在 5 ~ 6 月常用高空压条。选取健壮主茎，离顶端 20cm 处，行环状剥皮，宽 1cm，将湿润苔藓盖上，并用塑料薄膜包扎，室温保持 20℃ 以上，约 40d 后发根，60d 后剪下盆栽。

3. 播种繁殖

朱蕉 9 月种子成熟，种子较大，常用浅盆点播，发芽适温为 24 ~ 27℃，播后 2 周发芽，苗高 4 ~ 5cm 移栽 4cm 盆。

（二）栽培管理

1. 温光

朱蕉的生长适温为 20 ~ 25℃，夏季白天可 25 ~ 30℃，冬季夜间温度 7 ~ 10℃。不能低于 4℃，个别品种能耐 0℃ 低温。朱蕉对光照的适应能力较强，明亮光照对朱蕉生长最为有利，但短时间的强光或较长时间的半阴对朱蕉的生长影响不大。夏季中午适当遮荫，减弱光照强度，对朱蕉叶片生长极为有利。

2. 水分

朱蕉对水分的反应比较敏感。生长期盆土必须保持湿润。缺水易引起落叶，但水分太多或盆内积水，同样引起落叶或叶尖黄化现象。茎叶生长期经常喷水，以空气湿度50% ~60%较为适宜。

3. 土壤

以肥沃、疏松和排水良好的砂质壤土为宜，不耐盐碱和酸性土。盆栽常用腐叶土或泥炭土为培养土，并混合粗砂。

（三）盆栽管理

盆栽时，基质以疏松、排水和通气性好的5 ~40mm规格的进口泥炭为优，将泥炭加水拌匀。加水的标准：加水拌匀后，手紧握一把泥炭，水从指缝中渗出。

盆栽朱蕉常用15 ~25cm盆，苗高20cm时定植。生长期每半月施肥1次。主茎越长越高，基部叶片逐渐枯黄脱落，可通过短截，促其多萌发侧枝，树冠更加美观。叶片经常喷水，保持茎叶生长清新繁茂。并注意室内通风，减少病虫危害。每2 ~3年换盆1次。

（四）病虫害防治

朱蕉主要有炭疽病和叶斑病危害，可用10%抗菌剂401醋酸溶液1000倍液喷洒。有时发生介壳虫危害叶片，可用50%杀螟松乳油1500倍液喷杀。

第二十二节　蔷薇

一、简介

蔷薇，学名*Rosa multiflora* Thunb.，又称野蔷薇，为蔷薇科植物。主要分布在北半球温带、亚热带及热带山区等地区。蔷薇科树种在国内外均有很长的栽培应用历史，其花、叶、枝、干、姿都有很高的观赏价值。蔷薇科树种的生态适应性很强，在不同城市绿地中均有种植，如南京玄武湖公园的“樱洲花海”的樱花，梅花山的梅花，莫愁湖海棠专类园的海棠等，都是有名的蔷薇科树种。

二、生长习性

蔷薇喜阳光，也耐半阴，较耐寒，在中国北方大部分地区能露地越冬。对土壤要求不严，耐干旱，耐瘠薄，但栽植在土层深厚、疏松、肥沃湿润而又排水通畅的土壤中则生长更好，也可在黏重土壤上正常生长。不耐水湿，忌积水。

三、栽培技术

（一）繁殖方法

生产上多用当年嫩枝扦插育苗，容易成活。名贵品种较难扦插，可用压条或嫁接法繁殖。无性繁殖的幼苗，当年即可开花。用作盆花的苗，应选择优良品种中较老的枝条，用压条法育苗，还要注意修剪主芽，进行人工矮化。用作切花的苗，应选择能形成采花母枝、花大色艳的品种育苗。

（二）栽培管理

蔷薇忌湿涝，所以不管是地种还是盆栽，都得保证有良好的排水系统。蔷薇喜肥，按“薄肥勤施”的原则，不断供给各种养料。蔷薇系阳性花卉，它喜温暖，华北地区及其以南，皆可在室外安全越冬。蔷薇夏季要适当遮荫，避开阳光曝晒；要松土透气，保持通风流畅；要叶面喷水增加空气湿度。

栽培蔷薇与培养月季有许多相似之处，但它比月季管理粗放。其栽植株距不应小于2m。从早春萌芽开始至开花期间可根据天气情况酌情浇水3～4次，保持土壤湿润，夏季干旱时需再浇水2～3次。雨季要注意及时排水防涝，秋季再酌情浇2～3次水。全年浇水都要注意勿使植株根部积水。孕蕾期施1～2次稀薄饼肥水，则花色好，花期持久。

修剪为蔷薇造景整形中不可缺少的重要工序，一般成株于每年春季萌动前进行一次修剪。修剪一般将主蔓保留在1.5m以内的长度，其余部分剪除。每个侧枝保留基部3～5个芽，同时，将枯枝、细弱枝及病虫枝疏除，并将过老过密的枝条剪掉，促使萌发新枝，不断更新老株。植株蔓生愈长，开花愈多，需要的养分亦多，每年冬季需培土施肥1次，保持嫩枝及花芽繁茂，景色艳丽。培育作盆花，更要注意修枝整形。切花因产花量大，产花季每周需施肥1～2次，并应注意培育采花母枝，剪去弱枝上的花蕾。

（三）病虫害防治

人工栽培的蔷薇常有锯蜂、蔷薇叶蜂、介壳虫、蚜虫以及黑斑病、白粉病、锈病等病虫害。其防治方法除应注意用药液喷杀外，布景时应与其他花木配置使用，不宜一处种植过多。每年冬季，对老枝及密生枝条，常进行强度修剪，保持透光及通风良好，也可减少病虫害。药剂防治黑斑病可喷施多菌灵、甲基托布津、达克宁等药物；防治白粉病喷施多菌灵、三唑酮即可；防治蔷薇锈病可用800倍液三唑酮于叶面喷雾，每周一次，连续3～4次。

第二十三节　五色梅

一、简介

五色梅，学名 *Lantana camara* L.，又称山大丹、大红绣球等，属马鞭草科马缨丹属直立或半藤状灌木，高可达2m。原产北美南部，现世界各国广为栽培，中国广东、海南、福建、台湾、广西等省区有栽培，且已逸为野生。花期较长，在南方露地栽植几乎一年四季有花，北京盆栽7～8月花量最大，花色丰富多变，有红、橙、黄、粉、白等色，有的花初开时为黄色或粉色，渐渐变为橘黄或橘红，最后变为红色，故有五色梅、七变花之称。

二、生长习性

五色梅喜光，喜温暖湿润的气候，适应性强，耐干旱瘠薄，但不耐寒，在疏松、肥沃、排水良好的砂壤土中生长较好。在南方基本是露地栽培，北方可作盆栽摆设观赏。

三、栽培技术

（一）繁殖方法

1. 播种繁殖

果熟后采摘果实堆沤，浸水搓洗去果肉，即获种子。种子忌失水，可于秋季采取随采随播，或混砂贮藏，春季再播种。播后发芽阶段气温应保持在20℃以上。发芽率约为60%，南方播种苗当年秋季可开花。

2. 扦插繁殖

多于5月进行。取一年生枝条作插穗，每两节成一段，保留上部叶片并剪掉一半，下部插入土壤，置于疏荫下养护并经常喷水，1个月左右即生根，并生发新的枝条。

3. 压条繁殖

五色梅植株分枝极多，沾土生根，故将柔性枝条刻伤并压入土中，待根系生长后即断根分株。

（二）盆栽管理

1. 日常管理

盆栽五色梅春季出房前应翻盆，宜施入充足的基肥，花后不留籽的，要摘去残花，以利于下面叶腋再抽出花序。生长期要保持充足的阳光和湿润的土壤，不要太干，特别是开花期间如干燥，则易出现萎蔫现象，影响开花。5～10月，每7～10d施饼肥水或有机肥稀液一次，特别是花后应及时追肥，以保持花开不断。10月底，要移入室内，华东地区可放置在冷室内越冬，若室内阳光充足，温度在10℃以上仍可开花。入室后，要控制浇水，停止施肥。对过长的新梢可适当短截，以方便存放。

2. 修剪

五色梅生长期间，对枝条要适当修剪。对小苗要打顶，以促发侧枝。当幼苗长到约10cm高时即摘心，促使其从基部萌发分枝，保留3～5个枝条作为主枝，待主枝长到一定长度再行摘心，使主枝生长均衡。位于上部的主枝先摘心，位于下部的主枝后修剪，上部主枝在摘心时去枝量略多于下部主枝，这样各枝间生长匀称，便形成了圆头状株形。植株成形之后，随着枝条不断生长，以后要经常疏枝和短截。每年春季结合换盆，把过密枝、纤弱枝、交叉枝及病虫枝从基部疏剪掉。保留的枝条，根据生长情况分别留2～4个芽短截。开花后及时剪除残花，以免消耗养分。

3. 造型

五色梅嫩枝柔软，适合制作多种形式的盆景，可制作成单干式、双干式、临水式、斜干式等不同形式。五色梅叶片较大，树冠常采用潇洒的自然型，也可刻意扎成圆片形。由于生长迅速、萌发力强，耐修剪，造型方法应以修剪为主，再辅以蟠扎和牵拉。五色梅的枝条直而无姿，可用金属丝进行弯曲造型。

（三）病虫害防治

五色梅灰霉病的防治，要注意通风，降低湿度，及时摘除病花，集中烧毁或深埋于土中。病害发生初期，可喷施等量式波尔多液200倍液，或50%速克灵可湿性粉剂2000倍液，或50%朴海因可湿性粉剂1500倍液，每2周1次，喷药次数因发病情况而定。五色梅叶枯线虫的防治，应加强检疫，盆栽用土要禁用病土和草多的土，改进浇水方法；药剂防治可在危害期用50%杀螟松乳剂、50%永线酯和50%西维因可湿性粉1000倍液叶面喷洒。

第二十四节　九里香

一、简介

九里香，学名 *Murraya exotica* L.，别名石辣椒、九秋香、九树香、七里香、千里香、万里香、过山香等，为芸香科九里香属常绿灌木，有时可长成小乔木样，高可达8m。九里香产于云南、贵州、湖南、广东、广西、福建、海南、中国台湾等地，以及亚洲其他一些热带及亚热带地区。九里香枝白灰或淡黄灰色，株姿优美，枝叶秀丽，花香浓郁，是优良的观花观叶树种，常用于南方公园、道路、庭院作为景观植物种植，近年来已引入北方观光温室里种植和室内盆栽。九里香还是著名的香料植物。

二、生长习性

九里香喜温暖，最适宜生长温度为20～32℃，不耐寒，冬季当最低气温降至5℃左右时，即移入低温（5～10℃）室内越冬。九里香是阳性树种，阳光充足、空气流通的环境，可使其叶茂花繁而香，花谢后仍需置于日照充足处。

三、栽培技术

（一）繁殖方法

1. 种子繁殖

采摘饱满成熟的朱红色的鲜果，在清水中揉搓，去掉果皮以及浮在水面上的杂质和瘪粒，晾干备用。春、秋均可播种，一般多采用春播。春播3～5月均可，气温16～22℃时，播后25～35d发芽。秋播以9～10月上旬为宜。播种前，选择水肥条件较好的地块作苗圃，深翻，碎土，耙平做畦，畦宽1～1.2m。条播或撒播均可。条播按行距30cm，撒播则将种子与细砂混匀，均匀地撒在苗床上，播后覆土1.2cm厚，上面盖草，灌水。出苗后及时揭去盖草，当出现2～3片真叶时间苗，保留株距10～15cm。并结合除草，追施人畜粪，苗高15～20cm时定植。

2. 扦插繁殖

扦插宜在春季或7～8月雨季进行。剪取组织充实、中等成熟、表皮灰绿色的1年生以上的枝条作插条，当年生的嫩枝条不宜采用。插条长10～15cm，具4～5节，剪口要求平整，斜插于苗床内，苗床可撒1层清洁河砂，行株距为（12×9）cm，插后浇水，保持床内土壤湿润。春播苗当年即可定植，秋播者翌年定植。

3. 压条繁殖

一般在雨季进行，将半老化枝条的一部分经环状剥皮或割伤埋入土中，待其生根发芽，于晚秋或翌年春季削离后即可定植。

（二）栽培管理

1. 选地整地

选择地势平坦肥沃或向阳丘陵坡地，定植前需经整地、做畦和挖定植穴，也可利用宅旁、房前屋后，结合绿化栽植成绿篱。九里香的移栽地宜选用含腐殖质丰富、疏松、肥沃的砂质土壤。盆栽九里香，要浇透水，先置于蔽荫处10d左右，然后再放置阳光充足、通风良好处养植。

2. 定植

有灌溉条件的地区可在春季进行定植，没有条件的应在雨季进行定植。作为香料植物，为采花方便，宜集中栽培在土壤水肥条件好的地区。以采花为主时，可适当稀植，株行距为（50×50）cm；以收叶为目的并结合绿篱栽培时，则可密植，株行距（25×30）cm。

3. 温光管理

九里香喜阳光充足，也耐半阴，喜温暖，最适宜生长的温度为20~32℃，不耐寒。冬季当最低气温降至5℃左右时，移入低温（5~10℃）室内越冬，放置处宜经常喷水，保持空气湿度。生长期间切忌阳光直射，夏季必须注意防曝晒，应放在疏荫下培养，这样才能使九里香花繁味浓。

4. 水肥管理

九里香耐旱，浇水要见干见湿，盆栽时盆内不要积水，夏季高温季节浇水亦不宜过多，但需经常向枝叶上喷水，这样既能起到降温增湿的作用，又有利于使枝叶油绿。冬季入室内后，应少浇水，只要保持盆土湿润即可，春秋季可每天或隔日浇一次水，冬季可数日浇一次水。在生长期，每月要施一次腐熟有机液肥。不可单施氮肥。4~6月为促其花芽分化，每月可向叶面喷一次0.2%的磷酸二氢钾溶液。因九里香原产南方，喜微酸性土壤，一年之中最好间隔施两次“矾肥水”。冬季休眠期内不要施肥。如果培育幼树，肥水可适当大些，以促其加快生长发育，尽早达到造型所需要的高度和粗度。

（三）病虫害防治

九里香易发生白粉病和铁锈病，可用嘧菌酯、三唑酮、甲基硫菌灵等药剂喷洒防治；红蜘蛛可用炔螨特、噻螨酮、哒螨灵防治；介壳虫可用人工刷除消灭，还可用敌百虫喷杀；天牛对植株危害较大，成虫可人工除掉，也可涂以石硫合剂进行防治；防治卷叶蛾、蚜虫，可喷洒一次1500倍蚜虱净水溶液，或1500倍大功臣水溶液，或1500倍安绿宝水溶液进行防治，杀死幼虫。

第二十五节 两面针

一、简介

两面针，学名 *Zanthoxylum nitidum*（Roxb.）DC.，别名两背针、入地金

牛，为芸香科木质藤本植物。主产于台湾、广东、广西、福建等省（区），湖南、贵州两省的南部也有分布。两面针开淡黄色小花，具芳香，茎、枝、叶均有皮刺，种子黑色卵圆形。花期3~4月，果期9~10月。由于两面针具有树姿优美、四季常青，耐移植、易成活等优良的植物特性，近年来常被人们用来制作盆景或盆栽观赏。两面针盆景茎干苍劲嶙峋，虬曲多姿，花香叶奇，形色凝重，气度不凡，除了能够表现山野古木潇洒清逸的韵味外，更显苍劲朴实、庄重典雅的独特美感。

二、生长习性

两面针野生于较干燥的山坡灌木丛中或疏林中及路旁，喜温暖湿润的环境，生长适宜温度为30℃，对土壤要求不严，除盐碱地不宜种植外，一般土壤均能种植，忌积水。

三、栽培技术

（一）繁殖方法

播种育苗秋播、春播均可。秋播于9月种子成熟时，随采随播，发芽率高。春播于3月下旬将种子撒播于苗床内，覆盖2cm细土，盖草，浇水。播种量每667m^2 1250~1500g。播后气温在25℃以上时20d即可出苗，出苗后揭去盖草。

（二）栽培管理

1. 定植

选择向阳、排水良好、土层深厚而且疏松肥沃的壤土，深耕30cm，碎土耙平，做畦，开排水沟。待苗高20cm左右时即可移栽。穴栽：按株距70cm，行距90cm挖坑，树坑长×宽×深为（60×60×50）cm，每坑施足基肥。每穴种植1株。

2. 中耕除草

定植后1~2年内，每年中耕除草4~5次，此期可间种花生、黄豆等农作物。两年后，每年中耕除草3~4次。

3. 追肥

幼苗期每月追施1次人粪尿或尿素。定植后，每年夏冬季各追施1次草皮泥、堆肥和厩肥。每次追肥后进行培土。

4. 修剪

二年生以上植株主干基本形成后，应修剪过密的弱枝、病虫枝、枯枝和从根茎发出的萌芽枝。

（三）病虫害防治

两面针常见天牛蛀食茎秆和根部，可人工捕捉成虫或清除虫卵，可用铁丝插入蛀孔刺死幼虫，也可用药棉浸菊酯类原液塞入蛀孔，用泥封口，毒杀幼虫。

第二十六节　六月雪

一、简介

六月雪，学名 *Serissa japonica*（Thunb.）Thunb.，别名碎叶冬青、白马骨、素馨、悉茗，为茜草科六月雪属常绿小灌木。六月雪植株低矮，株高不足1m，6月开花，远看如银装素裹，犹如六月飘雪，雅洁可爱，故名。六月雪原产于我国江南各省，从江苏到广东都有野生分布，日本及台湾也有分布，多野生于山林之间、溪边岩畔。六月雪萌芽力、分蘖力较强，耐修剪，也易造型，南方园林中常作露地栽植于林冠下、灌木丛中；北方多盆栽观赏，在室内越冬，也为良好的盆景材料。

二、生长习性

六月雪性喜温暖湿润的气候条件及半阴半阳的环境条件，高温酷暑时节宜疏荫。喜疏松肥沃、排水良好的土壤，中性及微酸性尤宜。抗寒力不强，冬季温室越冬需要在0℃以上。

三、栽培技术

（一）繁殖方法

1. 扦插繁殖

休眠枝扦插于2～3月进行，半成熟枝扦插在6～7月进行。一般是初春季节用硬枝，梅雨季节用硬枝、老枝均可。扦插均需搭棚遮荫，插后注意浇水，保持苗床湿润，极易成活。

2. 短枝撒插

利用绿化空地，将土挖松，土团打细，整平。将修剪下来的枝条，均匀地撒于事先整好的地面，浇透水，以后隔日喷水一次，10d开始生根，25d后开始施第一次稀薄液肥，50d时施一次1000倍尿素提苗，两个月就可以移栽定植。

（二）盆栽管理

1. 移栽上盆

在2～3月移栽上盆，也可在梅雨季节及深秋进行。选用较浅的圆形、方形或椭圆形的紫砂盆或釉盆，盆土要求为富含有机质、疏松肥沃、排水透气性能良好的砂壤土，可用腐殖土、松针土、草炭掺进40%的砂或稻壳灰混合配制。

2. 水肥管理

生长季节应经常浇水，保持盆土湿润，但不宜长时间过干或过湿，切忌盆内积水。夏季每天叶面喷水1～2次，冬季应适当减少浇水次数，保持盆土湿润稍偏干即可。每年4～5月浇施2～3次0.5%浓度的磷钾肥液，在腊冬追施1～2次稀薄的有机肥液，其他季节不宜施肥。

3. 光温管理

生长期宜放在阳光充足、温暖湿润、通风良好的地方养护，夏季至初秋应遮阳50%～70%，忌曝晒，冬季在南方可室外越冬，北方应移入室内，保持室温5～12℃为好。

4. 翻盆与修剪

隔1～2年翻盆1次，于春季2～3月或深秋期间进行，剔去全部旧土，适当修剪根部。可结合翻盆进行提根，使其形成悬根，提高观赏价值。每年冬季半落叶后至翌春萌芽前，进行1次整形修剪，剪短长枝、徒长枝，疏去过密的细弱枝，剪去病虫枝以及其他影响观赏的杂乱枝；生长期适时进行摘心、抹芽、除分枝等，使其保持优美的造型。剪下的健康枝条可用于扦插繁殖。蟠扎常在冬季半落叶后至春季萌芽前进行，主干和主枝用金属丝蟠扎，小枝经精细修剪成形。

（三）病虫害防治

六月雪盆景的病虫害较少，偶有蚜虫和蜗牛发生。蚜虫可用风油精稀释500～600倍液喷杀；蜗牛可用58%风雷激乳油1500倍液喷杀。有时会发生根腐病，在初发病时可用12%松脂酸铜乳油600～1000倍液，或50%根腐灵800倍液灌根和叶面喷雾防治，每隔3～5d喷（灌）1次，连续喷（灌）3～4次。

第二十七节 米兰

一、简介

米兰，学名 *Aglaia odorata* Lour.，别名树兰、米仔兰，楝科米仔兰属常绿灌木或小乔木。原产亚洲南部，广泛种植于世界热带各地。中国福建、广东、广西、四川、云南有分布。米兰盆栽可陈列于客厅、书房和门廊，清新幽雅，舒人心身。在南方庭院中米兰又是极好的风景树，北方多盆栽。

二、生长习性

米兰喜温暖湿润和阳光充足的环境，不耐寒，稍耐阴，土壤以疏松、肥沃的微酸性土壤为最好，冬季温度不低于10℃。米兰喜湿润，生长期间浇水要适量。

三、栽培技术

（一）繁殖方法

米兰常用压条和扦插繁殖。压条以高空压条为主，在梅雨季节选用一年生木质化枝条，于基部20cm处做环状剥皮1cm宽，用苔藓或泥炭敷于环剥部位，再用薄膜上下扎紧，2～3个月可以生根。扦插，于6～8月剪取顶端嫩枝10cm左右，插入泥炭中，2个月后开始生根。

（二）栽培管理

1. 温光管理

米兰性喜温暖，温度越高，它开出来的花就越香。一般来说，温度处在30℃以上，在充足的阳光照射下，开出来的花就浓香；反之，处在30℃以下的环境下，光照不足，开出来的花就没有在温度高时的香。适宜温度范围在20～35℃之间，在6～10月期间开花可达5次之多。

米兰四季都应放在阳光充足的地方。如把米兰置于光线充足、通风良好的庭院或阳台上，每天光照在8～12h以上，会使植株叶色浓绿，枝条生长粗壮，开花的次数多，花色鲜黄，香气也较浓郁。

2. 水肥管理

米兰每开完一次花，应抓紧补充一次养分。气温回升后，米兰应移到室外养护，一周后要松土，施稀薄的氮肥，用10%～20%腐熟的饼肥水即可，以后每隔10d左右施一次液肥以促其枝叶生长。自6月开始，米兰进入生长旺期和开花期，直到10月中旬。期间每隔15d左右施一次以磷肥为主的较浓肥料，或隔15～20d喷施一次0.3%的磷酸二氢钾液，则开花更为繁茂。特别值得注意的是，花期一定要以磷肥为主，否则就会出现只长叶不开花的情况。

夏季气温高时，除每天浇灌1～2次水外，还要经常用清水喷洗枝叶，并向放置地面洒水，提高空气湿度。开花期浇水太多，易引起落花落蕾；浇水过少，又会造成叶子边缘干枯、枯蕾。米兰浇水次数的多少，需视植株的大小、气候的变化以及放置场所等情况而定，做到适时适量。夏季是米兰生长旺季，需水量也随之增多，一般每天浇水一次。高温晴朗的天气，每天早晚各浇一次水即可。

（三）盆栽管理

盆栽米兰幼苗应注意遮荫，切忌强光曝晒，待幼苗长出新叶后，每2周施肥1次，但浇水量必须控制，不宜过湿。除盛夏中午遮荫以外，应多见阳光，这样米兰不仅开花次数多，而且香味浓郁。长江以北地区冬季必须搬入室内养护。

1. 施肥

一般每月施一次肥，以有机肥和高效磷钾肥为主，切忌偏施氮肥。每次每盆施沤制腐熟并已除臭的花生饼肥或菜籽饼肥或茶籽饼肥25～30g，磷酸二氢钾或高效生物磷钾肥15～20g。

2. 浇水

全年都要保持盆土处于湿润状态，切勿干旱，但也不能长时间过湿，否则会沤根、烂根、黄叶。一般夏、秋季每天浇一次清水，冬、春季每2～3d浇一次清水，以水分能够迅速渗透入盆土中，不积在盆土上为宜。同时，要经常向枝叶上喷洒清水，特别是夏季高温和冬季干旱时期，均匀喷湿所有的枝叶，以开始有水珠往下滴为宜，以使枝叶保持湿润。

（四）病虫害防治

米兰受白粉病、叶斑病、炭疽病、红蜘蛛、介壳虫、蚜虫、锈壁虱等病虫为害严重，可使枝叶黄化枯死，可每15～20d叶面喷洒一次25～30倍干燥纯净的草木灰与过磷酸钙混合浸出的澄清液，或0.1%石灰水澄清液等进行无公害防治，以保护枝叶，防止各种病虫为害。

第二十八节　牡丹

一、简介

牡丹，学名*Paeonia suffruticosa* Andr.，别称鼠姑、鹿韭、白茸、木芍药、百雨金、洛阳花、国色天香、富贵花等，为毛茛科芍药属落叶小灌木。原产于我国西部秦岭和大巴山一带山区。牡丹是我国特有的木本名贵花卉，有数千年的自然生长和两千多年的人工栽培历史，品种多，花姿美，花大色艳，高贵典雅，素有“国色天香”“花中之王”的美誉。自古以来，我国人民把它作为幸福、美好、繁荣昌盛的象征。

牡丹作为“花中之王”，不仅是一种名贵的观赏花卉，同样是美味佳肴及良药。

二、生长习性

牡丹性喜温暖、凉爽、干燥、阳光充足的环境。喜阳光，也耐半阴，耐寒，耐干旱，耐弱碱，忌积水，怕热，怕烈日直射。适宜在疏松、深厚、肥沃、地势高燥、排水良好的中性砂壤土中生长，酸性或黏重土壤中生长不良。开花适温为17～20℃，温度在25℃以上则会使植株呈休眠状态。最低能耐－30℃的低温。

三、栽培技术

（一）繁殖方法

1. 分株繁殖

该法简便易行，成活率高，苗木生长旺盛，分株后的植株开花较早，可保持品种的优良特性，但繁殖系数较低。

分株时间主要在秋季进行，黄河流域多在9月下旬～10月下旬结合栽植进行分株；长江流域常于10月进行。方法是先把4～5年生、品种纯正、生长健壮的母株挖出，去掉附土，视其枝、芽与根系的结构，顺其自然生长纹理，用手掰开。分株的多少，应视母株丛大小、根系多少而定，一般可分2～4株。为避免病菌侵入，伤口可用1%硫酸铜或400倍多菌灵药浸泡，消毒灭菌。

2. 嫁接繁殖

（1）根接法　根接时间从8月下旬～10月下旬进行，以9月最适宜；长江流域则在10～11月间进行。砧木可用芍药根或牡丹根，挑选生长充实、附生须根较多、无病虫害、长25cm左右、直径1.5～2cm的根系，晾2～3d，使之失水变软，再行操作。接穗多选用生长健壮、无病虫害的当年生萌蘖新枝，长5～10cm即可。先在接穗基部腋芽两侧，削长约2～3cm的楔形斜面，再将砧木上口削平，选一平整光滑的纵侧面，用刀切开，切口长应略长于接穗削面，深度达砧木中心，以含下接穗削面为宜。砧、穗削面要平整、清洁，然后将接穗自上而下插入切口中，使砧木与接穗的形成层对准，用麻绳扎紧，接口处涂以泥浆或液体石蜡，即可栽植或假植。

（2）枝接法　根据嫁接部位的不同，又可分为土接（居接）和腹接两种。

①土接法：嫁接时间以“秋分”前后为宜。以实生牡丹为砧木，在离地面5cm左右处截去上部。以二年生健壮的萌蘖枝作接穗，在基部腋芽两侧削

长约3cm的楔形斜面，再削平砧木切口，劈开砧木深约3cm，将接穗插入砧木，然后培土盖住接穗，保护越冬。

②腹接法：时间在7月中旬~8月中旬（伏天），用牡丹作砧木，选用优良品种植株上健壮的萌蘖枝作接穗。接芽成活后，将砧木上的腋芽全部掰去，保持接穗的绝对优势。至其愈合牢固，再解除砧木上绑扎的薄膜，剪去残桩和下部砧芽，同时增施肥料，促其生长发育。

（3）芽接法　芽接时间从4月下旬~8月中旬，枝条韧皮部能剥离的期间内均可进行，以5月上旬~7月上旬成活率最高。砧木采用实生牡丹或粗劣品种牡丹均可。接穗选用当年生枝条上充实饱满的芽。

3. 播种繁殖

主要用于大量繁殖嫁接用的砧木或培育新品种。

牡丹种子于8月下旬开始成熟，当果皮变成棕黄色时采收。由于品种不同，成熟期有早、晚，应分批采收。果实采后放在阴凉通风处或置于室内摊晾，待种皮变成黑色，突果自然开裂时，即可将种子剥出，晾2~3d后，进行播种。播种时间一般在9月上旬左右。

4. 压条繁殖

因压条部位不同，可分地面压条和空中压条。

（1）地面压条　压条时间一般在5月底、6月初花期后。选健壮的2~3年生枝向下压倒，在当年生枝与多年生枝交接处刻伤后压入土中，并用石块等物压住固定，经常保持土壤湿润，促使萌生新根。若在老枝未压入土的部分也进行刻伤，使枝条呈将断未断状态，则更有益于促发新根。到第二年入冬前须根较多时，即可剪离母体成新的植株。

（2）空中压条　时间以牡丹花期后10d左右枝条半木质化时进行成活率最高。

5. 扦插繁殖

牡丹扦插虽能成活，但生长缓慢，护理困难，生产上一般较少采用。

（二）栽培管理

1. 栽植

大田栽植前深翻土地，栽植坑要适当大，牡丹根部放入其穴内要垂直舒展，不能卷根。栽植不可过深，以刚刚埋住根为好。盆栽牡丹的盆土宜用砂土和饼肥的混合土，或用充分腐熟的厩肥、园土、粗砂以1:1:1的比例混匀的培养土。牡丹因根须较长，植株较大，因此适合于地栽。若要盆栽，则应选大型的、透水性好的瓦盆，最好用深度为60~70cm的瓦缸。

2. 光温管理

牡丹喜充足的阳光，但不耐夏季烈日曝晒，温度在25℃以上则会使植株呈休眠状态。牡丹不耐高温，所以夏季天热时要及时采取降温措施，以遮阳网为好。牡丹开花适温为17～20℃，但花前必须经过2～3个月1～10℃的低温方可开花。最低能耐－30℃的低温，但北方寒冷地带冬季需采取适当的防寒措施，以免受到冻害。南方的高温高湿天气对生长极为不利，因此，南方栽培需给其特定的环境条件才可观赏到奇美的牡丹花。

3. 水肥管理

栽植后浇2次透水，入冬前灌1次水，保证安全越冬。开春后视土壤干湿情况给水，但不要浇水过大。全年一般施3次肥，第一次为花前肥，施速效肥，促其花开得大开得好；第二次为花后肥，追施1次有机液肥；第三次是秋冬肥，以基肥为主，促翌年春季生长。另外要注意中耕除草，无杂草可浅耕松土。

4. 整形修剪

栽培2～3年后应进行整枝。对生长势旺盛、发枝能力强的品种，只需剪去细弱枝，保留全部强壮枝条，对基部的萌蘖应及时除去，以保持美观的株形。为使植株开花繁而艳、保持植株健壮，应根据树龄情况，控制开花数量。在现蕾早期，选留一定数量发育饱满的花芽，将过多的芽和弱芽尽早除去。一般5～6年生的植株，保留3～5个花芽。新定植的植株，第二年春天应将所有花芽全部除去，不让其开花，以集中营养促进植株的发育。

花谢后及时摘花剪枝。根据树形的自然长势结合希望的树形下剪，同时在修剪口涂抹愈伤防腐膜保护伤口，防治病菌侵入感染。若想植株低矮、花丛密集，则短截重些，以抑制枝条扩展和根蘖发生。一般每株以保留5～6个分枝为宜。

5. 花期调控

盆栽牡丹可通过冬季催花处理而春节开花。方法是春节前60d选健壮鳞芽饱满的牡丹品种带土起出，尽量少伤根，在阴凉处晾12～13d后上盆，并进行整形修剪，每株留10个顶芽饱满的枝条，留顶芽，其余芽抹掉。上盆时，盆大小应和植株相配，达到满意株形。浇透水后，正常管理。春节前50～60d将其移入10℃左右温室内，每天喷2～3次水，盆土保持湿润。当鳞芽膨大后，逐渐加温至25～30℃，夜温不低于15℃，如此春节可见花。

（三）病虫害防治

牡丹常见叶斑病，其防治方法，于11月上旬（立冬）前后，将地里的干叶扫净，集中烧掉，以消灭病原菌；发病前（5月）喷洒等量式波尔多液160倍液，10～15d喷一次，直至7月底；发病初期，喷洒500～800倍的甲基托布津、多菌灵，7～10d喷一次，连续3～4次。菌核病的防治方法为选择排水良好的高燥地块栽植；发现病株及时挖掉并进行土壤消毒；4~5年轮作一次。此外，常见的还有炭疽病、锈病，其防治方法同叶斑病。

第二十九节　木芙蓉

一、简介

木芙蓉，学名 *Hibiscus mutabilis* Linn.，又名芙蓉花、拒霜花、木莲、地芙蓉、华木，属锦葵科木槿属落叶灌木或小乔木。原产中国，黄河流域至华南各省均有栽培，尤以四川、湖南为多。由于花大而色丽，我国自古以来多在庭院栽植，可孤植、丛植于墙边、路旁、厅前等处。特别宜于配植于水滨，开花时波光花影，相映益妍，分外妖娆，所以《长物志》云："芙蓉宜植池岸，临水为佳"。

二、生长习性

木芙蓉喜温暖、湿润的环境，不耐寒。忌干旱，耐水湿。对土壤要求不高，瘠薄土地也可生长。为深根性植物，根粗壮稍具肉质，其生性粗放，对土质要求不严，在疏松、透气、排水良好的砂壤土中生长最好。其栽培宜选择通风良好、土质肥沃之处，尤以邻水栽培为佳。

三、栽培技术

（一）繁殖方法

1. 扦插繁殖

以2~3月为好。选择湿润的砂壤土或洁净的河砂，以长度为10~15cm的1~2年生健壮枝条作插穗。插前将插穗底部在浓度为3~4g/L的高锰酸钾溶液中浸泡15~30min。扦插的深度以穗长的2/3为好。插后浇水后覆膜以保温及保持土壤湿润，约1个月后即能生根，来年即可开花。

2. 分株繁殖

宜于早春萌芽前进行，挖取分蘖旺盛的母株，分割后另行栽植即可。

3. 播种繁殖

可于秋后收取充分成熟的木芙蓉种子，在阴凉通风处贮藏至翌年春季进行播种。木芙蓉的种子细小，可与细砂混合后进行撒播。苗床用土要细，播后覆土、洒水并保持苗床湿润，一般25~30d后即可出苗，翌年春季方可移植。

（二）栽培管理

1. 水肥管理

木芙蓉的日常管理较为粗放，天旱时应注意浇水，春季萌芽期需多施肥水，花期前后应追施少量的磷、钾肥。每年冬季或春季可在植株四周开沟，施些腐熟的有机肥，以利植株生长旺盛，花繁叶茂。在花蕾透色时应适当控水，以控制其叶片生长，使养分集中在花朵上。

2. 修剪

木芙蓉长势强健，萌枝力强，枝条多而乱，应及时修剪、抹芽。木芙蓉耐修剪，根据需要既可将其修剪成乔木状，又可修剪成灌木状。修剪宜在花后及春季萌芽前进行，剪去枯枝、弱枝、内膛枝，以保证树冠内部通风透光良好。在寒冷地区地栽的植株，冬季其嫩枝会冻死，但到了翌年春天又能萌发出更多的新梢。因此，最好将其株形培植成灌木状。

3. 盆栽

盆栽宜选用较大的瓷盆或素烧盆。盆土要求疏松肥沃，排水透气性良好。生长季节要有足够的水分，以满足生长的需求。冬季移到室内越冬，维持0～10℃的温度，以保证其休眠，并利于来年开花。

（三）病虫害防治

木芙蓉常发生的虫害有蚜虫、红蜘蛛、盾蚧等，尤其高温季节，干旱、通风不良时最易发生。盾蚧可用50%杀螟松乳油1000倍液喷1～2次；蚜虫可用2.5%鱼藤精1000～1500倍液，每7～10d喷1次，2～3次即可；红蜘蛛可用20%三氯杀螨砜800倍液，三氯杀螨醇乳剂2000倍液，每7～10d喷1次，2～3次即可。

第三十节　夹竹桃

一、简介

夹竹桃，学名 *Nerium indicum* Mill，又名柳叶桃、半年红、甲子桃，为夹竹桃科夹竹桃属灌木。原产伊朗、印度等国家和地区。现广植于亚热带及热带地区。中国引种始于15世纪，各省区均有栽培。在我国栽培历史悠久，遍及南北城乡各地。因为它的叶片像竹，花朵如桃，故而得其名。夹竹桃对二氧化硫、氯气等有毒气体有较强的抗性，对粉尘、烟尘有较强的吸附力，因而被誉为“绿色吸尘器”。多见于公园、厂矿、行道绿化。世界各地庭院常栽培作观赏植物。夹竹桃全株具有剧毒，人畜误食可致命。

二、生长习性

夹竹桃喜光，喜温暖湿润的气候，不耐寒，忌水渍，耐一定程度空气干燥。适生于排水良好、肥沃的中性土壤，微酸性、微碱土也能适应。

三、栽培技术

（一）繁殖方法

1. 扦插繁殖

春季和夏季都可进行。春季剪取1~2年生枝条，保留顶部3片小叶，截成15~20cm的茎段，20根左右捆成一束，浸于清水中，入水深为茎段的1/3，每1~2d换同温度的水一次，温度控制在20~25℃，待发现浸水部位发生不定根时即可扦插。扦插时先在插壤中用竹筷打洞，以免损伤不定根。由于夹竹桃老茎基部的萌蘖能力很强，常抽生出大量嫩枝，可充分利用这些枝条进行夏季嫩枝扦插。插后注意及时遮阳和水分管理，成活率很高。

2. 压条繁殖

先将压埋部分刻伤或做环割，埋入土中，2个月左右即可剪离母体，来年带土移栽。

（二）栽培管理

1. 水肥管理

盆栽夹竹桃除施足基肥外，在生长期，每月应追施一次肥料。施肥应保持占盆土20%左右的有机土杂肥。施肥时间为清明前一次，秋分后一次。具体方法是在盆边挖环状沟，施入肥料，然后覆土。清明施肥后，每隔10d左右追施一次加水沤制的豆饼水；秋分施肥后，每10d左右追施一次豆饼水或花生饼水。春天每天浇一次。夏季夹竹桃需水量大，每天除早晚各浇一次水外，如见盆土过干，应再增加一次喷水，使盆土水分保持在50%左右。9月以后要控水，以利安全越冬。冬季可以少浇水，但盆土水分应保持在40%左右。叶面要常用清水冲刷灰尘。

2. 温度管理

如要夹竹桃冬天开花，可使室温保持在15℃以上；如果冬季不使其开花，可使室温降至7~9℃，放在室内不见阳光的光亮处。低于0℃气温时，夹竹桃会落叶。北方在室外地栽的夹竹桃，需要用草苫包扎，防冻防寒，在清明前后去掉防寒物。

3. 修剪整形

夹竹桃顶部分枝有一分三的特性，根据需要可修剪定形。修剪时间应在每次开花后。一般分四次修剪，一是春天谷雨后；二是7、8月间；三是10月间，四是冬剪。通过修剪，可使枝条分布均匀，花大花艳，树形美。

另外，春季萌发时也需要整形修剪，对植株中的徒长枝和纤弱枝，可以从基部剪去，对内膛过密枝，也宜疏剪一部分，同时在修剪口涂抹愈伤防腐膜保护伤口，使枝条分布均匀，树形保持丰满。经1~2年，进行一次换盆，换盆应在修剪后进行。

4. 疏根

夹竹桃毛细根生长较快，三年生的夹竹桃，栽在直径20cm的盆中，当年7月份即可长满根，形成一团球，妨碍水分和肥料的渗透，影响生长。如不及时疏根，会出现枯萎、落叶、死亡等情况。疏根时间最好选在8月初至9月下旬，此时根已休眠，是疏根的好机会。疏根时用刀子把周围的黄毛根切去，再用三尖钩顺主根疏一疏，大约疏去1/2或1/3的黄毛根，再重新栽在盆内。

疏根后，放在阴凉处浇透水，使盆土保持湿润，保阴14d左右，再移在阳光处，地栽夹竹桃。在9月中旬，也应在主干周围疏切黄毛根。切根后浇水，施稀薄的液体肥。

（三）病虫害防治

褐斑病是夹竹桃的重要病害，其防治措施为要合理密植，科学肥水管理，培育壮苗，清除病叶集中烧毁，减少菌源。发病初期喷洒50%苯菌灵可湿性粉剂1000倍液或25%多菌灵可湿性粉剂600倍液。春夏生长季节，夹竹桃顶芽易遭到蚜虫危害，应注意防治。

第三十一节　扶桑

一、简介

扶桑花，学名 *Hibiscus rosa - sinensis* Linn.，别名朱槿、大红花、朱槿牡丹、妖精花等，为锦葵科木槿属常绿大灌木。原产中国，分布于福建、广东、广西、云南、四川诸省区。扶桑花全年开花，夏秋最盛。在南方地栽作花篱，长江流域以北地区均温室盆栽。因其繁殖容易，插枝即活，开花期长，所以成为最普遍的花木，可作盆栽或作为庭院树，其根、叶、花均可入药。扶桑花为马来西亚国花。

二、生长习性

扶桑为生长快速、萌生力强、树性旺壮的植物。因其原生于山地疏林中，生长容易，抗逆性强，病虫害很少。扶桑性喜温暖、湿润的气候，不耐寒冷，要求日照充分，在平均气温10℃以上地区生长良好。喜光，不耐阴，适生于有机质丰富、pH6.5～7的微酸性土壤。

三、栽培技术

（一）繁殖方法

1. 扦插繁殖

除冬季以外均可进行，但以梅雨季节成活率高。选取半木质化的健壮枝条，剪成10cm长的插穗，上具3～4个芽，插前最好蘸一下医用维生素B_{12}药液，再插入素土盆中，浇透水后，用塑料袋罩好，保温保湿，以后每天喷一次水，置阳光充足处摆放，一般40d后即可生根，60d即可上盆。

2. 嫁接繁殖

多用于扦插困难的重瓣花品种，枝接或芽接均可，砧木用单瓣花扶桑。嫁接时间以春季最佳，成活后当年生长期长，植株可得到充分生长发育。在温室条件下，嫁接繁殖四季均可进行。

嫁接一般多用简单易行的劈接法。接穗要选用健壮的枝梢，粗细应与砧木相同。保留顶芽及2～3枚叶片，下部削成楔形。将砧木顶梢剪掉，中间用利刀适当劈开，再将削成楔形的接穗插入摆正，对齐形成层，然后用塑料条绑紧，置于室内无日光直射处。为保持适当湿度，防止接穗上的叶片萎蔫，可将接穗用塑料袋套好。嫁接约一个月后可见成活，待成活后再逐渐去掉塑料袋，增加光照。

（二）盆栽管理

1. 换盆及修剪

盆栽用土宜选用疏松、肥沃的砂质壤土，每年早春4月移出室前，应进行换盆。换盆时要换上新的培养土，剪去部分过密的卷曲的须根，施足基肥。

为保持树形优美，着花量多，可于早春出房前后进行修剪整形，各枝除基部留2～3个芽外，上部全部剪截，可促使发新枝，长势将更旺盛，株形也更美观。

2. 日常管理

扶桑是阳性树种，5月初要移到室外放在阳光充足处，并且要加强肥水、松土、拔草等管理工作。每隔7～10d施一次稀薄液肥，浇水应视盆土干湿情况，过干或过湿都会影响开花。秋后管理要谨慎，要注意后期少施肥，以免抽发秋梢。

扶桑在霜降后至立冬前需移入室内保暖，越冬温度要求不低于5℃，以免遭受冻害；但也不能高于15℃，以免影响休眠。

（三）病虫害防治

扶桑常发生叶斑病、炭疽病和煤污病，可用70%甲基托布津可湿性粉剂1000倍液喷洒；主要虫害为蚜虫和螨，可用蚜螨杀、蚜螨净、螨虫清等药物稀释一定的倍数后，进行叶面喷雾灭杀，每周一次，一般2~3次可基本灭绝。

第三十二节　桂花

一、简介

桂花，学名 *Osmanthus fragrans*（Thunb.）Lour.，又名岩桂、木犀，俗称桂花树，为木犀科木犀属常绿灌木或小乔木，为温带树种。原产我国西南喜马拉雅山东段，印度、尼泊尔、柬埔寨也有分布。现广泛栽种于淮河流域及以南地区，其适生区北可抵黄河下游，南可至两广、海南等地。中国有包括信阳市、衢州市、汉中市在内的20多个城市以桂花为市花或市树。桂花树叶子十分茂盛，且一年四季常绿，可称得上是重要的庭院观赏花木，可盆栽，也可插瓶观赏，每到仲秋时节便清香飘溢，让人心情舒畅。桂花具有一种极为优雅的香味，用桂花浸膏是中国特产，除用于出口外，国内广泛用于食品、化妆品、香皂香精中。

二、生长习性

桂花适应于亚热带气候广大地区，喜欢温暖，较耐寒，抗逆性强，耐高温，淮河、秦岭以南的地区均可露地越冬。桂花较喜阳光，亦能耐阴，全光照下其枝叶生长茂盛，开花繁密；阴处生长枝叶稀疏、花稀少。若在南方室内盆栽，尤需注意给予充足光照，以利于生长和花芽的形成。桂花性好湿润，切忌积水，但也有一定的耐干旱能力。

三、栽培技术

（一）繁殖方法

1. 播种

4~5月桂花果实成熟，当果皮由绿色变为紫黑色时即可采收。桂花种子有后熟作用，所以采后至少要有半年的砂藏时间。播种繁殖一般采用条播的方法，播种前要整好地，施足基肥，也可播于室内苗床。播种时将种脐侧放，以免胚根和幼茎弯曲，将来影响幼苗生长。播后覆盖一层细土，然后盖上草苫，遮荫保湿，经常保持土壤湿润，当年即可出苗。每$667m^2$用种量约20kg，可产苗木3万株左右。小苗于苗床生长2年后，第3年可移植栽培。

2. 嫁接

大量繁殖苗木时，北方多用小叶女贞。在春季发芽之前，自地面以上5cm处剪断砧木，剪取桂花1~2年生粗壮枝条，长10~12cm，基部一侧削成长2~3cm的削面，对侧削成一个45°的小斜面；在砧木一侧约1/3处纵切一刀，深约2~3cm，将接穗插入切口内，使形成层对齐，用塑料袋绑紧，然后埋土培养。

盆栽桂花的多行靠接，可用流苏作砧木，宜在生长季节进行。靠接时选枝条粗细相近的接穗和砧木，在接穗适当部位削成梭形切口，深达木质部，长约3~4cm，在砧木同等高度削成与接穗大小一致的切口，然后将两切口靠在一起，使二者形成层密结，用塑料条扎紧，愈合后，剪断接口上面的砧木和下面的接穗。

3. 扦插

在春季发芽以前，用一年生发育充实的枝条，切成5~10cm长，剪去下部叶片，上部留2~3片绿叶，插于河砂或黄土苗床，株行距（3×20）cm，插后及时灌水或喷水，并遮荫，保持温度20~25℃，相对湿度85%~90%，2个月后可生根移栽。

4. 压条

可分低压和高压两种。低压桂花必须选用低分枝或丛生状的母株，时间是春季到初夏。选比较粗壮的低干母树，将其下部1~2年生的枝条，选易弯曲部位用利刀切割或环剥，深达木质部，然后压入3~5cm深的条沟内，并用木条固定被压枝条，仅留梢端和叶片在外面。高压法是春季从母树选1~2年生粗壮枝条，同低压法一样，切割一圈或环剥，或者从其下侧切口，长6~9cm，然后将伤口用培养基质涂抹，上下用塑料袋扎紧。培养过程中，始终保持基质湿润，到秋季发根后，剪离母株养护。

（二）栽培管理

1. 栽植

在春季或秋季栽植，以阴天或雨天栽植为好。选在通风、排水良好且温暖的地方，光照充足或半阴环境均可。移栽要打好土球，以确保成活率。栽植土要求偏酸性，忌碱土。盆栽桂花盆土的配比是腐叶土2份、园土3份、砂土3份、腐熟的饼肥2份，将其混合均匀，然后上盆或换盆，可于春季萌芽前进行。

2. 光照与温度

黄河流域以南地区可露地栽培越冬。盆栽应冬季搬入室内，置于阳光充足处，使其充分接受直射阳光，室温保持在5℃以上，但不可超过10℃。翌年4月萌芽后移至室外，先放在背风向阳处养护，待稳定生长后再逐渐移至通风向阳或半阴的环境，然后进行正常管理。生长期光照不足，影响花芽分化。

3. 浇水与施肥

大田栽植前，树穴内应先施入草本灰和有机肥料，栽后浇1次透水。新枝发出前保持土壤湿润，切勿浇肥水。一般春季施1次氮肥，夏季施1次磷、钾肥，使花繁叶茂；入冬前施1次越冬有机肥，以腐熟的饼肥、厩肥为主。盆栽桂花在北方冬季应入低温温室，在室内注意通风透光，少浇水。4月出房后，可适当增加水量，生长旺季可浇适量的淡肥水，花开季节肥水可略浓些。

4. 整形修剪

根据树姿将过密枝、徒长枝、交叉枝、病弱枝去除，使通风透光。对树势上强下弱者，可将上部枝条短截1/3，使整体树势强健，同时在修剪口涂抹愈伤防腐膜保护伤口。

（三）病虫害防治

褐斑病、枯斑病、炭疽病是桂花常见的叶部病害，这些病害可引起桂花早落叶，削弱植株生长势，降低桂花产花量和观赏价值。其防治措施为秋季彻底清除病落叶，减少侵染源，盆栽的桂花要及时摘除病叶。其次是加强栽培管理，增施有机肥及钾肥，栽植密度要适宜，以便通风透光。发病初期喷洒等量式波尔多液200倍液，以后可喷50%多菌灵可湿性粉剂1000倍液或50%苯来特可湿性粉剂1000～1500倍液。

家庭养植桂花的主要虫害是红蜘蛛。一旦发现病株，应立即处置，可用螨虫清、蚜螨杀、三唑锡进行叶面喷雾，要将叶片的正反面都均匀地喷到。每周一次，连续2～3次。

第三十三节　含笑

一、简介

含笑，学名 *Michelia figo*（Lour.）Spreng.，别名香蕉花、含笑花、含笑梅、笑梅等，为木兰科含笑属常绿灌木或小乔木，高2～3m。原产华南山坡杂木树林中，从华南至长江流域各地均有栽培。含笑自然长成圆形，枝密叶茂，四季常青，为著名芳香花木，适于在小游园、花园、公园或街道上成丛种植，可配植于草坪边缘或稀疏林丛之下，使游人在休息之中常得芳香气味的享受。

二、生长习性

含笑性喜温湿，不甚耐寒，长江以南背风向阳处能露地越冬。不耐烈日曝晒，夏季炎热时宜半阴环境。不耐干燥瘠薄，但也怕积水，要求排水良好、肥沃的微酸性壤土，中性土壤也能适应，环境不宜之地均行盆栽。

三、栽培技术

（一）繁殖方法

1. 扦插

于5月间花谢后进行。选取充实的二年生枝条，剪成10cm长的枝段作插穗，保留叶片2～3片。床土宜用排水良好的疏松砂质壤土或泥炭土。扦插后喷透水，覆盖塑料薄膜，搭棚以遮荫保温，床内保持90%以上的湿度和25～28℃的温度。一般经40～50d生根。插穗生出新芽时，即可分苗上盆。

2. 嫁接

嫁接多以木兰、辛夷作砧木，在2月下旬用劈接法进行。从开花母株上剪取生长健壮的枝条，保留1～2个芽眼，但不能带有花芽，其余剪掉。将插穗下部削为两面楔形，砧木宜靠近地面5～10cm处剪除，高度尽量降低，以适宜盆栽。用利刀劈开砧木，插入接穗，使其形成层对齐，以塑料带扎紧，然后套袋保温保湿，20～30d伤口可愈合。

3. 播种

在11月将种子进行沙藏，至翌春种子裂口后进行盆播。

4. 分蘖

将母株基部的萌蘖芽用利刀割下，另行栽植。此法一般在3月进行。注意割离的子株应尽量带有较多根系。为保证成活，可将子株加以短截处理。

5. 压条

多采用高压法，一般在4～5月进行。选取生长健壮的枝条，将所压部位刻伤或环剥（宽0.5cm），深达木质部，然后将以泥土、河砂及干苔混合拌成的湿泥团裹至环剥处，外以塑料布包扎，下端扎紧，上端留注水孔，以灌水保持泥土湿润。约2个月即能生根，等根系较为发达后，剪离母株上盆培养。

（二）栽培管理

1. 苗圃与苗床

栽培含笑的土壤，需要疏松通气、排水良好、富含腐殖质，栽植时适当施基肥，每667m^2施栏肥2500kg。播种前深翻整地，并进行土壤消毒，然后制作苗床。床高25cm，宽110～120cm，步行沟宽30～35cm，四周开好排水沟。

2. 播种

种子可随采随播，也可用湿砂贮藏到早春2月下旬～3月上旬播种。播种前用浓度为0.5%的高锰酸钾溶液浸种消毒2h，放入温水中催芽24h，待种子吸水膨胀后，捞出种子，放置于竹箩内晾干后播种。条播，条距25cm，播种量8～10kg/667m^2，播种深度0.8～1.0cm，播后搭设塑料薄膜覆盖的弓形棚保湿增温。

3. 移栽

选择土质疏松、排水良好的地块定植。移栽可在早春发芽前或初冬进行，移栽时植株要带土球。

4. 管理

生长期中每月施一次稀薄腐熟人粪尿。含笑生长迅速，盆栽需每年春季开花后新叶长出前换盆一次，以利生长发育。为使树冠内部通风透气，可于每年3月修剪一次，去掉过密枝、纤弱枝、枯枝。花后及时将幼果枝剪去，放在朝南向阳避风处。冬季-5℃低温来临前苗床覆盖薄膜保护，使苗木安全越冬。

（三）病虫害防治

含笑苗木易染根腐病、茎腐病、炭疽病，应及时拔除病苗集中烧毁，并用1%～3%的硫酸亚铁溶液每隔4～6d喷1次，连续2～4次。5～6月易感染介壳虫，可用25%亚胺硫磷1200倍液喷雾防治。

第三十四节 东北珍珠梅

一、简介

东北珍珠梅，学名*Sorbaria sorbifolia*（L.）A. Br.，别名高楷子、花楸珍珠、梅珍珠梅，为蔷薇科珍珠梅属落叶灌木。原产亚洲北部，分布在中国、俄罗斯、蒙古、日本及朝鲜半岛。珍珠梅的花、叶清丽，花期很长，又值夏季少花季节，是园林应用上十分受欢迎的观赏树种，可孤植、列植、丛植，效果甚佳。丛植在草坪边缘或水边、房前、路旁，也可栽植成篱垣。

二、生长习性

东北珍珠梅喜阳光充足、湿润的气候，耐阴，耐寒，喜肥沃湿润的土壤，对环境适应性强，生长较快，耐修剪，萌发力强。

三、栽培技术

（一）繁殖方法

1. 分株繁殖

珍珠梅在生长过程中，具有易萌发根蘖的特性，可在早春三四月进行分株繁殖。将树龄5年以上的母株根部周围的土挖开，从缝隙中间下刀，将分蘖与母株分开，每株母株可分出5～7株。分离出的根蘖苗要带完整的根，如果根蘖苗的侧根又细又多，栽植时应适当剪去一些。分株后浇足水，并将植株移入稍荫蔽处，一周后逐渐放在阳光下进行正常的养护。

2. 扦插繁殖

这种方法适合大量繁殖，一年四季均可进行，但以3月和10月扦插生根最快，成活率高。扦插土壤一般用园土5份，腐殖土4份，砂土1份，混合均匀，起沟做畦，进行露地扦插。插条选择健壮植株上的当年生或二年生成熟枝条，剪成长15～20cm段，留4～5个芽或叶片。扦插时，将插条的2/3插入土中，土面只留最上端1～2个芽或叶片。插条切口剪成马蹄形，随剪随插，压紧插条基部土壤，浇一次透水。此后每天喷1～2次水，经常保持土壤湿润。20d后减少喷水次数，防止过于潮湿，引起枝条腐烂，1个月左右可生根移栽。

3. 压条繁殖

三四月份将母株外围的枝条直接弯曲压入土中，也可将压入土中的部分进行环割或刻伤，以促进快速生根。待生长新根后与母株分离，春秋植树季节移栽即可。

（二）栽培管理

1. 土壤

珍珠梅对土壤的要求不严，但是栽培在深厚肥沃的砂壤土中则生长更好，开花更繁茂。

2. 水肥

刚栽培时需施足基肥，就能满足其生长要求，一般不再施追肥。以后结合冬季管理，每隔1～2年施1次基肥即可。

春季干旱时要及时浇水，夏秋干旱时，浇水要透，以保持土壤不干旱；入冬前还需浇1次防冻水。

3. 修剪

花后要及时修剪掉残留花枝、病虫枝和老弱枝，以保持株形整齐，避免养分消耗，促使其生长健壮，花繁叶茂。

（三）病虫害防治

珍珠梅叶斑病的防治，可喷洒50%托布津500～800倍稀释液。白粉病的防治，深秋时清除病残植株，减少病菌来源；注意通风，降低空气湿度，加强光照，增施磷钾肥，增强抵抗力；发病后应及时剪除受害部分，或拔除病株烧毁；休眠期喷洒1%等量式波尔多液，发病初期喷洒70%甲基托布津800倍液或50%代森铵800~1000倍液。

珍珠梅易发生斑叶蜡蝉，冬季应剪除过密枝和枯枝，并烧掉，以减少虫源。成虫盛发期可用虫网捕杀；若虫和成虫危害期，可用90%敌百虫1000倍液或40%乐果乳剂1200倍液进行喷杀。

第三十五节　栾树

一、简介

栾树，学名*Enkianthus chinensis* Franch.，又称灯笼树，为杜鹃花科吊钟花属落叶灌木或小乔木。原产于我国北部及中部，日本、朝鲜也有分布，现分布于安徽、浙江、江西、福建、湖北、湖南、广西、四川、贵州、云南，生于海拔900~3600m的山坡疏林中。每当夏日，在它的枝端两侧挂着十几朵肉红色的钟形花朵，所以又称作吊钟花。

栾树适应性强、季相明显，是理想的绿化、观叶树种，宜作庭荫树、行道树及园景树，还是工业污染区配植的好树种。栾树的生长速度特别快，在园林绿化中，有着相当大的使用量，是行道树、造林植物、公园绿化、小区绿化的优良树种。其绿化效果好，体现速度快，经济价格高。

二、生长习性

栾树是一种阳性树种，喜光，稍耐半阴，耐寒，耐干旱和瘠薄，也耐低湿、盐碱地及短期涝害。深根性，根强健，萌蘖力强，生长中速，幼时较缓，以后渐快，适应性广，对土壤要求不严，在微酸及碱性土壤上都能生长，较喜欢生长于石灰质土壤中。抗风能力较强，可抗-25℃低温，对粉尘、二氧化硫和臭氧均有较强的抗性。病虫害少，栽培管理容易。

三、栽培技术

（一）繁殖方法

1. 播种繁殖

秋季果熟时采收，及时晾晒去壳。因种皮坚硬不易透水，如不经处理，第二年春播常不发芽，故秋季去壳的种子，可用湿砂层积处理后春播。一般采用垄播，垅距 60～70cm，因种子出苗率低，故用种量大，播种量 30～40kg/667m^2。春季播种的，其播种地最好在秋冬翻耕 1～3 遍，蓄水保墒，消灭杂草和病虫。整地要平整、精细，对干旱少雨地区，播种前宜灌好底水。

2. 扦插育苗

在秋季树木落叶后，结合 1 年生小苗平茬，把基径 0.5～2cm 的树干收集起来作为种条，或采集多年生栾树的当年萌蘖苗干、徒长枝作种条，采后即用湿土或湿砂掩埋，使其不失水分以备作插穗用。插穗冬藏地点应选择不易积水的背阴处，沟深 80cm 左右，沟宽和长视插穗而定。在沟底铺一层深约 2～3cm的湿砂，把插穗竖放在砂藏沟内。注意叶芽方向向上，单层摆放，再覆盖 50～60cm 厚的湿砂。春季取出掩埋的插条，剪成 15cm 左右的小段，上剪口平剪，距芽 1.5cm，下剪口斜剪，在靠近芽下剪切。插壤以富含腐殖质、土质疏松、通气良好、保水性好的壤质土为好，施腐熟有机肥。插壤秋季准备好，深耕细作，整平整细，翌年春季扦插。株行距（30×50）cm，先用木棍打孔，直插，插穗外露 1～2 个芽。插后保持土壤水分，适当搭建荫棚并施氮肥、磷肥，进行适当灌溉并追肥，苗木硬化期时，控水控肥，促使木质化。

（二）栽培管理

1. 遮荫

遮荫时间、遮荫度应视当时当地的气温和气候条件而定，以保证其幼苗不受日灼危害为度。进入秋季要逐步延长光照时间和光照强度，直至接受全光，以提高幼苗的木质化程度。

2. 间苗

幼苗长到 5～10cm 高时间苗，株距 10～15cm。间苗后结合浇水施追肥，每平方米留苗 12 株左右。

3. 日常管理

育苗地经常松土、除草、浇水，保持床面湿润。秋末落叶后大部分苗木高达 2m，地径粗在 2cm 左右，这时将苗子掘起分级，准备第二年春栽植。

4. 移植

第一次移植时要截干，并加强肥水管理。第一次截干达不到要求的，第二年春季可再行截干处理，以后每隔 3 年左右移植一次。移植时要适当剪短主根和粗侧根，以促发新根。栾树幼树生长缓慢，前两次移植宜适当密植，此后应适当稀疏，培养完好的树冠。定植密度：胸径 4～5cm 的每 667m^2 600 棵左右，胸径 6～8cm 的每 667m^2 200～300 棵。

5. 浇水施肥

幼苗出土长根后，宜结合浇水勤施肥。在年生长旺期，应施以氮为主的速效性肥料，入秋要停施氮肥，增施磷、钾肥，以提高植株的木质化程度，提高苗木的抗寒能力。冬季，宜施农家有机肥料作为基肥。随着苗木的生长，要逐步加大施肥量，以满足苗木生长对养分的需求。

6. 整形修剪

（1）树形选择 栾树的树冠很整齐，所以在培育的过程中应该保持它的自然形态，选择多主枝整形方法。

（2）定植修剪 在11月底后2月底前对一年生的幼苗根系进行适当的修剪，主、侧根剪留均为3~6cm，须根尽量保留，并剪除伤根、病根。

（3）培大苗整形 培大苗期间适宜移植，移植之后要加强肥水管理，并对苗木进行修剪。根据苗木的长势，在叶芽萌动前从主干自下而上剪去1~2盘条，庭荫树定干高度控制在2m以上，行道树控制在3~3.5m以上。要随时调整树形，保持树势的平衡和丰满的树冠。

（4）移植与出圃修剪 苗木出圃移植时应保留骨架，对主枝进行短截，小枝也可疏剪。

（三）病虫害防治

栾树易发生流胶病，防治措施为加强管理，冬季注意防寒、防冻，可涂白或涂梳理剂。夏季注意防日灼，及时防治枝干病虫害，尽量避免机械损伤；在早春萌动前喷石硫合剂，每10d喷1次，连喷2次，以杀死越冬病菌；发病期喷百菌清或多菌灵800~1000倍液。栾树蚜虫是一种主要害虫，可于若蚜初孵期开始喷洒蚜虱净2000倍液、土蚜松乳油或吡虫啉类药剂。栾树六星黑点豹蠹蛾最有效的防治方法是人工剪除带虫枝、枯枝，也可在幼虫孵化蛀入期喷洒触杀药剂。

第三十六节 香橼

一、简介

香橼，学名 *Citrus medica* L.，又名枸橼，为芸香科常绿小乔木或灌木植物，生于海拔350~1750m的高温多湿环境。春季开花，呈白色，果实为椭圆形。主产于浙江、江苏、广东、广西等地。秋季果实成熟时采收。香橼既可观赏，果实皮肉又可入药。

二、生长习性

香橼喜温暖湿润的气候，怕严霜，不耐严寒。以土层深厚、疏松肥沃、富含腐殖质、排水良好的砂质壤上栽培为宜。

三、栽培技术

（一）繁殖方法

1. 种子繁殖

10月选成熟果实，切开取出种子，洗净，晾干，随即播种；或将种子用湿砂层积贮藏，春季播种。按行距30cm开条沟，将种子均匀播入，覆土，浇水。培育2~3年定植。

2. 扦插繁殖

选2~3年生枝条，除去棘刺，剪成18cm左右的小段，在春季高温高湿季节扦插。按行距30cm开条沟，株距12cm，斜插，将插穗露出地面1/3，覆土，压紧，浇水。培育1~2年定植。室内扦插，室温在25℃，并保持一定的湿度。春季按行株距（3×3）m开穴，每穴栽苗1株，覆土压紧，浇水。

（二）栽培管理

栽后每年中耕除草、追肥3次。第一次春肥在现蕾以前；第二次春肥在夏至前后，以有机肥为主。在第二次追肥后，还可用250g尿素加500g过磷酸钙混合加水100倍，用喷雾器进行一次根外追肥，可促进树势旺盛及果实肥大。第三次冬肥在10~11月香橼采完后，重施较浓肥料，以菜饼、牛马粪、过磷酸钙堆沤之后施用最好。香橼冬肥最关键，冬眠可使香橼越冬期不掉叶子，次年春即开始开花。

根据香橼的根多横向生长，其侧根和主根入土浅的特点，中耕不宜深挖，以免伤根。冬季应进行覆土雍兜一次。香橼开花期，可将多余花和雄花打下去，每一短枝只留1~2朵。或待结出幼果时，再摘去更为保险。修剪要剪去徒长枝、过密枝。结果期要插设支柱。

（三）病虫害防治

香橼易发生煤烟病，注意排水修剪，使通风透光。香橼易发生潜叶蛾、桔柑凤蝶、玉带凤蝶等害虫，可用90%晶体敌百虫1000倍液防治。蚜虫、红蜘蛛为害香橼嫩枝叶，可用1:1:10烟草石灰水防治。

第三十七节　虎舌红

一、简介

虎舌红，学名*Ardisia mamillata* Hance，别称红毛毡、老虎脷、禽蜍皮、豺狗舌、红毡、肉八爪、红毛针、毛地红，为紫金牛科常绿小灌木。分布于江西、四川、贵州、云南、湖南、广西、广东、福建，越南也有，生于海拔500~1200m的山谷、海边阴湿的阔叶林下。虎舌红既能观叶又能赏果，鲜红色的球形果实四季常有，老果新果同挂一株。其适应性较强，既适合在江南园林中作耐阴地被植物观赏，也可在各地家庭居室中盆栽。

二、生长习性

虎舌红喜阴耐热，喜湿畏曝晒，适宜室内长期摆放观赏。生长适宜温度为12~31℃，能耐-5℃的低温。全国各地均可栽植。-7℃以下叶片萎蔫，可去掉叶片、覆盖地膜越冬，翌春迅速萌发大量嫩茸茸的叶片。喜温暖、半阴环境，夏季需充足水分，冬季需干燥并有充足阳光。盆栽土壤以腐叶土、泥炭和砂土的混合土壤为宜。

三、栽培技术

（一）繁殖方法

1. 种子繁殖

种子成熟即可采收，晾干收藏。春季3~5月播种，选择肥沃的腐叶土、泥炭、砂作繁殖基质，播种20~25d发芽，发芽后3~4周，长有2片真叶即可移植上盆。

2. 扦插繁殖

在4月中旬~9月下旬进行。插穗用主枝条或侧枝条，剪成长5~6cm小段，去掉或留下少量叶片，以减少水分蒸发。插后应蔽荫，保持土面湿润，20d后生根。

3. 根系繁殖

利用根蘖苗分株繁殖，也可将过长的根分成几段，按自然朝向或平伏埋入繁殖基质2cm左右，半个月左右即可萌发新枝。全年均可结合换盆进行。

（二）栽培管理

1. 选地

宜选用排水良好、富含钙质的砂壤土。盆栽土壤以腐叶土、泥炭和砂的混合土壤为宜。

2. 水肥管理

定植时浇足定根水，平时应尽量保持土壤湿润。夏季需充足水分，冬季需干燥。定植时，可施用复合肥作基肥，以50kg/667m^{2}为宜，深翻入土壤中。盆栽用复合肥配制营养土，追肥可用0.1%的尿素溶液，开花结果期追施

0.1%磷酸二氢钾溶液2～3次。夏秋季节是虎舌红的生长盛期，养分需量大，应多施肥、勤施肥，以满足其生长需要；冬季和春初基本处于休眠状态，可以少施肥。挂果苗应多施磷钾肥，少施氮肥。

3. 光照与温度

虎舌红喜半阴环境，夏季忌强光直射，生产上常用遮阳网遮荫，挂果后遮光率宜控制在95%以内；冬季有充足阳光。虎舌红喜温暖，栽培中宜保持12～20℃的温度。秋冬季盖膜保温，谨防冻害伤苗。当气温在0℃以下时，虎舌红易发生冻害，故当最低气温下降至5～10℃时，要及时盖膜保温，防止冻害发生。

（三）病虫害防治

虎舌红主要有叶霉病、白粉病、茎腐病等。一是要注意配制好透水透气性能良好的营养土，并加以消毒处理；二是坚持科学合理地浇水、施肥；三是梅雨和高温季节要喷施800～1000倍液的托布津等农药，以防病害发生。

虫害主要是介壳虫和蛀果虫。介壳虫防治的方法是加强虫害的观察检查，当发现个别叶片有介壳虫危害时，可用牙刷刷除或将被危害的叶片摘掉销毁，以防其蔓延；二是在6～7月介壳虫孵化盛期，每隔10d喷一次50%杀螟松乳油1500倍液防治。蛀果虫的防治方法是在开花挂果期每隔一周打一次药，一般用50%杀螟松乳油1500倍液，连续3～4次。

第三十八节　大花曼陀罗

一、简介

大花曼陀罗，学名*Datura suaveolens* Linn.，茄科曼陀罗属常绿灌木。原产于印度，目前广泛分布于世界温带至热带地区，生于荒地、旱地、宅旁、向阳山坡、林缘、草地。大花曼陀罗最大的特点就是有如倒垂喇叭般的大型花朵，春季开花，腋生，硕大而下垂，花冠喇叭状，白色，有如优雅的白纱褶裙礼服，并具淡淡芳香，适合庭院露地栽培。

二、生长习性

大花曼陀罗适应性较强，喜温暖、湿润、向阳环境，怕涝，对土壤要求不甚严格，一般土壤均可种植，但以富含腐殖质和石灰质的土壤为好。种子容易发芽，发芽适温15℃左右，发芽率约40%，从出苗到开花约60d，霜后地上部枯萎，温度低于2℃时，全株死亡，年生育期约200d。

三、栽培技术

（一）繁殖方法

大花曼陀罗多为种子繁殖，花期末采收成熟果实，取种。4 月上旬，在畦上按株行距（60×50）cm，开 3cm 深的穴，将种子撒入，每穴 5～6 粒，覆土 1cm，稍压，保湿。每 667m^2用种量约 1kg。若育苗移栽，宜 5 月下旬。也可以扦插繁殖，取带芽嫩枝扦插于肥沃土壤中。

（二）栽培管理

栽培土质不拘，只要土层深厚、排水良好的地方均能生长，但以肥沃的砂质壤土生长较佳。选向阳、肥沃、排水良好的土地，冬前耕翻 30cm，结合耕翻每 667m^2施入圈肥或土杂肥 2000kg，耙细整平，开春后再翻 1 次，打碎土块，整细耙平，做成 1.5m 宽的平畦。小苗定植前，植穴宜挖大，施入腐熟堆肥等作基肥。移栽后幼株需水较多，应注意浇水，成年植株则不需特别浇水。肥料用有机肥或无机复合肥，于生长季节每 2～3 个月施用 1 次，每次施少量即可。花后整枝修剪 1 次，老化的植株在早春应施行强剪或重剪，能促使新枝萌发。

（三）病虫害防治

大花曼陀罗易发生黄萎病，其防治方法为进行轮作，必要时在发病前浇灌 50% 甲基硫菌灵或多菌灵可湿性粉剂 600～700 倍液。

第三十九节　三色苋

一、简介

三色苋，学名 *Amaranthus tricolor* L.，别名雁来红、老来少、雁来黄，属苋科蓬子菜属草本状亚灌木。原产热带和亚热带，是布置平面毛毡花坛和立体景物花坛最基本的材料。

二、生长习性

三色苋喜温暖湿润的气候条件，耐干旱，不耐寒，生长适宜温度为 20～25℃，土温 18～20℃，温度低于 10℃或高于 35℃均生长不良。生长中遇 -1℃的低温就受冻害，-2～3℃就死亡，故在北方不能露地越冬。夏季生长迅速，秋季生长迟缓。喜湿润向阳及通风良好的环境，忌水涝和湿热，适宜生长的年降雨量为 600～800mm，在日照充足的地方生长良好。要求多腐殖质的微酸性至中性土壤，疏松肥沃的黏质壤土最为适宜。

三、栽培技术

（一）繁殖方法

1. 播种繁殖

三色苋种子成熟后自然落地，因此必须及时进行采种。播种一般于4～6月进行，也可于3月下旬在温床中播种育苗，通常采用露地苗床直播。播种后要遮光，保持土壤湿润状态，温度保持在15～20℃，约7d就可以出苗。在热带低纬度地区，常冬播，于翌年的5～6月出苗，梢叶可变色，且观赏期也比较长。当苗高10～15cm时上盆定植，盆土以基肥为主。上盆需带泥团，植后遮荫数天。三色苋也可以延迟播种，即在7月中旬播种，9月底叶片变红，可供国庆节装饰之用。

2. 扦插繁殖

扦插繁殖的繁殖量较小，因此很少采用，但为了保持母株的优良特性时常采用。扦插在其生长季节进行，剪取中上部枝条作为插穗，剪成10～15cm长段，削口要平，下切口距叶基约2mm，插入栽培基质。若插穗用0.1%的ABD生根剂浸泡1～2h，可提前2～3d生根。

（二）栽培管理

1. 定植

苗高10～15cm时定植，株距40cm左右，生长期间结合除草进行壅土固株，以防植株歪倒或倾斜。

2. 肥水管理

生长季一般施肥2～3次，氮、磷、钾配合施用，并结合浇水，但肥水不可过多，否则会导致叶色的颜色不鲜，影响观赏效果。浇水方式，初期可以喷雾方式、喷水带方式来灌溉；后期苞片转红后，最好能以滴灌或底部吸水方式行灌溉处理。

3. 光照管理

三色苋是短日作物，其临界日长为12h20min，要延后产期，则需行暗期中断处理，可于午夜22：00～翌晨2：00进行自动照明处理。

4. 摘心与支架

生长期间进行摘心，以促进分枝，发挥其彩叶群体密集的景观。当然，也可不摘心，任其自由生长，培养成高株型。盆栽时，由于植株较高，需立支架，防止倒伏。

（三）病虫害防治

三色苋栽培中容易发生的病害有根腐病和茎腐病。防治方法为清除感病植株；进行基质消毒；用杀菌剂在定植时进行浇灌或喷施，主要药剂有恶霉灵、根菌清等。虫害主要有白粉虱，防治办法为搞好周边的环境卫生，清除四周的杂草，阻断虫源；在温室中悬挂黄色黏虫板；药剂防治主要应用的杀虫剂有万灵、扑虱灵、速扑杀等。

第十一章　乔木类

第一节　悬铃木

一、简介

悬铃木，学名 *Plantanus × acerifolia*（Ait.）Wild.，又称法桐，是悬铃木科悬铃木属约7种植物的通称。分布于东南欧、印度和美洲，中国引入栽培的有3种，一般作观赏用或作行道树。

悬铃木树形雄伟，枝叶茂密，是世界著名的优良庭荫树和行道树，有“行道树之王”的称号。适应性强，又耐修剪整形，广泛应用于城市绿化，在园林中孤植于草坪或旷地，列植于甬道两旁，尤为雄伟壮观，又因其对多种有毒气体抗性较强，并能吸收有害气体，作为街坊、厂矿绿化颇为合适。

二、生长习性

悬铃木喜光，是阳性速生树种。喜湿润温暖的气候，较耐寒。适生于微酸性或中性、排水良好的土壤，微碱性土壤虽然能生长，但易发生黄化。萌芽力强，很耐重剪，耐移植，大树移植成活率极高。对城市环境适应性特别强，具有超强的吸收有害气体、抵抗烟尘、隔离噪声的能力，耐干旱。

三、栽培技术

（一）繁殖方法

悬铃木的繁育通常采用插条和播种两种形式。

1. 插条繁殖

落叶后及早采条，选取成年母树发育粗壮的一年生萌芽枝。采条后随即在庇荫无风处截成插穗，长15～20cm，直径1～2.5cm，有3个芽，上端剪口在芽上约0.5cm处，剪口略斜或平口；下端剪口在芽以下1cm左右，剪成平口或斜口。苗圃地要求排水良好、土质疏松、熟土层深厚、肥沃湿润；切忌积水，否则生根不良。深耕30~45cm，施足基肥。扦插行距30~40cm，株距20~30cm，一般直插，也有斜插的，上端的芽应朝南，有利生长，便于管理。

2. 播种繁殖

每千克头状果序（俗称果球）约有120个，每个果球约有小坚果800~1000粒，千粒重4.9g，每千克小坚果约20万粒，发芽率10%~20%。

（1）种子处理　12月间采果球摊晒后贮藏，到播种时捶碎，播种前将小坚果进行低温沙藏20~30d，可促使发芽迅速整齐。播种量为15kg/667m^2。

（2）整地施肥　苗床宽1.3m左右，床面施肥2.5~5kg/m^2。

（3）播种　3月下旬~5月上旬播种最好，3~5d即可发芽。

（4）管理　播种后搭棚遮荫，当幼苗具有4片叶子时即可拆除荫棚。苗高10cm时可开始追肥，每隔10~15d施1次。

（二）栽培管理

悬铃木是目前我国很多地区街道绿化、厂区绿化的常用树种，但绿化中长势参差不齐的现象普遍存在，其主要原因在于植栽时选择苗木不整齐，只求植栽成活率，忽视中后期管理（整形修剪等），使悬铃木树姿的特点未能充分体现。悬铃木的整形修剪方法如下。

1. 在圃整形修剪

在圃整形修剪必须在苗木合理密植的基础上进行。培育杯状行道树大苗时，扦插的株行距为（60×60）cm。选择速生少球悬铃木品种，当年株高可达到2.5~3.5m，待秋后或初春按“隔行去行，隔株去株，留大去小，保强去弱”的原则定苗，使留苗株行距基本达到（1.2×1.2）m。苗木第二年继续生长，冬季定干，在对高3.5~4.0处去梢，将分枝点以下主干上的侧枝剪去。第三年待苗木萌芽后，选留3~5个分支点附近分布均匀、与主干成45°左右夹角、生长粗壮的枝条作为主枝，其余分批剪去。冬季主枝留50~80cm短截，剪口芽留在侧面，尽量使其处于同一水平面上，翌春萌发后各选留2个3级侧枝斜向生长，形成“3股6杈12枝”的造型。经以上3~4年培育的大苗胸径在7~8cm以上，已初具杯状冠形，符合行道树标准，可出圃。

2. 植栽后整形修剪

林状行道树栽植后，4~5年内应继续修剪，方法与苗期相同，直至树冠具备4~5级侧枝时为止。以后每年休眠期对当年生枝条短截，保留15~20cm，称小回头；使萌条位置逐年提高，当枝条顶端将触及线路时，应回缩降低高度，称大回头。大小回头交替进行，使树冠维持在一定高度。

（三）病虫害防治

危害悬铃木的害虫的主要有星天牛、光肩星天牛、六星黑点蠹蛾、美国白蛾、褐边绿刺蛾等。防治上多采用人工捕捉或黑光灯诱杀成虫、杀卵、剪除虫枝、集中处理等方法。大量发生期，可用化学药剂喷涂枝干或树冠，如用50%辛硫磷乳油、90%敌百虫晶体、25%溴氰菊酯乳油等100~500倍液喷施。

法桐霉斑病是主要病害，防治可采用换茬育苗，严禁重茬；秋季收集留床苗落叶烧去，减少越冬菌源；5月下旬~7月，对播种培育的实生苗喷倍量式波尔多液200倍液2~3次，有防病效果，药液要喷到实生苗叶背面。

方翅网蝽是在中国新发现的一种危害悬铃木属植物的危险性有害生物，在防治上主要采取封锁疫情、加强检疫、严格调运和引种管理、药剂防治等措施，药剂主要使用菊杀乳油、速灭杀丁乳油和吡虫啉等高效、低毒农药。

第二节　紫玉兰

一、简介

紫玉兰，学名 *Magnolia liliflora* Desr.，又名木兰、辛夷，木兰科木兰属乔本花卉。为中国特有植物，分布在中国云南、福建、湖北、四川等地，生长于海拔300~1600m的地区。紫玉兰花朵艳丽怡人，芳香淡雅，孤植或丛植都很美观，树形婀娜，枝繁花茂，为中国有2000多年历史的传统花卉和中药。紫玉兰列入《世界自然保护联盟》（IUCN）ver 3.2：2009年植物红色名录。紫玉兰不易移植和养护，是非常珍贵的花木。

紫玉兰是著名的早春观赏花木，适用于古典园林中厅前院后配植，也可孤植或散植于小庭院内。紫玉兰在园林绿化中，是春季重要的观赏树种。紫玉兰移栽成活率极高，成本低廉，在绿化方面，是优良的庭院、街道绿化植物，近年来备受青睐。

二、生长习性

紫玉兰枝条柔弱，需要种植于稍庇荫的地点；抗风性能良好，对大气污染也有很强的耐受力；可耐-20℃的短暂低温，性喜温暖湿润的气候，喜光，不耐积水和干旱。其根系发达，萌蘖、萌芽力强，耐修剪整形。

三、栽培技术

（一）繁殖方法

常用分株法、压条和播种繁殖。花后结合翻盆换土，将植株倒出，用利剪或刀将根部萌蘖的子株带根切下，另栽即可。露地栽植可在秋季或早春开花前进行，小苗用泥浆沾渍，大苗必须带土球。播种，9 月采种，冬季砂藏，翌年春播，播后 20 ~ 30d 发芽。

（二）栽培管理

1. 水肥管理

紫玉兰喜湿润，但怕涝，因此适时适量浇水很重要。立春到开花，盆土应保持润而不湿；花后盆土保持湿润而不渍水；落叶后盆土保持微润而不干即可。露地栽培雨季要注意排水防涝。

紫玉兰喜肥，施肥要抓住花前 2 月和花后 5 月这两个关键时机，10d 左右施 1 次以磷钾为主的肥料，增强其抗寒越冬能力，其余时间少施或不施。忌单施氮肥。

2. 光照与温度管理

紫玉兰喜光，露地栽植可置于向阳的庭院、屋顶花园。它较耐寒，北京及以南地区都可以在室外越冬。

3. 修剪

紫玉兰根部萌蘖力强，如不需繁殖，可随长随剪。盆栽每盆保持 3 株主干即可。对于过高过长的枝条，可于花后刚展叶时剪短，因其伤愈能力差，剪后要涂硫磺粉防腐，如无必要则不修剪。花后如不需要留种繁殖，应将残花带蒂剪掉。

4. 盆栽

紫玉兰喜疏松肥沃的酸性、微酸性土，可用腐叶土与菜园土等量混合作培养土，并在土中加 50 ~ 150g 骨粉或氮、磷、钾复合肥。盆宜稍深大些，盆底放一些碎硬塑料泡沫板，增强其透气排水性，并防烂根。每年或隔年于花后翻盆换土 1 次，保留 1/3 ~ 1/2 的宿土。

第三节 广玉兰

一、简介

广玉兰，学名 *Magnolia grandiflora* L.。由于开花很大，形似荷花，固又称“荷花玉兰”，为木兰科木兰属乔本植物，原产于美洲东南部，所以又有人称它为“洋玉兰”。现我国长江流域以南各城市有栽培。本种栽培广泛，超过 150 个栽培品系。广玉兰花大、叶厚而有光泽，树姿雄伟壮丽，为珍贵的树种之一，是庭院绿化观赏树种，可孤植、对植、丛植或群植配置，也可作行道树。

二、生长习性

广玉兰喜光，幼时稍耐阴，喜温湿气候，有一定抗寒能力。适生于干燥、肥沃、湿润与排水良好微酸性或中性土壤，在碱性土种植易发生黄化，忌积水。对烟尘及二氧化硫气体有较强抗性，病虫害少。根系深广，抗风力强。特别是播种苗树干挺拔，树势雄伟，适应性强。

三、栽培技术

（一）繁殖方法

广玉兰常用播种繁殖和嫁接法繁殖。

1. 播种繁殖

（1）种子采收、贮藏　广玉兰的果实在9～10月成熟，需在果实微裂、假种皮刚呈红黄色时及时采收。果实采下后，放置阴处晾5～6d，促使开裂，取出具有假种皮的种子，放在清水中浸泡1～2d，擦去假种皮除出瘪粒。

（2）播种　播种期有随采随播（秋播）及春播两种。苗床地要选择肥沃疏松的砂质土壤，深翻并灭草灭虫，施足基肥。床面平整后，开播种沟，沟深5cm，宽5cm，沟距20cm左右，进行条播，将种子均匀播于沟内，覆土后稍压实。

（3）播种苗管理　在幼苗具2～3片真叶时可带土移植。由于苗期生长缓慢，要经常除草松土。5～7月间，施追肥3次，可用充分腐熟的稀薄粪水。

2. 嫁接育苗

广玉兰嫁接常用木兰（木笔、辛夷）作砧木。木兰砧木用扦插或播种法育苗，在其干径达0.5cm左右即可作砧木用。3～4月采取广玉兰带有顶芽的健壮枝条作接穗，接穗长5～7cm，具有1～2个腋芽，剪去叶片，用切接法在砧木距地面3～5cm处嫁接。接后培土，微露接穗顶端，促使伤口愈合。也可用腹接法进行，接口距地面5～10cm。有些地区用天目木兰、凸头木兰等作砧木，嫁接苗木生长较快，效果更为理想。

（二）病虫害防治

广玉兰常见的病害有炭疽病、白藻病、干腐病，其防治方法为在发病初期用50%多菌灵可湿性粉剂500倍液或50%托布津500倍液喷洒。

广玉兰易遭介壳虫危害，其中盾壶介壳虫危害比较严重，有时枝干上面形成密密麻麻的一层。介壳虫除了吸取树液外，还会造成煤污病，使树势生长不良。防治方法为在介壳虫孵化期，若虫尚未分泌蜡质时，用菊酯类杀虫剂喷杀。

第四节 黄玉兰

一、简介

黄玉兰，学名 *Michelia champaca* Linn.，又称黄兰、黄缅桂、大黄桂和黄葛兰，为木兰科含笑属乔木。原产喜马拉雅山及我国云南南部、广东、广西、福建、香港和海南。常生于海拔约 450m 的密林下，也分布于锡金、印度东北部、缅甸、老挝、越南、泰国、马来西亚、菲律宾和日本（琉球群岛）。

黄玉兰树形婆娑美观，花香味比白兰花更浓，为著名的木本花卉，是佛教“五树六花”之一。在南方地区多种植于园林或庭院，在北方常作盆栽观赏。

二、生长习性

黄玉兰为阳性植物，要求阳光充足，喜暖热湿润。喜酸性土，不耐碱土，不耐干旱，忌过于潮湿，尤忌积水。不耐寒，冬季室内最低温度应保持在 5℃以上。宜排水良好、疏松肥沃的微酸性土壤。花期 6~7 月，果期 9~10 月，易结果，一般 2~3 年生嫁接苗开花后即可结果。

三、栽培技术

（一）繁殖方法

黄玉兰以高压法繁殖为主，多在每年 4~5 月进行，也可采用播种、扦插、压条、嫁接等方法进行育苗。播种育苗，种子刚开裂而出现红色时应及时采收，采后沙藏至翌年春播，播后一般 1 个月左右开始发芽。

幼苗移植宜在傍晚或阴天进行，移植后应搭荫棚遮荫，待植株长高后逐渐拆棚。一年生实生苗最高可达 40~50cm，树冠可达 40cm，比嫁接苗生长佳。嫁接，可用天目黄兰、黄山黄兰等作砧木。

（二）栽培管理

1. 定植方法

栽培土壤宜选用富含腐殖质的微酸性壤土，不宜在盐碱地栽种。

地栽黄玉兰多在春季进行定植。应选择地势较高、阳光充足的地块，按直径 60cm、深度为 60cm 的尺寸挖穴。先在穴中施用厩肥，将其用底土盖好，以免烧根。通常每穴放入 3 年生苗一株，先将其扶正，使根系散开，然后填土踩实。接着浇透水 1 次，经 3~5d 后，还需再浇二水。定植操作最好在阴天进行。

2. 管理要点

在树苗生长新叶前加强浇水管理，不使土壤干燥。以后只要不是天气干旱，基本可以利用自然降雨供水。除在定植前给植株施用腐叶作为基肥外，在生长旺盛季节里，每周追施1次富含氮、磷、钾的液体肥料。在整个生长过程中，保证有适当的直射日光，每天接受直射日光不宜少于4h，保持环境通风，以利光合作用顺利进行。黄玉兰喜温暖，忌严寒，在20～30℃的温度范围内生长较好，越冬温度不宜低于5℃，可耐短期的0℃低温。应该随时剪去黄玉兰的病弱枝、干枯枝、细弱枝。

（三）病虫害防治

黄玉兰易发生炭疽病和黄化病，其防治方法为增加浇水次数，保持土壤湿润；多施有机肥，增强树势，提高植株的抗性；对树体进行涂白或缠干。防治炭疽病可用75%百菌清可湿性颗粒800倍液或70%炭疽福美500倍液进行喷雾，每10d喷1次；防治黄化病可以用0.2%硫酸亚铁溶液来灌根，也可用0.1%硫酸亚铁溶液进行叶片喷雾。

主要害虫有大蓑蛾、霜天蛾、红蜘蛛、天牛等，也偶有蛴螬等地下害虫危害。如有虫害发生，可用50%杀螟松乳油800倍液杀灭大蓑蛾；用Bt乳剂800倍液或50%杀螟松乳油800倍液杀灭霜天蛾；用40%三氯杀螨醇800倍液或5%尼索朗2000倍液杀灭红蜘蛛；用绿色威雷500倍液杀灭天牛；用50%辛硫磷乳剂1000倍液灌根杀灭蛴螬。

第五节　二乔玉兰

一、简介

二乔玉兰，学名 *Magnolia soulangeana* Soul. – Bod.，又名朱砂玉兰、紫砂玉兰，为木兰科木兰属乔本花卉。二乔玉兰是玉兰属中第一个由玉兰和紫玉兰通过人工杂交育成的杂交种，为一种小乔木，在北京可开二次花。二乔玉兰花大色艳，观赏价值很高，是城市绿化的极好花木。广泛用于公园、绿地和庭院等孤植观赏。树皮、叶、花均可提取芳香浸膏。

二、生长习性

二乔玉兰为阳性树，稍耐阴，最宜在酸性、肥沃而排水良好的土壤中生长，微碱性土也能生长。喜肥，肉质根不耐积水。喜空气湿润，耐寒性较强，对温度敏感。不耐修剪。寿命可达千年以上。

三、栽培技术

（一）繁殖方法

二乔玉兰的繁殖方法主要有播种、嫁接、扦插、压条和组织培养。

1. 播种繁殖

当种子蓇葖转红绽裂时及时采收，采下后经薄摊处理，将带红色外种皮的果实放在冷水中浸泡搓洗，除净外种皮，取出种子晾干，层积沙藏，于翌年2～3月播种。一年生苗高可达30cm左右。培育大苗者于次春移栽，适当截切主根，重施基肥，控制密度，3～5年即可培育出树冠完整、稀现花蕾、株高3m以上的合格苗木。定植2～3年后，即可进入盛花期。

2. 嫁接繁殖

通常砧木是用紫玉兰、山玉兰等木兰属植物，方法有切接、劈接、腹接、芽接等。劈接成活率高，生长迅速。晚秋嫁接较之早春嫁接成活率更有保障。

3. 扦插繁殖

扦插是二乔玉兰的主要繁殖方法。扦插时间对成活率的影响很大，一般5～6月进行，插穗以幼龄树的当年生枝成活率最高。用50μL/L萘乙酸浸泡基部6h，可提高生根率。

4. 压条繁殖

是一种传统的繁殖方法，适用于保存与发展名优品种，二乔玉兰最宜用此法。选生长良好的植株，取粗0.5cm的1～2年生枝作压条，如有分枝，可压在分枝上。压条时间2～3月。压后当年生根，与母株相连时间越长，根系越发达，成活率越高。定植后2～3年即能开花。

5. 组织培养

用二乔玉兰的芽作外植体，在试管中培养成功。这种方法在保存与发展那些芽变和杂交而育成的新类型方面，有特殊意义。

（二）栽培管理

二乔玉兰是早春色、香俱全的观花树种，多为地栽，盆栽时宜培植成桩景。

1. 栽植时期

以早春发芽前10d或花谢后展叶前栽植最为适宜。移栽时无论苗木大小，根须均需带着泥团，并注意尽量不要损伤根系，以求确保成活。大苗栽植要带土球，挖大穴，深施肥。在栽植前应在穴内施足充分腐熟的有机肥作底肥，栽好后封土压紧，并及时浇足水。

2. 施肥

新栽植的树苗可不必施肥，待落叶后或翌年春天再施肥。一年中生长期施两次肥，分别于花前与花后追肥，追肥时期为2月下旬与5～6月。肥料多用充分腐熟的有机肥，酸性土壤应适当多施磷肥。

3. 浇水

开花生长期宜保持土壤稍湿润。夏季是二乔玉兰的生长季节，高温与干旱不仅影响其营养生长，还能导致花蕾萎缩与脱落，影响来年开花，故灌溉保墒应予重视，尤其在重点景区，更应保持土壤经常湿润。入秋后应减少浇水，延缓二乔玉兰生根，促使枝条成熟，以利越冬。冬季一般不浇水，只有在土壤过干时浇1次水。

4. 修剪

由于二乔玉兰枝干伤口愈合能力较差，故除十分必要者外，多不进行修剪。但为了树形的合理，对徒长枝、枯枝、病虫枝以及有碍树形美观的枝条，仍应在展叶初期剪除。修剪期应选在开花后及大量萌芽前，剪去病枯枝、过密枝、冗枝、并列技与徒长枝，平时应随时去除萌蘖。剪枝时，短于15cm的中等枝和短枝一般不剪，长枝剪短至12～15cm，剪口要平滑、微倾，剪口距芽应小于5mm。此外，花谢后，如不留种，还应将残花和蓇葖果穗剪掉，以免消耗养分，影响来年开花。

（三）病虫害防治

在二乔玉兰管理过程中除应注意防治黄化病和根腐病外，还要防治炭疽病。如发现病害应及时清除病株病叶，同时向叶片喷施50%的多菌灵500～800倍的水溶液，或用70%的托布津800～1000倍液进行防治。发现蚜虫为害嫩芽和花蕾，可采用速灭叮杀灭，也可采用500倍液的洗衣粉喷灭，过后再用清水喷洗枝叶。介壳虫为害可用0.3%～0.4%的酸醋液喷杀。

第六节　合欢树

一、简介

合欢树，学名*Albizia julibrissin* Durazz.，也称合昏、夜合，此外还有“绒花树”“乌绒”“马缨花”等名称，为豆科合欢属落叶乔木。原产于中国，已经引种到北温带的很多国家。最早罗马人以为蚕丝制品产于这种树上，所以称其为“丝树”，至今西方许多种语言中将其称为丝树。

合欢树形姿势优美，叶形雅致，盛夏绒花满树，有色有香，能形成轻柔舒畅的气氛，种植于林缘、房前、草坪、山坡等地，是行道树、庭荫树、四旁绿化和庭院点缀的观赏佳树。

二、生长习性

合欢树性耐寒、耐热、耐干燥，生长迅速，枝条每年可以生长1m以上，初夏开花，花期较长。合欢树属阳性树种，好生于温暖湿润的环境；耐严寒，耐干旱及瘠薄，在砂质土壤上生长较好。

三、栽培技术

（一）繁殖方法

多采用播种法。10月采种后晾晒脱粒，北方地区以翌年4月中旬下种为宜，如用温室育种，可在10～11月下种。合欢种皮坚硬，为使种子发芽整齐，出土迅速，播前2周需用0.5%高锰酸钾冷水溶液浸泡2h，捞出后用清水冲洗干净，置80～90℃热水中浸种30s，然后用20℃恒温水浸泡2h进行降温，最后用2层纱布包裹放在大盆内进行催芽处理，24h后即可进行播种。

（二）栽培管理

1. 育苗

合欢在生产中多采用营养钵育苗。营养土可用多年生草皮土经2cm铁筛过后搭配肥料进行配制，配土时可加入适量杀虫剂、杀菌剂和微肥进行土壤处理。营养钵育苗苗床宽以1～1.2m为宜，床距30～40cm，一般南北走向，营养钵灌满土后浇透水1次，第2d就可以下种，每个营养钵点种3～4粒，点种后覆土1cm，保持土壤湿润。播后2周左右发芽出苗，苗高15cm时定苗。

2. 移植

合欢苗移植以春季为宜，要求“随挖、随栽、随浇”。移栽时应小心细致，注意保护根系，对大苗必要时可拉绳扶直，以防被风吹倒或斜长。定植后要求增加浇水次数，浇则浇透。秋末时施足底肥，以利根系生长和来年花叶繁茂。

3. 肥水管理

移植后结合灌水施淡薄有机肥和化肥，加速幼苗生长，也可叶面喷施0.2%～0.3%的尿素和磷酸二氢钾混合液。

4. 修剪

合欢幼苗的主干常因分梢过低而倾斜不直，为提高观赏价值，使主干挺直，有适当分枝点，育苗时可合理密植，并注意及时修剪侧枝。为满足园林艺术的要求，每年冬末需剪去细弱枝、病虫枝，并对侧枝进行适量修剪调整，保证主干端正。

（三）病虫害防治

合欢树的病害主要有枯萎病、溃疡病，其防治措施为制造疏松、肥沃的土壤环境，定期给合欢树松土，增加土壤通气性，并抓住春秋生长旺盛期施肥，增强抗病能力。化学防治病害的关键在于早治，用多菌灵、络氨铜、甲基托布津等农药防治。

合欢树的虫害主要有蚜虫、红蜘蛛、叶蝉、飞虱等，其防治方法为及时清除枯枝、死树或被害枝条，进行树干涂白，使用啶虫脒、阿维菌素、高效氯氟氰菊酯等化学药物防治。

第七节　五角枫

一、简介

五角枫，学名 *Acer oliverianum* Pax，又名元宝槭、色木槭、平基槭、色树，为槭树科槭树属落叶乔木。广布于东北、华北，西至陕西、四川、湖北，南达浙江、江西、安徽等省，生于各地山坡林中。高可达 20m，花期 4 月，果熟期 9 ~ 10 月，秋叶变亮黄色或红色，是秋色叶树种，有些庭院作观赏树种栽培，适宜作庭荫树、行道树及风景林树种。

二、生长习性

五角枫性喜阳光，稍耐阴，喜温凉湿润的气候，耐寒性强，但过于干冷则对生长不利，在炎热地区也是如此。对土壤要求不严，在酸性土、中性土及石灰性土中均能生长，但以湿润、肥沃、土层深厚的土中生长最好。深根性，生长速度中等，病虫害较少。

三、栽培技术

（一）繁殖方法

主要采用播种繁殖。选择 10 年生以上、生长健壮的植株作采种母树。果实采回后，曝晒 3 ~ 4d，揉去果翅，拣去夹杂物，贮藏于通风干燥的室内。在 3 月下旬将种子取出，用 1% 高锰酸钾消毒 1h，然后进行催芽处理，到第 7d 有 95% 的种子发芽，即可播种。

播种前进行整地，将圃地进行深耕细整，并加入适量的有机肥，做成 1m

宽的畦，并喷洒0.5%的硫酸亚铁对其进行消毒，以防苗木发生立枯病。播种前将床土用水浸透，把混沙的五角枫种子均匀地撒入畦内，再将筛好的细土覆盖在上面。

五角枫种子播后8d左右子叶开始陆续出土，在苗期进行管理期间要防止土壤过于黏重。子叶出土后，为防止幼苗发生猝倒病、立枯病等病害，在幼苗生长早期，每隔1d用0.1%～0.2%的硫酸亚铁或者高锰酸钾进行消毒。

（二）栽培管理

1. 栽植要点

作行道树时，栽植株距为4～5m；作风景林时，其栽植密度与荒山造林相同。按设计位置放线、设点、挖穴。树穴规格以穴径和深度不少于80cm为宜。挖穴时将表土和心土分别放置。土层较薄、重黏土、砂砾土及垃圾填充的地段，挖穴时应培土或换土。栽植前要根据一定的干高要求（3～3.5m）对苗木进行截冠处理，剪口要平滑，伤口涂刷石蜡等保护剂。

对作行道树的每年在土壤封冻前浇1次越冬水，土壤解冻后浇1次解冻水，其他时间如何浇水，应据天气情况而定。栽植后每年主干要涂白，涂抹高度为1m。

2. 造林栽植

坡地栽植五角枫一般采用水平阶、水平沟和鱼鳞坑整地。将设置的造林地内鱼鳞坑附近的灌木杂草除净。鱼鳞坑穴的规格为（40×40×30）cm，宜在入冬土壤封冻前进行。纯林栽植时，株行距可采用（1.5×2.0）m或（2.0×2.0）m；混交林的混交树种可以是油松、栎类、刺槐等，栽植密度为（2.0×2.0）m或（2.0×2.5）m。

3. 造林时间

①春季栽植时一般应在早春土壤解冻后进行，宜早不宜晚。苗木多采用二年生大苗，栽植时应采取截冠措施。

②雨季栽植适应于干旱缺乏灌溉条件的地区。7～9月雨水充沛，为最佳栽植时间，成活率较高。应栽植容器苗或一年生苗，栽植后铺塑料薄膜，成活率可达到95%以上。

③秋冬季节栽植的技术措施简单，且成本较低，成活率较高。栽植应在秋季落叶后至冬季土壤封冻前进行，宜晚不宜早。苗木多采用二年生大苗。

4. 栽植方法

①裸根苗木栽植用“三埋两踩一提苗”的方法，放苗时苗木要竖直，根系要舒展，位置要合适。填土一半时要先提苗，使苗木根颈处土印与地面相平或略高于地面2～3cm，然后踩实。再填土、踩实。最后覆上虚土，做好树盘，并浇透定根水，浇水后封土。

②带土球苗木栽植用"分层夯实"的方法。即放苗前先量土球高度与种植穴深度，使两者一致。放苗时坚持土球上外表与地面相平略高，位置要合适，苗木竖直。边填土边踏踩结实，最后做好树盘，浇透水，2～3d 再浇 1 次水后封土。

5. 抚育管护

由于幼苗生长较快，应加强营造后的抚育管理，造林后需连续抚育 5 年以上，每年抚育一两次。抚育时每株施氮肥或复合肥 50～100g，查苗补缺，松土培穴，剪除根部萌蘖和基干下部徒长枝。

（三）病虫害防治

五角枫的主要病害是立枯病、漆叶斑病，主要虫害是光肩星天牛、星天牛。对立枯病的防治，苗木出齐后，用立枯净 800～1000 倍液灌根或喷洒树体 3 次；对漆叶斑病的防治，于发病初期喷等量式波尔多液 1～2 次，秋季将病果病叶收集后加以处理（埋于土内或烧掉）。

对光肩星天牛、星天牛的防治，幼虫活动期往虫道注药，用药棉或毒签堵塞有新鲜虫粪的排粪孔，从该孔上方的排粪孔注入威雷 150 倍液。于七八月间天牛成虫活动期，树上喷洒 5% 溴氰酯微胶囊剂 2000 倍液，或人工捕杀天牛成虫。

第八节　红枫

一、简介

红枫，学名 *Acer palmatum* Thunb.，又名紫红鸡爪槭，是槭树科槭树属鸡爪槭落叶小乔木。全国大部分地区均有栽培，主要分布于江苏、浙江、安徽、江西、山东、湖南等地。红枫是一种非常美丽的观叶树种，其叶形优美，红色鲜艳持久，枝序整齐，层次分明，错落有致，树姿美观，广泛用于园林绿地及庭院作观赏树，以孤植、散植为主，也宜于与景石相伴，观赏效果佳。也可布于草坪中央，高大建筑物前后、角隅等地，红叶绿树相映成趣。它也可盆栽做成露根、倚石、悬崖、枯干等样式，风雅别致。红枫为名贵的观叶树木，故常作盆栽欣赏。

二、生长习性

红枫性喜湿润、温暖的气候和凉爽的环境，较耐阴、耐寒，忌烈日曝晒，但春、秋季能在全光照下生长，属中性偏阴树种。对土壤要求不严，适宜在肥沃、富含腐殖质的酸性或中性砂壤土中生长，不耐水涝。在黄河流域一带可露地越冬；黄河以北则宜盆栽，冬季入室为宜。红枫在土壤 pH5.5～7.5 的范围内能适应，故在微酸性土、中性土和石灰性土中均可生长。

三、栽培技术

（一）繁殖方法

1. 嫁接繁殖

嫁接繁殖宜用 2～4 年生的实生苗作砧木。切接宜在 3～4 月进行，砧木高度可根据需要确定；靠接在 5～6 月梅雨季节进行，这种方法仅用于少数珍贵的品种；芽接应用最为普遍，每年 5 月下旬～6 月下旬和秋后 8 月下旬～9 月下旬是最佳时间。利用红枫当年生长健壮短枝上的饱满芽，带 1cm 长叶柄作接芽。

2. 扦插繁殖

在制作小型盆景或盆栽时最好用此法。扦插一般在 6～7 月梅雨时期进行。选当年生健壮枝，截长 20cm 左右作插条，速蘸 1000μL/L 萘乙酸粉剂，插入蛭石或珍珠岩与塘泥各半的基质中，注意遮荫，喷水保湿，大约 1 个月后可陆续生根。半月后可逐步接受阳光，并要加强水肥管理。

（二）栽培管理

红枫多数品种在新叶期为红色，入夏渐变为绿色，霜后又转为红色。为了使红枫在国庆前后提前呈红叶，可采用摘叶的方法进行催红，强迫萌发新叶。具体方法是在 8 月中旬将植株上所有叶片连同叶柄全部摘除，放在阳光充足处，追施 1～2 次粪肥，且每天浇 1 次水，保持盆土湿润，同时适当向枝条上喷水。大约半个月后，腋芽就会陆续萌发，绽出小的红叶，9 月下旬整叶片发育成熟，整树红叶，正好在国庆时欣赏。

（三）病虫害防治

一二年生红枫很少有病虫害，干径 3cm 以上的红枫在每年 5～6 月常有真菌侵染，特别是在平原地区，种植密度大，地块阴湿，易发生病害。在栽培中施肥应以农家肥为主，重磷、钾肥，轻氮肥，红枫不可重施追肥，防止曝晒灼伤嫩枝，另外必须改善通风和光照，提高抗病能力。也可用 65% 代森锌、50% 多菌灵或 70% 托布津 800～1000 倍液，混以 500 倍磷酸二氢钾或微量元素叶面肥喷雾，晴天喷 3～4 次，1 月喷石硫合剂 1 次防治。

虫害有叶蝉、刺蛾、蛀干害虫天牛，用 5% 来福灵乳油 3000 倍液树干喷雾，或用 25% 爱卡士乳油 1500 倍液环涂树基 10cm 宽，可杀死虫卵。对已进入树干的蛀干害虫可用 18% 杀虫双水剂 50 倍液注射至溢出为止，能当即杀死幼虫。

第九节 美国红枫

一、简介

美国红枫，学名 *Acer rubrum* L.，又名红花槭、北方红枫、北美红枫、沼泽枫、加拿大红枫、红糖槭、猩红枫，为槭树科槭树属落叶大乔木。原产美国东海岸。春天开花，花红色。因其秋季色彩夺目，树冠整洁，被广泛应用于公园、小区、街道栽植，既可以园林造景，又可以作行道树，深受人们的喜爱，是近几年引进的美化、绿化城市园林的理想珍稀树种之一，更适合于别墅区、高尔夫球场、高档酒店或山庄门前栽植。

二、生长习性

美国红枫喜水肥，耐低温（-40℃左右），耐盐碱，在我国山东半岛、日照地区生长速度最快，因这里与北美的纬度相一致，气候条件、温度条件基本相同。

三、栽培技术

（一）繁殖方法

美国红枫通过种子繁殖。而其园艺栽培品种是通过无性方式（如组织培养、嫁接、扦插等）繁殖的。

（二）栽培管理

1. 育苗管理

（1）浸种砂藏　选择翅比较大，颜色比较艳的美国红枫种子。播种一般在清明节前半个月进行，先揉掉种子翅膀，温水浸泡 12h。选择较粗的透气性良好河砂，砂与种子按体积 3:1 的比例混合，砂的湿度为握手即成团松开即散。混合后将其放置于室内即可。

（2）苗床准备与播种　施农家肥后深耕，表层土弄碎，垄宽 1.5m 开深沟。待种子出芽达到 20% 即可播种。每 667m^2 播美国红枫种子 3kg，在已经整好的垄上开深 10cm、宽 20cm 的小沟，将种子连同砂子播撒到开好的小沟中，播种要均匀。

（3）覆土、支小拱棚　播种后在种子上盖一层潮湿细土，一般 0.5～1cm 即可，支塑料小拱棚，其上再支防晒网拱棚，两拱棚之间距离应当大于

20cm，以达到通风降温的效果。

（4）日常管护　播种后 1 个月内是美国红枫出芽的关键时期，应时常观察保持拱棚内的温度和湿度，发现温度过高应当立即通风，并采用在薄膜拱棚两头喷雾的方法降温。待苗长到 5～10cm 时揭掉薄膜拱棚，防晒网拱棚继续保留。待苗子长到 20～30cm 后采用早晚揭开防晒网、中午盖上防晒网的方法炼苗，2 周后全部揭掉防晒网。

（5）田间管理　待小苗长到 10cm 后即可使用叶面肥，施肥应当遵循"少量多次"的原则，并进行除草。

2. 土地选择与定植

选择 pH 为酸性或中性，排水良好的土地，砂性到黏土均可。栽植时不宜过深，覆土盖过根盘 5～8cm 为宜。一年苗移栽以裸根为佳，可以保证根盘完整。最佳移栽时间在早春，成活率高。

3. 灌溉

美国红枫喜欢湿润的土壤，特别是在生长季节，需水量较大，需要经常灌溉，有条件的地方可以进行喷灌。4～10 月土壤可以保持连续潮湿的状态，土壤表面不露白但不积水。11 月开始，减少水分，叶子变色时，土壤保持干燥状态。

4. 施肥

美国红枫最适宜的 pH 范围为 6.0～7.0，磷、钾肥需要量为中度至高度，宜早施，耕前施肥。移栽第一年，每 667m^2 追施 45% 复合肥 60kg，以后逐年增多。施肥可以与灌溉同时进行。

5. 除草与修剪

美国红枫的除草可用除草剂，但不可盲目使用，一定要先做小规模的试验，以防药害大面积的发生。美国红枫对草甘磷特别敏感，容易引起掉叶、死亡。萌芽前比较适宜的除草剂有都尔、金都尔、敌草胺、黄草消；萌后除草剂可选用克无踪、克草快。新定植的苗在定植 2 周以内不能用除草剂。美国红枫不需要太多的修剪工作，要保持主干的健壮，树冠匀称。

（三）病虫害防治

美国红枫的主要虫害是螨和光肩星天牛。

螨的防治措施：在绿化当中加大树的间距，一般在 5m 左右。早春树木发芽前用机油乳剂 100 倍液喷树干，或晶体石硫合剂 50～100 倍液喷树干，以消灭越冬卵。危害严重时，用三唑锡或者扫螨净 1500～2000 倍液，或以白红螨净 2000 倍液防治等。

光肩星天牛的防治措施：加强树木的栽培管理，增加树木的抗性，注意修剪，及时剪去病残枝。用聚酯类的药物防治，如以高效氯氰菊酯 1500 倍液喷树干，或用此药800倍液注射天牛排泄孔。

第十节　红叶乌桕

一、简介

红叶乌桕，学名*Sapium discolor*（Champ. ex Benth.）Muell. Arg.，又名山乌桕、蜡子树、木油树、蜡烛树，属于大戟科乌桕属落叶乔木。原产中国，已有1000多年的栽培历史。红叶乌桕高达15m，花期5～7月，果10～11月成熟。红叶乌桕树冠整齐，叶形秀丽，入秋叶色红艳可爱，不亚丹枫。幼龄树若进行疏枝修剪定型，树形似团团云朵，甚是美观。植于水边、池畔、坡谷、草坪都很适合，若与亭、廊、花墙、山石等相配，也甚协调。冬日白色的乌桕籽挂满枝头，经久不凋，也颇美观，古有“偶看桕树梢白头，疑是江梅小着花”的诗句。红叶乌桕在园林绿化中可栽作护堤树、庭荫树及行道树。

二、生长习性

红叶乌桕喜光，喜温暖气候及深厚肥沃而水分丰富的土壤。较耐寒，并有一定的耐旱、耐水湿及抗风能力。对土壤适应范围较广，无论砂壤、黏壤、砾质壤土均能生长，对酸性土、钙土及含盐在0.25%以下的盐碱地均能适应。乌桕生长速度中等偏快，当年生苗可达1m以上，水肥条件好的可达2m。一般4～5年生树开始结果，10年后进入盛果期，60～70年后逐渐衰老，在良好的立地条件下可生长到百年以上。乌桕对二氧化硫及氯化氢抗性强。

三、栽培技术

（一）繁殖方法

红叶乌桕的繁殖以播种为主，优良品种用嫁接法繁殖，也可以采用扦插繁殖。

1. 播种繁殖

因其种子外被蜡质，播种前要进行去蜡处理。用草木灰温水浸种或用食用碱揉搓种子，再用温水清洗，可去除蜡质。春播宜在2～3月进行，条播，条距25cm，每667m^2播种7kg左右，播种后25～30d可发芽。幼苗高12～15cm时需间苗，保留苗木株距8cm左右，每667m^2留苗8000～10000株。间下的苗木可摘叶（顶端留3片叶子）移植。6月上旬过后苗木进入速生阶段，这时要及时除草、松土和施肥，每月追肥1～2次，每667m^2施硫酸铵等化肥

5kg 左右，或薄施人粪尿。9 月后要停止施氮肥，增施磷、钾肥，以防长秋梢，引起冻害。1 年生苗高可达 60 ~ 100cm，地径 0.7 ~ 1.2cm。

2. 嫁接繁殖

以一年生实生苗作砧木，选取优良品种母树上生长健壮、树冠中上部的 1 ~ 2年生枝条作接穗，2 ~ 4 月间用切腹接法，成活率可达 85% 以上。乌桕侧枝生长强于顶枝，故不易形成直立树干，在育苗过程中应及时抹除侧芽，注意保护顶芽，并增施肥料，可获得符合园林绿化要求的树干通直苗木。

3. 扦插繁殖

3 月末气温稳定在 20℃以上时，剪取半年至一年生的嫩枝，截成长 14cm 左右的段作插穗，将插穗下端浸入清水数小时，使切口处的白色乳汁流尽洗清，以防在切口处胶结成团，影响发根。浸水后的插穗，插入伴有少量过磷酸钙的湿沙床内，在全光照下喷雾保湿，约 3 周可发根，一个半月左右可移入大田培育。苗期施稀薄氮肥水 3 ~ 5 次，秋后停止施肥。入冬后注意覆盖防霜。一年生苗可出圃定植。

（二）栽培管理

1. 生长前期

砧木苗从出苗生长到 30cm，这一时期为生长前期，时间一般是 3 ~ 5 月。这期间的主要工作是除草、间苗，还要适当追肥。

（1）除草松土　结合中耕松土，每个月除草 2 次，或者 2 个月除 3 次。

（2）间苗　幼苗出土后，生长到 12cm 开始间苗的工作，直到生长到 30cm，这期间都要随着幼苗的生长而间苗。

（3）施肥　生长前期要追施 1 次复合肥。每 667m^2用肥量 5 ~ 10kg。

2. 速生期

6 ~ 8 月为苗木的速生期。这时苗高迅速生长到 60 ~ 100cm，期间苗木地对水和肥料的需求量增大，仍然要抓好间苗、追肥、抗旱和防虫工作。

（1）定苗　苗木株距在 40 ~ 60cm，每 667m^2留苗 10000 ~ 15000 株。

（2）追肥　苗木速生期正是高温炎热的季节，地上部分和地下根系部分都生长旺盛，需要施 2 次肥。肥料主要用复合肥和尿素。复合肥的用量为 10 ~ 15kg/667m^2，尿素的用量为 5kg/667m^2。施肥后进行 1 次中耕，将肥料埋入土中，便于苗木迅速地吸收和根系的发育。

（3）抗旱补水　速生期是苗木对水、热和肥料的需求量最大的时期，因此在 6 ~ 8 月的每个月都要浇水 3 次。

3. 木质硬化生长期

9 ~ 10 月苗木基本上停止高度的生长，营养供给自然集中在茎干的增粗和木质硬化上。苗木进入硬化期，要追施钾肥和磷肥，磷肥和钾肥的用量分别为 15kg/667m^2。

（三）病虫害防治

红叶乌桕的抗病性强，病害较少，但是虫害较多，特别是育苗阶段，蚜虫危害严重，造成这些叶片残缺不全。可在发现有蚜虫或者是蚜虫发生高峰期用药剂防治，用 1.2% 的烟碱乳油 800 ~ 1000 倍液喷杀，喷杀 2 ~ 3 次，就可以有效地杀灭蚜虫。

第十一节　红叶椿

一、简介

红叶椿，学名 *Ailanthus altissima*（Mill）Swingle，又名红叶臭椿，为苦木科臭椿属乔木植物，属乔木型春季红叶观赏新品种，是近几年培育成的一个臭椿变种。红叶椿的出现，改变了我国北方地区春季红叶树种几乎以灌木或小乔木为主的状况。

红叶椿叶色红艳，持续期长，又兼备树体高大、树姿优美、抗逆性强、适应性广以及生长较快等诸多突出优点，因而具有极高的观赏价值和广泛的园林用途，可在城市绿化、风景园林及各类庭院绿地中设计配置，而且无论孤植、列植、从植，还是与其他彩叶树种搭配，都能尽展风采而成为景观之亮点。

二、生长习性

红叶椿对臭椿适生区内的气候环境有天然的适应性，可在我国的华北、西北、东北大部分地区广泛栽植。红叶椿具有耐旱、耐寒、抗风沙、耐盐碱、耐风尘及病虫害少等特性。除重黏土和水湿地外，几乎各类土壤都能适应生长，尤其在土层深厚、排水良好而又肥沃的湿润土地上生长更好。

三、栽培技术

（一）繁殖方法

红叶椿仅开单性雄花，开花而不结实，只能采用无性繁殖。

1. 分蘖繁殖

红叶椿根系能产生不定芽，萌发后成为根蘖苗。根蘖苗一般根系较少，苗木高矮不一。一般是将苗木分级，在苗圃地定植，继续培育一年，以便使其成为合格的造林用苗。

2. 插根繁殖

选择健壮的根段，截至18cm长，下切口为斜形，上切口为平形，以区别上下，防止倒插。一般根插穗较软，多采用开沟斜埋的方法，上切口与地面齐平即可。

3. 插条繁殖

选择充分木质化的一年生萌芽条作插穗，插穗长25～30cm，上下皆为平口，最好采用高垅斜插，并覆盖地膜，以保温、保湿，提高成活率。

4. 根茎留土繁殖

红叶椿干基有萌芽能力，若干形不好，可进行平茬，选留健壮芽条培育成大苗，或起苗后，平整土地，留在土壤中的根也可以萌芽成苗，但密度不均，苗木生长不整齐，需间苗补缺。

5. 嫁接繁殖

在春季于露地播种普通臭椿种子得到臭椿苗，6～8月采取红叶椿穗条进行芽接，成活率在90%以上。另外，早春时节也可在臭椿大苗（或大树）上进行高接换头（劈接）或在夏秋季节进行芽接。红叶椿嫁接苗红叶效果很好。

6. 组培繁殖

该繁殖方法既可保持红叶椿的优良性状，又可加快其繁殖速度。在红叶椿旺盛生长期从树体上剪取幼嫩茎段，在培养基上诱导出丛生芽，然后经过继代增殖及生根培养，得到大量健壮的生根苗。将生根苗移栽到盛有蛭石的营养钵中进行驯化炼苗，45d左右待植株长至10～15cm时，移植于圃地。

（二）栽培管理

6～9月是红叶椿的最佳生长阶段，此时树体生长迅速，应加强肥水管理。中间追施2～3次氮磷钾复合肥。夏秋连阴天时应注意及时排涝。

（三）病虫害防治

危害红叶椿的病虫害主要有立枯病、瘿螨、盲蝽。

（1）立枯病　主要危害当年生播种嫁接苗或组培苗的茎基部，造成被害部位坏死，植株死亡。防治可用72.2%普力克水剂稀释600～1000倍进行茎基部喷洒或浇灌苗床，多雨季节用药宜勤。

（2）瘿螨　主要危害幼芽，使新叶不展、皱缩、变褐、变脆、脱落，新梢停止生长。防治可喷洒20%三氯杀螨醇乳油1000倍液或1.8%虫螨立克乳油2000～3000倍液。

（3）盲蝽　8～9月份危害叶片，使叶尖部位卷曲。防治可喷洒40.7%乐斯本乳油1000～2000倍液或25%爱卡士乳油800～1200倍液。

第十二节　七叶树

一、简介

七叶树，学名 *Aesculus chinensis* Bunge，又名梭椤树、天师栗、开心果、猴板栗，是无患子目七叶树科七叶树属的落叶乔木。七叶树树形优美、花大秀丽、果形奇特，是观叶、观花、观果不可多得的树种，为世界著名观赏树种之一，是优良的行道树和园林观赏植物，可作人行步道、公园、广场绿化树种，既可孤植也可群植，或与常绿树和阔叶树混种。花开之时风景十分美丽，我国常将七叶树孤植或栽于建筑物前及疏林之间。

二、生长习性

七叶树性喜光，耐半阴，喜温暖、湿润的气候，较耐寒，畏干热。宜深厚、湿润、肥沃而排水良好的土壤。深根性，寿命长，萌芽力不强，生长缓慢。枝干皮薄，易受日灼。

三、栽培技术

（一）繁殖方法

以播种繁殖为主。因种子含水量高，活力差，宜随采随播或带果皮拌沙低温贮藏至翌年春播。注意播种时种脐向下，因幼苗出土能力弱，覆土 3～4cm 即可。播后 25～30d 发芽，苗期要遮阳，秋季落叶到翌年春季萌芽前移植。幼树移植后做好草绳缠干工作和适当遮阳，防止出现灼皮枯叶的现象。

（二）栽培管理

1. 9～10 月管理

（1）采种　蒴果球形，顶端扁平，略凹下，9 月下旬左右蒴果呈黄褐色，即可采集。采后种子发芽力消失较快，宜随采随播。不播的进行砂藏，但发芽率不高。

（2）播种育苗　在已整好地的苗床上开沟条播，条距 20～30cm，株距 10cm 左右。播种时要将种脐向下。播后覆土盖草。翌春发芽出土。

2. 3～4 月管理

（1）春播育苗　播种方法与随采随播相同。

（2）苗圃管理　随采随播的幼苗陆续发芽，要注意淋水保温，促进出苗。

（3）植苗绿化　七叶树喜光，稍耐阴，喜温和气候，并适宜深厚、肥沃，湿润而排水良好的土壤。庭院、“四旁”和道路绿化，要穴垦整地，穴径60cm、深50cm，加施基肥，并带宿土栽植，宜用大苗。行道树株距4~5m。庭院绿化根据情况而定。栽后设立支架，并浇透水。

3. 5~6月管理

（1）苗圃管理　幼苗喜湿润，幼苗出齐后，要及时搭棚遮荫，喷水以保持苗床湿润，松土拔草，适当追肥，雨季要注意排水防涝。

（2）幼树扶育　主要是松土除草等。

4. 7~8月管理

（1）苗圃管理　幼苗生长较慢，除松土除草外，要追肥2~3次。旱季注意浇水保持苗床湿润，及时防治病虫害。

（2）幼树扶育　除松土除草和培土外，要浇水。

（三）病虫害防治

七叶树的主要病害有叶斑病、白粉病、炭疽病和日灼病危害。叶斑病、白粉病、炭疽病可用70%甲基托布津可湿性粉剂1000倍液喷洒；日灼病可在深秋或初夏对树干涂白。虫害主要是刺蛾，在虫害发生初期及时喷射90%敌百虫800~1000倍液或15%溴氰菊酯4000~5000倍液，可取得良好的防治效果。

第十三节　银杏

一、简介

银杏，学名 *Ginkgo biloba* L.，又名白果、公孙树、鸭脚树、蒲扇，生长较慢、寿命极长。银杏树是第四纪冰川运动后遗留下来的最古老的裸子植物，是世界上十分珍贵的树种之一，因此被当作植物界的“活化石”。银杏树自然条件下从栽种到结果要20多年，40年后才能大量结果，因此别名“公孙树”，是树中的老寿星。银杏树具有欣赏、经济、药用价值，全身都是宝。我国银杏树主要分布在山东、江苏、四川、河北、湖北、河南、甘肃等地。全国最大的银杏培育基地是山东省郯城县。

银杏树姿雄伟壮丽，叶形秀美，寿命较长，病虫害少，最适宜作庭荫树、行道树或独赏树，极具观赏价值。银杏夏天一片葱绿，秋天金黄可掬，给人以俊俏雄奇、华贵典雅之感。因此古今中外均把银杏作为庭院、行道、园林绿化的重要树种。

二、生长习性

银杏喜光，耐寒，适应性颇强，耐干旱，不耐水涝，对大气污染也有一定的抗性。深根性，生长较慢，寿命可达千年以上。适于生长在水热条件比较优越的亚热带季风区。栽培土壤为黄壤或黄棕壤，pH5～6。初期生长较慢，萌蘖性强。

三、栽培技术

（一）繁殖方法

银杏的繁殖方法主要有扦插繁殖、分株繁殖、嫁接繁殖和播种繁殖。

1. 扦插繁殖

可分为老枝扦插和嫩枝扦插。老枝扦插适用于大面积绿化用苗的繁育，嫩枝扦插适用于家庭或园林单位少量用苗的繁育。

老枝扦插一般是在春季3～4月，从成品苗圃采穗或在大树上选取1～2年生的优质枝条，剪截成15～20cm长的插条，用100μL/L的ABT生根粉浸泡1h，扦插于细黄砂或疏松的苗床土壤中。扦插后浇足水，保持土壤湿润，约40d后即可生根，成活后进行正常管理，第二年春季即可移植。

嫩枝扦插是在5月下旬～6月中旬，剪取银杏根际周围或枝上抽穗后尚未木质化的插条（插条长约2cm，留2片叶），插入容器后置于散射光处，每3d左右换1次水，直至长出愈伤组织，即可移植于黄沙或苗床土壤中。但在晴天的中午前后要遮阳，叶面要喷雾2～3次，待成活后进入正常管理。

2. 分株繁殖

一般用来培育砧木和绿化用苗，方法是剔除根际周围的土，用刀将带须根的蘖条从母株上切下另行栽植培育。

3. 嫁接繁殖

多用于水果业生产。在5月下旬～8月上旬均可进行绿枝嫁接。具体方法是，先从银杏良种母株上采集发育健壮的多年生枝条，剪掉接穗上的一片叶，仅留叶柄，每2～3个芽剪一段，然后将接穗下端浸入水中或包裹于湿布中，最好随采随接。

4. 播种繁殖

多用于大面积绿化用苗或制作丛株式盆景。秋季采收种子后，去掉外种皮，将带果皮的种子晒干，当年即可冬播或在次年春播。若春播，必须先进行混沙层积催芽。播种时将种子胚芽横放在播种沟内，播后覆土3～4cm厚并压实。幼苗当年可长至15～25cm高，秋季落叶后即可移植。

（二）栽培管理

1. 土地选择

银杏对土壤条件要求不严，但以土层深厚、湿润肥沃、排水良好的中性或微酸性土为好。

2. 栽植

（1）合理配置授粉树　银杏是雌雄异株植物，要达到高产，应当合理配置授粉树。选择与雌株品种、花期相同的雄株，雌雄株比例是（25～50）:1。配置方式采用5株或7株间方中心式，也可四角配置。

（2）合理密植　银杏早期生长较慢，密植可提高土地利用率，增加单位面积产量。一般采用（2.5×3）m或（3×3.5）m株行距、每667m^2定植88株或63株。封行后进行移栽，先从株距中隔一行移一行，变成（5×3）m或（6×3）m株行距，每667m^2定植44株或31株，隔几年又从原来行距里隔一行移植一行，成（5×6）m或（6×7）m株行距，每667 m^2定植22株或16株。

（3）苗木规格　良种壮苗是银杏早实丰产的物质基础，应选择高径比50:1以上、主根长30cm、侧根齐、当年新梢生长量30cm以上的苗木进行栽植。此外，苗木还需有健壮的顶芽，侧芽饱满充实，无病虫害。

（4）栽植时间　银杏以秋季带叶栽植及春季发叶前栽植为主。秋季栽植在10～11月进行，可使苗木根系有较长的恢复期，为第二年春地上部发芽做好准备。春季发芽前栽植，由于地上部分很快发芽，根系没有足够的时间恢复，所以生长不如秋季栽植好。

（5）栽植方法　银杏栽植要按设计的株行距挖栽植窝，规格为（0.5～0.8）m×（0.6～0.8）m，窝挖好后要回填表土，施发酵过的含过磷酸钙的肥料。栽植时，将苗木根系自然舒展，与前后左右苗木对齐，然后边填表土边踏实。栽植深度以培土到苗木原土印上2～3cm为宜，不要将苗木埋得过深。定植好后及时浇定根水，以提高成活率。

（三）病虫害防治

（1）茎腐病的防治　根据银杏茎腐病发病的原因，以预防为主。提早播种，合理密播，可喷洒杀菌剂如托布津、多菌灵、波尔多液等。

（2）枯叶病的防治　加强管理，增强树势，发病前喷施托布津等广谱性杀菌剂，或6月上旬起喷施40%多菌灵胶悬剂500倍液或90%疫霜灵1000倍液，每隔20d喷1次，共喷6次，可有效防止此病发生。

（3）早期黄化病的防治　5月下旬每株苗木施多效锌100g，发病率可降低95%。

（4）银杏干枯病的防治　彻底清除病株和有病枝条，对病枝应及时烧毁，对主干或枝条上的个别病斑，可进行刮治并及时伤口消毒，消毒用杀菌剂甲基托布津或10%碱水涂刷伤口。

第十四节　红翅槭

一、简介

红翅槭，学名 *Acer fabri* Hance，又名罗浮槭，是槭树科槭树属常绿乔木。高达10m，胸径达30cm，五年生苗就能开花结果，花红色，花期4月，果期特长，从5月上旬至10月底。红翅槭是新挖掘的优良绿化、美化树种，耐阴、耐寒，作第二层林冠配置最为理想，宜作风景林、生态林、四旁绿化树种。另外，红翅槭木材淡黄色略红，纹理斜，结构细而均匀，质重、硬，耐腐、耐久性中等，加工易，切面光滑，弹性强，油漆性能好，是做高档家具、乐器的上好材料。

二、生长习性

红翅槭性耐寒，耐阴能力强，在光照充足处结果多，光照不足处结果较少。

三、栽培技术

（一）繁殖方法

以种子繁育为主。在10月中下旬果熟时，采集阴干，用润砂贮藏或随采随播。阴干砂藏的种子，至翌春播种时，必须用40℃的温水浸种催芽，否则发芽率较低。采用条播，每667m^2播种量5kg，产苗量4万株；采用撒播，每667m^2播种量50kg，产苗量50万株。第二年春季进行芽苗移栽。若采用冬播，当年生苗高达1m以上，第二年移栽稀植，每667m^2栽1000株左右。培育至高2.5～3m，胸径3～4cm，即可出圃。

（二）栽培管理

栽植前，要求每穴施1～1.5kg厩肥，栽后浇足定根水。以后每年追施1次有机肥。栽植后应注意水肥管理，入秋后则保持土壤干燥，以利叶片转红。休眠期适当修剪定冠，植株长到3m以上不必再修剪。雨季注意排水，积水会导致烂根。

（三）病虫害防治

红翅槭的病害主要有立枯病，可用70%的甲基托布津可湿性粉剂1000倍液进行防治。虫害主要有蛴螬、蚜虫、凤蝶等。蛴螬可利用它的天敌来对其防治，例如茶色食虫虻、金龟子、黑土蜂、白僵菌等。防治蚜虫、凤蝶用50%蚜松乳油1000~1500倍液，每隔10~15d喷1次，连喷2次。

第十五节　中国红豆杉

一、简介

中国红豆杉，学名 *Taxus chinensis* (Pilger) Rehd.，为红豆杉科红豆杉属乔本植物。红豆杉是第四纪冰川时期孑遗植物，世界珍稀濒危物种。中国红豆杉是中国特有种，分布于甘肃南部、陕西南部、湖北西部、四川等地。华中区多见于海拔1000m以上的山地上部未干扰环境中；华南、西南区多见于1500~3000m的山地落叶阔叶林中，相对集中分布于横断山区和四川盆地周边山地；在广西北部、贵州东部、湖南南部也有分布。我国将其列为一级重点保护植物。中国红豆杉树形美观大方，四季常青，果实成熟期红绿相映的颜色搭配令人陶醉，可广泛应用于水土保持、园艺观赏等方面，是新世纪改善生态环境、建设秀美山川的优良树种，现常用于高档的庭院绿化观赏。

二、生长习性

中国红豆杉性喜气候较温暖多雨的地方，为典型的阴性树种，常处于林冠下乔木第二、三层，散生，基本无纯林存在，也极少团块分布，只在排水良好的酸性灰棕壤、黄壤、黄棕壤上良好生长。苗喜阴、忌晒。其种子种皮厚，处于深休眠状态，自然状态下经两冬一夏才能萌发，天然更新能力弱。

三、栽培技术

（一）繁殖方法

采用种子繁殖和扦插繁殖，以育苗移栽为主。

1. 种子繁殖

（1）采种催芽　10月中下旬，果实呈深红色时采收种子。该种子属生理后熟，需要经过1年的湿砂贮藏才能发芽。常采取室外自然变湿砂藏层积法处理种子，以提高发芽率。

（2）选圃整地　选择郁闭度在0.6~0.7且无病虫害的湿地松或马尾松成林地作圃地，要求坡度平缓、土层深厚、排水良好。在8~9月将林内整理成水平梯面，深挖20～30cm，于11月浅翻细耙。整地时，施入腐熟基肥2000～3000kg/667m^2，然后做床，床高15～20cm，宽1.2m，开出播种沟，沟深2cm，沟距20cm。

（3）适时播种　一般在早春播种。种子贮藏1年后，有30%裂口现白时，及时筛出种子，放在0.2%的高锰酸钾溶液中消毒10min，再用清水冲洗干净，晾干明水后均匀地播在沟内，粒距5～7cm。播种后，挖取松林下带有菌根并过筛的黄壤土覆盖种子，厚度以不见种子为度。幼苗期注意遮荫，播种后覆盖稻草以不见土为适宜，苗期搭建荫棚，透光度在60%。然后铺植苔藓护苗，保护苗床不受日晒雨淋，并经常保持土壤疏松、湿润。一般种子出苗率在70%以上。

幼苗出土后，也不要将苔藓揭去，长期保持在苗床上。苔藓护苗的优点为保护苗床不受雨水溅击和阳光直射，使苗木不受阳光灼伤，避免因茎、叶沾泥形成泥棒而窒息死亡，并且经常保持土壤疏松、湿润，减少中耕除草用工。但覆盖的苔藓要薄，不能太厚，如遇久旱不雨，可用细黄土压住苔藓，或用喷雾器喷水保持苗床湿润。

2. 扦插繁殖

在树木休眠萌动期，选择砂土、锯末、珍珠岩混合基质作扦插土。选择1～4年生的木质化实生枝，将插条剪为10cm、15cm或30cm长的小段，在剪枝时要求切口平滑，下切口马耳形，2/3以下去叶。选择药剂如ATP、ABT、NAA、IBAA等处理插枝后扦插、盖膜。扦插成活率一般在85%以上。苗期注意保暖，搭建低棚遮荫。翌年移栽。

扦插苗床要求1m宽，长度适宜，扦插深度3～5cm，行株距10cm×8cm，插后随即喷水。苗床上搭架，用塑料布覆盖，每日喷水2～3次，半月后每日喷水1次。一般地温保持20～30℃，不要强光照射，30～40d即可生根。在此期间，可喷施芸薹素等叶面肥，以促进生长。

（二）栽培管理

1. 幼苗遮荫

幼苗出土前，需将荫棚架好，棚高1.7m；幼苗期至三伏天，苗床要遮荫。

2. 中耕除草、施肥

在苗木生长期间，注意除草松土，改善土壤通气条件。苗木生长前期追肥，以氮、磷肥为主，用10%的稀人粪尿加0.2kg尿素配制，每隔半月施1次。9月中旬停施，并将遮荫网拆走，棚架留下来年再用。

3. 幼苗移栽

如因播种不匀，造成苗木过密或过稀，在5月底～6月中旬，需进行苗木移植，间密补稀。移栽时选择阴雨天或雨后进行，覆盖好苔藓后，用清水淋蔸，移栽。

（1）选地施肥　选择疏松、富含腐殖质、呈中性或微酸性的高山台地、沟谷溪流两岸的深厚湿润性棕壤、暗棕壤为好。深翻、整平，按株行距（0.4×1.0）m或（0.4×0.4）m开穴，穴深40cm，备栽。

（2）移栽　一般种子育苗的1～2年，扦插繁殖的1年左右，当苗高长至30～50cm即可移栽。移栽在10～11月或2～3月萌芽前进行，每穴栽苗1株，浇水，适当遮荫。

（三）病虫害防治

幼苗出土后正值雨季，因雨水多、空气湿度大，幼苗易感染病菌而发生根腐病和猝倒病，造成育苗失败。在幼苗出土后每隔7d喷800倍托布津药液或波尔多液，向幼苗茎干和叶背、叶面喷施。

第十六节　中华红叶杨

一、简介

中华红叶杨，学名 *Populus × euramericana* cv. *zhonghuahongye*，即红叶杨，又名中红杨，属高大彩色落叶乔木。叶色三季四变，从发芽到6月中旬为紫红色，6月中旬～7月中旬紫绿色，7月中旬～10月上旬是褐绿色，10月中旬以后逐渐变为黄色或橘黄色，但叶柄、叶脉、树干顶端和侧枝顶端在整个生长期间始终是红色。叶片稠密、大而肥厚、有光泽，主干顶端和侧枝顶端的叶片始终如同一朵朵盛开的鲜花，亮丽夺目，观赏价值相当高，为彩叶树种红叶类中的极品，可在城市绿化中广泛种植。

由于中华红叶杨生长速度快，适应园林工程“讲速成、用大树”的要求，易于快速育成大规格工程苗，可大量用于营造速生丰产林，为大环境绿化美化的难得树种。

二、生长习性

中华红叶杨发芽早，落叶晚。3月下旬展叶（黄淮地区），11月下旬落叶，美化、彩化时间长。中华红叶杨抗性强、适应性广，对天牛、瘿螨类、叶斑锈病具有较强的抗性，耐旱涝，耐－35℃低温。山西、福建、广东、四川、新疆、内蒙古、黑龙江、河南等地均已种植成功。

三、栽培技术

（一）繁殖方法

1. 嫁接繁殖

为加快繁育速度，迅速扩繁，可采用嫁接育苗技术。为提高接穗利用率，适宜采用芽接。

（1）嫁接时期　以一年生2025杨为最佳。一般春季嫁接成活率最高。每年3～4月，取芽眼饱满的接穗，用带木质部的芽眼进行嵌芽接。接穗随采随用，没用完的接穗要及时用湿砂贮藏于阴凉通风处，以备使用。5月下旬至6、7月，带木质芽接效果也较好。秋季芽接成活后，因生长期较短，可“闷芽”越冬至翌年。

（2）嫁接苗管理　①及时清除萌蘖，嫁接后，砧木嫁接口下部的芽常会萌发，必须经常检查，及时清除萌蘖，以免影响接芽生长。②补接，嫁接3周后，要检查接穗是否成活，如果不成活，要及时补接。③适时解绑、绑扶，成活后，及时将绑条割断，以免出现缢痕，影响生长。当嫁接苗木长至20cm时，应及时进行绑扶，以防被风吹断。④肥水管理，待嫁接的苗木成活后，应及进追肥，并结合施肥进行浇水，浇水后或雨后要及时进行中耕除草。

2. 扦插繁殖

（1）育苗地的选择　育苗地应选择地势平坦、排水良好、具备灌溉条件和土壤肥沃、疏松的地方。

（2）整地做床　一般翻地在春秋两季进行，以秋季更好。翻地深度一般以25～35cm为宜。结合翻地，每667m^2 施入经过充分腐熟的农家肥2000kg。翌年3月耙地前，每667m^{2}再施入钾肥20kg，氮肥20kg，硫酸亚铁5kg。多采用低床，床宽2m，长10m，高20cm，南北走向。要求做到埂直、床平。

（3）截制插穗与贮藏　插穗的粗度以0.8～2cm为宜，长度10～15cm，上切口距芽1～1.5cm，下切口距芽0.5cm，切口平滑，避免劈裂，注意保护好芽体不被损坏。插穗要按粗细分级。对于越冬的插穗，采用室外湿砂贮藏法。

（4）扦插　插穗在扦插前最好用水浸泡，流水或容器浸泡均可，时间一般为10～36h。硬枝扦插多在春季进行，也可以秋季扦插。春插宜早，一般在腋芽萌动前进行；秋插在土壤冻结前进行。有直插和斜插两种，以直插为佳。扦插深度以地上部分露1个芽为宜。插时，可将插穗全部插入土中，上端与地面相平，周围踩实，浇水后插穗最上端的1个芽自然露出地面。秋季扦插时，要注意插穗上面复土或采用覆膜措施。扦插密度一般为4000～4500株/667m^2。

（5）苗期管理　从扦插到展叶、生根一般需15～30d。在这段时间内，插穗靠自身养分和吸收地下水分来维持生长发育，切不可缺水；但灌水次数也不宜多，疏松土壤也很重要。5月中旬，树苗开始进入速生期，需追施化肥2～3次，每次追施的数量为每667m^2 15kg左右，以氮肥为主，磷钾肥适量，追施后应及时灌透水和松土、锄草，每次追施间隔的时间为30d。

（二）栽培管理

中华红叶杨开挖树坑时将表土放成一堆，将心土（深层土）另外放成一堆，不要将表土和心土混放，为以后的栽植做好填土准备。树坑挖好后，第一步不是先放树苗，而是先将基肥放在树坑的最下层，然后将表土碾碎，平整、均匀地放在肥料上，这样中华红叶杨树苗的根部不直接接触肥料，碾碎的表土又为根部提供了向下生长、扩展舒张的良好条件，这是第一“埋”，埋的是肥料和表土。接着放入树苗，将中华红叶杨苗木放入后进行第二埋，就是培入心土。在培土到一半时，暂停培土，将树苗稍微向上提一下，这是“提苗”，目的是防止树苗窝根，影响成活和生长。提苗后，不要立即埋土，这时要将已埋的土向下踩实，目的是使树苗的根须和土壤紧密接触，尽快吸收水分和营养元素，以便扎根生长。接着进行第三埋，就是将剩下的心土埋入，一直埋到与地面平齐，进行第二次踩实，目的是使树苗树干挺直，也使树苗与土壤紧密结合，以防被风吹斜。最后将土在树苗根部打成围土堰，注意要打成倒漏斗状，这样可承接雨水和浇的水，使雨水可顺着中华红叶杨树根流下，切忌打成覆碗状，使水分散向四周，不能顺树根集中流下。每次浇水后，最好覆上土（仍成倒漏斗状），以防水分散失，提高中华红叶杨的成活率。

（三）病虫害防治

根据地区不同，中华红叶杨的病虫特征及发病轻重会有很大差异。

（1）炭疽病　症状是生长点叶面首先出现一层类似尘土的炭疽病毒，看上去很像灰尘。病变处出现树叶凹卷，植株生长缓慢，如不治疗，严重时停止生长。本病发生可从5月中旬开始。用淄博产的灭炭翁或其他炭疽治疗类药物，一般喷雾2次即可治愈。如发现及时，一次即可治愈。

（2）杨皮层溃疡　症状为皮层首先出现大小不同的栗色斑，以后变褐或黑色。病斑处凹陷，或呈小皮包状。用刀背挠起，可见下组织呈褐色甚至发黑，比正常组织潮湿。后期皮层鼓起，潮湿条件下皮层破裂，排出乳黄色黏液。本病发病可在5～6月，9～10月为高峰发病期。可喷施1%等量式波尔多液或0.5%次氯化铜水液，在6月中旬～9月初喷施效果良好。

（3）杨树水泡溃疡　症状为树皮孔附近发生泡状、圆形小斑，水泡逐渐变大，充满褐色液体，水泡破裂后水液遇空气变为黑褐色，病斑互连在一起时成大块病斑，导致植物死亡。用 50% 的代森铵 100 倍液效果最好，100 倍退菌特、10 倍碱水或 3°Bé 石硫合剂效果也不错。同时还要改善生长条件，提高免疫力。

（4）蚜虫　用 20% 吡虫琳乳油 4000 倍液喷洒。

（5）舟蛾　主要是杨扇舟蛾和杨二尾舟蛾，为食叶害虫。防治方法如下。

①捕杀幼虫：发生数量不多时可以摘除虫苞和幼虫。

②诱杀幼虫：用黑光灯诱杀成虫。

③药剂防治：幼虫发生初期，可用白僵菌粉或 90% 晶体敌百虫 1000 倍液，或 4.5% 高效氯氰菊酯乳油 1500～2000 倍液喷杀。

（6）金龟子　成虫危害叶子，幼虫危害根部。成虫防治：可用黑光灯诱杀、人工捕杀，或用 90% 敌百虫晶体 1000 倍液，加入 0.05%～0.1% 的洗衣粉，可提高杀虫效果或用 50% 杀螟松 1000 倍液，或用 4.5% 高效氯氰菊酯乳油 1500～2000 倍液喷洒。幼虫防治方法：用 2.5% 敌百虫粉剂加细土 30 倍在耙地前撒施地面，翻入土中，用药量 0.5kg/667m^2。

（7）螨虫　应从 4 月下旬开始，可用 40% 三氯杀螨醇乳油 1000～1500 倍液，或 20% 螨死净可湿性粉剂 2000 倍液，或 15% 哒螨灵乳油 2000 倍液进行防治。

第十七节　红松

一、简介

红松，学名 *Pinus koraiensis* Sieb. et Zucc.，又名果松，是松科松属植物。红松是像化石一样珍贵而古老的树种，天然红松林是经过几亿年的更替演化形成的，被称为“第三纪森林”。红松在地球上只分布在中国东北的小兴安岭到长白山一带，国外只分布在俄罗斯、日本、朝鲜的部分区域。中国黑龙江省伊春市境内小兴安岭的自然条件最适合红松生长，全世界一半以上的红松资源分布在这里，伊春被誉为“红松故乡”。红松是国家二级重点保护野生植物。

红松一般可用作庭荫树、行道树，或营造风景林。近些年来，人造的红松林也在山区、半山区和林场培育成材了。并且作为绿化树种，它已从偏僻的山川，走进了喧嚣的城镇街市。

二、生长习性

红松喜光性强，随树龄增长需光量逐渐增大。要求温和凉爽的气候，在土壤 pH5.5 ~6.5、山坡地带生长好。

三、栽培技术

（一）繁殖方法

可采用播种繁殖。

1. 种子处理

先用清水浸种 24h，除掉浮起的种子，留用沉底的种子。然后用 0.5% 硫酸水溶液浸种消毒 3h，捞出种子控干，准备混砂催芽。红松种子休眠期长，不经过充分催芽处理，春季播种当年不出苗或出苗不齐。当种子有 30% 以上裂嘴时，可用于播种。

2. 播种

当春季地下 5cm 处温度达到 8℃以上时即可播种。播种量（按干种计算）200 ~250kg/667m^2，用播种机将种子播在床面上，然后加以镇压，使种子与土壤紧密接触，再覆以种粒两倍厚的腐殖土或锯末，并再镇压 1 次。如覆锯末时，必须浇透水。

（二）栽培管理

1. 选地与整地

选择地势较低、但又不能积水的平坦地带。要在短期内取得较好的经济效益，可采用（4 ×4）m 或（5 ×5）m 株行距，挖长、宽各 40cm，深 50cm 的坑，将嫁接好的容器苗除去塑料袋放在坑内，填土踩实，然后修（60 ×60）cm 的水盘，灌水以确保成活。

2. 栽植时间

可在春季或秋季，也可在雨季栽植，雨季栽植可节省大量劳力。

3. 管护

幼苗期根生长较快，应注意适时浇水，并及时追肥和松土除草。自红松幼苗形成顶芽时起，至生长速度下降为止，约持续 2 个月，期间叶量增大，苗茎加粗，主根伸长，侧根大量生长，需肥量增加，应及时追肥，并加强中耕松土和除草等管理。近年来，也有人应用增温剂喷洒叶面，控制叶面蒸腾，防止苗木干枯，效果很好。

4. 种子采集

红松是雌雄同株异花的树种，花期在 6 月中下旬，自开花至球果成熟历时15个月。红松采种期可长达4个月，前期可以从树上采摘或打落球果，后期可从雪地上拾取球果。球果采集后摊开晾晒或阴干数日，鳞片稍张开时可人工棒打。天然林球果的出种率13%～14%，人工林球果出种率可达30%，千粒重520g。

（三）病虫害防治

（1）大袋蛾　大袋蛾的幼虫蚕食叶片，7～9月危害最严重。可用90%的敌百虫0.1%溶液喷杀；也可在冬季或早春人工剪摘虫囊。

（2）斑点病　用可杀得可湿性粉剂1000倍液或50%多菌灵1000倍液、大生1000倍液喷雾。

（3）金龟子　防治应于傍晚或凌晨进行，可用辛硫磷或乐斯本喷雾。

（4）红蜘蛛　可用20%三氯杀螨醇乳油1000～1500倍喷杀。

（5）缺铁引起的叶子黄化　缺铁的典型表现是嫩叶先黄化，防治方法如下。

①在树干上直接嵌入含有螯合铁的“绿亨铁王”药片，通过树木的营养吸收将铁均匀地输送到树叶中去，从而补充有效铁元素。操作时只需在树干基部钻若干小孔，将药片按一定量嵌入，再封上小孔即可。这种方法适用于轻度或中等黄化程度。

②将专用吊瓶营养液挂在树身1.3m左右，类似于给病人打吊瓶。

③除了在根系部、枝杆部想办法外，还可以对叶片进行喷施，由叶片吸收铁。

④用给树干注射的技术来防治红松黄化病。即用充电式电钻在树干上钻注射孔，深约1.2～1.5cm至木质部，再用手动式树干注射器注射硫酸亚铁+纯净水+杀菌剂稀释液。

第十八节　雪松

一、简介

雪松，学名*Cedrus deodara*（Roxb.）G. Don，是松科雪松属植物的统称，常绿乔木。产于亚洲西部、喜马拉雅山西部和非洲、地中海沿岸，中国只有一种喜马拉雅雪松，分布于西藏南部及印度和阿富汗。雪松是世界著名的庭院观赏树种之一，它具有较强的防尘、减噪与杀菌能力，也适宜作工矿企业绿化树种。雪松树体高大，树形优美，最适宜孤植于草坪中央、建筑前庭之中心、广场中心或主要建筑物的两旁及园门的入口等处。其主干下部的大枝自近地面处平展，长年不枯，能形成繁茂雄伟的树冠。此外，列植于园路的两旁，形成甬道，也极为壮观。

二、生长习性

雪松在气候温和湿润、土层深厚、排水良好的酸性土壤上生长旺盛，喜阳光充足，也稍耐阴，喜酸性土，可微碱。雪松喜年降水量600～1000mL的暖温带至中亚热带气候，在中国长江中下游一带生长最好。

三、栽培技术

（一）繁殖方法

一般用播种和扦插繁殖。

1. 播种繁殖

3月中下旬进行播种，播种量为75kg/hm^2。选择排水通气良好的砂质壤土作为苗床。播种前用冷水浸种1～2d，晾干后可播种。幼苗期需注意遮荫，并防止猝倒病和地老虎的危害。一年生苗可达30～40cm高，翌年春季即可移植。

2. 扦插繁殖

在春、夏两季均可进行。春季宜在3月20日前，夏季以7月下旬为佳。春季，剪取幼龄母树的一年生粗壮枝条，用生根粉或500mg/L萘乙酸处理，然后将其插于透气良好的砂壤土中，充分浇水，搭双层荫棚遮荫。夏季宜选取当年生半木质化枝为插穗。在管理上除加强遮荫外，还要加盖塑料薄膜以保持湿度。插后30～50d，可形成愈伤组织，这时可以用0.2%尿素和0.1%磷酸二氢钾溶液，进行根外施肥。

（二）栽培管理

繁殖苗留床1～2年后，即可移植，移植可于2～3月进行。植株需带土球，并立支杆。株行距从50～200cm，逐步加大。

生长期追肥2～3次。需疏除病枯枝和树冠紧密处的阴生弱枝。幼龄苗生长缓慢，通常雄株在20龄以后开花，而雌株要迟上30龄以后才开花结籽。因花期不一，自然授粉效果较差，通常需预先采集与贮藏花粉，待雌花成熟时进行人工授粉，才能获得较多的优质种子。

（三）病虫害防治

雪松主要有灰霉病和叶枯病危害。

灰霉病主要危害雪松的当年生嫩梢及两年生小枝。其防治方法为将雪松种植在排水良好、通风透光的地方，种植时不宜过密；发病期喷施65%代森锌可湿性粉剂 500 倍液、45% 代森铵水剂 1000 倍液、50% 苯来特可湿性粉剂 1000 倍液、70% 甲基托布津可湿性粉剂 1500 倍液等。

叶枯病的防治方法为加强抚育管理，使雪松生长旺盛，增强抗病力；在叶枯病的子囊孢子成熟后飞散期间，喷倍量式波尔多液 200 倍液、0.3 ~0.5°Bé 石硫合剂或 25% 可湿性多菌灵 400 ~500 倍液，或 65% 可湿性代森特8 倍液防治 2 ~3次，每次间隔 10 ~15d。

第十九节　龙柏

一、简介

龙柏，学名 *Sabina chinensis*（L.）Ant. var. chinensis cv. *Kaizuca* Hort.，为柏科圆柏属植物，枝条长大时会呈螺旋伸展，向上盘曲，好像盘龙姿态，故名“龙柏”。长江流域及华北各大城市庭院有栽培。龙柏由于树形优美，枝叶碧绿青翠，为公园篱笆绿化首选苗木，多被种植于庭院作美化用途，是一种名贵的庭院树。可应用于公园、庭院、绿墙和高速公路中央隔离带。龙柏移栽成活率高，恢复速度快，是园林绿化中使用最多的树木，其本身清脆油亮，生长健康旺盛，观赏价值较高。它对多种有害气体有吸收功能和除尘效果。

二、生长习性

龙柏喜充足的阳光，适宜种植于排水良好的砂质土壤上，幼时生长较慢，3 ~4 年后生长加快，树干高达 3m 以后，长势又逐渐减弱。龙柏喜阳，耐旱力强，凡排水良好、土层深厚之地，生长良好。

三、栽培技术

（一）繁殖方法

龙柏虽然能结籽，但不易萌芽，繁殖方法大都以扦插和嫁接两种。

1. 嫁接繁殖

春季以在 2 月中旬 ~3 月上旬为适宜，秋季在 9 月下旬 ~10 月上旬也可进行，用 2 年生侧柏作砧木。

（1）地接　砧木地上部分要保留，把根茎部分土壤挖除 3 ~5cm，割砧木深达 1/2 左右。接穗选取二年生枝条中段，长 8cm 左右，基部针叶除去 1/3，切口一面削成长 1.5 ~2cm，另一面为 0.6cm 左右，将接穗插入砧木切口内，使二者形成层对齐，用塑料薄膜扎紧，并壅土 3 ~5cm，盖草防旱，还需搭棚盖帘子临时庇荫。

（2）掘接　把砧木掘起后适当修根、修枝，掘接方法与地接相同，但是嫁接后要及时种植，壅土至露顶3cm处。

龙柏嫁接后，从开始愈合到成活都较缓慢，春接要到5月开始愈合，因此砧木枝叶要逐步剪除。接后除了要适当遮荫、防止干旱风吹、保持一定湿度外，在接后半个月内，还要防止雨水侵入，一般成活率可达75%以上。

2. 扦插繁殖

在气温24～30℃的条件下进行扦插。插穗应剪取母株外围向阳面长15cm左右的顶梢，把剪口浸入500μL/L的吲哚乙酸溶液1min即可。扦插基质可用蛭石、质地纯净的河砂、草炭土或草炭土与河砂各半掺匀的土壤。扦插容器可用苗盆或苗箱，插后排放在遮荫的棚室或塑料小棚内，浇透水，每天定时喷雾保持相对湿度在80%以上，适时通风换气，约60d后生根。

（二）栽培管理

龙柏的整形修剪方式如下。

1. 圆柱形

龙柏主干明显，主枝数目多，若主枝出自主干上同一部位，必须剪除一个，每轮只留一个主枝。主枝间一般间隔20～30cm，并且错落分布，各主枝要短截并剪成下长上短，剪口落在向上生长的小侧枝上，以确保其优美树形。主枝间的瘦弱枝应及早疏除以利透光，在生长期内每当新枝长到10～15cm时短截，全年剪2～8次，以抑制枝梢的徒长。各主枝修剪时应从下至上，逐渐缩短，以促进圆柱形的形成。

2. 飞跃形

一般均匀保留少量主枝、侧枝，并让其突出生长，其余的主、侧枝一律短截。全树新梢在生长期进行6～8次类似短截的去梢修剪，并使突出树冠的主、侧枝长度保持在树冠直径的11.5倍，以形成巨龙飞跃出树冠的姿势。

3. 人工式整形

龙柏树形除自然生长成塔形外，常根据设计意图，创造出各种各样的形体，但应注意树木的形体要与四周园景谐调，线条不宜过于繁琐，以轮廓鲜明简练为佳。整形的具体做法视修剪者的技术而定，也常借助于棕绳或铅丝，事先做成轮廓样式，再进行整形修剪，将其攀揉盘扎成龙、马、狮、鹿、象等动物形象。

（三）病虫害防治

龙柏病害发生较少，易发生紫纹羽病。虫害常见的有布袋蛾，应在6月上旬幼虫尚未扩散时喷布1000倍98%晶体敌百虫以治之。

第二十节　寿星桃

一、简介

寿星桃，学名 *Amygdalus persica* L. var. *densa* Makino，蔷薇科李属落叶小乔木，普通桃的变种。寿星桃是桃中最适宜于盆栽的品种之一，其植株矮小，高 30 ~ 100cm，节间特短，花芽密集，重瓣花，有大红、粉红、白色、复色等品种。如将几种嫁接在一起，开花时五彩缤纷，十分艳丽。4 月起为盛花期，花期半月左右，9 月果实成熟，春观花，夏秋赏果，是庭院、公园、绿地绿化的优良观花赏果植物。

二、生长习性

寿星桃生性强健，性喜阳及排水性好的土壤，耐旱、较耐寒，越冬温度在 1℃以上。

三、栽培技术

（一）盆栽管理

1. 日常管理

寿星桃的根系浅而较发达，宜用通透性较好、直径 30cm 左右的土陶盆种植，用腐叶土与菜园土等量混合后再加少量砂和微量铁粉，制成疏松肥沃的培养土，忌用重黏土。

上盆或翻盆换土时宜带土球，忌深栽。换土时间以冬季落叶后或早春为好，盆底垫一层碎塑料泡沫或陶粒，以利透气排水防烂根。

寿星桃耐干旱，不耐水湿，更怕渍涝，所以盆土不干不浇水，浇必浇透。雨季要及时避雨，移至光线充足之地，否则容易落果。

上盆或翻盆换土时，宜在培养土中加些骨粉、腐熟的鸡鸟粪作底肥，生长期 15d 左右施 1 次氮、磷、钾复合肥，忌单施氮肥。6、7 月可喷 0.2% 的磷酸二氢钾溶液，既可促果实长大又可促花芽分化。

2. 整形疏果

寿星桃的树形，可根据植株生长的特点和个人喜爱决定，一般是在主干的不同方向和部位，选留 3 个余生的主枝，每一主枝上适当选留几个侧枝，使之成自然开心形，并使之通风透光，有利花芽形成。在花后生长期采取抹芽、摘心、扭梢、拉吊、疏剪等手法整形。花后第一、第三周两次疏果，根据植株的大小，每枝留1～2果观赏即可。

（二）病虫害防治

加强光照和通风可预防、减少病虫害的发生。如患流胶病，可用刀刮净，并涂抹硫磺粉等，10d后再涂抹1次；如发生蚜虫、红蜘蛛，可用20%三氯杀螨醇乳油1000～1500倍液喷杀。

第二十一节　黄金槐

一、简介

黄金槐，学名*Sophora japonica* var. *huangjin*，蝶形花科槐属落叶乔木。国槐的变种之一，寿命长，在我国从北到南均有分布。其特点是树茎、枝为金黄色，特别是在冬季，这种金黄色更浓、更加艳丽，独具风格，观赏价值较高。

黄金槐在园林绿化中用途颇广，是道路、风景区等园林绿化的珍品，不可多得的彩叶树种之一。在景观配置上既可作主要树种又可作混交树种，适用孤植、丛植、群植等各种方式种植，效果均好。在湖滨堤岸与垂柳、重阳木、乌桕树、香樟、枫树、桃树等花木相搭配，可使湖光倒影更显灿烂美观。

二、生长习性

黄金槐喜阳，抗寒抗旱能力强，是水土保持、固砂的好树种。耐盐碱，耐瘠薄，在酸性到碱性土壤均能生长良好，最好在肥沃通透性好的环境中成长。引种期基本无病虫害，苗木培育技术易掌握，管理成本较低。

三、栽培技术

（一）繁殖方法

黄金槐一般采用国槐作砧木进行嫁接繁殖。第一年春季播种国槐作砧木，国槐每667m^2留苗5000～6000株。当国槐树苗长到高0.5m大小时，进行嫁接黄金槐，具体标准以黄金槐接穗的枝粗而定。春夏秋三季均可嫁接，以春末及夏初嫁接成活率最高，采用“T”形芽接成活率达98%以上。

黄金槐的用途除直接作为绿化品种外，还可用来嫁接黄茎垂枝槐、黄茎香花槐等。当黄金槐生长到1.5～2m的高度时定干，再取垂枝槐、香花槐的接穗进行二次嫁接，这样培育出的黄茎垂枝槐、黄茎香花槐观赏价值更上档次。

（二）栽培管理

黄金槐在栽植时浇头水后，一般过2～3d要浇二水，再隔4～5d浇三水。以后视土壤墒情浇水，每次浇水要浇透，表土干后及时进行中耕。

黄金槐在移栽时除施用基肥外，还应进行追肥，追肥用氮磷钾复合肥效果最好。施肥可每隔30d进行1次，9月初停止施肥。施肥应本着弱树多施、壮树少施的原则。对于生长特别差的黄金槐树，还可采用输液的方法来恢复树势。

（三）病虫害防治

黄金槐主要病虫害有槐尺蠖、锈色粒肩天牛、国槐叶柄小蛾、槐蚜、朱砂叶螨、炭疽病、腐烂病、根腐病等。

槐尺蠖防控技术：

农业防治：落叶后至发芽前，用树盘周围松土、石块下寻找等方法消灭越冬蛹；在末代幼虫下树越冬或化蛹期，给树干绑草把或药绳诱杀下树幼虫。物理防治：成虫期利用其趋光性用黑光灯诱杀。化学防治：5月中旬～6月下旬，重点防治前两代幼虫，可用10%吡虫啉2500倍液喷雾防治。生物防治：幼虫为害期，用苏云金杆菌600倍液或1.8%阿维菌素3000倍液喷雾防治。

槐蚜防控技术：

农业防治：落叶后，喷3～5Bé石硫合剂，铲除树盘杂草，消灭越冬虫源。绑药环防治：发生初期或越冬卵孵化后卷叶前，在树干基部绑药环（用药棉蘸吸8～10倍杀虫剂，外用塑料包裹）药杀。化学药剂防治：初龄若虫大发生期，分别对树冠喷10%吡虫啉3000倍液、1.8%虫螨克2000倍液防治。生物防治：保护利用天敌昆虫，控制为害。

炭疽病防控技术：

农业防治：冬季清除枯枝、落叶，集中销毁，减少越冬病源；加强抚育，增施磷钾肥，合理灌溉，健壮树体。化学药剂防治：发病初期，喷75%百菌清可湿性粉剂600倍液，或80%炭疽福美可湿性粉剂800倍液，或50%苯菌灵可湿性粉剂1500倍液，7～10天喷1次，连喷3次，抑制夏孢子萌发。

腐烂病防控技术：

加强树木肥水等养护管理以增强抗病能力；树干涂白，防止病菌侵入并有杀菌作用；对新移栽树，及时浇水保墒，增强树体抗病能力；加强管护，尽量避免树干受机械损伤；发现伤口或病斑，及时涂抹杀菌剂，如15%氢氧化钠溶液、20倍等量式波尔多液或30倍甲基硫菌灵、多菌灵等；雨季空气湿度大时，用50%退菌特200倍液喷干，防止病菌传播为害；对大病斑，可在病斑上涂砷平液或不脱酚洗油等防治。

第二十二节 美国红栌

一、简介

美国红栌，学名 *Cotinus coggygria* cv. *Royal Purple*，又名红叶树、烟树，为漆树科黄栌属黄栌的一个变种，原产美国。春季其叶片为鲜嫩的红色或紫红色，妖艳欲滴；夏季其上部新生叶片始终为红色或紫红色，下部叶片渐变为绿色，远看色彩缤纷；秋季叶片全鲜红，观之如烟似雾，美不胜收，故有“烟树”之称。作为出色的彩叶树种，美国红栌已被越来越广泛地运用在园林造景之中。美国红栌的色彩独特，观景时间长，且颜色鲜艳，生长特性及适生性优于现在应用于园林中的紫叶李、红叶桃、美人梅、红叶小檗等彩叶树种，它不但是城市及公园绿化的理想彩色植物材料，也是荒山、厂矿绿化、美化、净化的优良树种。

二、生长习性

美国红栌为落叶乔木，萌芽力、发芽力强，萌蘖性强，生长快，年生长量 100cm 左右。喜光，也耐半阴，不耐水湿；抗污染、抗旱、抗病虫能力强。美国红栌属抗旱、耐移栽树种，对土壤要求不严格，砂土、壤土、褐土地都能种植，最好是含有机质丰富的壤土地。

三、栽培技术

（一）繁殖方法

美国红栌的繁育途径以嫁接为最佳，用普通黄栌苗作为砧木。黄栌是在我国大部分地区广泛分布的野生植物资源，其适应力强，抗旱、抗寒、抗病虫害。通过普通黄栌嫁接的美国红栌苗木，其性状更为优良，主要表现在抗逆性强、干性强、生长迅速等几个方面。美国红栌也可以通过播种或扦插进行繁育，但这两种方式都有其致命的缺点。首先是抗逆性很差；其次播种繁育后的苗木分化变异严重，绝大部分苗木为绿色叶，不具有彩叶性状，经济价值差。扦插方式繁育成活率极低，一般仅为 5% ~6%，生产应用意义不大。

美国红栌的嫁接方式：枝接、芽接两种方式皆可。如果有现成的普通黄栌苗木，在春季就可以通过枝接方式来嫁接繁育美国红栌。如没有现成的黄栌苗木，可播种育黄栌苗。待黄栌苗生长起来，在夏季通过芽接的方式繁育美国红栌。具体嫁接方法同一般果树嫁接。

（二）栽培管理

美国红栌为落叶树种，移栽宜于苗木的休眠期进行，从秋季树体落叶后到翌年春季萌芽前均可，北方地区一般为每年的11月底~翌年4月初。由于美国红栌生命力强，栽植成活率高，移栽苗木勿需带土或进行药剂处理，以移栽裸根苗木为宜。秋季或初冬季节引种美国红栌，北方地区需先进行假植越冬，待来年开春时再下地栽种。南方则可直接栽种。

1. 整地

要求地形平整，结合深翻，加施有机肥，每667m^2施2000kg左右。施基肥时应注意有机肥一定要充分腐熟，深施在栽植穴内。

2. 栽植时间

北方地区以春栽为主，一般以开春土壤化冻后，气温比较稳定时为宜。

3. 栽植密度

美国红栌露地栽植需培养成株大苗，一般株行距为（1×1.5）m，每667m^2栽植约450株。

4. 栽植方法

栽前根据计划的行株距打线定点，按点挖穴，深度应大于苗根深度，约为40cm。栽植前应深施基肥，将充分腐熟的有机肥与土拌均，施入穴底。栽植深度为到苗木根颈处，切不可栽种过深，影响成活。为使苗木生长健壮，苗木移栽后，可在嫁接的红栌枝条上（具体视情况而定，一般可在80~120cm处）截干，在截干基部留一壮芽。经截干后，美国红栌不仅成活率高，且树形好，生长快。

5. 肥水管理

移栽之后，及时浇足定根水。3d内若天气晴朗，早晨或傍晚浇水1次。4~7d内，隔天浇水1次，经过一星期，确保苗木移栽成活。

苗木移栽成活后，前期（4~5月）水施0.5%尿素为主，中、后期（6~9月）水施1%的复合肥为主，同时每隔1个月喷施0.1%磷酸二氢钾溶液1次。久晴不雨或土壤干旱时，应在早晨8点前或傍晚浇水，如有条件，可在夜间进行灌溉。

（三）病虫害防治

美国红栌抗病虫害能力很强，从引种栽培以来，尚未发现有针对美国红栌的特殊病虫害。但由于园林苗圃属于集约栽培经营，栽植密度大，树木品种多，其他树种的害虫易传布蔓延，如红蜘蛛、蚜虫等，如有发现，打一些常规农药即可。

第二十三节　女贞

一、简介

女贞，学名 *Ligustrum lucidum* Ait.，又名白蜡树、冬青、蜡树、女桢、桢木、将军树，为木犀科女贞属常绿乔木，亚热带树种。常用观赏树种。主要分布在我国、韩国、日本。在我国主要分布在江浙、江西、安徽、山东、川贵、两湖、两广、福建等地。花期一般为 6～7 月。女贞四季婆娑，枝干扶疏，枝叶茂密，树形整齐，是园林中常用的观赏树种，可于庭院孤植或丛植，亦作为行道树。因其适应性强，生长快又耐修剪，也用作绿篱。一般经过 3～4 年即可成形，达到隔离效果。其播种繁殖育苗容易，还可作为砧木，嫁接繁殖桂花、丁香，以及色叶植物金叶女贞。

二、生长习性

女贞耐寒性好，耐水湿，喜温暖湿润的气候，喜光耐阴。为深根性树种，须根发达，生长快，萌芽力强，耐修剪，但不耐瘠薄。对大气污染的抗性较强，对二氧化硫、氯气、氟化氢及铅蒸气均有较强抗性，也能忍受较高的粉尘、烟尘污染。对土壤要求不严，以砂质壤土或黏质壤土栽培为宜，在红、黄壤土中也能生长。对气候要求不严，能耐 -12℃ 的低温，但适宜在湿润、背风、向阳的地方栽种，尤以深厚、肥沃、腐殖质含量高的土壤中生长良好。

三、栽培技术

（一）繁殖方法

1. 播种繁殖

选择背风向阳、土壤肥沃、排灌方便、耕作层厚的壤土、砂壤土、轻黏土为播种地。施底肥后，精耕细耙，做到上虚下实、土地平整。底肥以粪肥为主，多施有利于提高地温，保持墒情，促使种子吸水早发。为防止地下害虫，每 667m^2 用 50% 辛硫磷乳油 400～500mL，加细土 3kg 拌匀，翻地前均匀撒于地表，整地时埋入土中，床面要平整。

华北地区 3 月底～4 月初播种。先用热水浸种，捞出后湿放 4～5d 后即可播种。为打破女贞种子休眠，播前先用 550μL/L 赤霉素溶液浸种 48h，每天换 1 次水，然后取出晾干。放置 3～5d 后，再置于 25～30℃ 的条件下水浸催芽 10～15d，一定要天天换水。

播种方法以撒播为主，每667m²播种量为100～200kg。如条播每667m²播种量为20～50kg，行距20～30cm，开沟深度为0.5cm左右，以埋住种子为宜。将种子均匀撒入沟内，然后在播种沟覆1cm厚细土盖实，上面加覆1～2cm厚的麦糠或锯末，以利保墒。播后浇透水，以喷灌和滴灌为佳，大水漫灌时防止冲去覆盖物及种子。以后灌水视墒情而定。

2. 扦插繁殖

11月剪取春季生长的枝条，入窖埋藏，至次春3月取出扦插。插穗长25cm，穗粗0.3～0.4cm，上端平口，下端斜口，上部留叶1～2片，泥浆法插入土中，入土约一半，株行距20～30cm。插后约2个月生根，当年苗高70～90cm。8～9月扦插亦可，但以春插较好。

3. 压条繁殖

3～4月压条，伏天可生根，次春可分移。

（二）栽培管理

1. 栽植管理

女贞移栽易成活，春、秋季均可栽植，以春栽较好。定植或运输时，小苗可在根部沾泥浆，大苗移栽须带土球，栽后浇水踏实。每年3月，可修剪整形，其他季节，可以把一些参差不齐的多余枝条剪去，以保持树冠完整。

2. 整形修剪

夏季修剪主要是短截中心主干上主枝的竞争枝，不断削弱其生长势即可。同时，要剪除主干上和根部的萌蘖枝。

第二年冬剪，仍要短截中心主干延长枝，但留芽方向与第一年相反。如遇中心主干上部发生竞争枝，要及时回缩或短截，以削弱其生长势。只要第一年修剪适当，除顶端长一延长枝外，还能在下部分生几个枝条，要从中选留1～2个有一定间隔且与第一年选留的几个主枝互相错落着生的枝，作为第二层主枝，并进行适度短截。

第三年冬季修剪也要与前几年相仿，但因树木长高，应对主干下部的几个主枝逐年疏除1～2个，以逐步提高枝下高。

（三）病虫害防治

1. 病害防治

危害女贞的病害主要有锈病、褐斑病等。

锈病主要危害叶片。防治方法：应事先对栽培介质进行消毒处理，加强环境管理，保持通风透光，必要时摘除病叶；在花木发病初期喷0.2～0.3°Bé石硫合剂，或70%代森锰锌可湿性粉剂500倍液，或70%甲基托布津1000倍液，或25%三唑酮1500倍液。

褐斑病防治方法：及早发现，及时清除病枝、病叶，并集中烧毁，以减少病菌来源；加强栽培管理、整形修剪，使植株通风透光；发病初期，可喷洒 50% 多菌灵可湿性粉剂 500 倍液，或 65% 代森锌可湿性粉剂 1000 倍液，或 75% 百菌清可湿性粉剂 800 倍液。

2. 虫害防治

危害女贞的害虫主要有蚜虫、女贞尺蛾、白蜡虫、云斑天牛等。

蚜虫防治方法：可用水或肥皂水冲洗叶片，或摘除受害部分；消灭越冬虫源，清除附近杂草，进行彻底清田；蚜虫危害期喷洒 50% 蚜松乳油 1000 ~ 1500 倍液。

女贞尺蛾幼虫吐丝结网，在网内取食，可将树叶食尽而影响生长。防治方法：在幼虫发生期喷 90% 敌百虫 1000 ~ 1500 倍液。

白蜡虫危害后，树势衰弱，枝条枯死。防治方法：喷施狂杀蚧或 45% 灭蚧可湿性粉剂 100 倍液防治。

云斑天牛幼虫蛀食韧皮部和木质部，成虫还啃食新枝嫩皮。防治方法：可用 50% 杀螟松乳油 40 倍液喷于虫孔。

第二十四节　黄金香柳

一、简介

黄金香柳，学名 *Melaleuca bracteata* cv. ‘*Revolution Gold*’，别名千层金，为桃金娘科白千层属常绿乔木，树高可达 6 ~ 8m。原产新西兰、荷兰等濒海国家，1999 年首次引入广州。黄金香柳是形态优美的彩色树种，具极高的观赏价值，有金黄、芳香、新奇等特点。从目前生长情况来看，该树种可作为家庭盆栽、切花配叶、公园造景、修剪造型等，同时由于其具有较强的抗逆性、耐涝性、耐剪性、抗风性、耐盐碱性以及较快的生长速度，将其作为湿地树种、海滨树种、绿化树种、造林树种等具有更大的优势，对丰富海滨、湿地植物物种和营造滨海亮丽景观具有重要意义。

二、生长习性

黄金香柳喜光，适宜于我国南方大部分地区栽培。具有顽强的生命力，抗盐碱、抗水涝、抗寒热、抗台风等自然灾害。适应的气候带范围广，种植适宜范围从海南到长江流域以南甚至更北的地区，可耐 -10 ~ -7℃的低温。

黄金香柳生长快，2 ~ 3 年可修剪成 3m 高的塔形，3 ~ 4 年可培育成胸茎 5 ~ 6cm 的行道树。成年树树干可达 15 ~ 20cm 粗，树高 6 ~ 8m，并形成冠幅

3～5m的锥形。

三、栽培技术

（一）繁殖方法

通常以嫩枝扦插，一般在4～8月雨水多且夜温不会太低的时候进行。选择当年生发育充实的半成熟、生长健壮且没有病虫害的枝条作插穗。为避免水分蒸发，可在清晨采条。扦插介质可采用蛭石加泥炭，插后立即淋透1次清水。

将温度保持在20～30℃。温度过低生根慢，过高则易引起插穗切口腐烂。扦插后注意使扦插介质保持湿润状态，但也不可使之过湿，否则会引起腐烂。同时，还应注意保持环境较高的湿度，但要注意在生根后湿度不能太大。由于生根期间若湿度比较大，容易出现叶子及茎干腐烂，可用800倍的多菌灵、扑海因或甲基托布津喷雾进行防治。

（二）栽培管理

1. 生根苗移植

黄金香柳属于直根性的小乔木，而且其幼根很脆、易折断，在操作过程中应特别注意不要损伤植株的根系。一般来说，为保证移植成活率，忌裸根移植，多用带土球的方法移植，即把生根的小苗连土球从穴盘中取出，种植到（13×130）cm的小盆或袋中，轻灌水1次，再用70%遮荫网遮荫7～10d缓苗，而后逐渐增加光照。待植株恢复正常生长，再将其移到露天栽培。

2. 地栽苗

首先在挖好的种植穴中施足基肥，而后小心将苗从盆或袋中连土球一起取出，种植于树穴中，回填后灌透水1次。植株成活后，其较强的抗逆性就逐渐显现出来。生长期中，几乎没有病虫害对其造成危害。如需要重新移植必须提前断根以保证成活率。

3. 袋栽苗

将生长到一定规格的苗种植在较大规格的袋中，其目的是保证植株根系的完整性，提高移植成活率。但其根系的正常生长受到限制，夏天高温季节，很容易出现因水分不足而导致的枯梢现象。同时，土壤量较少，肥力有限，因此，充足的水分供应以及持久的肥力是袋苗管理的重要环节。

（三）病虫害防治

春季天气转暖后，需预防卷叶螟危害新芽生长及蚜虫危害枝条等。卷叶螟可用纵卷锐特1500倍液＋生绿Bt500倍液喷雾；蚜虫可用25%吡虫啉喷雾。

第二十五节　楝树

一、简介

楝树，学名 *Melia azedarach* L.，又称苦楝，为楝科楝属落叶乔木。在中国分布于河北、山西、陕西、甘肃、台湾、四川、云南、海南等省，是行道树、观赏树和沿海地区造林树种。树高达20m，树形优美，叶形秀丽，春夏之交开淡紫色花朵，颇为美丽，羽状的绿叶、紫白色的花蕊、芬芳的幽香、金黄色的果实形似橄榄或红枣，整个生长期都具有较高的观赏性。加之耐烟尘，是工厂、城市、矿区绿化树种，宜作庭荫树及行道树。盆栽楝树是家庭、办公室、宾馆、酒店以及会所、俱乐部等场所中高档且独特的一种观赏盆景。

二、生长习性

楝树是高抗旱树种，喜光及温暖气候，不耐庇荫，耐寒力强，喜肥。对土壤要求不严，喜生于肥沃湿润的壤土或砂壤土，在酸性土、中性土、钙质土及含盐量0.3%以下的盐碱地上均能生长。

三、栽培管理

（一）繁殖方法

采用播种繁殖。播种季节分为春播和秋播。11月采种，浸水沤烂后捣去果肉，洗净晒干后贮藏在阴凉干燥处。华北地区春播在4月上中旬播种，播种苗6月下旬长至10cm左右，于雨季来临之前移栽至大棚。播种果实，往往成簇发芽出土，幼苗疏密不均，选阴雨天间苗，每簇选留健壮幼苗一株，其余补栽或移栽。1年即可长高1m，每667m^2产苗量6000～7500株，起苗时，可适当修剪主根，以促进侧根生长。

种子发芽处理。楝树种子果皮淡黄色，略有皱纹，立冬成熟，熟后经久不落，种皮结构坚硬、致密，具有不透性。若不经处理，种子发芽率仅为10%～15%。将种子在阳光下曝晒2～3d后，浸入60～70℃的热水中，种子与热水的体积之比为1∶3。为使种子受热均匀，将水倒入种子中，随倒随搅拌，一直搅拌到不烫手为止，再让其冷却。一般浸泡1昼夜。取出种皮软化的种子，剩余的种子用80～90℃热水浸种处理1～2次即可，逐次增温浸种，分批催芽。

在背风向阳处挖深30cm、宽1m的浅坑，坑底铺一层厚约10cm的湿沙，将种子混以3倍的湿沙，上盖塑料薄膜。催芽过程中要注意温度、水分和通气状态，经常翻倒种子，待有大部分种子萌动（露芽）时进行播种。用该法处理的种子发芽率可达到80%。

（二）栽培管理

1. 育苗方式

楝树种子的育苗方式有两种：苗圃地育苗、营养钵育苗。

（1）苗圃地育苗　选择地势平坦、稍有缓坡、排水良好的地方作苗床。床面要求平整无积水。采用条播方式，条播行距35cm，株距20cm。

为使播种沟通直，应先划线，然后照线开沟，开沟深度为种子短轴直径的3倍，深度要均匀，沟底要平。为防止播种沟干燥，应随开沟、随播种、随覆土。楝树要按15~20kg/667m^2播种量进行播种。播种后应立即覆土，以免播种沟内土壤和种子干燥，要求覆土快、均匀，厚度为种子短轴直径的3倍。覆土后立即镇压。

适时灌溉：不同的育苗方式，需不同的灌溉方式，苗圃地育苗在播种后浇水，盖上覆盖物来保持土壤温度，一般不需要浇水。抽去覆盖物后，根据苗圃地的干旱情况适度浇水，做到见干见湿。营养钵育苗，无覆盖物，水分蒸发快，要在每天的清晨和傍晚喷水1次，喷水时要做到少量勤喷。高温季节要适当多喷，阴雨天气要少喷或不喷，切忌中午高温时喷水。

合理追肥：合理追肥是培育大苗壮苗的基础，苗期追肥应以基肥为主，为使苗木生长健壮，在苗木生长期应追肥加以补充。追肥以速效性肥料为主，应掌握“分期追肥，看苗巧施”的原则，即根据幼苗不同的生长时期对不同营养元素的需要控制肥料的种类和数量。幼苗期，应以氮肥、磷肥为主，以促进苗木根系的生长；苗木速生期，氮、磷、钾适当配合，因该期苗木生长最快，需肥水最多，应加强松土、除草；苗木硬化期，应以钾肥为主，停施氮肥。

（2）营养钵育苗　应在塑料大棚中进行，其过程分为营养土的配制和播种。

①营养土配制：营养土要求土壤细密疏松，富含腐殖质，通气透水良好，具有一定的保水、保肥效果。营养土的组成是：田间表土35%，腐殖土20%，酒糟10%，砂土20%，有机肥料15%。为防治楝树立枯病，可加入40%甲基托布津粉剂15g/m^2。以上各成分搅拌均匀，即可备用。

②播种：将拌匀的营养土装入营养钵中，底层营养土要用木棍压实，营养土装至离袋口3cm处，每袋播一粒种子，然后覆土。营养钵有次序地排入整好的畦内，排好袋后喷水，让种子与土壤充分结合。

2. 苗圃期管理

楝树顶芽通常不能正常发育，以致树干低矮，分枝低，可采用换干法或斩梢灭芽法培育高大主干。

（1）换干法　将造林后1~2年生的幼树于早春萌动前切干，切干高度离地面约10cm，待萌芽后，选择1个健壮的萌枝培育主干。

（2）斩梢灭芽法　春季在“立春”至“雨水”期间，将幼树主梢上部削成斜面斩掉，萌发新枝后，在靠近切口处选留1个粗壮的新枝培育成主干，其余的芽抹去，第二年用同样的方法斩去新梢不成熟的部分，尽可能与上年留枝相对的方向选留1个新枝培育主干。如此进行2~3年，可得高大通直的主干。

（三）病虫害防治

楝树苗期的病害主要是立枯病，所以在整个的育苗过程中，始终要重视对该病的防治。常用的方法有50%扑海因处理苗圃地土壤，用量为35g/m^2；0.1%~0.15%的扑海因可湿性粉剂溶液处理种子；幼苗期喷施0.067%的50%苯菌灵溶液；大苗期喷施0.33%的72%农用硫酸链霉素溶液。立枯病的防治要掌握“治早、治小、治了”的原则，苗圃地育苗发病率控制在15%以内，营养钵育苗控制在10%。

楝树苗期的主要害虫是蛴螬和蝼蛄，可在育苗前用80%敌百虫可溶性粉剂700倍液喷施于苗床周边即可。

第二十六节　橡皮树

一、简介

橡皮树，学名*Ficus elastica* Roxb. ex Hornem.，又名印度榕大叶青、红缅树，是桑科榕属的常绿木本观叶植物。原产印度及马来西亚，故又名印度橡皮树、印度榕。中国各地多有栽培。橡皮树叶片肥厚而绮丽，宽大美观且有光泽，红色的顶芽状似伏云，观赏价值较高，是著名的盆栽观叶植物，极适合于室内美化布置。中小型植株常用来美化客厅、书房；中大型植株适合布置在大型建筑物的门厅两侧及大堂中央，显得雄伟壮观，可体现热带风光。橡皮树叶大光亮，四季常青，是大型的耐阴观叶植物。盆栽是点缀宾馆厅堂和家庭居室的好材料，南方常配置于建筑物前、花坛中心和道路两侧等处。

二、生长习性

橡皮树性喜温暖湿润的环境，适宜生长温度20~25℃，安全越冬温度为

5℃；喜明亮的光照，忌阳光直射；耐空气干燥；忌黏性土，不耐瘠薄和干旱，能耐阴但不耐寒；喜疏松、肥沃和排水良好的微酸性土壤。

三、栽培技术

（一）繁殖方法

1. 扦插繁殖

扦插时间在春末夏初，可结合修剪进行。插穗多选用1年生半木质化的中部枝条，插穗的长度以保留3个芽为标准，剪去下面的一个叶片，将上面两片叶子合拢，用细塑料绳绑好，以减少叶面蒸发。然后扦插在素砂土为基质的插床上。插后保持插床有较高的湿度，但不要积水，适宜温度为18～25℃，经常向地面洒水以提高空气湿度，并做好遮荫和通风工作，约2～3周即可生根。盆栽后放稍遮荫处，待新芽萌动后再逐渐增加光照。

2. 高枝压条繁殖

选用2年生大小适当、发育良好、组织充实的枝条，在预定包土的部位做宽度1cm左右的轻度环状剥皮，并涂30～50μL/L的萘乙酸液，然后用湿土或苔藓混合物或吸足水分的蛭石，将环割部位包起来，外面用塑料薄膜包扎，下端扎紧，上端留孔，以利通气和灌水。注意养护，6月压条，7～8月生根。生根后即可剪下盆栽。

（二）栽培管理

盆栽幼苗，每年春季必须换盆，成年植株可每2～3年换盆1次，增加肥土。

1. 温湿度管理

生长最适宜温度为20～25℃。耐高温，温度30℃以上时也能生长良好。不耐寒，安全的越冬温度为5℃。

喜湿润的环境，生长季天晴而空气干燥时，要经常向枝叶及四周环境喷水，以提高空气的相对湿度。由于橡皮树对干旱的环境有较强的抗性，在华北地区栽培亦较容易。应放在10℃以上的房间内越冬，长期低温和盆土潮湿易造成根部腐烂。每年4月底～10月初搬至室外栽培。

2. 水肥管理

生长期间应充分供给水分，保持盆土湿润；冬季则需控制浇水，低温而盆土过湿时，易导致根系腐烂。

迅速生长季节，每月追施2～3次以氮为主的肥料，同时增施磷钾肥，9月应停施氮肥，仅追施磷钾肥，以提高植株的抗寒能力；冬季植株休眠，应停止施肥。

3. 光照与翻盆

喜明亮的散射光，有一定的耐阴能力。不耐强烈阳光的曝晒，5～9月应进行遮荫，或将植株置于散射光充足处。其余时间则应给予充足的阳光。

每年春季必须换盆，成年植株可每2～3年换盆1次，增加肥土。

4. 摘心修剪

为了使植株生长匀称，保证良好的株形，在幼苗长到50～80cm高度时实行摘心，以促进侧枝萌发。春季进行修剪，删去树冠内部的分叉枝、内向枝、枯枝和细弱枝，并短截突出树冠的窜枝，以使植株内部通风透光良好并保持树形圆整。如树冠过大，可将外围的枝条做整体短截。生长期间应随时疏去过密的枝条和短截长枝。

（三）病虫害防治

（1）炭疽病　此病主要发生在夏季高温季节，主要受害部位是叶片。其症状为叶脉两侧出现圆形或椭圆形灰色斑点，在严重时病斑连成一片，扩展至全叶。防治方法：结合修剪，清除病枝、病叶和枯梢，减少病源；平日注意透光和通风，不要栽植过密，选无病植株采扦插枝条，繁殖幼苗；早春新梢生长后，喷1%等量式波尔多液；6～9月每半月喷1次1%等量式波尔多液，或0.3°Bé的石硫合剂，或0.5%高锰酸钾；另外，在发病前或初期用50%托布津可湿性粉剂、退菌特、百菌清、多菌灵等可湿性粉剂500～800倍液喷施。

（2）灰斑病　9～10月较重，初现小灰斑，扩大成不规则形，内灰白色，边缘暗褐色，后病叶干裂，出现黑色粒状物，病菌由伤口入侵。防治方法：发病初期可喷50%的多菌灵1000倍液，或70%的甲基托布津1200倍液。

（3）根结线虫病　橡皮树染根结线虫病以后，生长停滞，植株僵老直立，叶缘发黄或枯焦，扒开根部可见侧根、须根上生许多大小不等的瘤状物，即虫瘿，剖开虫瘿可见其内藏有很多黄白色卵圆形雌线虫。可致病株根部腐烂，地上部植株生长缓慢，严重的停止生长乃至枯死。防治方法：露地繁殖橡皮树时，深翻土地，深度要求达到24cm，把在表土层中的虫瘿翻入深层，减少虫源，同时增施充分腐熟的有机肥。及时清除病残根，并深埋或烧毁。药剂防治：穴施10%力满库颗粒剂，5kg/667m^2；或5%力满库颗粒剂，10kg/667m^2；3%米乐尔颗粒剂，苗期1～1.5kg/667m^2，成株期1.5～2kg/667m^2，沟施；盆栽者，每盆施入15%铁灭克颗粒剂，每1kg土施药1g。

（4）虫害

有介壳虫和蓟马危害，可用2.5%溴氰菊酯3000倍液，喷雾喷杀。

第二十七节　发财树

一、简介

发财树，学名 *Pachira macrocarpa*（Cham. et Schlecht.）Walp，又名瓜栗、中美木棉、鹅掌钱，为木棉科瓜栗属常绿乔木。原产墨西哥的哥斯达黎加。因其树形叶形奇特，俗名吉利，取其吉利佳兆，深受商家及一般市民的欢迎，加之株形优美、叶色亮绿，树干呈锤形，适于盆栽后在家内布置和美化使用，所以2006年以来在中国花卉市场上发展甚快，每逢节日，各宾馆、饭店、商家及市民多争相采购，以图吉祥如意。

二、生长习性

发财树喜高温高湿的气候，耐寒力差，幼苗忌霜冻，成年树可耐轻霜及长期5～6℃低温。我国华南地区可露地越冬，以北地区冬季需移入温室内防寒。喜肥沃疏松、透气保水的砂壤土。喜酸性土，忌碱性土或黏重土壤。较耐水湿，也稍耐旱。喜阳，也稍耐阴。

三、栽培技术

（一）繁殖方法

多扦插繁殖。

1. 苗床整理

选择土质深厚、肥沃、背风向阳、排灌良好的砂质壤土地块作为圃地，做成宽1m的畦面，长度10m，以南北走向为宜。对畦面除去表土，砸实，下层铺一层3cm厚的石砾，上铺10～15cm厚的新鲜河砂与炉渣按2:1混合的基质砂土，湿度以手握成团、松手即散为宜。用40%的福尔马林400倍液喷洒床面，淋透深度为3～5cm，用塑料薄膜覆盖3d，进行土壤消毒，消灭土壤中的病虫。

2. 插条采集

选择生长健壮、无病虫害、性状优良的当年生半木质化枝条，在阴天或无风的早晨剪取，剪留长度为6～7cm，下切口为马蹄形，位于叶或腋芽下，切口要光滑，以利于形成愈合组织。一般每个插条带2个掌叶。注意不要伤及叶片，以利光合作用。

3. 适时扦插

于6月下旬至8月上旬进行扦插，在早晚随剪随插。扦插前，将插条的

1/2 放于 25μL/L 的 ABT 生根液中浸泡 20～24h，取出后用清水冲洗干净。用小木棍在畦面上打孔，然后顺孔插入，再封孔压实。插条较短时可直插，插条较长时可斜插，扦插深度以不歪倒为准，一般 3～5cm。插后及时浇透水，对不正的插条扶正，用塑料布盖好，四周用土压实。

4. 苗期管理

扦插后要保证适合生根的环境条件。一般土温比气温高 3～5℃，插床的空气相对湿度保持在 80%～90%，光照要求 30%，每天通风换气 1～2 次。6～8月气温高，水分蒸发快，于早晚各用细喷壶喷水 1 次，温度保持在 23～25℃。苗木成活后，及时追肥，以速效性肥料为主，前期以氮磷肥为主，中期氮、磷、钾适当配合，后期为促进苗木木质化，可于 8 月底前喷施 0.2% 的磷酸二氢钾，停止使用氮肥。一般 15d 左右产生愈伤组织，30d 左右开始生根，当年生苗高可达 40～50cm。

5. 幼苗移栽

苗木上盆前先要配制营养土，用腐叶土 3 份、砂子 1 份、园土 2 份混合后栽植。移栽时，要注意不伤及根部，深度以原根基部为准，栽后浇透水，放于遮阳处，避免阳光曝晒，以后每天视盆土情况浇水，要做到见干见湿。

（二）盆栽管理

1. 换盆

盆栽的发财树 1～2 年就应换 1 次盆。常于春季进行，并对黄叶及细弱枝等做必要修剪，促其萌发新梢。

2. 浇水

浇水要遵循见干见湿的原则，春秋季节根据天气晴雨、干湿等情况掌握浇水疏密，一般 3～5d 浇 1 次；夏季室内 3～5d 浇 1 次水，气温超过 35℃时，一天至少浇 2 次；冬天视室温而定，盆土略潮为宜，一般 5～7d 浇 1 次，室温若在 12℃左右，一个月浇 1 次水即可。对新长出的新叶，还要注意喷水，以保持较高的环境湿度，生长期每隔 3～5d，用喷壶向叶面喷水，既利于光合作用的进行，又可使枝叶更美观。

3. 施肥

发财树为喜肥花木，对肥料的需求量大于常见的其他花木。每年换盆时，肥土的比例可占 1/3，甚至更多。在发财树生长期（5～9 月），每月薄施腐熟花生麸肥水或有机质氮、磷、钾肥，或复合肥 1～2 次，每盆 6～8g 左右。叶面喷肥可用绿旺 + 植宝素 +0.2% 磷酸二氢钾等营养液，使叶片厚实、叶色墨绿，每 10～15d 喷 1 次，可保持叶片绿而有光泽。

4. 温度

发财树为多年生常绿灌木，性喜温暖、湿润，生长适温 20～30℃。夏季的高温高湿季节，对发财树的生长十分有利，是其生长的最快时期，所以在这一阶段应加强肥水管理，使其生长健壮。冬季，不可低于5℃，最好保持在18～20℃。忌冷湿，在潮湿的环境下，叶片很容易出现溃状冻斑，有碍观赏。

5. 光照

室外栽培6～9月要进行遮荫，保持60%～70%的透光率，或放置在有明亮散射光处。冬季入室后，气温不要低于5℃，保持在10℃左右较好，并要保证给予较充足的光照。在室内栽培观赏宜置放于有一定散射光处，不宜连续超过30d，如出现生机转劣徒长现象，应逐渐接受阳光，切忌急速受强光照射，以防不适应枯死。另外，在生长季，如通风不良，容易发生红蜘蛛和介壳虫危害，应注意观察。发现虫害要及时捉除或喷药。

6. 修剪造型

小苗上盆或地栽种植后，顶端具有明显优势，如不摘心，就会单杆直往上长；当剪去顶芽时，很快就会长出侧枝，茎的基部也会明显膨大。地栽长到1.5m高时，可编辫或“成龙”造型，编好再继续种于地上或盆栽养护，提高观赏价值。

发财树每年成长速度可达1m之多，其生长速度惊人，若不加以修剪，极容易造成树形比例不均，影响盆栽观瞻，经由适时修剪，不但可以刺激其重新发芽成长，同时可改变其造型。

①独株种植：适合茎干粗大的植株，可将其茎干截短作为基部，让其由基部顶重新发出许多细枝，成为一盆如大树的迷你缩影。

②辫子型：利用铁丝将2～3株成长过程的茎干，交互缠绕，让其长成如辫子般形状。

③群聚型：将数棵茎干较细小的马拉巴栗聚集种植，使其成丛，以量取胜。

④独特造型：成长过程以铁丝不断将其塑造成个人喜欢的造型。

（三）病虫害防治

1. 黄叶

（1）水黄　因浇水过勤引起，其特点是老叶无明显变化，幼叶变黄。应立即控水。

（2）旱黄　因缺水、干旱引起，其特点是自下而上老叶先黄，若缺水时间稍长，则会全株黄叶，甚至死亡。应及时浇水。

（3）肥黄　因施肥过勤或浓度过高引起，特点是幼叶肥厚，有光泽，且凹凸不平。应控肥、中耕、浇水。

（4）饿黄　因肥料不足、施肥浓度偏低，且施肥间隔时间过长而引起，其特点为幼叶、嫩茎处先黄，如见此现象后不及时施肥，也会造成全株黄叶甚至死亡。对缺肥的花卉，切忌一次大量施用浓肥，以免造成烧根。

（5）缺铁性黄叶 温室中的木本花卉等，由于土壤肥力条件变化大，常会出现黄叶现象，特点是幼叶明显，老叶较轻，叶肉黄色，叶脉绿色，并形成典型网络。可施用硫酸亚铁水溶液来解决，其方法为：饼肥 7 份，硫酸亚铁 5 份，水 200 份，配成溶液浇之。

2. 根（茎）腐病

根腐病是一种严重危害发财树的常见病害，又称为腐烂病。防治方法：保持栽培环境的干爽，重视栽培基质及场地的消毒；半成品出棚后，即用速克灵喷洒发财树头部，以预防灰霉病菌的危害；栽种前用利刀剪除主根顶部扭伤及腐烂的组织，然后再用速克灵喷洒伤口，晾干后即栽植；栽植一周后，盆中的介质渐干，愈合组织已形成，新根已开始长出，用普力克、安克或锌锰灭达乐（雷多米尔－锰锌）喷洒发财树光杆，以药液沿杆部流入盆土为宜，此后的杀菌剂以安克、土菌灵、雷多米尔或疫霜灵每周 1 次轮用；若根腐病菌活跃，则用普力克、土菌灵、雷多米尔或疫霜灵喷施，一般药效在两周左右。期间若发现有溃烂植株，应立即丢弃。

3. 叶枯病

防治方法：发现病叶及时摘除，并销毁；在发财树的栽培过程中应加强养护管理，适时浇水施肥，每个生长季节可追施 2 ~ 3 次叶面肥，如 0.5% 的磷酸二氢钾或双效微肥的 200 倍液；苗木从南方向北方调运之前，叶面喷施保护性杀菌剂，如 70% 百菌清 800 倍液，或者 18% 多菌铜乳粉 200 倍液，或 50% 退菌特 600 倍液；运到北方后，应及时定植，加强肥水管理，防止脱水和脱肥；南方地区栽培发财树可从雨季开始，每隔 10 ~ 15d 喷施 50% 多菌灵 800 倍液，或 70% 百菌清 800 倍液，75% 甲基托布津 1500 倍液。

第二十八节 梅花

一、简介

梅花，学名 *Armeniaca mume* Sieb.，又名五福花，是梅树的花，为蔷薇科梅亚属的落叶小乔木。中国是梅的原产地，原产于滇西北、川西南以至藏东一带的山地。大约 6000 年前分布到了长江以南地区，3000 年前即引种栽培。中国已栽培应用的梅花品种有 300 个以上。目前梅在我国自然分布范围很广，北界是秦岭南坡，西起西藏通麦，南至云南、广东，共有 16 个省或地区有梅的自然分布。北方地区栽培绝大多数是以观赏的梅花为主。梅花主要分为花梅和果梅两类。梅花可植于园林、绿地、庭院、风景区，可孤植、丛植、群植等；也可屋前、坡上、石际、路边自然配植。

二、生长习性

梅花性喜温暖、湿润的气候，在光照充足、通风良好的条件下能较好生长，对土壤要求不严，耐瘠薄，怕积水。适宜在表土疏松、肥沃，排水良好、底土稍黏的湿润土壤上生长。

三、栽培技术

（一）繁殖方法

梅花繁殖常以嫁接为主，压条、扦插也能成活，在杂交培育新品种和培育砧木时，也可采用播种繁殖。

1. 嫁接繁殖

嫁接是繁殖梅花最常用的方法，成活率极高。砧木可用桃（毛桃、山桃）、杏和梅的实生苗或桃、杏的根。

（1）春季嫁接　早春发芽前可采取切接、皮下接（砧木较大者），也可用芽接（包括长片小芽腹接）、劈接等。

（2）夏季嫁接　在第一次新梢成熟、第二次新梢萌发前，进行接穗带叶劈接。劈接适于多品种嫁接或高枝换冠，但必须套袋以保湿遮荫。

（3）秋季嫁接　冬季宜采用腹接，最好采用长片小芽全封闭腹接。此法操作简单，愈合好，成活率高，风吹不易折断。如当年不萌发，翌年春季树液开始流动时，则在芽眼处轻挑一小孔，芽就能萌发出来。

（4）冬季嫁接　冬季采用根接法效果很好。方法是：在冬季休眠期，将桃、杏或毛桃健壮无病虫害的新根（直径 1cm 或更大）小心挖出，尽量保留须根，然后剪成 10～15cm 长的小段备用。粗者采用切接和皮下接，细者（直径 1cm 左右）采用劈接，接后栽入背风向阳不积水的砂壤土中，覆土埋住绑扎处，浇透水。冬季管理粗放，翌年春季即能萌发。此法嫁接发芽早、长势快，嫁接新株 1～2 年后开花。

2. 扦插繁殖

在落叶后的 11～12 月或早春开花后，截取 1 年生粗壮枝条（不带花芽），长 10～18cm，插入砂壤土苗床，入土部分约为 1/2，株行距（10×20）cm。插后保持半墒，注意浇水等管理工作。春插者越夏期间需搭荫棚。

3. 压条繁殖

在 2～3 月，选生长茁壮的 1～3 年生长枝，在母株旁挖一深沟，于枝条弯曲处下方浅切 3 刀，然后覆土，上面压块砖，生根后截离母体。高压可于梅雨季节在母树上选适当枝条稍微刻伤，用塑料薄膜包一些混合土，两头扎紧，保持温度。1 个月后检查，已生根者可在压条之下截一切口，深达中部，再过 20 ~40d 全部切离母体，移到大田培育。

4. 播种繁殖

在 6 ~7 月采收果实，摊放后熟，洗出种子晾干。秋季或早春条播，株行距为（10 ×25）cm。

（二）栽培管理

1. 栽植方法

在南方可露地栽培，在黄河流域耐寒品种也可露地栽培，但在北方寒冷地区则应盆栽室内越冬。在落叶后至春季萌芽前均可栽植。为提高成活率，应避免损伤根系，带土团移栽。地栽应选在背风向阳的地方。盆栽选用腐叶土 3 份、园土 3 份、河砂 2 份、腐熟的厩肥 2 份均匀混合后的培养土。栽后浇 1 次透水。放庇荫处养护，待恢复生长后移至阳光下正常管理。

2. 光温管理

梅花中除杏梅系品种能耐 -25℃低温外，一般可耐 -10℃低温。但梅花耐高温，在 40℃条件下也能生长，在年平均气温 16 ~23℃地区生长发育最好。在早春平均气温达 -5 ~7℃时开花，若遇低温，开花期延后，但花期可延长。

盆栽梅花生长期应放在阳光充足、通风良好的地方，若处在庇荫环境，光照不足，则生长瘦弱，开花稀少。冬季不要入室过早，以 11 月下旬入室为宜，使花芽分化充分经过春化阶段。冬季应放在室内向阳处，温度保持在 5℃左右。

3. 水肥管理

生长期应注意浇水，经常保持盆土偏于湿润状态，既不能积水，也小能过湿过干。浇水掌握见干见湿的原则。一般天阴、温度低时少浇水，否则多浇水。夏季每天可浇 2 次，春秋季每天浇 1 次，冬季则干透浇透。施肥也要合理，栽植前施好基肥，同时掺入少量磷酸二氢钾；花前再施 1 次磷酸二氢钾；开花时施 1 次腐熟的饼肥，补充营养；6 月还可施 1 次复合肥，以促进花芽分化；秋季落叶后，施 1 次有机肥，如腐熟的粪肥等。

4. 整形修剪

地栽梅花整形修剪可于花后 20d 内进行，以自然树形为主，剪去交叉枝、直立枝、干枯枝、过密枝等，对侧枝进行短截，以促进花繁叶茂。盆栽梅花上盆后要进行重剪，为制作盆景打基础。通常以梅桩作景，嫁接各种姿态的梅花。

5. 花期控制

盆栽梅花一般为家庭观赏。冬季落叶后置于室内，温度保持在0～5℃，元旦后逐渐加温至5～10℃，并日充分接受光照，经常向枝条喷水，水温应与室温接近。春节前20d开始逐渐增加温度至15～25℃，并需要光照充足，空气良好。控制浇水，盆土不干不浇，湿度太大易导致生长过急，花芽齐放，影响观赏。每天往枝干上喷水1～2次，以防干梢。当花蕾含苞未放时，可根据需要，视花苞的实际发育情况，开花太快，可移入低温处控制慢开；开花太慢，赶不上用花时间，又可适当地增加温度促使早开。保持一定的温度，春节可见梅花盛开。若想“五一”开花，则需保持温度0～5℃并湿润的环境，4月上旬移出室外，置于阳光允足、通风良好的地方养护，“五一”前后即可见花。

（三）病虫害防治

梅花病害种类很多，最常见的有白粉病、炭疽病等。

（1）白粉病　此病常在湿度大、温度高、通风不良的环境中发生。早春三月，梅花萌芽时，嫩芽和新叶易受病菌侵染，受害部位会出现很薄的白粉层，接着白粉层上出现针头大小的黑色或黄色颗粒，后期叶片变黄而枯死。可喷洒托布津或多菌灵防治，也可喷洒1%波尔多液，每隔一星期喷1次，3～4次即可治愈。

（2）炭疽病　病发初期可喷70%托布津1000倍液或代森锌600倍液防治。发现其他各种病时，喷洒上述两种药液也可见效。

第二十九节　云南山茶花

一、简介

云南山茶花，学名*Camellia reticulata* Lindl.，也称滇山茶，为双子叶植物纲山茶科山茶属多年生木本观赏植物。原产云南，是中国传统花木之一，已有1000多年的栽培历史，是我国“八大名花”中最享有盛名的一种，早在明代就有“云南山茶甲天下”的说法。现在是昆明市的市花，被列为国家二级保护植物。茶花的花期较长，一般从10月始花，翌年5月终花，盛花期1～3月，可历时7～8个月之久。茶花持久的花期，使它成为了一种很好的观赏植物。

云南山茶花的特点是花期长，花形硕大而美，花色以红色为主调。有条件的地方若成片栽植，当花期繁花满枝头时，灿若彩霞，景色异常美丽。用于盆栽时可装饰一些如宾馆、商厦、大中型园景等公共场所。

二、生长习性

云南山茶花系半阴性树种，深根性，主根发达，常生于松栎混交林或常绿阔叶林的次生灌丛中，在土层深厚、有机质丰富的疏阴湿润地或沟谷两侧生长良好，要求土壤 pH5.5～6.5。

三、栽培技术

（一）繁殖方法

1. 种子繁殖

秋季采果，阴处晾干，种子多水，有油质，寿命短，取出后应随即播于山间造林地，株行距（1×1）m，每穴播入种子 2～3 粒，至来年春季发芽，加强抚育管理。或将种子用湿砂贮存，至翌年早春播于苗床，约 20d 发芽，至苗高 20～30cm 时，于 5～6 月雨季移植上山。

2. 靠接繁殖

于 4～5 月间，用山茶花作砧木，与云南山茶花靠接，约 100d 可愈合，即可将云南山茶花接穗下端从母树上剪下，即成新株。用扦插法也可成活，但成活率低。也可试用组织培养法繁殖优良无性系。

（二）栽培管理

1. 盆栽

选用口径 30～40cm 的花盆，上盆时，先置于盆底排水孔上 1～2cm 的陶粒，再加上羊、牛角碎片等骨料基肥，在基肥层上面加入有机肥如腐熟猪粪，最后加入细红土覆盖。植株栽植应避免根系直接接触有机肥，在根系四周放入混有腐叶及骨料的中粒土，并将土捣实。盆栽需每隔 2～3 年换盆 1 次，换盆时间以新枝木质化并略转褐色时为宜。

2. 土壤选择

茶花喜欢偏酸性、含腐殖质较高、疏松通气的山地红（黄）壤土，pH 在 5～6.5，不能采用碱性土或黏性重的土壤作盆栽茶花基质。土壤配制：山泥土（种作物的熟化红壤土）50%，木屑或食用菌渣 40%，饼肥粉或牲畜粪和磷肥粉 10%，三者拌匀，浇水适量，装袋熟化，夏秋 20d 以上。春冬 30d 以上，这种土壤不仅疏松通气，还能保肥保水，适合茶花生长发育。

3. 光照管理

茶花需要适宜的光照，又怕高温烈日直射。春季、秋末时要将山茶花移到见光多的阳台上或地面，接受全天光照，促使植株生长发育，促使其花芽分化，花蕾健壮。进入夏天阳光最为强烈，就要将花盆移到见光背阳、通风良好的环境中养护；也可以移到北边阳台上或南边阳台内下边莳养；还可以用75%遮阳网，从上午9时到下午5时将植株盖好，避免烈日直射。

4. 温度管理

山茶花性喜温暖，生长最宜的温度为18～25℃，相对湿度60%～65%。茶花的春梢一般在3月中下旬萌动，4月开始抽芽，5月中下旬形成顶芽，停止生长，逐渐分化出叶芽或花芽，从花芽形成直到开花要180～240d。夏梢在7月下旬萌动，至9月上旬停止生长。

5. 浇水管理

山茶花喜欢湿度较大的环境，也喜湿润的土壤。因此，要给盆栽茶花补足水分，在春秋生长季节每天浇水1次，在夏天特别是三伏天每天早晚各浇水1次，如果地面干燥还要向花盆的地面和周边浇水或喷水1～2次，保持一定的空气湿度，植株就生长茂盛。同时要注意，如果浇水多，而且大多数家庭都是浇自来水，天长日久花盆的土壤就会碱化，为此，在浇水时，每月补浇0.5%～1%硫酸亚铁水，也可以采用5%～8%食用醋酸液，对叶片进行喷施。山茶花喜欢湿润的土壤，但又怕花盆内积水，在下雨天如果盆内积水，必须及时排除。

6. 养分管理

山茶花是喜肥花卉，因为树势健壮，叶片较多，花期也较长，因而需肥量也多。在施肥过程中，需施足液肥，结合换盆施足长效肥，根据花盆大小，每盆施30～80g腐熟饼肥粉或晒干鸡鸭粪，放到盆底下与底土拌匀。根据植株生长时期，增施有机肥。除冬夏最冷最热时外，每月施1～2次腐熟枯饼水。在山茶花生长旺盛期，每月要进行1～2次根外施肥，以0.2%～0.3%磷酸二氢钾和1%～2%的植物生长素喷施叶片。施肥的原则：宜轻不宜重，宜淡不宜浓，宜少不宜多，必须坚持薄肥勤施的方法，特别是不要施生肥。

（三）病虫害防治

盆栽山茶花常见病害主要有茶煤病、炭疽病。茶煤病发生与蚧类、蚜类害虫活动有关，可消灭害虫，加强管理，改善通风透光条件，发现病枝后，可喷药剂防治；炭疽病是由病菌产生孢子并借雨水传播，防治方法为冬季或早春清除枯枝落叶，发现病枝后喷洒相关药剂。

云南山茶花常见虫害有茶蚜、介壳虫等。其中介壳虫需在幼虫孵化盛期至分泌蜡质前配药喷杀，且喷药时叶面叶背均喷。民间常用50%米醋喷叶，每年4月开始，每15d喷1次，连续4～5次。茶蚜在发生前期用1%等量式波尔多液预防，15d喷1次，3～4次可起到防治效果。

第三十节 无忧花

一、简介

无忧花，学名 *Saraca dives* Pierre，又名火焰花，为苏木科无忧花属常绿乔木，枝叶浓密，花大而色红，盛开时远望如团团火焰，因而得名。无忧花原产亚洲热带，我国产于云南、广西南部。无忧花树形美观，枝叶繁茂，是上等的风景树，集绿化、美化、彩花于一身。无忧花比较细碎，大小如指甲，但一旦开花，则数量众多，常常一串串、一簇簇地直接开在树干上，且金黄鲜艳，美丽异常，可以说是当地人们最喜爱的老茎生花了。

二、生长习性

无忧花属偏阳性树种，喜充足阳光，对水肥条件要求稍高，病虫害少，容易管理。栽培土质以肥沃、土层深厚的酸性至微碱性壤土或砂质壤土最佳。干旱贫瘠土生长不良，黏重土或积水地不宜种植。排水、日照需良好。苗期稍耐阴，大树喜光。性喜高温，不耐寒冷，忌霜。在5℃左右有冷害，生育适温为23~30℃。

三、栽培技术

（一）繁殖方法

常用播种繁殖。8月下旬~9月中旬为果熟盛期，果荚尚未开裂时将果荚采下，阴干脱出种子。种子忌干燥、堆沤和过湿，宜随采随播或置湿砂床内催芽，贮藏或运输均需混以湿砂。种子发芽力保存期短，在常温下，袋藏3个月就全部丧失发芽力。若湿砂贮藏，发芽力可保持半年。春至夏季为播种适期，种子发芽适温为24~28℃。9月下旬即开始发芽，发芽后幼苗在砂床越冬，需注意防寒，翌年春暖后移苗。

（二）栽培管理

1. 育苗

苗床整地宜深，以30cm左右为宜。基质用50%的黄心土加50%的河砂拌匀。播种宜浅，把种子均匀地平铺在苗床上，压实，覆土以不见种子为宜。华南地区9月上旬播种，10月上旬种子开始发芽，10月中旬发芽进入盛期，11月后，发芽速度减慢。第二年春当苗木嫩叶由淡红转绿时移至育苗袋培育。育苗袋规格为（7×16）cm，用90%的黄心土加10%的火烧土配制的基质装袋。移植时可根据育苗袋高度适当剪短苗木主根。移苗后要及时淋透水1次，晴天每天浇水1次，以保持土壤湿润即可，勿施肥。以后加强水肥管理，防止幼苗老化，每月用复合肥兑水施2次。第一次施肥浓度为1g/L，以后逐渐增加至5g/L。至9～10月间，大部分营养袋苗高40～50cm，第三年春季即可出圃。

2. 园林大苗的培育

选择水肥条件较好的苗圃地，在播种后的第三年春季移植，株行距以（1.0×1.0）m，穴规格以（50×40×40）cm为宜。移植前10d在植穴中施5kg有机肥作基肥，填回表土至30cm后拌匀。移栽时一定要把苗木茎干扶直、踩实根系周围的土。当苗木抽出新芽后，就可以进行第一次施肥，每株施25g复合肥，以后随着树苗的长大逐渐增加施肥量。每年在苗木生长期铲草、松土、追肥3次。待树苗胸径长至4～5cm时，苗木已基本郁闭。若要培育胸径10cm以上的大规格苗，就要在早春树苗萌动前间苗，间苗后株行距为（3.0×3.0）m。

3. 出圃定植

2年生苗高50～60cm时可以出圃定植大田。种植地如果偏酸性，宜在整地时分层施放石灰，以中和酸性。植前应施腐熟的厩肥或过筛垃圾作基肥。栽后应充分浇水，并立支柱。春夏季生长旺盛期，每月施氮肥1次，入秋后停止施肥，以利苗木越冬防寒。待主干形成后，注意修枝整形，适当控制其生长，以培育优美的树冠。培育3～4年生大苗，可出圃应用于园林绿化，很少有病虫害。花后修剪整枝1次，但不可重剪或强剪，保留老枝翌年才能开花。

（三）病虫害防治

据调查，原产地的中国无忧花在结实过程中，会遭受少量荔枝异形小卷蛾为害种子，但害虫对母树的结实影响不大，一般不需要用农药处理；在种子成熟自然脱落地面后，虫害会比较严重，因此要及时采收种子。若发现种子已有虫口，在播种前用敌百虫1.67～2.00mL/L液浸种2h，以控制害虫蛀食，同时可预防蚂蚁为害。

第三十一节　文冠果

一、简介

文冠果，学名 *Xanthoceras sorbifolium* Bunge，又名文冠木、文官果、土木瓜、温旦革子，为无患子科、文冠果属多年生木本植物。是我国特有的一种优良木本食用油料树种，主要分布在东北和华北及陕西、甘肃、宁夏、安徽、河南等地区。文冠果树姿秀丽，花序大，花朵稠密，花期长，甚为美观，可于公园、庭院、绿地孤植或群植。在国家林业局公布的我国适宜发展的生物质能源树种中，文冠果被确定为我国北方惟一适宜发展的生物质能源树种。

二、生长习性

文冠果喜阳，耐半阴，对土壤适应性很强，耐瘠薄、耐盐碱，抗寒能力强，抗旱能力极强，在年降雨量仅150mm的地区也有散生树木，但文冠果不耐涝、怕风，在排水不好的低洼地区、重盐碱地和未固定沙地不宜栽植。

文冠果适应性强，在草沙地、撂荒地、多石的山区、黄土丘陵和沟壑等处，甚至在崖畔上都能正常生长发育。文冠果在土层深厚肥沃的土地上生长快，2～3年生可开花结实，5年生的园内挂果率达95%，30～60年生的单株可产种子15～30kg，根系发达，萌蘖性强，病虫害较少。

三、栽培技术

（一）繁殖方法

用种子、嫁接、根插或分株繁殖。

1. 种子繁殖

果实成熟后，随即播种，次春发芽。若将种子砂藏，次春播种前15d，在室外背风向阳处，另挖斜底坑，将砂藏种移至坑内，倾斜面向太阳，罩以塑料薄膜，利用阳光进行高温催芽，当种子20%裂嘴时播种。也可在播种前1周用45℃温水浸种，自然冷却后2～3d捞出，装入筐篓或蒲包，盖上湿布，放在20～50℃的温室催芽，当种子2/3裂嘴时播种，一般4月中、下旬进行，条播或点播，种脐要平放，覆土2～3cm。

2. 嫁接繁殖

采用带木质部的大片芽接、劈接、插接或嫩梢芽接等，以带木质部的大片芽接效果较好。

3. 根插繁殖

利用春季起苗时的残根，剪成10～15cm长的根段，按行株距［30×（10～15）］cm插于苗床，顶端低于土面2～3cm，灌透水。

4. 分株繁殖

有些灌木形植株，易生根蘖苗，可进行分株繁殖。

播种幼苗出土后，浇水量要适宜。苗木生长期，追肥2～3次，并松土除草。嫁接苗和根插苗容易产生根蘖芽，应及时抹除，以免消耗养分。接芽生长到15cm时，应设支柱，以防风吹折断新梢。

（二）栽培管理

1. 园地选择

以生产木本油料为主要培育目标，应选择土壤深厚、湿润肥沃、通气良好、无积水、排水灌溉条件良好、pH7.5～8 的微碱性土壤，按经济林标准进行集约经营管理。

2. 合理密植

文冠果园的合理密度应根据不同土壤、肥力、灌溉条件而定。旱地条件下，可按（2×2）m 定植；也可按（3×2）m 定植。有灌溉条件的地块，可按（3×3）m 定植；为了增加早期效益，初期可按（3×1.5）m 定植，养成大苗后移栽，保留（3×3）m 的密度。

3. 栽植

挖穴规格一般为 60～80cm 见方，挖穴时表土、心土要分开。栽植分春栽和秋栽，栽植季节可根据当地情况而定，春栽在土壤解冻后，苗木萌芽前；秋栽在苗木落叶后，土壤上冻前。栽植时每穴施入农家肥 5kg、尿素 50g、过磷酸钙 100g，与表土混合均匀，填入穴中。按“三埋两踩一提苗”的方法栽植，浇足水，等水渗完后用心土踩实。栽植深度适当浅栽 1～2cm，能提高造林成活率和新梢生长量。因为根茎部分是一个敏感区，若埋于地表 2cm 以下，极易造成根茎腐烂。

4. 树体管理

栽植后萌芽前要及时定干，定干高度一般在 80cm 左右，选留顶部生长健壮、分布均匀的 3～4 个主枝，其余摘心或剪除。夏季修剪主要包括抹芽、除萌、摘心、剪枝、扭枝。

剪枝，疏去内膛过密枝，疏除树冠上部的直立枝，因为树冠上部的直立枝，若过于强旺，遮挡阳光，可与结果枝争树木的营养。

扭枝，对生长强旺的直立枝进行扭枝，以改造成结果枝。冬季修剪是果树冬季管理的主要措施之一，这时树木生长处于休眠状态，适合修剪。

修剪骨干枝和各类结果枝，疏去过密枝、重叠枝、交叉枝、纤弱枝和病虫枝等，促使林木早结果，丰产稳产，提高文冠果的产量和质量。文冠果是顶花芽开花树种，修剪中不能见头就剪，要留足花芽。

5. 肥水管理

施肥以基肥为主，厩肥、堆肥是很好的基肥。基肥应在采果后 10d 内施入，通常在秋季结合深翻改土施入，一般在 10 月中上旬进行，施肥量视树龄和开花结果量而定。4 年生以下幼树一般每株施农家肥 5kg、过磷酸钙 150g，深度 40～50cm；大树按树盘面积估计施肥量。一般每 1m^{2}施用尿素 50g、过磷酸钙 100g、农家肥 1～2.5kg。追肥一般一年进行 3～4 次，时期分别为萌芽前、花后和果实膨大期，每株施 1～2kg 的化肥（尿素、碳铵）和一些磷、钾肥。

施肥后要及时灌水，主要在以下几个时期进行：一是在萌芽前后，如春旱应灌一次水；二是在开花后至花芽分化前，如干旱影响幼果发育和雌花芽分化，应灌 1～2 次水；三是采收后至初落叶前，可结合秋施基肥灌水一次，能促进肥料分解、土壤保墒、越冬防冻，也有利于翌春萌芽开花。要注意果园防涝，及时开沟排水。文冠果园内杂草要及时清除，一般在 4～7 月锄草 3 次。

（三）病虫害防治

文冠果的主要病害为黄化病、霉污病、立枯病等，可在播前条施多菌灵进行预防。除此之外还有根线虫引起的黄化病，木虱引起的霉污病及黑绒金龟子等。加强苗期管理，及时中耕松土，剪除病株，换茬轮作，可减轻黄化病的发生。对于煤污病可在早春喷洒代森铵 500～800 倍，灭菌丹 400 倍液。对黑绒金龟子可在 5 月下旬用 50% 杀螺松乳油 0.1% 溶液喷洒叶面，杀灭成虫。

第三十二节　兰屿肉桂

一、简介

兰屿肉桂，学名 *Cinnamomum kotoense* Kanehira et Sasaki，又名平安树、红头屿肉桂、大叶肉桂、台湾肉桂，为樟科樟属木本植物、常绿乔木类。原产台湾兰屿地区，树形端庄，树皮黄褐色，小枝黄绿色，光滑无茸毛，果期 8～9 月。可作配置树、庭荫树、孤植树、城市干道的行道树，因其对有害气体有抗性，可以用于矿区绿化及防护林带。兰屿肉桂既是优美的盆栽观叶植物，又是非常漂亮的园景树，市场上比较流行，具有广阔的前景。

二、生长习性

兰屿肉桂性喜温暖湿润、阳光充足的环境，喜光又耐阴，喜暖热、无霜雪、多雾高温之地，不耐干旱、积水、严寒和空气干燥。宜用疏松肥沃、排水良好、富含有机质的酸性砂壤。生长适温为 20～30℃。小树不耐低温，如遇 5d 以上的霜冻，露地养护或栽培的植株易招致树皮冻裂，枝叶枯萎，甚至全株被冻死。

三、栽培技术

（一）繁殖方法

1. 播种繁殖

华南地区可于9月～10月使用成熟的紫黑色果实进行播种，洗去果皮果肉后，漂浮去空瘪的种粒，摊放于阴凉处晾干，可随采随播。若不能立即进行播种，需将种子进行湿砂贮藏，放在阴凉处，注意防止种粒发霉，待种粒裂口露白后，再行下地播种或袋播。未经砂藏催芽的种子，播种前可用0.3%的福尔马林溶液浸种30min，倒出多余的药液，密封2h，再用清水冲洗去附着于种粒外皮上的药液，随即用清水浸种24h，可提高其发芽率。通常以开沟点播为主，行距20～25cm，株距5～7cm，覆土厚度1.5～2cm，加盖稻草保湿，20～30d后即可发芽。保持苗床湿润，种粒出土1/3后分2～3次揭去覆草，随即搭棚遮荫。待幼苗长出3～4片真叶时，可每月追施1次液肥，秋后停施，做好防寒工作，以不低于5℃左右的棚室温度越冬。

2. 扦插繁殖

扦插时间在上半年4～5月，下半年9～10月，气温22～28℃时为最佳时机。扦插时用营养钵或花盆，基质采用蛭石:草炭1:1的比例。扦插前基质要进行消毒处理，可用0.1%高锰酸钾或敌克松600～800倍液等灌注或进行曝晒。插穗应选择顶端优势强、当年生半木质化、健壮充实、无病菌感染、叶色亮绿的枝条。剪成10～15cm长，留2～3片叶子，最好是在早晨带露水时或阴天剪取。插穗下端留3～5cm剪成斜口。将剪好的插穗基部3～5cm浸入生根溶液中（2.5gABT兑水2kg，慢浸2～3h），或浸入强力生根剂（每袋5gABT，兑水0.5kg，浸基部16～20h），浸泡后取出插入基质3～5cm。过浅容易倒伏，过深易霉烂，然后用手指压实。每小盆应扦插一苗，扦插完毕浇透水直到盆底有水流出为止。用塑料袋将整个插条套住，保持100%的湿度，置于阴凉处，避免阳光直射。扦插后4d左右浇1次透水，在北方，每次浇水时滴几滴盐酸或滴几滴食用醋，保持pH5.8左右，扦插苗易成活。

（二）栽培管理

1. 土壤

盆栽或袋培的兰屿肉桂，宜采用疏松透气、排水通畅、富含有机质的肥沃酸性培养土或腐叶土。小株盆栽每年换土1次，大株可2年换土1次。生长季节每月松土1次，特别是大雨过后要及时检查花盆，发现盆内有积水要尽快倒去。每年的翻盆换土时间，最好安排在春季出棚后至萌芽前进行。

2. 温度

兰屿肉桂的生长适温为20～30℃。小树不耐低温，如遇5d以上的霜冻，露地养护或栽培的植株易招致树皮冻裂、枝叶枯萎，甚至全株被冻死。所以，无论是家庭盆栽少量植株，还是大规模的生产经营性栽培，冬季均应维持不低于5℃的棚室温度。长江流域盆栽，宜于霜降到来前搬入棚室中，翌年清明后出棚。盛夏时节，当气温超过32℃以上后，要给予搭棚遮光和叶面喷水，借以增湿降温，使其能维持旺盛的生长势。

3. 光照

兰屿肉桂需要较好的光照，也比较耐阴。它的需光性随着年龄的不同而有所变化。3～5年生植株，在有庇荫的条件下，株高生长快；6～10年生植株，则要求有比较充足的光照。盆栽植株进入夏季后，可将其移放于遮光40%～50%的遮阳棚下，则生长比较理想。

4. 水分

兰屿肉桂要求有一个盆土湿润的环境。为此，盆栽植株应经常保持盆土湿润，但不得有积水，环境相对湿度以保持80%以上为好。在夏季高温季节或秋天空气比较干燥的时间，包括冬季置于室内期间，都应经常给叶面和周围环境喷水，为其创造一个相对湿润的局部空间小环境，促进其健壮生长。入秋后应控制浇水，冬季则应多喷水，少浇水。

5. 肥料

兰屿肉桂植株丰满，叶片硕大，生长较旺，因而需肥量也较大。盆栽兰屿肉桂除要求培养土肥沃外，自春至秋，每月可追施1次有机肥。入秋后，应连续追施2次磷钾肥，如用0.3%的磷酸二氢钾溶液叶面喷施，可增加植株的抗寒性，促成嫩梢及早木质化，使其能平安过冬。冬季则停止一切形式的追肥，以防肥害伤根。

（三）病虫害防治

兰屿肉桂生长强健，病虫害比较少，在室内摆放时，常因通风欠佳而发生介壳虫、红蜘蛛危害，一般需要喷施专用药剂进行防治，如用螨净、克螨等防治红蜘蛛，用蚧克、蚧必死、杀扑磷等防治介壳虫，效果较好。介壳虫还可以通过擦拭、刮除防治，因为此虫一旦离开植物体，就难以成活。

第三十三节　冬青

一、简介

冬青，学名*Ilex Chinensis* Sims，为冬青科冬青属常绿乔木。亚热带树种，国家重点保护植物，产江苏、浙江、安徽、江西、湖北、四川、贵州、广西、福建、河南等地，常生于山坡杂木林中，城市中也有一些。冬青移栽成活率高，恢复速度快，是园林绿化中使用最多的乔木，其本身清脆油亮，生长健康旺盛，观赏价值较高，是庭院中的优良观赏树种。宜在草坪上孤植，门庭、墙边、园道两侧列植，或散植于叠石、小丘之上，葱郁可爱。冬青采取老桩或抑生长使其矮化，用来制作盆景。冬青枝繁叶茂，四季常青，由于树形优美，枝叶碧绿青翠，是公园篱笆绿化的首选苗木，可应用于公园、庭院、绿墙和高速公路中央隔离带。

二、生长习性

冬青喜温暖气候，有一定耐寒力。适生于肥沃湿润、排水良好的酸性壤土。较耐阴湿，萌芽力强，耐修剪。对二氧化硫抗性强。

三、栽培技术

（一）繁殖方法

一般采用播种或插条繁殖。

1. 播种繁殖

在秋季果熟后采收，搓去果皮，漂洗干净，将种子用湿沙低温层积处理进行催芽，在次年春季 3 月前播种。幼苗期生长缓慢，要精心加以养护管理。冬青种子如不催芽处理，往往要隔年才能发芽。

2. 扦插繁殖

冬青繁育一般以扦插为主，多在 5 ~ 6 月进行。可先从树冠中上部斜剪，取 5 ~ 10cm 长、生长旺盛的侧枝，剪除下部小叶，上部叶片全部保留，然后用生根粉处理，剪口向下扦插于苗床内。苗床地宜选择在通风、耐阴之处，也可遮阳扦插，成活率极高。

（二）栽培管理

冬青适宜种植在湿润半阴之地，喜肥沃土壤，在一般土壤中也能生长良好，对环境要求不严格。当年栽植的小苗 1 次浇透水后可任其自然生长，视墒情每 15d 灌水 1 次，结合中耕除草每年春、秋两季适当追肥 1 ~ 2 次，一般施以氮肥为主的稀薄液肥。冬青每年发芽长枝多次，极耐修剪。夏季要整形修剪 1 次，秋季可根据不同的绿化需求进行平剪或修剪成球形、圆锥形，并适当疏枝，保持一定的冠形枝态。冬季比较寒冷的地方可采取堆土防寒等措施。

（三）病虫害防治

冬青的病害以叶斑病为主，可用多菌灵、百菌清防治。

第三十四节　南洋杉

一、简介

南洋杉，学名*Araucaria cunninghamii* Sweet，又名诺和克南样杉、小叶南洋杉、塔形南洋杉，为南洋杉科南洋杉属常绿乔木。原产澳大利亚诺和克岛，中国广州、海南岛、厦门等地有栽培。

南洋杉树形高大，姿态优美，它和雪松、日本金松、北美红杉、金钱松被称为是世界5大公园树种。南洋杉为美丽的园景树，可孤植、列植或配植在树丛内，可作为大型雕塑或风景建筑的背景树，亦可作行道树用。南洋杉是珍贵的室内盆栽装饰树种，用于厅堂环境的点缀装饰，显得十分高雅。幼苗盆栽适用于一般家庭的客厅、走廊、书房的点缀；也可用于布置各种形式的会场、展览厅；还可作为馈赠亲朋好友开业、乔迁之喜的礼物。

二、生长习性

南洋杉喜气候温暖，空气清新湿润，光照柔和充足，不耐寒，忌干旱，冬季需充足阳光，夏季避免强光曝晒，怕北方春季干燥的狂风和盛夏的烈日，在气温25～30℃、相对湿度70%以上的环境条件下生长最佳。盆栽要求疏松肥沃、腐殖质含量较高、排水透气性强的培养土。

三、栽培技术

（一）繁殖方法

1. 根插繁殖

每年4～5月是园林绿化的好时期，也是扦插繁殖的最佳时候。大量的绿化苗木出圃，借此机会，收集苗木挖掘后的剩余根系，也可挖取异叶南洋杉树木离土层表面较浅部位的部分根系作为扦插繁殖的材料。选择过筛的粒径大小在0.5～1.0mm的纯净河砂为扦插基质。

南洋杉适宜的生根温度为15～25℃，湿度为70%～80%，并要有足够的光照，以弱遮荫为好。根插以行插为好，株距4cm，行距6cm，然后覆砂压实，插完后浇1次透水。

2. 播种繁殖

因南洋杉种皮坚实、发芽率低，故种前最好先破种皮，以促使其发芽。另外，播种的幼苗易受病虫危害，因此所用的土壤应经严格的消毒。种子最好经砂床催芽或上述破壳播种法，以提高种子的发芽率，一般约30d左右可发芽。

3. 扦插繁殖

一般在春、夏季进行。选择主枝作插穗，插穗长10~15cm，插后在18~25℃和较高的空气湿度条件下，约4个月可生根。扦插前将插穗的基部用200μL/L吲哚丁酸浸泡5h后再扦插，可促进其提前生根。

（二）栽培管理

1. 护根

南洋杉幼苗侧根稀少，毛根细，稍不注意就会萎缩干枯，因此，保护幼苗根系很重要。首先，应连盆带土运输，并保持原培养土湿润；其次，幼苗买回后要马上定植，若一时来不及定植，应放在阴凉湿润处，不能曝晒，以保护幼苗特别是根系鲜活。

2. 定植

定植时幼苗尽量带原土，定植土壤要疏松精细，不能太用力压根部土壤，植后浇足定根水。另外，籽播南洋杉幼苗直根长，定植宜深些，以免根系暴露和倒伏，影响成活。

3. 保温遮荫

南洋杉不耐寒，若是冬季或早春买苗定植，除运输过程中要注意防冻外，定植后也要有保温措施，如种在温室内，或用地膜拱形覆盖。南洋杉为耐阴花卉，幼苗更怕曝晒，因此定植后要马上遮荫。

（三）盆栽管理

1. 配土选盆

上盆前首先配好培养土，然后根据棵的大小，选择一个紫砂椭圆陶瓷盆。盆栽南洋杉的基质，宜用40%泥炭土、40%腐叶土和20%河砂配合而成。生长期应保持盆土湿润，过干时会使下层叶片垂软，但冬季要保持稍微干燥的状态。冬季室温应保持在5℃以上。

2. 选苗栽植

在选材方面以实生苗为好，一般采取50cm左右的苗木，以生长粗壮、节间短、颜色浓绿为上品。开始上盆时，先托出泥盆，从底往上剥去适当的泥土，注意不要损伤吸水根。然后盆底覆上1~2cm厚的培养土，确定观赏面后将树坯放在盆的一头，扶正植株，再装上培养土，轻轻墩实。

3. 造型

首先把最底层的轮生枝剪除，再从树的左侧剪去上下两条横生枝，前后再各剪去一枝，然后将上部个别枝片稍加攀拉，枝托显得自然有序。再用准备好的棕片将主干包扎成底粗上细的树身。这样主干基部粗细有致，形成大树形的树冠。基部根盘处如果没有突出的树根，需要适当给它加上几条紫褐色弯曲的树根，突出土面，以显稳重。

4. 盆栽管理

完成上述工作后，浇足定根水，放在阴处养护半月，即可转入常规管理。

（1）松土浇水 定植后及时浇水和松表土，减少水分蒸发。平时浇水要适度，生长季节勤浇水，每周浇2~3次，渗深10~15cm为宜。随着苗木的生长，浇水次数减少，经常保持盆土及周围环境湿润，严防干旱和渍涝。高温干旱时节，应常向叶面及周围环境喷水或喷雾，以增加空气湿度，保持土壤湿润。忌夏季盆土过干或冬季水量过大，过干或过湿都易引起下层叶垂软。夏季避免强光曝晒，可置于棚内遮荫处，经常洒水，以保持较高的空气湿度。

（2）整形管理 在扦插苗的第2年，或者播种苗长至50cm左右时，应立棍裹扎支撑，以防植株扭曲，影响观赏效果。

（3）勤施肥料 盆栽南洋杉盆土以3份壤土、1份腐叶土、1份粗砂和少量草木灰混合为好，土层的深度掌握在上层生根的芽点刚好露在土面上。自春季新芽萌发开始，每月追施1~2次腐熟的稀薄有机液肥和钙肥，可保持株姿清新，叶色油润。

（4）日常管理 幼树宜每年或隔年春季换盆1次，5年以上植株每2~3年翻盆换土1次，并结合喷洒矮壮素，控制南洋杉的高度。北方地区于4月末或5月初出室放避风向阳处养护，盛夏需适当遮荫，生长季节适时转盆，以防树形生长偏斜，影响观赏。南洋杉不耐严寒，北方地区于9月末或10月初（寒露）移入室内，放阳光充足、空气流通处，禁肥控水，室温不得低于8℃。

（四）病虫害防治

南洋杉的常见病害有炭疽病、叶枯病，虫害主要有介壳虫。

防治炭疽病的方法是清洁田园、及时清除病残体；发病初期喷洒50%多菌灵可湿性粉剂700倍液或40%多硫悬浮剂600倍液，隔7~10d喷1次，连续防治3~4次。

防治叶枯病的方法是在经常发病的园圃，于冬春期结合清园随即喷药1次，地面与树上喷施相结合，可喷施40%多硫胶悬剂600倍液，或69%安克锰锌+75%百菌清可湿性粉剂1500倍液。

防治介壳虫可用2.5%溴氰菊酯3000倍液喷雾防治。

第三十五节 刺桐

一、简介

刺桐，学名 *Erythrina variegata* Linn.，又名山芙蓉、空桐树、木本象牙红，为豆科刺桐属高大落叶乔木，花期3～5月，果期9～10月。原产亚洲热带的马来西亚、印度尼西亚、柬埔寨、老挝、越南等地，我国福建、广东、海南、台湾、江苏等地均有栽培，常见于树旁或近海溪边，或栽于公园，其花美丽，可栽作观赏树木。刺桐是阿根廷国花，我国吉林省通化市市花，福建省泉州市市花，日本冲绳县县花。

二、生长习性

刺桐喜强光照，要求高温、湿润的环境，耐旱也耐湿，不甚耐寒。对土壤要求不严，宜肥沃排水良好的砂壤土，忌潮湿的黏质土壤。北方盆栽冬季温度应保持4℃以上；南方地区露地栽植稍加覆盖可越冬，但盆栽要放入温室才安全。

三、栽培技术

（一）繁殖方法

繁殖以扦插为主，也可播种。扦插于4月间选择1～2年生、生长充实、健壮的枝条，剪成12～20cm的枝段作插穗，插入砂土中。插后要注意浇水保湿，极易生根成活。苗应置于半阴处，经常保持盆土湿润。当插穗上长出红色的小芽时，即表示已经生根。扦插成活的幼苗，可在翌春分枝定植。

（二）栽培管理

刺桐极易烂根，故应以疏松肥沃的砂质壤土作培养上，忌用排水不良的黏质土壤。幼龄树应注意修剪，以养成圆整树形。5～9月，每半月追施1次腐熟有机液肥。春、夏要求水分充足，可每10～15d浇1次水。过分炎热应遮荫。冬季要控制浇水。

（三）盆栽管理

1. 盆土

盆栽宜选规格稍大的盆，温室盆栽可用大缸。可用蹄角片作底肥，盆土用塘泥2份、堆肥和砻糠灰各1份混合使用。出房前隔年翻盆1次；出房后每年春季进行换盆。

2. 温光

刺桐不耐寒，10月下旬入室，越冬温度保持在15℃左右，不能低于4℃。刺桐适合于阳光充足、温度高而通风较好的环境，出房后要给予充足的光照，炎热的夏季，需放置于室外半阴处养护。

3. 追肥浇水

浇水以见干见湿为原则。夏季气温高，蒸发量大，可每天浇1次水。抽出新梢后，每10d施1次饼肥水，薄肥勤施。花后，除正常施肥外，再追施2次磷钾肥，以促进枝条发育充实。10月以后逐渐停止施肥。10月底入室后，放阳光充足处，一般每2~3d浇1次水，保持盆土稍湿润。

4. 修剪

对直径1cm以下的一年生枝仅留1~2个芽，直径1cm以上的可留2~3个芽。剪后可刺激隐芽和腋芽抽出强壮的新梢，长大后可使满树着花繁茂。对根部的弱枝要及时剥除。老龄植株要适当截干，以利调整株形。对生长过长的枝条，可在花后采取摘心的办法控制其长势，也可将开过花的枝条从基部剪除，萌生的枝条开花更为繁茂。

（四）病虫害防治

1. 刺桐姬小蜂

刺桐姬小蜂严重危害刺桐属植物，造成叶片、嫩枝等处出现畸形、肿大、坏死、虫瘿，严重时引起植物大量落叶、植株死亡。对于刺桐姬小蜂的防治，应以农业防治和化学防治相结合，预防为主，综合防治。

（1）农业防治　修枝清除害虫，对刺桐属植株做适当枝叶修剪，清除受害植株的叶片、叶柄，并集中销毁。修剪的伤口用“愈伤防腐膜”及早封闭，防止病虫为害和污染。另外，在清园的同时，应结合化学药物对刺桐树体进行消毒，喷施“护树将军”，消灭病虫害的越冬场所。

（2）化学防治　使用高效、广谱、内吸、熏蒸、传导、渗透的杀虫剂进行防治，最好在杀虫剂中加入“新高脂膜”，使农药增效，减少农药喷施次数。

2. 刺桐叶斑病

刺桐叶斑病主要危害刺桐叶片。植株患病后，叶尖、叶缘开始发病，病斑呈灰褐色，上有灰黑色小点，后期病斑扩大，造成叶片透明如纸、易破碎，严重影响刺桐树的正常生长和观赏效果。综合防治方案如下。

①去除腐烂树皮，对树冠及树干喷施药物，对树干采取喷涂农药并包裹。

②对树干周边土壤喷灌药物，进行全面消毒处理。

③组织人员对发生枝叶畸形、肿大的刺桐树树冠及嫩枝进行全面修剪，并对剪下的枝叶进行集中销毁。

第三十六节　柳叶榕

一、简介

柳叶榕，学名*Ficus benjamina* L.，别名长叶榕，为桑科榕树属常绿大乔木。分布于我国广东、广西、海南、云南等省（区）。该树枝条浓密，皮孔明显，树冠广阔，遮荫效果极佳，为华南风光代表树种之一。柳叶榕幼树可曲茎、提根靠接，做多种造型，制成艺术盆景。老蔸可修整成古老苍劲的桩景，是园艺造景中用途最多的树种之一。此外，垂叶榕还可以形成“独树成林”的生态奇观。大树抗有害气体及烟尘的能力强，具有清洁空气的作用，宜作行道树，还可于工矿区、广场、森林公园等处种植，雄伟壮丽。一株古榕，可遮荫数顷，供数百人聚会。

二、生长习性

柳叶榕喜半阴、温暖而湿润的气候。较耐寒，可耐短期的0℃低温，温度在25～30℃时生长较快，空气湿度在80%以上时易生出气根；喜光，但应避免强光直射；适应性强，长势旺盛，容易造型，病虫害少；能适应多种土壤，砂土、黏土、酸性土及钙质土均宜；较喜肥，耐水湿，生命力很强。

三、栽培技术

（一）繁殖方法

多用扦插法繁殖，亦可用种子育苗。

1. 扦插繁殖

扦插于春季气温回升后进行。老枝或嫩枝，均可作插穗，可截成20cm左右长小段，直接插入圃地，保持湿润，约1个月可发根，留圃培育2～4年，即可出圃供露地栽植。也可用长2m左右、径6cm左右的粗干，剪去枝叶，顶端裹泥，不经育苗，直接插干栽植。插后白天要经常喷水，保持空气湿度，一般在15d左右开始发根，一个月后能移植。

2. 种子繁殖

果实10月成熟，果实采下堆沤后，装入紧密布袋内，置水中搓漂淘出种子。种子发芽率最高为40%，有的年份种子不发芽。种子忌失水，宜裹湿润过滤纸或混细砂贮藏或随采随播。按小粒种子播种要求，将种子先撒播于播种盘或经细致平整的园圃地，防雨冲击。播后约1d即可发芽，2个月左右可移植至圃地培育，2～5年生可出圃定植。实生苗枝条柔软，根系发达，宜于做曲茎、靠接、提根等多种造形，也宜将树冠修剪。

（二）栽培管理

幼苗定植一年四季均可进行，冬季定植应加盖塑料薄膜以防霜冻，提高成活率。定植畦为宽1m，高不低于30cm，双行挖穴，株距25～30cm，3株紧合在一起种于穴内。穴底最好放入火土灰，以利幼苗迅速长出新根，也为起苗上盆时多带土提供了条件。定植后若幼苗还未抽出新叶，应注意保持土壤湿润。

（三）病虫害防治

柳叶榕的常见害虫是白蜡蚧，一旦生了白蜡蚧，将极大地影响其长势，严重影响其观赏效果。白蜡蚧一般应以预防为主，即每隔 2 ~3 个月，给全树喷 1 次 2500 倍液的敌杀死药液，基本可以保证全年不生白蜡蚧。

第三十七节 侧柏

一、简介

侧柏，学名 *Platycladus orientalis*（L.）Franco，又名扁柏、香柏，为柏科侧柏属常绿乔木。侧柏为中国特产种，除青海、新疆外，全国均有分布。华北地区有野生，人工栽培遍及全国，是优良的园林绿化树种。此外，由于侧柏寿命长，树姿美，抗烟尘，抗二氧化硫、氯化氢等有害气体，所以各地多有栽培。常用于庭院中散栽、群植，或于建筑物四周种植。又因耐修剪，也可作绿篱栽培，为中国应用最普遍的观赏树木之一。

二、生长习性

侧柏较耐寒，抗风力较差。耐干旱，喜湿润，但不耐水淹。对土壤要求不严，在酸性、中性、石灰性和轻盐碱土壤中均可生长，但喜生于湿润、肥沃、排水良好的钙质土壤。抗盐碱，耐干旱瘠薄，萌芽能力强，可在微酸性至微碱性土壤上生长。生长缓慢，寿命极长。主要造林地多选海拔 1500m 以下的山地阳坡、半阳坡，以及轻盐碱地和砂地。侧柏为温带阳性树种，喜光，耐强太阳光照射，耐高温，适应性强，栽培、野生均有。在平地或悬崖峭壁上都能生长；在干燥、贫瘠的山地上，生长缓慢。

三、栽培技术

（一）繁殖方法

侧柏为大乔木树种，它的寿命长，能长成大材，但生长极为缓慢，多用种子繁殖。当绿色球果转成褐色，果皮尚未开裂时，就是种子成熟的表现，此时应抓紧采集，所采集到的果球放于院内，经翻晒，使果球爆裂，取得种子。侧柏种子空秕子一般较多，可先风选，然后水选，将风选的种子放入缸中加清水浸泡，并用棍棒搅动，浸泡不要太久，最多一昼夜后捞出，沥干水分，盛于麻袋存放在干燥通风处。但凡飘于水面的大部分是空粃子，沉于水下部的种子为饱满可用的种子。一般好的柏树球果出种率多在7%左右。所水选的种子经晒干后，可在室内保存。但凡经过水选的种子，在室内可保存2～3年，不降低发芽率。

（二）栽培管理

1. 选地、整地与施肥

选择地势平坦、排水良好、较肥沃的砂壤土或轻壤土为宜，要具有灌溉条件。育苗地要深耕细耙，施足底肥。一般采取秋翻地，深度25cm左右，结合翻地，每667m^2施入厩肥2500～5000kg，将粪肥翻入土中，然后，耙耢整平。在此基础上做床，一般床长10～20m，床面宽1m，床高15cm，然后浇1次透水。

2. 种子处理及播种

为使种子发芽迅速、整齐，要进行催芽处理。侧柏种子空粒较多，可先进行水选，将浮上的空粒捞出，再用0.3%～0.5%硫酸铜溶液浸种1～2h，或用0.5%高锰酸钾溶液浸种2h，进行种子消毒，然后进行催芽。催芽时种子与3倍的干净细河砂混合，保温保湿，待有1/3种子裂嘴时筛去细砂及时播种。

侧柏适于春播，但因各地气候条件的差异，播种时间也不相同，应根据当地气候条件适期早播为宜，如华北地区3月中下旬，西北地区3月下旬至4月上旬，而东北地区则以4月中下旬为好。为确保苗木产量和质量，播种量不宜过小，当种子净度为90%以上，种子发芽率85%以上时，每667m^2播种量10kg左右为宜。

播种时每床纵向（顺床）条播3～5行，播幅5～10cm；横向条播，播幅3～5cm，行距10cm。播种时开沟深浅要一致，下种要均匀，播种后及时覆土1～1.5cm，然后进行镇压，使种子与土壤密接，以利于种子萌发。在干旱风沙地区，为利于土壤保墒，有条件时可覆土后覆草。

3. 苗期管理

（1）防病　经过催芽处理的种子，一般播种后10d左右开始发芽出土，20d左右为出苗盛期。幼苗出齐后，喷洒0.5%～1%波尔多液，每隔7～10d喷1次，连续喷洒3～4次，预防立枯病发生。

（2）灌溉　幼苗期要适当控制灌水，以促进根系生长发育。苗木速生期的6月中下旬以后，处于雨季之前的高温干旱时期，气温高而降雨量少，要及时灌溉，适当增加灌水次数，根据土壤墒情每10～15d灌溉1次，以1次灌透为原则，采用喷灌方式为宜。进入雨季后减少灌溉，并应注意排水防涝，做到内水不积，外水不侵入。

（3）施肥间苗 苗木速生期结合灌溉进行追肥，一般全年追施硫酸铵2～3次，每667m^2施硫酸铵4～6kg；也可用腐熟的人粪尿追施。及时间苗，去掉细弱苗、病虫害苗和双株苗。一般当幼苗高3～5cm时进行两次间苗，定苗后每平方米床面留苗150株左右，则每667m^2产苗量可达15万株。

（4）除草松土 要做到“除早、除小、除了”。采用物理防治方法除草，如人工拔草、除草等措施防治，另可根据杂草发生和危害情况，运用机械驱动的除草机进行机械防草，但机器碾压，土壤易板结。当表土板结影响幼苗生长时，要及时疏松表土，松土深度约1～2cm，宜在降雨或浇水后进行。

（5）越冬防寒 在冬季寒冷多风的地区，一般于土壤封冻前灌封冻水，然后采取埋土防寒或夹设防风障防寒，也可覆草防寒。埋土防寒时间不宜过早，一般在土壤封冻前的立冬前后为宜；而撤防寒土又不宜过迟，多在土壤化冻后的清明前后分两次撤除。撤土后要及时灌足返青水，以防春旱风大，引起苗梢失水枯黄。

（6）移植 侧柏苗木多两年出圃，春季移植。有时为了培育绿化大苗，需经过2～3次移植，培育成根系发达、生育健壮、冠形优美的大苗后再出圃栽植。计划培育1年的，移植株行距（10×20）cm；2年的株行距（20×40）cm；3年的株行距（30×40）cm。如要栽种绿篱，以用2～3年生苗木为宜。采用双行栽植或单行栽植的方式，且栽植不宜过深，栽后应立即灌溉，并及时检查，如有倒伏和露根现象，需扶正和加土。3～4年绿篱基本成形。

（三）病虫害防治

侧柏叶枯病是自2009年来新发现的一种重要的叶部病害，发生在春季，幼苗和成林均可受害。在发病季节，林区呈现一片枯黄，仅见残留梢部的绿叶。侧柏叶枯病防治应立足于营林技术措施，促进侧柏生长，采取适度修枝和间伐，以改善生长环境，降低侵染源。有条件的可以增施肥料，促进生长。化学防治可以采用杀菌剂烟剂，在子囊孢子释放盛期的6月中旬前后，按15kg/hm^2的用量，于傍晚放烟，可以获得良好的防治效果；也可采用40%灭病威、40%多菌灵、40%百菌清500倍液，在子囊孢子释放高峰时期喷雾防治。

叶凋病为侧柏的另一种主要病害，为害严重时可造成大片侧柏树叶凋枯，似火烧状，树势严重衰弱。其防治方法为秋、冬季清扫树下病叶烧毁，消灭污染来源，消灭过冬病菌，减少第一次侵入；在5～8月，每2周喷1次等量式波尔多液100倍液预防；过密的侧柏树林要适当进行疏伐，使林内通风透光，减少发病条件。

第三十八节　白花泡桐

一、简介

白花泡桐，学名 *Paulownia fortunei*（Seem.）Hemsl.，别名泡桐、大果泡桐、桐木树、紫花树毛，为玄参科泡桐属的乔木。原产于中国，分布于海河流域南部和黄河流域以南，是黄河故道上防风固沙的最好树种。泡桐春季先开花，花大，是不明显的唇形，略有香味，盛花时满树花非常壮观，花落后长出大叶，叶密而大，树荫非常隔光，是良好的绿化和行道树种。且泡桐抗污染性较强，适宜用作工厂附近的隔离带。

二、生活习性

泡桐喜光，较耐阴，喜温暖气候，耐寒性不强，对黏重瘠薄土壤有较强适应性。幼年生长极快，是速生树种。

泡桐对热量要求较高，对大气干旱的适应能力较强，对土壤肥力、土层厚度和疏松程度也有较高要求，在黏重的土壤上生长不良。

三、栽培技术

（一）繁殖方法

泡桐苗木繁育比较容易，方法很多，其中埋根育苗具有技术简便、出苗整齐、出苗快、成活率高、苗木质量好、育苗成本低等优点，是生产上使用最多的方法。

1. 种根采集与处理

用于育苗的最好种根是一年生苗木出圃后余留下来的或修剪下来的苗根。种根采集时间从落叶到发芽前均可。种根挖出后，选择 1～2cm 粗无损伤的苗根，按长 10～15cm 剪集根条。剪取种根时，为防止埋根时倒埋种根的现象发生，应做到上端平剪、下端斜剪。种根剪取后应放置于太阳下晾晒 1～2d，然后再根据粗度不同分别按一定数量绑扎成捆。春季采集好的种根可放置于阴凉处随时运往圃地埋根育苗。

2. 选地与整地

选择地势平坦、土层深厚、耕作层超过 50cm、土壤肥沃、通气性良好、地下水位在 1.5m 以下、排灌方便、背风向阳的砂壤、壤土或轻黏土。整地时每 667m^2施入腐熟有机农杂肥 300kg、磷肥 30kg，然后深耕 40～50cm，耙碎、耙平后做床，床高20cm，床面宽70～75cm。四周开好排灌边沟，圃地面积大的要开中沟。

3. 埋根育苗

2月中下旬～3月底都可埋根。首先按株行距定点挖穴或用竹签引眼，将种根大头向上直插于穴中，上端略低于地面1～2cm，然后填土压实，使种根与土壤密接，再在上面盖少量虚土。一般培育干高4m左右的一级苗木，其密度为667株/667m^2，即株行距各1m；若要培育5m以上的特级苗，其株行距可适当加大到1.2m。为便于管理操作，也可以采用宽行距、窄株距的方式。

4. 管理技术

（1）苗期　这个时期的管理一是要及时排除苗地积水，二是防止雨后地表板结，三是对每穴萌发出的数个萌芽，只保留1～2个健壮芽，其余的芽及时抹去。

（2）生长初期　苗木的根系生长较快，苗高生长较慢，此时的管理工作，一是定苗，当苗高达10～20cm时，每穴保留一株健壮幼苗，其余的除掉；二是搞好幼苗根部松土、培土和苗地除草；三是每隔10d追施0.2%尿素水溶液，每株浇1kg。

（3）速生期　该阶段的水肥管理工作十分重要。要采取人工或化学除草的方式及时除去杂草。除草时结合进行1次根部培土5～10cm。干旱季节要注意灌水，保持土壤湿润。在7月上旬、下旬，8月中旬，要各追施1次速效肥，每次均按每667m^{2}施硫酸铵60～100kg。为促进苗干的生长，苗木在生长期间由叶腋萌发的副梢，应及时抹掉。速生期叶腋芽长速很快，应5d左右抹1次。

（4）生长后期　9月上旬以后，苗木生长量仍大，可在此时每667m^{2}施磷钾复合肥40～50kg，促进苗木的后期生长，提高苗木质量。

（二）栽培管理

1. 造林地选择

选择土层厚度1m以上，地下水位3m以下，土壤氮、磷含量分别在0.01%和0.05%以上的土地。以“四旁”植树最佳。小于30°的山脚、山谷，只要土壤深厚、肥沃，地下水位不过高，都可选作造林地。

2. 造林密度

用作“四旁”造林，其株行距以（6×6）m为宜。在红壤丘陵地营造泡桐纯林，培育胸径12cm左右的中小径材，不需间伐，初始密度以（3×3）m为好。

3. 造林整地

主要采用穴状整地。挖穴的大小应视立地条件而定。一般土层深厚，土质疏松、肥沃的，穴径为0.8～1.0m，穴深0.5～0.8m；若土层较薄、土质较紧、土壤瘠薄，则穴宽可为1～1.5m，穴深0.8～1m。基肥以腐熟的厩肥、堆肥为主，每穴施25kg，并混合钙镁磷2kg，在造林前一周左右最好灌1次水。

4. 造林方法

泡桐造林应选用一年生二级以上的壮苗，于春季造林。栽植深度以苗木根颈与地表相平为宜。特殊情况下，如干旱或砂壤土，栽植可深一些，根颈处可低于地表15cm。

5. 林木管护

栽植后加强保护，进行水肥管理。幼林期每年冬季应翻锄1次，并可套种农作物或花卉、药材等。有条件的地方，在干旱季节灌2～3次水。追肥时可根据林木大小，在离树干基部30～70cm处，挖10～30cm深的圆形或半圆形的施肥沟，每棵树施氮肥0.1～0.2kg，与土拌均，然后覆土封盖。

6. 抹芽

泡桐造林当年，苗干上会从腋芽处萌发侧枝，造成主干过低，影响出材率和木材品质。因此，对一年生树干上分布较低的腋芽，在没有木质化时必须抹（摘）除，以提高主干的高生长，达到培育高大通直无节良材，提高木材产量和品质。

（三）病虫害防治

泡桐的病害有炭疽病、黑豆病，以炭疽病为主。可用1份硫酸铜和10份碳酸氢铵混合，密封24h后，配制200倍液喷洒幼苗，防治炭疽病和黑豆病都有较好的效果。泡桐苗期的害虫主要有金龟子、小地老虎、泡桐网蝽、泡桐叶甲等。金龟子的防治主要是是苗木出土后，在被害的苗木上浇洒20%桐子饼液（10kg桐子饼渗水40kg），防治效果很好；小地老虎的防治主要是在被害苗木附近扒开土来捕杀；泡桐网蝽主要危害叶片，可用2.5%溴氰菊酯3000～5000倍液喷杀；泡桐叶甲也是危害叶片，可用敌百虫粉剂喷杀。

第三十九节　桉树

一、简介

桉树，学名 *Eucalyptus robusta* Smith，又名白柴油树、莽树，是桃金娘科桉属植物的统称，可能起源于白垩纪末。大多品种是高大乔木，少数是小乔木，呈灌木状的很少。桉树一般为100～110m，是世界上最高的树。中国很早就引进了桉树树种，并在南部省份广泛种植，种植品种有蓝桉、直干蓝桉、柠檬桉、大叶桉及观叶型铜钱桉 5 种。桉树生长迅速、木质坚硬，在中国的环境保护和木材工业的发展中发挥着十分重要的作用，广泛应用于建筑、桥梁、造船、码头、造纸、矿井、养畜圈舍、燃料等各行各业，经济及生态效益十分显著，同时它还是疗养区、住宅区、医院和公共绿地的良好绿化树种。

桉树是世界著名的三大速生树种之一，其适应性强，材种多样，用途广泛，经济价值高，是十分难得的短周期工业用材树种。一般 5～8 年可采伐利用。

二、生长习性

桉树多数为亚热带植物，喜光，好湿，耐旱，抗热。畏寒，对低温很敏感。有些种起源于热带，不能耐 0℃以下低温；有些种原生长在温暖气候地带，能耐－10℃低温。能够生长在各种土壤，多数种既能适应酸性土，也能适应碱性土，而最适宜的土壤为肥沃的冲积土。桉树性喜光，稍有遮荫即可影响其生长速度。喜肥沃湿润的酸性土，在昆明良好环境下，1 年苗可达 1.5～2m，3 年生高达 9m，10 年生高约 20m。

三、栽培技术

（一）繁殖方法

可用播种、嫁接、扦插和茎尖组织培养等方法繁殖。其中播种方式，于 11～12 月采种，次年春播；也可在 7～8 月采种，当年播种，种子发芽率达 90%以上。

1. 母床育苗

选择土壤肥沃的菜园地作苗床地，在 3 月中旬播种，精细整地，床宽 1.2m。将种子浸泡 48h 后，用细砂拌匀，撒播于苗床上，用细粪土覆盖 1～2cm 厚。浇足水后盖膜，播后 7～10d 可出土。当小苗长至 5～10cm 高时，揭膜炼苗；苗长到 30～40cm 高时，宜选阴雨天移栽，易成活。

2. 营养袋育苗

营养土装袋后，将浸泡好的种子播于袋中（每袋 2～3 粒），再覆盖一层细粪，浇足水后盖膜，注意通风和保持水分。在小苗成长期间定苗，拔出弱小苗，每个营养袋留 1 株。待小苗长至 10～20cm 高时可以移栽。一般 3 月上旬育苗，6 月上旬雨季进行移栽。

3. 苗床管理

待幼苗出苗后，拔除苗床杂草。桉树幼苗易发生立枯病，发病初期可用 70%敌克松 500 倍液喷淋或浇泼苗床 2～3 次，每次间隔时间 10～15d。

（二）栽培管理

1. 移栽

6 月上旬雨季开始后进行移栽，穴深 40cm，直径 40cm，每 667m^2 植 300 株［株行距（1×2）m］，栽后浇足定根水。

2. 施肥及虫害防治

成活后，每 667m^2 用复合肥 50kg 或普通过磷酸钙 40kg、尿素 10kg，于穴周施用。桉树易受黄蚂蚁为害，在移栽成活后，每 667m^2 可用 10% 二嗪磷颗粒剂 500g 或 3% 辛硫磷 1kg，拌在化肥中，施于穴周与土壤拌匀，可防治黄蚂蚁的危害。

3. 幼树管理

成活后的幼树林及时松土，铲除杂草。树苗长至 2～3 年后，每年进行修枝 1 次，修除下层细弱枝，有利于通风透光。4 年后即可采叶提取芳香油。

4. 栽植

选择阴雨天进行。栽植时要先将营养袋拆除，用手托住营养土使之不散，小心放入穴内，然后覆土，从侧方压实，再用细土把苗木根部压紧，深度以刚好盖住营养土为宜，最后在其表面覆盖 3～5cm 细土，使之形成龟背形，以防雨天积水，造成苗木腐烂死亡。栽植密度是株行距（2×3）m，每 667m^2 112 株。

5. 造林地选择

选择海拔 600m 以下、交通方便、坡度平缓、土层较深厚、疏松肥沃的宜林荒山地，开穴整地，穴规格为（40×40×40）cm。

6. 施肥

在栽植前半个月内，先用表土回穴到穴高 10cm 处，然后按每株 0.5cm 厚磷肥施入，注意磷肥要撒施均匀，不成堆，再用土将穴填至土面。

追肥次数每年 3～4 次，一般间隔 2～5 周，肥料品种以尿素为宜。第一次在造林 1 个月后，选择阴雨天，结合对幼苗培蔸除草时进行，按每株 3～5g 尿素，距苗木的水平距离为 5cm 处做圈施；第二次按每株 6～10g；第三次按每株 6～10g；第四次按每株 10g 以上。每次追肥后再培 5～7cm 厚细土，以防肥料损失。

（三）病虫害防治

桉树枯萎病广泛分布于世界各地，主要危害植株的根部及茎部维管束，发病严重时全株枯死。防治方法为砍除、烧毁病株，然后用 200 倍福尔马林液进行土壤消毒。

灰霉病通常在春季发生，病害蔓延速度很快，往往成块状、片状大量发生。其防治方法是在管理上首先要加强苗床的通风透气；其次，在病害发生初期，用多菌灵、代森锰锌或甲基托布津 800～1000 倍液每隔 5d 喷淋 1 次，对于防治灰霉病会起到良好的效果；此外，与百菌清、克菌丹800～1000倍液交替使用，对于防止该病产生耐药性也起到一定效果。

桉树常见的虫害是土栖白蚁，防治方法：以防为主，药饵诱杀。造林时，在穴中放3～4g呋喃丹（克百威）与基肥、土混合填穴，每667m² 用药0.35kg；造林后，每667m² 用药0.2kg，沿树蔸圈施，注意不要使药粉接触树苗，以免发生药害。

第四十节　垂丝海棠

一、简介

垂丝海棠，学名 *Malus halliana* Koehne，又名垂枝海棠，是蔷薇科苹果属的落叶小乔木，是中国的特有植物。分布于中国大陆的四川、安徽、陕西、江苏、浙江、云南等地，生长于海拔50～1200m的地区，多生长于山坡丛林中和山溪边，目前已由人工引种栽培。

垂丝海棠种类繁多，树形多样，叶茂花繁，丰盈娇艳，可地栽装点园林。可在门庭两侧对植，或在亭台周围、丛林边缘、水滨布置；可在观花树丛中作主体树种，其下配植春花灌木，其后以常绿树为背景。垂丝海棠是制作盆景的材料，若是挖取古老树桩盆栽，通过艺术加工，可形成苍老古雅的桩景珍品。

二、生长习性

垂丝海棠性喜阳光，不耐阴，也不耐寒，喜温暖湿润的环境，对土壤要求不严，微酸或微碱性土壤均可生长，但以土层深厚、疏松、肥沃、排水良好略带黏质的土壤生长为好。垂丝海棠生性强健，适应性强，栽培容易，不需要特殊技术管理，但不耐水涝，所以盆栽需防止水渍，以免烂根。

三、栽培技术

（一）繁殖方法

垂丝海棠可采用扦插、分株、压条等方法繁殖。

1. 扦插繁殖

扦插以采用春插为多。先在盆内装入疏松的砂质土壤，再从母株株丛基部取12～16cm长的侧枝，插入盆土中，插入的深度约为1/3～1/2，然后将土稍加压实，浇1次透水，放置遮荫处，此后注意经常保持土壤湿润，约经3

个月可以生根。清明后移出温室，置背风向阳处。立夏以后视生根情况，若植株长至超过25cm时，需进行摘心，10d后即施第一次追肥（腐熟有机肥）；夏至过后换1次盆；立冬时移入室内。若盆土干燥，须浇些水，但勿过多。次年清明移出温室，不久即可绽蕾开花。

2. 分株繁殖

在春季3月份将母株根际旁边萌发出的小苗轻轻分离开来，尽量保留分出枝干的须根，剪去干梢，另植在预先准备好的盆中，注意保持盆土湿润。冬入室、夏遮荫，适当按时浇施肥液，2年即可开花。

3. 压条繁殖

压条在立夏至伏天之间进行。压条时，选取母株周围1~2个小株的枝条拧弯，压埋入土中，深约12~16cm，使枝梢大部分仍露出地面。待来年清明后切离母株，栽入另一新盆中。

4. 嫁接繁殖

嫁接前主要做好接穗与砧木的准备工作。选用生长健壮、饱满充实的垂丝海棠发育枝作接穗，剪下的枝条除去叶片和嫩梢，注意要保留1cm长的叶柄，以便嫁接操作及检验成活。将剪下的接穗枝条打成捆，直立放于背风阴凉处，下半部分用湿砂培好，上部经常喷水防干。嫁接前把接穗放在水桶里，水桶内放入10cm深的清水，上面用湿布盖遮，随接随取。嫁接前需将砧苗下部的萌枝靠基部剪除，并喷1次杀菌、杀虫剂，以防接后病虫危害。接前4d圃地最好浇1次小水，以利砧木离皮和嫁接成活。嫁接时间在6月下旬~7月上旬，当砧苗基径达0.5cm左右时即可嫁接，采用“丁”字形芽接法，接后用塑料薄膜缠紧封严，只露叶柄。

（二）盆栽管理

垂丝海棠树姿优美，3~4月盛花期，红花满枝，纷披婉垂，是最佳的观赏期。盆栽可通过冬季加温的措施，使其提前开花。垂丝海棠盆景以观花为主，每年3~4月开花1次，如采取降温、减水、遮光等管理措施，能使它在当年秋季开第二次花。方法是在7月上旬将盆栽海棠移到阴凉处，进行降温、减少光照、控制浇水等处理，促使它叶片发黄，自行脱落，进入休眠状态。而后少量浇水，维持生命，待经过一个多月的休眠后，再将植株移至光照充足处，浇透水并追施液肥，使之苏醒萌发新芽，再经5~7d即可再次开花。

1. 上盆

（1）选盆　垂丝海棠用中深的圆形、长方形或正方形盆钵，质地以用紫砂陶盆或釉陶盆为宜。盆的色彩、形式，需与海棠树形、花色相协调。

（2）用土　海棠较喜肥，宜用肥沃疏松的腐叶土或田园土，掺拌适量的砂土及砻糠灰。微酸或微碱性的土壤都能生长。

（3）栽种　宜在早春进行，深秋亦可。栽植上盆时，可在盆底放置腐熟豆饼和骨粉作为基肥。

2. 整姿

（1）加工　垂丝海棠宜用棕丝攀扎，结合修剪进行造型。但需注意及时拆除棕丝，否则很易造成“陷丝”现象，影响美观和树木生长。加工时期以在休眠期为宜，也可在开花后进行。

（2）树形　垂丝海棠盆景树形宜作斜干式、曲干式和悬崖式等，枝干宜挺秀舒展，并注意疏密适当，以利花枝繁茂，花色娇艳，增加观赏效果。

（三）病虫害防治

垂丝海棠常见虫害有角蜡蚧、苹果蚜、红蜘蛛等。角蜡蚧的防治方法为在植株发芽前喷 5°Bé 石硫合剂，杀灭越冬卵。蚜虫的防治方法为危害期喷 50% 西维因可湿性粉剂 800 倍液。红蜘蛛的防治，冬季将杂草及病株、病叶烧毁；用由 6% 三氯杀螨砜加 6% 三氯杀螨醇混合制成的可湿性粉剂 300 倍液喷杀。

第四十一节　乌桕

一、简介

乌桕，学名 *Sapium sebiferum*（L.）Roxb.，又名虹树、蜡烛树、桕子树等，为大戟科乌桕属落叶乔木。为中国特有的经济树种，已有 1400 多年的栽培历史，主要栽培区为长江流域及其以南各省，如浙江、湖北，四川、贵州、安徽、云南、江西、福建等省，以及河南省的淮河流域地区，为湖北省大悟县县树。

乌桕是一种色叶树种，春秋季叶色红艳夺目，不下丹枫。其树冠整齐，叶形秀丽，秋叶经霜时如火如荼，十分美观，有“乌桕赤于枫，园林二月中”之赞名。应用于园林中，集观形、观色叶、观果于一体，具有极高的观赏价值。若与亭廊、花墙、山石等相配，非常协调。也可孤植、丛植于草坪和湖畔、池边，在园林绿化中可栽作护堤树、庭荫树及行道树。在城市园林中，乌桕可作行道树，可栽植于道路景观带，也可栽植于广场、公园、庭院中，或成片栽植于景区、森林公园中，能产生良好的造景效果。乌桕树苗在苗圃培育 3 ~4 年，1m 高、直径达 6cm 左右可出圃用于园林绿化。

二、生长习性

乌桕喜光，不耐阴，喜温暖环境，不耐寒，适生于深厚肥沃、含水丰富的土壤，对酸性、钙质土、盐碱土均能适应。主根发达，抗风力强，耐水湿，寿命较长。年平均温度15℃以上，年降雨量750mm以上地区都可生长。对土壤适应性较强，沿河两岸冲积土、平原水稻土、低山丘陵黏质红壤、山地红黄壤都能生长，以深厚湿润肥沃的冲积土生长最好。

三、栽培技术

（一）繁殖方法

一般用播种法，优良品种用嫁接法。也可用埋根法繁殖。

1. 种子处理

乌桕因其种子外被蜡质，播种前要进行去蜡处理。用草木灰温水浸种或用食用碱揉搓种子，再用温水清洗，可去除蜡质。

2. 播种间苗

春播宜在2~3月进行，条播，条距25cm，每667m^2播种7kg左右，播种后25~30d可发芽。幼苗高12~15cm时需间苗，保留苗木株距8cm左右，每667m^2留苗8000~10000株。间下的苗木可摘叶（顶端留3片叶子）移植。

3. 施肥管理

在6月上旬后苗木进入速生阶段，这时要及时除草、松土和施肥，每月追肥1~2次，每次667m^2施硫酸铵等化肥5kg左右，或薄施人粪尿。9月后要停止施氮肥，增施磷、钾肥，以防长秋梢，引起冻害。

4. 嫁接

以一年生实生苗作砧木，选取优良品种母树上生长健壮、树冠中上部的1~2年生枝条作接穗，2~4月间用切腹接法，成活率可达85%以上。

5. 修剪

自主干开始出现分枝时起，就开始抹去开始抽梢的腋芽，或摘除已抽出的侧枝新梢，一个生长周期需修剪2~3次，目的是抑制侧枝产生和生长，促进主干新梢的顶端生长优势，促进高生长。

（二）栽培管理

培育一棵优秀的乌桕树，需要6~10年的时间，越是精品的苗木，越需要长期的培育。

乌桕的移栽宜在春季（4~5月）进行。萌芽前和萌芽后都可栽植，移栽时需带土球，土球直径35~50cm。栽植时要坚持大穴浅栽，挖（1×1×1）m

的大穴，在穴底部施入腐熟的有机肥，回填入好土，再放入苗木。栽植深度掌握在表层覆土距苗木根际处5～10cm。栽后上好支撑架，再浇1次透水，3d后再浇1次水，以后视天气情况和土壤墒情确定浇水次数，一般10d左右浇1次水。乌桕喜水喜肥，生长期如遇干旱，就要及时浇水。

（三）病虫害防治

危害乌桕的虫害有樗蚕、刺蛾、柳兰叶甲、大蓑蛾等。如有发生，可用20%除虫脲8000倍液、0.5%蔬果净（楝素）乳油600倍液、Bt乳剂50倍液或灭幼脲3号悬浮剂2000～2500倍液喷洒防治。发生大蓑蛾，可用人工摘除结合剪枝的方法防治。

第四十二节　碧桃

一、简介

碧桃，学名 *Amygdalus persica* L. var. *persica* f. *duplex* Rehd.，又名千叶桃花，为蔷薇科李属小乔木，是桃的一个变种，习惯上将属于观赏桃花类的半重瓣及重瓣品种统称为碧桃。原产我国北部和中部，分布在西北、华北、华东、西南等地，主要为江苏、山东、浙江、安徽、上海、河南、河北等地，现世界各国均已引种栽培。

碧桃在园林中应用较广，可片植形成桃林，也可孤植点缀于草坪中，也可与贴梗海棠等花灌木配植，形成百花齐放的景象。碧桃花大色艳，开花时美丽漂亮，观赏期15d之久，在园林绿化中被广泛用于湖滨、溪流、道路两侧和公园等，还可用于庭院绿化点缀、私家花园等，也用于盆栽观赏，还常用于切花和制作盆景。

二、生长习性

碧桃性喜阳光，耐旱，不耐潮湿的环境。喜欢气候温暖的环境，耐寒性好，能在-25℃的自然环境安然越冬。要求土壤肥沃、排水良好。不喜欢积水。

三、栽培技术

（一）繁殖方法

为保持优良品质，必须用嫁接法繁殖，砧木用山毛桃。采用芽接或枝接，嫁接成活率可达90%以上。

（1）接穗选择　碧桃母树要选用健壮而无病虫害、花果优良的植株，选当年的新梢粗壮枝、芽眼饱满枝为接穗。

（2）嫁接方法 芽接可削取芽片，或少带木质部的芽片，在砧木茎干处剥皮。剪取母树的接穗，即剪去叶片，留叶柄。在接穗芽下面1cm处用刀尖向上削切，长1.5～2cm，芽内侧要稍带木质部。芽接时间，南方以6～7月中旬为佳，北方以7～8月中旬为宜。

（3）接后管理 芽接后10～15d，叶柄呈黄色脱落，即是成活的象征。成活苗在长出新芽、愈合完全后除去塑料胶布，在芽接处以上1cm处剪砧。萌芽后，要抹除砧生芽，同时结合施肥，一般施复合肥1～2次，促使接穗新梢木质化，具备抗寒性能。为防治蚜虫，喷洒50%的蚜松乳油1000～1500倍液；当叶片发生缩叶病时，可使用石硫合剂。

（二）栽培管理

1. 栽植地点及土壤

栽植时要选择地势较高且无遮荫的地点，肥沃且通透性好、呈中性或微碱性的砂质壤土。

2. 水肥管理

碧桃耐旱，怕水湿，一般除早春及秋末各浇1次开冻水及封冻水外，其他季节不用浇水。但在夏季高温天气，如遇连续干旱，需要适当的浇水，雨天应做好排水工作。

碧桃喜肥，可施用腐熟发酵的牛马粪作基肥，每年入冬前施一些芝麻酱渣，6～7月如施用1～2次速效磷、钾肥，可促进花芽分化。

3. 修剪

碧桃一般在花后修剪。结合整形将病虫枝、下垂枝、内膛枝、枯死枝、细弱枝、徒长枝剪掉，还要将已开过花的枝条进行短截，只留基部的2～3个芽。这些枝条长到30cm时应及时摘心，促进腋芽饱满，以利花芽分化。

（三）盆栽管理

1. 日常养护

碧桃喜光，宜放置于背风处，切忌摆放在风口。7～8月花芽分化期要适当控水，以促进花芽分化，冬季休眠期要减少浇水。肥水以淡薄为好，切忌过多使用氮肥，以免枝叶徒长，不能形成花芽。一般每年冬季施基肥1次。开花前可增加磷、钾肥含量。冬季或开花后一直到坐果期间，则不宜施肥，以免造成落花落果。碧桃在生长季内，要结合整形对过密花枝疏剪，生长旺季，可做1～2次摘心。开花前和6月前后对长枝条适当剪短，可促使多生花枝。每3～5年翻1次盆，以在春季萌芽前进行较好。

2. 温度处理

碧桃在落叶后放在室外，到12月初经过“小雪”后的低温阶段，到“大雪”后再拿到室内，室内温度要保持在12℃左右。在离春节30d时，用透明塑料袋把整个花盆套住，可提高温度1～2℃，湿度20%左右，比不套塑料袋的提前开花10～15d。碧挑花开后，把塑料袋去掉可供观赏。

3. 增加光照

碧桃在室内要有充足阳光，阳光能促使花芽分化，提早开花，使花大，花色鲜艳。准备春节开的碧桃必须保证充足的阳光，一般要放在见阳光的窗台上。

4. 延长花期

碧桃正常开花在清明节前后，若想在春节期间开花，应将碧桃盆景放在室外背风向阳处，进行冬化处理，于春节前60d左右入室，室温保持在15～20℃。

碧桃花期一般10～15d。但要使其开花时间长，要采用两个办法：一是开花后把它放在不见阳光的亮光处，盆土水分30%～40%，这样可使碧桃花期延长到20～25d；二是在开花期中用喷雾器，朝花上喷少量400倍的醋液雾，可保鲜、延长花期，使碧桃花期保持一个月左右。

5. 盆景制作方法

将嫁接成活的桃苗，于翌年惊蛰前后，从接芽以上1.5～2.0cm处剪去，促使接芽生长，此间可同时进行上盆和造型修剪。碧桃用土可选用疏松透气、排水、保肥的砂质土。配盆应选用颜色与花色形成对比的紫砂陶盆或釉陶盆。

6. 造型修剪

应根据树势及生长情况和自己的审美观，应用疏剪、扭枝、拉枝、做弯、短截、平断、造痕、疏花等手段逐步进行。要营造出奇特典雅的佳作，需注意的是，其枝杆宜疏不宜密，密则无韵。

（四）病虫害防治

碧桃的病虫害常发于夏、秋两季，其主要病害有穿孔病、炭疽病、流胶病、缩叶病。如有发生，可用70%甲基托布津1000倍液进行喷施，也可和百菌清交替使用。主要虫害有蚜虫、红蜘蛛、介壳虫、红颈天牛等，如有发生，蚜虫、红蜘蛛和介壳虫可用2.5%溴氰菊酯3000倍液喷杀，红颈天牛的成虫可人工捕杀，幼虫可塞入56%磷化铝片剂0.5～1片/孔等农药注入虫孔中，并将洞口用泥巴封死。冬季在主干及粗壮枝上涂白，对防治天牛繁衍幼虫有较好的效果。

第四十三节　红叶李

一、简介

红叶李，学名*Prunus cerasifera* Ehrhar f. *atropurpurea*（Jacq.）Rehd.，别名

樱桃李，为李亚科李属落叶乔木。原产中亚及中国新疆天山一带，现栽培分布于北京以及山西、陕西、河南、江苏、山东、浙江、上海等省市。叶常年紫红色，为著名观叶树种，孤植、群植皆宜，能衬托背景。尤其是紫色发亮的叶子，在绿叶丛中，像一株株永不败落的花朵，在青山绿水中形成一道靓丽的风景线。红叶李在园林绿化中有极广的用途，其适应力强的特点让其在众多地方得以使用，可列植于街道、花坛、建筑物四周，公路两侧等。

二、生长习性

喜光，也稍耐阴，抗寒，适应性强，以温暖湿润的气候环境和排水良好的砂质壤土最为有利。怕盐碱和涝洼。浅根性，萌蘖性强，对有害气体有一定的抗性。

三、栽培技术

（一）繁殖方法

红叶李的繁育方式，生产中常用嫁接法。

（1）砧木选择与培育　砧木多选用山桃、山杏、榆叶梅等。对1～2年生实生砧木多采用芽接法。由于红叶李皮层较薄，影响芽接成活率，一般采用夏季带木质芽接法，以提高嫁接成活率及延长嫁接时间。对2～3年生砧木多采用枝接法。

（2）枝接穗条采集与贮藏　于前一年秋季树体落叶后采集穗条。采条时，选择树体健壮、无病虫害的优良母树，剪取木质化程度好、生长充实、接芽饱满的1年生枝条进行沙藏处理待用。

（3）砧木处理与接穗削取　春季树体开始萌动后至尚未展叶前进行。一般在4月中旬开始嫁接，采用劈接方式。在砧木距地面5～10cm处平剪，剪口要求平滑，做到随截随接，抹除苗干上的侧枝及萌动芽。接穗保留3～5个芽后，剪成8～10cm穗条，下端两侧削成楔形，削面长1～2cm。

（4）嫁接　于砧木剪口处居中纵切，深度1.5～2cm，把接穗紧靠一边轻轻插入，砧穗形成层对齐，接穗在砧木上外露0.2～0.5cm的削面，可使露在外面的削口愈合组织与砧木截面间的愈合组织相接，有利成活，然后用塑料条绑紧。为了防止穗条抽干，影响嫁接成活，接穗采用接蜡速蘸处理。

（5）接后管理　嫁接7～10d后检查成活情况，对未接活的立即补接。成活后及时进行松绑、抹芽，当接芽长至10～15cm时进行摘心处理，诱发侧枝，扩大树冠。嫁接后灌一次透水，以后根据圃地需要适时灌水、松土除草，合理追肥，防治蚜虫等危害，促进嫁接苗正常生长，使出圃苗木苗干通直、木质化程度高，无病虫害，达到一、二级标准。

（二）栽培管理

1. 栽植环境

红叶李为暖温带树种，喜光，应种植于光照充足处，切忌种植于背阴处和大树下，光照不足不仅使植株生长不良，还会使叶片发绿。红叶李耐旱、喜湿，但不耐积水，栽种于干燥之处可正常生长，在低洼处种植则生长不良。红叶李较耐寒，但也应该尽量种植于背风向阳处，尽量不要种植在风口。红叶李的叶片为紫红色，种植时应注意不要顺色，颜色有差异方可显出叶色的美观。

2. 水肥管理

对于新栽植的红叶李幼苗除浇好底水外，还应于 4 月、5 月、6 月、9 月各浇 1 ~2 次透水。7、8 两月降雨充沛，如不是过于干旱，可不浇水，雨水较多时，还应及时排水，防止水大烂根。11 月上中旬还应浇足、浇透封冻水。在第二年的管理中也应于 3 月初、4 月、5 月、6 月、9 月和 11 月上中旬各浇水 1 次。从第 3 年起只需每年早春和初冬浇足、浇透解冻水和封冻水即可。需要注意的是，进入秋季一定要控制浇水，防止水大而使枝条徒长，在冬季遭受冻害。

红叶李喜肥，除栽植时在坑底施入适量腐熟发酵的圈肥外，以后每年在浇封冻水前施入一些农家肥，可使植株生长旺盛，叶片鲜亮。但需要说明的是，红叶李虽然喜肥，但每年只需要在秋末施 1 次肥即可，而且要适量，如果施肥次数过多或施肥量过大，会使叶片颜色发暗而不鲜亮，降低观赏价值。

3. 整形修剪

红叶李最佳的树形是“疏散分层形”。这种树形树冠开张且不失紧凑，而且主干明显，主枝错落有致。

（1）第 1 年修剪　在栽植后进行，在主干 0. 8 ~1. 2m 处短截，剪口下的第 1 个芽作为主枝延长枝，另在第 1 个芽的下方选取 3 ~4 个粗壮的新生枝条作为主枝，枝条应均匀分布，可不在同一轨迹，但上下不应差 5cm 以上，且应呈 45°向上展开。主枝选定好后，在生长期要对其进行适当的摘心，以促其粗壮。

（2）第 2 年冬剪　适当短截主枝延长枝，选取壮芽，在其上 1cm 处短截，芽的方向应与上年主干延长枝的方向相反，主枝也应进行短截，留粗壮的外芽。

（3）第 3 年冬剪　主干延长枝再与第 2 年的主干延长枝方向相反，并选留第 2 层主枝，也同样保留外芽，长成后与第 2 年主枝错落分布。

（4）第 4 年修剪　照此法选留第 3 层主枝。

（三）病虫害防治

红叶李的主要病害有流胶病，其防治措施为在开花前刮除胶体，再用50%退菌特300倍液、1%硫酸铜液等涂抹，生长期喷洒50%混杀硫悬浮剂500倍液等3~4次；白粉病发病初期喷洒77%可杀得可湿性粉剂、0.3°Bé石硫合剂，或25%粉锈宁可湿性粉剂等；黑斑病、细菌性穿孔病及蚜虫引起的煤污病，可用50%多菌灵可湿性粉剂800倍液、甲基硫菌灵70%超微可湿性粉剂1000倍液等防治；叶斑病和炭疽病，可用等量式波尔多液100倍液或70%甲基托布津可湿性粉剂1000倍液喷洒。

红叶李蚜虫4月上中旬会大量发生，可选用10%吡虫啉可湿性粉剂1500倍液；金龟子5月下旬~6月中旬为盛发期，选用90%敌百虫原液800倍液防治效果较好。

第十二章　花卉高效生产的现代病虫害防治技术

随着花卉产业的不断发展，在花卉种植过程中，由于环境条件、管理等各方面原因，花卉易发生诸多病虫害，如立枯病、猝倒病、根腐病、灰霉病、菌核病、叶斑病、蚜虫、红蜘蛛等常见多发病虫害。而花卉作为一种以观赏为主的植物，一旦感染病虫害，将会部分或全部丧失观赏价值。对这些病虫害若不及时发现、准确诊断、科学防治，就会严重影响花卉的生产和销售，以致造成严重的经济损失。因此，要采取科学的病虫害综合治理方法，加强管理，将花卉病虫害的发生控制在较低水平。

一、花卉病虫害防治的基本方法

结合花卉病虫害的发生特点，在防治上应遵循病虫害防治的基本原理，实行“预防为主，综合治理”的方针，对花卉病虫害采取科学的防治方法。

（一）加强花卉植物检疫

加强花卉种子、苗木的植物检疫，是防治病虫害的基本措施之一。许多危险性病虫害如菊花白色锈病、菊花叶枯线虫病、香石竹枯萎病等，常随种苗、鲜切花及盆花等形式传播；在花卉种苗及其产品的调运过程中，一旦对许多危险性病虫害处理不当，往往会造成很大的损失。如美洲斑潜蝇飞行能力有限，自然扩散能力弱，主要靠卵和幼虫的寄主植物传播，以及随盆栽植物的土壤、交通工具等做远距离传播。

（二）农业防治

1. 轮作

轮作是花卉生产中有效的病虫害预防措施。轮作植物需为非寄主植物。连作往往会加重病虫害的发生，通过轮作，使土壤中的病原物、寄生虫卵等因环境条件、生物链不同而不能生存，从而降低病原物的数量。如花卉生产中实行轮作，对经常发生的幼苗猝倒病、立枯病、白绢病、青枯病和单食性害虫有较好的防治效果。

2. 合理安排种类布局

合理安排所生产花卉的分布次序，栽培疏密适度，在充分利用空间的同时保证空气流畅，有利于花卉的生长发育，减少病原物和害虫的发生。对于具有转移寄主的锈病，应避免将寄主和宿主种植在一起。

3. 选择无病虫、抗病虫品种

（1）选择抗病虫品种　花卉的品种间抗病虫能力有很大的差别，对于同一种病虫害的抵抗能力并不一致。如菊花品种中的北京黄、巨山白对白锈病表现为免疫。

（2）选择无病虫苗圃地育苗　选取土壤疏松、排水良好、通风透光、无病虫危害的场所为苗圃地。盆播育苗时应注意盆和基质的消毒。

（3）选用无病株采种（芽）　花卉的许多病虫害，尤其是病害，是通过种苗进行传播的。生产中可以从健康母株上采种或采芽进行繁殖，以得到无病种苗，避免或减轻该类病害的发生。

（4）组培脱毒育苗　对花卉中发生日益严重的病毒病，利用组培技术采取嫩尖、嫩芽、组织、器官等进行脱毒处理，对于防治病毒病十分有效。

（5）加强育苗管理　花卉播种前严格对种子、种苗、种球进行检疫，合理采取药物消毒与温水浸泡等消毒措施，以除去种源携带的病菌。花卉育苗摆放的密度不宜过大，及时通风，进行炼苗，控制幼苗徒长，提高种苗的抗逆性，发现病株随时清除。

4. 加强肥水管理

肥水管理适当，不仅能使花卉健壮生长，而且能增强花卉抗病虫害的能力。根据不同花卉的品种及其生长习性，科学合理安排肥水，避免施肥过量或不足；无机肥施用时要注意氮、磷、钾等肥的配合施用，并合理安排氮、磷、钾肥的配比，避免偏施氮肥；花卉生长中后期可以增施磷、钾肥及部分微肥，便于提高花卉的抗病能力；使用有机肥时注意预先腐熟，不仅可以提高花卉根际微生物的拮抗作用，还可以减轻猝倒病、枯萎病等病害的发生。

5. 保持田园清洁

花卉生长过程中注意及时除草。许多杂草是病虫害的寄主，而且杂草丛生容易提高周围环境的湿度，促使病害的发生。园艺操作过程中应注意手部和园艺用具的消毒，如在切花、摘心、除草时要防止病菌人为传播。及时拔除花卉病株，摘除病叶，清除枯枝、烂叶、根茬等。

6. 调整播期

很多病虫害的发生，是由温度、湿度等环境条件决定的，而且在特定时期特别严重。根据发病期和害虫发生期，提早或延期播种，便可减轻危害。调整播期，对每年发生一次、食性单一、发生整齐的害虫，防治效果更佳。例如，守瓜容易引发翠菊幼苗期虫害，如果提前播种，即可减轻虫害程度。

7. 合理修剪

结合对花木的整形、修剪，及时清除花卉病枝、病叶，清除感病及病死植株，一经发现，彻底销毁，减少病原菌的数量，同时还可以抑制虫卵、成虫等在枝条上越冬、越夏，减少虫源。

（三）物理性防治

1. 薄膜覆盖

薄膜有很大的机械阻隔作用，可限制病原物的传播，而且覆膜后土壤温度增高、湿度增大，创造出适合病残体的分解环境，减少侵染源。花卉的多数叶部病害的病原物，留在病残体上在土壤表面进行越冬，覆盖薄膜可以减少绝大部分叶部病害的发生（图 12－1）。

2. 网室阻隔

采用 40～60 目的纱网进行花卉的网室种植，可以起到阻隔蚜虫、粉虱、叶蝉、蓟马等害虫的作用，减少虫害，同时较有效地减轻病毒病的侵染（图 12－2）。

图 12－1　薄膜覆盖

图 12－2　网室阻隔

3. 色板诱杀

花卉保护地种植时，色板诱杀是目前应用最多的物理防治方法。色板使用方法简便、易于操作，可垂直悬挂或卷成圆筒状，将其悬挂于植株上方 10～20cm 处，可有效防治小型害虫。如浅黄、中黄、柠檬黄 3 种色板，诱杀有翅蚜、白粉虱、蓟马、斑潜蝇成虫等害虫，都有很好的效果。利用银灰色反光膜可驱除蚜虫（图 12－3）。

图 12－3　色板诱杀

图 12－4　臭氧防治机

4. 臭氧防治机

臭氧防治机是最新研制生产的安全、环保、无污染的灭菌消毒设备，主要用于预防和控制设施生产中的气传病害（图 12－4）。臭氧防治机通过高压放电技术进行空气的臭氧化，利用臭氧的强氧化特性，当臭氧达到一定浓度时，可快速杀灭或钝化空气及植株表面的有害细菌、真菌、病毒等，可以减少化学性药物的施用。消毒灭菌之后，臭氧在常温下几十分钟内，可以利用自身的还原特性，还原成氧气，达到无污染、无残留的消毒灭菌效果。在山东寿光，利用该设备防治温室蔬菜、花卉病害，取得了良好的效果。

5. 热处理

热处理可从种苗、土壤等多方面进行。有病虫的花卉种苗可以进行热风或温水浸泡处理，热风温度为 35～40℃，处理时间依据花卉品种不同为 1～4 周；浸泡处理用 40～50℃的温水，浸泡时间依花卉品种不同为 10min～3h。如用 55℃温水浸泡唐菖蒲球茎 30min，可以防治镰刀菌干腐病。种苗热处理的关键是温度和时间的控制，一般处理休眠器官比较安全。注意种苗热处理前要进行试验，温度要慢慢上升。土壤或基质可进行蒸汽（90～100℃）处理，如香石竹镰刀菌枯萎病、菊花枯萎病及地下害虫的发生等，通过蒸汽处理可大幅度降低其发病率。也可利用太阳能进行土壤消毒，在 7～8 月做南北向的垄，浇水并覆盖塑料薄膜（25μm 厚为宜），晴天条件下曝晒 10～15d，能部分或全部杀死土壤中的病原物。

6. 高温闷棚

高温闷棚适用于保护地栽培的花卉。晴天将温室盖上棚膜，密闭闷棚 7～10d，室内温度可达到 60℃以上，能有效地杀死土表及墙体上的病菌孢子及虫卵。

（四）生物防治

生物防治是以有益生物及其代谢产物防治、控制有害生物种群的方法，主要包括以菌治虫、以菌治病和以虫治虫三个方面。生物防治技术包括所有以生物为基础的产品，如利用天敌、生物制剂、昆虫生长调节剂、抗性植物品种等。生物防治可直接消灭病虫害，对人、畜、植物都比较安全，不伤害天敌，不污染环境，不会引起害虫的再猖獗和产生抗性，对一些病虫害有长期的控制作用。但是生物防治也存在着一些局限性，如见效慢、技术要求高、质量不稳定等，特别是利用天敌的“繁与放”技术，目前国内还不太成熟，因此需要与其他防治方法有效地结合使用。

1. 以菌治虫

以菌治虫是指利用害虫的病原微生物及其代谢产物防治害虫的方法，其中微生物包括病毒、细菌、真菌、原生动物等。细菌中应用最多的是苏云金杆菌、松毛虫杆菌、青虫菌等芽孢杆菌类，此类杀虫细菌对鳞翅目害虫有很强的毒杀作用，可有效防治夜蛾、卷叶蛾、天蛾、螟蛾等害虫，特别是对老龄幼虫的防治效果比较好。病毒对害虫的毒杀有专一性，一般一种病毒只寄生于一种害虫，对天敌无害，现已发现 30 多种昆虫病毒，其中核型多角体有 20 多种。能寄生在害虫体内的真菌种类也很多，其中白僵菌、绿僵菌应用较为普遍。白僵菌可以寄生于膜翅目、鳞翅目、直翅目、同翅目、螨类等 200 多种害虫体内。

2. 以菌治病

以菌治病是指利用微生物或其生物制剂来防治植物病害。原理是利用有益微生物与病原物之间的拮抗作用来防治病害。目前较多应用与生产的有：以链霉素防治细菌性软腐病；以井冈霉素防治立枯病；以庆大霉素防治纹枯病、白粉病等；以青霉素防治细菌性溃疡、枯萎病；以灰黄霉素防治花木腐烂病等，并且取得了较好的效果。

3. 以虫治虫

以虫治虫主要是利用天敌昆虫消灭害虫。天敌根据取食害虫的方式分为捕食性天敌和寄生性天敌两种。

（1）捕食性天敌　常见的有蜻蜓、螳螂、猎蝽、草蛉、虎甲、胡蜂、食虫虻、食蚜蝇等。这些昆虫在其生长发育过程中捕食量很大，如一只草蛉 1d 可捕食几十甚至上百只蚜虫。根据调查，大草蛉一生平均捕食棉蚜 2200 头。

（2）寄生性天敌　常见的寄生性天敌主要是寄生蝇和寄生蜂类，它们寄生在害虫体内或体表，以害虫的体液或内部器官为食，使害虫死亡。例如，松毛虫赤眼蜂可以寄生在松毛虫、玉米螟、地老虎、卷叶蛾等近 20 种害虫上；玉米螟的寄生蜂有 80 多种。

4. 生物防治植物

花卉中一些植物本身就具有杀虫、驱虫等作用，包括抗虫植物、诱集植物、拒避植物、杀虫植物、载体植物、养虫植物以及显花（虫媒）植物等，是花卉病虫害生物防治的重要部分。常见的杀虫植物有楝科 *Meliaceae*、卫矛科 *Celastraceae*、豆科 *Leguminosae*、菊科 *Asteraceae*、胡椒科 *Piperaceae*、瑞香科 *Thymelaeaceae* 等 99 科植物。

5. 常见生物农药及生物杀虫剂

（1）苏云金杆菌（Bt） 苏云金杆菌，简称 Bt，是目前国际上用途最广、产量最大、应用最成功的生物农药。Bt 是包括许多变种的一类产晶体芽孢杆菌，低毒，以胃毒作用为主，使害虫停止取食，害虫因饥饿而死。该菌在害虫蜕皮和变态时作用明显，其作用缓慢，在害虫低龄期使用效果较好，但对家蚕高毒。主要用于防治直翅目、鞘翅目、双翅目、膜翅目，特别是鳞翅目的多种害虫。

（2）白僵菌 白僵菌高孢粉是国家林业局推广的高效生物杀虫剂之一，是一种半知菌类的虫生真菌。据调查，白僵菌可以侵入 200 多种昆虫、螨类的虫体内大量繁殖，产生的白僵素（大环酯类毒素）和草酸钙结晶，可引起昆虫体液发生机能变化，影响其新陈代谢而致死。白僵菌主要用于防治蛴螬、家蝇、介壳虫、白粉虱、蚜虫、蓟马、蝗虫、蚱蜢、蟋蟀、天牛、甘蔗金龟子等害虫。

（3）绿僵菌 绿僵菌是一种广谱性的昆虫病原菌，在国外应用其防治害虫的面积已超过了白僵菌。绿僵菌能够寄生于多种害虫体内，通过不断繁殖消耗营养、机械穿透、产生毒素等，使害虫致死，同时可在害虫种群中不断传播。绿僵菌具有一定的专一性，对人畜无害，不污染环境、无残留，害虫不会产生耐药性等优点，主要用于防治白蚁、蝗虫等。

（4）苦参碱 苦参碱是从苦参的干燥根、植株、果实中由乙醇等有机溶剂提取制成的，是一种低毒、低残留、环保型的生物农药。主要用于防治各种松毛虫、茶毛虫、菜青虫等。具有杀虫活性、杀菌活性、调节植物生长等功能。

（5）核型多角体病毒 核型多角体病毒是一种病毒性杀虫剂，昆虫食取带病毒的物质后，病毒在害虫体内大量繁殖，破坏其组织和细胞，使虫体萎缩死亡。核型多角体病毒对人畜低毒，不伤害天敌，长期使用害虫不产生抗性。

6. 适用于花卉的几种生物抗生素

（1）井冈霉素 井冈霉素是水溶性抗生素，为吸水链霉素井冈变种，对人、畜低毒，对植物安全，可被多种微生物分解，无残留。主要用于防治苗期立枯病和白绢病。

（2）春雷霉素　春雷霉素又名春日霉素、加收米，是从放线菌代谢物中提取的水溶性抗生素，对人、畜、植物等均为低毒，有很强的内吸性，主要用于防治黄瓜的炭疽病、细菌性角斑病、枯萎病等。

（3）农抗120　农抗120又称抗菌霉素120或120农用抗菌霉素，是一种广谱抗生素，对人、畜、植物等低毒，主要用于防治花卉、作物、蔬菜等的白粉病。

（4）多抗霉素　多抗霉素又称多氧霉素、多效霉素等，包含多抗霉素A和多抗霉素B。对人畜低毒，对植物安全。是一种广谱性抗生素，具有内吸传导作用。多抗霉素通过干扰病菌细胞壁几丁质的生物合成，抑制病菌产生孢子、病斑扩大。主要用于防治白粉病、灰霉病、丝核菌引起病叶糜烂、猝倒病等。

（5）农用链霉素　农用链霉素即硫酸链霉素，纯品为白色无定形粉末，对人畜低毒，主要用来防治花卉、蔬菜的细菌性病害。

（6）齐螨素　又称阿维菌素，为阿弗曼链霉素的培养提取物，是一种全新的杀虫、杀螨剂，其致死速度较慢。

（7）特立克　呈黄褐色粉末状，是纯生物活体制剂的低毒杀菌剂。具备抗生素的杀菌作用、重寄生作用、溶菌作用、毒性蛋白及竞争作用等，对多数病原菌具有拮抗作用，主要防治花卉、蔬菜的灰霉病、叶霉病、根腐病、立枯病、猝倒病、白绢病等。

（8）重茬敌　重茬敌为低毒生物活性菌，黑色粉剂。除防治病害的作用外，还可以活化、改良、培育土壤，防止土壤盐渍化，并可补充微量元素、提高肥料利用率。可防治花卉立枯病、炭疽病、锈病、白粉病、褐斑病、霜霉病等。本品在做畦时与土混匀进行施用。

（9）益植灵　益植灵为低毒生物杀菌剂，是农抗120的换代产品，为棕色液体，具有广谱性、耐冲刷和防腐保鲜作用。可以直接阻隔蛋白质的合成，导致病原菌死亡，主要防治花卉的白粉病、黑斑病、炭疽病、轮纹病、斑点落叶病、根腐病等。

（10）根复特　根复特又名根腐110，属低毒杀菌剂，实际为无毒级。可防治多种花卉的真菌和细菌性病害，如根腐病、茎基腐病、疫霉病、霜霉病等，同时可以活化根系、壮根、抗早衰、促进弱苗生根、复苏老化根系。

7. 常用昆虫生长调节剂

昆虫生长调节剂通过阻碍或干扰昆虫个体发育时期的正常发育，使得其生活能力降低、死亡，达到杀虫的目的。主要有保幼激素类似物、蜕皮激素类似物、几丁质合成抑制剂。

（1）保幼激素类似物（JHA） 保幼激素类似物（JHA）主要为烯烃类化合物，可直接通过害虫表皮或被吞食后使害虫死亡。早期研究应用的品种有：ZR515（烯虫酯、增丝素）、ZR512（烯虫乙酯）、ZR777（烯虫烘酯）、JH286（保幼炔）等。近期开发研制的具有保幼激素类似物活性的药物，如哒幼酮（NC－170）、双氧威（苯氧威）、吡丙醚（蚊蝇醚）等。

（2）蜕皮激素类似物（MHA） 蜕皮激素类似物（MHA）通过干扰昆虫发育，使其提早脱皮而死亡。由于蜕皮激素类似物提取困难，结构复杂，不易合成，故目前只开发出两种制剂，均属双酰肼类化合物，即抑食肼（RH－5849）、虫死净。虫死净具有胃毒、触杀作用，也可通过根系吸收杀虫，主要防治鳞翅目及某些同翅目和双翅目害虫。

（3）几丁质合成抑制剂 几丁质合成抑制剂类化合物能抑制昆虫几丁质合成酶的活力，阻碍新表皮的形成，使昆虫脱皮、化蛹受阻而死。目前关于这类化合物的研究应用报道较多的主要有苯甲酰基脲类、噻二嗪类、三嗪（嘧啶）胺类。

灭幼脲：主要防治菜青虫、稻纵卷叶螟、黏虫、豆天蛾、柑橘全爪螨、舞毒蛾、美国白蛾、松毛虫等，并兼治蚁、蝇幼虫，其耐雨水冲刷、降解慢。

氟虫脲：具速效性及叶面滞留性，对害虫和未成熟阶段的螨类有较高的活性。

氟啶脲：以胃毒作用为主，通过阻碍害虫卵的孵化、幼虫蜕皮和成虫羽化、蛹发育畸形达到灭虫的目的。主要防治鳞翅目的多种害虫及直翅目、鞘翅目、膜翅目、双翅目等的害虫，但作用速度较慢。

氟铃脲：具有很高的杀卵杀虫活性，主要抑制害虫蜕皮及取食速度。

杀铃脲：具有触杀作用，但作用缓慢。可防治黏虫、棉铃象甲、银纹夜蛾、舞毒蛾、蚊子等。

噻嗪酮：触杀作用强，有一定胃毒作用，使害虫死于蜕皮期，减少成虫产卵、阻止卵孵化。

灭蝇胺：对双翅目幼虫有特殊活性，具内吸传导作用，使蝇蛆和蛹畸形，阻碍成虫正常羽化。

（五）化学药剂防治

化学药剂防治具有高效、速效、使用方便、经济效益高等特点，但使用不当会对花卉产生药害、杀伤天敌，容易使有害生物产生抗药性、污染环境等。生产中，应该根据花卉的长势、生育期、气象预报、病害发生预测期等，提早喷药预防，争取早发现，早防治，并做到科学、合理、安全用药。可根据天气变化灵活选用农药剂型和施药方法，如阴雨天，可采用烟雾剂或粉尘剂。

1. 合理应用化学药剂

①根据病虫害发生的种类、防治对象，对症下药。

②根据病虫害的发生规律，找出薄弱环节，掌握最佳防治时间和最佳用药量，做到适时、适量用药。

③考虑到喷药防治的长远效果，做到交替使用农药，以延缓病虫的抗药性。

④多种病虫害并发时，合理、规范地混合用药，达到1次施药控制多种病虫害的目的。

⑤根据天气变化选用农药剂型和施药方法，如温室、大棚不可在阴雨天喷药，以免湿度过大降低药效或引发其他病害，可采用烟雾法或粉尘法施药。

⑥严格按照农药安全使用操作规程用药，遵守施药安全间隔期，尽力避免使用剧毒及高残留农药。

⑦选择保护天敌的药剂，如以三氯杀螨硫和三氧杀螨醇混用，对赤眼蜂、瓢虫、益螨杀伤力低，有一定选择作用。

2. 花卉病虫害防治的药剂选用原则

①所有使用的农药必须是经过农业部药检定所登记的，严禁使用未取得登记和无生产许可证的农药，以及没有正规药名、说明及生产厂家的伪劣农药。

②花卉栽培中，禁止使用的农药有：甲胺磷、甲基对硫磷、对硫磷、久效磷、磷铵、六六六、二溴乙烷、汞制剂、砷、铅、毒鼠强等一些剧毒及高残留化学制剂。

③部分农药虽是中低毒农药，但其分解慢、持效期长，要控制药剂使用次数、用药浓度，严格执行安全间隔期或者休药期的规定。

④要选择无毒、无残留或低毒、低残留的农药，少用或不用乳油类农药产品。

3. 化学药剂的使用方法

化学药剂的使用方法与其品种、加工剂型，防治对象的危害部位、危害方式，环境条件息息相关，使用方法多种多样。

（1）喷雾 喷雾是借助器械将液体药剂均匀喷洒在植物上，为目前应用最普遍的方法之一。常用的剂型有乳油、可湿性粉剂、可溶性粉剂、胶悬剂等。喷雾的雾滴大小影响防治效果，通常地面喷雾雾滴直径在50～80μm，喷雾要均匀。最好不要在中午喷雾，以免造成中毒。

（2）喷粉 喷粉是利用喷粉器械产生的风力，将粉剂均匀喷洒在植物上，适于干旱缺水地区使用。常用的剂型为粉剂。缺点是用药量大，粉剂黏附性差，容易被风吹或雨水冲刷，易污染环境。喷粉易在早晚叶面有露水或雨后叶面潮湿时进行。

（3）土壤处理　将药粉用细土、细砂等混匀，撒于土壤表面，通过翻耕施入。主要用于防治地下害虫或某一时期在地面活动的昆虫。

（4）拌种、浸种或浸苗、闷种　拌种指播种前用适量的药粉或药液与种子搅拌均匀，主要用于防治地下害虫和由种子传播的病虫害；浸种或浸苗是用一定浓度的药液浸泡种子或幼苗，达到消毒杀虫的目的；闷种指把种子用稀释好的药液搅拌均匀，然后堆起，覆盖熏闷一昼夜，晾干后用于播种。

（5）毒谷、毒饵　将药液拌入害虫喜食的饵料中，害虫摄入后产生胃毒作用而毒杀害虫。常用的饵料有麦麸、米糠、豆饼、花生饼、谷子、高粱、玉米等。主要用于防治蝼蛄、地老虎、蟋蟀等地下害虫及鼠类。

（6）熏蒸　熏蒸指利用药剂挥发出的有毒气体杀死害虫或病菌。常用于密闭空间的病虫害防治，如防治温室大棚、仓库、蛀干害虫和种苗上的害虫。

此外，还有放烟、涂抹、毒笔、根区撒施、注射、打孔等方法。

二、花卉常见病害及其防治措施

（一）花卉常见病害及成因

花卉栽培过程中，因受到有害生物的侵染和不良环境的影响，常发生一系列的病理变化，致使花卉的品质和产量下降。引起花卉病害的主要有：真菌、细菌、病毒、线虫等。

（1）真菌病害　即由真菌引起的病害。真菌为低等生物，多数需借助显微镜观察，有营养和繁殖两个发育阶段，通过无性和有性孢子借助风、雨、昆虫或花卉的种苗来传播繁殖。真菌通过植物表皮的多种自然孔口和各种伤口侵入花卉植物体内。在生病部位上表现出白粉、锈粉、煤污、斑点、腐烂、枯萎、畸形等症状。常见病害有黑斑病、白粉病、褐斑病、炭疽病、锈病、立枯病等。

（2）细菌病害　即由细菌引起的病害。细菌是单细胞低等生物，个体更小，只有在显微镜下才能观察到它们的形态，一般借助水、昆虫、土壤、花卉种苗及病残体传播。主要从植株体表多种自然孔和各种伤口侵入花卉体内，引起危害。侵入部位表现为斑点、溃疡、萎蔫、畸形等症状。常见病害有细菌性穿孔病、软腐病等。

（3）病毒病害　即由病毒引起的病害。近年来，病毒病已上升到仅次于真菌性病害的地位。病毒是极微小的一类寄生物，主要通过刺吸式昆虫和嫁接、机械损伤等途径传播，在修剪、切花、锄草时，手和园艺工具上沾染的病毒汁液也能起到传播作用。常见病害有郁金香病毒病、仙客来病毒病、一串红花叶病毒病及菊花、大丽花病毒病等。

（4）线虫病害　由线虫寄生引起的病害。线虫是身体很小的低等动物，一般为细长的圆筒形，两端尖，形似蛔虫，少数种类的雌虫呈梨形。线虫利用口腔中的矛状吻针刺破植物细胞吸取汁液，主要为害菊科、报春花科、蔷薇科、凤仙花科、秋海棠科等花卉，主要病状是在寄主主根及侧根上产生大小不等的瘤状物。

（二）花卉常见病害及防治方法

1. 白粉病

白粉病的病原是一类专性寄生菌，同一种植物可被多种白粉菌侵染，病菌以吸器伸入植物表皮细胞内吸取营养，对月季（图 12－5）、玫瑰、蔷薇、菊花、凤仙花、瓜叶菊、福禄考危害严重。

图 12－5　月季白粉病

（1）为害症状　发生病害的植物叶片、花朵、新枝表面覆盖一层灰白色霉状物，即病原菌菌丝和分生孢子，受害轻的花木开花后花瓣狭小、色淡；受害重者花不能开放、植株枯萎死亡。

（2）发病规律　病菌以菌丝或分生孢子在花卉病残体、病芽上越冬，翌年春夏借助风雨传播，侵染叶片和新梢。在花卉的生长季节可发生多次侵染，以 4～6 月及 9～10 月发病较重。光照不足、高温、高湿、施氮肥偏多、过度密植、通风不良等均会促进白粉病害发生。

（3）防治方法

①加强栽培管理：控制土壤湿度，合理施肥，氮、磷、钾适当配合，注意通风透光，减少发病条件。

②选用抗病品种：如月季有高抗白粉病的品种。

③清除病源：及时烧毁落叶及病残体，不使用可能带有白粉病菌的培养

土，不用带病植株进行营养繁殖。

④药剂防治：发病初期可用25%粉锈宁2000倍液、45%敌唑铜2500～3000倍液、64%杀毒矾500倍液、70%甲基托布津1000倍液进行防治，隔7～10d喷药一次；也可用500倍液小苏打，隔3d喷一次，连喷5～6次见效。

2. 立枯病

立枯病是由真菌引起的花卉病害，多发生在育苗的中、后期。对白皮松、雪松、落叶松、马尾松、五针松、黑松、侧柏、圆柏、尤柏、荚竹桃、秋海棠、四季海棠、康乃馨（图12－6）、君子兰、菊花、郁金香、山茶花、茶梅、榆叶梅、云锦杜鹃、毛白杜鹃、满山红、芍药、洋紫苏等多种植物危害严重，尤以菊花、仙客来、山茶花等发病多见。

图12－6 康乃馨立枯病

（1）为害症状 立枯病主要为害幼苗茎基部或地下根部，感病初期为椭圆形或不规则暗褐色病斑，病苗白天萎蔫，夜间可恢复，病部逐渐凹陷、溢缩，有的渐变为黑褐色。当病斑扩大绕茎一周时，植株干枯死亡，但不倒伏，轻病株仅见褐色凹陷病斑而不枯死。潮湿时病部长白色菌丝体或粉红色霉层，严重时造成病苗萎蔫死亡。

（2）发病规律 病原菌以菌丝体或厚垣孢子在病组织中或土壤中越冬，次年萌生新菌丝侵害胚根及幼苗，当环境适宜时，新生菌丝体可多次重复侵染寄主，发育适宜温度为15～20℃，pH4.5～6.0，病菌能在土中长期生活。

（3）防治方法

①加强栽培管理：选择排水良好、疏松透气的砂壤土，播种前精细整地，苗床用土和盆栽用土都必须用无病新土或消毒土，播种要浅，施用有机肥料要充分腐熟，不宜强遮光育苗，苗床密度不宜过大，注意通风透气。播种或种植前灌水，保持土中水分充足，在幼苗出土后20d内，严格控制灌水。

②药剂防治：幼苗发病初期，用70%甲基托布津700～800倍液浇灌，可起到灭菌保苗的作用，或浇灌1%的硫酸亚铁，或50%的代森铵200～400倍液，每平方米浇灌2～4kg药水。

3. 锈病

锈病是由真菌引起的病害，对玫瑰、蔷薇、菊花、月季（图12－7）、杜鹃、萱草等为害较重，严重影响其生长、发育，降低甚至使其失去观赏价值。

图 12－7　月季锈病

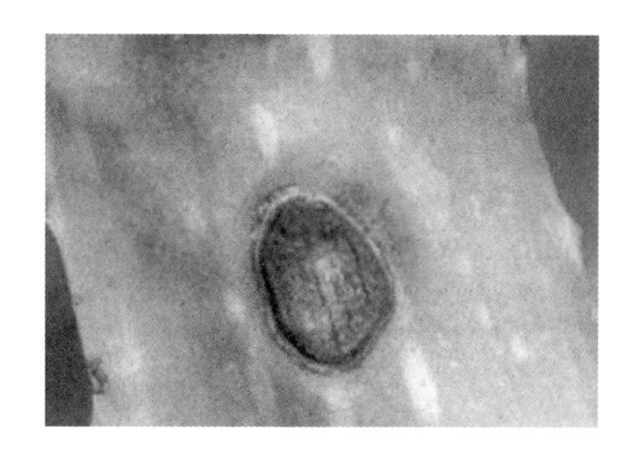

图 12－8　萱草炭疽病

（1）为害症状　锈病主要为害花卉的叶片、叶柄和芽。为害叶片及花茎时，初期产生泡状斑点（病菌和夏孢子堆），后散出黄褐色粉状的夏孢子。有时表皮翻卷，孢子堆合并成一片，叶面上有一层黄褐色粉状夏孢子，周围失绿呈淡黄色，严重时整个叶片变黄，甚至全株叶片枯死。为害花梗时变成红褐色，花蕾干瘪或凋谢脱落。还有一种是次春病菌从嫩茎及叶基反面叶脉侵入植株，5 月叶面上出现橙黄色夏孢子堆，后产生黑褐色冬孢子堆，严重时叶片全部受害，叶背布满一层黄粉，叶片焦枯，提早脱落。

（2）发病规律　病菌以菌丝或冬孢子在病芽、病枝上越冬，次年产生担孢子，从气孔侵入寄主植物，幼嫩部位开始感染，一般 24～26℃萌发侵染率最高，6～8 月发病严重，温暖、多雨、多雾、偏施氮肥时容易发病。

（3）防治方法

①加强管理：合理施肥，降低湿度，注意通风透光或增施钾肥和镁肥，提高植株的抗病力。

②选用抗病品种。

③注意田间清洁：发现病叶和病枝及时剪除，集中烧毁。

④药剂防治：早春萌芽前喷洒 3～4°Bé 石硫合剂，展叶后可喷 25% 粉锈宁 1500～2000 倍液、敌锈钠 250～300 倍液、50% 代森锰锌 500 倍液、0.2～0.4°Bé 石硫合剂、75% 氧化萎锈灵 3000 倍液等。一般在 6 月下旬和 8 月中旬发病盛期前喷药，每隔 8～10d 喷 1 次，连续 2～3 次。

4. 炭疽病

花卉炭疽病是花木发病率很高的常发病害，对吉祥草、麦冬、萱草（图 12－8）、金盏菊、菊花、鸡冠花等危害严重。

（1）为害症状　花木发生炭疽病时，常侵染根以外的所有部位，为害种子、种球或鳞茎，造成腐烂，苗木不能出土，苗木瘦弱或病死；嫩叶染病后呈圆形褐色小点，周边有褪绿色晕，病斑逐渐扩大呈褐色，稍有隆起，边缘黑褐色，后期出现黑色粒状物，最后穿孔点破裂，嫩叶扭曲，干枯脱落；为害花时，如火鹤佛焰苞花序腐烂，已结果实的花卉，如佛手上出现不规则形果斑。

（2）发病规律　炭疽菌以分生孢子盘在病株上或随病叶进入土壤越冬，翌年春季借风雨或淋水传播，从伤口或直接侵入。炭疽菌分生孢子萌发适温20～25℃，相对湿度高于80%，适宜pH3～11，pH4～8时发芽率最高。施氮过多、植株瘦弱有利于炭疽病发生，开花、结果期养分供应不足或抗病性能减弱时常引起发病。该病具潜伏浸染的特性，有时侵入后不发病，在植株衰弱时才显症。

（3）防治方法

①加强管理，精心养护：科学合理地施肥和浇水，增强花木的抗病性，可减少该病发生。

②选用抗炭疽病的花木品种。

③浸种：播种前，可用50℃温水浸种20min或55℃温水浸种10min；也可用50%多菌灵500倍液浸种1h，以消灭种子表面的病菌。

④药剂防治：花木发病后可喷洒25%炭特灵500倍液，或50%苯菌灵1000倍液，或50%施保功1000倍液。

⑤修剪：盆栽花卉发生炭疽病时，可摘除病叶、病枝或涂抹医用达克宁软膏。

5. 黑斑病

黑斑病由多种真菌引起，对乌头、紫菀、仙人掌、翠雀、榆、赤莲、番樱桃、一枝黄花、冬青、飞燕草、兰花、报春、悬钩子、蔷薇等多种花卉为害严重。

图12－9　月季黑斑病

（1）为害症状　叶、叶柄、嫩枝、花梗和幼果均可受害，但主要为害叶片。一种是发病初期叶表面出现红褐色至紫褐色小点，逐渐扩大成圆形或不定形的暗黑色病斑，周围有黄色晕圈，边缘呈放射状，后期病斑上散生黑色小粒点，严重时植株下部叶片枯黄脱落，枝条枯死，如月季黑斑病（图12－9）；另一种是叶片上出现褐色到暗褐色近圆形或不规则形的轮纹斑，病斑上生长黑色霉状物，严重时，叶片早落，影响生长，如榆叶梅黑斑病。

（2）发病规律　病原菌以菌丝体或分生孢子盘在枯枝或土壤中越冬，翌年5月中下旬开始侵染发病，借风、雨或昆虫传播，7~9月为发病盛期。雨水是黑斑病流行的主要条件，降雨早而多的年份，发病早而重。水分过多、通风不良、光照不足、肥水不当可促进发病。

（3）防治方法

①加强栽培管理：合理密植，注意通风透气；科学施肥，增施磷钾肥，提高植株抗病力；适时灌溉，雨后及时排水，防止湿气滞留，通风透光。

②选用优良抗病品种。

③注意整形修剪：秋后清除枯枝、落叶，并及时烧毁。

④药剂防治：新叶展开时，可用4%氟硅唑或20%硅唑·咪鲜胺800~1000倍液，或500倍75%百菌清药液，或500倍80%代森锌药液喷施，7~10d喷施1次，连喷3~4次。

6. 褐斑病

褐斑病为真菌引起的病害，主要侵染植物叶片，对牡丹（图12－10）、芍药、菊花、榆叶梅、杜鹃、水仙、茉莉、丁香、桂花、贴梗海棠、石楠、荷花等均有危害。

（1）为害症状　下部叶片开始发病，逐渐向上部蔓延。发病初期为圆形或椭圆形的紫褐色斑点，以后逐渐扩大，边缘暗紫褐色，有黑色小点呈同心轮纹状排列在病斑上。病害株叶片易脱落，由下而上逐渐全株枯死。

图12－10　牡丹褐斑病

（2）发病规律　该病全年都可发生，以高温、高湿、多雨的夏季为害最重。病菌以菌丝和分生孢子在病叶、病枝上越冬，翌春借助风雨传播，发病适温为21~32℃，7~8月高温、多湿时发病严重。高温、高湿、光照不足、偏施氮肥、通风不良、连作等均有利于病害发生。

（3）防治方法

①加强栽培管理：在高温高湿天气时，要少施或不施氮肥，施用一定的磷、钾肥，避免串灌和漫灌及傍晚灌水。

②清洁田园：及时清除病枝、病叶，集中烧毁，减少菌源。

③药剂防治：发病后，可及时喷施80%敌菌丹500倍液，或65%代森锌

800 倍液，或 12.5% 速保利可湿性粉剂 1000 倍液。

7. 叶斑病

叶斑病由真菌引起，是很多花卉的常见病害，对兰花、鸡冠花、鱼尾葵、君子兰（图 12－11）等多种花卉为害严重。

图 12－11　君子兰叶斑病

（1）为害症状　主要侵害植株叶片。感病初期产生稍凹陷的黄褐色斑点，随着病斑扩大，凹陷加深，呈深褐色或棕褐色，边缘黄红色至紫黑色。单个病斑圆形或椭圆形，多个病斑融合时形状不规则。有时也会侵害植物的假球茎。

①鸡冠花叶斑病：侵染叶片、叶柄和茎部，叶病斑圆形，后连接呈不规则大病斑，并产生轮纹；茎和叶柄上病斑呈褐色、长条形。

②鱼尾葵叶斑病：叶片上产生黑褐色小圆斑，后扩大或连接呈不规则大病斑，边缘略隆起，叶两面散生小黑点。

③君子兰叶斑病：叶上有浅红褐色的椭圆形、长条形病斑，周围有褪绿圈，后连接呈不规则大斑块，病斑上产生黑点。

（2）发病规律　叶斑病菌在病残体或地表层越冬，翌年发病期随风、雨传播侵染。叶斑病的流行条件是雨量大、降雨次数多、温度适宜的气候条件，夏、秋季节为发病盛期，但温室中四季均可发生。连作、过度密植、通风不良、湿度过大可促进发病。

（3）防治方法

①减少侵染源：及时除去病变组织，集中烧毁；感病品种进行隔离栽培，防止交叉感染。

②轮作：防止重茬（温室内可换土）。

③药剂防治：用 25% 多菌灵可湿性粉剂 300～600 倍液（50% 的 1000 倍、40% 胶悬剂 600～800 倍）、50% 托布津 1000 倍液、70% 代森锰 500 倍液、80% 代森锰锌 400～600 倍液、50% 克菌丹 500 倍液等进行喷施。药剂交替使用，可防止病菌产生耐药性。

8. 灰霉病

灰霉病是花卉生产中常见的病害之一，在花卉的生长季节经常发生。灰霉病为害多种草本、木本花卉，如丽格海棠、新几内亚凤仙、仙客来（图 12－12）等 50 多种。

图 12－12　仙客来灰霉病

（1）为害症状　主要侵害叶片、花、花梗、叶柄以及嫩茎，有时也危害果实，使叶片、花腐烂，嫩茎折断。灰霉菌侵害叶片，一般在叶缘或叶尖发生暗绿色水渍状病斑，不断向叶中扩散，湿度大时形成褐色腐烂，并长满灰色霉状物；湿度小时，形成干枯状病斑。因花卉种类不同，病斑呈褐色、浅褐色、枯黄色不等。侵害花瓣形成褐色、浅褐色、白色等水渍状斑块，继而腐烂。侵害嫩茎出现褐色斑块，温湿度适宜时病斑迅速扩展至褐色腐烂，使枝、茎秆折断或倒伏，病部以上部分萎蔫、死亡，严重时整株死亡。

（2）发病规律　病菌以菌丝体或分生孢子及菌核在病残体或土壤中越冬，翌年借气流、雨水、灌溉和农事操作等传播，也可由开败的花器、坏死的组织和表皮直接侵染，植株健壮则不易被浸染。发病适温 10～32℃，温暖、潮湿是灰霉病流行的主要条件。相对湿度 90% 左右、18～25℃时灰霉病可达发病盛期。阴雨连绵、光照不足、连作、通风不良、偏施氮肥、植株组织嫩弱可促进其发病。

（3）防治方法

①加强栽培管理：定植时施足底肥，科学施肥，注意控制氮肥用量，发病初期及时摘除发病部分，并及时烧毁；注意通风透光，浇水不易过湿，管理过程中减少机械损伤。

②播种前消毒处理：包括种子、种球、种苗、基质等的消毒，如种子消毒可用 52℃温水浸种 30min 或 10% 磷酸钠液浸 20min；种球、种苗用 0.3%～0.5% 的硫酸铜浸 0.5h，晾干后种植。

③减少侵染源：及时清除病花、病叶等残体，对于凋谢花朵也应及时剪除。

④选用抗病品种：如香石竹红花品种灰霉病发病轻。

⑤药剂防治：以预防为主，抓准时机进行施药，可喷雾、喷粉、熏蒸等。发病前和初期，用等量式波尔多液 200 倍液喷洒，每 2 周 1 次；发病后及时剪除病叶，并喷洒保护性杀菌剂，如 50% 多菌灵 500～800 倍液、65% 代森锌可湿性粉剂500～800 倍液等多种药剂，通常每 7～10d 喷一次。喷药应细致周到，用药时间最好在上午 9 时以后，并避免高温和阴雨天气用药。在喷药时，宜多种药剂交替使用，防止出现耐药性；熏蒸可选用 10% 速克灵烟剂（200～250g/

$667m^2$)、45%百菌清烟雾剂($250g/667m^2$);喷粉要在无风、封闭的棚室内使用,可用10%灭克复合粉剂、5%百菌清复合粉剂、5%灭霉灵粉尘剂等。

9. 根腐病

该病常与沤根症状相似,属真菌病害,能够侵染的植物种类范围很广,对兰花、红掌、牡丹(图12-13)、杜鹃、君子兰、马蹄莲、非洲菊等重要花卉为害严重。

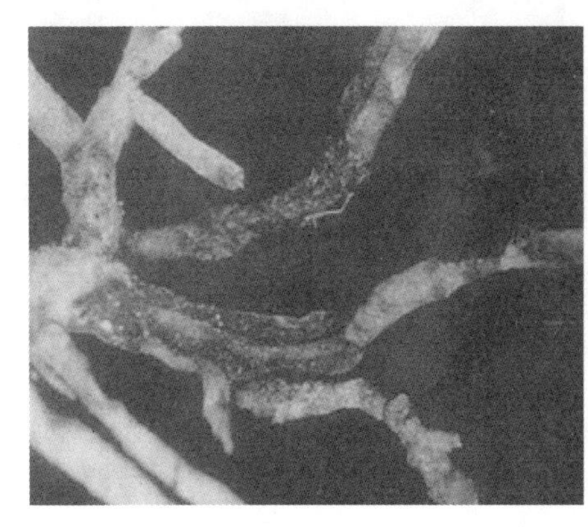

图12-13 牡丹根腐病

(1)为害症状 根腐病一般为害花卉幼苗、新移植的植株或不耐阴植物。感病幼苗在出苗前或出苗后死亡;成熟植株感病,根茎处除表皮外,都会软化腐烂,内部只剩纤维质,根褐变、腐烂。

(2)发病规律 病菌在土壤或病残体上越冬,翌年通过雨水或灌溉水进行传播,病菌从根茎部或根部伤口侵入。根腐病病害为土传病害,只要环境适宜,便可侵染寄主。地势低洼、积水、连作、棚内滴水漏水、根部受伤均可促进发病,春季多雨及梅雨期间多雨时发病严重,每年4~8月份为发病盛期。

(3)防治措施

①加强栽培管理:播种前整地消毒,培育壮苗;移植时少伤根系,施足基肥;适时适量浇水,科学施肥。

②病株处理:将病株连根挖起,集中烧毁,挖后的土坑进行土壤消毒。

③播种前消毒:播种前,用天诺苗菌杀300~500倍液、或金消康2000倍液,或0.2~0.3°Bé石硫合剂,浸泡10min进行消毒。

④选用抗病品种。

⑤药剂防治:可使用铜制剂或甲霜恶霉灵进行防治,也可在发病时用甲霜恶霉灵或铜制剂进行灌根。

⑥及时防治地下害虫和线虫等的危害。

10. 白绢病

白绢病是由真菌引起的病害，是花卉常见病害之一，其寄生范围很广，对茶花、秋海棠、天竺葵、石竹、甜叶菊、兰花（图 12－14）等为害严重。

（1）为害症状　感病部位呈水渍状，黄褐色至红褐色，其上被有白色绢丝状菌丝层，多呈放射状蔓延，可蔓延到病部附近土面上；病部皮层容易剥离，有球茎、鳞茎的花卉植物，发生于球茎和鳞茎上。发病的中后期，在白色菌丝层中多会形成黄白色的油菜籽大小的菌核，慢慢变为黄褐色或棕色。感病植物叶片慢慢凋萎、脱落，植株生长停滞，花蕾发育不良，僵萎变红。

图 12－14　兰花白绢病

（2）发病规律　白绢病以菌核在土壤中越冬，菌核在土壤中可存活 5～6 年，条件适宜时，菌核产生菌丝进行侵染，病菌发育的适宜温度为 32～33℃，高温、高湿、连作地发病重，蔓延快，酸性砂质土可促进病害发生。

（3）防治方法

①加强栽培管理：合理浇水、施肥，增强植株的抗病能力。

②轮作：注意选择栽种地，对发病重的地块不能连作，也不要与易感染白绢病的花卉连作。

③杜绝病源：及时清除病株、落入土中的菌核和病残体，并集中烧毁，病穴内施撒石灰灭菌。

④药剂防治：可用 70% 的五氯硝基苯药土，1～2.5kg/667m^2 进行土壤消毒。草木灰防治兰花白绢病也有很好的效果，撒施草木灰后菌丝消退，菌核干枯，病情较轻的可恢复生长，较严重的，根系和假鳞茎基本恢复正常，管理得当可萌发新芽。

预防白绢病，每隔 15d 左右用草木灰浸出液浇施一次，连施 2～3 次，也可喷施 1% 波尔多液，或 0.3°Bé 石硫合剂。

11. 菌核病

菌核病是由十字花科菌核病菌侵染所致，寄主广泛，对紫罗兰、二月蓝、矢车菊、雏菊、菊花、金盏菊、百日菊、万寿菊、向日葵（图 12－15）、香豌豆、金鱼草、蒲包花、香石竹、金钟花、山茶等危害严重。

图 12－15　向日葵菌核病

图 12－16　兰花软腐病

（1）为害症状　幼苗感病，茎基部水渍状腐烂，可引起猝倒；成株期感病在近地面的茎部、叶柄和叶片上发生水渍状、淡褐色病斑，引起叶球或茎基部腐烂。高湿条件下，茎秆和病叶表面密生白色棉絮状菌丝体和黑色鼠粪状菌核硬块，病斑发朽、变黏，重病株在茎秆和种荚内产生大量菌核。

（2）发生规律　病菌以菌核在土壤或混在种子间越冬，翌春环境适宜时，菌核萌发产生子囊盘，子囊盘开放后子囊孢子散出，随气流传播进行初侵染，花瓣和衰老的叶片最易受害。菌丝分泌果胶酶以融解中胶层，破坏植物组织细胞，植株间通过病部的白绵毛状菌丝体进行传染。

（3）防治措施

①加强栽培管理：合理密植，通风透光，春季多雨时注意降低湿度。管理过程中重施基肥，巧施磷肥，以达到培育壮苗的目的，提高植株抗病力。

②药剂防治：可用 1∶2 的草木灰、熟石灰混合粉，撒于根部四周，30kg/667m^2；始、盛花期用 1∶8 的硫磺、石灰混合粉，喷于植株中下部，5kg/667m^2，以消灭初期子囊盘和子囊孢子。始花期，还可用 70% 代森锰锌可湿性粉剂 500 倍液、70% 甲基托布津 1000 倍液、50% 多菌灵 1000 倍液，或 0.2% ～0.3% 等量式波尔多液，或 13°Bé 石硫合剂喷洒植株茎基部、老叶和地面上，每隔 7～10d 喷 1 次，连续喷药 2～3 次。

12. 软腐病

软腐病是花卉生产中的一种重要细菌病害，蔓延快、传播途径广，给花卉生产造成很大的损失。软腐病对鸢尾、唐菖蒲、仙客来、马蹄莲、风信子、百合、君子兰（图 12－16）、仙人掌、大丽花、百日草、桂竹香等危害严重。

（1）为害症状　每种花卉因受害部位不同而症状各异，多为害叶片或茎部。一般受害部位初为水渍状病斑，后变褐色，随即呈黏滑软腐状，并混有白色、黄色或灰褐色糊状黏稠液，伴有恶臭味。球根花卉球茎受害时，内部组织崩溃，而外皮看似完好。

（2）发病规律　栽培时高温高湿、土壤水分多、植物有伤口、中耕伤根，有利细菌侵入，发病较重；施用未腐熟的有机肥也会使病害加重；贮藏期间室内高温、高湿、通风不良时也会促进病菌大量繁殖。

（3）防治方法

①清除病株残体，并及时销毁。

②盆栽花卉染病后，花盆要热处理灭菌才能再利用。

③接触过病株的园艺用具要用0.1%高锰酸钾或70%酒精消毒。

④移栽时细心操作，减少伤根，减少伤口。

⑤合理施肥，避免偏施氮肥，适量增施磷、钾肥。

⑥注意栽培环境通风透光，浇水以滴灌为佳。

⑦发病初期，喷洒或浇灌400μL/L链霉素或土霉素液，控制病害的蔓延。

13. 根癌病

根癌病又称根头癌肿病，是花卉苗木中最容易发生的根部病害之一。其寄主广泛，如樱花、月季、玫瑰、银杏、石竹、大丽花、秋海棠、梅花、丁香、碧桃（图12－17）、天竺葵等花木。

（1）为害症状　根癌病主要危害根颈、主根和侧根，花卉苗木则多危害接穗和砧木愈合之处。发病初期形成近圆形的小瘤状物，逐渐增大、变硬，后表面粗糙、龟裂，颜色初浅后变深褐色或黑褐色，根瘤内部木质化，根瘤大小和数目不等。根瘤破坏根系，造成病株生长缓慢，重者全株死亡。根癌病清除癌瘤后还能重新生长，非常顽固。

图12－17　碧桃根癌病

（2）发病规律　病原细菌在根瘤组织皮层内或混入土中越冬，借助水流、地下害虫、嫁接工具、作业农具等传播；带病的花木种苗和种条，运输时也可远距离传播。病菌通过伤口侵入寄主，虫伤、耕作时造成的机械伤、插条的剪口、嫁接口以及其他损伤等，都可为病菌侵入的途径。

该病的发生与土壤温湿度有很大关系，土壤湿度大可促进病菌侵染和发病；土温22℃时最适于癌瘤的形成，超过30℃时几乎不能形成肿瘤；根癌病的发生与土壤的酸碱度也有关，碱性土促进根癌病的发生；土质黏重、地势低洼、排水不良、连作栽培的花木发病严重。此外，耕作管理粗放，地下害虫和土壤线虫多，以及各种机械损伤多的花木，发病较重。

（3）防治方法

①加强植物检疫：检疫发现可疑苗木，可用500～2000μL/L的链霉素液浸泡30min，或用1%硫酸铜液浸泡5min、2%石灰水浸泡1～2min，洗净后栽植。

②加强栽培管理：对于中性或微碱性土壤，应多施有机肥以提高土壤酸度，改善土壤结构；中耕除草时尽量少伤根或损伤花木茎蔓基部；及时防治地下害虫和土壤线虫，减少虫伤；适量浇水，控制土壤湿度，促进花木生长，提高抗病性。

③及时清除病株：发现花木感染病菌后，应及时扒开周围土壤，将肿瘤刮除，直至露出无病的木质部，之后用高浓度的石硫合剂或波尔多液涂抹伤口，防止再感染。枯死或无法治疗的病株，集中烧毁处理。

④灌根和涂抹伤口：轻微病株可用“402”抗菌剂300～400倍液灌根，或切除瘤体后用500～2000μL/L链霉素、500～1000μL/L土霉素、5%硫酸亚铁等涂抹伤口。

⑤生物防治：可施放射性“土壤杆菌84号”进行生物防治。

⑥工具消毒：嫁接时避免伤口接触土壤，嫁接工具可用75%酒精或1%甲醛溶液消毒灭菌。

14. 细菌性穿孔病

细菌性穿孔病对油茶、碧桃、樱桃、红叶李、李、樱花、梅花（图12－18）等危害严重。

（1）为害症状　主要危害叶片，也能侵染果实和枝梢。为害叶片，开始在叶背面叶脉处产生淡褐色水渍状斑点，后蔓延到叶面，多在叶尖或叶缘处散生；后期病斑扩大成紫褐色至黑褐色圆形或不规则形病斑，边缘角质化，病斑周围有水渍状黄绿色晕环；最后病斑干枯，病健交界处产生圈裂纹，病斑中央组织脱落形成穿孔。有时数个病斑连接成大斑，焦枯脱落后形成不规则形的大孔。

图12－18　梅花细菌性穿孔病

（2）发病规律　病原菌在被害枝条和芽内，甚至在不表现症状的组织内越冬，翌年春季随风雨或昆虫传播到叶、枝和果实，病菌从气孔侵入，可在展叶后的任何时期侵染。潜伏期1～2周，8月为发病盛期。病菌发育适温为24～28℃。初次感染后，每年都会发生，温暖潮湿、大风重雾、树势衰弱、排水不良、通风透光差等均可促进发病。

（3）防治方法

①加强栽培管理：避免偏施氮肥，适当增施有机肥及磷、钾肥，及时防旱、防积水，增强树势，提高抗性。

②减少侵染源：及时清理病株、枝、叶并及时烧毁。

③药剂防治：展叶前后（尤其对幼苗）喷洒65%代森锌500倍液或3～5°Bé石硫合剂或等量式波尔多液100～200倍液等；展叶后可喷硫酸锌石灰液（硫酸锌500g、消石灰2000g、水120kg）。

15. 病毒病

花卉病毒病是由病毒引起的一类特殊病害。该病在症状特点、发生规律及防治措施等方面与一般病害差异较大。病毒病对牡丹、芍药、兰花、菊花、唐菖蒲、水仙、香石竹、百合、大丽花、郁金香、非洲菊、山茶（图12－19）等多种名贵花卉危害严重，症状有花叶黄化、卷叶、畸形、丛矮、坏死等。

图12－19　山茶病毒病

（1）为害症状

①变色：病毒侵染后导致叶片不均匀褪绿，形成花叶症状；变色在花瓣或果实上发生，也称为“碎色”。花叶是引起花卉产量和品质损失的主要原因。

②褪绿、黄化：全株或部分器官表现为浅绿色或黄色；斑点、条纹常发生于叶、茎、果实等部位，表现为坏死斑、坏死条纹、褪绿斑或褪绿条纹。

③环斑、栎叶及蚀纹：三者多出现在叶片上，常出现明脉、黄脉、脉带症状，其中明脉和黄脉为花叶前期症状。

④皱叶、卷叶：叶脉生长受抑制，叶肉仍然生长，叶片变皱，叶缘向上或向下卷。

⑤丛生、矮化：病株顶芽受抑制，侧芽大量萌发，枝条丛生者称“丛生”或“丛枝”；节间缩短，植株均匀变矮称“矮化”；病毒侵染后引起寄主不正常发育，称为“畸形”。

⑥坏死：坏死是指组织、器官及整个植株的坏死。

（2）发病规律　蚜虫是植物病毒的主要传播者，每种蚜虫可传播一种或多种病毒，有的病毒可多种蚜虫同时传播。高温、干旱、蚜虫为害重、植株长势弱、重茬等都会促进病毒病的发生。

（3）传染途径

①汁液传染：花叶型病毒主要为汁液传染，病毒可通过与病株的接触和摩擦传播，也可通过园艺管理传播，如移苗、整枝、抹头、插花、切取无性繁殖材料等，使手指或园艺工具沾染病汁而传播病毒。

②媒介传染：以昆虫为主，尤其以蚜虫、叶蝉最常见，其次为土壤线虫及真菌。

③无性繁殖材料传染：植株一旦感染病毒，寄主植物和各个部位都会带有病毒，如块茎、球茎、鳞茎、块根、走茎、插条、接穗、接芽、苗木等都可以传播病毒病。

④土壤传染：土壤传染分为两种，一是土壤中的线虫、真菌传播，二是土壤中带病毒的有机物传播。

⑤种子及花粉传染：胚、花粉常带有病毒，所以通过播种及授粉能传播病毒。

⑥菟丝子传播：由于菟丝子与多种寄主植物的维管束连在一起，因而传播病毒非常容易。

（4）防治方法　花卉病毒病很难找到一种彻底而有效的治疗方法，需预防为主、综合防治，控制其发展，减轻危害。

①加强栽培管理：注意通风透气，合理施肥水，保证花卉生长健壮，可减轻病毒病的危害。

②选用耐病和抗病优良品种。

③严格挑选无毒繁殖材料：如块根、块茎、种子、幼苗、插条、接穗、砧木等，减少传染源。

④组织培养：通过组织培养茎尖脱毒，繁育无毒苗，但栽后注意防治传毒昆虫。

⑤清洁田园：及时清除杂草，保持田园卫生，减少病毒侵染来源。及时拔除病株并烧毁，防止园艺工作中的传毒，接触过病株的手和工具都要及时洗净、消毒。

⑥种子消毒：播种前可用50～55℃温水浸种10～15min，无性繁殖材料在高温条件下搁置一定时间。

⑦药剂防治传染昆虫：及时喷洒20%三氯杀螨醇乳油1000～1500倍液，消灭蚜虫、叶蝉、粉虱等传毒昆虫。

16. 根结线虫病

根结线虫病是危害花卉根部的重要病害，危害范围很广，如仙客来、四季秋海棠、鸢尾、紫罗兰、凤仙花、芍药、牡丹（图12－20）、月季及大丽花等。

（1）为害症状　感病植株地上部分生长衰弱、变黄，开花时往往出现花腐，根各部位产生大小不一的瘤状物，内有乳白色发亮的粒状物，为线虫的虫体。

图12－20　牡丹根结线虫病

（2）发病规律　寄生在花卉上的线虫主要有两种，南方根结线虫和北方根结线虫。线虫在土壤中或以附着在种根上的幼虫、成虫及虫瘿越冬，翌年借雨水、灌溉、工具、土壤、花苗、种球等传播侵染。线虫在不同地区、花卉上，一般每年发生几代至10多代。土壤的温度和湿度是线虫生存的最重要的因素，土壤温度20～27℃、湿度10%～17%时最适宜其生长，一般砂质土壤发病严重。线虫种群数量从春到秋递增，群体结构的发展多样化。受害的根部易产生伤口，诱发根部病原真菌、细菌的复合侵染，可加重危害。

（3）防治方法

①加强植物检疫：新引入的花卉品种，必须经检疫机构检疫合格，并到指定的地点隔离试种后方可推广。

②建立无病育苗圃，选择无病壮苗进行种植。

③地面硬化：结合滚动式栽培架，应用离地及硬底化生产，可有效预防线虫和其他病虫害的传播与发生。

④轮作：实行水旱轮作，避免在砂性过重的地块种植。

⑤药剂防治：用生物农药2.0%的阿维菌素4000～6000倍液灌根；或用4%涕灭威颗粒剂、用量20g/m^2，3%呋喃丹颗粒剂、用量5～8g/m^2，进行土壤处理。

三、花卉常见虫害及其防治方法

（一）花卉常见虫害

危害花卉的害虫种类繁多，根据危害部位和方式可分为以下几类。

（1）刺吸式害虫　此类害虫具有类似针管的口器，可刺进花卉植物组织，吸食营养，造成叶片失绿、干枯、脱落。这类害虫个体小、种类繁多，有时不易发现。常见的有蚜虫类、介壳虫类、粉虱类、蓟马类、叶螨类等。这些种类中有的可分泌蜜露，有的可分沁蜡质，污染花卉叶片、枝条的同时还极易导致煤污病。

（2）食叶害虫类　此类害虫具有咀嚼式口器，蚕食花卉叶片，造成缺刻、破损，严重时叶片全部吃光。常见的有大蓑蛾、黄刺娥、叶蜂等，还有蜗牛、蛞蝓、鼠妇等有害动物，它们咬食叶片和嫩芽。

（3）钻蛀害虫类　这类害虫钻蛀在花卉的枝条与茎秆里面蛀食营养，将茎、枝蛀空，使其死亡。有的钻入叶片危害，叶片可见到钻蛀的隧道，造成叶片干枯死亡，如钻心虫、食心虫类。

（4）地下害虫类　这类害虫一生生活在土壤的浅层或表层，受害花卉植株常萎蔫或死亡，如地老虎、蛴螬、蝼蛄等。

（二）花卉常见虫害的防治方法

1. 蚜虫

蚜虫（图 12－21）是危害花卉的主要害虫之一。主要危害的花卉种类有：郁金香、兰花、樱花、夹竹桃、梅花、蜀葵、瓜叶菊、三色堇、金盏菊、矢车菊、石竹、鸢尾、百合以及茄科、十字花科、葫芦科等多种花卉。

图 12－21　蚜虫

（1）形态特征　蚜虫又称腻虫、蜜虫等，属于同翅目蚜科，为刺吸式口器的害虫。虫体细小、柔软，体长 1.5～4.9mm，多数约 2mm，触角 6 节，少数 5 节，第三节至第六节基部常有圆形或椭圆形的感觉圈。大部分蚜虫腹部第六节背面有一对腹管，腹部末端有尾片。蚜虫分有翅和无翅个体，有孤雌生殖、有性生殖、卵胎生和卵生等多种生殖方式。蚜虫有绿、黄、浅绿、深青等体色。

（2）生活习性及危害　蚜虫繁殖力很强，1 年发生 10～30 个世代，连续 5d 平均气温在 12℃以上时，便开始繁殖，雌性蚜虫一生下来便能生育。气温为 16～22℃时最适宜蚜虫繁育，早春和晚秋，完成 1 个世代需 10d，夏季只需 4～5d。蚜虫以卵在植株枝条上越冬，也可以以成虫在保护地内越冬。干旱或栽植密度过大可促进蚜虫为害。蚜虫常群集于叶片、嫩茎、花蕾、顶芽等部位，刺吸其汁液，使叶片皱缩、卷曲、畸形，严重时引起枝叶枯萎甚至整株死亡。蚜虫分泌的蜜露还会诱发煤污病、病毒病，并招来蚂蚁危害等，使植物停滞、延迟或畸形生长，并可诱发、传播多种植物病毒。

（3）防治方法

①消灭越冬虫源：将地面清理干净，在花卉生产温室中育苗的，要对生长的花卉加强防蚜。

②生物防治：利用蚜茧蜂、瓢虫、食蚜蝇、草蛉、蜘蛛、食蚜绒螨等天敌防治，还可利用能使蚜虫致病的蚜霉菌等微生物防治。

③用银灰膜驱蚜：将银灰膜条间隔铺设在苗床作业道上和苗床四周，应在播种或移苗前进行。对桃蚜还可用黄色板涂上黏油诱粘，一般板长1m，宽20cm。

④药剂防治：重点喷药部位是生长点和叶片背面。用1.8%阿维菌素（虫螨克）3000～5000倍液、10%吡虫啉可湿性粉剂2000倍液、50%抗蚜威可湿性粉剂1500～2000倍液防治，这些化学药剂对防治蚜虫有特效，但对棉蚜防治效果差。

2. 介壳虫（花虱子）

为害花卉的介壳虫（图12－22）种类较多，主要危害玫瑰、月季、蔷薇、米兰、牡丹、含笑、白玉兰、山茶、桂花等多种花卉。

（1）形态特征　属同翅目，雌虫无翅，足和触角退化；雄虫具柔翅，足和触角发达，口器为刺吸式；介壳虫体外被有蜡质介壳，卵通常埋在蜡丝块中、雌体下或雌虫分泌的介壳下。每一种宿主植物有一定的范围。

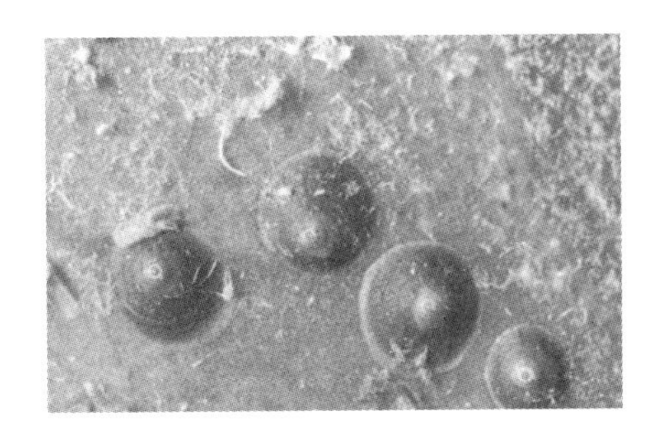

图12－22　介壳虫

（2）生活习性及危害　介壳虫繁殖能力强，一年发生多代，卵孵化后经过短时间爬行，固定生活形成介壳，以成虫或若虫越冬，5月上中旬为介壳虫产卵盛期。介壳虫集聚在叶、枝干、花等花卉的多个部位，受害花卉叶片和枝条变黄，植株生长衰弱，严重的枝叶枯萎。

（3）防治方法

①加强植物检疫：由外引入的苗木可能带有介壳虫，所以加强植物检疫是十分重要的一项预防措施。

②隔离受害植株，以防蔓延。

③人工防治：发生之初有少量介壳虫时，可将介壳虫拨离，或用水冲洗掉，也可用刷子刷除。

④清除虫源：剪掉受害虫枝，并及时烧毁剪下的虫枝和拨刷掉的虫体。

⑤药剂防治：根施主要为3%呋喃丹颗粒剂。4～5月若虫孵化期，可用

5%辛硫磷1000~2000倍液，50%马拉硫磷800~1000倍液防治。

⑥保护和利用介壳虫的天敌：如瓢虫、寄生蜂、寄生菌等。

3. 白粉虱

白粉虱（图12-23）是花卉常见的害虫之一，为害范围广，如一串红、瓜叶菊、五色梅、杜鹃、扶桑、绣球花、三色堇、倒挂金钟、杜鹃、月季、茉莉、石榴、金橘、桂花、栀子及多浆植物等花卉和灌木。

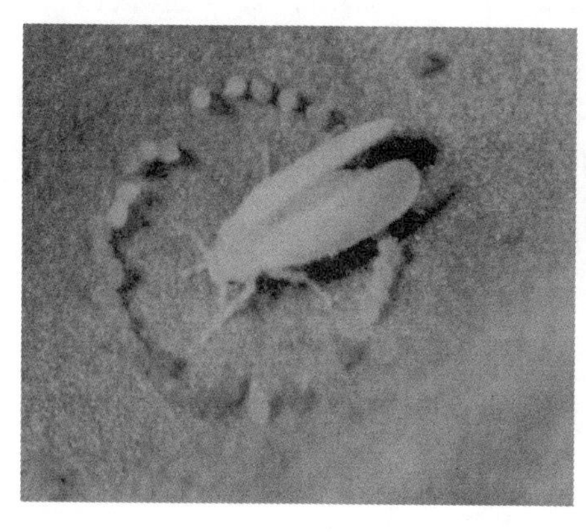
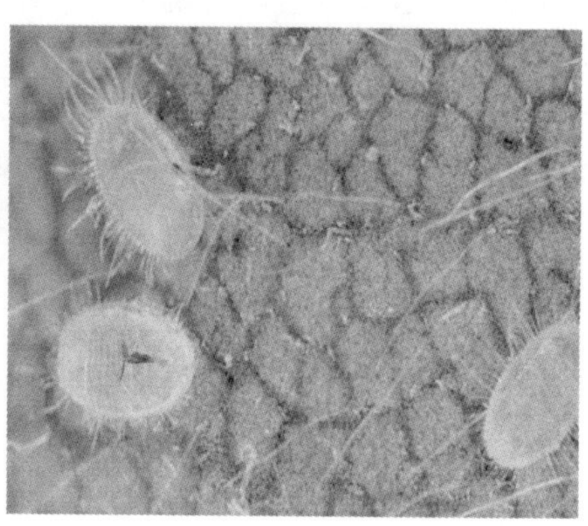

图12-23 白粉虱

（1）形态特征 白粉虱成虫为黄白色，具膜质透明的翅，有白色蜡质粉状物覆盖体表。白粉虱较小，卵和幼虫为椭圆形，卵大小约0.5mm，透明，淡黄色，外被白色蜡丝。

（2）生活习性及危害 白粉虱一年发生10多代，世代重叠，以各种虫态在植物上越冬，喜温暖、潮湿、通风不良的环境。白粉虱集聚在植物叶背，利用刺吸式口器吸食植物汁液，致使叶片褪色、变黄、凋萎，直至干枯，其排泄物能引起煤污病。白粉虱具有迁飞性，还可传播植物病毒。

（3）防治方法

①黄板诱杀：将黄板挂在受害植株附近，可诱杀白粉虱成虫。

②隔离种植：易感白粉虱的花卉不要种植在一起，花圃和温室避免种植易感白粉虱的作物，防止交叉感染。

③及时清除带虫枝叶，并及时烧毁。

④保护和利用天敌：如丽蚜小蜂、蜡蚧轮枝菌、草蛉等。

⑤药剂防治：可用2.5%溴氰菊酯或25%速灭菊酯2000倍液喷雾防治。

4. 红蜘蛛

红蜘蛛（图12-24）为螨类，在花木的叶背吐丝结网，可危害多种花木，如月季、米兰、茉莉、杜鹃花、山茶、金橘、海棠、桂花、仙客来、一串红、佛手、菊花等。

（1）形态特征　成螨一般为红色，圆形或长圆形，长0.1～0.8mm，体背两侧各有一黑长斑，身体通常分为前半体和后半体两部分，无翅，幼虫有3对足，若虫和成虫有4对足。卵圆球形，乳白色，透明。体背拱起，横排分布刚毛24根或26根，刺吸式口器，食性杂。

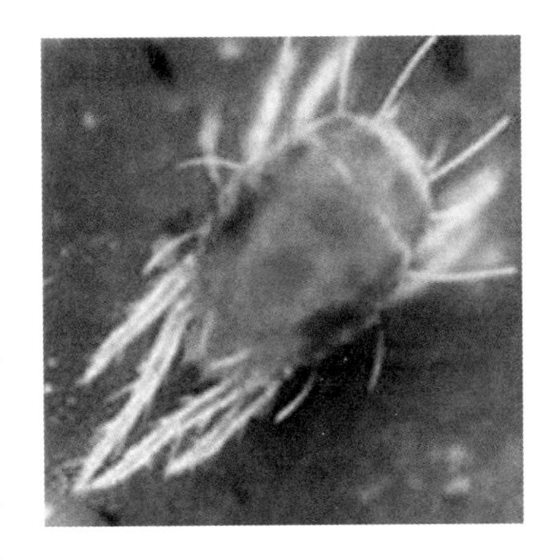

图12－24　红蜘蛛

（2）生活习性及危害　红蜘蛛一年可繁殖10多代，有世代重叠现象。6～7月为危害盛期，以卵或雌成虫在植物的裂缝、树皮缝内、土缝、落叶及杂草根际等处越冬。靠自身爬行或借风、雨水以及随寄主携带进行传播。展叶后为害叶片，严重时叶片全部脱落，使树体衰弱，甚至死亡。高温、干燥、高湿、通风不良可促进红蜘蛛蔓延。

（3）防治方法

①加强栽培管理措施：合理施肥，避免偏施氮肥，加强修剪，红蜘蛛发生严重的植株，及时清理、烧毁。

②危害初期可用清水冲洗叶面。

③生物防治：保护和利用红蜘蛛的天敌，如食螨蓟马、大小草蛉、深点食螨瓢虫、小黑瓢虫、小花蝽等。

④药剂防治：早春可用3～5°Bé的石硫合剂杀死越冬卵或成螨；卵孵化盛期可用15%哒螨灵乳油2000倍液、40%三氯杀螨醇乳油1000～1500倍液，涂抹根部或茎干。6～7月发生盛期，可喷73%克螨特乳油4000倍液、40%扫螨净乳油4000倍液隔10d喷1次，连续3～4次。

5. 蓟马

蓟马（图12－25）是危害花卉的主要害虫，可危害多种花卉，如玫瑰、康乃馨、茶花、莲花、非洲菊、兰花等。

（1）形态特征　成虫金黄色，体长约1mm，卵0.2mm，淡黄色，为长椭圆形。卵肾形，极小，白色透明。蓟马体小，若虫澹黄色，成虫呈澹黄或橙黄色，翅透明，具刺吸式口器。

（2）生活习性及危害　蓟马一年繁殖多代，露地主要在春、夏、秋发生，保护地主要在冬季，在秋季和11～12月为发生盛期。成虫善飞能跳，可借

图 12－25　蓟马

图 12－26　大蓑蛾

自然力扩散。成虫怕强光，多在背光场所。

（3）防治方法

①加盖防虫网，阻隔虫源。

②清洁田园，覆盖地膜：花卉收获完毕，彻底清洁田园，覆盖地膜以减少蛹的羽化数量。

③可用篮板、黄板等诱杀蓟马。

④生物防治：保护利用天敌，如捕食螨、小花蝽、瓢虫类、赤眼蜂等。也可运用白僵菌等一些病原微生物进行防治。

⑤药剂防治：可喷施 2.5% 菜喜悬浮剂、48% 乐斯本乳油和 0.3% 印楝素乳油、45% 马拉硫磷乳油 600～800 倍液、10% 氯氰菊酯乳油 2000～3000 倍液等。

6. 大蓑蛾

大蓑蛾（图 12－26）又称大窠蓑蛾、大袋蛾、大背袋虫，属鳞翅目，可危害月季、海棠、梅花、牡丹、菊花、山茶、金橘、冬青、木兰、唐菖蒲、美人蕉、杜鹃、桂花等 600 多种花木。

（1）形态特征　雌成虫肥大，淡黄色或乳白色，头部小，淡赤褐色；雄成虫中小型，翅展 35～44mm，前翅红褐色，具黑色和棕色斑纹，体褐色，有淡色纵纹；卵椭圆形，直径 0.8～1.0mm，淡黄色，有光泽。

（2）生活习性及危害　6～8 月产生当年 1 代幼虫，9 月产生第 2 代幼虫进行越冬。卵期 12～17d，幼虫期 50～60d，越冬代幼虫 240 多天，雌蛹期 10～22d，雄蛹期 8～14d。幼虫在护囊中咬食花卉叶片、嫩梢或剥食枝干、果实皮层，老熟后在其护囊里倒转虫体化蛹。

（3）防治方法

①消灭虫囊：发现虫囊及时摘除，集中烧毁。

②保护利用天敌：保护利用寄生蜂等大蓑蛾的天敌昆虫，也可利用杀螟杆菌或青虫菌进行生物防治。

③药剂防治：幼虫期喷洒50%辛硫磷乳油1500倍液、90%巴丹可湿性粉剂1200倍液，或2.5%溴氰菊酯乳油4000倍液进行防治。

7. 黄刺蛾

黄刺蛾（图12－27）又称洋辣子、刺毛虫、毛八角，属磷翅目。危害多种花卉，如茶花、樱花、紫荆、梅花、海棠、腊梅、月季、紫薇、桂花等。

（1）形态特征　幼虫近长方形，黄绿色，腹足退化；成虫头、胸部黄色，腹部黄褐色，前翅内半部黄色，外半部褐色，两条暗褐色横线从翅尖同一点向后斜伸，身体各节有4枝刺，胸部有6个，尾部有2个较大的枝刺，枝刺上有黑色毒刺毛。

（2）生活习性及危害　1年发生1～2代，以幼虫在树枝上结茧越冬。成虫傍晚羽化，17：00～22：00最盛，白天静伏于叶背，夜间活动；卵产于植物叶背，白天孵化；初卵幼虫取食叶片的下表皮和叶肉，留下上表皮，形成圆形透明的小斑，4龄后可将叶片吃成孔洞或将叶片吃光仅留叶脉。

（3）防治方法

①清除越冬虫源：人工清除越冬虫源、摘除虫叶，并集中销毁。

②灯光诱杀：在成虫羽化时设黑光灯进行诱杀。

③药剂防治：3龄前幼虫可撒干黄泥粉杀死；5龄后幼虫，可喷施50%杀螟松乳油800～1000倍液、50%辛硫磷乳油500～800倍液。

④保护利用天敌：如黑小蜂、姬蜂、赤眼蜂、步甲和螳螂等。

8. 叶蜂

叶蜂（图12－28）类害虫分布很广，可危害多种花木，如月季、蔷薇、山茶、厚朴、白蜡、香樟等。

图12－27　黄刺蛾

图12－28　叶蜂

（1）形态特征　叶蜂卵长1.5～2.0mm，椭圆形，黄绿色；幼虫体长18～20mm，老龄时黄色，有3对胸足，7对腹足，幼虫在土内泥茧中化蛹，泥茧长约10mm，宽约6mm；成虫体长为6mm左右，翅展为16mm左右，土黄色，有黑色斑纹。

（2）生活习性及危害　叶蜂一年发生1～4代，以卵或幼虫在茧内或土内越冬。翌年4～5月成虫羽化，羽化后几小时便可孤雌生殖，产卵于叶片组织内。幼虫孵化后就地啃食叶肉，受害部位逐渐形成虫瘿，虫瘿似蚕豆形，无毛，开始绿色，渐变为红褐色，以叶背中脉上居多，严重时成串。虫瘿严重时叶片变黄、脱落，影响植株生长。秋后幼虫随落叶或脱离虫瘿入地结茧越冬。

（3）防治方法

①消灭越冬虫源：可在冬春季挖被害株附近土中的茧，消灭越冬虫源。叶片上发现产卵痕或虫瘿后及时清除，挖除消灭越冬虫茧。

②人工捕杀：在幼虫孵化未分散前进行人工捕杀。

③药剂防治：幼虫为害期，喷雾常用杀虫剂。幼虫发生盛期，喷施90%晶体敌百虫800～1000倍液，或杀螟硫磷乳油1000倍液，或25%除幼脲悬浮剂1500倍液。在低龄幼虫期，用苏云金杆菌乳剂防治。

9. 象甲

象甲（图12－29）又称象鼻虫，为鞘翅目昆虫，分多个种类，可危害多种花卉，如红棕象甲危害加拿利海枣、棕榈、椰子、油棕等棕榈科植物。

（1）形态特征　象甲多数种类触角长、肘状，喙突出，由额向前延伸而成；具专门的沟容纳触角，触角膝状，颚须和下唇须退化而僵直，不能活动；体壁骨化强；多数种类被覆鳞片。体长2～70mm，多数种无翅，有的善飞行。体色为褐色、灰色，少数色鲜艳。幼虫通常白色，肉质，身体弯成C字形，无足。

图12－29　象甲

（2）生活习性及危害　象甲多数为陆生，性迟钝，行动缓慢，假死性强，少数有趋光性。多数象甲一年1代，有些两年1代，多以成虫越冬。幼虫只取食植物的花头、种子、肉质果实、茎或根，许多幼虫只吃一种植物或近缘植物，成虫取食范围较广。

（3）防治方法

①人工捕杀：成虫羽化期，早晨人工捕杀落地成虫。

②药物防治：成虫出土前，结合长效杀虫药阻止或毒杀成虫。利用辛硫磷 300 倍液进行地面封闭，喷药后浅翻土壤，以防光解。4 月中下旬成虫发生盛期，采用 50% 辛硫磷 1000 倍液喷雾防治。

10. 蛴螬

蛴螬（图 12－30）又称地蚕、核桃虫，成虫通称为金龟甲或金龟子。可危害多种花木，喜食刚播种的种子、根、块茎以及幼苗，是世界性的地下害虫，危害很大。

图 12－30　蛴螬

（1）形态特征　蛴螬体型肥大，弯曲呈 C 形，多为白色，少数黄白色；头大而圆，多为黄褐色；生有左右对称的刚毛，刚毛数量常为分种的特征；上颚显著，腹部肿胀，体壁较柔软多皱褶，表面疏生细毛。

（2）生活习性及危害　蛴螬 1～2 年 1 代，长者 5～6 年 1 代，以幼虫和成虫在土中越冬。成虫即金龟子，白天藏于土中，晚上 20：00～21：00 进行取食等活动。成虫交配后 10～15d，将卵产于松软湿润的土壤内。蛴螬有假死和负趋光性，对未腐熟的粪肥亦有趋性，春、秋两季为蛴螬发生盛期。蛴螬咬食幼苗嫩茎，当植株干枯死亡时，转移到别的植株继续危害。蛴螬造成的伤口还可诱发病害发生。

（3）防治方法

①农业防治：施充分腐熟的有机肥；发生严重的地区，秋冬翻地可把越冬幼虫翻到地表使其风干、冻死或被天敌捕食。

②土壤处理：用 3% 呋喃丹颗粒剂、5% 辛硫磷颗粒剂或 5% 地亚农颗粒剂，（2.5～3）$kg/667m^2$ 处理土壤。

③药剂拌种：播种前用 50% 辛硫磷、50% 对硫磷或 20% 异柳磷药剂进行拌种。

④黑光灯诱杀。

⑤保护和利用天敌：保护和利用茶色食虫虻、金龟子黑土蜂等天敌。

⑥利用白僵菌等进行生物防治。

图 12－31　蝼蛄

11. 蝼蛄

蝼蛄（图 12－31）咬食新播的

种子、花卉根部，对幼苗伤害极大，是重要的地下害虫。

（1）形态特征　成虫体型粗壮肥大，黑褐或黄褐色。头小，圆锥形，触角短于体长。前胸背板椭圆形，背面隆起如盾，两侧向下伸展。前足为开掘足，前翅短，后翅宽，尾须较长，但不分节。卵椭圆形，开始时乳白色，后变黄褐色，孵化前为黑色。若虫刚孵化出来时全体乳白色，后变成浅黄以至土黄色。

（2）生活习性及危害　蝼蛄以成虫及若虫越冬，翌年3~4月开始活动。蝼蛄在地下活动，夜间9：00~11：00进行取食等活动，春秋两季为害严重。蝼蛄潜行土中，形成隧道，使种子不能萌发，可取食地下茎、根系、地上茎，对植物危害严重。成虫对香甜物质和未腐熟的厩肥有较强的趋性，并有趋光性。

（3）防治方法

①农业防治：施用充分腐熟的厩肥、堆肥等有机肥料。

②灯光诱杀：在19：00~22：00点应用灯光诱杀成虫，特别是在闷热天气、雨前的夜晚更有效。

③药物防治：用50%辛硫磷乳油1000倍液，在受害植株根际或苗床浇灌防治。

12. 地老虎

地老虎（图12－32）为鳞翅目夜蛾科幼虫，又名切根虫、夜盗虫，是全国性的地下害虫之一。危害花卉的地老虎有10多种，主要有小地老虎、大地老虎及黄地老虎，其中以小地老虎最多，危害最重。其食性杂，可危害100多种花木。

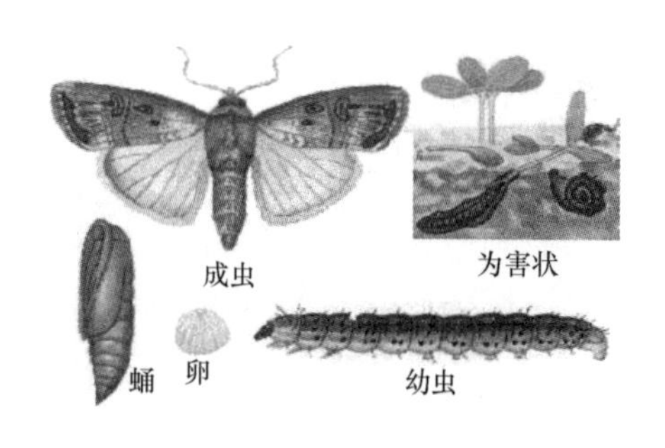

图12－32　地老虎

（1）生活习性及危害　小地老虎在华北地区1年发生3代，越向南发生代数越多，以蛹或老熟幼虫在土中越冬。成虫黄昏后开始活动，多产卵在杂草丛上，靠近地表的叶子上最多，卵块状，卵期为5d左右。幼虫共6龄，3龄前幼虫多群居为害花木，3龄后幼虫分散为害，清晨露水多时为害最重，5龄幼虫为害性最大。

（2）防治方法

①物理诱杀：用黑光灯或糖醋酒液（红糖:醋:白酒＝6:3:1，加少量胃毒剂和适量水）诱杀成虫。

②清除杂草：杂草是地老虎的产卵场所及幼龄幼虫的食料，栽培过程中

注意及时清除杂草。

③药物防治：90%敌百虫50g与切碎的鲜草30～40kg均匀拌和，加少量的水，傍晚撒在植株周围；用50%辛硫磷乳油进行灌根，杀死土中的幼虫。

④保护和利用天敌：如食虫益鸟、蟾蜍、姬蜂、寄生蝇和菌类等。

（三）其他有害动物的防治方法

1. 蜗牛

蜗牛（图12－33）属柄眼目蜗牛科的一类动物，主要危害铁线蕨、瓜叶菊、仙客来、海棠、紫罗兰、扶桑、扶郎花以及其他菊科及云香科等植物。

（1）生活习性及危害　蜗牛喜潮湿，它取食花卉的花、叶和芽以及嫩茎等，使受害植物的叶片造成缺刻，其黑色粪便污染叶片，因蜗牛的足腺分泌一种黏液，在其活动过的茎、叶、花等处会遗留有带状的银灰色痕迹，影响花卉的观赏价值。蜗牛一般晚间危害花卉。

蜗牛一年发生1代，寿命可达一年以上。冬季气温过低，或夏季气温过高时，蜗牛能分泌银白色黏液封住壳口，当环境适宜时继续活动为害。蜗牛产卵于花盆底或砖块下的松土内。蜗牛幼虫群集为害，以后逐渐分散活动。

（2）防治方法

①发现后及时人工捕杀。

②在花卉盆底，撒施石灰粉。

2. 鼠妇

鼠妇（图12－34）俗称“西瓜虫”，属潮虫科动物，主要危害的花卉有海棠、紫罗兰、仙客来、扶桑、茶花、含笑和苏铁等观赏植物，尤其是多肉类植物。

图12－33　蜗牛

图12－34　鼠妇

（1）形态特征　鼠妇体长约10mm，背灰色或黑色，宽而扁，有光泽，身体分13节，第一胸节与颈愈合。有两对触角，其中一对短且不明显。有一对复眼，黑色、圆形，微突。

(2) 生活习性及危害　鼠妇一年发生1代，性喜湿，不耐干旱，再生能力强，具假死性。鼠妇白天潜伏，夜间活动，多见于花卉盆底，通过排水洞取食嫩根，危害上部时齐土面咬断植物茎秆，有些植物茎秆被啃食成大小孔洞，造成溃烂，影响生长和观赏。

(3) 防治方法

①清洁环境：保持棚室内清洁，及时清除多余砖块和枯枝落叶、杂草等。

②药物防治：为害严重时用2%杀灭菊酯2000倍液或25%西维因500倍液喷施于植物和盆底。

3. 蛞蝓

蛞蝓（图12－35）属肺螺亚纲、柄眼目动物，常为害仙客来、瓜叶菊、铁线蕨、洋兰、海棠以及其他观赏花木。

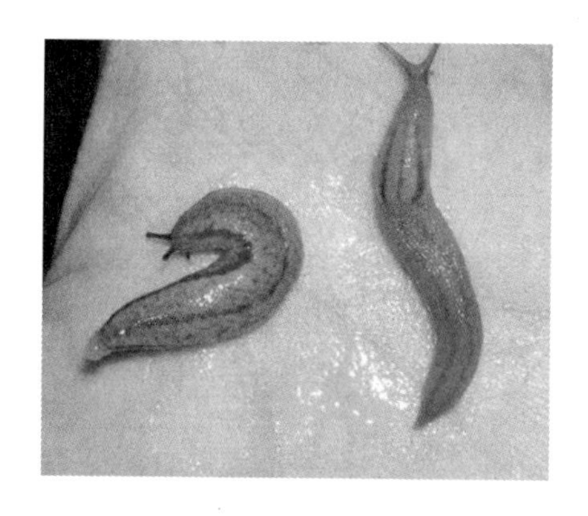

图12－35　蛞蝓

(1) 生活习性及危害　蛞蝓又名鼻涕虫，肉体裸露，柔软无外壳，体表经常分泌许多黏液。蛞蝓一年发生2代，以幼体或成体在土壤内越冬。蛞蝓性喜潮湿，多见于潮湿、阴暗、多腐殖质的地方；畏光，夜间进行取食、繁殖等活动。蛞蝓活动的最适温度是12～20℃，当温度升高到25℃时栖息在盆底土内，温度达到30℃以上时大多数蛞蝓便会死亡。其寿命一般可达1～3年。花卉受害后轻者叶片缺刻、孔洞，重者嫩芽被食，影响生长与观赏。

(2) 防治方法

①保持清洁的环境，发现蛞蝓及时人工捕杀。

②盆栽花卉四周可撒施石灰粉。

③受害严重时可浇施茶子饼浸出液。

4. 马陆

马陆（图12－36）为多足纲动物，常为害仙客来、瓜叶菊、洋兰、吊钟海棠和文竹等多种花木。

(1) 生活习性及危害　马陆喜阴湿，一般在花盆底或砖块底下，白天隐藏，夜间活动。主要为害花卉的幼根、小苗嫩茎、嫩叶等，具有假死性，产卵于盆底的土表，卵集聚呈块状，在适宜环境下20d孵化为幼体，数月后成

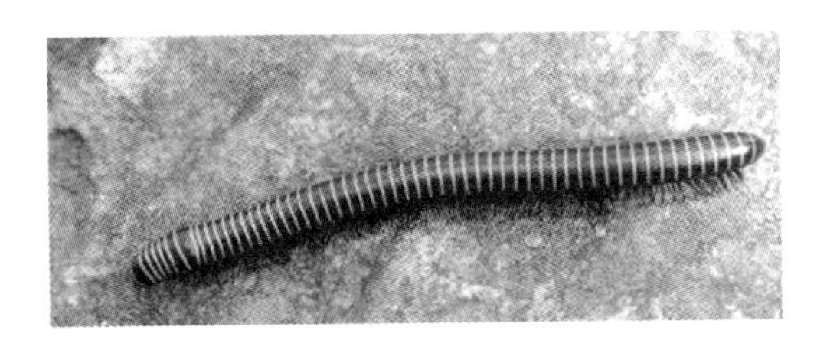

图 12－36　马陆

熟。一年发生 1 代。

（2）防治方法　与鼠妇的防治相同。

附　　录

中国花卉园艺十大品牌

——中国品牌网

1. 斗南花卉　中国驰名商标，国内最大的鲜切花交易市场，中国花卉市场领导品牌，昆明斗南国际花卉产业园区开发有限公司。

2. 森禾（SENHE）　国家级高新技术企业，国内最具实力的高档盆花生产企业之一，时尚花卉领先品牌，浙江森禾种业股份有限公司。

3. 锦苑花卉　农业产业化国家重点龙头企业，云南名牌，高新技术企业，花木种植业领先企业，云南锦苑花卉产业股份有限公司。

4. 虹越花卉　浙江省著名商标，农业龙头企业，国内最大的花园中心连锁企业之一，十大品牌，高新技术企业，浙江虹越花卉有限公司。

5. 英茂花卉　云南名牌产品，云南省农业产业化经营重点龙头企业，康乃馨切花享有极高声誉，云南英茂花卉产业有限公司

6. 丽都花卉　国内最大的玫瑰花生产基地之一，云南名牌，农业产业化龙头企业，高新技术企业，云南丽都花卉发展有限公司。

7. 明珠（Mingzhu）　云南省名牌产品，农业产业化龙头企业，云南省著名商标，极具声誉的百合花品牌，玉溪明珠花卉股份有限公司。

8. 花木集团　国内花木种植行业领先企业，北京奥运会鲜花服务供应商，大型花卉集团企业，北京花乡花木集团有限公司。

9. 连城兰花　福建省著名商标，国内最大的国兰生产基地之一，农业产业化省级重点龙头企业，福建连城兰花股份有限公司。

10. 杨月季　云南省著名商标，云南名牌产品，农业产业化省级重点龙头企业，高新技术企业，昆明杨月季园艺有限责任公司。

中国著名花卉市场

——中商情报网

1. 常州市武进夏溪花木市场
2. 郑州市陈砦花卉市场
3. 青州市黄楼镇万红花卉交易大厅
4. 昆明斗南花卉市场
5. 佛山市顺德区陈村花卉世界
6. 广州花卉博览园
7. 浙江花木城
8. 扬州阿波罗花卉园艺市场
9. 如皋市花木大世界
10. 合肥市肥西花木城花卉交易市场
11. 广州市岭南花卉市场
12. 承德万泉花卉市场
13. 成都市高店子花卉交易市场
14. 新疆明珠花业市场
15. 临沂鲁南花卉城
16. 凌源市花卉市场
17. 许昌市鄢陵县花木交易市场
18. 北京莱太环境艺术发展有限公司花卉市场
19. 宿迁市沭阳县花木大世界
20. 上海岚灵花鸟市场

参考文献

1. 全国花卉产业发展规划（2011—2020 年）［Z］. 2013.

2. 吴青君. 我国花卉产业及其发展对策［J］. 中国农业科技导报，2002，4（6）：35～39.

3. 孔海燕. 世界花卉业发展现状——2007 年 AIPH 及 UF 花卉统计年册数据分析［J］. 中国花卉园艺，2008，（19）：15～17.

4. 颜俊. 金融危机下的世界花卉业受伤严重［J］. 中国花卉园艺，2009，（1）.

5. 王广军. 中国花卉业可持续发展对策［J］. 中外企业家，2006，（12）：59～61.

6. 蔡幼华. 世界花卉产业现状及发展趋势［J］. 福建热作科技，2002，27（3）：47～48，30.

7. 包满珠. 我国花卉业一些问题的探讨［J］. 中国园林，1997，（2）：51～53.

8. 王彩云，杨彦伶，石林等. 花卉产业化生产管理中应考虑的几个问题［J］. 花木盆景（花卉园艺），1999，（07）：4～5.

9. 张文英. 用可持续发展的观点看观光农业［J］. 中国园林，1997，（02）：47～50.

10. 腾树清. 花卉产业化发展的典范［J］.

11. 包志毅. 稳步发展的世界花卉生产和贸易［N］. 中国花卉报.

12. 台湾省政府农林厅. 农业年报［R］，1994.

13. 沈德绪，夏宜平. 美国花卉业见闻［J］. 世界农业，1994，（07）：32～33.

14. 陈卫元. 我国花卉产业发展问题及对策［J］. 安徽农业科学，2007，35（31）：10119～10120.

15. 陈俊愉. 面临挑战和机遇的中国花卉业［J］. 中国工程科学，2002，4（10）：17～20，25.

16. 齐波. 荷兰花卉拍卖市场的考察与启示［J］. 安徽农业科学，2004，32（2）：370，386.

17. 郭小光，田芳. 我国花卉产业发展现状及对策［J］. 现代农业科技，2011（5）：364～365.

18. 李秋杰. 加入 WTO 对我国花卉业的影响与对策［D］. 中国农业大学，2004.

19. 王红姝．发展我国花卉产业的必要性和可能性［J］．林业经济，2001，（12）：51～54.

20. 陈发棣，陆红梅，郭维明．我国花卉产业一体化的发展模式［Z］．北京：200123－29.

21. 盛军锋，苏启林．国际花卉产业化典型经营模式比较研究［J］．林业经济，2003，（3）：58～61.

22. 贾慧群．区域化规模化助辽宁花卉驶入快车道［J］．中国花卉园艺，2004，（19）：17～19.

23. 孟维华．入世环境下中国花卉产业化经营研究［D］．南京林业大学，2004.

24. 李奎，田明华，王敏．中国花卉产业化发展的分析［J］．中国林业经济，2010，（1）：54～58.

25. 梁贤，林涛，李达球．农业企业化是农业产业化的替代战略——农业企业化创新研究之二［J］．广西农业科学，2007，38（3）：334～338.

26. 薛华，张峰，莫相云．推行农业企业化是实现农业现代化的必由之路［J］．山东省农业管理干部学院学报，2009，25（2）：46～49.

27. 郭振宗，杨学成．农业企业化：必然性、模式选择及对策［J］．农业经济问题，2005，26（6）：29～33.

28. 张士永，李德新．农业规模化、产业化发展中的科技需求分析［J］．经济研究导刊，2012，（36）：55～56.

29. 牛若峰．农业产业化经营的组织方式和运行机制［M］．北京：北京大学出版社，2000.

30. 高俊平，姜伟贤．中国花卉二十年［M］．北京：科学出版社，2000.

31. 朱华明，冯义龙．我国花卉的设施栽培现状分析［J］．江西农业学报，2007，19（9）：48～49.

32. 蒋艳明．广西花卉产业发展现状及对策［D］．广西大学，2006.

33. 宁卫华，杨晓敏．花卉生产基地建设初探［J］．中国科技信息，2007，（7）：51.

34. 马锦义，曹礼宾．现代花卉产业基地建设与发展模式探讨［J］．江苏农业科学，2000，（1）：63～66.

35. 中华人民共和国商务部．《中国农产品出口分析报告2009》［R］．

36. 中国花卉网［Z］．

37. 西北苗木网［Z］．

38. 张天柱．现代农业园区规划与案例分析［M］．北京：中国轻工业出版社，2008.

39. 徐明慧．园林植物病虫害防治［M］．北京：中国林业出版社，1993.

40. 张连生．花卉病虫害防治［J］．科学大观园，2002，(5)：27.

41. 岑炳沾．景观植物病虫害防治［M］．广州：广东科技出版社，2003.

42. 邱强，郝璟，赵世伟．花卉与花卉病虫害原色图谱［M］．北京：中国建筑工业出版社，1999.

43. 陈现华．温室花卉病虫害产生的主要原因及综合防治措施［J］．中国科技博览，2013，(19)：290.

44. 丁世民，王新国，庞淑英．温室花卉病虫害的发生特点与可持续控制策略［J］．湖北植保，2002，(4)：17~20.

45. 肖英方，毛润乾，万方浩．害虫生物防治新概念——生物防治植物及创新研究［J］．中国生物防治学报，2013，(1)：1~10.

46. 柴玉花．花卉病虫害的综合治理［J］．农药市场信息，2004，(04)：28~30.

47. 黄森木．几种适用于花卉的生物杀菌剂［J］．花木盆景：花卉园艺，2005，(11)：27.

48. 周忠实，邓国荣，罗淑萍．昆虫生长调节剂研究与应用概况［J］．广西农业科学，2003，(1)：34~36.

49. 蓝翠钰．浅议温室花卉病虫害的综合防治［J］．农业科技与信息（现代园林），2007，(06)：81~83.

50. 韩学俭．花卉常见病害及其防治［J］．农业新技术，2002，(z1)：26~27.

51. 冯翠萍，李艳琼，纳玲洁．花卉灰霉病的综合防治方法［J］．安徽农业科学，2006，34 (2)：271~272.

52. 韩艺．花卉介壳虫、白粉病的综合防治［J］．河南农业，1993，(02)：12.

53. 郭红娜．花卉红蜘蛛的危害与防治［J］．农业工程技术（温室园艺），2007，(6)：45~46，48.

54. 黄宇，郅军锐，曹平等．我国花卉蓟马研究进展［J］．北方园艺，2011，(7)：178~180.

55. 王向东，段拥军．黄刺蛾的发生与防治技术［J］．农业科技通讯，2003，(9)：32.

56. 刘元士，黄扣兰．温室花卉有害动物及防治［J］．北京农业，2003，

(10)：12.

57. 中国农业百科全书观赏园艺卷编辑委员会. 中国农业百科全书观赏园艺卷[M]. 北京：中国农业出版社，1996.

58. 中国农业百科全书观赏园艺卷编辑委员会. 中国农业百科全书林业卷[M]. 北京：中国农业出版社，1989.

59. 中国科学院中国植物志编委会. 中国植物志[M]. 北京：科学出版社，1999.

60. 北京林业大学园林教研室. 花卉学[M]. 北京：中国林业出版社，1988.

61. 北京林业大学园林系花卉教研组. 花卉学[M]. 北京：中国林业出版社，1990.

62. 北京林业大学园林系花卉教研组. 花卉学[M]. 北京：中国林业出版社，1999.

63. 北京林业大学园林系花卉教研组. 花卉学[M]. 北京：中国林业出版社，2002.

64. 许荣谚. 花卉学[M]. 北京：中国林业出版社，1993.

65. 王莲英等. 花卉学[M]. 北京：中国林业出版社，2001.

66. 傅玉兰. 花卉学[M]. 北京：中国农业出版社，2001.

67. 宛成刚，赵九州. 花卉学[M]. 上海：上海交通大学出版社，2008.

68. 包满珠. 花卉栽培[M]. 北京：中国农业出版社，2001.

69. 鲁涤非. 花卉学[M]. 北京：中国农业出版社，2004.

70. 曹春英. 花卉栽培[M]. 北京：中国农业出版社，2009.

71. 杨先芬. 花卉与花卉栽培[M]. 北京：中国农业出版社，1998.

72. 陈卫元. 花卉栽培[M]. 北京：化学工业出版社，2010.

73. 康亮. 园林花卉学[M]. 北京：中国建筑工业出版社，1999.

74. 刘燕. 园林花卉学[M]. 北京：中国林业出版社，2006.

75. 芦建国，杨艳荣. 园林花卉[M]. 北京：中国林业出版社，2006.

76. 潘百红. 园林花卉学[M]. 长沙：国防科技大学出版社，2007.

77. 成海钟. 园林植物栽培与养护[M]. 北京：高等教育出版社，2005.

78. 蔡绍平. 园林植物栽培与养护[M]. 武汉：华中科技大学出版社，2011.

79. 田建林. 园林植物栽培与养护[M]. 南京：江苏人民出版社，2011.

80. 陈有民等. 园林树木学[M]. 北京：中国林业出版社，1988.

81. 张建新，许桂芳. 园林花卉[M]. 北京：科学出版社，2011.

82. 岳桦. 园林花卉[M]. 北京：高等教育出版社，2006.

83. 祝遵凌，王瑞辉. 园林植物栽培养护[M]. 北京：中国林业出版社，2005.
84. 董保华，龙雅宜．园林绿化植物的选择与栽培［M］．北京：中国建筑工业出版社，2007.
85. 彭东辉．园林景观花卉学［M］．北京：机械工业出版社，2007.
86. 邱国金．园林树木［M］．北京：中国农业出版社，2006.
87. 余树勋，吴应祥．花卉词典［M］．北京：中国农业出版社，1995.
88. 李祖清．花卉园艺手册［M］．成都：四川科学技术出版社，2003.
89. 龙雅宜．园林植物栽培手册［M］．北京：中国林业出版社，2004.
90. 龙雅宜．常见园林植物认知手册［M］．北京：中国林业出版社，2006.
91. 卢思聪，徐峰等．观叶植物［M］．郑州：河南科学技术出版社，1999.
92. 潘文明．观赏树木［M］．北京：中国农业出版社，2008.
93. 英国皇家园艺学会．观赏植物指南［M］．北京：中国农业出版社，2002.
94. 施振周，刘祖琪．园林花木栽培新技术［M］．北京：中国农业出版社，1999.
95. 郭维明，毛龙生．观赏园艺概论［M］．北京：中国农业出版社，2001.
96. 江荣先，董文珂．园林景观植物花卉词典［M］．北京：机械工业出版社，2010.
97. 金波．宝典花卉［M］．北京：中国农业出版社，2005.
98. 李圆圆．观赏园艺植物栽培图解［M］．上海：上海科学技术出版社，2008.
99. 郑宴义．园林植物繁殖栽培实用新技术［M］．北京：中国农业出版社，2006.
100. 蒋青海．四季养花实用宝典［M］．北京：电子工业出版社，2012.
101. 陈俊愉，程绪珂．中国花经［M］．上海：上海文化出版社，2003.
102. 李金苹．草本观赏植物［M］．北京：化学工业出版社，2012.
103. 刘金海，王秀娟．观赏植物栽培［M］．北京：高等教育出版社，2010.
104. 秦帆，宋兴荣，鲜小林等．观叶植物手册［M］．成都：四川科学技术出版社，2006.
105. 陈坤灿，章锦瑜．365天种花宝典［M］．台湾台北：城邦文化事业股份有限公司麦浩斯，2009.
106. 夏春生．名优盆花194种［M］．北京：中国农业出版社，2002.
107. 张天麟．园林树木1200种［M］．北京：中国建筑工业出版社，2006.
108. 刘延江．新编园林观赏花卉［M］．沈阳：辽宁科学技术出版社，2007.

109. 罗强．园林植物栽培与养护［M］．重庆：重庆大学出版社，2006.
110. 李作文，关正君．园林宿根花卉400种［M］．沈阳：辽宁科学技术出版社，2007.
111. 王文和．花卉栽培与管理［M］．北京：化学工业出版社，2009.
112. 蒋细旺，李秋杰．盆花与切花生产技术［M］．北京：经济科学出版社，2009.
113. 黄亦工，董丽．新优宿根花卉［M］．北京：中国建筑工业出版社，2007.
114. 张真和．高效节能日光温室园艺［M］．北京：中国农业出版社，1988.
115. 陈国元．园艺设施［M］．北京：高等教育出版社，1999.
116. 郭世荣．无土栽培学［M］．北京：中国农业出版社，2008.
117. 胡繁荣．设施园艺学［M］．上海：上海交通大学出版社，2003.
118. 连兆煌．无土栽培原理与技术［M］．北京：中国农业出版社，1994.
119. 刘士哲．现代实用无土栽培技术［M］．北京：中国农业出版社，2001.
120. 孙世好．花卉设施栽培技术［M］．北京：高等教育出版社，1999.
121. 张福曼．设施园艺学［M］．北京：中国农业出版社，2001.
122. 韦三立．切花栽培［M］．北京：中国农业出版社，1999.
123. 周亮，刘安．药用观赏植物的家庭栽培［M］．北京：学苑出版社，2004.
124. 谢维荪．多肉植物栽培原理与品种鉴赏［M］．上海：上海科学技术出版社，2011.
125. 马西兰．多浆植物的观赏与养护［M］．天津：天津科技翻译出版公司，2010.
126. 吴应祥．中国兰花［M］．北京：中国林业出版社，1991.
127. 黄茂如，强鸿良．杜鹃花［M］．北京：中国林业出版社，1984.
128. 沈渊如，沈荫春．兰花［M］．北京：中国建筑工业出版社，1984.
129. 卢思聪．中国兰与洋兰［M］．北京：金盾出版社，1994.
130. 杨昌煦，董仁威．兰花鉴别手册［M］．成都：四川科学技术出版社，2007.
131. 许国，高九思，段昊．百合栽培技术图说［M］．郑州：河南科学技术出版社，2007.
132. 蒋细旺，薛建平．菊花生物技术［M］．武汉：武汉出版社，2004.

133. 汪亦萍，俞仲辂．山茶花［M］．北京：中国建筑工业出版社，1989.

134. 胡松华．观赏凤梨［M］．北京：中国林业出版社，1990.

135. 冯国楣．中国杜鹃志［M］．北京：科学出版社，1988.

136. 中国科学院植物研究所．中国高等植物图鉴［M］．北京：科学出版社，2002.

137. 孙光闻，徐晔春．园林植物图鉴丛书：一二年生草本花卉［M］．北京：中国电力出版社，2011.

138. 金波．花卉资源原色图谱［M］．北京：中国农业出版社，1999.

139. 刘燕．中国常见花卉图鉴［M］．郑州：河南科学技术出版社，1997.

140. 阮积惠，徐礼根．地被植物图谱［M］．北京：中国建筑工业出版社，2007.

141. 李作文．园林宿根花卉彩色图谱［M］．沈阳：辽宁科学技术出版社，2002.

142. 薛聪贤．景观植物实用图鉴［M］．北京：百通集团出版社，2002.

143. 徐晔春．观花植物1000种经典图鉴［M］．长春：吉林科学技术出版社，2011.

144. 陈俊愉．中国梅花图志［M］．北京：中国林业出版社，1989.

145. 黄冠中，黄世勋，洪心容．彩色药用植物图鉴［M］．台湾台北：文兴出版事业有限公司，2009.

146. 中国科学院植物研究所．新编拉汉英植物名称［M］．北京：航空工业出版社，1996.

草本观花类

金盏菊

垂鞭绣绒球

薰衣草

紫罗兰

夜来香

紫芳草

醉蝶花

小丽花

千日红
荷包花
瓜叶菊
风铃草
凤仙花
八月菊
太阳花
蜡菊

长春花
夏堇
波斯菊
紫茉莉
美女樱
一串红
三色堇
康乃馨

虞美人
勿忘草
矮牵牛
万寿菊
蜀葵
旱金莲
香雪球
玉簪花

大花萱草
非洲紫罗兰
芙蓉葵
天人菊
红蓼
鸡冠花
二月蓝

兰花类

兜兰

万代兰

万代兰

春兰

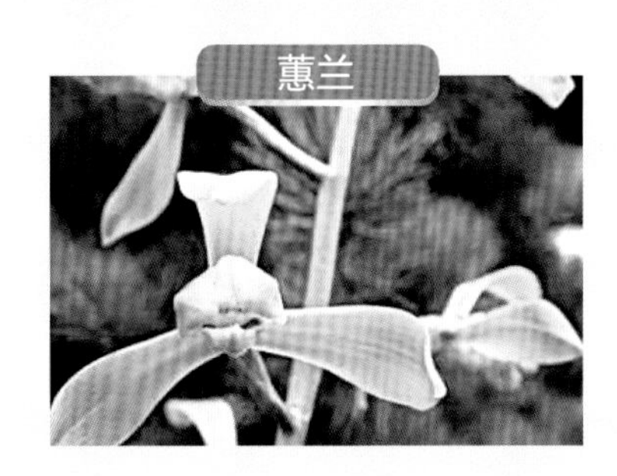
蕙兰

建兰

墨兰

寒兰

凤梨类

凤梨 1

凤梨 2

凤梨 3

凤梨 4

凤梨 5

宿根类

地涌金莲

福禄考

荷包牡丹

菊花

芍药

银叶菊

四季报春

麦杆菊

石竹
非洲凤仙
荷兰菊
非洲菊 1
非洲菊 2
鸢尾
耧斗菜

球根类

仙客来

水仙

黄水仙

百合

六出花

马蹄莲

风信子

美人蕉

唐菖蒲
郁金香 1
郁金香 2
番红花
百子莲
大丽花
朱顶红
姜荷花

草本观叶类

豆瓣绿

彩叶草

红掌

灯笼花

生石花

铁十字海棠

万年青

紫背竹芋

君子兰

丽格海棠

旅人蕉

观音莲

彩叶芋

网纹草

非洲堇

天竺葵

绿萝

吉祥草

金钱树

藤蔓类

常春藤

马蹄金

蔓长春花

蔓生天竺葵

飘香藤

牵牛花

珊瑚藤

使君子

炮仗花

金银花

藤三七

旱金莲

西番莲

含羞草

马兜铃

文竹

铁线莲

紫藤

凌霄

球兰

佛手掌

芦荟

玉麒麟

观音莲

山影拳

燕子掌

玉吊钟

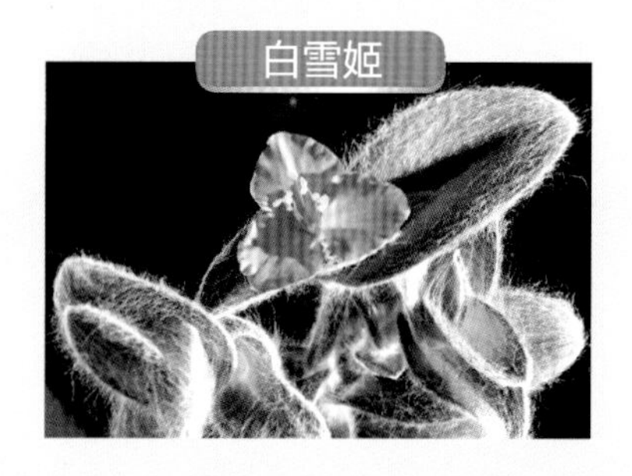
白雪姬

红雀珊瑚

翡翠珠

虎尾兰

长寿花

虎刺梅

灌木类

迎春
榆叶梅
玉树珊瑚
郁李
朱缨花
紫荆
小叶丁香
紫丁香

风铃扶桑

一品红

银合欢

南天竹

朱蕉

蔷薇

五色梅

九里香

两面针

六月雪

米兰

牡丹

木芙蓉

夹竹桃

扶桑

桂花

含笑

东北珍珠梅

栾树

香橼

虎舌红

大花曼陀罗

三色苋

乔木类

美国红枫

红叶乌桕

红叶椿

七叶树

银杏

红翅槭

中国红豆杉

中华红叶杨

红松
雪松
龙柏
寿星桃
黄金槐
美国红栌
女贞
黄金香柳

楝树

橡皮树

发财树

梅花

云南山茶花

无忧花

文冠果

兰屿肉桂

冬青
南洋杉
刺桐
柳叶榕
侧柏
白花泡桐
桉树
垂丝海棠

乌桕

碧桃

红叶李